"十四五"国家立项重点专业和课程系列教材

过 程 控 制

（第 5 版）

李丽娟　张　利　编著

东南大学出版社
SOUTHEAST UNIVERSITY PRESS
· 南京 ·

内容提要

为了适应当前过程自动化技术发展的需要，我们对《过程控制》(第4版)教材做了大量修改，新版教材(第5版)共分为三篇。第一篇控制系统，涵盖控制系统概述、控制系统分析、简单控制系统、复杂控制系统和典型过程单元控制，共五章；第二篇控制元件，包括过程测量仪表、控制器和执行器，共三章；第三篇综合自动化，涉及综合自动化系统概述、工业控制网络与现场总线、集散控制系统、安全仪表系统和自动化系统应用实例，共五章。各篇末均附有例题与习题，书末还附有4套综合测试卷及答案供师生教学提高之用。

本教材适用于石油、化工、制药、冶金、电力、材料、食品加工以及轻工业等工艺类和设备制造类专业的本专科师生，也可供电气信息类非过程自动化方向的师生选用。它还可作为自学考试同类专业的教材，又可作为各类工程技术人员参考用书。

图书在版编目(CIP)数据

过程控制 / 李丽娟，张利编著. --5版. --南京 ：东南大学出版社，2025. 8. --ISBN 978-7-5766-2215-7

Ⅰ. TP273

中国国家版本馆CIP数据核字第2025RE3833号

过程控制(第5版)

Guocheng Kongzhi(Di 5 Ban)

编　　著　李丽娟　张　利
出版发行　东南大学出版社
社　　址　南京市四牌楼2号　　邮编:210096
策划编辑　陈　跃
责任编辑　文洁婷　**责任校对**　子雪莲　**封面设计**　顾晓阳　**责任印制**　周荣虎
出 版 人　白云飞
网　　址　http://www.seupress.com
电子邮件　press@seupress.com
经　　销　全国各地新华书店
印　　刷　南京迅驰彩色印刷有限公司
开　　本　787mm×1092mm　1/16
印　　张　23
字　　数　645千字
版　　次　2025年8月第5版
印　　次　2025年8月第1次印刷
书　　号　ISBN 978-7-5766-2215-7
定　　价　80.00元

本社图书若有印装质量问题，请直接与营销部调换。电话(传真):025－83791830

前　言

过程控制技术在石油、化工、制药、电力、冶金、食品加工，以及轻工业等多个领域得到了广泛应用。本教材旨在为相关领域工艺类及电气信息类非过程自动化方向的本专科学生介绍过程控制原理、过程控制元件、过程控制工程和过程综合自动化等方面的知识。同时，它也适用于自学考试相关专业的参考教材，还可作为工程技术人员的参考资料。

近年来，“中国制造 2025”和人工智能技术的快速推进推动了过程控制领域发生了重大革新，一些传统模拟仪表逐步被市场淘汰，智能仪表和网络通信技术在过程工业中得到广泛应用，大量企业已实现过程控制系统与管理信息系统的集成和基于过程信息的深入应用。《过程控制》(第 4 版)教材于 2019 年出版，6 年来，工业自动化元件与设备不断更新换代，特别是国产仪表与控制装备取得了显著的技术进步，目前国产相关产品占据了国内广阔的市场，因此我们决定修订出版《过程控制》第 5 版教材，以满足现阶段教学的需要。

南京工业大学是一所以石油、化工、生物工程等过程工业为特色优势的高校，自 1960 年起开始编写“化工仪表及自动化”课程讲义并开课，是国内最早开设该课程的高校之一。中国药科大学自 20 世纪 80 年代起开设该课程，以制药工业过程控制为特色。2001 年，南京工业大学的林锦国老师组织两校老师编写并出版了《过程控制：系统·仪表·装置》，随后于 2006 年、2009 年、2019 年分别以《过程控制》书名修订出版了第 2 版、第 3 版和第 4 版，其中第 4 版教材由李丽娟和张利负责修订主编。教材打破了传统的先介绍控制仪表后讲解控制系统的方式，首先为读者讲解控制系统的整体概念，然后分别介绍控制系统中的各个元部件，最后介绍控制系统的最新发展趋势，这种编排方式有利于学生从整体到细节，再回到整体应用的学习，在每个知识点的学习中都联想到其在过程控制系统中的作用，使分散的知识形成一个整体。20 多年来，许多高校持续采用该教材授课，受到广泛好评。

本次再版教材以当前过程控制技术的发展为引领，以自主可控的国产自动化元件更新为主线，对全书的结构和内容进行了优化。第一篇为控制系统，嵌入了思政元素，并对部分章节进行了调整。第二篇为控制元件，介绍了国产仪器仪表的进展。其中，第7章中，以国产厦门宇电 AI-8 系列数字式控制器替换了原有的霍尼韦尔 UDC 3500 系列数字式控制器。第三篇综合自动化，涉及综合自动化概述工业控制网络与现场总线、集散控制系统、安全仪表系统和自动系统应用实例。其中第11章中，用国产中控技术的 ECS-700 DCS 系统取代了原有的艾默生公司的 Delta V 系列 DCS；第12章中，用国产中控技术的 TCS-900 SIS 系统取代了原有的 Delta V 配套 SIS 系统。

本教材第5版由南京工业大学李丽娟、中国药科大学张利合作编著，全书共13章。其中，第一篇1～5章早期版本由南京工业大学林锦国编写，本版由中国药科大学张利修订；第二篇6～8章早期版本由中国药科大学方醉敏、张利编写，本版第6章、第8章由张利修订，第7章由李丽娟修订；第三篇9～13章早期版本由李丽娟编写，本版由李丽娟修订；例题、习题、综合测试卷由李丽娟、张利修订。中控技术股份有限公司提供了 ECS-700 DCS 与 TCS-900 SIS 系统的使用说明和应用案例。

本教材的修订过程中，在融入作者相关领域教学与科研成果的同时，参考了大量文献，在此对这些已被引用参考文献的作者表示感谢。我们也收到了多位同行老师的交流指导意见，特此致谢！

由于编者时间仓促，因此，在教材的编写中难免存在错漏，欢迎读者与我们交流，提出批评和改进意见，联系邮箱 ljli@njtech. edu. cn。

编著者

2025年6月

目　录

第一篇　控制系统

第二篇 控制元件

第三篇 综合自动化

第一篇　控制系统

当前，全球正在经历新一轮科技革命和产业革命，逆全球化趋势显现，保护主义抬头，部分西方发达国家不断施加技术封锁和引发贸易摩擦。我国已到达民族复兴的关键时期，国家实力达到新的高度。我国经济发展正从高速增长向高质量发展转型，这一进程需要新的生产力来推动。因此，大力推进现代化产业体系建设，加快发展新质生产力，成为2024年政府工作的首要任务。

自动化技术是现代工业和日常生活中的关键技术之一，它涉及使用各种设备和系统来执行任务，而无需或仅需极少的人工干预。自动化技术的应用可以提高生产效率、减少错误、降低成本、提高产品质量，并在许多情况下增强安全性和可靠性。从简单的机械自动化到复杂的智能系统，从工厂生产线到家庭生活，从交通运输到医疗服务，自动化技术已经渗透到我们生活的方方面面。

过程控制是指对生产过程中的各种参数进行监测和调节，以确保产品质量、提高生产效率、降低能耗和成本的一种技术。它广泛应用于化工、制药、食品、电力等多个工业领域。过程控制的核心是利用各种传感器和执行机构，通过计算机或其他控制设备对生产过程进行实时监测和自动调节，确保生产过程稳定运行，产品质量符合标准。

新质生产力的引入，如自动化机器人、智能传感器等设备，使得过程控制更加高效、便捷。这些设备能够实时监测生产环境和设备运行状态，及时发现问题并进行调整，从而提高了过程控制的精度和效率。

自动化与信息化相互促进、密不可分。自动化是信息化的基础和重要组成部分，而信息化是自动化的延伸和发展方向之一。自动化技术为信息化建设提供了更高效、更稳定的生产环境和基础数据，是信息化建设的重要支撑。同时，信息化技术也为自动化提供了更广阔的发展空间和更高效的控制方式。通过信息化技术，可以实现对自动化设备的远程监控和管理，实现数据的实时采集和分析处理，为自动化设备提供更准确、更智能的控制方式和优化方案。此外，信息化技术还可以实现各种自动化设备的互联互通，实现更高效的资源共享和协调工作。因此，自动化在当今世界的各个领域正发挥着越来越重要的作用。自动化的理论基础源于控制论，其奠基性著作是1948年首次出版的《控制论》，作者是诺伯特·维纳。维纳认为，“一切有目的的行为都是需要负反馈的行为”，即机器、生物、社会和经济系统都是通过负反馈来达到控制目的的。从科学理论的角度来看，控制论、量子论和相对论被认为是20世纪上半叶的三大伟绩。因此，控制论、控制理论和控制系统的学习对于人们从事任何领域的工作都具有不同程度的指导意义。在过程控制等工程领域，其奠基性著作是1954年出版的《工程控制论》，作者是钱学森先生。工程控制是控制论的应用领域之一，控制论的其他三个重要应用领域分别是生物系统控制、经济系统控制和社会系统控制。

本篇共5章内容。第1章首先从日常生活中的自动控制系统实例引入工业控制系统的基本概念、基本术语及原理等。掌握好这些内容将为后续的学习打下良好的基础。第 2 章是控制系统分析方法,涉及拉普拉斯变换及建模等数学基础知识,这些方法在后续的各章中都有应用。第 3 章讨论简单控制系统,这是工厂中应用最多的控制系统。本章学习后读者进行简单控制系统的设计与分析,表明已具备基本的自动化知识和能力。第 4 章是复杂控制系统,介绍了目前工厂中常见的、可以用常规仪表实现的复杂控制系统,如串级控制、比值控制、前馈控制、分程控制、选择性控制、均匀控制等。各种各样的复杂控制系统原理引人入胜。在工厂里,这类控制系统数量较少,却往往承担着一些重要工段或关键岗位。学习本章后读者进行复杂控制系统的设计与分析,表明已具备较高的自动化知识水平和应用能力。第 5 章介绍典型过程单元控制系统,涵盖了流体输送设备、精馏塔、化学反应器和传热设备的自动控制。

1 控制系统概述

1.1 自动控制基本概念

自动控制技术几乎渗透到国民经济的各个领域和社会生活的方方面面。生活与生产的自动化和智能化，是人类长久以来梦寐以求的目标。1788 年，瓦特发明的飞球调节器，这一装置被公认为第一个自动控制系统。它在作为工业革命标志的蒸汽机的诞生过程中发挥了无可替代的作用。因此，蒸汽机的诞生也标志着自动化技术时代的开始。

自动化不仅仅是工业领域的革命，它还正悄悄渗透到日常生活的每一个角落，从智能家居到智能交通，从在线客服到个性化推荐，这些技术都在悄无声息地改变着我们的生活方式。

1.1.1 日常生活中的自动控制系统

在人们的日常生活中，自动控制系统几乎无处不在。如房间的温度和湿度调节、自动洗衣机、自动售货机、自动电梯、无人驾驶汽车等。它们都在一定程度上代替或增强了人类身体器官的功能。

1）日常生活的自动控制系统

空调是一个典型的温度控制系统。夏天，当室温高于设定的温度时，空调启动制冷装置（压缩机），使室内温度下降；当室温低于设定温度时，空调关闭制冷装置。冬天，当室内温度低于用户设定或期望的温度时，启动空调加热装置，使室内温度上升；当室温高于用户设定或期望的温度时，空调就关闭加热装置。通过这种方式，室温保持一定范围内的恒定。如果使空调进行控制，温度变化曲线如图 1－1 所示。图中，26 ℃是人们期望的室内温度，可通过遥控器设定。实际的室温在进入稳态后，会在期望温度附近一定范围内波动。实现这种温度调节功能的是空调中的温度控制系统。它首先需要有一个温度传感器来测量室温；其次需要一个控制器来判断室温是否高于或低于用户设定的温度；还需要一个切换开关和执行装置，这里是加热装置和制冷装置；最后是被控制对象，即安装了空调的房间。这样就构成了一个完整的自动控制系统。

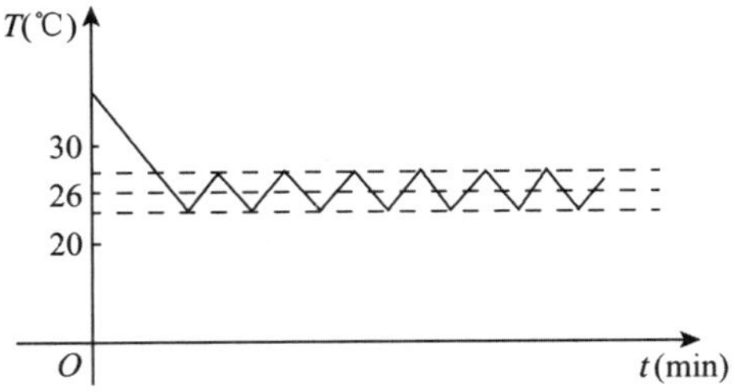

图 1－1　室温调节过程温度曲线

电冰箱也是一个类似“小房间”的温度控制系统，但它仅有制冷装置而没有加热装置。空调和电冰箱的设定温度一旦调整好，在相当长的一段时间内不需要再调整，这是该类控制系统的一个重要特征。

电饭煲也是一个温度控制系统，高级电饭煲的设定温度可以按人工设定的程序自动变化。例如可将它的温度设定为如图1－2所示曲线。

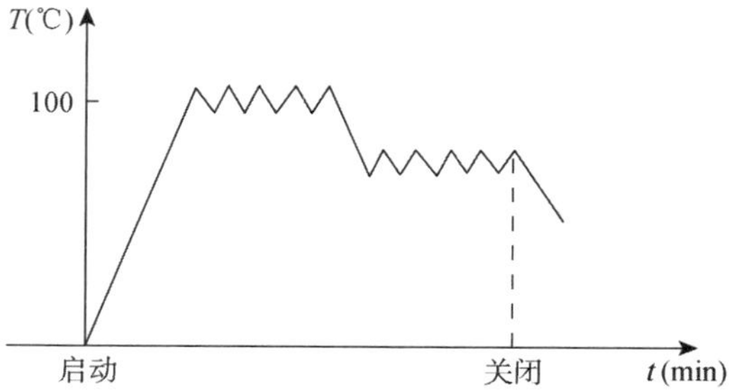

图1－2　电饭煲温度控制曲线

电饭煲启动后开始加热，温度达到约100 ℃时进入恒温阶段，恒温阶段结束后进入保温段，保温阶段结束后自动降温，整个温度控制周期完成。它是按照事先设定好的几个步骤进行控制的，这是此类控制系统的一个重要特征。

现在的全自动洗衣机也是按照事先设定好的几个步骤进行工作的，但其控制过程比较复杂，一个大周期中包含了几个基本相同的小周期。完整的洗衣机控制系统还包括进水控制、出水控制和平衡控制等。

这些日常生活中的家电单品，都是一个个小型的完整自动控制系统。随着万物互联的发展，这些单品不仅实现数据互通，还能将其转化为主动行为。比如，智能床发现主人体温过高并出汗了，空调会自动启动；或者当抽油烟机检测到油烟量太大时，空气净化器会提前做好准备，开始吸附PM2.5并除味。

2）智能驾驶系统

近年来，新能源汽车产业迅猛发展，中国汽车业迎来了弯道超车的机遇。我国在“三电”（电池、电机、电控）领域的产业发展处于国际领先地位，有力地推动了我国汽车产业电动化和智能化进程。智能驾驶是人工智能（AI）快速落地的超级应用之一，是新质生产力的重要发展方向。

智能驾驶的实现，本质上是感知（环境感知与定位）、决策（智能规划与决策）、执行（控制执行）三大核心系统的协同工作。感知层相当于人的五官，负责感知周围的环境并收集数据，然后传输到决策层；决策层相当于人的大脑，处理感知层传输的数据，并输出相应的操作指令给执行层；执行层相当于人的四肢，负责执行大脑给出的指令。其中，感知层主要包括环境感知、位置感知以及速度、压力等其他感知功能；感知层的车载摄像头、毫米波雷达、超声波雷达、激光雷达等传感器已实现国产自主替代，技术路线呈现多元化。决策层主要包括操作系统（算法）、集成电路（芯片）和计算平台；该层面临的挑战最大：上层软件需要长期的数据积累，中间软件的壁垒较高，自主替换难度较大，但底层软件操作系统的自主研发已基本完成。此外，最核心的AI芯片也长期被海外厂商垄断，我国芯片厂商的产品正在快速进步。例如，华为研发的麒麟9000SAI芯片，让人们看到了我国在半导体领域的希望与未来。另外，华为的鸿蒙系统和问界智驾等软件也是我国高科技不断创新和领先的代表。在受到国外技术封锁和明目张胆的打压后，正是像华为这样的一批科技公司坚持自强不息、自主创新，不断攻克“卡脖子”技术，才使得我国高科技产业未来可期。执行层主要包括动力供给、方向控制、车灯控制等。

3）其他系统应用

自动化系统的智能化程度越来越高，给人们带来了越来越多的便捷。如今，自动化系统已随处可见，如电梯、自动门、自动路灯、自动洁具、安保系统等。

1.1.2 工业生产中的自动控制系统

在工业生产中，根据所加工的物品对象的不同，生产过程可基本划分为两大类：一类是对成型材料的进一步加工、对多种成型材料的装配或对整机系统的控制。这是机械、电子、冶金、轻工、制药、交通和楼宇等行业的主要工况，其主要控制位移、速度、角度等参数。另一类是气体、液体或粉体的生产过程，这是化工、制药、石油、冶金、轻工业、食品加工和农业等行业的主要工况，其主要控制温度（T）、压力（P）、物位（L）、流量（F）、成分（A）等参数。这类生产过程自动化是本教材研究的主要内容，也被称为生产过程自动化。

为了实现生产过程自动化，一般要涵盖自动检测系统、自动信号和联锁保护系统、自动操纵和自动启停系统及自动控制系统等方面的内容。自动检测系统利用各种检测仪表对主要工艺参数进行测量、显示及记录，以掌握生产过程的运行情况。自动信号和联锁保护系统用于防止因偶然因素导致工艺参数超出允许范围而引起事故，是一种安保措施。自动操纵和自动启停系统根据预先设定的步骤自动对生产设备进行周期性操作，从而减轻操作人员的重复性体力劳动。自动控制系统能够在生产过程中某些关键参数偏离正常状态时，自动将其调整回规定的数值范围内，确保生产维持在正常或者最佳的工艺操作状态。自动控制系统是生产自动化的核心部分，例如水槽液位控制、换热器温度控制等。

1）液位控制

工业生产中有许多贮罐和容器（如精馏塔、水箱、锅炉汽包等）需要控制液位。图 1－3 是一个水槽的人工液位控制系统。假设工人可以看到液位的高低变化，那么，根据液位的高低变化，工人手动操作阀门，可以使槽中液位基本保持恒定。

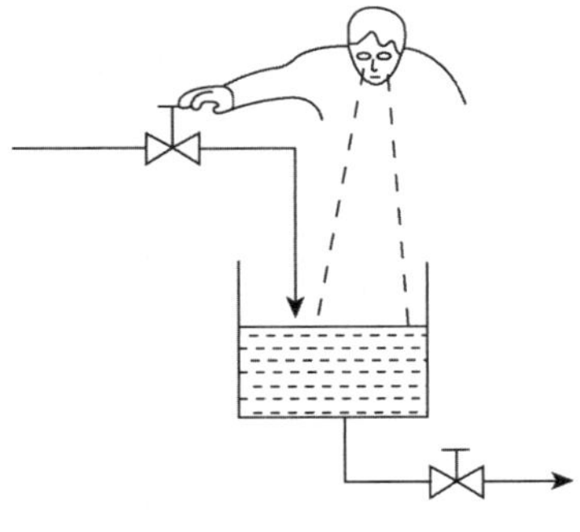

图 1－3 人工液位控制

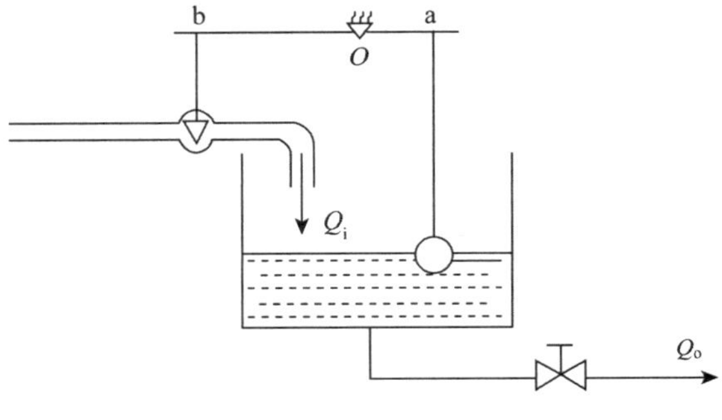

图 1－4 机械式液位控制

如果用一个浮球代替人的眼睛“观测”液位，用一个杠杆系统代替人的手臂和大脑，则可构成一个液位控制系统，如图 1－4 所示。其工作原理是：当液位受干扰上升时，浮球上升，杠杆 a 端上升，b 端下降，阀门的阀芯下降，使水槽的进水量 Q_i 减少。Q_i 的减少导致液位下降，则浮球也随之下降，最终达到一个稳定的平衡点，实现控制的目的。当液位受干扰下降时，控制过程相反，同样能使液位稳定在平衡点。

图 1－4 已经是一个实用的液位控制系统，但当需要将液位信号传送到远方的控制室

进行显示或者记录时，就需要改为电动式的。用一个能送出电信号的液位测量仪表代替浮球，用一个电动控制器代替杠杆，阀门也换成可接收电信号的阀门，就构成了一个目前常见的液位控制系统。如图 1－5 所示，LT 表示液位变送器，LC 表示液位控制器。

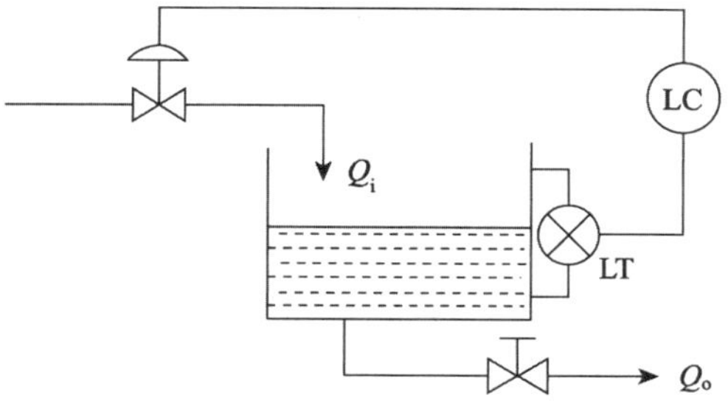

图 1－5　水槽液位控制系统

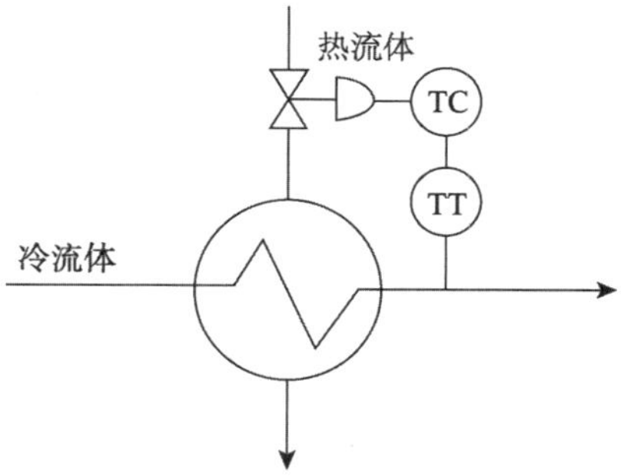

图 1－6　换热器温度控制系统

2）温度控制

在工业生产中，存在大量的加热炉，一般通过控制燃料的量来确保被加热物料达到或维持在所需要的温度。换热器是一种常见的工业设备，它通过冷热流体之间的热量交换来实现对冷流体加热，控制手段通常是控制热流体的流量，如图 1－6 所示。图中，TT 表示温度测量仪表，TC 表示温度控制器。TC 等仪表名词将随文在 1.3 节叙述中作详细名词使用意义解释和介绍。

1.1.3　信息处理

信息处理包括信息的接收、存储、转化、传送和发布等环节。随着计算机科学的不断发展，计算机已经从初期的以“计算”为主的一种计算工具，发展成为集计算和信息处理于一体的设备，它与人们的工作、学习和生活密切相关，不可或缺。在信息化时代，计算机本身就是一台具有一定智能的复杂自动化信息处理设备。一旦接通电源，计算机的各种内部程序就不停地进行工作，执行各种控制任务。键盘相当于测量仪表，时刻准备接收各种输入信息；一旦接收到信息，计算机就按照事先设定的各种控制功能进行信息处理，输出控制信号或显示控制结果。简单的操作如打印一份文稿、显示一个画面等。如果在设定的时间区间内键盘没有接收到任何信号，且显示器没有需要运行的任务，如屏幕保护程序，则屏幕将变暗并显示屏幕保护程序画面，直至又有键盘输入信号。再如查询操作，计算机从键盘接收到查询任务的信息/命令，就启动相关的程序，到数据库中找出用户所需的数据，并以用户要求的格式呈现，保存在指定区域，然后显示在屏幕上或打印在纸上等。

1.1.4　生物控制系统

生物个体特别是高级生物，体内存在着许多比计算机还要复杂得多的综合智能自动化系统。以人类为例，人体的体温被精确地控制在 37℃左右，在运动时保持平衡，可以认为人体的所有活动都存在着相应的自动控制系统。目前，人类对生物控制机理的了解还很有限，能够施加影响的更是少之又少。

生物群体内部和群体之间的许多关系也可以用控制理论来描述和控制。

1.1.5 社会控制系统

社会控制能够协调社会运行的各个系统之间的关系，调整它们的运行轨迹，控制它们的运行方向和速度，使之功能耦合、结构协调、相互配套，并尽量使各社会运行系统同步运行，从而促进社会的良性运行和协调发展。社会控制是社会组织利用社会规范对其成员的社会行为实施约束的过程，一般通过道德、宗教、法律法规、舆论等手段来实施预防、约束和制裁，以保证社会的平稳运行。例如，一些国家的重要政策、法律纪律等会随着社会的变化而不断调整。技术层面上，在自动化技术时代，社会控制领域普遍借助各种自动化技术手段来处理社会控制事务。进入人工智能时代，社会控制借助人工智能技术，进入一个人类智能似乎难以匹敌的新阶段。例如，交通控制的智能化水平大幅提高，大大缓解了人类智能直接设计交通控制系统时面临的交通繁忙与控制能力不足的矛盾。人脸识别技术的应用，有时能将长期得不到侦破的刑事案件一举破获。“天眼”数字远程监控系统通过企业内部互联网（intranet）和国际互联网（internet）实现远程视频监控，对社会秩序发挥保障功能。人工智能监控体系的运作，使得人们意识到自己的一言一行都受到监督，因此会对公共空间的规则保持高度警觉。在这种情况下，人们在全方位、高技术的“他律”环境中，会谨言慎行，从而形成一种至少在形式上合规、秩序井然的公共空间行为模式，对社会控制起到积极作用。当然，这些数据的安全使用和监管，需要国家有相应的法规来保障。

1.1.6 经济控制系统

政府通过调节和控制经济结构、经济活动、价格和市场，以改善经济状况，促进经济发展，并实现社会和政治目标。经济系统中的物价控制就有许多调节手段，如印发钞票量的增减、货物供应的增减、工资的增减、基建的增减、税率的调整、银行利率的调整等。其控制过程与工业过程控制运用的是基本类似的理论和方法。当然，每种类型的控制系统都有其自身的特点。经济控制系统最显著的特点就是被控对象中包含了人这一高级生物，由此带来许多复杂性和特殊性。

证券市场、人口控制、环境保护等都是适合运用控制理论来加以分析和控制的领域。

1.2 控制系统的基本术语和概念

1.2.1 控制系统基本术语

对象——也称被控对象，是指被控制的物理生产装置，例如图 1-5 中的水槽，图 1-6 中的换热器。

被控变量——是指被控对象中需要控制的某个变量，控制系统的目的通常是使该变量与设定值或给定值相等。例如，在图 1-5 中要控制的是水槽的液位，即液位就是被控变量；在图 1－6 中则是温度等。控制系统也常根据该变量的名称来命名，如温度控制系统、压力控制系统等。

给定值——也称为设定值或期望值，是人们希望控制系统实现的目标值，即被控变量的期望值，用符号 x 表示。

测量值——被控变量被测量仪表检测到的值，通常用字母 z 表示。

控制变量——也称为调节变量或调节参数，是对被控装置的被控变量具有较强直接影响且便于调节的变量，通常用 q 表示。

干扰——是被控对象中除了控制变量以外，能对被控变量产生影响作用的所有其他变量，通常用字母 f 表示。

偏差——是给定值与测量值之差，用字母 e 表示，计算公式为 $e=x-z$。

1.2.2　控制系统基本概念

系统——是按照某种划分得到的若干元素的集合。

反馈——将系统输出信号引回并加入输入信号的系统结构和工作方式，反馈的基本概念将在 1.4 节中详述。

控制——为实现目的而施加的作用。一切控制都是有目的的行为。

开环控制——没有反馈的简单控制。如通常照明中的调光控制，电风扇的多级速度调节等。

闭环控制——通常指具有负反馈的控制。

信息——在此指各个仪表之间的信号，用"⟶"连接信号关系。

1.3　控制系统的组成

1.3.1　带有控制点的工艺流程图

图 1－5 所示的水槽液位控制系统，被称为带有控制点的工艺流程图，也称为管道及仪表流程图(Piping and Instrument Diagram，P&ID 图)。该图主要由设备、管道、仪表等三部分组成。其主要作用是展示设备的数量和名称、标识位号，主要物料的工艺流程，其他物料的工艺流程。通过对阀门及控制点分析，了解生产过程的控制情况。实际上，设计带有控制点的工艺流程图是一个复杂的过程，本章节随文做简要的介绍。

图 1－5 中，○表示现场安装的仪表，里面字母代号表示工业仪表所处理的被控变量和功能，首位字母表示被控变量，后继字母表示仪表功能。如 LT 表示液位变送器，LC 表示液位控制器等。又例如 FRC 表示流量记录控制，FIC 表示流量指示控制等。若○中既有字母，还有数字，则数字表示工段号和仪表序号，如图[1－7(a)]所示，表示现场安装的

(a)　　(b)

图 1－7　仪表表示方法

压力指示仪表，第二工段第 7 号仪表，图[1－7(b)]表示控制室集中安装的压力指示控制仪表，数字同上。

1.3.2 方块图

方块图是控制系统中每个环节的信号流向的图解表示，是控制系统进行理论分析、设计中常用的一种形式。方块图包含方块、比较点、信号线(箭头)、信号分支点等基本单元。

1) 方块

任何被研究的对象，可以抽象地用输入该对象的信号或变量和从该对象输出的信号或变量表达时，就可以运用方块图方法中的方块来描述。每个方块表示系统中的一个组成部分，即环节，方块内的文字或数学表达式表示这个方块的自身特性，如图 1－8 和图 1－9 所示。

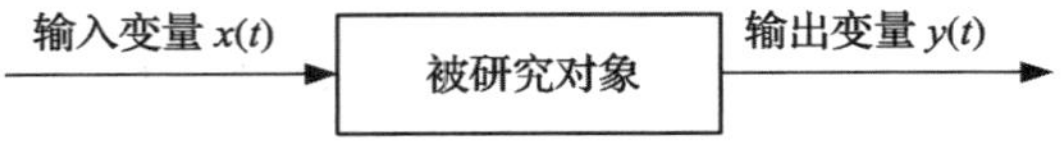

图 1－8　方块图的基本单元

图 1－9　方块的传递函数

2) 信号比较器

[图 1－10(a)、(b)]分别是信号比较点的两种表示方式，表示的是同样的关系式(1－1)。

$$e = x - z \tag{1-1}$$

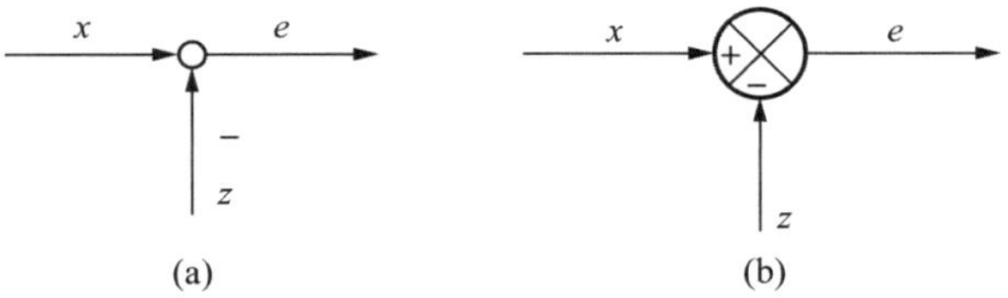

图 1－10　信号比较器

本书中统一采用符号"○"代表信号比较器。如果信号 z 旁不带运算符号"＋"或"－"，则默认为"＋"。

注意，在自动控制系统方块图里，比较器中 z 信号线旁的运算符号"－"非常重要，通常以此表示该系统是负反馈系统。

3) 信号分支点

方块图中的信号分支，只要在信号线上任意点引出，分支点上的信号与原来的信号完全相同，如图 1－11 所示。

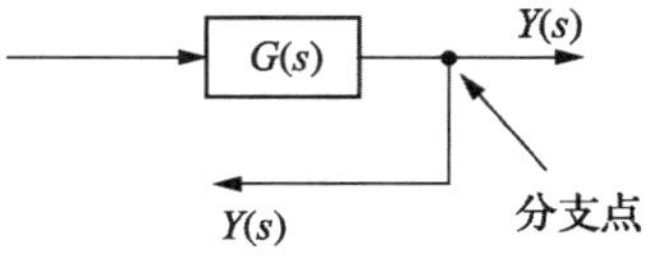

图 1－11　信号分支点

有了以上三种方块图基本单元，可以画出系统的方块图，例如，图 1－5 带有控制点的工艺流程图就可以进一步抽象为一般的控制系统方块图，如图 1－12 所示。方块图的应用将在第 2 章详细介绍。

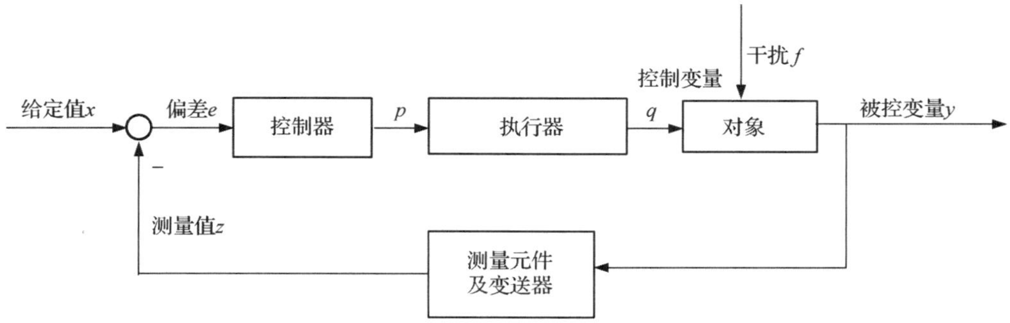

图 1 - 12 控制系统方块图

从图 1 - 12 中可看到控制系统若干术语的含义及信号的位置，在第 3 章还将详细阐述这些术语。

1.4 反馈原理

1.1 节中列举了若干自动控制系统的案例，它们应用于极其广泛且性质迥异的领域。那么，它们有什么共同的基础和原理呢？这就是反馈原理。

1.4.1 反馈

反馈是指将系统的输出信号回送到系统的输入端，并与输入信号进行叠加，如图 1 - 13 所示。反馈分为正反馈和负反馈两种类型。输入信号 x 是系统的给定值，z 是输出信号 y 的测量值。如果由于反馈的存在，使得系统的输出信号持续地朝着某一方向变化，这样的反馈称为正反馈，相应的系统称为正反馈系统。如炸药的爆炸、军备竞赛、电子振荡过程等。如果由于反馈的存在，使得系统的输出信号趋于稳定在原来的水平上，或者更严格地说，使输出信号与给定值之间的差值趋于减小，这样的反馈称为负反馈，相应的系统称为负反馈系统。几乎所有的自动控制系统都是负反馈控制系统。

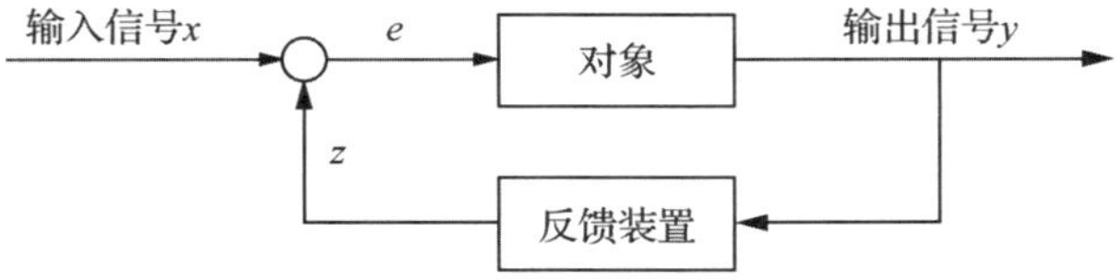

图 1 - 13 反馈原理示意图

1.4.2 负反馈系统

拉普拉氏变换(简称拉氏变换)，是指将时域(t)的函数变换为复域(s)的函数，以便于系统运算和分析。第二章中将详述拉普拉氏变换原理，此处仅引用拉氏变换的结果对负反馈系统进行描述。以图 1 - 5 所示的水槽液位控制系统为例，其方块图如图 1 - 12 所示，若每个环节都用拉氏变换后的函数表示，则图 1 - 12 可以用图 1 - 14 表示，其中各方块的输入信号与输出信号的关系是

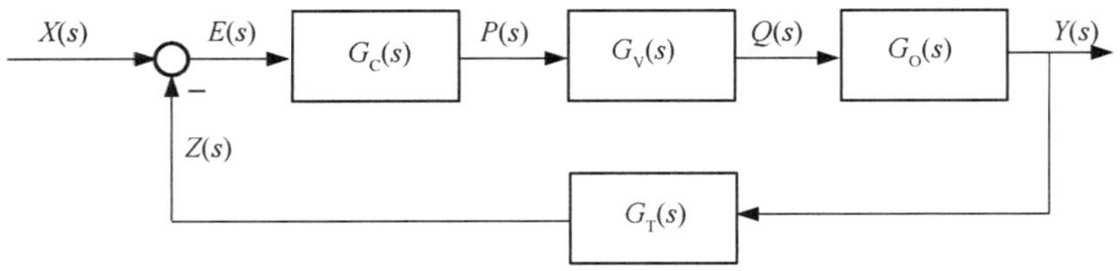

图 1－14　控制系统函数方块图

$$\begin{cases} P(s)=G_C(s)\ E(s) \\ Q(s)=G_V(s)\ P(s) \\ Y(s)=G_O(s)\ Q(s) \\ Z(s)=G_T(s)\ Y(s) \end{cases} \tag{1-2}$$

可推得，$Y(s)=G_C(s)G_V(s)G_O(s)E(s)$。

式(1－1)经拉氏变换后得，$E(s)=X(s)-Z(s)$。

根据图 1－12，分析系统的控制过程如下：

当液位 y 由于某种干扰而上升时，导致液位测量值 z 上升，由于 $e=x-z$，z 上升则 e 下降，继而 p 下降，q 下降，最后使 y 下降，抑制了干扰引起的 y 波动。这就是负反馈的作用。

由此推导出控制系统输出量 y 和输入量 x 之间的定量关系为

$$Y(s)=\frac{G_C(s)\ G_V(s)\ G_O(s)}{1+G_C(s)\ G_V(s)\ G_O(s)\ G_T(s)}X(s) \tag{1-3}$$

式(1－3)可改写为

$$\frac{Y(s)}{X(s)}=\frac{G_C(s)\ G_V(s)\ G_O(s)}{1+G_C(s)\ G_V(s)\ G_O(s)\ G_T(s)} \tag{1-4}$$

从式(1－4)可推出负反馈原理的一个有趣而又非常重要的结论，即

$$G_C(s)\ G_V(s)\ G_O(s)\ G_T(s) \gg 1 \tag{1-5}$$

成立时，式(1－4)可简化为

$$\frac{Y(s)}{X(s)}=G(s)=\frac{1}{G_T(s)} \tag{1-6}$$

这个结果有两个方面的意义：一是此时系统输出与输入信号之间的关系仅取决于 $G_T(s)$，而与 $G_C(s)$ $G_V(s)$ $G_O(s)$几乎无关；二是说明，只要分母中的两项满足式(1－5)中的条件，那么构成 $G_C(s)$、$G_V(s)$、$G_O(s)$的可选择元器件即使采用可靠性略低的产品，对系统的影响也不大，关键是要选择好构成 $G_T(s)$的元器件。

学生的学习过程，也可以看成是一个负反馈控制系统。如图 1－15 所示，把整个教学过程当作一个控制系统。学生为被控对象，学生的实际学习水平为被控变量，教学大纲的要求为给定值。因此闭环控制系统即为负反馈控制。当学生遇到学习困难时，可以通过作业反馈或者教师答疑，利用负反馈的纠偏作用，教师及时调整教学方法和进度，帮助

学生缩小与教学要求之间的差距，提高学业水平。此外，学生之间的自主学习和相互帮助也可以促进学习进步。

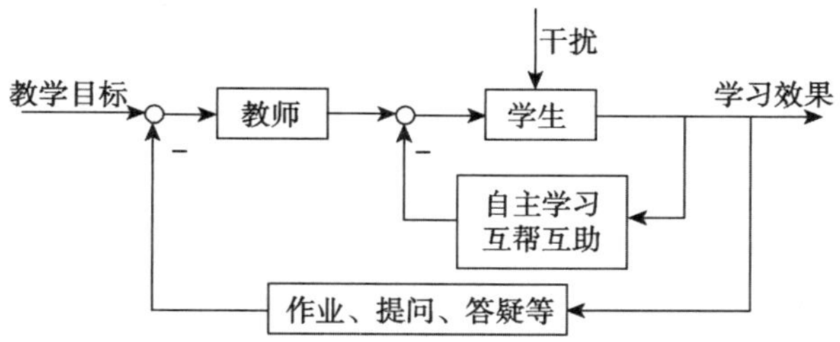

图 1 - 15　学习过程反馈图

负反馈使被控变量趋于给定值，所以，学生也要明确自己的学习目标，找到正确的学习方法，确定努力方向，精准发力，抵御外界干扰，提高自我控制能力，增强自身学习能力。对于所有的负反馈控制系统，上述分析及其结论都成立，这是自动控制原理的核心和基础。

1.4.3　正反馈系统

如果比较点反馈信号旁不带运算符号“−”，则默认为“＋”。即

$$e = x + z \tag{1-7}$$

此时系统就称为正反馈系统，例如，在图 1 - 5 所示的液位控制系统中，当液位 y 由于某种干扰而上升时，会导致液位测量值 z 上升。由于式(1 - 7)成立，e 也上升，进一步导致 p 上升，q 上升，最终使液位 y 进一步上升，增强了受干扰后的变化趋势。如此，y 继续上升，直至系统达到极限值或崩溃。这就是正反馈系统的特点。

由此可见，正反馈不能使系统稳定。因此，通常的控制系统都必须避免出现正反馈。但正反馈并非毫无用处，炸弹的爆炸和电子振荡器中振荡过程的产生等都是正反馈的作用。

1.5　控制系统分类

1.5.1　各种分类方法

(1) 按被控变量可划分为温度、压力、液位、流量和成分等控制系统。这是一种常见的分类方法。

(2) 按被控制系统中仪表及装置所用的动力和传递信号的介质可划分为气动、电动、液动、机械式控制系统。如图 1 - 4 所示就是一个机械式液位控制系统；图 1 - 5 所示是一个电动式液位控制系统；若图 1 - 5 中的 LT 和 LC 用气动仪表代替，阀门也采用接收气信号的，就成为气动式控制系统。

(3) 按被控制对象可划分为流体输送、传热设备、精馏塔和化学反应器控制系统等。

(4) 按控制器的控制算法划分为比例控制(P)、积分控制(I)、微分控制(D)、比例积

分控制(PI)、比例微分控制(PD)、比例积分微分控制(PID)、模糊控制、预测控制等。

(5) 按系统功能与结构可划分为单回路简单控制系统,以及串级、比值、选择性、分程、前馈和均匀等常规复杂控制系统,还有解耦、预测、推断和自适应等先进控制系统等。

(6) 按给定值的变化情况可划分为定值控制系统、随动控制系统和程序控制系统。

1.5.2 按给定值分类

1) 定值控制系统

它是一类给定值保持不变或很少调整的控制系统。这类控制系统的给定值一经确定后,就会保持不变,直至外界再次进行调整。化工、医药、冶金、轻工等生产过程中有大量的温度、压力、液位和流量需要恒定,是采用定值控制最多的领域,也是本书的重点内容。图 1-5、图 1-6 都是定值控制系统的例子。

2) 随动控制系统

如果控制系统的给定值不断随机地发生变化,或者跟随该系统之外的某个变量而变化,则称该系统为随动控制系统。由于系统中一般都存在负反馈作用,因此系统的被控变量就随着给定值的变化而变化。

在化工医药生产中,串级控制系统的副回路、比值控制系统中的副流量回路也是随动控制系统的例子。对于图 1-1 的室温控制系统,如果要求室温在夏天始终比室外温度低 10 ℃,则加一个室外温度仪表,测得的值用于计算控制系统的给定值,即为一个随动控制系统。

随动控制系统在医疗领域和航空航天领域中也有广泛的应用,比如利用随动控制系统实现医疗设备的精准定位和控制,如手术机器人、影像设备等。随动控制系统的应用能够使医疗设备在治疗过程中更加精准和安全,提高手术效果和患者的治疗质量。在航空航天领域,它用于实现飞机的姿态控制和导航,以及北斗卫星导航系统的精准定位等。

没有北斗卫星之前,GPS 导航占据了大部分卫星导航频道。如果关闭 GPS,会导致我国许多设备无法制导和定位。我国科学家克服了大量困难,相继研发了北斗一号、北斗二号、北斗三号,建立起自己的全球导航系统。全球导航系统直接决定一个国家是否拥有可以自主定义空间和时间的权利。科学家们现在正在研制北斗四号,科学研究是一个孜孜不倦、锐意进取的过程。

3) 程序控制系统

如果给定值按事先设定好的程序变化,就是程序控制系统。如图 1-2 所示的温度控制系统,即为一个温度程序控制系统。生物反应和金属处理加热炉等采用程序控制的场合很多。由于采用计算机实现程序控制特别方便,因此,随着计算机应用的日益普及,程序控制的应用也日益增多。

1.6 自动化技术简要发展史

广义的自动化,是指在人类的生产、生活和管理的一切过程中,通过采用一定的技术装置和策略,使得仅用较少的人工干预甚至无需人工干预,就能使系统达到预期目的的过程。自动化能够减少和减轻人的体力和脑力劳动，提高工作效率、经济效益和效果。由此可见，自动化涉及人类活动的几乎所有领域，因此，自动化是人类自古以来永无止境的梦想和追求目标之一。

自动化技术的发展大致经历了工匠技巧、技术化和理论化、系统化与智能化等几个阶段。

1.6.1　工匠技巧阶段

人类很早就进行了简陋自动化装置的探索，留下了许多记载与传说，但由于技术与理论都没有真正地发展起来，因此直至 1788 年之前都未能有重大的突破。中国是世界上机械发展最早的国家之一。在机械方面有许多发明创造，在动力的利用和机械结构的设计上都有自己的特色。这里列举几个较为著名的古代自动化装置。指南车是广为传说与记载的古代发明，相传为黄帝所作，亦有说周公所作，东汉的张衡、三国时魏国的马钧都曾造过指南车，其后历代史书差不多都有指南车的记载。1937 年，我国著名学者王振铎先生在前人的研究成果上，对《宋史》等许多古籍详加研考，首次真正解决了指南车传动系统的自动离合问题，将宋代燕肃之指南车成功复原。除了指南车外，还有记里鼓车，它利用车轮的转动距离自动报告车行里程，其原理和作用类似于汽车上的计程表。著名科学家张衡(公元 78—139 年)发明了地动仪和浑天仪，北宋苏颂、韩公廉等发明了水运仪象台等。中国古代自动化装置对世界科学技术的发展起到了不可忽视的作用。

另外，公元 3 世纪，希腊人发明了水钟。据说，达·芬奇为法国国王路易十二制造过供玩赏用的机器狮，这可以说是最简单的机器人。

1.6.2　技术化和理论化阶段

瓦特于 1785 年改良蒸汽机标志着人类社会工业革命的开始，同样也标志着自动化技术化和理论化阶段的开始。具有良好的自动控制系统也是蒸汽机得以成功的必要条件之一。

在瓦特之前，已有人发明过各种各样的蒸汽机及相关控制装置，但没有真正地解决问题，主要原因包括蒸汽的进气和排气手动操纵、转速不稳定等。瓦特解决了这些问题，其蒸汽机的速度调节系统原理如图 1-16 所示。

如果转速由于蒸汽机负荷波动而下降，与蒸汽机连接的飞球系统的转动速度也下降，离心力减小，飞球相对位置下移，调节杠杆左端下降，使得杠杆右端上升，阀门开度增加，送入蒸汽机的蒸汽量增加，转速回升；反之亦然。这可使系统的速度得以稳定。这是一个典型的具有负反馈的速度调节系统。

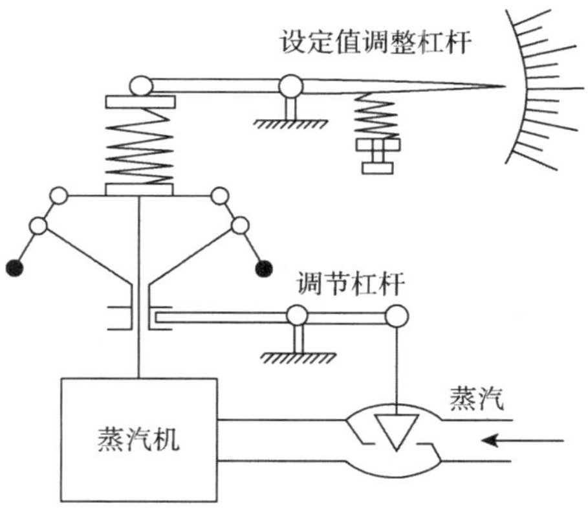

图 1-16　蒸汽机速度调节系统

1868 年，J. C. 麦克斯韦发表了著名的关于调节器的论文，对反馈理论进行了深入的研究。同年,法国工程师J.法尔科发明了反馈调节器。至20世纪20年代,反馈理论已广泛地应用于电子放大器中,使其性能有了较大的改善。1920年,美国出现了PID调节器,并应用到化工和炼油过程中。

到1948年,控制理论的经典部分都已基本提出,包括多种控制系统的稳定性分析方法,如:根轨迹法、频率分析法等。除了工业革命使自动化获得较为广泛的应用之外,特别要提及的是在此之前的第一次和第二次世界大战极大地激发了自动控制在军事和军工领域的应用。

1.6.3 系统化阶段

1948年,《控制论》一书首次出版,标志着自动化的理论基础——控制论正式诞生。同年,克劳德·香农发表了《通信的数字原理》,标志着信息论的诞生。值得一提的是,科学家李郁荣是华人系统学习研究现代通信和控制的第一人,他的工作,催生了维纳的控制论思考,并在后期发展维纳控制论的理论和工程应用方面作了极大贡献。1946年,第一台电子计算机ENIAC问世。这些里程碑事件共同标志着自动化技术进入了系统化与智能化的阶段。计算机技术的飞速发展极大地推动了计算机控制系统的应用。同时,这些科技成果也标志着人类社会继农业革命、工业革命之后,迎来了又一个伟大的变革——信息革命的开始。

控制论不仅限于工业和工程领域,它更是一种普遍适用于几乎所有领域的科学思维和方法。哲学家、数学家、军事家、政治家、工程师等都对其感兴趣。控制论的应用可分为四大领域:工程控制论、生物控制论、经济控制论、社会控制论。

在这四大领域中,生物控制和社会控制因其复杂性或敏感性,目前的发展不够深入,应用也不够广泛。经济控制论得到了广泛的研究和应用,这既包括经济学家对控制学科的渗透,也包括控制论专家对经济领域的贡献。工程控制论则是其中发展得最完善、应用最为广泛的分支。

1954年,钱学森先生的《工程控制论》出版,这标志着工程控制学科的正式诞生。钱学森是中国现代史上一位杰出的科学家,也是一位杰出的思想家。在长达70多年丰富多彩的科学生涯中,钱学森建立了许多科学丰碑,对现代科学技术的发展和中国的社会主义现代化建设做出了杰出贡献。他对我国火箭、导弹和航天事业的开创性贡献广为人知,被誉为"中国航天之父"。他一生秉持"初心为国、科学报国"使命感,为中国国防科技事业的创建与发展及社会主义现代化建设建立了不朽的功勋。他以炽热的家国情怀和崇高的民族气节,将个人的爱国之心、报国之志、效国之行、强国之情融入党和国家交给他的伟大事业之中,他所体现的"爱国、创新、求实、奉献、协同、育人"的科学家精神,永远值得我们纪念和学习。

1.6.4 智能化阶段

以控制理论、计算机科学、人工智能、运筹学等学科为基础,扩展了相关的理论和技术,其中应用较多的有模糊逻辑、神经网络、专家系统、遗传算法等理论,以及自适应控制、自组织控制和自学习控制等技术。

在企业界，生产装置的控制与管理的自动化正融为一体。在信息处理技术的核心——计算机技术没有充分发展之前，人类在人工智能、机器人等领域的研究，许多还只能是美好的梦想。如今，这些梦想正逐步成为现实。中国在智能制造 2025 战略中已取得显著成效。“灯塔工厂”是全球制造领域的标杆，代表了智能化、数字化、自动化最优秀的成果。中国“灯塔工厂”在增长率和数量上都处于世界领先地位，它们对中国制造企业从传统制造走向智能制造的转型起到了引领作用，也体现了制造业数字化转型的趋势和新标准。同时，我们也应看到，我国的“灯塔工厂”主要分布在贴近终端消费者的产业链下游，如家电制造、电子设备制造领域。而在医疗、半导体、工业自动化、生物技术等尖端制造行业与欧美企业的“灯塔工厂”相比还有一定的差距。这也为我国企业指明了科技创新的方向。

2 控制系统分析

在控制系统分析中，有许多方法可供使用，如最基本的模型法、传递函数和方块图，经典控制理论中的频率特性法、根轨迹法等，以及现代控制理论中的最优化方法、状态空间法等。但限于篇幅无法一一详细介绍，本章仅介绍最基础且对后续各章节至关重要的控制系统分析方法。

2.1 传递函数

2.1.1 传递函数概念

为了描述控制系统中每个部分或整个系统的输入变量与输出变量之间的关系，传递函数是最常用的工具。理论上，控制系统中的任何一个部分都可以有多个输入变量和输出变量，如图 2－1 所示。

图 2－1　系统的输入输出关系

当仅考虑单一输入量与单一输出量之间的关系时，系统就简化为图 2－2 所示的单输入单输出系统。

图 2－2　单输入单输出系统

如果描述该系统的微分方程已知为

$$a_0\ddot{y}+a_1\dot{y}+a_2y=b_0\dot{x}+b_1x \tag{2-1}$$

对式(2－1)进行拉普拉斯变换(设初始条件为零)，得

$$a_0s^2Y(s)+a_1sY(s)+a_2Y(s)=b_0sX(s)+b_1X(s)$$

整理得

$$\frac{Y(s)}{X(s)}=G(s)=\frac{b_0s+b_1}{a_0s^2+a_1s+a_2} \tag{2-2}$$

式(2－2)的 $G(s)$ 被称为描述式(2－1)中系统输入量 x 与输出量 y 之间关系的传递函数。

传递函数的使用，使得控制系统的分析非常方便。这里暂不详述，先介绍一下拉普拉斯变换。

2.1.2　拉普拉斯变换

拉普拉斯变换将时域(t 域)的函数变换为复域(s 域)的函数,从而为运算和分析带来便利。这里不做严格的数学方法介绍,而是从实用的角度介绍一些结论和常用函数在 t 域和 s 域之间的对应关系。幸运的是,实际中产生的信号通常都有相应的拉普拉斯变换。

设:① $f(t)$为时域函数,且当 $t<0$ 时,$f(t)=0$;

② s 为复变量,$F(s)$为复域函数;

③ L 为拉普拉斯变换的运算符号。

定义 $f(t)$的拉普拉斯变换为

$$L[f(t)]=F(s)=\int_{0}^{+\infty} f(t)\mathrm{e}^{-st}\mathrm{d}t \tag{2-3}$$

1) 常用函数的拉普拉斯变换

(1) 阶跃函数

图 2-3 为阶跃函数,

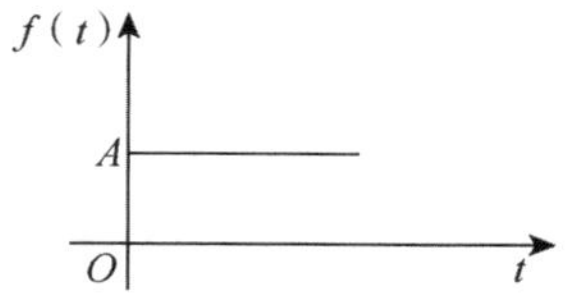

图 2-3　阶跃函数

设函数 $f(t)$为符合如下条件的阶跃函数:

$$f(t)=\begin{cases}0 & t<0\\ A=\text{常数} & t\geqslant 0\end{cases} \tag{2-4}$$

该函数的拉普拉斯变换用 $L[f(t)]$表示,得

$$L[f(t)]=F(s)=\frac{A}{s} \tag{2-5}$$

当 $A=1$ 时,称阶跃函数为单位阶跃函数,记为 $u(t)$,此时的拉普拉斯变换为

$$L[u(t)]=U(s)=\frac{1}{s} \tag{2-6}$$

(2) 斜坡函数

图 2-4 为斜坡函数,

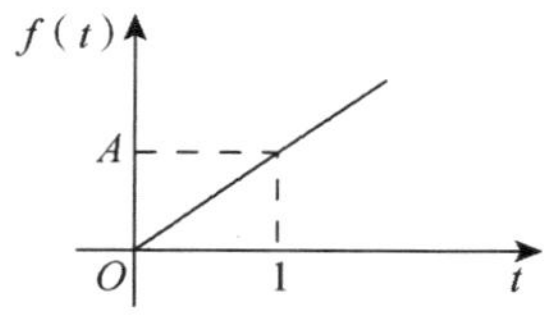

图 2-4　斜坡函数

设函数 $f(t)$ 为符合下列条件的斜坡函数：

$$f(t)=\begin{cases}0 & t<0\\ At & t\geqslant 0\end{cases} \tag{2-7}$$

斜坡函数的拉普拉斯变换是

$$L[f(t)]=F(s)=\frac{A}{s^2} \tag{2-8}$$

(3) 指数函数

设有符合如下条件的指数函数：

$$f(t)=\begin{cases}0 & t<0\\ A\mathrm{e}^{-\alpha t} & t\geqslant 0\end{cases} \tag{2-9}$$

式中，A 和 α 为常数，指数函数的拉普拉斯变换为

$$L[f(t)]=F(s)=\frac{A}{s+\alpha} \tag{2-10}$$

(4) 脉冲函数

图 2-5 为脉冲函数，

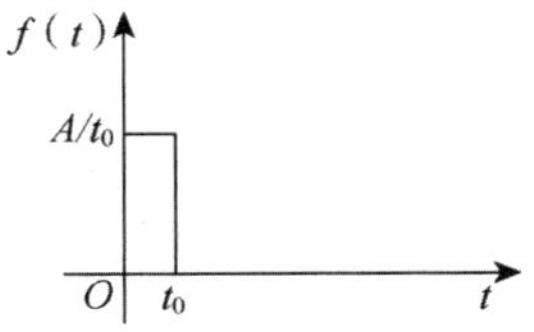

图 2-5 脉冲函数

设有符合如下条件的脉冲函数：

$$f(t)=\begin{cases}\lim\limits_{t_0\to 0}\dfrac{A}{t_0} & (0\leqslant t\leqslant t_0)\\ 0 & (t<0 \text{ 或 } t>t_0)\end{cases} \tag{2-11}$$

如图 2-5 所示，该脉冲函数的拉普拉斯变换为

$$L[f(t)]=F(s)=A \tag{2-12}$$

A 等于 1 时的脉冲函数称为单位脉冲函数，记为 $\delta(t)$，此时

$$L[\delta(t)]=F(s)=1 \tag{2-13}$$

2) 拉普拉斯变换定理

(1) 时移定理

设函数 $f(t)$ 及平移后的 $f(t-\alpha)$ 如图 2-6 所示。

若 $L[f(t)]=F(s)$

则

$$L[f(t-\alpha)]=e^{-\alpha s}F(s) \tag{2-14}$$

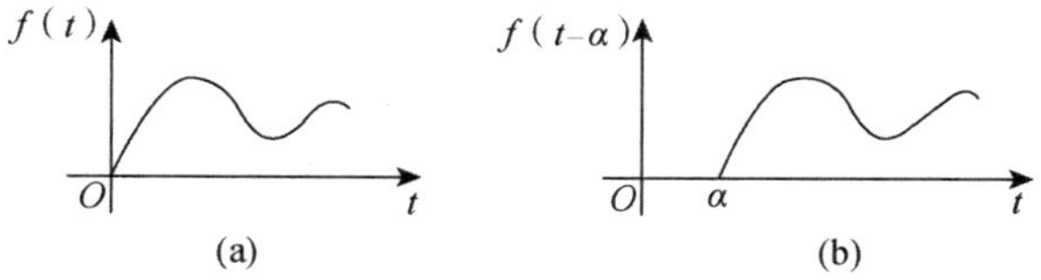

图 2-6　$f(t)$和 $f(t-\alpha)$

（2）微分定理

$$L\left[\frac{d}{dt}f(t)\right]=sF(s)-f(0) \tag{2-15}$$

如果 $f(0)=0$,则

$$L\left[\frac{d}{dt}f(t)\right]=sF(s) \tag{2-16}$$

如果 $f(t)$及其各阶导数的所有初始值都为 0,则

$$L\left[\frac{d^n}{dt^n}f(t)\right]=s^nF(s) \tag{2-17}$$

（3）积分定理

$$L\left[\int f(t)dt\right]=\frac{1}{s}F(s)+\frac{1}{s}f^{-1}(0) \tag{2-18}$$

$f^{-1}(0)$ 是$\int f(t)dt$ 在 $t=0$ 时的值,如$f^{-1}(0)$ 为 0,则

$$L\left[\int f(t)dt\right]=\frac{1}{s}F(s) \tag{2-19}$$

（4）线性定理

$$L[Af(t)]=AF(s) \tag{2-20}$$

$$L[f_1(t)\pm f_2(t)]=F_1(s)\pm F_2(s) \tag{2-21}$$

（5）终值定理

可以根据 $F(s)$表达式,求取 $f(t)$在 $t\to+\infty$处的值。

$$f(+\infty)=\lim_{t\to+\infty}f(t)=\lim_{s\to 0}sF(s) \tag{2-22}$$

（6）初值定理

$$f(0^+)=\lim_{s\to+\infty}sF(s) \tag{2-23}$$

2.2 方块图

2.2.1 方块图应用

第 1 章图 1－8 中的被研究对象可以是一个电阻或电容，也可以是一个集成电路、一块仪表、一个反应器或一个控制系统等。

有时为了说明和分析问题的需要，画一个方块，有多个输入或输出信号。事实上，任何一个用方块来描述的系统都可能有不止一个输入变量或输出变量。但是，当我们使用规范的方块图方法时，原则上，一个方块只能有一个输入信号和一个输出信号，如果有一个以上的输入或输出信号线，其中只能有一个用来与其他方块相连接，其他的信号线只是起辅助性作用。

根据前述定义和规则，方块图可以应用于控制系统的各个部分和整个系统，也可以应用于每一块仪表的整机分析和仪表各个组成部分的分析。

2.2.2 方块图化简

在控制系统分析的应用中，首先建立系统各个组成部分的数字表达式，进行拉普拉斯变换，获得各组成部分的方块图及传递函数，然后将各个部分的方块根据系统的组成原理连接起来，就得到了整个系统的方块图。典型的简单反馈控制系统方块图如图 2－7 所示。

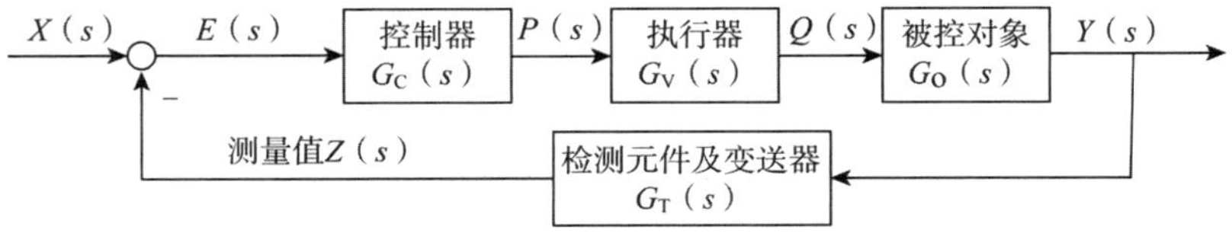

图 2－7 反馈控制系统方块图

由方块图定义及运算规则，可求得该系统的被控变量与设定值之间的关系，即系统传递函数，可表示为

$$\frac{Y(s)}{X(s)}=W(s)=\frac{G(s)}{1+G(s)\,G_T(s)}=\frac{G_C(s)\,G_V(s)\,G_O(s)}{1+G_C(s)\,G_V(s)\,G_O(s)\,G_T(s)} \tag{2-24}$$

式中，$\frac{Y(s)}{E(s)}=G_C(s)\,G_V(s)\,G_O(s)=G(s)$为系统的前向传递函数；

$\frac{Z(s)}{E(s)}=G(s)\,G_T(s)$为系统的开环传递函数；

$\frac{Y(s)}{X(s)}=W(s)$为系统的闭环传递函数。

由上述推导得知，图 2－7 的方块图也可等效为图 2－8 和图 2－9。

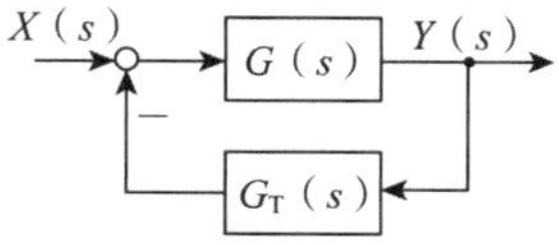

图 2－8　系统等效方块图 1

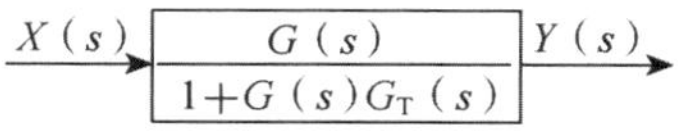

图 2－9　系统等效方块图 2

由图 2－7 到图 2－8，再到图 2－9，可以看到系统整体与部分的相对关系。一个完整的控制系统可等效为一个单独的方块，这样的方块可作为更大系统的一个部分。反之，一个如图 2－9 这样的单个方块又隐含着反馈机制于其中，可以分解为一个完整的反馈控制系统。

最后，谈一谈方块图的简化运算。

对于最常见的如图 2－7 所示的反馈控制系统，简化过程如上，其中的传递函数 $Y(s)/X(s)$ 可以直接写出，即分子为前向传递函数，分母为(1＋开环传递函数)。一般的方块图简化只要运用上述定义和规则，保持系统输出与输入之间总的传递函数不变即可。

2.3　数学模型

2.3.1　概述

要分析一个系统的动态特性，首要任务是建立一个合理且适用的数学模型，这是控制系统分析过程中最重要的内容之一。数学模型是系统动态特性的数学表达式，更具体地说，它描述了系统输入与输出之间的数学关系。

控制系统中需要建立数学模型，不局限于被控对象，系统中的每一个部分都需要建立数学模型，但相对来说，被控对象之外部分的数学模型是测量元件及变送器、控制器以及执行器的模型，它们的特性已经研究得比较多，而且变化很少。被控对象则比较复杂，不同的控制系统中的被控对象差异可能极大。因此，建模的重点是被控对象的建模。

被控对象千差万别，建立模型特别是机理建模需要对被控对象有比较深入的理解。因此，本书主要介绍过程工业中对象的建模方法。

1）过程对象的特点

系统相对较大且复杂；具有较大的时间常数和时间滞后；表现出非线性、分布参数和时变特性。因此，建模比较困难，需要在模型简化方面做出努力，并且更多地依赖于实验数据来建立模型。

2）简化模型

实际的物理系统非常复杂，过程对象也是如此，必须对系统进行适当的简化处理，才能有效地建模。通常，简化可以从两方面进行。

(1) 从分布到集中

所有系统的模型本质上都是分布参数的，但分布参数模型太复杂，难以建立和处理。因此，通常都将它简化为集中参数系统来建立模型。当然，这种方法仅在一定范围内有效。

(2) 从非线性到线性

实际的物理系统存在许多非线性,只要系统中任何一个环节是非线性的,系统就是非线性的。线性系统的重要特征是可以运用叠加原理,这将使系统建模分析大大简化。因此,在很多情况下,应该尽量将系统简化为线性系统来建模与分析。

3) 建模方法

系统的建模方法分为机理建模与实验建模两大类。通常人们倾向于机理建模,认为这样的模型有坚实的理论基础,物理意义明确。但对于较复杂的系统,做了许多简化与理想化后,才能建立起机理建模。实验室建模似乎是迫不得已的办法,但在数据处理能力大大提高的今天,它也有较强的生命力。机理建模就像是“开环控制”,理论上可以做到很精确,但实际上很难实现;而实验建模就像是“闭环控制”,不管对象有多复杂,都可以用这种综合方法来应对。

对于一个新的建模问题,可以先建立一个简化的机理模型,对其进行一些初步的了解和研究。然后,再试图建立一个比较完善的数学模型,进行更全面和精确的研究。理想情况下,机理建模与实验建模应该相互印证、相互补充和完善。

2.3.2 机理建模

机理建模就是根据被研究对象的物理和化学性质和运动规律来建立系统的数学模型。因此,需要掌握对象的能量平衡关系、物料平衡关系、动量平衡关系、化学反应规律、电路电子原理等知识,难度相当大。因此,必须做出合理的假设,建模才是可行的。

但是各种假设的合理性、简化方法的正确性、模型的适用范围等一系列问题,最终还是要通过实验来验证和修正。

在控制系统中,需要建模的对象包括各种类型的元器件、仪表与装置(如电子的、机械的、气动的和液动的)、简单的杠杆系统以及复杂的反应器等。由于测量仪表及变送器、控制器和执行器将在本书的其他章节中专门介绍,其中包括了它们的数学模型的建立,因此,本章将着重介绍化工、医药、冶金、轻工业等过程设备装置的数学模型。

1) 一阶系统

当一个对象可以用一阶微分方程描述其特性时,它就是一个一阶对象或一阶系统。设其微分方程表示为

$$T\frac{\mathrm{d}y(t)}{\mathrm{d}t}+y(t)=Kx(t) \tag{2-25}$$

式中,$x(t)$——对象的输入变量;

$y(t)$——对象的输出变量;

K、T 都是常数(后续章节介绍其意义)。

对式(2-25)解微分方程,得式(2-26)

$$y(t)=Kx(t)(1-\mathrm{e}^{-\frac{t}{T}}) \tag{2-26}$$

当 $t\to+\infty$,

$$y(t)=Kx(t) \tag{2-27}$$

对式(2-25)取拉普拉斯变换(设初始值为零),得

$$TsY(s)+Y(s)=KX(s)$$

整理得

$$\frac{Y(s)}{X(s)}=G(s)=\frac{K}{1+Ts} \tag{2-28}$$

用方块图表示,如图 2-10 所示。

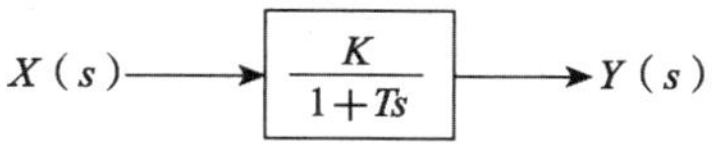

图 2-10 一阶系统方块图

很多实际的物理对象,其数学模型是一阶系统或可以近似地用一阶系统来描述。*RC* 电路和水槽等是最常见的一阶系统。

(1) *RC* 电路

在图 2-11 所示电路中,设 u_i 为输入电压,是该系统的输入变量;电容两端的电压 u_o 为输出电压,是该系统的输出变量;i 是流过电阻 R 的电流。

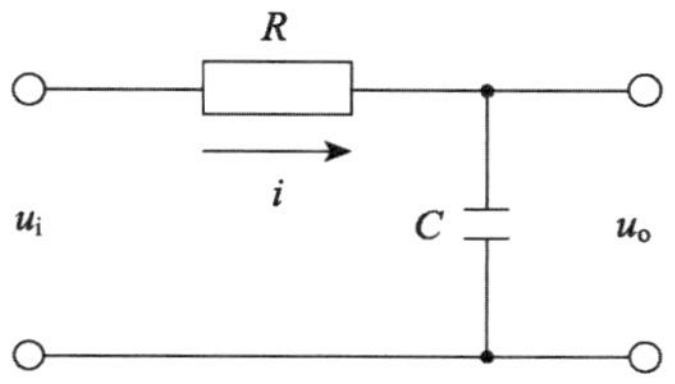

图 2-11 *RC* 电路

根据电路原理中的基尔霍夫定律,有

$$u_i=iR+u_o$$

$$i=C\frac{du_o}{dt}$$

消去中间变量 i,得到 u_i 与 u_o 之间的关系式:

$$RC\frac{du_o}{dt}+u_o=u_i \tag{2-29}$$

式(2-29)是一阶微分方程,说明 *RC* 电路是一阶系统。求解拉普拉斯变换,并假设初始条件为零,得

$$RCsU_o(s)+U_o(s)=U_i(s)$$

整理得 *RC* 电路系统的传递函数为

$$\frac{U_o(s)}{U_i(s)}=\frac{1}{1+RCs} \tag{2-30}$$

对照式(2-28),$1=K$,$RC=T$,得出式(2-30)。

RC 电路很直观、很简单,电阻和电容的概念比较清晰。许多物理系统如液位系统、热力学系统和气动系统也有类似的概念。

(2) 水槽

如图 2-12 所示,水槽的液面高度为 h,通常,希望这个液位能比较稳定,这里将它定为该系统的输出变量或被控变量。输入流量 Q_i 由阀门 1 加以调节,从而保持液位 h 的稳定,Q_i 是系统的输入变量。

对水槽的流出量 Q_o,阀门 2 不加以控制,是系统的中间变量。阀门 2 相当于一个负载,或者是类似于 RC 电路中的电阻 R,可称为液阻。当流过阀门 2 中的流体状态为层流时,此时的液阻 R:

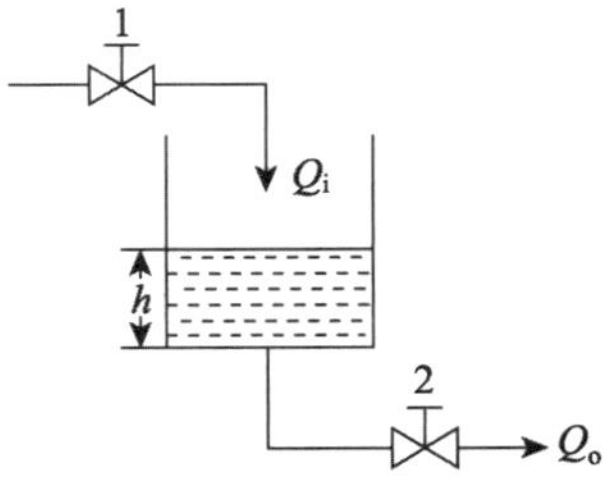

图 2-12 水槽系统

$$R=\frac{h(t)}{q_o(t)} \tag{2-31}$$

从式(2-31)中,可知

$$q_o(t)=\frac{h(t)}{R} \tag{2-32}$$

R 也是一个常数,这与电阻很相似。

对于水槽系统,横截面积保持不变,设横截面积为 A,当系统中的液体流动为层流时,系统是线性的;当液体流动状态为紊流时,系统是非线性的,但在变量很小的变化范围内,可以线性化。因此,在很小的时间 $\mathrm{d}t$ 之内,水槽的液体体积变化量等于

$$A\mathrm{d}h(t)=(q_i(t)-q_o(t))\mathrm{d}t \tag{2-33}$$

q_i 和 q_o 是相对于稳定值 Q_i 和 Q_o 的瞬时值。将式(2-32)带入式(2-33),将中间变量 q_o 消去,得式(2-34)

$$A\mathrm{d}h(t)=\left[q_i(t)-\frac{1}{R}h(t)\right]\mathrm{d}t \tag{2-34}$$

$$\frac{A\mathrm{d}h(t)}{\mathrm{d}t}+\frac{1}{R}h(t)=q_i(t) \tag{2-35}$$

$$AR\frac{\mathrm{d}h(t)}{\mathrm{d}t}+h(t)=Rq_i(t) \tag{2-36}$$

对式(2-35)进行拉普拉斯变换,并设初始条件为零,得式(2-37)

$$ARsH(s)+H(s)=RQ_i(s) \tag{2-37}$$

整理得

$$\frac{H(s)}{Q_i(s)}=\frac{R}{1+ARs} \tag{2-38}$$

式中，$R=K$，$AR=T$。

2）积分对象

前面分析的水槽系统，由式(2－32)可知，当液位升高时，出口流量 Q_o 会自动增加，使液位下降，在一定的工作范围内，系统能自动达到一个平衡状态，由式(2－26)和式(2－27)可知，这样的系统称为有自衡系统，在控制系统中是最常见的，也是比较易于控制的系统，控制系统中 70%～80%都是自衡系统。

如图 2－13 所示的系统，是没有自衡能力的。其输出流量由一个正位移泵抽出，保持恒定即 Q_o＝常数，与液位无关。因此，当 Q_i 发生变化，使液位 h 偏离平衡值后，系统不会自动到达平衡状态。如果 Q_i 有一个增量且保持不变，则液位将持续上升，直至溢出。这样的系统称为非自衡或无自衡系统。这样的系统相较于自衡系统难以控制。

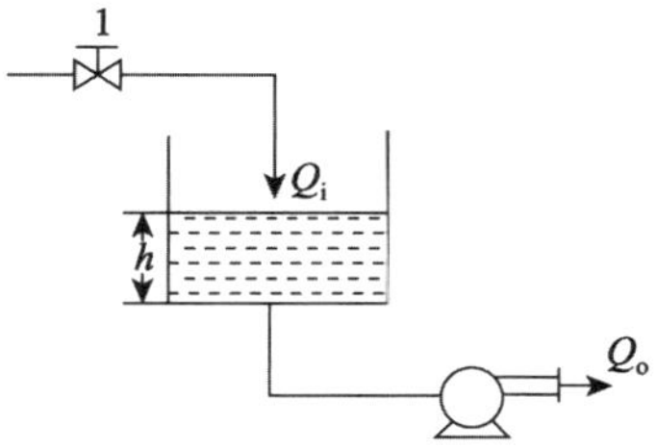

图 2－13　积分对象

由式(2－33)，且此时出水量的瞬时值变化量 $q_o=0$，得

$$A\mathrm{d}h(t)=q_i(t)\mathrm{d}t \tag{2-39}$$

对式(2－39)进行积分，得

$$h(t)=\frac{1}{A}\int q_i(t)\mathrm{d}t \tag{2-40}$$

由于有式(2－40)这样的表达式，因此该系统也常被称为积分对象。

若 Q_i 有一个增量 q_i 且保持不变，$h(t)=\frac{1}{A}q_i t+C$，所以，积分对象是非自衡系统。

该系统的传递函数为

$$\frac{H(s)}{Q_i(s)}=\frac{1}{As} \tag{2-41}$$

3）二阶系统

当一个对象可以用二阶微分方程描述其特性时，它就是一个二阶系统或二阶对象。设其微分方程表示为

$$a_0\frac{\mathrm{d}y^2(t)}{\mathrm{d}t^2}+a_1\frac{\mathrm{d}y(t)}{\mathrm{d}t}+a_2 y(t)=Kx(t) \tag{2-42}$$

对式(2－42)两边进行拉普拉斯变换，并设各阶初始值均为零，得

$$a_0 s^2 Y(s)+a_1 sY(s)+a_2 Y(s)=KX(s)$$

整理得

$$\frac{Y(s)}{X(s)}=\frac{K}{a_0 s^2+a_1 s+a_2} \tag{2-43}$$

很多物理系统的数学模型可用二阶系统来描述，如 RC 串联电路和串联水槽等。

(1) RC 串联电路

示意图如图 2－14 所示。

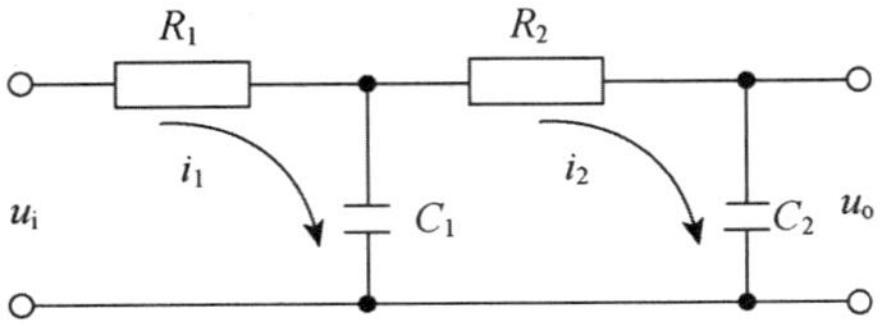

图 2－14　RC 串联电路

设 u_i 为系统的输入变量，u_o 为系统的输出变量，由基尔霍夫定律，得

$$u_i = \frac{1}{C_1}\int (i_1 - i_2)\mathrm{d}t + R_1 i_1 \tag{2-44}$$

$$u_o = \frac{1}{C_2}\int i_2 \mathrm{d}t \tag{2-45}$$

$$u_o + R_2 i_2 = \frac{1}{C_1}\int (i_1 - i_2)\mathrm{d}t \tag{2-46}$$

由上述式子解得 RC 串联电路的微分方程表达式为

$$R_1C_1R_2C_2\frac{\mathrm{d}^2 u_o}{\mathrm{d}t^2} + (R_1C_1 + R_2C_2 + R_1C_2)\frac{\mathrm{d}u_o}{\mathrm{d}t} + u_o = u_i \tag{2-47}$$

对式(2－46)两边进行拉普拉斯变换，并设初始值均为零，得

$$R_1C_1R_2C_2s^2U_o(s) + (R_1C_1 + R_2C_2 + R_1C_2)sU_o(s) + U_o(s) = U_i(s)$$

整理得，该二阶系统的传递函数为式(2－48)

$$\frac{U_o(s)}{U_i(s)} = \frac{1}{R_1C_1R_2C_2s^2 + (R_1C_1 + R_2C_2 + R_1C_2)s + 1} \tag{2-48}$$

(2) 串联水槽

串联水槽，如图 2－15 所示。设 Q_i 为系统的输入变量，Q 是中间变量，h_1 和 Q_o 也是中间变量，h_2 是输出变量。另外，还假设两只水槽具有同样的横截面积 A，

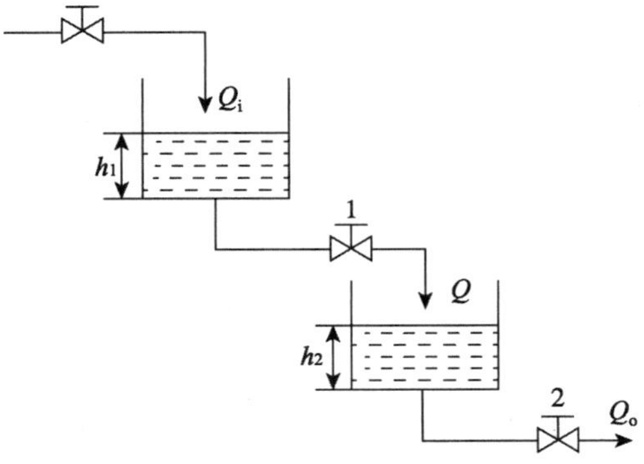

图 2－15　串联水槽

液位与流出量具有线性关系，则

$$R_1=\frac{h_1}{Q}$$

$$R_2=\frac{h_2}{Q_o}$$

分别列出 2 个水槽的物料平衡方程为

$$A\,\mathrm{d}h_1=(q_i-q)\,\mathrm{d}t$$

$$A\,\mathrm{d}h_2=(q-q_o)\,\mathrm{d}t$$

式中，q_i、q、q_o 均为相应的 Q_i、Q 和 Q_o 的瞬时值。

由上述四个方程，消去中间变量 h_1、q 和 q_o，解得输入变量 q_i 与输出变量 h_2 之间的微分方程为

$$AR_1AR_2\frac{\mathrm{d}^2h_2}{\mathrm{d}t^2}+(AR_1+AR_2)\frac{\mathrm{d}h_2}{\mathrm{d}t}+h_2=R_2q_i \tag{2-49}$$

对上式两边进行拉普拉斯变换，并设初始条件均为零，得出 Q_i 到 H_2 之间的传递函数为：

$$\frac{H_2(s)}{Q_i(s)}=\frac{R_2}{AR_1AR_2s^2+(AR_1s+AR_2s)+1} \tag{2-50}$$

设 $AR_1=T_1$，$AR_2=T_2$，$R_2=K$，则有

$$\frac{H_2(s)}{Q_i(s)}=\frac{K}{T_1T_2s^2+(T_1+T_2)s+1} \tag{2-51}$$

二阶被控对象也是有自衡系统。通常二阶和高于二阶的对象，研究起来比较复杂，这类对象在研究时要切割为一阶加上纯滞后的对象才容易研究。

2.3.3 实验建模

实验建模原则上是把被研究对象看作一个黑箱，如图 2-16 所示。这种方法不直接探究系统的内部结构和过程，而是通过外部表现来理解系统的功能和行为。即通过施加不同的输入信号，研究对象的输出响应信号与输入激励信号之间的关系，估计出系统的数学模型。这种方法也可称为系统辨识方法或黑箱方法。

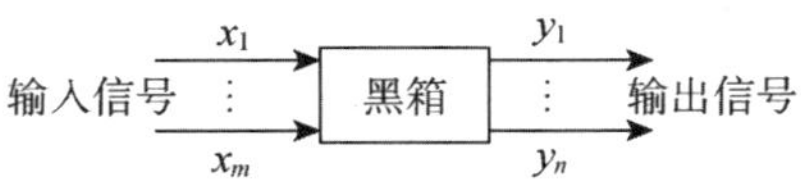

图 2-16 实验建模方法

显然，任何一个对象都可能有多个输入变量和输出变量，当要研究的是 x_1 与 y_1 之间的关系时，就应该将施加的输入信号加在 x_1 输入端上，并记录相应的 y_1 的变化。

这种方法对于复杂对象更为有效。对于已知的一阶或二阶系统，通过实验方法测取其特性参数也很方便、实用。常用的方法有：

1）阶跃扰动法

当对象处于稳定状态时，施加一个阶跃信号到输入端，记录输出端的变化曲线即可。

阶跃信号容易获得。当对象的输入量是流量时，只要将阀门开度突然变化一定幅度并保持不变即可，不需要另外的信号发生器。

对于水槽对象，阶跃扰动和相应的反应曲线如图 2－17 所示。由反应曲线可推得对象的数学模型及相关的参数。

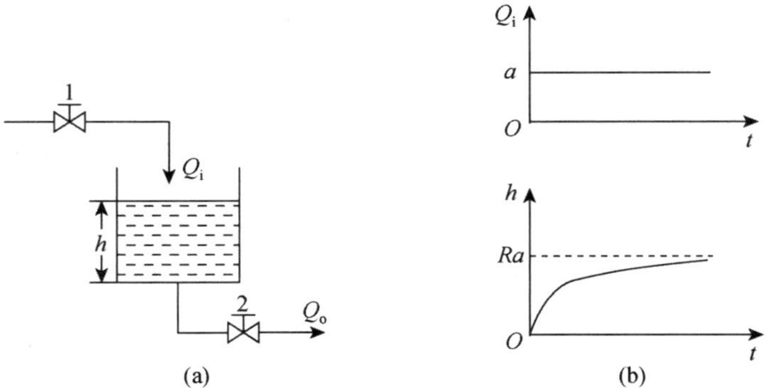

图 2－17 水槽对象阶跃扰动法

如图 2－17 所示的水槽系统是一阶系统，Q_i 到 h 的传递函数为

$$G(s)=\frac{H(s)}{Q_i(s)}=\frac{R}{1+ARs} \tag{2-52}$$

可知 $H(s)$可由式(2－53)表示

$$H(s)=\frac{R}{1+ARs}Q_i(s) \tag{2-53}$$

因为阶跃函数的拉普拉斯变换为

$$Q_i(s)=\frac{a}{s} \tag{2-54}$$

则由终值定理式(2－22)可得液位稳定值为

$$h(+\infty)=\lim_{t\to+\infty}h(t)=\lim_{s\to0}sH(s)=\lim_{s\to0}s\frac{R}{1+ARs}\frac{a}{s}=Ra \tag{2-55}$$

因此，由输入输出曲线测得 a 和 Ra 数值，代入已推得的微分方程或传递函数，就得到了完整的数学模型。

上面介绍的这种在已知系统的数学模型结构的基础上，再通过实验来确定数学模型中的参数方法，又称为系统的参数估计。

2）矩形脉冲法

矩形脉冲法的反应曲线如图 2－18 所示，x 为施加

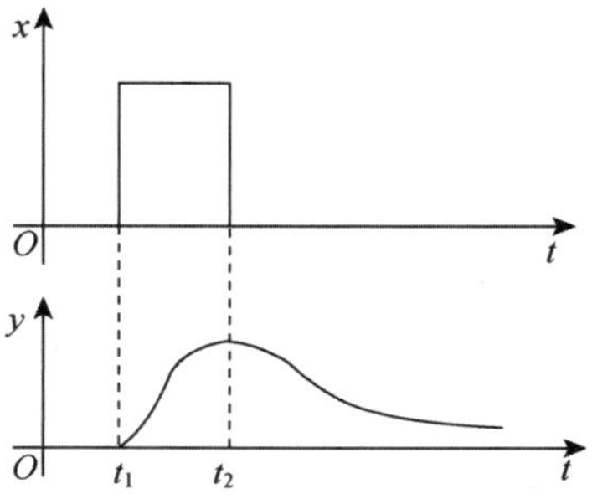

图 2－18 矩形脉冲法

的输入信号，相当于在 t_1 时刻施加了一个阶跃扰动之后，在 t_2 时刻再施加一个幅度相同但方向相反的阶跃扰动。

与阶跃扰动方法相比，干扰仅施加较短的时间。因此，幅度可以相对大一些，以提高试验精度。

3）周期扰动法

周期扰动法就是施加周期信号作为扰动。常用的周期信号有矩形脉冲波和正弦波。周期信号围绕平均值上下波动，对系统的影响很小。当输入为一系列不同频率的正弦波时，可直接获得系统的频率特性。这是周期扰动法的主要优点之一。

除了上面介绍的几种方法之外，还可以直接从正常生产过程的记录数据中分析过程特性，建立数学模型。这种方法称为在线辨识。但它需要大量的数据、较长的时间、较高的数据处理技术水平，而且精确度也不够高。为了提高所得模型的可信度和精度，有时采用多种方法相互验证，相互补充。

2.3.4 过程特性参数

在前面讨论的数学模型中，已经看到参数 K 和 T，实际的过程特性参数中，常见的还有 τ。

这三个参数具有什么样的物理意义？在系统中的作用如何？下面结合实例分别加以介绍。

1）放大系数 K

仍以水槽系统为例，当输入流量 Q_i 等于输出流量 Q_o，液位 h 处于某个稳定状态时，使 Q_i 突然有一个阶跃变化，阶跃幅度为 a，并保持不变。由阶跃扰动法可知，此时，水槽的液位也有一个相应的变化，经过一段时间后，逐步趋于一个新的稳态值，如图 2-19 所示。

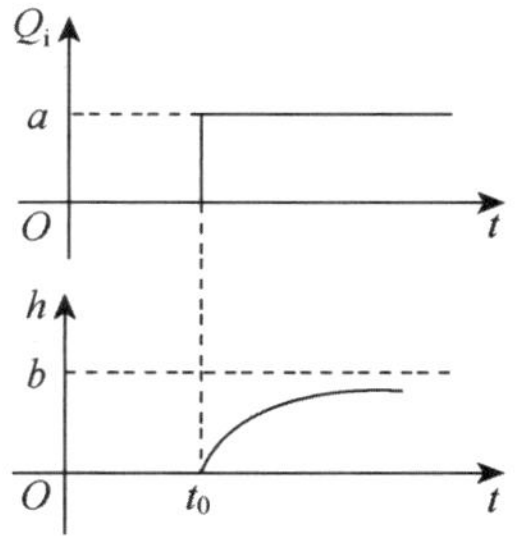

图 2-19 水槽放大系数 K 的计算

图 2-19 中，a 是输入流量的变化量，即阶跃扰动的幅值；b 是液面最终稳态值与原稳态值之差。定义 K 为该系统的放大系数：

$$K=\frac{a/(Q_{max}-Q_{min})\times 100\%}{b/(h_{max}-h_{min})\times 100\%} \tag{2-56}$$

可见，放大系数 K 的物理意义是系统进入稳态后，输出量的变化量的百分数与输入量的变化量的百分数之比。注意，由于 b 是系统经过很长时间进入稳态后的数值，因此，放大系数 K 是系统的静态特性参数。$Q_{max}-Q_{min}$ 和 $h_{max}-h_{min}$ 分别是输入量的变化范围和输出量的变化范围。

放大系数 K 是非常重要的特性参数。K 越大，表明输入信号对输出的控制作用越强。如截面积很小的水槽，较小的输入流量变化可能产生较大的输出量液位的变化。而截面积很大的水槽，输入流量的变化对输出量的影响很小。

对于一个被控变量，可能同时有几个输入变量对之产生影响，这时，应该尽量选择较大的放大系数 K 作为控制变量，其他输入变量作为系统的干扰量。如图 2-20 所示，该系统共有 3 个输入变量，选择 x_3 作为控制变量后，x_1 和 x_2 就被认为是该系统的干扰变量。从控制变量 x_3 到输出变量 y 之间的关系叫做控制通道，x_1 到 y 之间的关系叫做干扰通道 1，x_2 到 y 之间的关系叫做干扰通道 2。每个通道都有相应的数学模型及相应的放大系数 K。K 越大，表明该通道的控制能力越强；对于干扰通道，K 越大，表明该扰动对输出变量的影响越大。

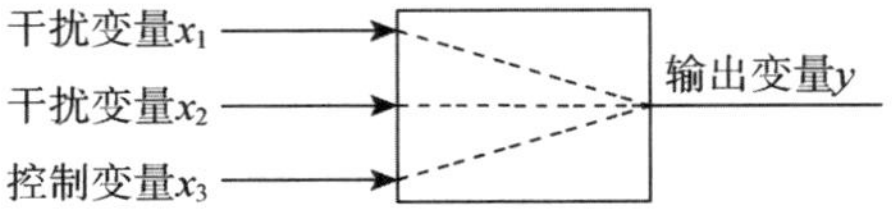

图 2－20　控制通道与干扰通道

2）时间常数 T

RC 电路的数学模型为

$$\frac{U_o(s)}{U_i(s)}=\frac{1}{1+RCs}=\frac{1}{1+Ts}$$

从电路图 2－11 分析可知，当电容充电结束后，电流 i 等于 0，$u_o=u_i$，即该电路 u_i 到 u_o 的控制通道放大系数 K 等于 1。但 u_i 是逐步达到最终值 u_o 的，它的快慢取决于 $T=RC$ 的数值。T 越大，表明电容 C 充满电需要的时间越长。这就是时间常数的物理意义。

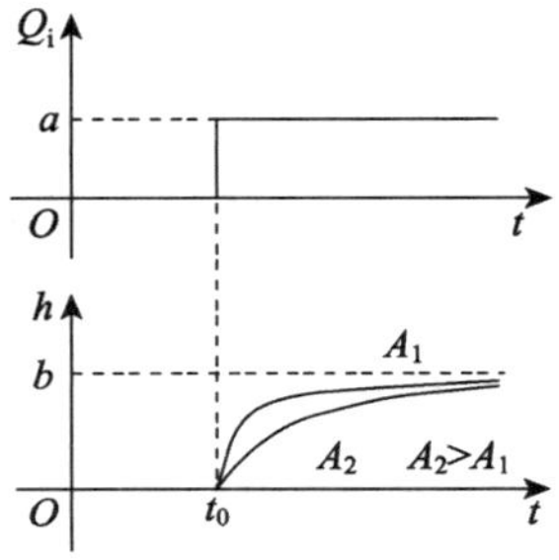

图 2－21　不同横截面积水槽的反应曲线

同样，在水槽系统中，对于相同的输入流量变化量，截面积大的水槽要花更多的时间才能达到稳态液位值。如图 2－21 所示，一个水槽的截面积为 A_1，另一个水槽的截面积为 A_2，$A_2>A_1$，故在相同的输入流量变化量 a 的作用下，表现了不同的反应曲线。

时间常数 T 可以用实验方法测得。一阶系统的微分方程，当输入为单位阶跃信号时，求得

$$y(t)=1-e^{-\frac{t}{T}} \tag{2-57}$$

当 $t=T$ 时

$$y(T)=1-e^{-1}\approx 0.632 \tag{2-58}$$

依次还可求得 $t=2T$、$3T$、$4T$、$5T$ 等特殊点处的 y 值。

对 $y(t)$ 求导数得

$$\frac{dy(t)}{dt}=\frac{1}{T}e^{-\frac{t}{T}}$$

可求得反应曲线起始点的切线的斜率为

$$\left.\frac{dy(t)}{dt}\right|_{t=0}=\frac{1}{T} \tag{2-59}$$

将以上计算结果绘于图 2－22 中。

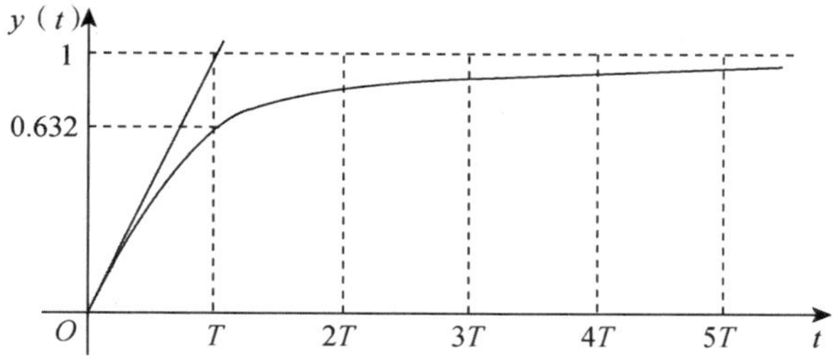

图 2-22　一阶系统单位阶跃反应曲线

由式(2-58)和图 2-22 可知，当反应曲线上升到最终值的 63.2%时，所用的时间正好为时间常数 T。因此，从实测的反应曲线上，相应于最终值的 63.2%处的时间值就是时间常数 T 的数值。由式(1-59)和图 2-22 可知，当 $y(t)$按照初始变化速度向上升，达到稳定所需要的时间是 T。

从图 2-22 中还看到，当时间 $t=3T$ 时，曲线已经很接近最终值，此时计算值为最终值的 95%；当时间 $t=5T$ 时，曲线已几乎与最终值重合，此时的计算值为最终值的 99.3%。可见，时间常数 T 也是标志系统动态过程何时基本结束的重要参数。因此，时间常数 T 是系统的动态参数。

另外，对于控制通道，时间常数 T 大，表明系统响应较平稳，系统较稳定，通常比较容易控制，但控制时间较长。时间常数 T 小些，系统相对比较难于控制。实际应用中有一个适中的时间常数较好。

对于干扰通道，时间常数越大，对控制就越有利。

3) 滞后时间 τ

有些物理对象，当输入信号发生变化后，输出信号不会立即出现响应，出现了滞后现象。滞后时间 τ 就是用来描述系统滞后现象的特性参数。滞后现象包括纯滞后和容量滞后两类。

(1) 纯滞后 τ_0

纯滞后又叫做传递滞后，用 τ_0 表示。产生纯滞后的原因通常是物料的传输需要一定的时间，例如如图 2-23 所示的溶解槽浓度系统及其反应曲线。

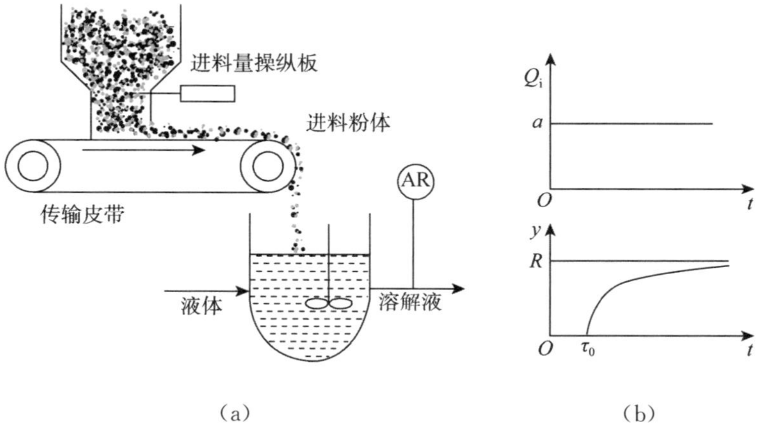

图 2-23　溶解槽浓度系统及其反应曲线

当浓度需要增加一定幅值时，操作进料量操纵板，使料体进料量增加。但是，由于粉体进料量的增加量 a 需要经过输送皮带的传送，并滞后一定的时间 τ_0，才能进入溶解槽，系统的输出量浓度 y 才会响应。也就是说，从输入信号料体进料量有了变化，到输出信号浓度开始变化的这段时间里，溶解槽无法感知进料的变化。这段时间的长短取决于粉体传送距离 L 和皮带机的输送速度 v。

$$\tau_0=\frac{L}{v} \tag{2-60}$$

上述分析是以粉体加料斗下方进料量操纵板处的进料量作为系统的输入变量；如果以溶解槽液面处的进料量作为系统的输入变量来分析并画图，则相当于在图中 τ_0 时刻才有增量 a，输出变量 y 是几乎立即产生响应的。这说明，原来的带有纯滞后的一阶系统可以分解为一个独立的纯滞后环节和一个独立的无纯滞后的一阶环节。在反应曲线图上，带有纯滞后的一阶系统的响应曲线与无纯滞后的一阶系统的响应曲线相比，形状完全一致，只是向右移了滞后时间 τ_0 而已。

(2) 容量滞后 τ_c

容量滞后，是系统的输入变量变化后，输出变量的变化相对缓慢，在一段时间内几乎观察不到，随后才逐渐开始显著变化。这种现象是由于系统中物料或能量的传递需要克服一定的阻力而产生的，被称为容量滞后现象，定义这段时间为 τ_c。

在串联水槽、列管换热器和热电偶等多容系统中，都存在容量滞后现象。如图 2-24 所示，在串联水槽中，当输入量 Q_i 有了一个增量 a 后，中间变量 h_1 按指数规律上升，最后趋于一个稳定值；中间变量 Q 也按相应的规律增长，然后趋于稳态值。由于 Q 同时也是第二个水槽的输入变量，它起初的变化量较小，因而引起的 h_2 的变化量就更小。待 Q 有了显著的变化，h_2 才会出现明显的变化。

实际上，当输入 Q 在 t_0 时刻有了突变后，输出量 h_2 也是很快就有响应，只是起初一段时间的响应幅度太小，难以观测到。

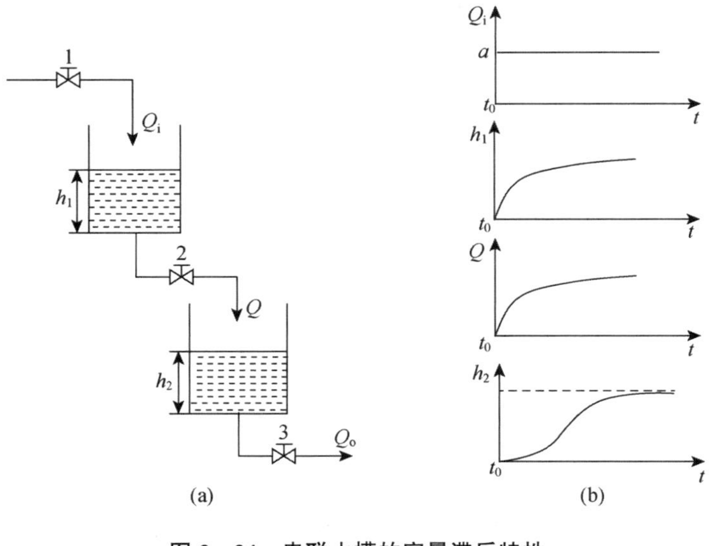

图 2-24　串联水槽的容量滞后特性

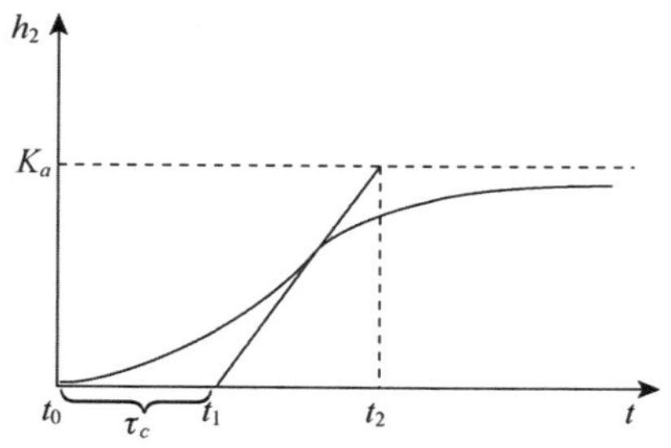

图 2 - 25 容量滞后 τ_c 的定义图示

将 h_2 的响应曲线放大,并经过拐点作一切线交于时间轴于 t_1 点,从输入信号 Q 变化开始到交点 t_1 的这段时间就定义为该系统的容量滞后时间 τ_c,$\tau_c=t_1-t_0$。

对于具有类似图 2 - 25 响应曲线的系统,可以用一个一阶环节和一个纯滞后环节来近似。纯滞后的 τ_0 就等于图 2 - 25 的 τ_c,一阶环节的时间常数 $T=t_2-t_1$,放大系数 K 的计算公式为

$$K=\frac{K_a(h_{2\max}-h_{2\min})}{a(Q_{i\max}-Q_{i\min})}\times 100\% \tag{2-61}$$

需要指出的是,有一些系统可能同时存在纯滞后和容量滞后,另外,有时很难区分系统的纯滞后和容量滞后。因此,常常将纯滞后和容量滞后统称为时间滞后,滞后时间记为 $\tau=\tau_0+\tau_c$。

有滞后(纯滞后)的一阶被控对象的数学模型,如式(2 - 62)所示。

$$T\frac{\mathrm{d}y(t+\tau)}{\mathrm{d}t}+y(t+\tau)=Kx(t) \tag{2-62}$$

其传递函数表达式为式(2 - 63)

$$\frac{Y(s)}{X(s)}=G(s)=\frac{K}{1+Ts}\mathrm{e}^{-ts} \tag{2-63}$$

显然,时滞对控制系统是不利的,它给运算带来了麻烦。测量仪表中存在的时滞会导致被控变量的变化不能及时反映出来,会延误控制与决策;执行器和被控制对象控制通道中的时滞,会导致控制器的控制作用不能及时传递到位,加大系统的振荡,甚至可能导致系统失控。只有当干扰通道中存在时滞时,它仅仅会将干扰作用的出现推迟一段时间,对系统没有实质性的影响。

2.4 瞬态响应法

2.4.1 瞬态响应分析方法

在建立了系统的数学模型之后,就有了良好的进一步深入分析的基础。可以运用多种不同的方法来分析系统的性能,为提升系统的控制质量提供依据。瞬态响应分析的基

本方法是：给系统输入各种不同的典型信号，观察并分析系统的响应曲线。由于系统对典型输入信号的响应与系统在实际运行中对实际输入信号的响应之间存在一些明显的相关特性，因此，使用这种方法来分析系统的性能并提供评价系统性能的若干指标是合理且有意义的。下面首先介绍瞬态响应中的一些基本概念。

1）静态与动态

从理论上讲，系统中的任何一个变量都有其静态和动态之分。静态是指该变量不再随时间而变化的某个平衡状态；动态是指该变量随时间而变化的不平衡状态。

静态并不是静止的状态，而是平衡态。如一个流量变量，当它保持一定的流量值而不随时间变化时，就称该变量处于静态。一个水槽，进水流量等于出水流量且不随时间变化，液位也保持在一定的数值而不随时间变化，则称该系统处于平衡状态。此时，进水流量、出水流量和液位等变量均处于静态。

动态是指系统的变量会随时间而变化。如水槽系统，当进水流量与出水流量不相等时，液位会随时间而变化，就称该变量处于动态。又如换热器的温度，当进入换热器的热量与送出换热器的热量相等时，称该温度变量处于静态；当进出换热器的热量不相等时，温度就会随时间而发生变化，则称该变量处于动态。

2）瞬态响应、稳态响应

给系统输入端施加一个输入信号，就会在输出端产生一个输出响应信号。输出响应信号由瞬态响应和稳态响应两个部分组成。瞬态响应是指系统输出变量从初始平衡状态到最终平衡状态之间的响应过程；稳态响应是当时间趋于无穷大时，输出变量的状态，通常是最终平衡状态。

3）系统的稳定性

系统没有受到干扰信号和控制信号的作用时，系统的输出变量保持不变，处于平衡状态。如果系统受到干扰信号作用后，输出变量最终能返回到原平衡状态或其附近，那么该系统是稳定的。否则，就是不稳定的。

4）过渡过程

由于干扰作用和控制作用等因素的影响，系统经常处于变动之中。系统的变量会不时地从一个静态开始，进入动态，最终进入另一个静态。系统受输入信号的作用从一个静态到另一个静态之间的变化过程，就是过渡过程，也是系统的瞬态响应。

2.4.2 控制系统的过渡过程

根据前面内容的讨论，过渡过程是指处于平衡状态系统的输入端受到干扰信号或控制信号的作用后，系统的输出端（通常是指被控变量）产生的瞬态响应。为了便于分析比较，一般采用阶跃函数作为输入信号。采用阶跃函数的原因是这个信号简单，便于计算与生成；另外，该信号作用强，危险程度高，控制系统如能承受这种信号的干扰，克服其他比较缓和的干扰就没有问题了。

如图 2-26 所示，控制系统在系统中各信号处于静态时，通常在信号 f 处施加阶跃干扰（图 2-27），记录 z 的数值。z 是被控变量 y 的测量值。于是在阶跃信号的作用下，控制系统的输出变量的过渡过程有可能出现如下几种形式。

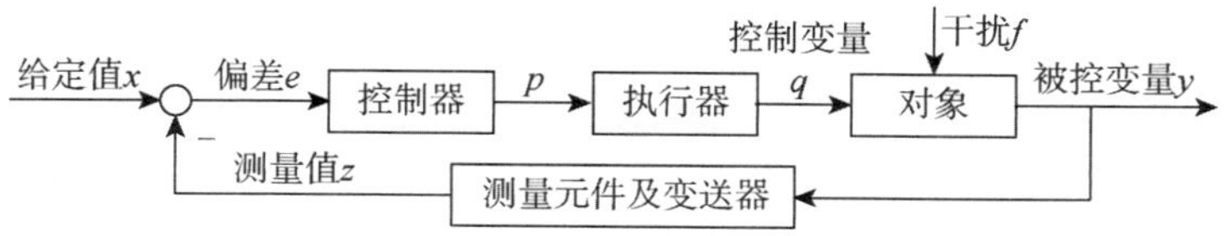

图 2－26　控制系统方块图

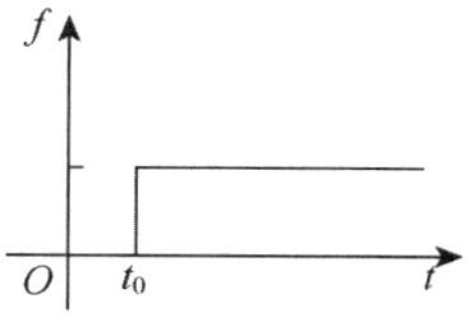

图 2－27　阶跃干扰

(1) 非振荡衰减过程

如图[2－28(a)]所示，被控变量达最大之后，缓慢地到达某一稳定状态。系统是稳定的，但该过程由于变化缓慢，一般不采用。

(2) 衰减振荡过程

如图[2－28(b)]所示，被控变量较快地达到最大值，然后衰减振荡，最终输出也达到某一稳定状态。系统是稳定的，通常都要求系统的被控变量呈现这样的过渡过程。

(3) 等幅振荡过程

如图[2－28(c)]所示，被控变量在某稳态值附近以恒定的幅度来回振荡。一般认为该系统也是不稳定的，不予采用。但在位式控制中，可以采用这种过渡过程。

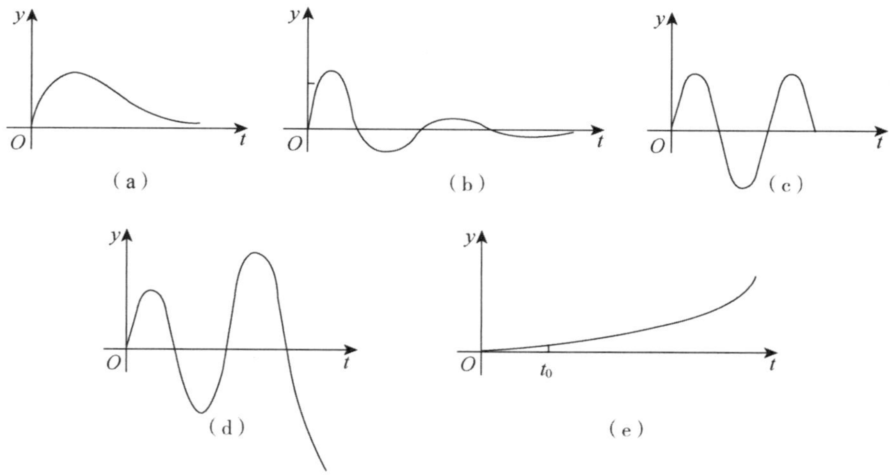

图 2－28　过渡过程的基本形式

(4) 发散振荡过程

如图[2－28(d)]所示，被控变量振幅越来越大，是不稳定系统，不能采用。

(5) 非振荡发散过程

如图[2－28(e)]所示，被控变量单调地增加或减小，越来越偏离给定值，最终到达系统的物理极限状态，是不稳定过程，也不能采用。

2.4.3　过渡过程的性能指标

除了一些不允许产生振荡的系统之外，通常都希望系统既有充分的快速性，又有足够的稳定性和准确性，这需要合理设计控制系统，使其具有衰减振荡过程。为了合理地评价衰减振荡型过渡过程的性能，人们设计并提出了如下一系列控制系统过渡过程的性能指标。

设控制系统最初处于平衡状态，且被控变量等于给定值。此时，施加一个单位阶跃干扰，系统的被控变量开始衰减振荡过渡过程，其具体振荡过程如图 2-29 所示。

1）最大偏差 A

如图 2-29 所示，最大偏差 A 是指在整个过渡过程中，被控变量偏离给定值的最大量，是第一个波的峰值。由于系统受到干扰后，被控变量以较快的速度偏离给定值，达到最大偏差峰值点，因此，达到第一个峰值的时间（称为峰值时间 t_p）和高度是衡量系统性能的重要指标。显然，最大偏差小些更好，但它还要受到其他指标的制约。

2）余差 C

如图 2-29 所示，余差是过渡过程最终的新稳态值与过渡过程开始之前的原稳态值之差。它表明了系统克服干扰回到原来给定值的能力大小，是反映系统准确性的重要指标。显然，人们希望余差越小越好。有余差的系统叫做有差系统，反之称为无差系统。余差的幅值与系统的放大系数及输入信号的幅值有关。在工程实际中，有些被控变量的控制精度要求较高，应尽量减小余差。由于物理极限的限制，理论上，余差不可能为零；实际上，当余差很小时，可以认为是一个无差系统。有些被控变量，如有些液位量，可以允许有一定的余差。

3）超调量（B、B'）

如图 2-29 所示，超调量等于每一个波峰值减去新稳态值，有一个波峰就有一个超调量。最大超调量与最大偏差相似，如果新稳态值等于原稳态值，则最大超调量 B 就等于最大偏差 A。这时系统的余差为零。

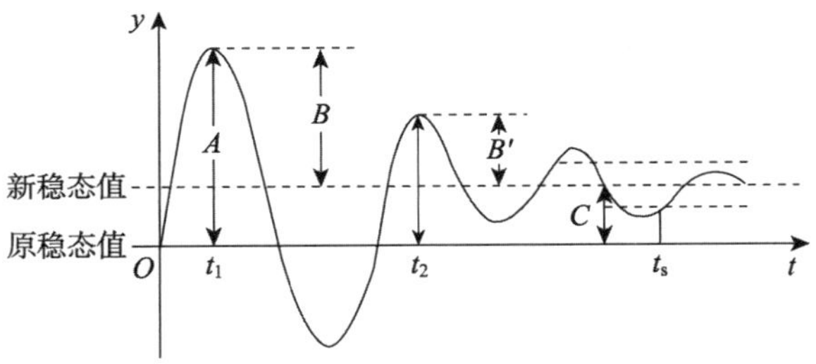

图 2-29　过渡过程性能指标示意图

4）衰减比 n

如图 2-29 所示，第一个超调量与第二个超调量的比值体现了过渡过程的衰减程度。$n=\dfrac{B}{B'}$，称为衰减比。

显然，衰减振荡过渡过程的衰减比总是大于 1 的。n 接近于 1，过渡过程的衰减速度太慢。n 越接近 1，过渡过程就越接近于等幅振荡过程。由于这样的系统振荡频繁，难以稳定，不应该采用。此外，n 越大，过渡过程衰减越快。当 n 很大时，接近非振荡衰减过程。

控制过程实践表明，通常 n 取值在 4～10 之间较好。这时，系统具有较好的快速性，第一个波峰出现较快;同时又有较好的稳定性,第二个波峰显著低于第一个波峰。由此,控制室操作人员就比较放心,不至于像 n 过小时,担心系统会不断振荡,是否演变为等幅甚至发散振荡;也不至于像 n 过大时,被控变量长时间地单调变化,担心被控变量不回头。

5) 过渡时间 t_s

如图 2-29 所示,过渡时间 t_s 定义为当过渡过程曲线进入最终稳态值附近的一定范围内,就不再超出这个范围的时刻。一般可以认为到了这个时刻,过渡过程就基本结束了。这个一定的范围一般定为新稳态值的±5%或±2%。过渡时间 t_s 是衡量过渡过程快速性的重要指标。t_s 越小,快速性就越好,能够适应干扰频繁出现的场合;如 t_s 较大,有可能第一个过渡过程尚未结束,第二个干扰又出现了,多个干扰的作用叠加,有可能使系统的控制不能满足生产的要求。

6) 其他指标

衡量控制系统过渡过程性能的还有其他一些指标。如图 2-29 所示,振荡周期 $T=t_2-t_1$,它是同方向两个波峰或波谷之间的时间间隔;振荡周期的倒数就是振荡频率;峰值时间,指过渡过程达到第一个波峰所花费的时间,也叫做上升时间 t_1。前面所述都是单项考核评价指标,还有一些综合评价指标,如对偏差的平方进行积分的 ISE 指标等。但工程上很少采用,本书不作介绍。

上述各个控制系统过渡过程的性能指标,其重要程度各有不同,且相互之间既有矛盾又有联系。在实际使用中,要综合考虑过程的快速性、稳定性和准确性。这些因素的确定主要取决于被控对象工艺上的要求,要一切从实际出发,不要过分追求高性能指标。

对于一个控制系统而言,被控对象通常是难以改变的,被控变量也是固定的。可以改变或加以调整,来改善过渡过程性能指标的是控制系统中对象以外的其他部分。对于采用常规自动化仪表并且已经合理设计的控制系统而言,检测点、测量仪表、执行器和控制器都已选定,可以用来改善过渡过程性能指标的就只有控制器的比例度、积分时间和微分时间等参数了。

一般来说,在实际工程中,一个控制回路的性能好坏,实际上有一个实际的要求,其指标非常低。所谓的闭环响应最优,是指系统最好不要有振荡,同时能满足控制要求。如果控制要求不能有超调,则参数整定时必须不能有超调。广义上讲,这与系统抗干扰的恢复速度和稳定特性有关,比如,不能有余差。若有余差,则说明该系统控制性能不好。总的来说,如果系统控制为有超调且无振荡,就基本接近控制回路的最优状态,如图[2-28(a)]所示。

3 简单控制系统

当前，随着生产过程及装备的现代化和计算机技术的应用日益普及，各方面对自动控制的要求越来越多，越来越高，但占控制系统总数绝大部分的仍然是简单控制系统，通常达80%以上。另外，掌握好简单控制系统也是进一步学习复杂控制系统和先进控制系统的必要基础。

3.1 系统组成原理及分析

3.1.1 系统组成原理

简单控制系统是由一个控制器、一个变送器（测量仪表）、一个执行器（调节阀，也称为控制阀）和一个被控制物理对象所组成的控制系统。图3-1是一个典型的简单控制系统，图3-2是该系统的方块图。由于控制系统信号流只有一个回路，因此也称为单回路控制系统。

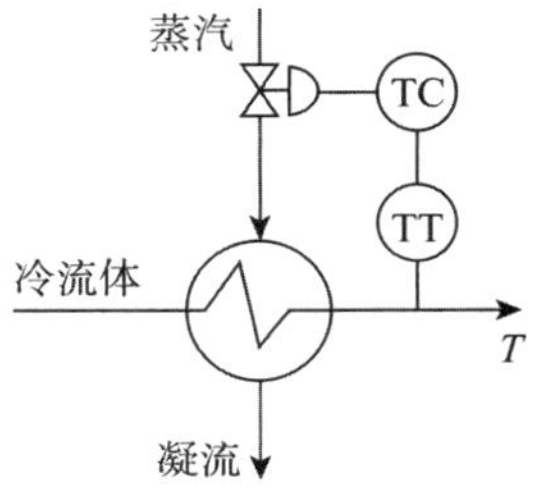

图3-1 换热器温度控制系统

在图3-1中，蒸汽是热载体，用来加热冷流体，改变蒸汽流量来控制被加热物料的出口温度是最为常见的换热器控制方案。T表示被加热介质的出口温度，是该控制系统的被控变量。该控制系统的目的就是使T被控制在工艺条件所要求的某个固定的数值上；TT表示温度测量并将其变换为TC可接收信号的仪表；TC表示用来控制温度的控制器，气动调节阀是执行器；换热器是被控物理对象。它们一起组成了换热器温度控制系统。下面简要介绍控制系统的各个组成部分。

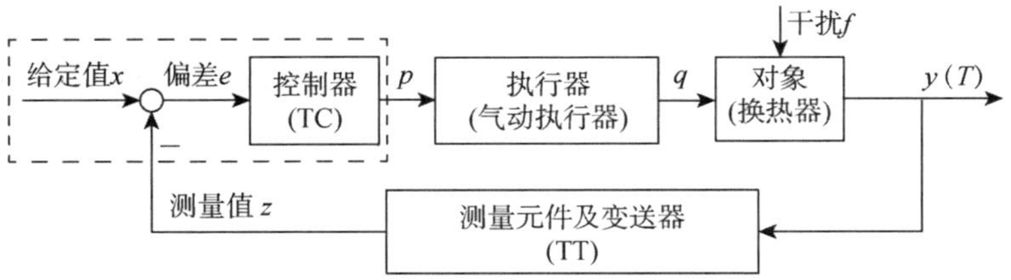

图3-2 换热器温度控制方块图

1）被控对象

从图3-2看到，该控制系统由一个被控变量（即换热器中被加热介质的出口温度T）、一个被控对象（即换热器）、一个控制变量（即热载体蒸汽的流量，有时也称为操纵变量)组成。控制变量是被控对象的输入信号,被控变量是被控对象的输出信号。从控制方块图的角度看,被控对象换热器只有一个输入信号和一个输出信号。换热器中其他对被控变量 T 具有影响作用的因素都看作为干扰,干扰有时在方块图上不标出。

2) 控制器

实际的控制器包括方块图中的比较部分和控制器方块两个部分,即用虚线框起来的部分。控制器可以是早期的 DDZ-Ⅱ型、DDZ-Ⅲ型调节器,也可以是现代数字式控制器、工控机甚至集散控制系统(DCS)、可编程控制器(PLC)等设备。它们的输出信号都是电信号,可通过一只电/气转换器将信号送至气动调节阀,也可以直接将电信号送至带电气阀门定位器的气动调节阀。控制器的输入信号是由测量及变送单元送来的被控变量温度 T 的测量值信号,给定值与测量值的偏差送给控制器方块作为输入信号。

控制器方块实现各种控制算法,控制算法是控制器输入信号与输出信号之间的数学关系。常规的非数字式控制器有比例(P)、积分(I)和微分(D)三种基本控制算法,实际使用的是比例(P)、比例积分(PI)、比例微分(PD)和比例积分微分(PID)四种控制算法。

本章中该单元为一只电动控制器,且设置为 e 上升,p 也上升;e 下降,p 也下降。

3) 测量变送单元

由于要面对各种被测量信号及其环境,因此,构成该单元的仪表复杂多样。但从控制系统功能分析角度看,这一部分又最简单,就是把被控变量测量出来并转换为控制器可以接收的信号。方块图中所标的被控温度 T 是真实值,但这个真实值是无法确知的。我们所看到的仅仅是被控变量 T 的测量值 z。本章中该单元由一个热电阻和一个温度变送器组成,且 T 上升,z 上升;T 下降,z 亦下降。

4) 执行器

在过程控制中,执行器以气动执行器居多,电动执行器的用量在增加,但总量仍较少。气动执行器接受控制器发出的控制信号,使阀门处于一个相应的开度,控制变量也就有一个相应的流量作用于被控对象上,执行器还可以根据控制系统的要求改变特性和作用方向。本章中该单元为一台带电气阀门定位器的气动调节阀,设置为 p 上升,q 上升;p 下降,q 亦下降。

3.1.2　控制过程分析

1) 平衡状态

当流入系统的蒸汽将热量传递给冷流体,使被加热物料的出口温度维持在设定温度时,设蒸汽的流量及品质保持不变,且冷流体的流量及品质也保持不变,则控制系统处于平衡状态。这种动态平衡一直保持,直至有新的扰动量发生,或者对被加热物料的出口温度 T 有新的设定要求。

2) 干扰分析

该系统的主要干扰来自:冷流体的流量变化,流量上升,出口温度 T 下降;冷流体的温度变化,温度升高,出口温度 T 上升;如果蒸汽源不够稳定,蒸汽的压力变化会影响流量,压力上升导致流量上升,出口温度 T 也会上升。另外,蒸汽温度的变化、换热器环境温度的变化也会影响出口温度 T 的变化。这些干扰一般都是随机性的,是无法预知的,但当它们最终影响到出口温度 T 发生变化时，控制系统都能够对其进行调节并克服。

3）控制过程

无论是何种原因，何种干扰，只要它的作用使出口温度 T 有了变化，控制系统就能通过控制器来克服它，使出口温度 T 回到原来的平衡状态。

当温度 T 偏离平衡状态而上升时，热电阻（测温元件）测出这个变化，并将温度的变化转换为电阻的变化。温度变送器再将电阻变化量转换为电流变化量的上升，作为测量值 z 送给控制器；控制器将 z 与给定值 x 进行比较。由于 x 保持不变，z 上升，因此偏差 $e=x-z$ 将减小。根据所设置的控制器正向特性，此时 p 下降。再由所设置的执行器正向特性，此时送进换热器的蒸汽流量 Q 将下降。显然，蒸汽流量 Q 的下降将使出口温度 T 也下降，如此使 T 回归给定值。如果控制器参数设置恰当，可获得较满意的调节效果。这个控制过程可以用符号简洁地表达为

$$\text{干扰} \rightarrow T\uparrow \xrightarrow{e=x-z} z\uparrow \rightarrow e\downarrow \rightarrow p\downarrow \rightarrow q\downarrow \rightarrow T\downarrow$$

类似地，当干扰使出口温度 T 下降时，有

$$\text{干扰} \rightarrow T\downarrow \xrightarrow{e=x-z} z\downarrow \rightarrow e\uparrow \rightarrow p\uparrow \rightarrow q\uparrow \rightarrow T\uparrow$$

这就是在第 1 章中所介绍的反馈原理在起作用，当然这是一个负反馈控制。因此，方块图中 z 信号旁的“$-$”号很重要，如果把这个“$-$”号去掉，e 就等于 $x+z$，系统就成为正反馈，就不能克服干扰，此时

$$\text{干扰} \rightarrow T\uparrow \xrightarrow{e=x+z} z\uparrow \rightarrow e\uparrow \rightarrow p\uparrow \rightarrow q\uparrow \rightarrow T\uparrow$$

这种情况下，系统的控制作用不能使被控变量回归到给定值。

此外，如果控制器或执行器的作用方向选错了，系统也不能克服干扰。

在工业生产中，工艺过程存在的干扰，如同现实社会中也存在各种诱惑和干扰。面对这些纷繁复杂的外界因素，我们每个人都是一个“被控对象”。只有坚守良好的学习习惯，修养身心，并为了一个明确的小目标或大目标而努力，才能最终排除万难，学有所成。反之，如果我们的努力方向错了，就会离目标越来越远。

3.2 简单控制系统的设计

3.2.1 控制系统设计概述

由于在其他章节不再讨论控制系统的设计问题，因此，这里的概述是针对一般情况而言的。

1）基本要求

首先，设计人员应掌握较为全面的自动化专业知识，同时也要尽可能多地熟悉所要控制的工艺装置。其次，自动化专业技术人员应与工艺专业技术人员进行必要的交流，共同商定自动化方案。再次，自动化技术人员要切忌盲目追求控制系统的先进性、所用仪表装置的先进性；工艺人员要进一步增强对自动化技术的信心，特别是在处理一些复杂对象和大系统的综合自动化时，要注意倾听控制工程技术人员的建议。最后，设计要遵守有关的标准、行规，按照科学合理的程序进行。

2）基本内容

（1）确定控制方案

对于规模较大的控制工程，更要从实际情况出发，首先确定总体的自动化水平，然后才能进行各个具体控制系统的方案确定。控制系统的方案设计是整个设计的核心，也是关键的第一步。通过广泛的调研和反复的论证，确定方案，包括被控变量的选择与确认、调节变量的选择与确认、检测点的初步选择等。绘制带控制点的工艺流程图，并编写初步控制方案设计说明书。

（2）仪表及装置的选型

根据已确定的控制方案进行选型时，要考虑到供货方的信誉、产品的质量、价格、可靠性、精度、供货方便程度、技术支持、维护等因素，并绘制相关的图表。

（3）相关工程内容的设计

设计内容包括控制室设计、供电和供气系统设计、仪表配管配线设计以及联锁保护系统设计等，并提供相关图表。

3）基本程序

（1）初步设计

初步设计的主要目的是上报审批，并为订货做准备。

（2）施工图设计

施工图设计是在项目和方案获批后，为工程施工提供详细设计资料的关键环节。

（3）设计文件和责任签字

设计流程包括设计、校核、审核、审定以及各相关专业的会签等环节，以严格把关，明确责任，确保协调一致。

（4）参与施工和试车

设计代表应该到现场配合施工，并参加试车和考核工作。

（5）设计回访

在生产装置正常运行一段时间后，应去现场了解情况，听取用户意见，总结经验教训。

3.2.2 被控变量的选择

被控变量的选择是控制系统设计中的关键问题。在实践中，被控变量的选择应以工艺人员为主，自控人员为辅，因为控制要求是从工艺角度提出的。但自控人员也应多了解工艺流程，并与工艺人员进行充分沟通，从控制的角度提建议。工艺人员与自控人员之间的相互交流与合作，有助于更好地选择被控变量。

在过程工业装置中，往往有多个变量可供选择作为被控变量，只有在这种情况下，被控变量的选择才是重要的问题。在多个变量中选择被控变量时，应遵循下列原则：

（1）尽量选择能够直接反映产品质量的变量作为被控变量。

（2）所选被控变量能满足生产工艺稳定、安全、高效的要求。

（3）必须考虑自动化仪表及装置的现状，特别是测量仪表的性能和状况。

被控变量的选择也可以归纳为以下三个方面问题：

（1）合理性与独立性。

（2）直接指标与间接指标。

（3）可测与可控。

1）合理性与独立性

大多数情况，对于从生产工艺中提出的以温度、压力、流量和液位等变量本身为操作指标的被控变量，需要着重考察所选变量是否是在工艺上特别是调节操作上较优的变量，是否存在控制要求相互矛盾的变量。这便是合理性与独立性问题。

例如，精馏塔的塔顶温度和塔底温度都需要控制。但如果设置两个简单调节系统，它们之间就会产生矛盾。当塔顶温度处于所需要的平衡状态时，塔底温度的调整势必导致塔顶温度的波动；同样，当塔底温度处于满意的平衡状态时，塔顶温度的调整也会影响塔底的温度。因此，这种方案是不合理的。此时，通常只能选择一个温度作为被控变量，通常是塔顶温度。另一个温度，如塔底温度，则只能放松控制要求。当然，在先进控制系统中，可以有更好的解决方案。

再例如，一个塔的液位和出料流量都需要控制的情况。如图 3-3 所示，为了维持塔的正常工作，希望液位保持稳定，可以通过改变出料流量来维持液位。然而，出料作为下一塔的进料，也希望稳定供给，也配装上一个流量控制系统。但这两个简单控制系统是相互矛盾的，无法同时正常工作，必须放弃其中一个控制系统，或者增加中间贮罐。当然，在一定的条件下，也可采用复杂控制系统来解决这个问题。

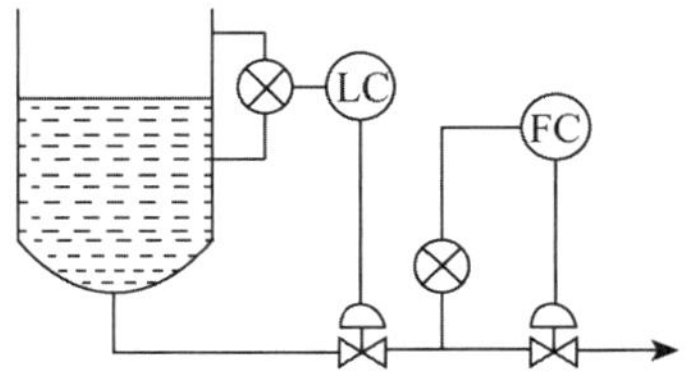

图 3-3　相互矛盾的两个被控量

2）直接指标与间接指标

严格地讲，只有质量指标才是化工过程真正的直接被控指标，如浓度、成分等。实际上，为了实现生产过程的稳定、安全和高效，温度、压力、流量、液位等变量也被视为直接指标。对于这些直接指标，凡是可测量的都可以作为被控变量。

但是，浓度等质量指标往往难以测量，或者难以快捷且经济地测量。因此，很多情况下不得不采用间接指标来作为被控变量。通常选取与质量变量关系密切，对应关系好且易于测量的变量，如温度和压力等，作为间接指标，以间接指标为被控变量代替浓度等直接指标。

例如，对于一个精馏塔，通常塔顶温度 T、塔压 p 和塔顶易挥发组分的浓度 x 之间有着一定的函数关系。如果浓度易于测出，当然以浓度为被控变量。在浓度不易测出，且浓度是塔压和塔顶温度的函数时，选择塔压和塔顶温度同时作为浓度的间接被控变量，理论上是可行的，但从提高控制的稳定性和降低系统的复杂性来看，是不合适的。以精馏塔分离苯一甲苯混合溶液为例，当气液两相并存时，塔顶易挥发组分的浓度 x、压力 p 和塔顶温度 T 三者的关系是，当压力恒定时，组分 x 和温度 T 之间存在着单值函数关系，即压力恒定，组分和温度一一对应，如图 3－4 所示，温度越低，易挥发组分苯的浓度越高。同时，如果温度 T 恒定时，组分 x 和压力 p 之间也存在单值函数关系，即压力越大，苯的浓度越高，如图 3－5 所示。从工艺上分析，实际控制过程以温度作为被控变量即是这个系统的间接指标，因为精馏塔往往需要塔压固定，如果塔压不固定，会影响分离纯度，从而影响精馏塔的效率。如果塔压波动，会破坏原来的气液相平衡，影响苯的挥发度。塔压固定时，精馏塔各层塔板上的压力基本不变，这样各层塔板上的温度与组分之间就形成了单值对应关系。所以，固定塔压，选择温度作为被控变量是合理的。

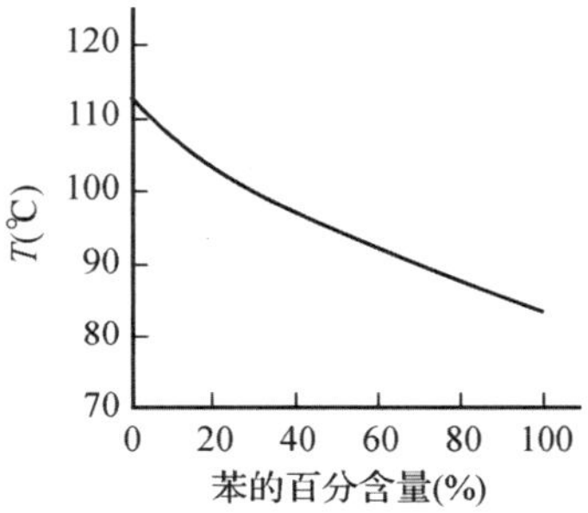

图 3－4　苯-甲苯溶液 T-x 图

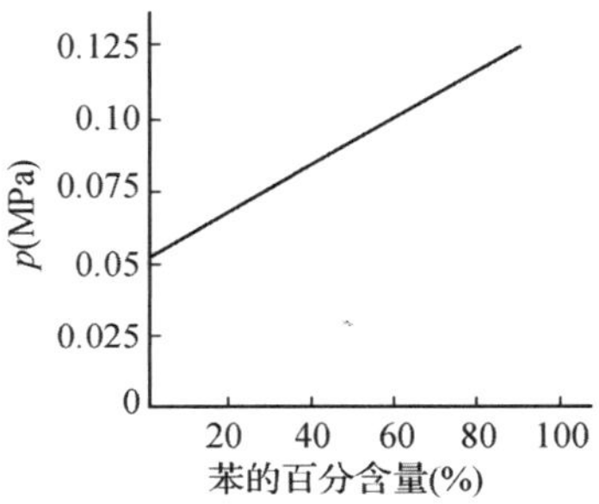

图 3－5　苯-甲苯溶液 p-x 图

随着成分分析仪表的发展和数字化技术的突飞猛进，质量指标将会更多地被选为被控变量。

3）可测与可控

显然，被控变量一定要可测，不能被测量的或不能经济快捷地被测量的变量不能作为被控变量。如很多成分的浓度尚无法在线测量；有些成分的在线测量仪表价格昂贵。

虽然从工艺角度提出的被控变量通常都是可被控制的量，但还是要认真地分析一下控制过程是如何工作的，特别是要结合控制变量的选择综合考虑。

图 3－1 中的换热器，出口温度 T 本身就是生产指标，选为被控变量。

3.2.3　控制变量的选择

在选定被控变量之后，要进一步确定控制系统的控制变量或操纵变量。实际上，被控变量与控制变量是放在一起综合考虑的。控制变量的选取应遵循下列原则：

（1）控制变量必须是工艺上允许调节的变量。

（2）控制变量应该是系统中所有被控变量的输入变量中对被控变量影响最大的一个。控制通道的放大系数 K 要尽量大一些，时间常数 T 适当小些，滞后时间尽量小。

（3）不宜选择代表生产负荷的变量作为控制变量，以免产量受到波动。

图 3－1 中的换热器，选择蒸汽流量作为控制变量。如果不调节蒸汽流量，而是调节冷

流体的流量，理论上也可以使出口温度稳定。但冷流体流量是生产负荷，不宜进行调节。

3.2.4 被控变量的测量

被控变量选择好之后，被控变量如何测量仍然有诸多因素需要考虑，以便更灵敏、更快速、更及时和更经济地测得被控变量。

1）灵敏性

对于已经确定的被控变量，在一定的范围内，由于检测点位置的不同，灵敏程度也会不同。

如精馏塔中的灵敏板问题，当物料组分有了一个变化时，多个塔板上的温度都能在一定程度上反映物料组分的变化，温度变化最大的塔板叫做灵敏板。温度的测量就应选择在最灵敏的灵敏板处。

2）快速性

流量、压力和液位的测量是很快的，温度的测量则由于能量的传递需要时间而较慢，或者说温度测量过程的时间常数 T 较大。对于要求较高的场合，宜采用快速热电偶，另外，还可以采用微分环节在一定程度上进行弥补。

在温度测量的动态过程中，由于测量元件及变送器的时间常数较大，测得的温度总是滞后于实际温度的变化。三种典型的情况如图 3－6 所示。图中，设 y 是实际的温度，z 为测得的温度，y 发生变化前，z 等于 y。图[3－6(a)]是 y 发生阶跃性升高，z 像一阶系统响应曲线一样发生变化；图[3－6(b)]是 y 线性增长，z 滞后于 y 缓慢上升，一段时间后，z 保持与 y 平行上升；图[3－6(c)]是 y 以正弦波变化，z 先缓慢上升，一段时间后保持滞后于 y 一个相位跟随变化。前两种情况下，z 的数值基本上都低于 y 值；图[3－6(c)]中 z 的峰值低于 y 的峰值。

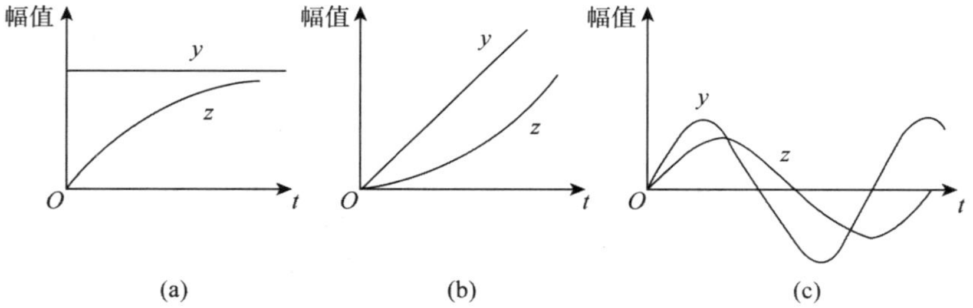

图 3－6 测量滞后的三种情况

3）及时性

当测量过程存在纯滞后和容量滞后时，测量值 z 不能及时反映被控变量 y 的变化，需要想办法尽量减小 τ_0 和 τ_c。

(1) 检测点的选择要适当。这方面的问题存在于成分测量的取样上，要尽量缩短取样的距离。

(2) 减小信号传输中的滞后。测量信号送至控制室由于都已采用电信号，没有问题；控制信号送至调节阀之前，多已采用电信号，因此也没有问题。但气动薄膜调节阀的膜头气室较大，有一定的滞后，可以采用阀门定位器来克服信号的传递滞后。

3.2.5 执行器正反作用的选择

详细的执行器结构原理等见第二篇相关章节，这里仅讨论气动调节阀的正反作用的选择。

1）气动调节阀的结构

图[3－7(a)]是反作用调节阀，因为控制信号 p 增加，弹性薄膜向下移动，带动阀杆使阀芯下移，阀门的开度减小，最终使流量 Q 减小，所以是反作用，这样的阀门也叫做气关阀。图[3－7(b)]是正作用调节阀，因为 p 增加，最终导致 Q 增加，这样的阀门也叫做气开阀。

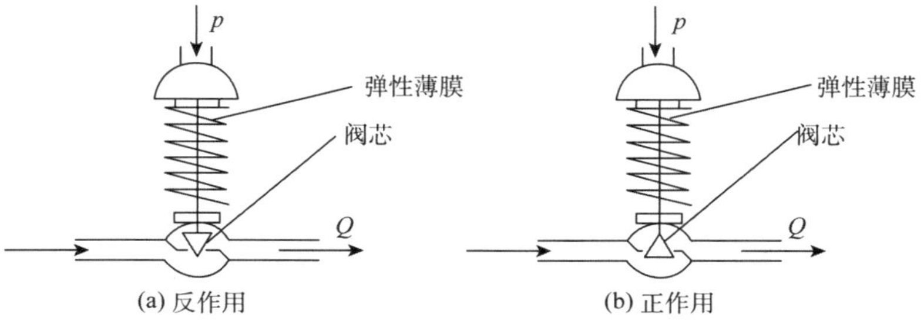

图 3－7　气动调节阀结构示意图

2）气开、气关的选择

选取的原则是，当控制信号 p 的气源发生故障而断气，阀门的阀芯都恢复到初始位置时，阀门的开闭状态要有利于生产的安全或符合安全的要求。

如锅炉进水阀门，当 p 断开气源时，阀门应在打开的位置，以保证锅炉汽包不烧干，选气关阀。

3.2.6 控制器作用方向的选择

1）控制器简介

控制器的详细种类和原理将在第二篇中介绍。这里从它在控制系统中的功能角度做一简介。

如图 3－8 所示，控制器由比较点和控制算法方块两大部分构成。在画控制系统方块图中，通常将控制算法方块标为控制器。这一点很容易让初学者不解，但在自动化行业已成习惯。

一般情况下，给定值是控制器内部产生的。如此，控制器就只有一个输入变量，即测量值信号；一个输出变量，即控制信号。

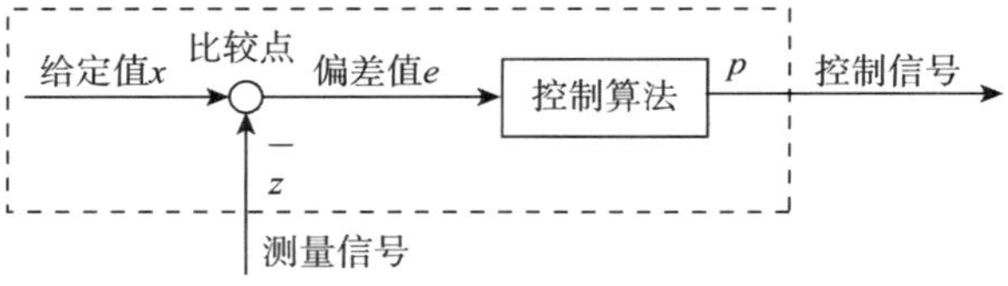

图 3－8　控制器功能示意图

2）方块的正、反作用方向

在控制系统方块图中，每一个方块都有一个作用方向问题。方块的正作用方向，是指该方块的输入信号增加，输出信号增加；输入信号减小，输出信号亦减小。如作用方向为正，可在方块上标“＋”；如作用方向为负，可在方块上标“－”。

方块的反作用方向，是指该方块的输入信号增加，输出信号减小；输入信号减小，输出信号增加。

对于测量仪表方块，由于测量值 z 总是随着被控变量而增加或减小，它们的变化总是同方向的，因此，该方块的作用方向通常总是正作用方向，可标为“＋”。

对于被控对象模块，根据不同的控制系统，其正、反则可能不同，如图 3－9 所示，液位槽系统及相应方块图，输入量 Q_i 增加，输出变量 h 亦增加，是正作用方向，方块上标“＋”。

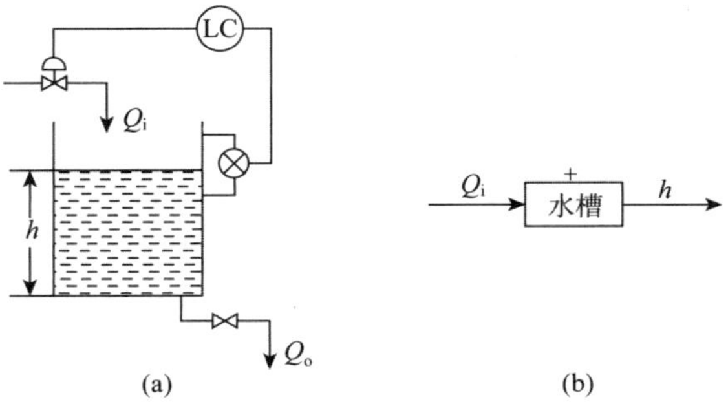

图 3－9　水槽液位控制系统(1)

又如图 3－10 所示水槽系统及方块图，实际上该被控对象与图 3－8 完全一样，只是控制变量改为 Q_o。这时，Q_o 增加，水位 h 减小，是反作用方向，方块上标“－”。所以，可以看出，即使都是水槽，因为其控制变量不同，被控对象的正、反作用也不一样。

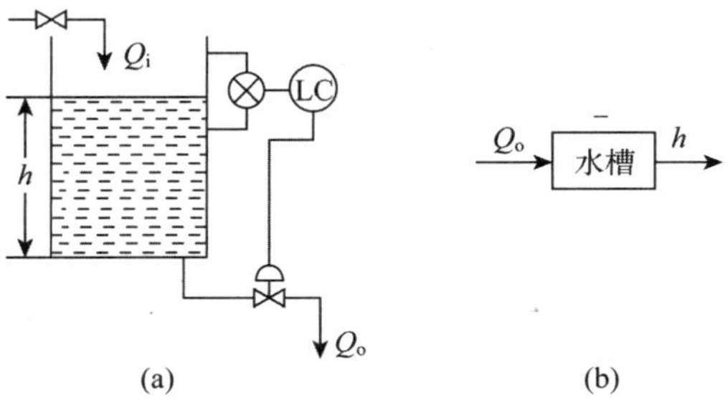

图 3－10　水槽液位控制系统(2)

对于执行器，由于执行器中有改变作用方向的装置，可为正作用，也可为反作用方向，它的选择取决于系统安全性考虑。如图 3－9 水槽，若在系统故障时，要求水槽的液位不能太低，则打开进水执行器，系统更安全，即没有信号时，阀门打开，执行器为气关，为反作用，记为“－”；若在系统故障时，要求水槽液体不能溢出，这时需关闭进水阀，系统更安全，即没有信号时，阀门关闭，执行器为气开，为正作用，记为“＋”。

因此，在一个控制系统中，只剩下控制器的正反作用可以改变，以保证整个控制系统是负反馈控制系统。

3）控制器方块的正反作用方向

方块图中，虚线方块的正、反作用即是控制器的正、反作用。若虚线方块的输入信号为测量值 z，测量值 z 增加，控制器输出 p 增加，则控制器为正作用，反之，则为反作用。

图 3－11 为例图 3－9 液位控制系统，要求系统故障时，液位不能过低，所以执行器为气关，为反作用，标记“－”，被控对象水槽为正作用，标记“＋”；当控制变量进水流量增加时，液位增加，所以被控对象为正作用，标记为“＋”，检测变送器为正作用，标记为“＋”。

为保证整个系统是闭环负反馈，要求整个系统四个方块（控制器方块看虚线方块）的乘积为负号，因三个方块的“＋”或“－”都确定了，故控制器的符号也很容易确定。若得出虚线方块为“＋”号，则控制器为正作用，反之，为反作用。所以本系统的控制器为正作用。

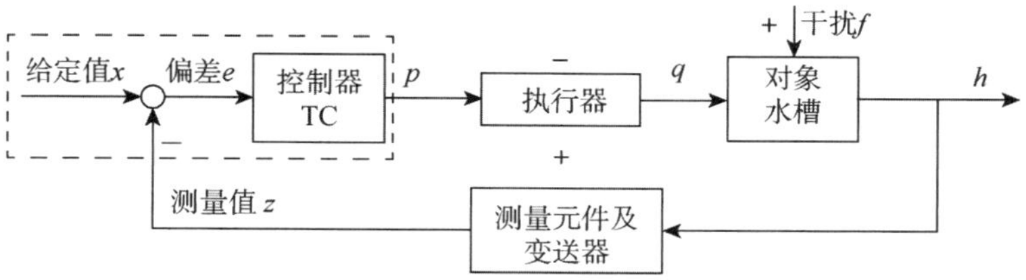

图 3－11　液位控制系统(1)的方块图

此时，如果 h 受干扰而增加，则有

$$\text{干扰} \longrightarrow h\uparrow \longrightarrow z\uparrow \longrightarrow p\uparrow \longrightarrow q\downarrow \longrightarrow h\downarrow$$

这样即某个干扰使被控变量 h 增加，由于控制系统的存在，最终使 h 下降，起到自动控制的目的。

3.2.7　控制器控制算法的选择

在控制系统中，仪表选型确定以后，对象的特性是固定的，不能改变的；测量元件及变送器的特性比较简单，一般也是不可以改变的；执行器加上阀门定位器可有一定程度的调整，但灵活性不大；主要可以改变参数的就是控制器。系统设置控制器的目的，也是通过它改变整个控制系统的动态特性，以达到控制的目的。

控制器的控制算法有多种形式，其中最广泛应用的是比例积分微分（PID）控制算法。对于 PID 控制，控制算法方块中的控制算法由三个部分组合而成，它们分别是比例作用、积分作用、微分作用，可组合成比例（P）、比例积分（PI）、比例微分（PD）和比例积分微分（PID）四种实用的控制算法。

比例作用的强度、积分时间的大小和微分时间的数值都是可以调节的参数。

1）比例控制

即控制算法方块的输入信号 e 与输出信号 p 之间具有比例关系，如式(3－1)所示：

$$p = K_{\mathrm{P}} e \tag{3-1}$$

式中，K_P——比例放大系数。

控制仪表中还有一个常用的术语叫比例度 δ。比例度与比例放大系数 K_P 之间的关系为

$$\delta=\frac{1}{K_P}\times 100\%$$

比例控制是最简单的一种控制算法，如选用比例控制，此时，方块图的控制算法方块就可写入 K_P，如图 3-12 所示。

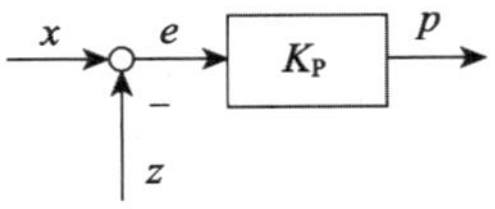

图 3-12　比例控制器方块图

比例控制的控制作用比较及时，过渡时间短，克服干扰能力强。但最大的缺点是控制过渡过程存在余差。因此，比例控制适用于一些允许有余差存在的液位控制等不太重要的场所。几乎所有的常规 PID 控制算法都包括比例作用。

2）比例积分控制

即控制算法方块的输入信号 e 与输出信号 p 之间具有比例关系和积分关系，如式(3-2)所示：

$$p=K_P\left(e+\frac{1}{T_I}\int e\,dt\right)=K_Pe+\frac{K_P}{T_I}\int e\,dt \tag{3-2}$$

式中，K_P——比例放大系数；

T_I——积分时间。

对式(3-2)进行拉普拉斯变换，得

$$P(s)=K_P\left(1+\frac{1}{T_Is}\right)E(s) \tag{3-3}$$

其方块图表达如图 3-13 所示。

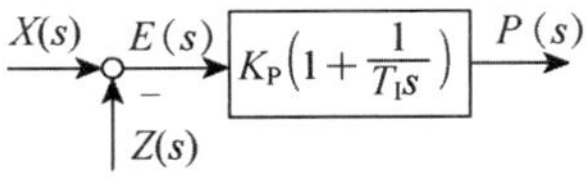

图 3-13　比例积分控制器方块图

可见，比例积分控制器比比例控制器多了一项积分项。由于这个积分项的存在，只要偏差 e 不为零，控制器的输出就不断地增加或减小，直至偏差为零。因此，控制器带有积分作用的控制系统，其过渡过程余差为零。这是积分控制作用最突出的优点。但加上积分作用后，系统的稳定性有所下降，这是精确性与稳定性之间的矛盾。

由于比例作用控制及时、反应快，积分作用可克服余差，这两者的结合就是当前使用的最普遍的控制算法。它适合于控制通道滞后小、负荷变化小且不允许有余差的场合，如流量和压力等。

3）比例微分控制

即偏差信号 e 与控制信号 p 之间具有比例关系和微分关系，如式(3-4)所示：

$$p = K_P\left(e + T_D \frac{de}{dt}\right) \tag{3-4}$$

引入微分作用以后，当 e 有变化时，微分项 $K_P T_D \frac{de}{dt}$ 有作用；当 e 保持不变时，微分项为零，对系统没作用。这可以克服过程的容量滞后，加快控制作用，增加系统的稳定性，减小余差。它适合于容量滞后较大的场合。

4）比例积分微分控制

即偏差信号 e 与控制信号 p 之间同时具有比例、积分和微分关系，如式(3－5)所示：

$$p = K_P\left(e + \frac{1}{T_I}\int e\,dt + T_D \frac{de}{dt}\right) \tag{3-5}$$

对式(3－5)进行拉普拉斯变换，得到

$$P(s) = K_P\left(1 + \frac{1}{T_I s} + T_D s\right)E(s) \tag{3-6}$$

同时，也可表示为如图 3－14 所示的方块图。

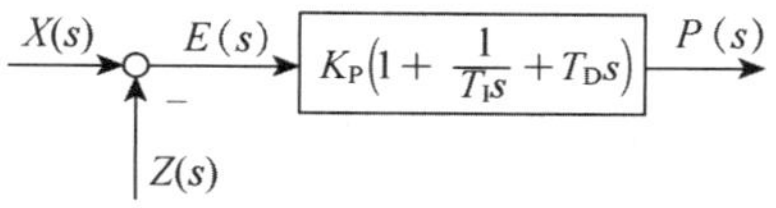

图 3－14　比例积分微分控制器方块图

比例积分微分控制算法综合了三种基本控制算法的优点，适当调整 K_P、T_I 和 T_D，可以获得相当好的控制系统过渡过程。

比例积分微分控制器适用于容量滞后大、负荷变化大且控制质量要求高的温度控制等场合。

3.3　控制系统的投运与参数整定

至此，我们已经讨论了简单控制系统设计中大部分的问题。尚未解决的问题有控制器中比例放大系数 K_P、积分时间 T_I 和微分时间 T_D 如何选择及控制系统如何投入运行。

3.3.1　投运步骤

1）投运前的准备

（1）熟悉被控对象和整个控制系统，检查所有仪表及连接管线、电源、气源等，以保证投运时能及时正确地操作，故障能及时查找到位。

（2）现场校验所有仪表，保证仪表能正常使用。

（3）根据经验或估算，设置 K_P、T_I 和 T_D，或者先将控制器设置为纯比例作用，比例度放较大的位置。

（4）确认调节阀的气开、气关作用。

(5) 确认控制器的正、反作用。

(6) 根据前述所有选择,假设被控变量受干扰有一个增加,看控制系统能否克服干扰的影响。

2) 现场的人工操作

如图 3-15,将调节阀前后的阀门 1 和 2 关闭,打开阀门 3,观察测量仪表能否正常工作,待工况稳定。

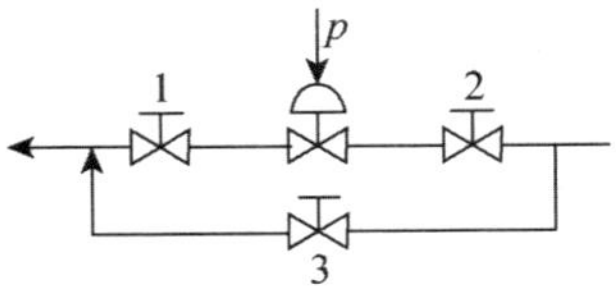

图 3-15 调节阀安装示意图

3) 手动遥控

手动调整作用于调节阀上的信号 p 至一个适当数值,然后,打开上游阀门 2,再逐步打开下游阀门 1,过渡到遥控,待工况稳定。

4) 投入自动

手动遥控使被控变量接近或等于给定值,观察仪表测量值,待工况稳定后,控制器切换到"自动"状态。至此,初步投运过程结束。但控制系统的过渡过程不一定满足要求,还需要进一步调整 K_P、T_I 和 T_D 三个参数。

3.3.2 控制器参数整定

控制器参数整定有两大类方法——理论计算法和工程整定法。理论计算法,需要较多的控制理论知识,由于实际的情况,理论计算不可能考虑周到,因此,没有得到应用,只能依据理论和工程经验估计一组参数,再在运行过程中优化参数,这和经验法相似。

工程整定法有三种:临界比例度法、衰减曲线法和经验法。

1) 临界比例度法

该方法是先将控制器设置为纯比例作用(即把积分时间 T_I 设置为上限或者下限值,微分时间 T_D 设置为"0",就消除了积分和微分作用),且比例度 δ 放在较大位置,将系统投入闭环控制,然后逐步减小比例度 δ(即增加比例放大系数 K_P)并施加干扰作用,直至控制系统出现等幅振荡的过渡过程,如图 3-16 所示。这时的比例度就叫做临界比例度 δ_k,振荡周期就叫做临界振荡周期 T_k。根据 δ_k 和 T_k,从表 3-1 中查找控制器应该采用的参数值。

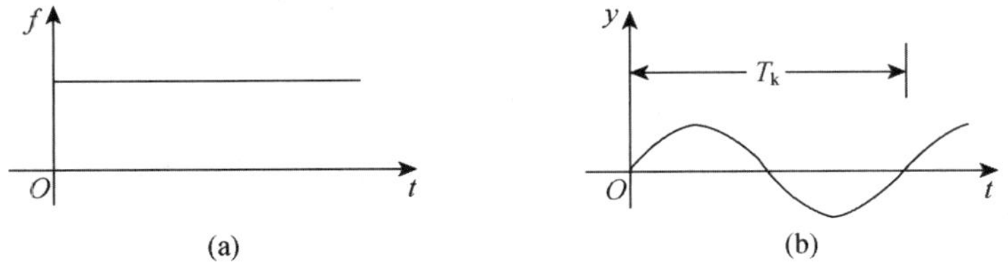

图 3-16 临界比例度法

表 3-1　临界比例度法控制器参数表

拟采用的控制算法	δ(%)	T_I(min)	T_D(min)
P	$2\delta_k$	—	—
PI	$2.2\delta_k$	$0.85T_k$	—
PID	$1.7\delta_k$	$0.5T_k$	$0.125T_k$

临界比例度法目前使用得比较多，它简单易用，适用面较广。但要注意的是：

(1) 对于工艺上不允许有等幅振荡的，不能使用。

(2) 如 δ_k 很小，不适用。因为 δ_k 很小，即 K_P 很大，容易使被控变量超出允许范围。

2) 衰减曲线法

该方法仍然是将控制器先设置为纯比例作用，并将比例度 δ 放在较大的位置上。将系统投入闭环控制，在系统稳定后，逐步减小比例度，改变给定值以加入阶跃干扰，观察过渡过程的曲线，直至衰减比 n 为 4，如图 3-17 所示。这时的比例度为 δ_S，衰减周期为 T_S。最后，由表 3-2 查出控制器应该采用的参数值。

表 3-2　4∶1 衰减曲线法控制器参数表

拟采用的控制算法	δ(%)	T_I(min)	T_D(min)
P	δ_S	—	—
PI	$1.2\delta_S$	$0.5T_S$	—
PID	$0.8\delta_S$	$0.3T_S$	$0.1T_S$

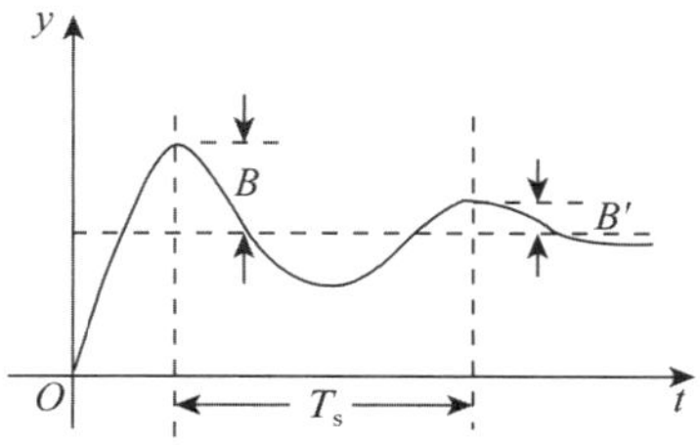

图 3-17　4∶1 衰减曲线法

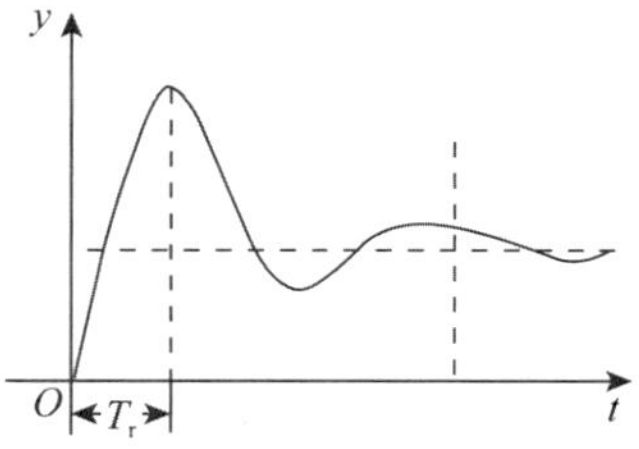

图 3-18　10∶1 衰减曲线法

有时，希望衰减比 n 大于 4，即要求过渡过程更稳定些，振荡减弱些。这时仍先按上述方法找 δ_S，只是衰减比 n 取 10，如图 3-18 所示，但此时，T_S 不容易测准，改为测上升时间 T_r。查表 3-3，得到控制器应该采用的参数值。

表 3-3　10∶1 衰减曲线法控制器参数表

拟采用的控制算法	δ(%)	T_I(min)	T_D(min)
P	δ_S	—	—
PI	$1.2\delta_S$	$0.2T_r$	—
PID	$0.8\delta_S$	$1.2T_r$	$0.4T_r$

衰减曲线法可以适用于几乎各种应用场合。但在应用中要注意:

(1) 加干扰前,控制系统必须处于稳定状态,否则不能得到准确的 δ_S、T_S 和 T_r 值。

(2) 阶跃干扰的幅值不能大,一般为给定值的 5%左右,必须与工艺人员共同商定。

(3) 如果过渡过程波动频繁,难以记录下准确的比例度、衰减周期或上升时间,则改用其他方法。

3) 经验法

实际上,前面所述的临界比例度法和衰减曲线法也是经验法,其表中提供的数据也是根据经验总结出来的。有经验的技术人员不必拘泥于表中的数据。

经验方法是根据实际经验,先将控制器参数 δ、T_I 和 T_D 预先设置为一定的数值,控制系统投入自动运行后,改变给定值施加阶跃干扰,观察记录仪曲线。如过渡过程在满意的范围即可;如不满意,依据 δ、T_I、T_D 对过渡过程的作用方向,调整这些参数,直至满意。

由于各种被控对象、变送器和执行器的特性差异很大,经验值可能相差较大。因此,一次调整到位的可能性很小。

采用经验法时参考表 3-4、表 3-5 中数据。成功使用经验法整定控制器参数的关键是“看曲线,调参数”。因此,必须依据曲线正确判断,正确调整。经验法能适用于各种控制系统,但经验不足者会花费很长的时间。另外,同一系统,出现不同组参数的可能性增大。

表 3-4 控制算法选择表

被控变量	控制算法	被控变量	控制算法
温度(T)	PID	液位(L)	PI
压力(P)	PI	成分(A)	PID
流量(F)	PI		

表 3-5 经验法控制器参数值

拟采用的控制算法		δ(%)	T_I(min)	T_D(min)
P		20~80	—	—
PI	流量对象	40~100	0.3~1	—
	压力对象	30~70	0.4~3	—
PID		20~60	3~10	0.5~3

4) δ、T_I、T_D 对过渡过程曲线的影响

正确判断过渡过程曲线,不仅是经验法的需要,临界比例度法和衰减曲线法中也经常需要根据曲线是否达到临界状态和 4∶1 状态,调整 δ、T_I、T_D。这需要弄清 δ、T_I 和 T_D 分别对过渡过程产生什么样的影响。

(1) 比例度 δ

比例度越大(比例放大系数 K_P 越小),过渡过程越平缓,余差越大;

比例度越小(比例放大系数 K_P 越大),过渡过程振荡越激烈,余差越小,δ 过小,甚至成为发散振荡的不稳定系统。

(2) 积分时间 T_I

积分时间越大(积分作用越弱),过渡过程越平缓,消除余差越慢;

积分时间越小(积分作用越强),过渡过程振荡越激烈,消除余差快。

(3) 微分时间 T_D

微分时间增大(微分作用越强),过渡过程趋于稳定,最大偏差越小。但微分时间太大,(微分作用太强),又会增加过渡过程的波动。

5) 看曲线调参数

一般情况下,按照上述规律即可调整控制器的参数。但有时仅从作用方向还难以判断应调节哪一个参数,这时,需要根据曲线形状做进一步判断。

如过渡过程曲线过度振荡,可能的原因有:比例度过小、积分时间过小和微分时间过大等。这时,优先调整哪一个参数就是一个问题。图 3-19 表示了这三种原因引起的振荡的区别:由积分时间过小引起的振荡,周期较长,如图 3-19 *a* 线所示;由比例度过小引起的振荡,周期较短,如图 3-19 *b* 线所示;由微分时间过大引起的振荡周期最短,如图 3-19 *c* 线所示。判明原因后,做相应的调整即可。

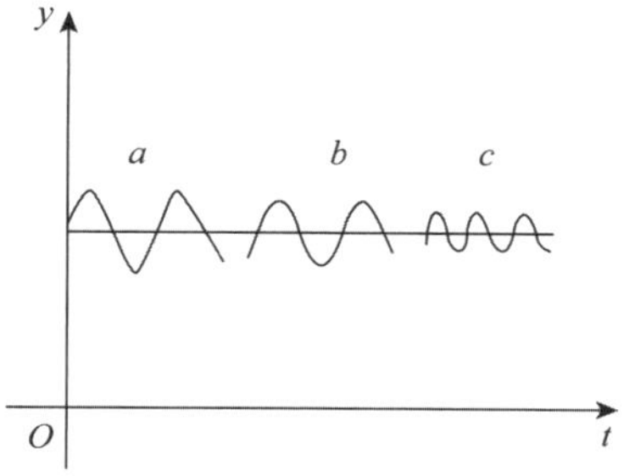

图 3-19　三种振荡曲线比较

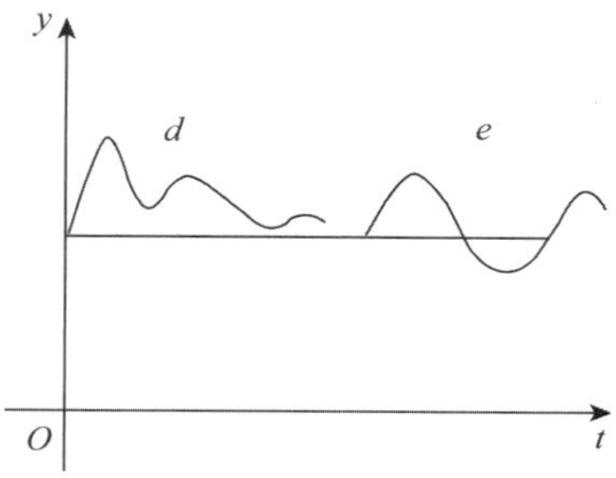

图 3-20　比例度过大、积分时间过长时的曲线

再如比例度过大或积分时间过大,都可使过渡过程变化较缓慢,也须正确判断再做调整。图 3-20 表示了这两种原因引起的波动曲线。通常,如积分时间过大,曲线呈非周期变化,缓慢地回到给定值,如图 3-20 中 d 线所示;如为比例度过大,曲线虽不很规则,但波浪的周期性较为明显,如图 3-20 中 e 线所示。

PID 参数整定过程,可以用一个口诀来总结:

先比例后积分,最后再把微分加;
曲线振荡很频繁,比例系数可加大;
曲线振幅比较大,比例系数可减小;
曲线偏离回复慢,积分时间可减小;
曲线波动周期长,积分时间可加大;
曲线振荡频率快,可把微分降下来;
理想曲线两个波,前高后低 4 比 1;
一看二调多分析,调节质量不会低。

PID 控制器设计经验是基于 PID 发展史及众多学者的研究、算法应用总结出来的,可见，学会用历史唯物主义观点分析所学知识、理论和技术是相当重要的，培养人文思维能力，掌握的人文知识也是非常重要的。《吕氏春秋·用众》中记载：“物固莫不有长，莫不有短。人亦然。故善学者，假人之长以补其短。”这句话说的正是取长补短的道理。我们每个人都有长处，也有自己的不足。在为人、处事、学习、生活上，学会和他人配合，优势互补，形成一个整体和团队，可能会取得更好的成果。

3.4 控制系统的控制精度

控制系统是由多台仪表组成的，每台仪表都会有误差，其精度各不相同，系统能否达到预期的控制精度，如何才能算出系统的总精度，现以温度控制系统为例，作一介绍。

控制系统的控制精度，取决于组成该系统的各环节，如检测元件、变送器、控制器等误差的叠加，控制系统在实际运行中，由于组成系统的各环节、各仪表的误差可能同方向，也可能反方向，因此在同一系统中所有仪表出现同向误差的可能性极小，故系统的实际误差比理论误差要小些。在系统中调节阀的精度是最差的，但闭环控制系统是负反馈回路，因此调节阀的误差通常可自行克服，即处于动态消除误差的过程中，因此控制器的测量、给定精度校好后，其他误差对系统影响不是太大，即对闭环控制主回路的影响不大，这也是闭环负反馈的优点。

例如要控制的温度为 50℃，允许误差为±1℃。测量量程为 0～100℃，假设初选了的铜热电阻、温度变送器、显示仪、控制器的精度分别为 1.0 级、0.5 级、0.5 级、0.5 级。这样组成的控制系统能否把温度控制在(50±1)℃以内，试计算控制系统的合成不确定度 Δ。如下：

$$\Delta=\sqrt{1.0^2+0.5^2+0.5^2+0.5^2}\approx 1.32$$

从计算结果看，满足不了允许最大误差±1.0%的要求。但可以用提高仪表精度的方法来解决，如把铜热电阻更换为铂热电阻，其精度可达 0.35 级，温度变送器更换为 0.25 级的。这时的控制系统合成不确定度 Δ。将变化如下：

$$\Delta=\sqrt{0.35^2+0.25^2+0.5^2+0.5^2}\approx 0.83$$

从上式可看出，Δ 小于±1.0%，满足了把温度控制在(50±1)℃的要求。

为了提高控制系统的控制精度，除了提高仪表精度等级，还可以采用复杂控制系统来解决。从生产实际出发，不能一味地追求仪表及控制系统的先进性和仪表的精度，在工艺指标允许的前提下，尽可能地降低仪表精度和系统的复杂度，来满足经济效益。总之，设计要合理，要与工艺指标、应用水平、维修技术能力相适应，避免不看对象、不考虑工艺指标、不计成本、不注重实际效果的倾向。

4　复杂控制系统

虽然简单控制系统占所有控制系统总数的80%以上，但随着生产的发展、工艺的革新必然导致对操作条件的要求更加严格，变量间的相关关系更加复杂，为适应生产新工艺发展的需要，创建了复杂控制系统。在特定条件下，采用复杂控制系统对提高控制品质，扩大自动化应用范围起着关键性作用。做粗略估计，通常复杂控制系统约占全部控制系统的10%，但是，对生产过程的贡献则达80%。

本章介绍一类应用非常广泛的、在单回路控制系统的基础上，再增加计算环节，控制环节或者其他环节，运用常规仪表即可实现的复杂控制系统。在目前的过程控制应用中，除了简单控制系统之外，几乎都是这类复杂控制系统。由于采用复杂控制系统的装置或对象都是工厂中的重要装置或关键岗位，因此需要予以特别重视。

串级控制系统是所有复杂控制系统中应用得最多的一种，当要求被控变量的误差范围很小，如纯度99.98%±0.01%，温度(1 000±2) ℃等，简单控制系统不能满足要求时，可考虑采用串级控制系统等复杂控制系统。

本章介绍的复杂控制系统包括串级、均匀、比值、分程、选择性、前馈等。

4.1　串级控制系统

4.1.1　组成原理

图4-1是一个加热炉温度控制系统。被加热原料的出口温度 T 是该控制系统的被控变量，燃料量是该系统的控制变量，这是一个简单控制系统。如果对出口温度 T 的误差范围要求不高，这个控制方案是可行的。如果出口温度 T 的误差范围要求很小，则简单控制系统难以胜任。分析如下：

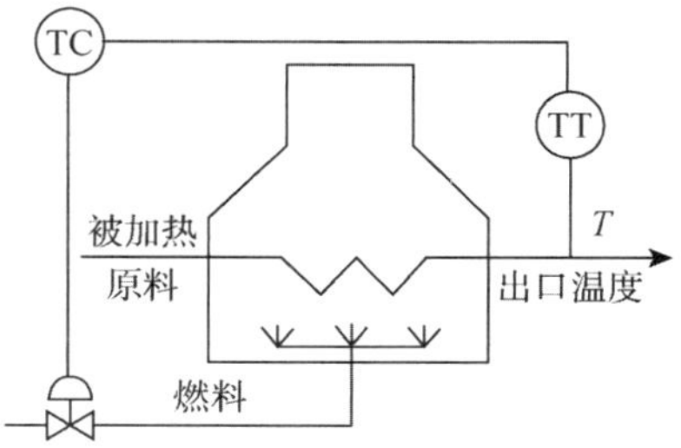

图4-1　加热炉温度控制系统

先看该系统的控制通道。控制器TC发出的信号送给调节阀，调节阀改变阀门开度，送入加热炉的燃料流量改变，炉膛温度改变，传热给管道，最终使原料温度得到调整，稳定在所要求的温度附近。由于传热过程的时间常数大，达到15 min左右，等到出口温度发生偏差后再进行控制，显然经过这个控制通道的调节很不及时，导致偏差在较长的时间内不能被克服。误差太大，不符合工艺要求。如何解决这个问题呢？根据反馈原理，被控变量的任何偏差，都是由于种种干扰引起的，如果能把这些干扰抑制住，则被控变量的波动将会减小许多。

在控制系统中，每一个干扰到被控变量之间都是一条干扰通道。对于该加热炉，主要的干扰有燃料压力的波动、燃料热值的波动、原料流量的调整或波动、原料入口温度的波动等。如果对每一个主要干扰都用一个控制系统来克服波动，则整个系统的主要目标（原料的出口温度）肯定能被控制得很好。但实际上，有些量的控制很不方便，而且，这样做，整个控制工程的投资将是很大的。实践中，人们探索出一种复杂控制系统，不需要增加太多的仪表即可使被控制量达到较高的控制精度。这就是串级控制系统。

从前面分析可知，该系统的主要问题在于传热过程时间常数很大。串级控制的思想是把时间常数较大的被控对象分解为两个时间常数较小的被控对象，如从燃料量到炉膛温度 T_S 的设备可作为第一个被控对象，炉膛温度到被控变量 T_M 的设备作为第二个被控对象，也就是在原被控制对象中找出一个中间变量——炉膛温度 T_S，它能提前反映干扰的作用，增加对这个中间变量的有效控制，可使整个系统的被控制变量得到较精确的控制。如此构成的炉温串级控制系统及方块图如图 4-2 和图 4-3 所示。

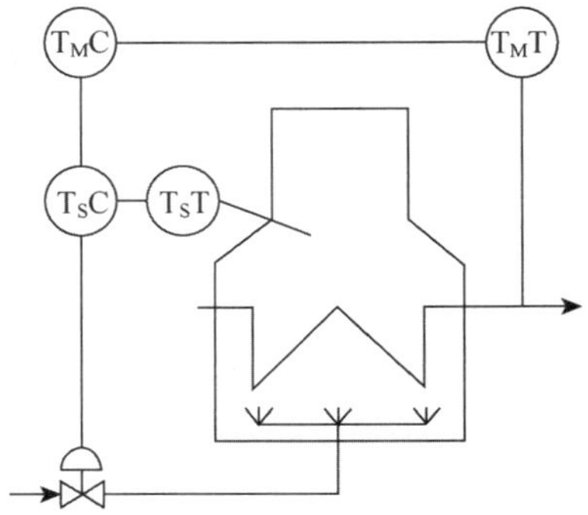

图 4-2　加热炉温度串级控制系统

在该串级控制系统中，干扰 f_1 和 f_2 作用在温度对象 1 上，它们首先影响到 T_S，然后影响到 T_M。由于 T_S 能被测量并加以控制，因此，它的波动范围比未加以控制前大大减小，所以干扰 f_1 和 f_2 对 T_M 的影响也大大减少。详细的工作过程分析见后章节的介绍。这里先介绍一下该控制系统的组成原理及术语，如图 4-4 所示。

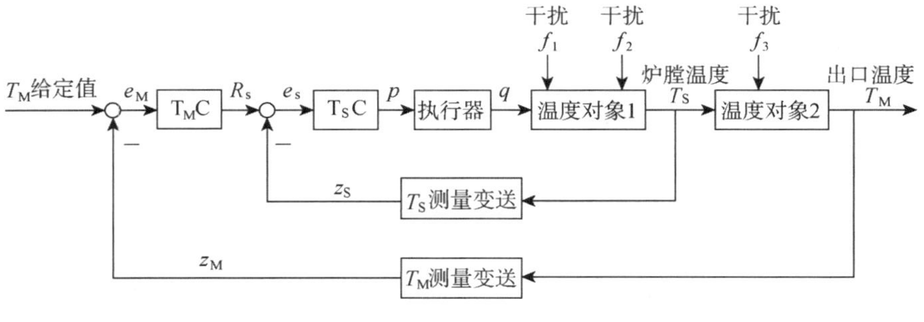

图 4-3　加热炉温度串级控制系统方块图

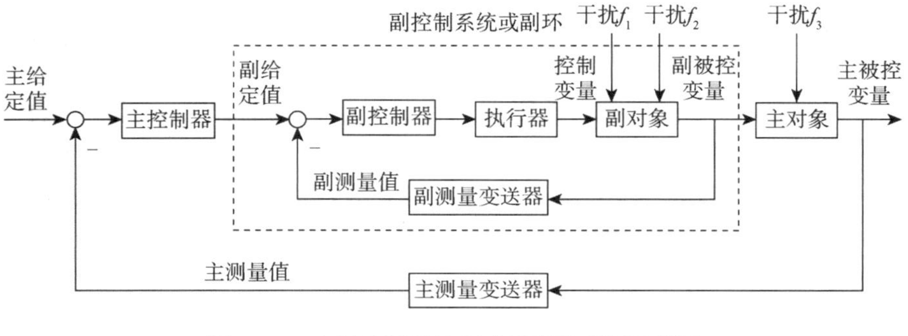

图 4-4　串级控制系统组成原理及术语示意图

1）组成原理

（1）将原被控对象分解为两个串联的被控对象。

（2）以连接分解后的两个被控对象的中间变量为副被控变量，构成一个简单控制系统，称为副控制系统或副环。

（3）以原对象的输出信号为主被控变量，即分解后的第二个被控对象的输出信号，构成一个控制系统，称为主控制系统或主环。

（4）主控制系统中控制器的输出信号作为副控制系统控制器的给定值，副控制系统的输出信号作为主被控对象的输入信号。

2）串级控制系统术语

（1）主对象、副对象：也称主被控对象、副被控对象。主对象与副对象是由原被控对象分解而得到的。

（2）主变量、副变量：也称为主被控变量、副被控变量。主变量是主被控对象的输出信号；副变量是副被控对象的输出信号，是原被控对象的某个中间变量，同时也是主被控对象的输入信号。

（3）主测量值、副测量值：是相应被控制变量的测量值。

（4）主控制器、副控制器：副控制器负责虚线框中副环被控对象的控制任务，使副变量符合副给定值的要求；主控制器负责整个系统的控制任务。

（5）主给定值、副给定值：主给定值是主变量的期望值，由主控制器内部设定；副给定值是副变量的期望值，由主控制器的输出信号提供。

（6）主环、副环：也称为主回路、副回路。副环为图 4－4 中虚线框内部分；主环为包括副环在内的整个控制系统。

4.1.2　控制过程

为了便于分析控制过程，首先对图 4－2 加热炉温度串级控制系统各方块的性能进行分析和选择。

主对象：输入信号为炉膛温度，输出信号为原料出口温度，故输入信号增加，输出信号亦增加，是正作用单元。

副对象：输入信号为燃料流量，输出信号是炉膛温度，故输入信号增加，输出信号亦增加，是正作用单元。

主测量变送方块与副测量变送方块：均为输入信号增加，输出信号增加，是正作用单元。

调节阀：为防止调节阀气信号中断时烧坏炉管，选气开阀。即当调节阀气信号中断时，阀门全关，较安全，是正作用单元。

副控制器：控制器方块选正作用方向，连同比较点一起，控制器是反作用控制器。即测量增加，控制器输出减少。

主控制器：控制器方块选正作用方向，连同比较点一起，控制器也是反作用控制器。

根据上述系统各部件的选择，对控制系统的控制过程分析如下：

1）干扰作用于副对象

若干扰只作用于副对象，即图4－3中的f_1或f_2为干扰，它可能是燃料油的压力、组分和温度发生变化。如果是压力升高，则在其他因素不变的情况下，进入炉膛内的燃油量增加，炉膛温度T_S升高。此后，一方面，T_S升高，导致z_S升高，使e_S下降，有副控制器输出信号p下降，燃料油流量Q下降，最终使T_S回降，从而达到控制的目的；另一方面，炉温T_S上升，又直接地导致T_M上升，z_M上升，e_M下降，使得R_S下降。R_S是副环的给定值，R_S下降，副环进一步抑制了干扰压力的变化所引起的炉膛温度T_S的变化。可见，副环的出现，使控制作用变得更快、更强。

2）干扰作用于主对象

如果干扰作用于主对象，如图4－3中的f_3所示，它可能是原料油的流量波动、入口温度波动等。当原料流量增加时，炉膛温度T_S几乎不受影响，但原料出口温度T_M下降，使z_M下降，e_M上升，R_S上升，R_S是副环的给定值，R_S上升，副环的输出T_S一定上升，最终使T_M回升，克服干扰。这时，炉膛温度T_S值比原来的要高，这是被加热原料油流量增加所需要的，副环不会把T_S调整到原来的T_S值，因为副环的给定值R_S已经调高。这些表明干扰作用于主对象时，串级控制也能有效地去克服干扰。

3）干扰同时作用于主、副对象

这时分为两种情况来讨论。

（1）受干扰作用，主、副变量变化方向相同

如燃料压力升高，使炉膛温度T_S上升；同时原料油流量下降，使原料出口温度T_M上升。这时，克服作用于副对象干扰的过程与前述类同，克服作用于主对象干扰的过程亦与前述类同。可见，为了稳定T_S，需要把阀门关小一些；为了稳定T_M，也需要把阀门关小一些。这两个要求加在一起，阀门的开度大大减小。由于有副回路的存在，系统能更早、更快、更强地克服干扰。当干扰使T_S和T_M同时下降时，控制过程雷同，方向相反。

（2）受干扰作用，主、副变量变化方向相反

如燃料压力升高，使炉膛温度T_S上升，同时原料油流量增加，使原料油出口温度T_M下降。这时，为了克服T_S的波动，将关小阀门；为了克服T_M的波动，将开大阀门。这两个作用抵消，实际上阀门开度变化较小；如完全抵消，阀门开度不变。所以，在被控对象受干扰作用后，主、副变量变化方向相反的情况下，串级系统比较稳定。

综上所述，在串级控制系统中，由于从对象提取出副变量并增加一个副环，整个系统克服干扰的能力更强，克服干扰的作用更及时，控制性能明显提高。

4.1.3 系统特点

串级控制系统由于其独特的系统结构，而具有如下特点：

1）分级控制思想

这里是将一个调节通道较长的对象分为两级，把许多干扰在第一级副环就基本克服掉。剩余的影响以及其他各方面干扰的综合影响再由主环加以克服。这种控制思想在许多非工程非自然学科领域应用得也非常普遍。

2）串级系统结构组成

与简单控制系统明显不同，有两个对象，即主、副对象；两个控制器，即主、副控制器；两个测量变送器，即主、副测量变送器；一个执行器。组成如图 4-4 所示的系统结构。

3）系统工作方式

副环工作于随动控制方式，因为其给定值是不确定的，随时变化的，由主控制器的输出信号提供。

主环则工作于定值控制方式，如果把副环看作一个整体方块，那么主环就相当于一个简单控制系统。

由于主环工作于定值方式，因此，也可以认为串级控制系统是定值控制系统。

4）控制性能

由于引入副环构成串级控制，与简单控制系统相比，系统对于干扰反应更及时，克服干扰的速度更快，能有效地克服系统滞后，改善控制精度和提高控制质量。

4.1.4　系统设计

1）主、副被控变量的选择

主变量的选择与简单控制系统相同。副变量的选择必须保证它是控制变量到主被控变量这个控制通道中的一个适当的中间变量。这是串级控制系统设计的关键问题。

副变量的选择还要考虑以下几个因素：

(1) 应使主要干扰作用在副对象上，这样副环能更快、更好地克服干扰，从而充分发挥副环的作用。例如，在加热炉温度控制系统中，若炉膛温度作为副变量，就能较好地克服燃料热值等干扰的影响。但如果燃料油压力是主要干扰，则应采用燃料油压力作为副变量，可以更及时地克服干扰，如图 4-5 所示。这时副对象仅是一段管道，时间常数很小，控制作用很及时。

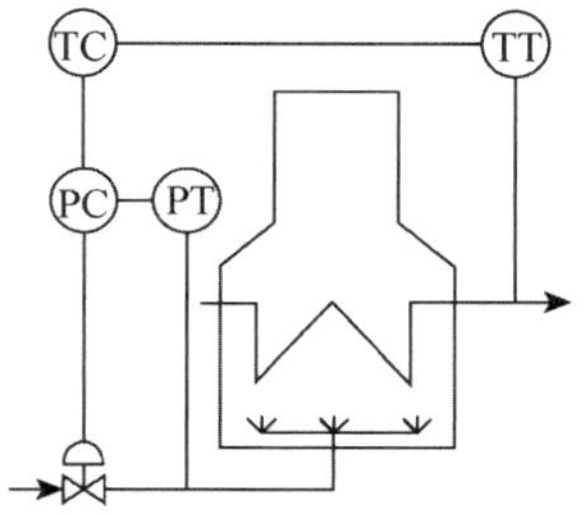

图 4-5　加热炉温度压力串级控制系统

(2) 使副对象包含适当多的干扰，这实际上是副变量选择的问题。副变量越靠近主变量，它包含的干扰量就越多，但通道变长，滞后增加；副变量越靠近控制变量，它包含的干扰就越少，通道越短。因此，要选择一个适当位置，使副对象在包含主要干扰的同时，能包含适当多的干扰，从而使副环的控制作用得以更好发挥。

(3) 主、副对象的时间常数不能太接近

通常，副对象的时间常数 T_S 小于主对象的时间常数 T_M。分析如下：

如果 T_S 很大，说明副变量的位置很靠近主变量。此时，两个变量几乎同时变化，失去了设置副环的意义。

如果 T_S 与 T_M 基本相等，由于主、副回路是密切相关的，系统可能出现“共振”，使系统控制质量下降，甚至出现不稳定的问题。

因此，通常使副对象的时间常数 T_S 明显小于主对象的时间常数 T_M。

2）控制器控制算法的选择

主环是一个定值控制系统，主控制器控制算法的选择与简单控制系统类似。但由于采用串级控制系统的主变量往往是重要的参数，工艺要求较严格，一般不允许有余差。因此，通常都采用比例积分（PI）控制算法，滞后较大时也采用比例积分微分（PID）控制算法。

副环是一个随动控制系统，副变量的控制可以有余差。因此，副控制器一般采用比例（P）控制算法即可，且比例度通常取得较小，这样比例增益大，控制作用较强，余差也不大。如果引入积分作用，会使控制作用趋缓，并可能引发积分饱和现象。但当流量为副变量时，由于对象的时间常数和时滞都很小，为使副环在需要时可以单独使用，需要引入积分作用，以确保系统在单独使用时也能稳定工作。此时，副控制器采用比例积分（PI）控制算法，比例度取得较大数值且带积分作用。

3）控制器作用方向的选择

控制器作用方向的选择依据是使系统为闭环负反馈。

副控制器处于副环中，副环是一个简单控制系统，因此副控制器作用方向的选择与简单控制系统的情况一样。例如图 4-5 的串级控制系统，从加热炉安全角度考虑，执行器选用气开阀。即如果执行器上的控制信号（气信号）中断，阀门处于关闭状态，控制信号上升，阀门开大，流量上升，故为正作用方向。副对象的输入信号是燃料流量 Q，输出信号是阀后燃料压力 p。Q 上升，p 亦上升，因此也是正作用方向。副测量变送器是正作用。按照整个控制系统是负反馈的原则，即四个方块的符号相乘等于一个负号，故副控制器（虚线方块）为反作用。

主控制器处于主环中，无论副控制器的作用方向如何选择，主控制器的作用方向都可以单独确定，与副控制器无关。整个副环简化为一个方块，输入信号是主控制器的输出信号，输出信号就是副变量。副环方块的输入信号与输出信号之间总是正作用，即输入增加，输出亦增加。这是因为副环的输入信号是主控制器的输出值（也就是副环的给定值），当副环的给定值增加时，副被控变量也一定增加，这样才能起到控制作用。经过这样的简化，串级控制系统如图 4-6 所示。

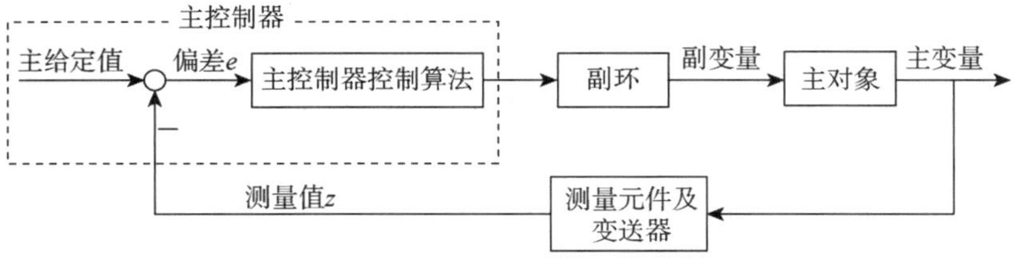

图 4-6　简化的串级控制系统方块图

主对象的输入信号是阀后燃料压力 p，输出信号是主变量，即被加热物料出口温度 T。当 p 上升时，T 亦上升，因此主对象作用方向为正。主测量变送单元的作用方向均为正。副环为正作用，仍然是四个方块乘积为负号，故得出主控制器（虚线方块）为反作用，如图 4-7 所示。

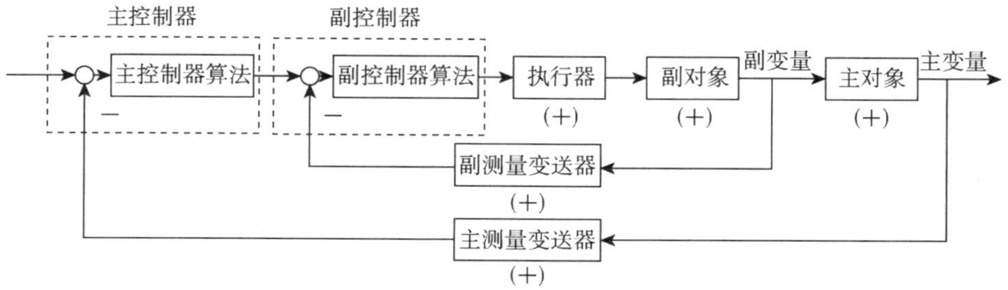

图 4-7　加热炉温度压力串级控制系统方块图

4）系统投运

实际的串级控制系统设计还要考虑系统是否有“主控”要求等因素。“主控”就是在设计好的串级控制系统中，暂时不用副控制器，由主控制器的输出直接控制调节阀。设计中要考虑切换过程及切换后“主控”系统的负反馈等问题。

串级控制系统的投运步骤会因所选用的仪表类型而有所不同。以采用 DDZ-Ⅲ型仪表或现代计算机控制系统为例，投运步骤如下：① 将主控制器的给定值设定为内给定方式，副控制器为外给定方式；② 在副控制器处于软手动状态下进行遥控操作，使主变量逐步在主给定值附近稳定下来；③ 将副控制器切入自动模式；④ 最后将主控制器切入自动模式。这样就完成了串级控制系统的整个投运工作。

5）系统整定

串级控制系统的整定都是先整定副环，然后整定主环，主要有两步整定法和一步整定法。

（1）两步整定法

在系统投运并稳定后，将主控制器设置为纯比例方式，比例度置于 100%。首先按 4∶1 的衰减比整定副环，确定相应的副控制器比例度 δ_{SS} 和振荡周期 T_{SS}；然后在副控制器的比例度为 δ_{SS} 的情况下整定主环，使主变量的过渡过程衰减比达到 4∶1，得到主控制器的比例度 δ_{MS}；最后，按照简单控制系统整定时介绍的衰减曲线法的经验公式，由 δ_{SS}、δ_{MS}、T_{MS}、T_{SS}，查找主控制器的 δ_M、T_I 和 T_D，副控制器的 δ_S 和 T_I。

将上述整定得到的控制器参数设置于控制器中，观察主变量的过渡过程。如不满意，再做相应调整。对于两步整定法，有一个经验口诀：

串级两步整定法，先副后主不能差，
固定主调整副调，然后再把主调查，
按照公式求参数，先 P 次 I 后加 D，
观察过程勤调整，直到品质达最佳。

（2）一步整定法

采用一步整定法的依据是，在串级控制系统中，副变量的被控制要求不高，可以在一定范围内变化。因此，副控制器根据经验设置合适的比例度后，一般不再调整，只要主变量能整定出满意的过渡过程即可。一步整定法的口诀为：

串级一步整定法，副调 P 值经验加。
主调整定不神秘，还用简单系统法。
主副 K 值多匹配，组合适当质都佳。
观看曲线勤检查，出现“共振”别害怕。
放宽任一 PI 值，重新整定消除它。

副控制器在不同副变量情况下的经验比例度如表 4－1 所示。

表 4－1　副控制器比例度经验值

副变量类型	温度	压力	流量	液位
比例度(%)	20～60	30～70	40～80	20～80

将副控制器设置为纯比例控制规律，比例度为表 4－1 中的经验值，然后整定主环的主控制器参数，使主变量的过渡过程为满意的状况即可。整定主控制器参数的方法与简单控制系统一样。

4.2　均匀控制系统

均匀控制系统从系统结构上无法看出它与简单控制系统和串级控制系统的区别，其控制思想体现在控制器的参数整定中。

4.2.1　均匀控制原理

在如图 4－8 所示的双塔系统中，甲塔的液位需要稳定，乙塔的进料流量亦需要稳定。然而，这两个要求是相互矛盾的。甲塔的液位控制系统用于稳定甲塔的液位，其控制变量是甲塔的底部出料。显然，稳定了甲塔液位，甲塔底部出料必然要波动。但甲塔底部出料又是乙塔的进料。乙塔进料流量的控制系统为了稳定进料流量，需要经常改变阀门开度以保持流量不变。因此，要使这两个控制系统正常工作几乎是不可能的。

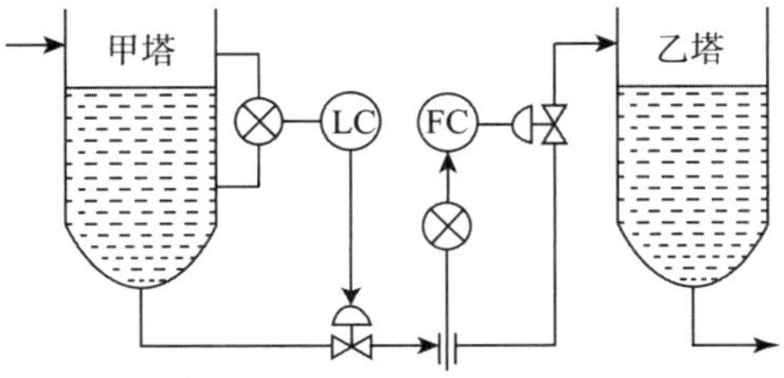

图 4－8　相互冲突的控制系统

要彻底解决这一矛盾，只有在甲、乙两个塔之间增加一个中间储罐。但增加设备就增加了流程的复杂性，并加大了投资成本。另外，有些生产过程连续性要求高，不宜增设中间储罐。在理想状态不能实现的情况下，只有冲突的双方各自降低要求，以求共存。均匀控制思想就是在这样的应用背景下提出的。

通过上述的分析可以看出，这类系统的液位和流量都不是要求很高的被控变量，它们可以在一定范围内波动。这也是采用均匀控制的前提条件，即控制目标发生了变化。图[4－9(a)]展示了冲突的、无法实现的两个控制目标，而图[4－9(b)]展示了调整后体现均匀控制思想的可实现的控制目标。在图[4－9(b)]中，当干扰使液位升高时，系统不会迅速而有力地调整，使液位几乎保持不变，而是允许液位有一定幅度的上升。同时，流量也相应地增加，分担液位受到的干扰；同理，当流量受到干扰而变化时，液位也会相应地调整，分担流量受到的干扰。如此，系统实现了“均匀”的互帮互助，相互共存。

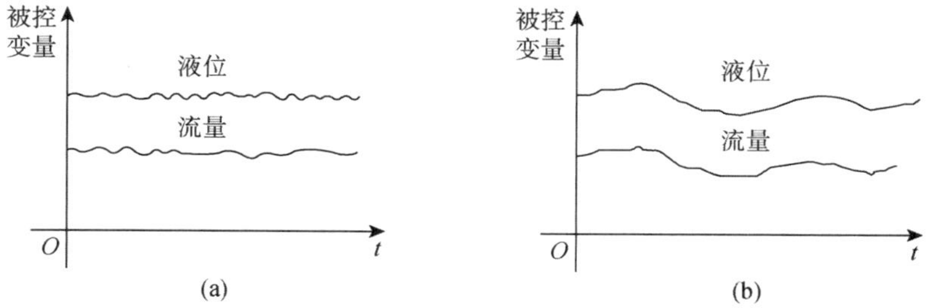

图 4－9　控制目标的调整

4.2.2　均匀控制的实现方案

1）简单均匀控制系统

图 4－10 是一个简单均匀控制系统，能够基本满足甲塔液位和乙塔进料流量的控制要求。从系统结构上看，它与简单液位控制系统类似。为了实现“均匀”控制，在整定控制器参数时，要按均匀控制的思想进行调整。通常采用纯比例控制器，并将比例度设置为较大数值。在实际操作中，要同时观察两个被控变量的过渡过程，以调整比例度，从而达到满意的“均匀”控制效果。有时，为了防止液位超限，也会引入较弱的积分作用。由于微分作用与均匀控制思路矛盾，因此不建议采用。

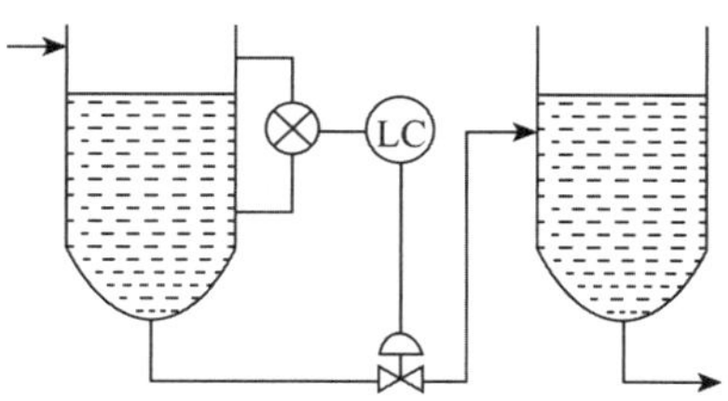

图 4－10　简单均匀控制系统

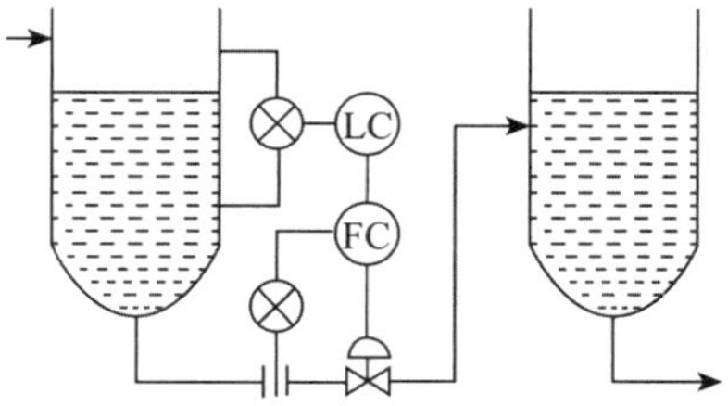

图 4－11　串级均匀控制系统

2）串级均匀控制系统

简单均匀控制系统具有结构简单、实现方便的优点，但在面对压力干扰时反应不及时。另外，当系统自衡能力较强时，其控制效果也较差。为了克服这些缺点，引入副环构成串级均匀控制系统，如图 4－11 所示。

图 4－11 是一个串级均匀控制系统，从结构上看，它与液位—流量串级控制系统完全一样。在串级控制中，副变量的控制要求不高，这与均匀控制的要求类似。在串级均匀

控制系统中，副环用来克服塔压变化；而在主环中，并不对主变量提出严格的控制要求，通常采用纯比例控制，一般不用积分控制。当整定控制器参数时，主、副控制器都采用纯比例控制，比例度一般都较大。整定时不是要求主、副变量的过渡过程呈现某个特定的衰减比变化，而是要确保主、副变量能够“均匀”地得到控制。

4.3 比值控制系统

4.3.1 比值控制原理

在炼油、化工、制药等诸多生产过程中，经常需要两种物料或两种以上的物料保持一定的比例关系。最常见的是燃烧过程，燃料与空气要保持一定的比例关系，才能满足生产和环保的要求；在造纸过程中，浓纸浆与水要以一定的比例混合，才能制造出合格的纸浆；许多化学反应中，诸个进料要保持一定的比例。

通常，在需要保持一定比例关系的两种物料中，一种是主动量或关键量，另一种是从动量或辅助量。由于物料通常是液体，因此称主动量为主流量 F_M，从动量为副流量 F_S。F_M 与 F_S 之间的关系为

$$F_S = KF_M \tag{4-1}$$

式中，K——比值系数。

因此，只要主流量与副流量的给定值保持比值关系，或者副流量的给定值随主流量按一定比例关系变化，即可实现比值控制。

4.3.2 比值控制系统类型

1）单闭环比值控制系统

图 4-12 是一个燃烧过程单闭环比值控制系统，其中主流量是燃料，副流量是空气。F_MT 测量主流量并变换为标准信号，再乘比值系数 K，作为副流量控制系统中被控变量 F_S 的外给定值。由此，就可以保持主流量与副流量之间的比例关系。从系统结构外观上看，似乎单闭环比值控制系统与串级控制系统很相似，但它们的方块图是不同的，功能也是不同的。单闭环比值控制系统的方块图如图 4-13 所示。

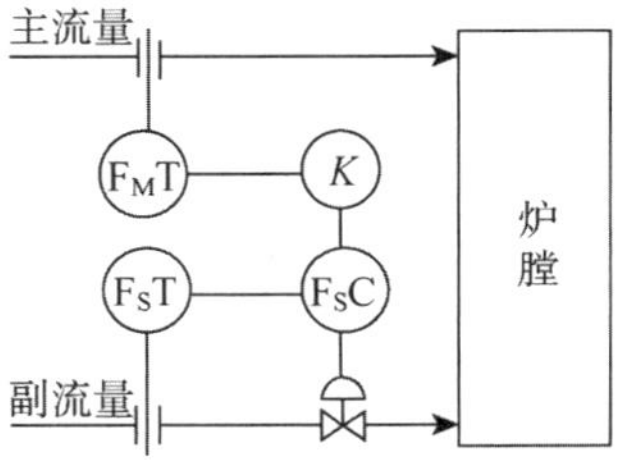

图 4-12 燃烧过程比值控制系统

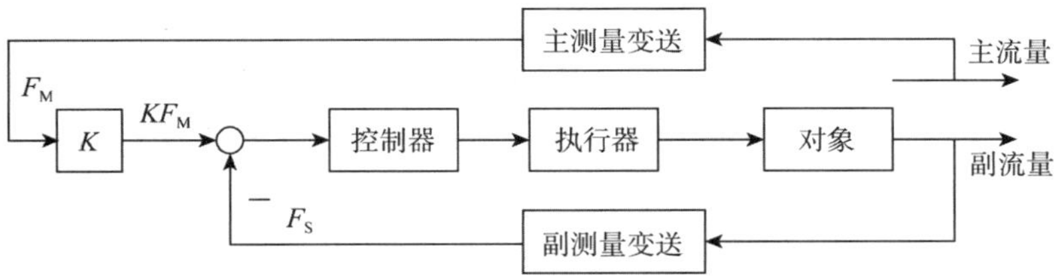

图 4-13 单闭环比值控制系统方块图

从图 4-13 中可以看到，与串级控制系统相比，单闭环比值控制系统没有主对象和主控制器。在串级控制系统中，副变量是控制变量到被控变量之间总对象的一个中间变量，而在比值控制系统中，副流量不会影响主流量，这是两者之间本质上的区别。

副流量控制系统是一个随动控制系统，它的给定值由系统外部的 KF_M 提供，它的任务是使副流量 F_S 尽可能地保持与 KF_M 相等，并随着 F_M 的变化而变化，始终保持 F_M 与 F_S 的比值关系。当系统处于稳态时，比值关系是比较精确的；而在动态过程中，比值关系相对不够精确。另外，当主流量处于不变的状态时，副流量控制系统相当于一个定值控制系统。

总之，单闭环比值控制系统能克服副流量的波动，并随着主流量的变化而变化，从而使 F_M 与 F_S 保持比值关系。然而，单闭环比值控制系统不能克服主流量的变化。当希望主流量也较稳定时，单闭环比值控制系统就无法胜任。因此，它应用于主流量不允许被控制或没有必要进行控制的场合。

2）双闭环比值控制系统

在主流量也需要控制的情况下，增加一个主流量闭环控制系统，单闭环比值控制系统就成为双闭环比值控制系统，如图 4-14 所示。

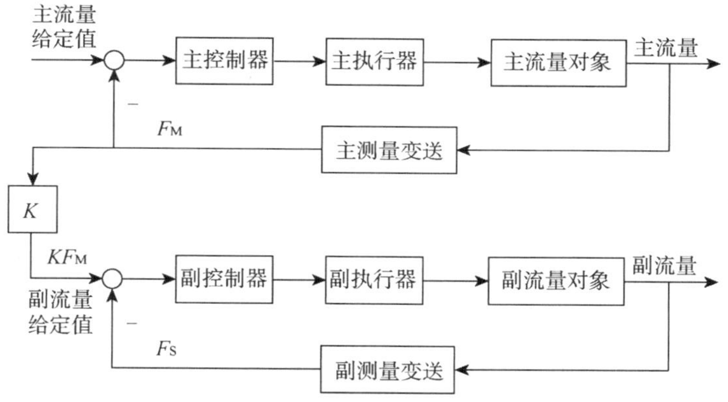

图 4-14　双闭环比值控制系统方块图

由于增加了主流量闭环控制系统，主流量得以稳定，从而使得总流量能保持稳定。

双闭环比值控制系统主要应用于总流量需要经常调整（即工艺负荷的提降）的场合。如果没有这个要求，两个单独的闭环控制系统也能使两个流量保持比例关系，但仅在动态过程中，比例关系可能无法保证。

3）变比值控制系统

如果工艺要求两种流量的比值能够依据其他条件进行调整，则可以构建变比值控制系统。图 4-15 是加热炉变比值控制系统，进料的燃料和空气要保持一定的比值关系，以维持正常的燃烧。而燃烧的实际状况则需要通过加热炉出烟的氧含量来加以判断。因此，由传感器 AT 测出烟气中的氧含量，并将测量值送至控制器 AC。控制器 AC 的输出作为单闭环比值控制系统的比值给定值。该系统的方块图如图 4-16 所示。

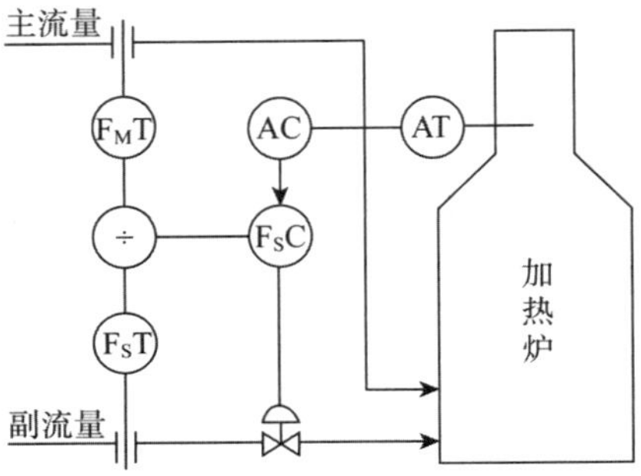

图 4-15　加热炉变比值控制系统

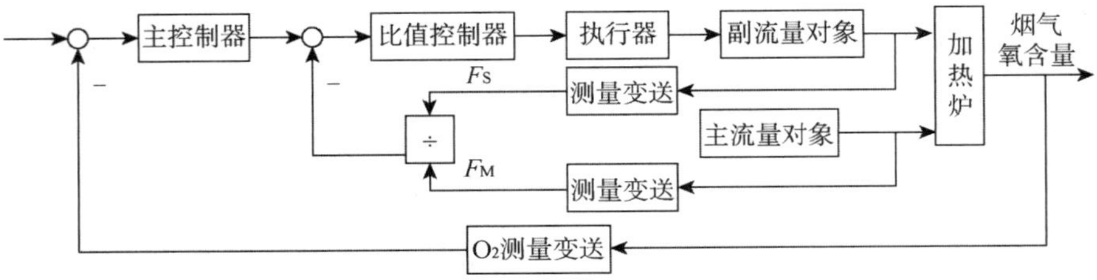

图 4-16　加热炉变比值控制系统方块图

在图 4-16 中,单闭环比值系统采用的是相除方案。同样地,双闭环比值系统一样可以构成变比值系统。另外,该系统是一个串级控制系统,是氧含量—流量比值串级控制系统。

4.4　分程控制系统

4.4.1　分程控制原理

通常,在一个控制系统中,一个控制器的输出信号只控制一个执行器(以下均以气动执行器为例),其结构与特性如图 4-17 所示。

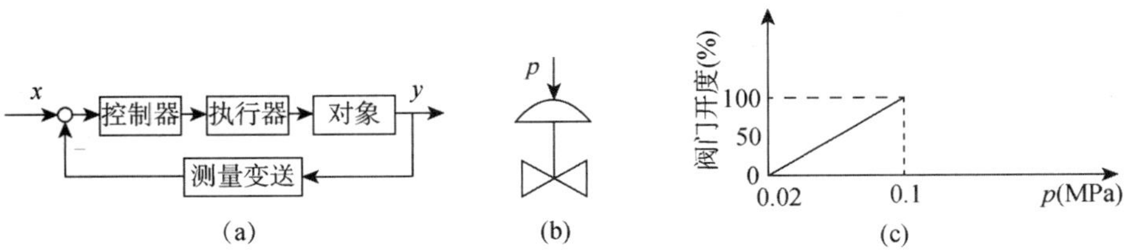

图 4-17　采用一个调节阀特性示意图

图 4-17 中的执行器为气开阀,即当控制信号 p 为最小值 0.02 MPa 时,阀门全关闭;当 p 为最大值 0.1 MPa 时,阀门全打开。图[4-17(b)]是气动执行器的结构示意图,图[4-17(c)]是调节阀的特性图。

如果一个控制器的输出信号同时送给两个执行器,构成如图 4-18 所示的系统,这就是一种分程控制系统。这里两个执行器并联使用,它们都是气开阀,其工作特性如图

[4-18(b)]所示。当控制信号 p 为 0.02 MPa 时，阀门 A 全关；随着 p 的增加，阀门 A 开度也增加，当 p 增至 0.06 MPa 时，阀门 A 全部打开；p 继续增加，阀门 A 保持全开状态，直至 p 达到最大。阀门 B，在控制信号 p 从 0.02 MPa 增加到 0.06 MPa 之间时，阀门一直保持全关状态。从 p 为 0.06 MPa 起，阀门逐步打开；当 p 为 1.0 MPa 时，阀门全开。由此可见，两个阀门在控制信号的不同区间内，分别从全关到全开，走完整个行程。由于阀门有气开和气关两种特性，因此两个阀门就有四种组合特性。图[4-19(a)]和图[4-19(b)]的两个阀门同方向运动，图[4-19(c)]和图[4-19(d)]的两个阀门作用方向相反。理论上，分程控制可以由两个以上阀门共同控制，但实际上，一般采用两个阀门进行分程控制。

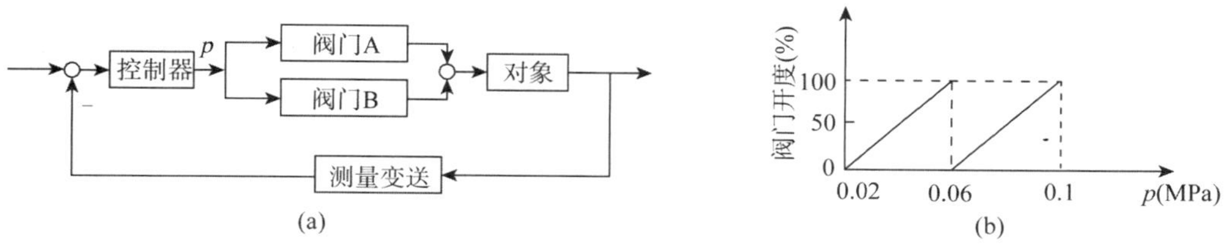

图 4-18　分程控制系统示意图

综上所述，分程控制与简单控制系统的区别主要体现在以下两个方面：从结构上看，简单控制系统只有一个调节阀，而分程控制系统有两个调节阀；从特性上看，分程控制的阀门特性如图 4-19 所示，而简单控制的阀门特性如图 4-17 所示。当然，分程控制可以应用于任何类型的控制系统之中。

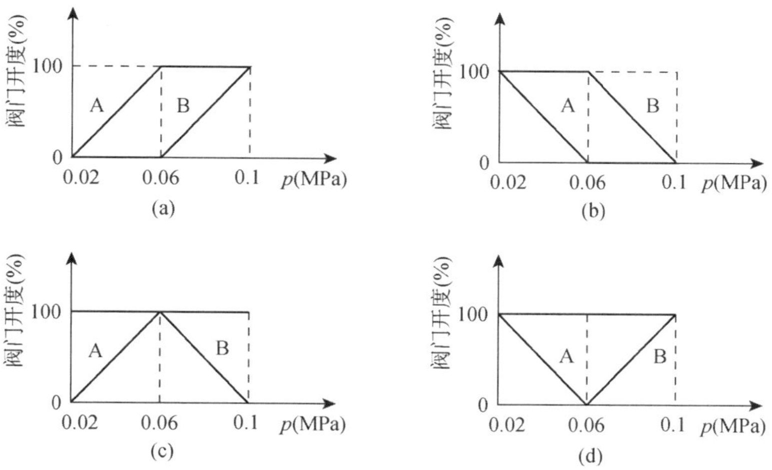

图 4-19　两个阀门的分程控制特性

4.4.2　分程控制的应用

1）提高调节阀的可调性

设调节阀的可控制最小流量为 $Q_{\min}$，可控制最大流量为 $Q_{\max}$，则定义为

$$\frac{Q_{max}}{Q_{min}}=R \tag{4-2}$$

式中，R——阀门的可调比或可调范围。

大多数国产阀门的可调比 R 等于 30，在有些场合不能满足需要。为了适应负荷的大范围变化并改善控制品质可以采用分程控制。图[4-19(a)、(b)]的特性均可实现这一目标。图[4-19(a)]是气开特性，图[4-19(b)]是气关特性。下面以图[4-19(a)]为例进行分析。

设 A、B 两个阀门均为气开特性，可控制最大流量 Q_{max} 均为 200，$R=30$，则可控制最小流量 $Q_{min}=Q_{max}/R\approx 6.67$。

当两个阀门以分程方式工作时，A 阀工作于控制信号的 0.02～0.06 MPa 段，B 阀工作于控制信号的 0.06～0.1 MPa 段。此时，对于这两个阀门并联而成的分程控制系统来说：

可控制最小流量 $Q'_{min}=Q_{min}=6.67$

可控制最大流量 $Q'_{max}=Q_{max}+Q_{max}=400$

则有

$$R'=\frac{Q'_{max}}{Q'_{min}}=\frac{400}{6.67}\approx 60 \tag{4-3}$$

可见，可调比增加了一倍。如果 A 阀的 Q_{max} 较小，而 B 阀的 Q_{max} 较大，则可调比增加得更多。

2）交替使用不同的控制方式

在工业生产中，有时需要交替使用不同的控制方式。如有些油品贮罐的顶部需要充填氮气，以隔绝油品与空气中氧气的氧化作用，这种操作称为氮封。如图[4-20(a)]所示，贮罐顶部充填氮气，顶部氮气压力 p 一般为微正压。在生产过程中，随着液位的变化，p 会产生波动。液位上升，压力 p 增加，若超过一定数值，贮罐可能会被鼓坏；液位下降时，p 下降，降至一定数值贮罐会被吸瘪。为了贮罐的安全，保证罐顶保持一定的微正压，阀门 A 选气关阀，阀门 B 选气开阀。

被控对象贮罐的正反作用需要分两路来判断。当排空阀门 A 开大时，被控变量压力变小，此时被控对象贮罐是反作用；而在另一个回路中，当进气阀门 B 开大时，被控变量压力 p 变大，此时被控对象贮罐是正作用。

如果将其中一个阀门 A 与控制器 PC 等构成一个简单控制系统，PC 的正反作用跟简单控制系统的控制器正反作用判断方法一样。同理，也可以将阀门 B 和 PC 等组成一个简单控制系统。以阀门 A 为例，阀门 A 是气关阀，其作用方向为“－”，被控对象为“－”，检测变送器为“＋”，为了组成一个闭环负反馈系统，四个符号相乘为“－”，所以，PC 环节应该还需要一个“－”，则 PC 是反作用。同理，按阀门 B 来判断，PC 仍然是反作用。

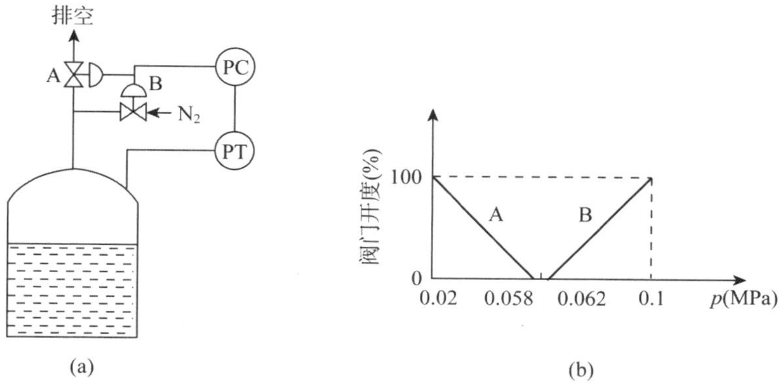

图 4-20　贮罐氮封分程控制方案及分程区间图

最后，决定 A、B 两个阀门的工作区间。假设干扰使液位上升，则贮罐压力 p 增加，测量值 z 增加。因为 PC 是反作用，所以 PC 的输出值减小。此时需要考虑哪个阀门先动作。当贮罐压力增大时，应优先逐渐减小进气阀 B 的开度，然后逐渐增加排空阀 A 的开度。也就是作用于阀门的信号减小，从图[4-20(b)]的横轴来看，信号是从右向左、从 0.1 MPa 逐渐减小至 0.02 MPa。因此，阀门 B 先动作，阀门 A 再动作。也就是说，当液位增高时，塔顶压力增大，应先将阀门 B 关闭，再将阀门 A 打开，将顶部氮气排至大气中，维持压力 p 不变；当液位下降时，应关闭阀门 A，打开阀门 B，将氮气补充入贮罐顶部，维持贮罐顶部压力不变。具体的贮罐氮封分程控制系统分块图如图 4-21 所示。

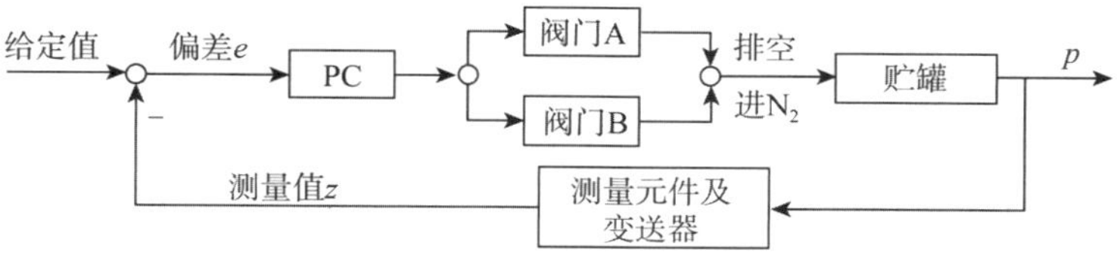

图 4-21　贮罐氮封分程控制系统方块图

当控制信号在 0.058～0.062 MPa 之间时，两个阀门均处于关闭状态。即贮罐顶部压力 p 在这个区间波动时，控制系统不采取任何行动。这个区间是安全区间，能够有效避免阀门频繁转换动作，从而使系统更加稳定。

3）满足生产过程不同阶段的需要

对于放热化学反应过程，在反应的初始阶段，需要对物料进行加热，以启动化学反应。由于是放热反应，反应启动后，容器内的热量会得以积累。当化学反应放出的热量足以维持反应的进行时，就不需要外部加热。但如果放出的热量持续增加，反应器的温度可能会升高到危险的程度。因此，需要冷却反应器，即将反应放热及时移走。为了满足这种需求，可采用如图 4-22 所示的分程控制系统。

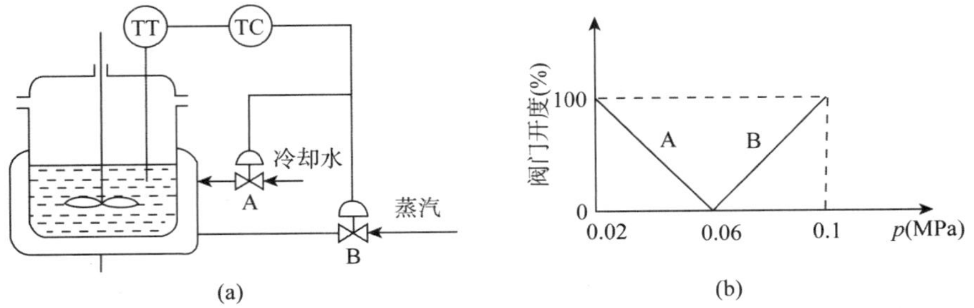

图 4－22　间歇反应器温度分程控制系统控制方案及分程区间图

在该系统中，选阀门 A 为气关阀，阀门 B 为气开阀，控制器 TC 为反作用控制器。其中，一个阀门是气开，另一个阀门是气关。那么，这种配置能否保证系统始终具有负反馈性质呢？画出此时方块图如图 4－23 所示。

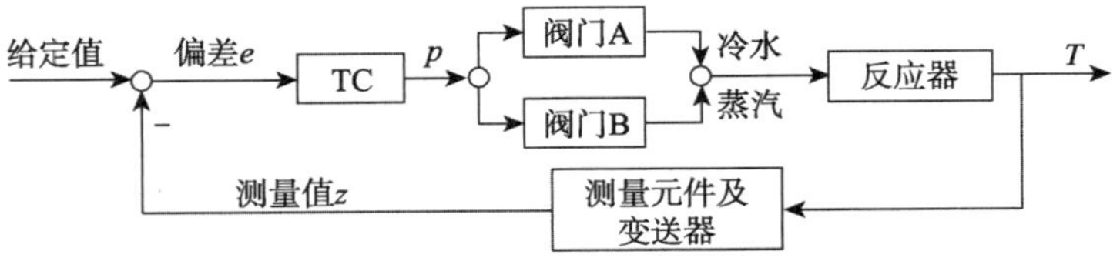

图 4－23　间歇反应器温度分程控制系统方块图

在图 4－23 中，阀门 A 是气关阀反应器是以冷水为输入信号时的对象。当冷水流量 Q 增加时，反应器温度下降。从控制信号 p 到反应器温度 T 之间的关系是正作用方向，即控制信号 p 上升，冷水流量 Q 下降，导致温度 T 上升。阀门 B 是气开阀，对象是蒸汽为输入信号时的对象。当蒸汽流量 Q 增加时，反应器温度上升。因此，从控制信号 p 到反应器温度 T 之间也是正作用方向。由此可见，控制系统在任何一个阀门工作时都具有负反馈特性。其工作区间的判断方法如上所述。

4.5　选择性控制系统

4.5.1　选择性控制原理

通常的自动控制系统主要在生产过程处于正常工况时发挥作用。然而，当遇到不正常工况时，往往要退出自动控制而切换为手动，待工况基本恢复后再重新投入自动控制状态。

我国高度重视生产安全，通过制定与实施政策法规、建立安全生产责任体系、加强对重点领域的安全监管与整治、完善应急救援体系，以及推进社会共治与宣传教育等措施，努力构建一个安全、稳定、和谐的生产环境。选择性控制系统即是从控制的角度来保证生产的安全进行，为生产环境的安定和谐提供第一层保障。同时，其设计也充分考虑了生产效率的需求，在保障安全的前提下，该系统能够优化生产流程，提高设备利用率和生产效率，降低生产成本。

在现代石油化工等过程工业中，越来越多的生产装置要求控制系统既能在正常工艺状况下发挥控制作用，又能在非正常工况下仍然继续实现自动控制，使生产过程尽快恢复到正常工况，至少也应有助于工况恢复。这种非正常工况时的控制系统属于安全保护措施，安保措施有两大类，一是硬保护，二是软保护。

（1）硬保护措施就是联锁保护控制系统。当生产过程工况超出一定范围时，联锁保护系统采取一系列相应的措施，如报警、自动切换到手动模式、执行联锁动作等，使生产过程处于相对安全的状态。但这种硬保护措施经常使生产停车，造成较大的经济损失。因此，人们在实践中探索出许多更为安全且经济的软保护措施，以减少停车造成的损失。

（2）软保护措施，就是当生产工况超出一定范围时，不是简单地采取联锁保护甚至停车，而是自动切换到一个新的控制系统。这个新的控制系统取代了原来的控制系统对生产过程进行控制，当工况恢复正常时，又自动切换回原来的控制系统。由于需要判断工况是否正常，并在两个控制系统之间进行选择，因此这种系统称为选择性控制系统，有时也称为取代控制或超驰控制。

选择性控制系统在结构上的最大特点是有一个选择器，通常是两个输入信号和一个输出信号，如图 4－24 所示。对于高选器，输出信号 Y 等于 X_1 和 X_2 中数值较大的一个，如 $X_1=5$ mA，$X_2=4$ mA，$Y=5$ mA；对于低选器，输出信号 Y 等于 X_1 和 X_2 中数值较小的一个。

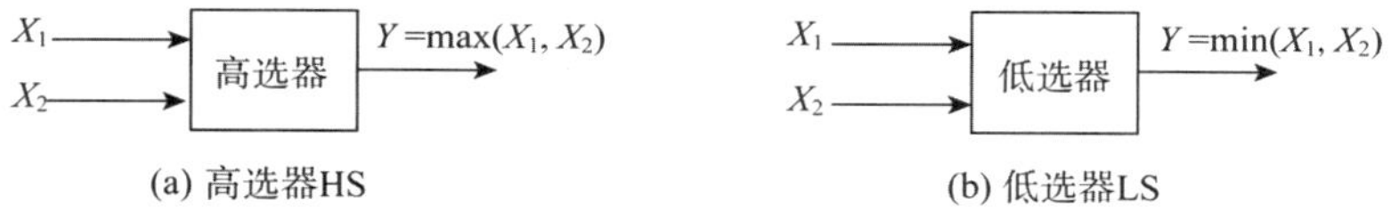

图 4－24　高选器和低选器

高选器时，正常工艺情况下参与控制的信号应该比较强，如设为 X_1，则 X_1 应明显大于 X_2。当出现不正常工艺时，X_2 变得大于 X_1，高选器的输出 Y 转而等于 X_2；待工艺恢复正常后，X_2 又下降到小于 X_1，Y 又恢复为选择 X_1。这就是选择性控制原理。

4.5.2　选择性控制系统的类型

1）开关型选择性控制系统

图 4－25 是一个丙烯冷却器温度控制系统，目的是将裂解气的温度下降并稳定在一定水平。系统通过测量裂解气出口温度 T 来实现控制，当 T 偏高时，系统会增大液丙烯流量，从而使冷却器内的液丙烯液面升高。此时，载有裂解气的列管与液丙烯的接触面积增大，换热效率加快，进而使 T 下降，以达到控制的目的。这是正常工况时的控制作用。

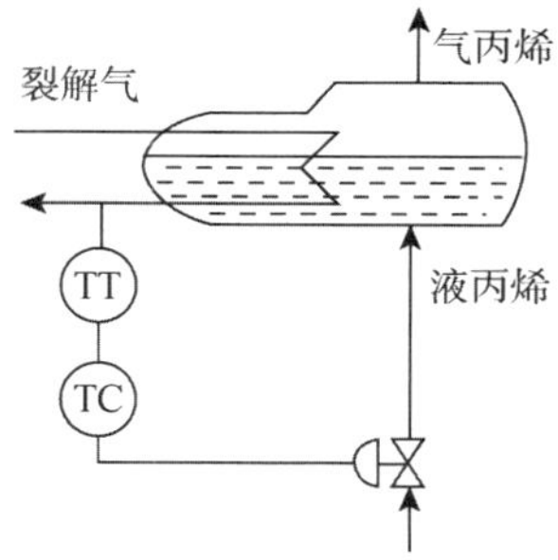

图 4－25　丙烯冷却器温度控制系统

如果干扰因素很大，裂解气进口温度很高，液面上升到全部列管均已浸在液丙烯中，但仍然不能将 T 降下来，控制系统势必要继续加大液丙烯的流量。但这时，继续加大液丙烯流量不能进一步增大列管与液丙烯的换热面积。而且，由于液面很高，液丙烯的蒸发空间太小，换热效率反而会下降。更为严重的是，出口气丙烯中可能会夹带有液态丙烯，即出现带液现象。如果带液的气丙烯被送入压缩机，可能会损坏压缩机，这是绝对不允许的。因此，在非正常工况下，无法用图 4－25 所示的简单控制系统解决问题。

根据选择性控制思路，设计了一个开关型选择性控制系统，其结构如图 4－26 所示。比简单控制系统增加了液位变送器和电磁三通阀。正常工况时，电磁三通阀将温度控制器传来的控制信号 p 送至气动调节阀的气室，此时，系统与简单控制系统的工作方式相同。当液位上升到一定高度时，液位变送器的上限节点接通，电磁三通阀通电，切断控制信号 p 的通路，同时将大气（即表压为 0）通入气室，使阀门关闭。当液位回落至一定高度时，液位变送器上的上限节点断开，电磁三通阀失电，系统恢复为简单温度控制系统。这个系统的方块图如图 4－27 所示。

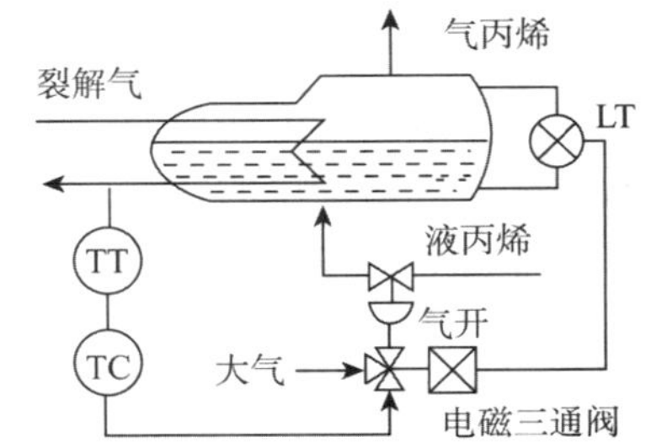

图 4－26　丙烯冷却器开关型选择性控制系统

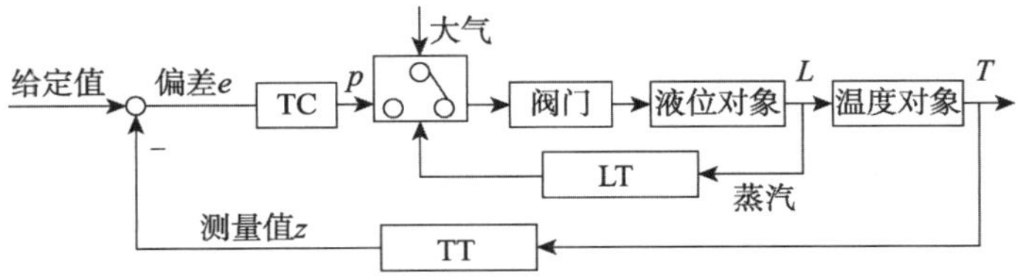

图 4－27　丙烯冷却器开关型选择性控制系统方块图

2）连续型选择性控制系统

与开关型选择性控制系统不同，在正常工况向非正常工况切换时，开关型系统的调节阀要么全开，要么全关，而连续型选择性控制系统则是切换到另一个连续控制系统。图 4－28 是压缩机的连续型选择性控制系统。

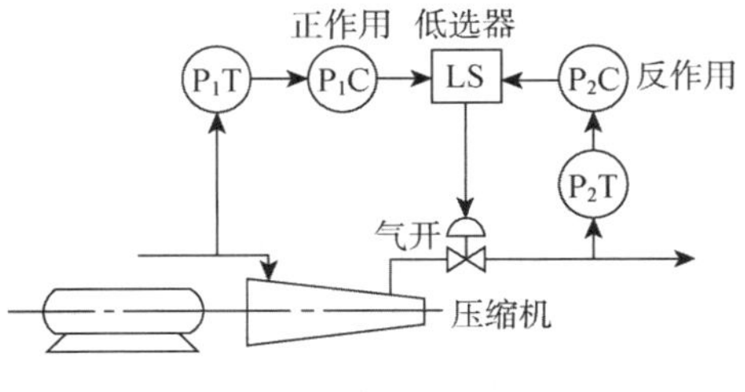

图 4－28　压缩机连续型选择性控制系统

如图 4－29 所示，正常工况时，控制器 P_2C 的输出信号小于控制器 P_1C 的输出信号，低选器 LS 选择 P_2C 的输出信号作为最终控制信号，系统维持压缩机的出口压力 p_2 稳定不变。当压缩机进口压力 p_1 下降至一定程度时，压缩机会产生喘振，此时进口压力成为主要问题。由于采用了低选器 LS，当 p_1 降至一定数值时，P_1C 的输出信号会低于 P_2C 的输出信号，LS 选择 P_1C 的输出信号为输出，系统切换为进口压力控制系统。此时，将阀门关小，以维持 p_1 不低于安全限值。当进口压力 p_1 回升，P_1C 使阀门开大，p_2 回升。待 p_2 回升到一定程度时，P_2C 的输出信号变得小于 P_1C 的输出信号，低选器 LS 动作，系统恢复正常。

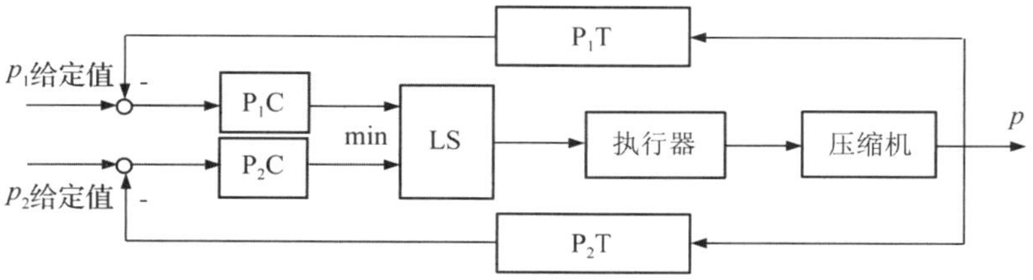

图 4-29　压缩机连续型选择性控制系统方块图

3）混合型选择性控制系统

同时使用开关型与连续型选择性控制在一个控制系统中，就是混合型选择控制系统。在锅炉燃烧系统中，正常情况下，燃料气流量是根据蒸汽出口压力来调整的。但有两种非正常工况可能出现：一是燃料气压力过高，可能导致“脱火”现象，燃烧室中火焰熄灭，大量未燃烧的燃料气积聚在燃烧室内，烟囱冒黑烟，甚至有爆炸的危险。因此，必须采取措施，防止燃料气压力过高。二是燃料气压力也不能过低，太低的燃料气压力有“回火”的危险，导致燃料气贮罐燃烧甚至爆炸，因此，也必须采取必要的措施，防止燃料气压力过低。结合这两种非正常工况的需要，设计了如图 4-30 所示的混合型选择性系统。

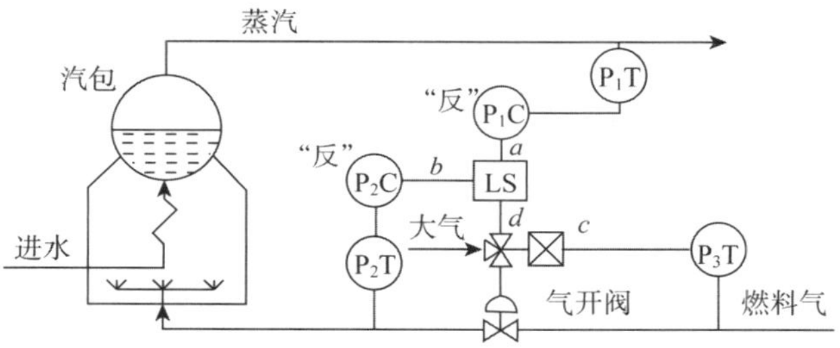

图 4-30　锅炉燃烧系统混合型选择性控制系统

正常工况时，蒸汽压力 p_1 上升，a 下降，d 下降，阀门关小，燃料气流量减小，从而使 p_1 下降，实现控制目标。

如 p_2 上升至有“脱火”危险时，$b<a$，$d=b$，阀门关小，使 p_2 下降，起防“脱火”的作用。p_2 降至正常后，系统恢复蒸汽压力控制系统，这属于连续型选择性控制。

如 p_3 下降至有“回火”危险时，P_3T 的下限节点接通，使三通电磁阀得电，电磁阀动作，气动调节阀膜头气室通大气，气动调节阀关闭，起防止“回火”作用。p_3 回升至正常范围后，系统恢复为蒸汽压力控制系统，这属于开关型选择性控制。

选择器的使用还可以构成其他类型的复杂控制系统。有时，凡应用选择器的控制系统都被称为选择性控制系统。

对于选择性控制系统，有一句口诀概括了它的作用：

选择系统不一般，两个回路互切换；
开变闭，闭变开，全靠选择器把关。
安全生产有保证，危险状态变安全；
自控领域再扩大，选择系统有贡献。

4.5.3 积分饱和问题

1）积分饱和现象

在选择性控制系统中，由于采用了选择器，未被选用的控制器就处于开环状态，如控制器有积分作用，偏差又长期同方向存在，则控制器的输出就会持续地朝一个方向变化，直至极限状态。超出气动调节阀的正常输入信号范围（0.02～0.1 MPa），这时就进入了积分饱和状态。如果在这种状态下，该控制器重新被选用，它不能迅速地从极限状态（即饱和状态）的 0.14 MPa 或 0 MPa 进入气动调节阀的正常输入信号范围 0.02～0.1 MPa 之内。控制系统不能及时地进行控制，系统质量和安全等性能都受到影响，甚至造成事故。积分饱和现象并不是选择性控制系统所特有的，只要符合产生积分饱和的三个条件，即：① 控制器具有积分作用；② 控制器处于开环状况；③ 控制器的偏差长期存在，系统都会发生积分饱和现象。

2）抗积分饱和的措施

（1）限幅法：通过技术手段，将控制器输出信号限制在工作信号范围之内。

（2）积分切除法：当控制器处于开环状态时，自动切除其积分作用，就不会出现积分饱和。

4.6 前馈控制系统

4.6.1 前馈控制原理

前面所讨论的所有控制系统都属于反馈控制系统，无论其系统结构如何，它们的调节回路的基本工作原理都是一样的。

下面要介绍的前馈控制系统则有着截然不同的控制思路。前馈控制思路及其应用由来已久，但由于技术条件的限制，其发展较慢。随着计算机技术和现代检测技术的飞速发展，前馈控制正受到更多重视并得到广泛应用。

在反馈控制系统中，通常是把被控变量测量出来，并与给定值相比较；而在前馈控制系统中，不直接测量被控变量，而是测量干扰变量，也不与被控变量的给定值进行比较。这是前馈控制与反馈控制的主要区别。为了系统地阐述前馈控制思想，同时也为了在比较中进一步加深对反馈控制思路的理解，我们可以通过图 4-31 进行分析。

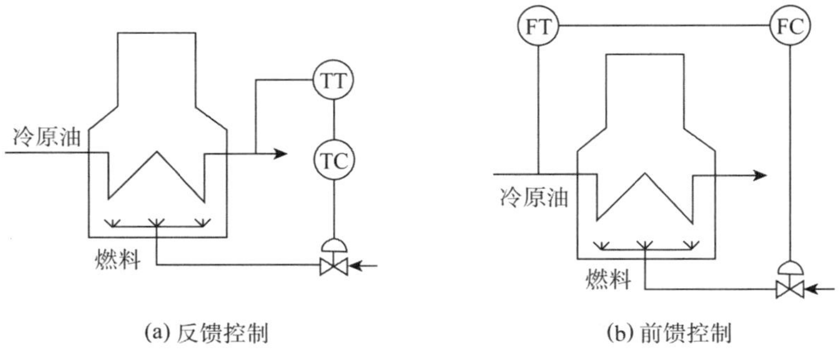

图 4-31 两种加热炉温度控制系统

图[4－31(a)]是反馈控制，图[4－31(b)]是前馈控制。在前馈控制中，测量需要被加热的原油流量来实现控制。原油流量偏大就增加燃料量，原油流量偏小就减少燃料量，以达到稳定原油出口温度的目的。从动态过程分析，当原油流量增大时，一段时间后，出口温度会下降；但前馈控制系统能够迅速测量出原油流量的增加，并及时增加燃料量。如果燃料增加的量和时机都很好，那么在炉膛中就可以有效克服干扰，几乎不影响原油出口温度。

如果该加热炉只存在原油流量这一种干扰，那么从理论上讲，前馈控制可以把原油出口温度控制得很精确，甚至被控变量一点也不波动。这就是前馈控制思路，也是前馈控制的生命力所在。

4.6.2　前馈控制与反馈控制的比较

通常认为，前馈控制有如下几个特点：

(1) 是“开环”控制系统。

(2) 对所测干扰反应快，控制及时。

(3) 只能克服系统中所能测量的干扰。

下面从几个方面比较前馈控制与反馈控制。画出图 4－31 两个控制系统的方块图如图 4－32 所示。

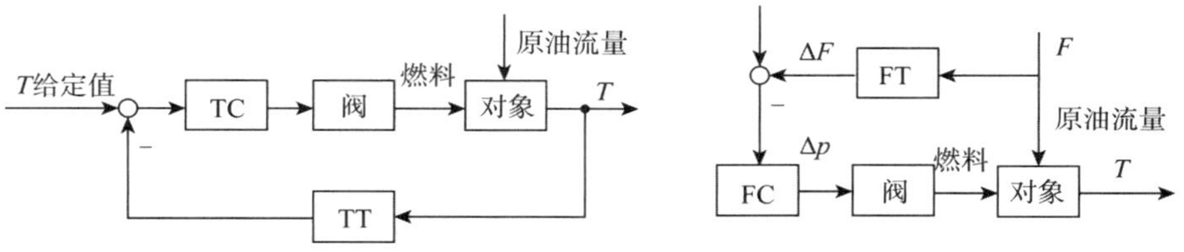

(a) 反馈控制　　(b) 前馈控制

图 4－32　两种加热炉温度控制系统方块图

1) 前馈是“开环”控制系统，反馈是“闭环”控制系统

从图 4－32 可以看出，虽然两种控制系统在表面上都形成了环路，但反馈控制系统中，从环路上的任一点沿信号线方向前进，最终可以回到出发点，形成闭合环路，因此称为“闭环”控制系统。而在前馈控制系统中，从环路上的任一点沿信号线方向前进，不能回到出发点，不能形成闭合环路，因此称为“开环”控制系统。

2) 前馈测量干扰量，反馈测量被控变量

在单纯的前馈控制系统中，不测量被控变量，而单纯的反馈控制系统中不测量干扰量。

3) 前馈只能克服所测量的干扰，反馈可克服所有干扰

在前馈控制系统中，如干扰量不可测量，则前馈就不可能加以克服；而在反馈控制系统中，任何干扰，只要它影响到被控变量，都能在一定程度上加以克服。

4) 前馈理论上可以无差，反馈必定有差

如果系统的干扰数量很少，前馈控制可以逐个测量并克服这些干扰，理论上可以做

到被控变量无差;而在反馈控制系统中,无论干扰的多少和大小,只有当干扰影响到被控变量并产生"差"之后,系统才能检测到干扰并加以克服,因此必定有差。

4.6.3 前馈控制的应用

1) 静态前馈

当干扰通道与控制通道的动态特性相近时,采用静态前馈控制也可取得较满意的控制效果。所谓"静态",就是不考虑干扰作用后被控变量的过渡过程,只考虑被控变量稳定后的控制要求是否得到满足。因此,前馈控制器 FC 的输入信号与输出信号只要保持比例关系即可。设图[4-29(b)]中原油流量的干扰量为 ΔF,前馈调节的输出为 Δp,则有

$$\Delta p = K_f \Delta F \tag{4-4}$$

式中,K_f——前馈控制器的前馈系数。

静态前馈是当前应用最多的前馈控制方式,因为这种前馈实现很方便,用比值器或比例控制器来实现。在实际应用中,为了获得更好的控制效果,需要测量更多的干扰量或参考量。在图[4-31(b)]的基础上,增加对燃料量和进料原油温度的测量,则可构成一个效果更好的静态前馈控制系统,如图 4-33 所示。

在图 4-33 中,T 为原油出口温度,是被控变量;T_0 是 T 的给定值。加法器 Σ 的输出 $a=T_0-T_1$,其中 T_1 是冷原油的温度,F_1 是原油的流量,F_2 是燃料的流量。计算得到 $c=F_1K_f(T_0-T_1)$,并将 c 作为 FC 的给定值。这样,该系统实际上保持了冷原油流量与燃料流量之间的比值关系。这样的系统中 F_2T、FC 及阀门构成了一个反馈副环,而整个系统是一个单闭环比值控制系统。但系统的被控变量是 T,整个系统是开环的静态前馈控制系统。

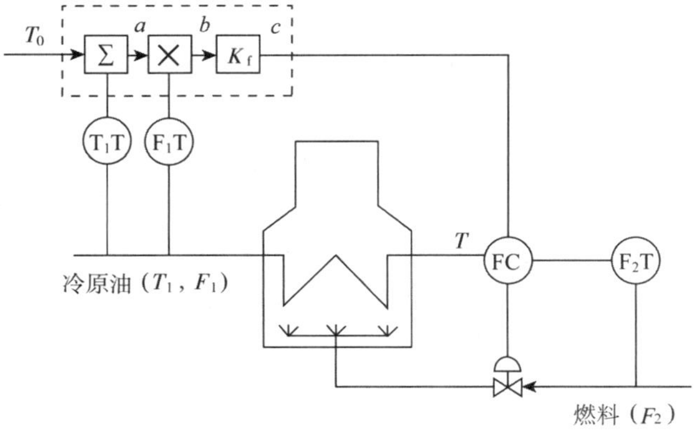

图 4-33 加热炉静态前馈控制系统

2) 动态前馈

如果要求被控变量在受到干扰后,即使在过渡过程中也能使偏差尽量小,则要采用动态前馈控制。设前馈控制通道中前馈控制器的传递函数为 $G_C(s)$,FT 的传递函数为 $G_T(s)$,$G_1(s)$是调节通道的对象部分的传递函数,$G_2(s)$是干扰通道的对象部分的传递

函数。动态前馈示意图如图 4-34 所示。要保证动态前馈的性能良好,就应尽量做到:

$$G_2(s) = -G_T(s)\, G_C(s)\, G_1(s) \tag{4-5}$$

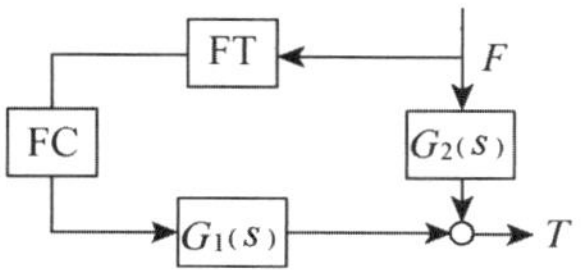

图 4-34 动态前馈示意图

这个公式很好理解,就是任何由 F 产生的干扰,经由两条路线对被控变量的作用在任何时刻都大小相等、方向相反,这就是理想的动态前馈。

在图 4-34 所示的静态前馈中,在信号 c 之后串联一个动态环节就可实现动态前馈。理论上,这个动态环节可以是多种形式的,有时候是很复杂的。为了实际应用,通常会适当降低些要求,采用一个带有三个可调参数的"前馈控制器",其传递函数为

$$G_C(s) = K\,\frac{T_1 s + 1}{T_2 s + 1} \tag{4-6}$$

式中,K——静态前馈系数;

T_1、T_2——时间常数。

在许多情况下,这样的动态前馈控制器可以起到一定的动态前馈效果。

3) 前馈—反馈控制

通过前述反馈与前馈的比较分析,我们知道前馈控制虽然有许多优点,但不直接测量被控变量,因此无法确切知晓控制的实际效果。另外,一个系统的干扰是多种多样的,对每一种干扰都施加前馈控制是不现实的。因此,在实际应用中,通常将前馈与反馈结合起来使用,可以获得更很好的控制效果。

如图[4-31(b)]所示系统,增加原油出口温度 T 这个被控变量的测量变送器及控制器,即构成如图[4-35(a)]的前馈—反馈控制系统。在图 4-31 所示系统中,增加被控变量的测量变送器及控制器,则构成图[4-35(b)]所示前馈—反馈控制系统。

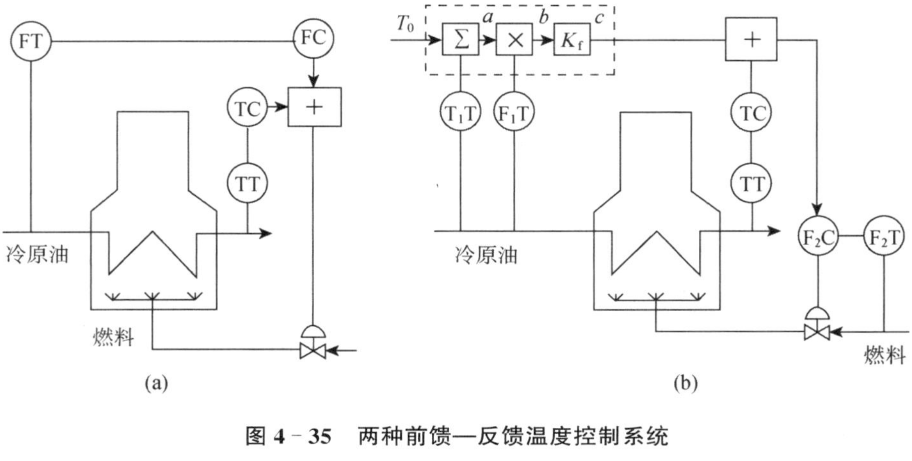

图 4-35 两种前馈—反馈温度控制系统

在前馈—反馈控制系统中,前馈控制能够及时、准确地克服前馈系统所测量的干扰作用,而所有干扰对被控变量的综合影响则由反馈控制来克服。

图 4-35 所示前馈—反馈控制系统的方块图分别如图 4-36 和图 4-37 所示。

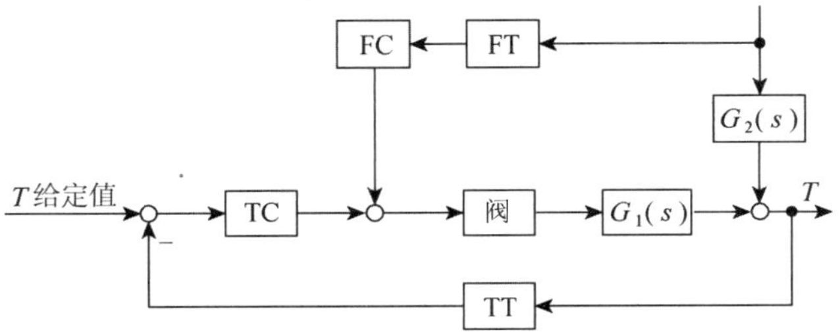

图 4-36 前馈-反馈温度控制系统方块图

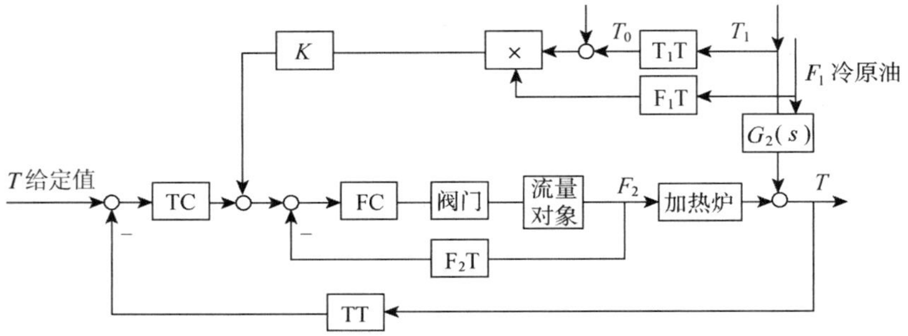

图 4-37 前馈(串级)-反馈温度控制系统方块图

4) 前馈控制的应用场合

前馈控制一般不单独使用,通常是在仅靠反馈控制不能满足要求时,增加前馈控制以提高控制质量。因此:

(1) 当系统控制通道滞后较大,反馈控制效果不佳时,增加前馈控制可以提高控制质量。

(2) 对干扰幅值大且频繁出现的可测的干扰,增加前馈控制可以改善控制品质。

(3) 当存在多个干扰时,若串级的副环不能涵盖某些干扰,则可采用前馈控制来克服这些干扰,从而提高控制质量。

(4) 在静态前馈还是动态前馈的选择上,当控制通道与干扰通道的动态特性相近时,采用静态前馈控制;而当控制通道的时间常数 T_C 大于干扰通道的时间常数 T_f 时,则可选择动态前馈控制。

(5) 前馈控制强调在问题发生之前进行预警和干预,这与"预防胜于治疗"的理念相契合。我们要树立预防为主的观念,不仅在学习和生活中注重预防,更要在未来的职业生涯中注重风险防控和危机管理。

前馈控制机制需要综合考虑系统内部和外部的各种因素,进行全局性的分析和决策。这要求我们具备系统思维和全局观念,学会从整体上把握问题、分析问题和解决问题,并根据新的情况不断进行调整和优化,以适应复杂多变的环境。这启示我们要具有创新意识和持续改进的精神，在学习和工作中不断探索新的方法和途径。

4.6.4 多冲量控制系统

多冲量控制是在锅炉控制中沿用至今的一个习惯用语，这里的冲量就是指变量，多冲量就是多个变量。实际上在许多复杂控制系统中都涉及多个变量，但均未称为多冲量控制。锅炉控制中所指的多冲量控制系统是特指锅炉汽包的液位控制系统，它实际上就是前馈—反馈控制系统，并不是与串级、分程等类型并列的一种控制系统。但由于锅炉汽包液位控制面广量大，较为重要，因此在此特别给予介绍。

1）单冲量控制系统

图 4-38 是一个锅炉汽包液位的单冲量控制系统。显然，这是一个简单控制系统，适用于蒸汽负荷较稳定且控制品质要求不高的场合。

当蒸汽负荷变化频繁且幅度较大时，单冲量控制不能有效地进行控制。如蒸汽负荷突然大幅增加时，汽包内的蒸汽压力会突然下降，水中气泡迅速增加，导致液位“虚假”升高，造成“假液位”。控制系统按此“假液位”将给水阀门关小，致使汽包液位异常波动，严重时会造成事故。根据实际情况，负荷增加，应该增加供水量。但单冲量控制不能很好地做到这一点。

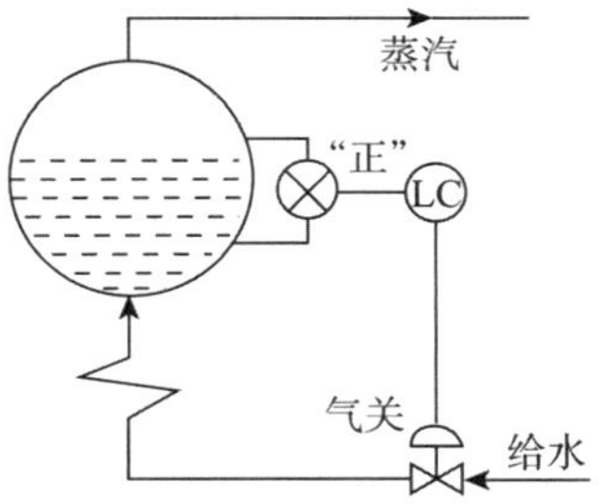

图 4-38 单冲量液位控制系统

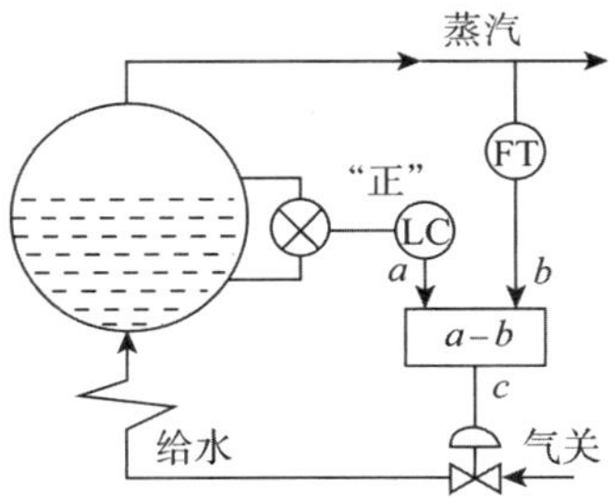

图 4-39 双冲量液位控制系统

2）双冲量控制系统

根据前馈控制的思想，把蒸汽视为干扰，以这个干扰量的变化来控制给水量，从而构成前馈控制。蒸汽前馈与原来的汽包液位反馈控制组成前馈—反馈控制系统，这里也称为双冲量控制系统，如图 4-39 所示。

在图 4-39 中，当蒸汽负荷增大时，F 增加，b 增加，c 减小，阀门开大，给水流量增加，能很好地克服蒸汽负荷这个干扰，这是前馈控制。LC 仍然起原来单冲量控制系统的作用，液位增加，控制器输出 a 增加，c 增加，阀门关小，给水流量减小，汽包液位回落。

在实际的锅炉系统中，供水压力也是一个主要干扰源。当供水压力变化时，将引起液位的波动，而双冲量控制也不够及时有效。因此，要增加给水流量的测量与控制系统。

3）三冲量控制系统

图 4-40 是一种锅炉三冲量液位控制系统。它是一个前馈＋反馈＋前馈控制系统，给水流量 F_1 和蒸汽流量 F_2 是前馈信号，而汽包液位构成反馈。图 4-41 是另一种结构的锅炉三冲量液位控制系统，给水流量和汽包液位构成串级系统，而蒸汽流量 F_2 是一个

前馈干扰信号。所以,它是一个前馈—串级反馈控制系统。

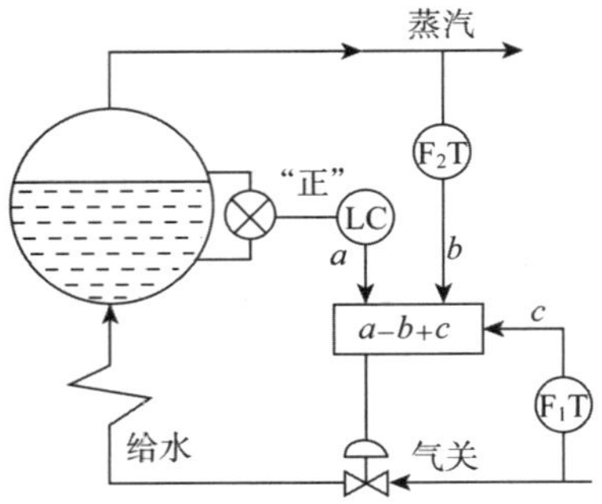

图 4-40　三冲量液位控制系统(1)

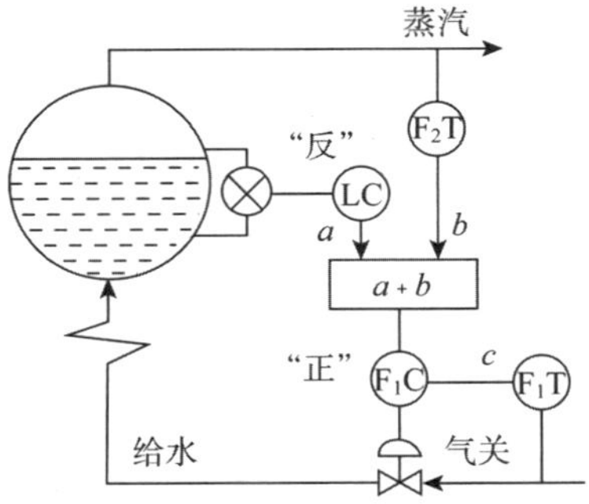

图 4-41　三冲量液位控制系统(2)

对于多冲量控制系统的控制器参数整定,口诀如下:

冲量系统好整定,冲量作用先弄清;
一个回路按单环,两个回路分主次;
关键在于加法器,按照干扰来调整;
反复试验细观察,确保各量都平衡。

在多冲量控制系统中,加法器是一个重要部件。它对减小"虚假水位"的影响及消除干扰起着重要作用。因此,在搞清楚各参数信号之间关系的同时,还要选择并调整好加法器的相关系数。正如口诀中所说:"关键在于加法器,按照干扰来调整。"

"反复试验细观察,确保各量都平衡"是说系统投入自动运行后,要认真观察控制系统的运行状态,尤其是在锅炉负荷变化的时候,各参数信号对控制过程的影响如何,能否迅速达到汽、液平衡,把液位稳定在给定值,否则,应根据实际情况再进行调整,直到合乎要求。

5 典型过程单元控制

化工、制药、冶金、轻工食品、电力等不同类企业生产过程往往是一个复杂过程，它们由许多不同的过程单元组成。因此，研究企业生产过程的自动化，必须首先了解和掌握过程单元操作的自动控制。过程单元操作按其物理和化学变化及加工方式来分，主要有动量传递过程、热量传递过程、质量传递过程和化学反应过程。控制方案的确定应该首先了解工艺，摸清情况，从实际出发，做到工艺上合理；同时要照顾全局，统筹兼顾，实现经济性和技术先进性的统一。工艺上的合理性是控制方案得以成立的先决条件。通过对工艺的分析，了解控制要求、对象特性、干扰情况、约束条件，选择合适的控制变量，确定适合对象静态和动态特性的控制方案。单元操作作为化工生产过程中的独立设备，与前后生产设备紧密联系。各设备的生产操作是相互联系、相互影响的。需要注意技术先进性和经济性的统一，在可能的条件下提出技术上先进且经济上优惠的控制方案。化工生产的操作设备种类繁多，控制方案也因不同对象而异。本章以一些典型的化工单元为例进行讨论。有关单元设备的原理、特性和结构，在相关课程中已经学过，本章中仅就其工艺特性作简要回顾，着重根据对象特性和控制要求，分析典型化工操作单元中具有代表性的设备的控制方案，以阐明设计控制方案的若干原理和方法。

5.1 流体输送设备的控制

在化工生产中，各种物料大多在连续流动状态下进行传热、传质或化学反应等过程。为使物料便于输送、控制，多数物料是以气态或液态方式在管道内流动。对于固态物料，有时也进行流态化。流体的输送是一个动量传递过程。流体在管道内流动，从泵或压缩机等输送设备获得能量，以克服流动阻力。输送液体并提高其压头的设备是泵，输送气体并提高其压头的设备是压缩机。此外，在工业生产中，送风机、鼓风机也可用于压头要求较低的气体输送。

泵按作用原理可以分为离心泵、往复泵和旋转泵，其中离心泵在化工装置中使用最多；压缩机按作用原理可分为速度式压缩机（如离心式压缩机和轴流式压缩机）、往复式压缩机和旋转式压缩机（如螺杆压缩机、水环压缩机）。往复式和旋转式的泵和压缩机均是正位移形式的容积泵和压缩机，其排出流量是固定的容积。

流体输送设备在生产过程中的主要任务是克服设备和管道阻力来输送流体，根据化工过程的要求提高流体的压头或在制冷装置中压缩气体。流体输送设备的自动控制就是确保上述任务的完成，既要保证工艺流程中所要求的稳定流量和压力，又要确保机泵的安全稳定运转。在连续性化工生产中，除了某些特殊情况（如泵的启停、压缩机的程序控制和信号联锁)外,对流体输送设备的控制大多是流量或压力的控制,如定值控制、比值控制及以流量作为副变量的串级控制等。此外,还有为保护输送设备不致损坏的一些保护性方案,如离心式压缩机的“防喘振”控制方案。

5.1.1 离心泵的控制方案

离心泵是最常见的液体输送设备。它的压头是由旋转叶轮作用于液体的离心力而产生的。转速越高,离心力越大,压头也越高。

离心泵控制的目的是将泵的排出流量恒定在某一给定数值上,其控制方案大体有三种。

1) 控制泵的出口流量

通过调节泵出口阀门的开启度来控制流量,如图 5-1 所示。当干扰作用使被控变量(流量)发生变化偏离给定值时,控制器发出控制信号,调节阀门动作,使流量回到给定值。

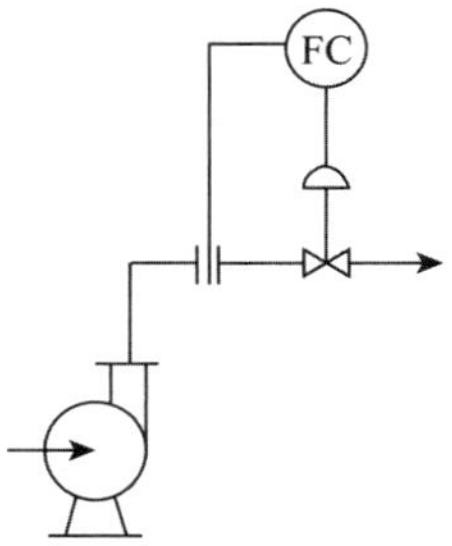

图 5-1 直接控制泵出口流量

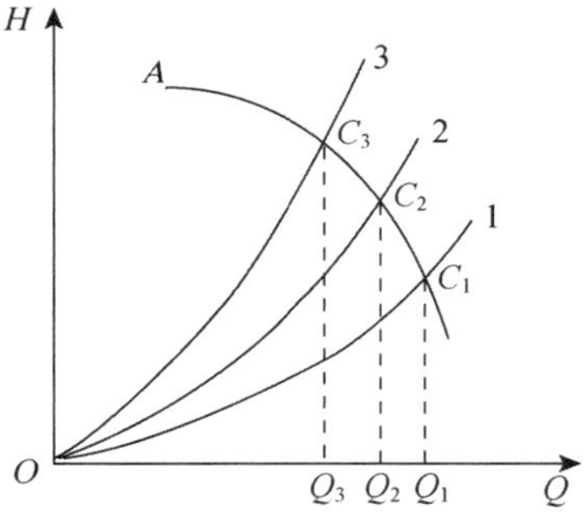

图 5-2 流量特性及管路特性曲线

在一定转速下,离心泵的排出流量 Q 与泵产生的压头 H 之间有一定的对应关系,如图 5-2 曲线 A 所示。在不同流量下,泵所能提供的压头是不同的,曲线 A 称为泵的流量特性曲线。泵提供的压头必须与管路阻力相平衡才能正常工作。克服管路阻力所需的压头大小随流量的增加而增加,如图 5-2 中曲线 1 所示。曲线 1 称为管路特性曲线。曲线 A 与曲线 1 的交点 C_1 即为进行操作的工作点。此时泵产生的压头正好用于克服管路的阻力,C_1 点对应的流量 Q_1 即为泵的实际出口流量。

当调节阀开启度发生变化时,由于转速是恒定的,泵的特性没有变化,即图 5-2 中的曲线 A 没有变化,但管路上的阻力发生了变化,即管路特性曲线不再是曲线 1,随着控制阀的关小,可能变为曲线 2 或曲线 3 了。工作点就由 C_1 移向 C_2 或 C_3,出口流量也由 Q_1 变为 Q_2 或 Q_3。

采用这种方案时,要注意调节阀一般应该安装在泵的出口管线上,而不应该安装在泵的吸入管线上(特殊情况除外)。这是因为控制阀在正常工作时需要一定的压降,而离心泵的吸入高度是有限的。

控制出口阀门开启度的方案简单可行,应用最为广泛。但是,此方案总的机械效率较低,特别是控制阀开度较小时,阀上压降较大。对于大功率的泵,损耗的功率相当大,因此这种方案是不经济的。

2）控制泵的转速

当泵的转速改变时，泵的流量特性曲线会随之发生改变。图 5-3 中曲线 1、2、3 分别表示转速为 n_1、n_2、n_3 时的流量特性，且有 $n_1>n_2>n_3$。在同样流量的情况下，泵的转速越高，压头 H 越大。在一定的管路特性曲线 B 下，降低泵的转速会使工作点由 C_1 移向 C_2 或 C_3，流量相应从 Q_1 减少到 Q_2 或 Q_3。

从能量消耗的角度来看，这种方案最为经济，机械效率较高。但调速机构一般较复杂，所以多用在蒸汽透平驱动的离心泵场合。此时，仅需控制蒸汽量即可控制转速。

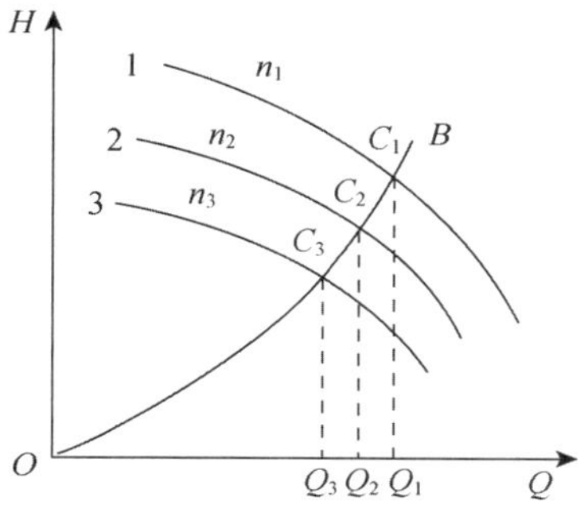

图 5-3　改变泵的转速控制流量

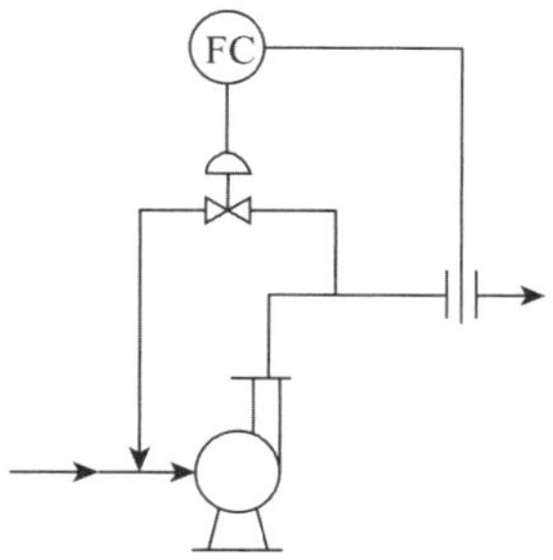

图 5-4　改变泵的旁路阀控制流量

3）控制泵的出口旁路流量

如图 5-4 所示，将泵的部分排出量重新送回到吸入管路，以此来控制泵的实际排出量。

调节阀装在旁路上，由于压差大，流量小，因此调节阀的尺寸可以比装在出口管道上的小得多。但是，这种方案不经济，因为旁路阀消耗部分高压液体能量，使总的机械效率降低，故很少采用。

5.1.2　往复泵的控制方案

往复泵也是常见的流体输送机械，多用于流量较小、压头要求较高的场合。它是利用活塞在汽缸中往复滑行来输送流体的。

往复泵提供的理论流量可按下式计算：

$$Q_{理}=60nFs \tag{5-1}$$

式中，n——每分钟的往复次数，次/min；

F——汽缸的截面积，m^2；

s——活塞冲程，m。

由式(5-1)可清楚地看出，从泵体角度来说，影响往复泵出口流量变化的仅有 n、F、s 三个参数，或者说只能通过改变 n、F、s 来控制流量。了解这一点对设计流量控制方案很有帮助。常用的流量控制方案有三种。

1）改变原动机的转速

这种方案适用于以蒸汽机或汽轮机作原动机的场合。此时，可借助改变蒸汽流量的方法方便地控制转速,进而控制往复泵的出口流量,如图 5-5 所示。

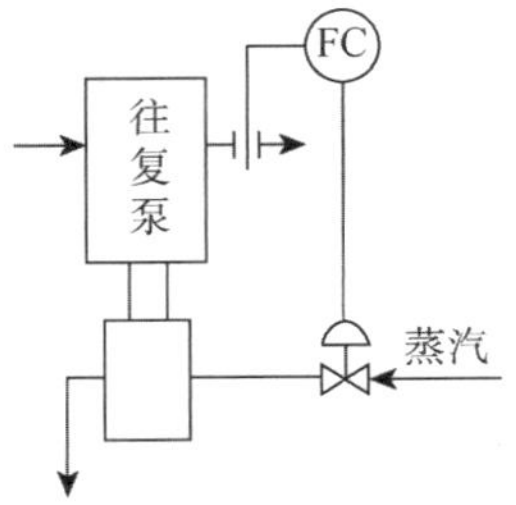

图 5-5　改变蒸汽流量控制出口流量

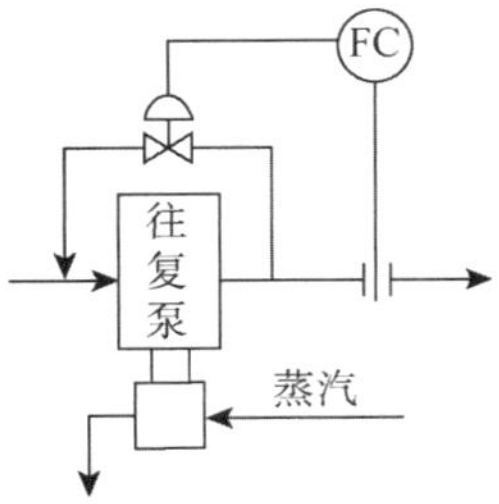

图 5-6　改变旁路阀开度控制出口流量

2) 控制阀的出口旁路

如图 5-6 所示,通过改变旁路阀开度的方法来控制实际排出量。这种方案由于高压流体的部分能量要消耗在旁路上,经济性较差。

3) 改变冲程 s

计量泵常用改变冲程 s 来进行流量控制。冲程 s 的调整可在停泵时进行,也可以在运转状态下进行。

需要注意的是,往复泵的出口管道上不允许安装调节阀。这是因为往复泵活塞每往返一次,总有一定体积的流体排出。当在出口管线上节流时,压头 H 会大幅度增加。在一定的转速下,随着流量的减少,压头显著升高。因此,改变出口管道阻力既达不到控制流量的目的,又极易导致泵体损坏。

5.1.3　压气机的控制方案

压气机与泵同为输送流体的机械,其区别在于压气机是用来提高气体压力的。因为气体是可以压缩的,需要考虑压力对密度的影响。

压气机的种类很多,按其作用原理的不同可分为离心式和往复式两大类;按进、出口压力的差别,可分为真空泵、鼓风机、压缩机等类型。在制定控制方案时,必须考虑到各自的特点。

压气机的控制方案与泵的控制方案有很多相似之处,被控变量通常是流量或压力,控制手段大体可分为三类。

1) 直接控制流量

对于低压的离心式鼓风机,一般可在其出口直接用调节阀控制流量。由于管径较大,执行器可采用蝶阀。在其他情况下,为了防止出口温度过高,通常在入口端控制流量。因为气体的可压缩性,这种方案对于往复式压缩机也是适用的。当调节阀关小时,会在压缩机入口端形成负压,这意味着吸入同样体积的气体时,其质量流量会减少。当流量降低到额定值的 50%以下时,负压会变得严重,压缩机效率大幅降低。在这种情况下,可采用分程控制方案,如图 5-7 所示。出口流量控制器 FC 操纵两个调节阀:吸入阀只能关小到一定开度,如果需要的流量更小,则应保持阀 1 的开度并打开旁路阀 2,以避免入口端负压过大。两只阀的特性如图 5-8 所示。

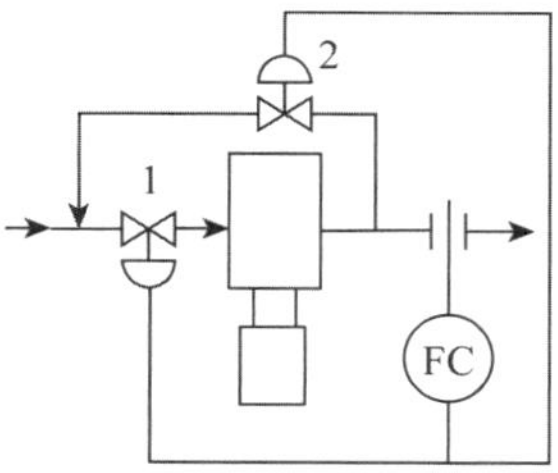

图 5－7　分程控制方案

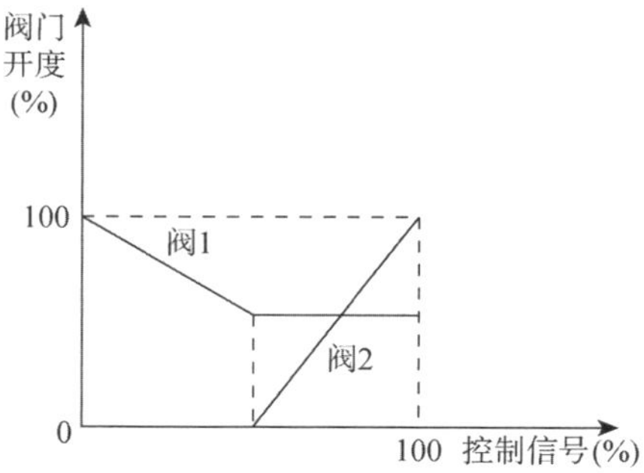

图 5－8　控制阀特性

为了减少阻力损失，对于大型压缩机，往往不采用控制吸入阀的方法，而是采用调整导向叶片角度的方法。

2）控制旁路流量

该方案和泵的控制方案类似，如图 5－9 所示。对于压缩比很高的多段压缩机，从出口直接旁路回到入口是不适宜的，因为这样控制阀前后压差太大，功率损耗增加。

为了解决这个问题，可以在中间某段安装调节阀，使其回到入口端，用一只调节阀可满足一定工作范围的需求。

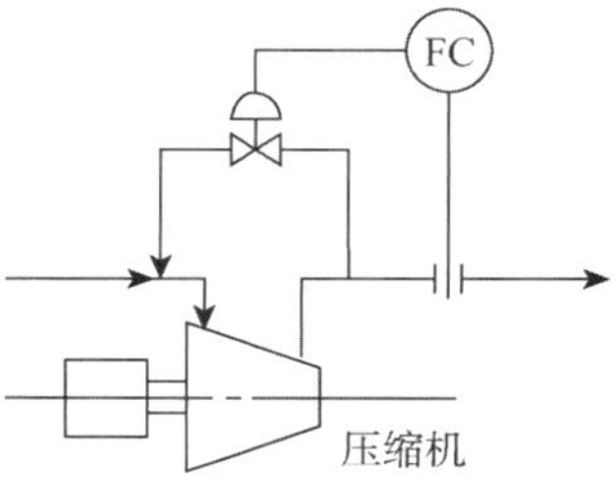

图 5－9　控制旁路流量

3）控制转速

压气机的流量控制可以通过控制原动机的转速来实现。这种方案效率很高，节能效果最好，但控制机构一般比较复杂，没有前两种方法简便。

5.2　精馏塔的自动控制

精馏过程是现代化工生产中应用极为广泛的传质过程，其目的是利用混合液中各组分挥发度的不同，将各组分进行分离并达到规定的纯度要求。

精馏过程通过在相关设备上进行精馏操作完成。由于混合物组分的不同，可以有多种操作方式。按其组分的多少，可分为二元精馏和多元精馏；按混合物挥发度性质，又可分为一般精馏操作和特殊精馏操作，如共沸精馏、萃取精馏、间歇精馏等。精馏操作设备主要包括再沸器、冷凝器和精馏塔。再沸器为混合物液相中的轻组分转移提供能量。冷凝器将塔顶的上升蒸汽冷凝为液相，并提供精馏所需的回流。精馏塔是实现混合物组分分离的主要设备，其一般形式为圆柱形结构，内部装有提供汽液分离的塔板，塔身设有混合物进料口和产品出料口。按塔板性质，可分为板式塔和填料塔；按操作方式，又可分为一般精馏塔和特殊精馏塔。本节主要讨论精馏塔部分。

精馏塔是精馏过程的关键设备，精馏过程是一个非常复杂的过程。在精馏操作中，被控变量多，可选用的控制变量也多，它们之间又可以有各种不同组合，所以控制方案繁多。由于精馏对象的通道很多、反应缓慢、内在机理复杂、变量之间相互关联，且控制要求较高，因此必须深入分析工艺特性，总结实践经验，结合具体情况才能设计出合理的控制方案。

5.2.1 工艺要求和约束条件

要对精馏塔实施有效的自动控制，首先必须了解精馏塔的控制目标。精馏塔的控制目标一般从质量指标、产品产量和能量消耗三方面加以考虑。任何精馏塔的操作情况都同时受约束条件的制约，因此，在考虑精馏塔控制方案时，一定要把这些因素考虑进去。

1）质量指标

质量指标（即产品纯度）必须符合规定的要求。一般应使塔顶或塔底产品之一达到规定的纯度，同时要求另一个产品也应维持在规定的范围之内，或者塔顶和塔底的产品均应保证一定的纯度要求。

在精馏塔操作中，使产品合格显然是重要的。如果产品质量不合格，其价值将远远低于合格产品。但绝不是说质量越高越好。由于质量超过规定要求时，产品的价值并不会因此而增加，而产品产量可能会下降，同时操作成本（主要是能量消耗）也会增加很多。因此，从整体经济效益来看，总价值反而会降低。由此可见，除了要考虑使产品符合规格外，还应同时考虑产品的产量和能量消耗。

2）产量指标

在达到一定质量指标的前提下，产品产量（即回收率）尽可能高。这对于提高经济效益显然是有利的。

产品的回收率定义为产品量与进料中该产品组分量之比。

3）能耗要求和经济性指标

精馏过程中消耗的能量主要包括再沸器的加热量和冷凝器的冷却量；此外，塔和附属设备及管线也要散失部分能量。

在一定的纯度要求下，增加塔内的上升蒸汽量有利于提高产品回收率，但同时也意味着再沸器的能量消耗会增大。任何事物总是有一定的限度，当单位进料量的能耗增加到一定数值后，再继续增加塔内的上升蒸汽量，产品回收率的增长将变得非常有限。应当指出，精馏塔的操作情况必须从整个经济效益的角度来衡量。在精馏操作中，质量指标、产品回收率和能量消耗均是要控制的目标。其中，质量指标是必要条件，在质量指标一定的条件下，应在控制过程中使产品的产量尽可能提高一些，同时能量消耗尽可能低一些。

4）约束条件

为保证正常操作，需规定某些参数的极限值，并将其作为约束条件。塔内气体流速过低时，某些筛板精馏塔可能会产生漏液现象，从而影响操作，降低塔板效率；而流速过高易产生液泛，将完全破坏塔的操作。由于塔板上液层增高，气相通过液层的阻力增大，因而可通过测量差压的方法检测塔的液泛现象。当压差过高时，可通过差压控制系统减小气体流速。每个精馏塔都存在着一个最大操作压力限制，超过这个压力，塔的安全性就没有保障。为精馏过程提供能量的再沸器和冷凝器也都存在一定限制。再沸器的加热能力受塔压和再沸器中液相介质最大汽化率的影响；同时，再沸器两侧间的温差不能超过其临界温差，否则会导致传热系数下降，传热量降低。冷凝器的冷却能力主要受冷却介质温度的影响，而在介质条件不变时，又与塔的操作压力有关；同时，馏出产品组分的变化也会影响冷凝器的冷却能力。在确定精馏塔的控制方案时，必须考虑到上述约束条件，以使精馏塔工作在正常操作区内。

5.2.2　精馏塔的干扰因素

精馏是在一定的物料平衡和能量平衡的基础上进行的。一切干扰因素均通过物料平衡和能量平衡影响塔的正常操作。影响物料平衡的因素包括进料量和进料成分的变化，以及顶部馏出物及底部出料的变化。影响能量平衡的因素主要包括进料温度或热焓的变化，再沸器加热量和冷凝器冷却量的变化，此外还有塔的环境温度变化等。同时，物料平衡和能量平衡之间是相互影响的。

1）精馏塔静态关系分析

图 5－10 为精馏塔的物料流程图，可简单地视其为二元精馏。从物料平衡和能量关系出发，可得出其总的物料平衡关系为

$$F = D + B \tag{5-2}$$

轻组分的物料平衡关系为

$$Fz = Dy + Bx \tag{5-3}$$

式中，F、D、B——分别为进料量、顶部馏出物量和塔底产品；

z、y、x——分别为进料、顶部馏出物和底部产品中轻组分的含量。

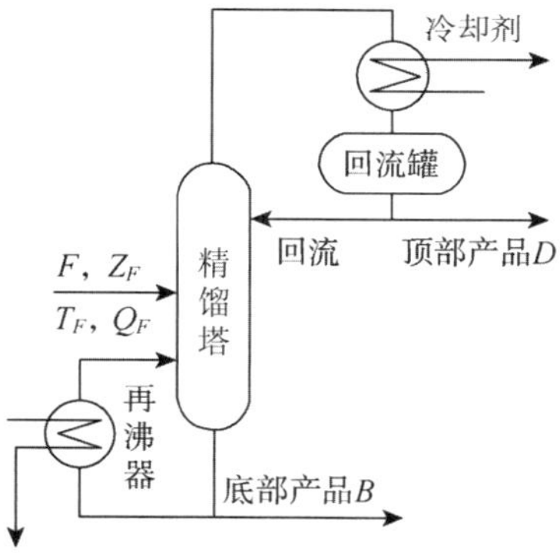

图 5－10　精馏塔的物料流程图

从以上两式可明显看出，进料量 F 在产品中的分配量（即 D/F）是决定顶部和底部产品中轻组分含量 y 和 x 的关键因素。

静态下精馏塔的能量关系为

$$Q_H + FH_F = Q_C + DH_D + BH_B \tag{5-4}$$

式中，Q_H——再沸器加热量，kJ；

Q_C——冷凝器冷却量，kJ；

H_F、H_D 和 H_B——分别为进料、顶部馏出物、底部产品的比热焓，kJ/kg。

在式（5－4）中，每一项都影响着塔内上升蒸汽的流量 V。对于一个既定的塔来讲，V 与 F 之比与塔的分离度 S 有关。即当 V/F 一定时，塔的分离度也一定。

综上所述，对于一个精馏塔，在进料成分 Z 一定时，只要保持 V/F 和 D/F 一定（或者在 F 一定时，保持 D 和 V 一定），这个塔的分离结果也就是产品成分 y 和 x 将被完全确定。而当进料成分变化时，为了保持产品成分不变，可以相应调节 D/F 来补偿进料成分变化的影响。塔内上升蒸汽量 V 在塔的提馏段由再沸器加热提供，在塔的精馏段还受到进料热焓的影响。当冷凝器冷却量 Q_C 增加时，必然会使更多的气相变为液相，从而降低了塔压；同时使塔内相同组分的平衡温度下降，增加再沸器两侧的温差，从而使再沸器提供的加热量 Q_H 增加。因此，在进料热焓变化不大或可以忽略时，一般总把 V 的变化或 V/F 的变化视为由再沸器加热量 Q_H 提供。在多元精馏中，影响关系要复杂得多。当进料中某一组分的浓度变化时，必然使其他组分的浓度变化，而搭使顶部及底部产品中各组分的浓度此时也发生变化。当进料中几个组分浓度同时变化时，情况将更为复杂。然而，克服这些扰动的控制手段主要依赖于调节 D/F 和 V/F。此时，仅有两个关键组分可以控制，其余组分在产品中的分配情况主要由进料浓度确定。

2）影响精馏塔质量指标的主要干扰

（1）进料流量 F 的波动

进料量的波动通常是难以避免的。如果精馏塔位于整个生产过程的起点，采用定值控制是可行的。但是，精馏塔的进料量往往是由上一道工序决定的。如果一定要使进料量恒定，势必要设置很大的中间贮槽来进行缓冲。当前工艺的新趋势是尽可能减少或取消中间贮槽，而是在上一道工序设置液位均匀控制系统来控制出料，从而使塔的进料流量 F 波动比较平稳，尽量避免剧烈变化。

（2）进料成分 Z_F 的变化

进料成分是由上一道工序的出料或原料情况决定，因此对精馏塔系统来讲，它是不可控的干扰因素。

（3）进料温度 T_F 及进料热焓 Q_F 的变化

进料温度通常是较为恒定的。假如进料温度不恒定，可以先将进料预热，通过温度控制系统来使精馏塔进料温度恒定。然而，进料温度恒定时，只有当进料状态全部是气态或全部是液态时，塔的进料热焓才能一定。当进料是气液混合状态时，只有当气液两相的比例恒定时，进料热焓才能恒定。为了保持精馏塔的进料热焓恒定，必要时可通过热焓控制的方法来维持恒定。

（4）再沸器加热剂（如蒸汽）加入热量的变化

当加热剂是蒸汽时，加入热量的变化通常是由蒸汽压力的变化引起。系统可以通过在蒸汽总管上设置压力控制系统来克服这种变化，或者在串级控制系统的副回路中加以解决。

（5）冷却剂在冷凝器内除去热量的变化

这种热量的变化会影响到回流量或回流温度，主要由冷却剂的压力或温度变化引起。一般冷却剂的温度变化较小，而压力的波动可采用克服加热剂压力变化的同样方法予以解决。

（6）环境温度的变化

在一般情况下，环境温度的变化较小，但在采用风冷器作冷凝器时，天气骤变与昼夜温差对塔的操作影响较大，可能会导致回流量或回流温度发生变化。为此，可采用内回流控制的方法予以克服。内回流通常是指精馏塔的精馏段内上一层塔盘向下一层塔盘流下的液体量。内回流控制是指在精馏过程中，控制内回流为恒定量或按某一规律变化的操作。

由上述干扰分析可以看出，进料流量和进料成分的波动是精馏塔操作的主要干扰因素，通常是不可控的。其余干扰因素一般较小，而且往往是可控的，或者可以采用一些控制系统预先加以克服。

5.2.3　精馏塔的控制方案

为简化讨论，只考虑顶部和底部产品均为液相且没有侧线采出的情况。由于精馏塔的控制方案繁多，本节仅选择具有代表性的、常见的控制方案作介绍。

1）设置精馏塔控制方案的基本观点

（1）按物料及能量平衡关系进行控制

由精馏塔静态特性分析，影响产品质量的因素主要在于物料和能量平衡。为保证产品质量，只需消除可能的扰动就可以了。对于一个实际操作的二元精馏塔，在进料成分一定时，只要把 D/F 和 V/F 调节至一定值，且通过调节顶部回流罐液位来保证回流按照 $L=V-D$ 的关系保持一定，底部产品流量 B 在液位调节作用下也可以保证 $B=F-D$ 的物料平衡关系，那么该塔的产品质量就能得到控制。

需指出，由于能量关系因素 V 主要取决于再沸器加热量，但也受到进料和回流热焓的影响。当回流温度恒定时，只需考虑设置进料温度或热焓自动控制系统。于是可保持再沸器的蒸汽量一定，就相当于塔内上升蒸汽量 V 一定了。考虑到因冷凝器冷却量和环境等扰动因素而使能量平衡可能破坏，从而使塔压变化，因此需要在塔顶设置压力控制系统。对于 D/F 和 V/F 的控制，由顶部产品量 D、再沸器加热蒸汽量和进料量 F 分别组成比值控制系统。若考虑动态关系，可添加补偿环节，一般采用超前—滞后环节。

（2）设置质量控制系统

实际上，根据精馏塔静态特性设计的按物料和能量平衡关系控制方案，在具体应用时很难保证产品质量，仅在产品质量指标并不严格的情况下才能使用。为了使产品符合一定的质量指标，必须在上述控制方案的基础上设置质量反馈系统，采用再沸器加热量及顶部产品量（或回流量）等作为控制变量，以克服进料成分变化等扰动因素对产品成分的影响，使产品质量合格。对于一个精馏塔来讲，塔顶产品和塔底产品的质量控制系统之间是相互关联的。当相互影响严重时，不能达到预定的质量控制目的，此时可采用解耦控制以减少或消除它们之间的相关影响。对于二元精馏塔，可只采用顶部产品质量反馈，底部产品质量反馈可不用。

（3）静态和动态响应

满足静态特性关系的精馏塔控制方案很多，即一个被控变量在不同控制方案中可以用不同的控制变量来控制。从控制理论可知，所选择的控制变量使得被控变量的静态增益越大、控制系统的静态灵敏度越高，克服外部扰动的效果也越好。但如果该控制变量控制通道的时间常数太大，则从动态上看，控制系统的响应就不够快速，从而不能及时克服外部扰动。因此，需从静态响应和动态响应两方面综合考虑来确定控制变量和选择控制方案。当因客观条件不得不采用灵敏度较高但动态响应缓慢的控制回路时，应当考虑必要的动态补偿。

(4) 考虑控制系统间的相关影响

精馏塔是一个多变量的被控对象,往往设有多个控制系统。这些系统之间可能会产生相互关联的影响。当相关影响较为严重时,可以使精馏塔的操作系统失去稳定性。解决的方法主要有两种:① 可选取相关影响较小的系统,通过对各控制回路间相关影响的定量分析方法来选取;② 对于选取的具有相关影响的控制系统,可通过整定控制器参数,将控制回路的工作频率错开,从而减少相关性,或者采用解耦控制。需要指出的是,在此过程中不仅要考虑到系统的静态特性,还需要考虑其动态影响。

(5) 考虑整个工艺生产过程的平稳操作

由于精馏塔往往是生产过程中的一个环节,因此,前一工序的操作情况会影响精馏塔的操作,而精馏塔的产品产量和成分变化也要影响到后一工序的操作。于是在设置精馏塔的控制方案时,必须协调前后工序的关系。在某些需要考虑前后工序关系的整个生产过程的控制中,可以采用逆流向物料平衡控制方案。在这种控制方案中,前一工序的调节是根据后一工序的需要而定的。例如,在精馏塔中,可根据后一工序对顶部产品量的需求来改变产品馏出液量。而馏出液量的变化会引起回流罐的液位变化,此时可通过液位控制来改变塔的进料量,从而实现平稳操作。这种逆流向方案可使整个生产过程更加稳定,并可减少回流罐等中间容器的容积。

(6) 塔压控制与浮动压力操作

在精馏塔的自动控制中,保持塔压恒定是实现稳定操作的重要条件。其主要由两方面的因素决定:① 压力的变化将引起塔内气相流量和塔顶上气液平衡条件的变化,进而导致塔内物料平衡的变化;② 由于混合组分的沸点和压力间存在一定的关系,而塔板的温度间接反映了物料的成分。因此,压力恒定是保证物料平衡和产品质量的先决条件。在精馏塔的控制中,往往都设置压力控制系统,以保持塔内压力的恒定。

然而,在采用成分分析用于产品质量控制的精馏塔控制方案中,可以在可变压力操作下采用温度控制或对压力变化进行补偿的方法来实现质量控制。其做法是让塔压在冷凝器的约束下浮动,从而使冷凝器始终接近满负荷操作。这样,当塔的处理量下降而使热负荷降低或冷凝器冷却介质温度下降时,塔压将维持在一个比设计要求低的数值。压力的降低可以增加塔内被分离组分间的挥发度,这样使单位处理量所需的再沸器加热量下降,节省能量,提高经济效益。同时,塔压的下降会使同一组分的平衡温度下降,增加再沸器两侧的传热温度,提高再沸器的加热能力,减轻再沸器的结垢现象。浮动压力操作可以显著提高精馏生产的经济效益。但是,由于塔压的波动会产生精馏塔的不平稳扰动,因此在实际生产中采用不多。

(7) 根据热力学观点等选取节约能量的方案

在精馏塔的自动控制中,控制作用几乎都是通过调节阀改变流体流量来实现的。从热力学观点来看,调节阀的节流过程是一个近乎等焓的过程。在这个过程中,熵将增加,而熵的增加意味着消耗了有用功。调节阀前后的压力降就是损失功的量度。因此,为了节省能量,减少有用功的损失,应使调节阀前后压降尽可能减少,这是控制方案选择中一个值得注意的问题。为了节约能量消耗,在精馏塔控制中,可以采用浮动压力控制以及更严格地控制产品质量规格值等方法，从而使塔的能耗量最小、成本最低及利润最大。

2）精馏塔的基本控制方案

精馏塔是一个多变量对象，因此被控变量和控制变量可组成多种控制方案。产品质量往往是精馏过程的主要目标。因此，在基本控制方案中，常常采用温度作为间接质量指标，或采用产品成分等作为直接质量指标。

(1) 精馏塔的提馏段温控

如果采用提馏段温度作为衡量质量指标的间接指标，并以改变再沸器加热量作为控制手段的方案，称为提馏段温控。

图5-11是一种常见的提馏段温控的方案。这个方案的主要控制系统以提馏段塔板温度为被控变量，以加热蒸汽量为控制变量。

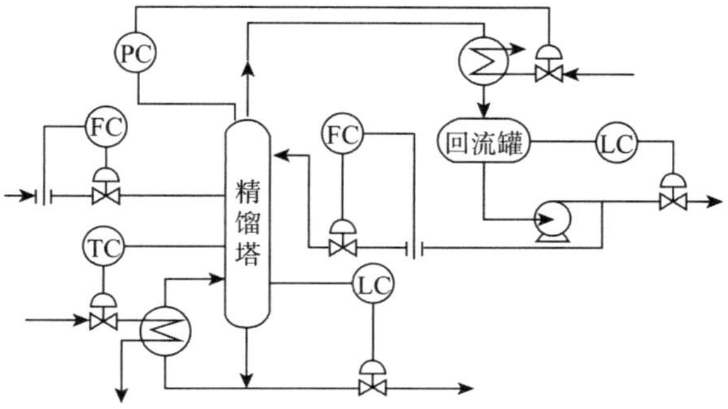

图5-11　常见的提馏段温控方案

提馏段温控的主要特点与适用场合如下：

① 由于采用提馏段温度作为间接质量指标，因此，它能够较直接地反映提馏段产品情况。将提馏段恒定后，就能较好地保证塔底产品的质量达到规定值。所以，当以塔底采出为主要产品，且对塔釜成分的要求高于对馏出液的要求时，常采用提馏段温控方案。

② 当干扰首先进入提馏段时，例如在液相进料时，进料量或进料成分的变化首先会影响塔底的成分，故用提馏段温控就比较及时，动态过程也比较快。

此外，由于提馏段温控时回流量是足够大的，因此仍能使塔顶产品的质量保持在规定的纯度范围内。这正是在工厂中即使塔顶产品质量要求比塔底严格时，仍采用提馏段温控的原因。

(2) 精馏塔的精馏段温控

如果采用精馏段温度作为衡量质量指标的间接指标，并以改变回流量作为控制手段的方案，称为精馏段温控。

图5-12是一种常见的精馏段温控的方案。它的主要控制系统是以精馏段塔板温度为被控变量，以回流量为控制变量。

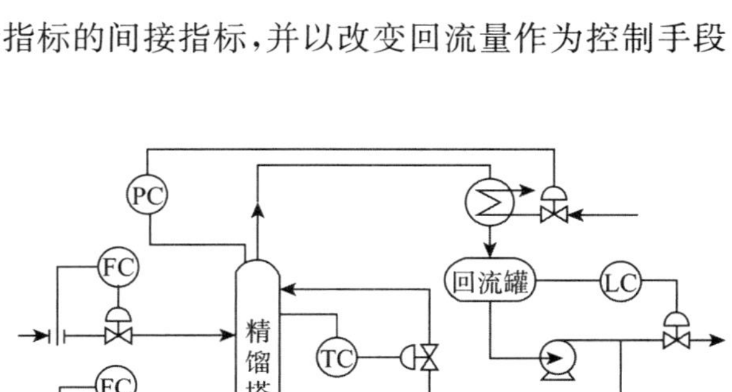

图5-12　常见的精馏段温控方案

精馏段温控的主要特点与适用场合如下：

① 由于采用了精馏段温度作为间接质量指标，因此它能较直接地反映精馏段的产品情况。当塔顶产品纯度要求比塔底严格时，一般宜采用精馏段温

控方案。

② 如果干扰首先进入精馏段，例如气相进料时，由于进料量的变化首先影响塔顶的成分，所以采用精馏段温控就比较及时。

当采用精馏段温控或提馏段温控时，如果分离的产品较纯时，塔顶或塔底的温度变化很小，这对测温仪表的灵敏度和控制精度提出了很高的要求，但实际上却很难满足。解决这一问题的方法是将测温元件安装在塔顶以下或塔底以上几块塔板的灵敏板上，即以灵敏板的温度作为被控变量。

所谓灵敏板，是指在受到干扰时，当系统达到新的稳定状态后，温度变化量最大的那块塔板。由于灵敏板上的温度在受到干扰后变化比较大，因此对温度检测装置的灵敏度要求可以适当降低。同时也有利于提高温度控制精度。

(3) 精馏塔的温差控制及双温差控制

以上两种方案都是以温度作为被控变量，对于一般的精馏塔来说是可行的。但是，在精密精馏过程中，产品纯度要求很高，而且塔顶、塔底产品的沸点差又不大时，此时应当采用温差控制，以进一步提高产品的质量。

采用温差作为衡量质量指标的间接变量，是为了消除塔压波动对于产品质量的影响。尽管系统中设置了压力定值控制，但压力也总是会有些微小的波动，从而引起成分变化。对于一般产品纯度不太高的精馏塔是可以忽略不计的。但如果是精密精馏，产品纯度要求很高，微小的压力波动亦足以影响质量，使产品质量超出允许的范围。此时，就不能再忽略压力的影响了。也就是说，精密精馏时，仅用温度作为被控变量就不能很好地代表产品的成分。温度的变化可能是成分和压力两个变量共同作用的结果。只有当压力完全恒定时，温度和成分之间才具有单值对应关系（严格地说，只是对二元组分）。为了解决这个问题，可以在塔顶（或塔底）附近的一块塔板上检测温度，并在灵敏板上也检测温度。由于压力波动对每块塔板的温度影响基本相同，只要将上述检测到的两个温度值相减，压力的影响就消除了，这就是采用温差来衡量质量指标的原因。

然而，温度与产品成分之间的关系不是线性的，同一温差在不同条件下可以有两个不同的组分。

图 5－13 是正丁烷和异丁烷分离塔的温差和塔底产品中轻组分浓度的关系示意图。由图可见，曲线有最高点，其左侧表示塔底产品纯度较高（即轻组分浓度 $x_{轻}$ 较小）情况下，温差随产品纯度的增加而减小。为了使控制系统正常工作，温差与产品纯度应该具有单值对应关系。因此，一般将工作点选择在曲线的左侧，并采取措施使工作点不进入曲线的右侧。

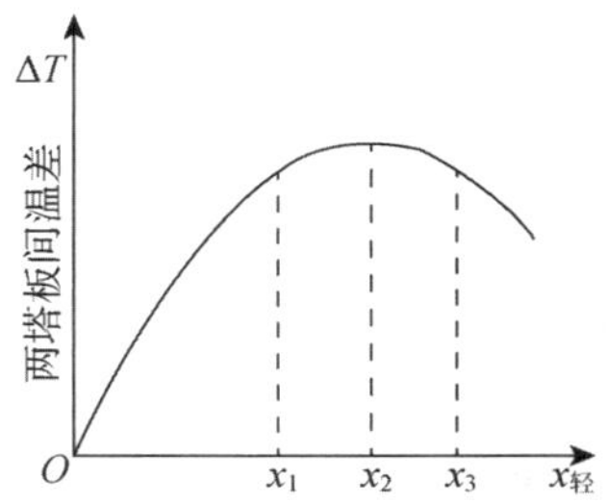

图 5－13　温差与轻组分浓度关系

为了使控制器正常工作范围在曲线最高点的左侧，在使用温度控制时，控制器的给定值不能太大，干扰量（尤其是加热蒸汽量的波动）也不能太大，以防止工作状态变为图 5－13 中曲线最高点的右侧，致使控制器无法正常工作。

温差控制可以克服塔压波动对塔顶（或塔底）产品质量的影响。但是，它还存在一个问题：当负荷变化时，塔板的压降发生变化。随着负荷递增，由于两块板的压力变化值不相同，由压降引起的温差也将增大。这时，温差和组分之间就不再呈单值对应关系。在这种情况下需采用双温差控制。

双温差控制又称温度差值控制。图 5-14 是双温差控制的系统图。由图可知，双温差控制就是在精馏段和提馏段上分别选取温差信号，然后将两个温差信号相减，作为控制器的测量信号(即控制系统的被控变量)。从工艺角度来理解，由压降所引起的温差，不仅出现在顶部，还出现在底部，这种因负荷引起的变化，在作相减后就可相互抵消。双温差法是一种通过控制精馏塔进料板附近的组成分布来确保产品质量合格的方法。它以保证工艺上最佳的温度分布曲线为出发点，代替单纯控制塔的一端温度或温度差，从而实现对精馏操作的稳定控制并提高产品质量。

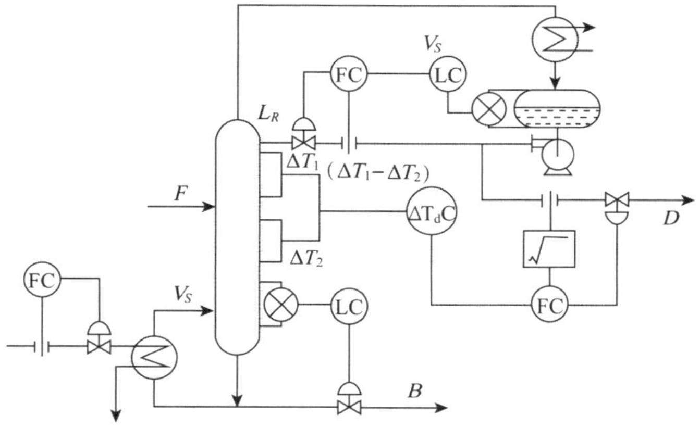

图 5-14　双温差控制系统图

(4) 产品成分或物性指标的直接控制方案

以上介绍的温度、温差或双温差控制都是间接控制产品质量的方法。最能正确反映产品质量指标的当然是产品的成分。如果能利用产品分析仪，例如色谱仪、红外分析仪、密度计、干点分析仪、闪点分析仪及初馏点分析仪等，分析出塔顶(或塔底)的产品成分并将其作为被控变量，而将回流量或再沸器的加热量等作为控制变量，就可以组成成分控制系统，实现按产品成分的直接指标控制。

与温度的情况类似，塔顶或塔底产品的成分能体现产品的质量指标。但是，当分离的产品较纯时，邻近塔顶、塔底的各板间的成分差已经很小。此外，每块塔板上的成分在受到干扰后变化也很小，这就对检测成分的仪表灵敏度提出了很高的要求。采用色谱仪的突出优点是可以测量多组分的浓度，并可以通过测量其他含量较少的杂质组分之和来决定产品的纯度。精馏工艺上通常采用工业色谱仪进行在线的成分分析，并以关键组分的浓度比进行控制。然而，由于色谱仪也是根据吸收和解吸原理工作的，因此在精馏塔中很难分离的组分在色谱仪中也是困难的，同时分析仪需要采样系统，且其测量滞后影响了控制系统的动态响应，这是在使用时应予注意的。在精馏塔的操作中，当干扰产生时，多个塔板中灵敏板的变化最为明显。因此，可选择测量灵敏板上的成分，并将其作为被控变量进行控制。

当然，按产品成分的直接指标控制方案，理论上是最直接的，也是最有效的。目前，它的应用已为化工热力学的多变量控制及精确控制打下基础。但是，从产品成分的测量仪表的使用情况来分析，其准确度较差、滞后时间很长、维护比较复杂，致使控制系统的控制质量受到很大影响，因此，这种方案使用还不普遍。然而，随着成分分析仪表性能不断得到改善及销售价格下降以后，按产品成分的直接指标控制方案将具有广阔的应用前景。

5.3 化学反应器的自动控制

化学反应器是化工生产中非常重要的设备之一。化学反应过程伴随着复杂的化学物理现象，涉及能量、物料平衡，以及物料/动量、热量和物质传递等过程，因此化学反应器的操作一般比较复杂。反应器的自动控制直接关系到产品的质量和产量。

由于反应器在结构、物料流程、反应机理和传热传质情况等方面存在差异，因此自控的难易程度和自控方案相差很大。下面简要介绍反应器的控制要求及几种常见的反应器控制方案。

5.3.1 化学反应器的控制要求

设计化学反应器的自控方案时，一般要从质量指标、物料平衡、约束条件三方面加以考虑。

1）质量指标

化学反应器的质量指标一般指反应的转化率或反应生成物的规定浓度。显然，它们应当是被控变量。如果它们不能直接测量，就只能选取几个相关的参数，经过运算进行间接控制。如聚合釜出口温差与转化率的关系为

$$y=\frac{\rho g c(\theta_o-\theta_i)}{x_i H} \tag{5-5}$$

式中，y——转化率；

θ_i、θ_o——分别为进料与出料温度，℃；

ρ——进料密度，kg/m^3；

g——重力加速度，9.8 m^3/s^2；

c——物料的比热容，J/(kg・℃)；

x_i——进料浓度，mol/kg；

H——每摩尔进料的反应热，J/mol。

式(5－5)表明，对于绝热反应器来说，当进料温度一定时，转化率与温度差成正比，即 $y=K(\theta_o-\theta_i)$。这是由于转化率越高，反应生成的热量也越多，因此，物料出口的温度也越高。所以，用温差 $\Delta\theta=(\theta_o-\theta_i)$ 作为被控变量，可以间接控制转化率的高低。

因为化学反应不是吸热就是放热，反应过程总伴随着热效应，所以，温度是最能够表征质量的间接控制指标。

有时，也有用出料浓度作为被控变量的，如焙烧硫铁矿或尾砂，取出口气体中的 SO_2 含量作为被控变量。但是，就成分仪表使用情况分析，时机和环境并不成熟，通常是采用

温度作为质量的间接控制指标构成各种控制系统，必要时再辅以压力和处理量（流量）等控制系统，即可保证反应器的正常操作。

以温度、压力等工艺变量作为间接控制指标，有时并不能保证质量稳定。在干扰作用下，转化率和反应生成物组分等仍会受到影响。特别是在有些反应中，温度、压力等工艺变量和生成物组分之间不完全是单值对应关系，这就需要不断地根据工况变化去改变温度控制系统中的给定值。在有催化剂的反应器中，由于催化剂的活性变化，温度给定值也要随之改变。

2）物料平衡

为使反应正常进行并提高转化率，要求维持进入反应器的各种物料量恒定，并确保配比符合要求。为此，在进入反应器前，往往采用流量定值控制或比值控制。另外，在有一部分物料循环的反应系统中，为保持原料的浓度和物料平衡，需另设辅助控制系统。如在氨合成过程中，设置惰性气体自动排放系统以维持物料平衡。

3）约束条件

对于某些反应器，要注意防止工艺变量进入危险区或不正常工况。例如，在许多催化接触反应中，温度过高或进料中某些杂质含量过高将会损坏催化剂；在流化床反应器中，流体速度过快可能会将固相吹走，而流速过低又可能会让固相沉降。为此，应当配备一些报警、联锁装置或选择性控制系统，以确保反应器的安全运行。

5.3.2　釜式反应器的温度自动控制

釜式反应器应用十分广泛，除广泛用作聚合反应外，在有机染料、农药等行业中还经常被用来进行碳化、硝化、卤化等反应。

反应温度的测量与控制是实现釜式反应器最佳操作的关键。下面主要针对温度控制进行讨论。

1）控制进料温度

图 5-15 是这类方案的示意图。物料经过预热器（或冷却器）进入反应釜。通过改变进入预热器（或冷却器）的热剂量（或冷却量），可以调节进入反应釜的物料温度，从而达到维持釜内温度恒定的目的。

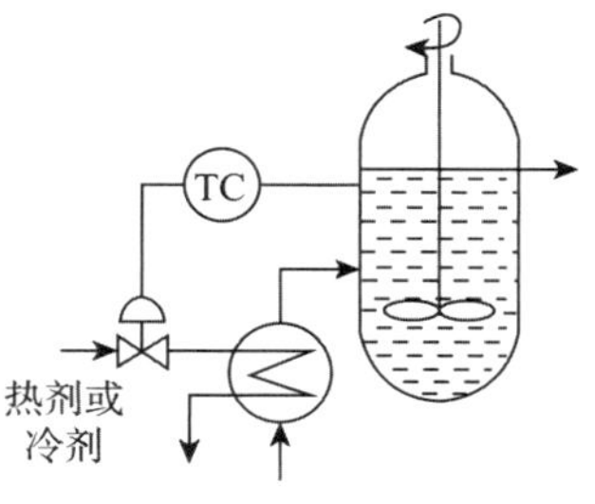

图 5-15　控制进料温度

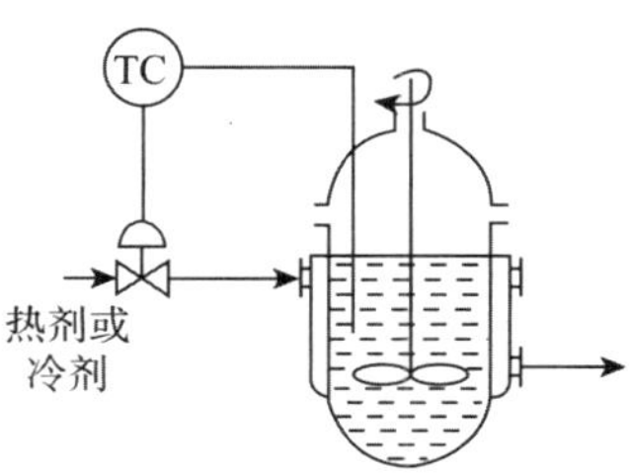

图 5-16　控制夹套温度

2）改变传热量

由于大多数反应釜均有传热面，用于引入或移去反应热，因此可以通过改变传热量来实现温度控制。图 5-16 为一带夹套的反应釜。当釜内温度改变时，可用改变加热剂

(或冷却剂)流量的方法来控制釜内温度。这种方案的结构比较简单,使用的仪表少,但由于反应釜容量大,温度滞后严重,特别是当反应釜用来进行聚合反应时,釜内物料黏度大,热传递较差,且混合又不易均匀时,因此很难使温度控制达到严格要求。

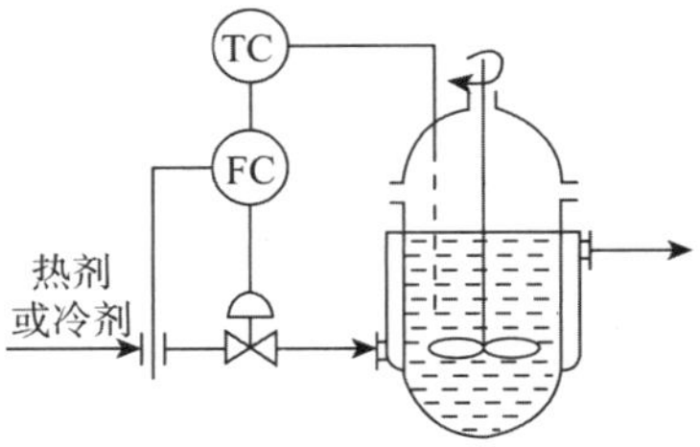

图 5-17　釜温与热剂流量串级控制

3) 串级控制

针对反应釜滞后较大的特点,可以采用串级控制方法。根据进入反应釜的主要干扰的不同情况,可以采用以下几种串级控制方案:釜温与热剂(或冷剂)流量串级控制(如图 5-17 所示)、釜温与夹套温度串级控制(如图 5-18 所示)及釜温与釜压串级控制(如图 5-19 所示)等。

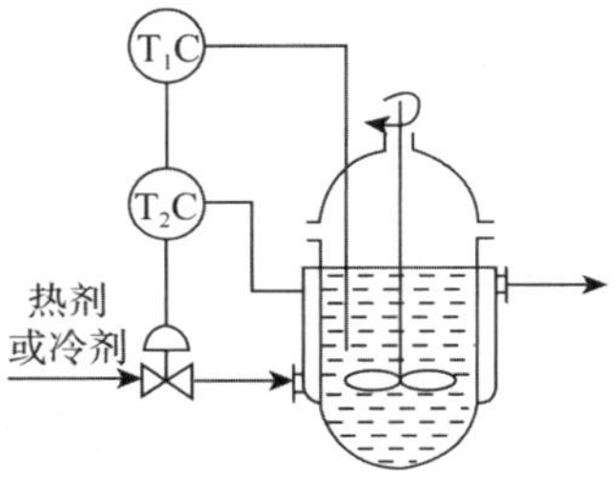

图 5-18　釜温与夹套温度串级控制

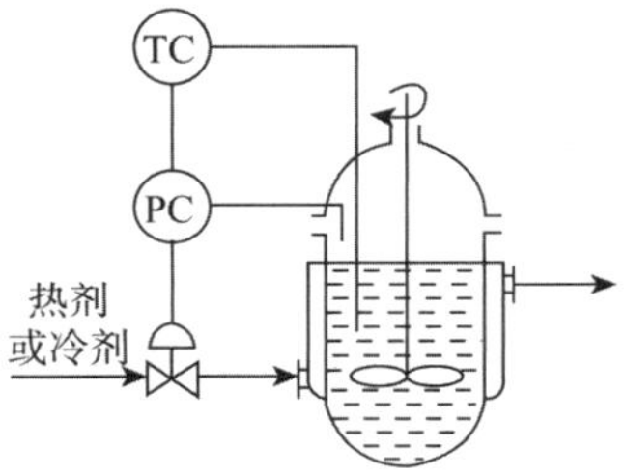

图 5-19　釜温与釜压串级控制

5.3.3　固定床反应器的自动控制

固定床反应器是指催化剂床层固定于设备中不动的反应器,流体原料在催化剂的作用下进行化学反应,以生成所需反应物。

固定床反应器的温度控制十分重要。任何一个化学反应都有其最适宜的温度。最适宜温度综合考虑了化学反应速率、化学平衡和催化剂活性等因素通常为转化率的函数。

温度控制的首要任务是正确选择敏点位置,将感温元件安装在敏点处,以便及时反映整个催化剂床层温度的变化。对于多段的催化剂床层,往往要求分段进行温度控制,这样可使操作更加合理。常见的温度控制方案有 3 种。

1) 改变进料浓度

对于放热反应,原料浓度越高,化学反应的放热量越大,反应后的温度也越高。以硝酸生产为例,当氨浓度在 9%～11%范围内时,氨含量每增加 1%,可使反应温度提高 60～70℃。图 5-20 是一个通过改变进料浓度以保证反应温

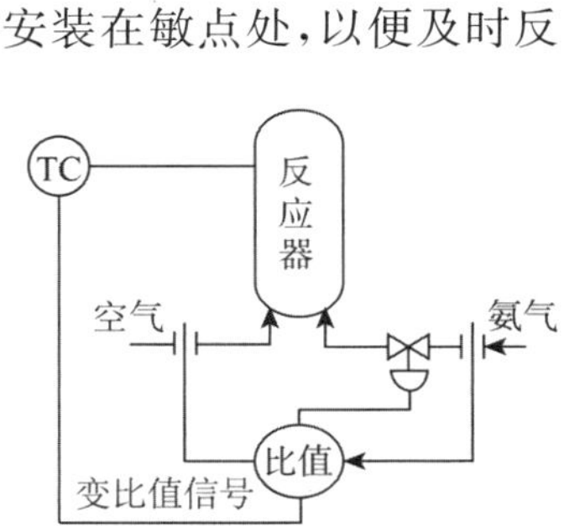

图 5-20　控制进料浓度

度恒定的实例，改变氨和空气比值就相当于改变进料的氨浓度。

2）改变进料温度

改变进料温度会导致整个床层温度发生变化，这是由于进入反应器的总热量会随进料温度的变化而改变。若原料在进入反应器前需预热，可通过改变进入换热器的载热体流量，来控制反应床的温度，如图 5－21 所示。此外，也可按图 5－22 所示的方案，通过改变旁路流量大小来控制床层温度。

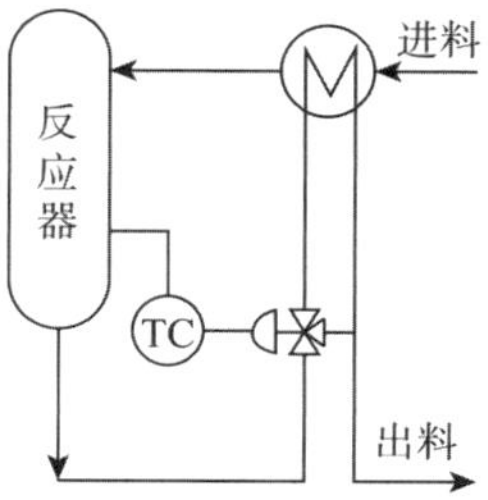

图 5－21　控制进料预热热载体流量

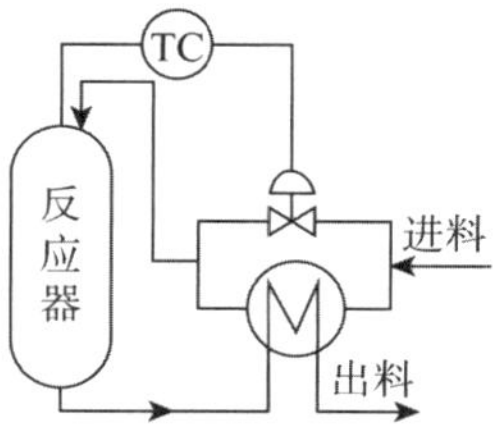

图 5－22　控制进料旁路流量

3）改变段间进入的冷气量

在多段反应器中，可将部分冷原料气不经预热直接送入段间，与上一段反应后的热气体混合，从而降低下一段入口气体的温度。图 5－23 为硫酸生产中用于将 SO_2 氧化成 SO_3 的固定床反应器的温度控制方案。这种控制方案由于冷的那一部分原料气较少经过一段催化剂层，因此原料气的总转化率有所降低。而另外一种情况，如在合成氨生产工艺中，当用水蒸气与一氧化碳进行变换反应生成氢气时，为了使反应完全彻底，进入变换炉的水蒸气往往是过量的。这时段间冷气采用水蒸气则不会降低一氧化碳的转化率，图 5－24 为这种方案的原理图。

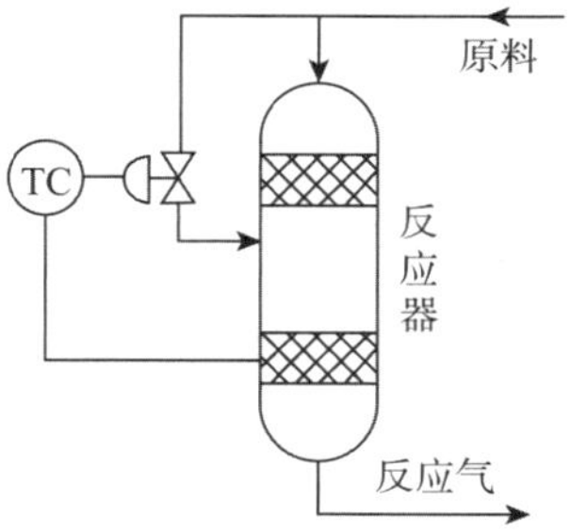

图 5－23　固定床反应器温度控制方案

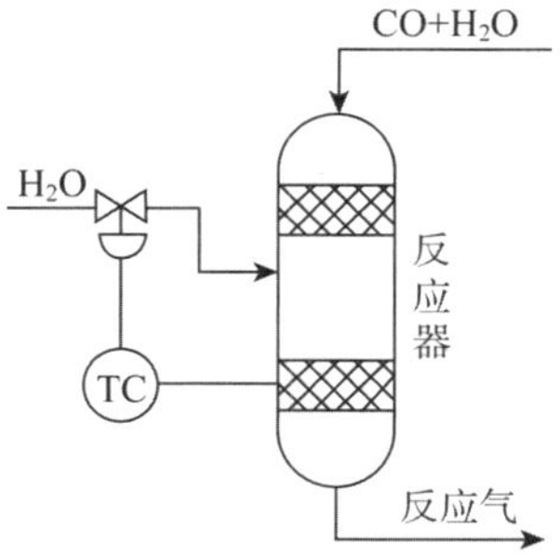

图 5－24　方案原理图

5.3.4　流化床反应器的自动控制

图 5－25 是流化床反应器的原理示意图。反应器底部装有多孔筛板，催化剂呈粉末状，置于筛板上，当从底部进入的原料气体流速达到一定值时，催化剂开始上升呈沸腾状，这种现象称为固体流态化。催化剂沸腾后，由于搅动剧烈，因此传质、传热和反应强度都很高，有利于连续化和自动化生产。

与固定床反应器的自动控制相似，流化床反应器的温度控制也是十分重要的。为了自动控制流化床的温度，可以通过改变原料入口温度如图 5-26 所示，也可以通过改变进入流化床的冷却剂流量，如图 5-27 所示。

图 5-25　流化床反应器原理

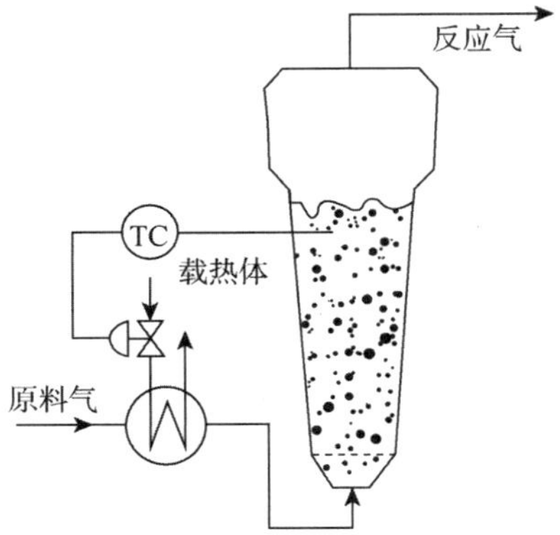

图 5-26　控制热载体流量

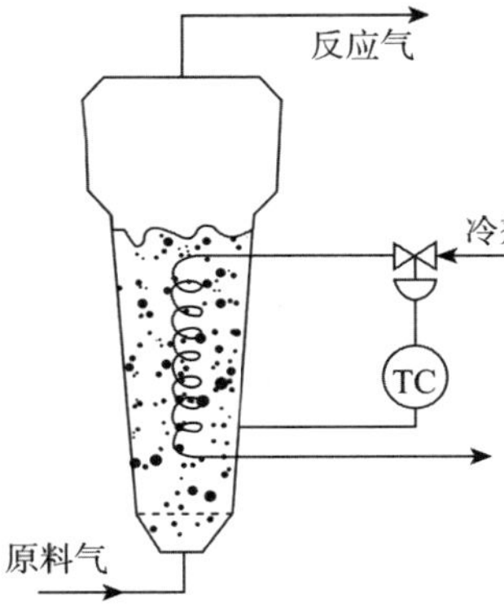

图 5-27　控制冷却剂流量

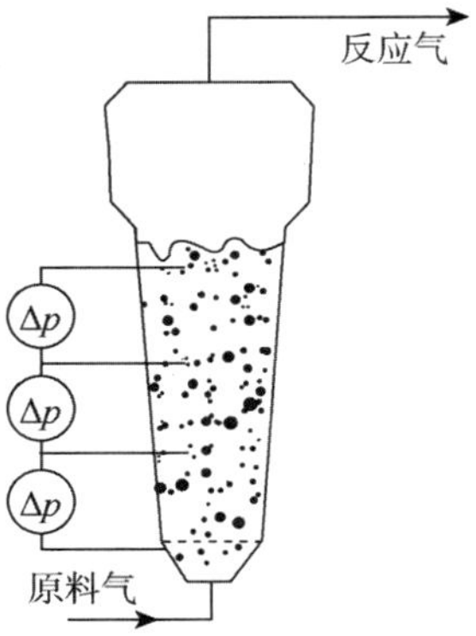

图 5-28　差压指示系统

在流化床反应器内，为了监测催化剂的沸腾状态，常设置差压指示系统，如图 5-28 所示。在正常情况下，差压不能太小或太大，以防止催化剂下沉或冲跑。当反应器中出现结块、结焦或堵塞现象时，也可以通过差压仪表显示出来。

5.4　传热设备的自动控制

传热是化工过程中最常见的单元操作之一，承担热量传递的设备称为传热设备。为保证热量的合理利用，必须了解传热过程的基本规律，并根据传热目的制定相应的控制方案。

5.4.1　传热设备的控制目标

在化工生产中，传热设备应用很广，其传热目的主要有四种。

（1）使工艺介质达到规定的温度，以使化学反应或其他工艺过程得以顺利进行。

（2）在过程中加入所需吸收的热量或除去放出的热量，使工艺过程能在规定的范围内进行。

（3）使工艺介质发生相态变化。

（4）回收热能。

在传热设备中，大部分设备主要服务于第一和第二目的，这些过程通常被视为两侧无相变化。多数情况下，被控变量为温度，而控制变量可视不同应用选择热量、载热体流量等。对于具有介质相态变化的加热器和冷凝器，介质在工艺流程中也伴随相态变化，应根据具体情况加以区别对待。在提高经济效益方面，传热设备作为热量传输与交换装置，具有重要的地位，这与传热设备的控制效果直接相关。同时，热能的回收利用也在化工生产中担当重要的角色。

对于传热设备的自动控制，本节按传热两侧有无相变化分别讨论。管式加热炉是化工生产中最常见的传热设备，本节对其控制作综合介绍。

5.4.2　一般传热设备的控制方案

传热设备中最常见的是换热器，换热器通常指的是其两侧均无相变的过程。其中，间壁式换热器的应用最为普遍。换热器的目的是使工艺介质加热（或冷却）到一定温度，自动控制的目的是通过改变换热器的热负荷，以保证工艺介质在换热器出口的温度恒定在给定值上。当换热器两侧流体在传热中均不起相变时，常采用下列几种控制方案。

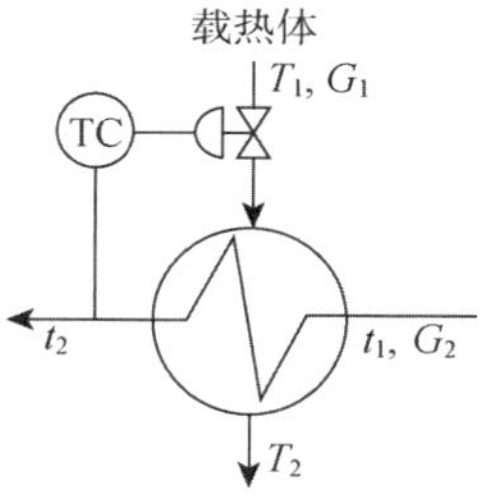

图 5-29　被加热介质出口温度控制方案

1）控制载热体的流量

图 5-29 表示利用控制载热体流量来稳定被加热介质出口温度的控制方案。从传热基本方程式可以解释这种方案的工作原理。

若不考虑传热过程中的热损失，则热流体失去的热量应该等于冷流体获得的热量，可写出下列热量平衡方程式：

$$Q=G_1c_1(T_1-T_2)=G_2c_2(t_2-t_1) \tag{5-6}$$

式中，Q——单位时间内传递的热量，J；

G_1、G_2——分别为载热体和冷流体的流量，m^3/h；

c_1、c_2——分别为载热体和冷流体的比热容，J/(kg·℃)；

T_1、T_2——分别为载热体的入口和出口温度，℃；

t_1、t_2——分别为冷流体的入口和出口温度，℃。

另外，传热过程中的传热速率可按下式计算：

$$Q=KF\Delta t_m \tag{5-7}$$

式中，K——传热系数；

F——传热面积，m^2；

Δt_m——两流体间的平均温差。

由于冷热流体间的传热既符合热量平衡方程式(5-6),又符合传热速率方程式(5-7),因此有下列关系式:

$$G_2c_2(t_2-t_1)=KF\Delta t_m \tag{5-8}$$

整理后可得:

$$t_2=\frac{KF\Delta t_m}{G_2c_2}+t_1 \tag{5-9}$$

从式(5-9)可以看出,在传热面积 F、冷流体的流量 G_2、温度 t_1 及比热容 c_2 一定的情况下,影响冷流体出口温度 t_2 的因素主要为传热系数 K 及平均温差 Δt_m。控制载流体流量实质上是改变 Δt_m。假如由于某种原因使 t_2 升高,控制器 TC 将使阀门关小以减少载体热流量,传热就更加充分,因此载热体的出口温度 T_2 将要下降,这就必然导致冷热流体平均温差 Δt_m 下降,从而使工艺介质出口温度 T_2 下降,因此这种方案实质上是通过改变 Δt_m 来控制工艺介质出口温度 t_2 的。必须指出,载热体流量的变化也会引起传热系数 K 的变化,只是通常情况下 K 的变化不大,所以讨论中经常忽略不计。

改变载热体流量是应用最为普遍的控制方案,多适用于载热体流量的变化对温度影响较灵敏的场合。

如果载热体本身压力不稳定,可另设稳压系统,或者采用以温度为主变量、流量为副变量的串级控制系统,如图 5-30 所示。

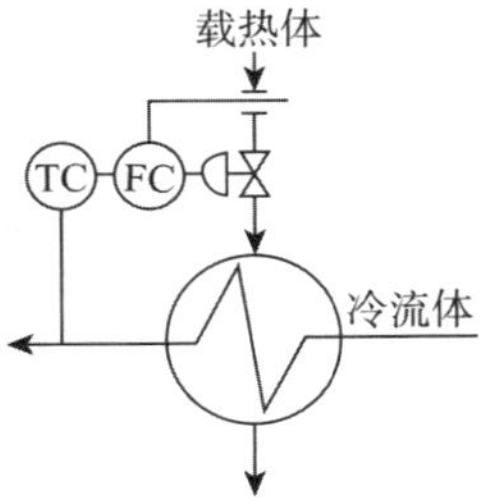

图 5-30　温度流量串级控制系统

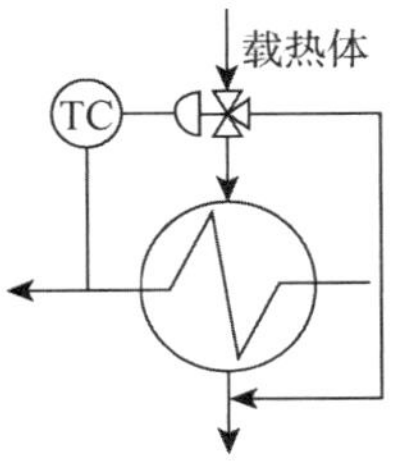

图 5-31　载热体为工艺流体时的控制方案

2) 控制载热体旁路流量

当载热体是工艺流体,其流量不允许变动时,可采用图 5-31 所示的控制方案。这种方案的控制原理与前一种方案相同,也是利用改变温差 Δt_m 的手段来达到温度控制的目的。这里,采用三通控制阀来改变进入换热器的载热体流量与旁路流量的比例,这样既可以改变进入换热器的载热体流量,又可以保证载热体总流量不受影响。这种方案在载热体为工艺主要介质时极为常见。

旁路流量一般不用直通阀直接进行控制,这是由于在换热器内部流体阻力小的时候,控制阀前后压降很小,这样就使控制阀的口径要选得很大,而且阀的流量特性易发生畸变。

3) 控制被加热流体自身流量

如图 5-32 所示,控制阀安装在被加热流体进入换热器的管道上。由式(5-7)可以看出,被加热流体流量 G_2 越大,出口温度 t_2 就越低。这是因为 G_2 越大,流体的流速越快,与热流体的换热必然不充分,出口温度一定会下降。这种控制方案只能用在工艺介质的流量允许变化的场合。否则,可以考虑采用下一种方案。

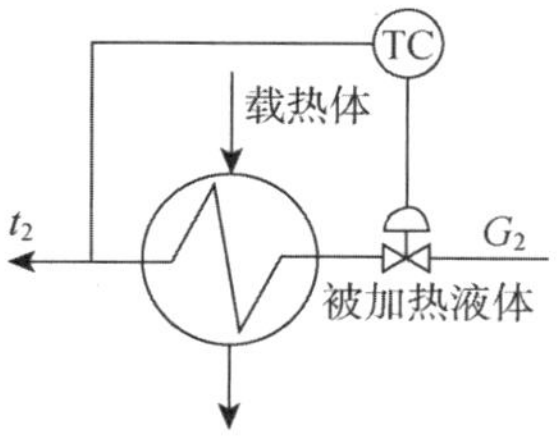

图 5-32　控制被加热液体自身流量的方案

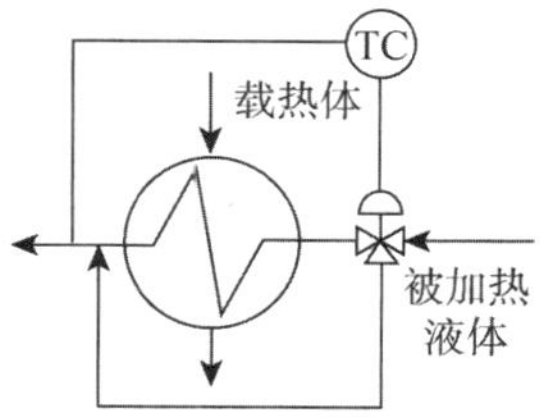

图 5-33　控制被加热液体旁路流量的方案

4）控制被加热流体自身流量的旁路

当被加热流体的总流量不允许控制,且换热器的传热面积有足够余量时,可将一小部分被加热流体由旁路直接流到出口,使混合冷热物料控制温度,如图 5-33 所示。这种控制方案在工作原理上与第三种方案相同,即都是通过改变被加热流体自身的流量来控制出口温度,只是在改变流量的方法上采用三通控制阀,改变进入换热器的被加热介质流量与旁路流量的比例,这一点与第二种方案相似。由于此方案中载热体一直处于最大流量,并且要求有较大的换热器的传热面积裕量,因此在通过换热器的被加热介质流量较小时,这种方案不太经济。

5.4.3　载热体进行冷凝的加热器自动控制

利用蒸汽冷凝来加热介质的加热器,在石油、化工中十分常见。在蒸汽加热器中,蒸汽冷凝由汽相变为液相,放出热量,通过管壁加热工艺介质。如果要求加热到 200℃以上或 30℃以下时,常采用一些有机化合物作为载热体。

这种蒸汽冷凝的传热过程不同于两侧均无相变的传热过程。蒸汽在整个冷凝过程中温度保持不变,因此这种传热过程分两段进行,先冷凝后降温。但在一般情况下,由于蒸汽冷凝潜热比凝液降温显热要大得多,因此有时为简化起见,就不考虑显热部分的热量。当仅考虑蒸汽冷凝所放出的热量时,工艺介质吸收的热量应该等于蒸汽冷凝放出的汽化潜热,于是热量平衡方程式为

$$Q = G_1 c_1 (t_2 - t_1) = G_2 \lambda \tag{5-10}$$

式中,Q——单位时间内传递的热量,J;

G_1——被加热介质流量,m^3/h;

G_2——蒸汽流量,m^3/h;

c_1——被加热介质比热容,J/(kg·℃);

t_1、t_2——分别为被加热介质的入口、出口温度,℃;

λ——蒸汽的汽化潜热,J/kg。

传热速率方程式仍为

$$Q = G_2 \lambda = KF\Delta t_m \tag{5-11}$$

式中,K、F、Δt_m——意义同式(5-7)。

当被加热介质的出口温度 t_2 为被控变量时，常采用下列两种控制方案：一种是控制进入的蒸汽流量 G_2；另一种是通过改变冷凝液排出量以控制冷凝的有效传热面积 F。

1）控制蒸汽流量

这种方案最为常见。当蒸汽压力本身比较稳定时可采用图 5－34 所示的简单控制方案。通过改变加热蒸汽量来稳定被加热介质的出口温度。当阀前蒸汽压力有波动时，可对蒸汽总管加设压力定值控制，或者采用温度与蒸汽流量（或压力）的串级控制。通常，设压力定值控制比较方便，但采用温度与流量的串级控制另有一个好处，那就是它对于副环内的其余干扰，或者阀门特性不够完善的情况，也能有所克服。

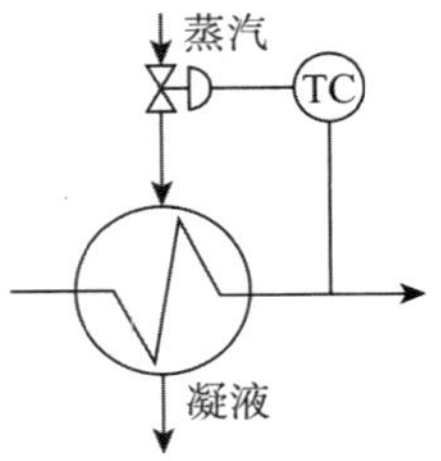

图 5－34　控制蒸汽流量的方案

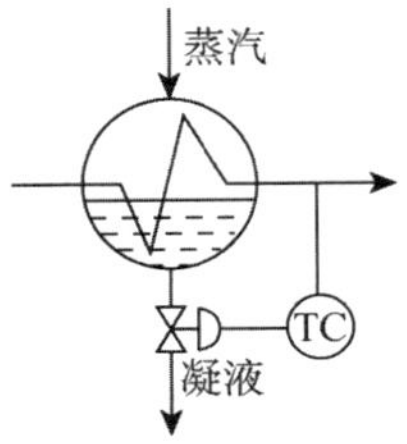

图 5－35　控制换热器的有效换热面积的方案

2）控制换热器的有效换热面积

如图 5－35 所示，将控制阀装在凝液管线上，如果被加热物料出口温度高于给定值，说明传热量过大，可将凝液控制阀关小，凝液就会积聚起来，减小了有效的蒸汽冷凝面积，从而使传热量减少，工艺介质出口温度就会降低。反之，如果被加热物料出口温度低于给定值，可开大凝液控制阀，增大传热面积，使传热量相应增加。

这种控制方案，由于凝液至传热面积的通道是个滞后环节，因此控制作用比较迟钝。当工艺介质温度偏离给定值后，往往需要很长时间才能校正过来，影响了控制质量。较为有效的办法是采用串级控制方案。串级控制有两种方案，图 5－36 是温度与凝液的液位串级控制，图 5－37 是温度与蒸汽流量的串级控制。由于串级控制系统克服了进入副回路的主要干扰，改善了对象特性，因此提高了控制品质。

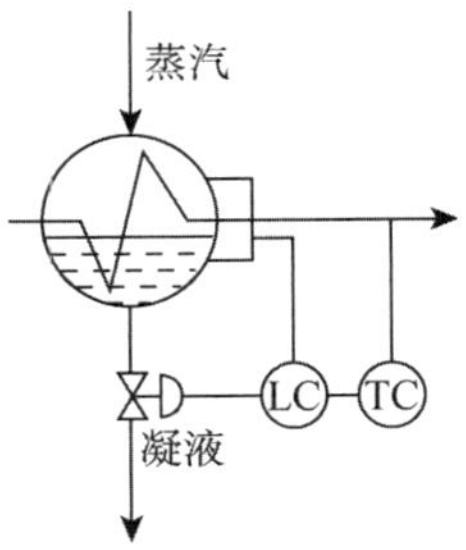

图 5－36　温度与冷凝液位的串级控制

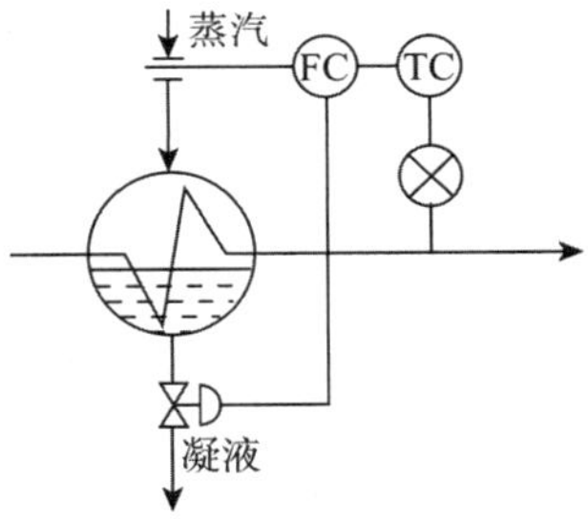

图 5－37　温度与蒸汽流量的串级控制

以上介绍的两种控制方案及其各自改进的串级控制方案，它们各有优缺点。优点是控制蒸汽流量的方案简单易行，过渡过程时间短，控制迅速；缺点是需选用较大的蒸汽阀门，传热量变化比较剧烈，有时凝液冷却到 100℃以下，这是由于加热器内蒸汽一侧会产生负压，造成冷凝液的排放不连续，影响均匀传热。控制凝液排出量的方案，控制通道长、变化迟缓，且需要有较大的传热面积裕量，但因为变化和缓，有防止局部过热的优点，所以对一些过热后会引起化学变化的过敏性介质比较适用。另外，由于蒸汽冷凝后凝液的体积比蒸汽体积小得多，因此可选用尺寸较小的控制阀门。

5.4.4　冷却剂进行汽化的冷却器自动控制

当用水或空气作为冷却剂不能满足冷却需求时，需要考虑用其他冷却剂。常见的冷却剂有液氨、乙烯、丙烯等。这些液体冷却剂在冷却器中由液态汽化为气态时会吸收大量潜热，从而使另一种物料得以冷却。以液氨为例，当它在常压下汽化时，可以使物料冷却到－30℃的低温。

在这类冷却器中，以氨冷却器最为常见，下面以它为例介绍 3 种控制方案。

1）控制冷却剂的流量

图 5－38 所示的方案为通过改变液氨的进入量来控制介质的出口温度。这种方案的控制过程如下：当工艺介质出口温度上升时，相应地增加液氨进入量，使氨冷却器内的液位上升，液体传热面积增大，从而增加传热量，使介质的出口温度下降。

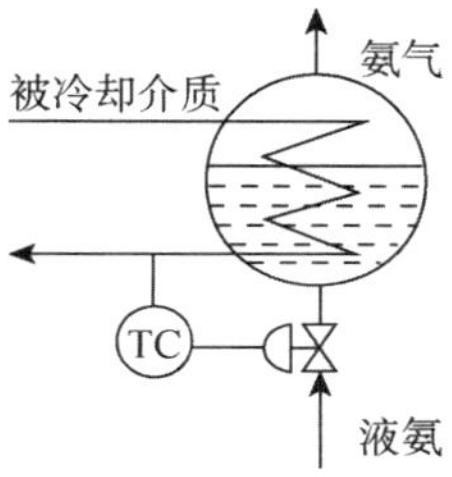

图 5－38　控制冷却剂流量的方案

这种控制方案并不以液位为被控变量，但要注意液位不能过高，因为液位过高会造成蒸发空间不足，使蒸发出去的氨气中夹带出大量液氨，引起氨压缩机的操作事故。因此，这种控制方案通常配备有上限液位报警，或采用温度-液位自动选择性控制，当液位高于某一上限值时，自动减小液氨阀的流量或暂时切断供氨。

2）温度与液位的串级控制

在图 5－39 的方案中，控制变量仍是液氨流量，但以液位作为副变量，以温度作为主变量构成串级控制系统。应用此类方案时，应对液位的上限值加以限制，以确保有足够的蒸发空间。

这种方案的实质仍然是改变传热面积。但由于采用了串级控制，将液氨压力变化引起的液位变化这一主要干扰包含在副环内，从而提高了控制质量。

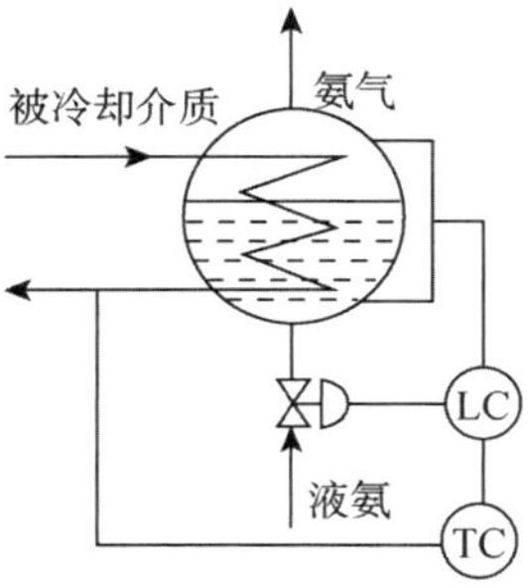

图 5－39　控制冷却剂流量的方案

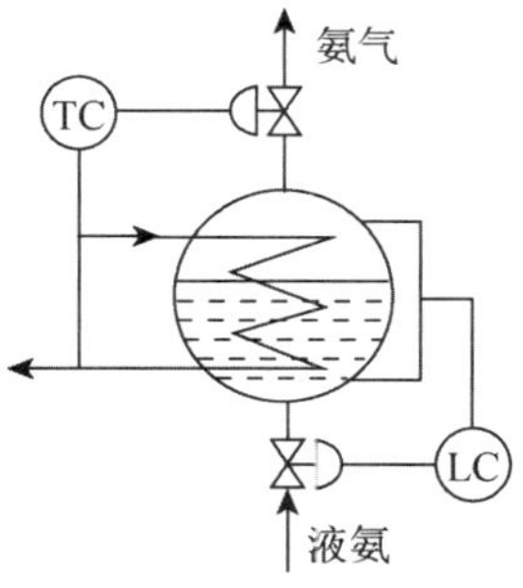

图 5－40　用汽化压力控制温度

3）控制汽化压力

因为氨的汽化温度与压力有关，所以可以将调节阀装在氨气出口管道上，如图 5－40 所示。

这种控制方案的工作原理如下：当调节阀的开度变化时，会导致氨冷却器内汽化压力改变，从而引起相应的汽化温度也随之改变。比如说，当工艺介质出口温度升高并偏离给定值时，就开大氨气出口管道上的阀门，使氨冷却器内部压力下降，液氨的温度也就下降，冷却剂与工艺介质间的温差 Δt_m 增大，传热量就增加，工艺介质的温度就会下降，这样就达到了控制工艺介质出口温度恒定的目的。为了保证液位不高于允许上限，在该方案中还设有辅助的液位控制系统。

这种控制方案反应迅速，只要汽化压力稍有变化，就能很快影响汽化温度，达到控制工艺介质出口温度的目的。但由于调节阀安装在氨气出口管道上，故要求氨冷却器要耐压，并且当气氨压力因整个制冷系统的统一要求而不能随意加以控制时，该方案就不能采用了。

5.4.5 管式加热炉的控制方案

管式加热炉是化工、炼油生产中常见的传热设备。在管式加热炉内，工艺介质受热升温或同时进行汽化。控制目标包括介质的出口温度、流量和压力。介质进入加热炉前设有流量控制，介质入炉后设有压力控制，这样的处理便于满足前后工艺上的需求，也有利于温度控制。

在温度控制系统中，控制变量为燃料油或燃料气的流量。要保证加热炉的温度控制精度，一是要排除可能的干扰，二是要改进控制回路的结构。

加热炉的主要干扰因素包括：处理量、进料成分、燃料总管压力、燃料成分、空气过量情况、燃料雾化情况、烟道阻力等。

在这些干扰因素中，处理量一般经流量控制，比较平稳；燃料总管压力设置压力控制环节，雾化蒸汽与燃料压力保持一定的控制关系；其他因素应力求平稳。常见的加热炉温度控制方案有以下几种。

（1）单回路温度控制，如图 5－41 所示。该方案适用于对炉出口温度要求不十分严格、炉膛容量较小、外来干扰较小且变化缓慢的场合。

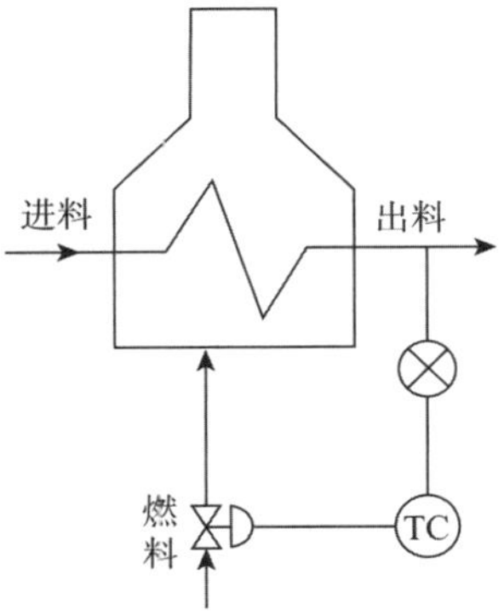

图 5－41　单回路温度控制

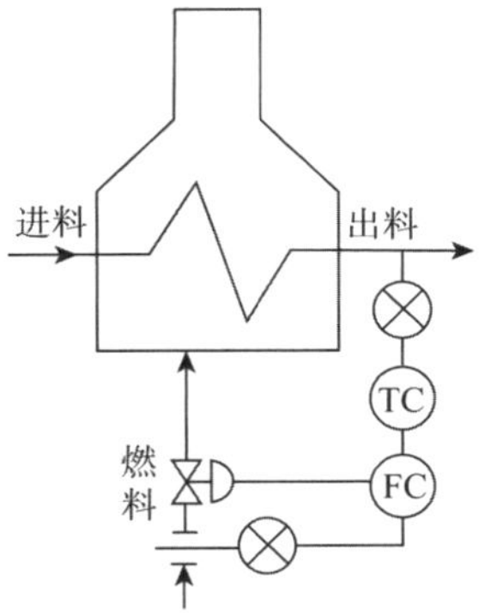

图 5－42　炉出口温度与燃料流量的串级控制

(2) 炉出口温度与燃料流量的串级控制，如图 5－42 所示。该控制既可以克服燃料总管压力干扰，也便于了解燃料消耗的状况。对燃料流量测量特别是燃料油作为燃料时有一定要求。

(3) 炉出口温度与燃料压力串级控制。该控制系统主要用以克服燃料总管的压力干扰，且燃料的压力测量往往较流量测量简便些，但需防止烧嘴结焦形成部分堵塞造成阀后压力升高的虚假现象。当燃料为气体时，可采用浮动阀作为燃料的调节阀。

(4) 炉出口温度与炉膛温度的串级控制，如图 5－43 所示。以出口温度控制为主回路，炉膛的温度控制为副回路。副回路能控制较多的干扰，如燃料压力波动、燃料热值的变化等，这种控制方案较适于双斜顶方箱管式加热炉。其实施的关键在于确定反应快、代表炉膛状况的测温点。

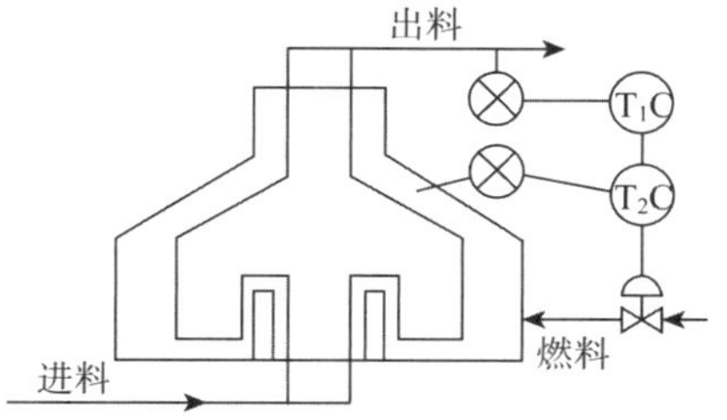

图 5－43　炉出口温度与炉膛温度的串级控制

例题与习题

(一) 例题部分

1. 什么是自动控制系统的方块图？

答： 自动控制系统的方块图是由传递方块、信号线(带箭头的线段)、综合点、分支点等构成的图形，用于表示控制系统的组成和作用。其中每一个方块代表系统中的一个组成部分，称为“环节”，并在方块内填入表示其自身特性的文字。方块间用带有箭头的线段表示相互间的关系及信号的流向，箭头指向方块表示是这个环节的输入，箭头离开方块表示是这个环节的输出。采用方块图可直观地显示出系统中各组成部分以及它们之间的相互联系，以便于对系统特性进行分析。

2. 例题图 1－1 为一个简单锅炉汽包水位控制系统示意图。该系统通过控制进水流量来控制汽包水位保持不变。试画出该控制系统的方块图，并指出该系统中被控对象、被控变量、控制变量和可能引起被控变量变化的干扰各是什么？

答： 控制系统方块图如例题图 1－2 所示。系统中的被控对象为锅炉汽包，被控变量为锅炉汽包水位，控制变量为锅炉进水流量，干扰因素为进水温度、进水压力、蒸汽流量等。

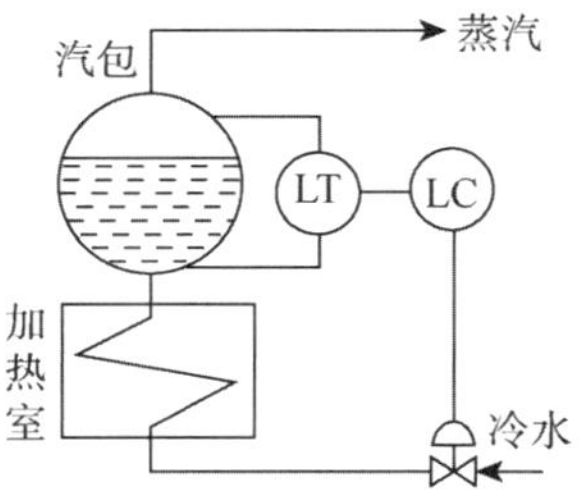

例题图 1－1　锅炉汽包水位控制示意图

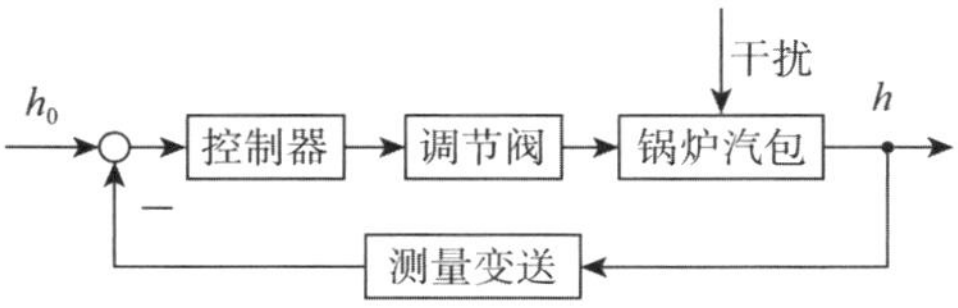

例题图 1－2　锅炉汽包水位控制系统方块图

3. 什么是被控对象特性？什么是被控对象的数学模型？

答： 被控对象特性是指被控对象的输出量与输入量之间的关系。即当被控对象的输入量发生变化时，对象的输出量如何变化、变化的快慢程度以及变化的最终数值等。对象的输入量有控制作用和扰动作用，输出量是被控变量。因此，讨论对象特性就是分别讨论不同控制作用通过控制通道对被控变量的影响，以及扰动作用通过扰动通道对被控变量的影响。

定量表示对象输入输出关系的数学表达式，称为该对象的数学模型。

4. 某化学反应器工艺规定操作温度为400℃±15℃，考虑安全因素，调节过程中温度偏离给定值不得超过60℃。现设计并运行一个温度定值调节系统，在最大阶跃干扰下的过渡过程曲线如例题图1-3所示。试计算该过渡过程的最大偏差、余差、衰减比、过渡时间(以被控变量进入新稳态值的±2%为准)和振荡周期，并说明该调节系统能否满足工艺要求。

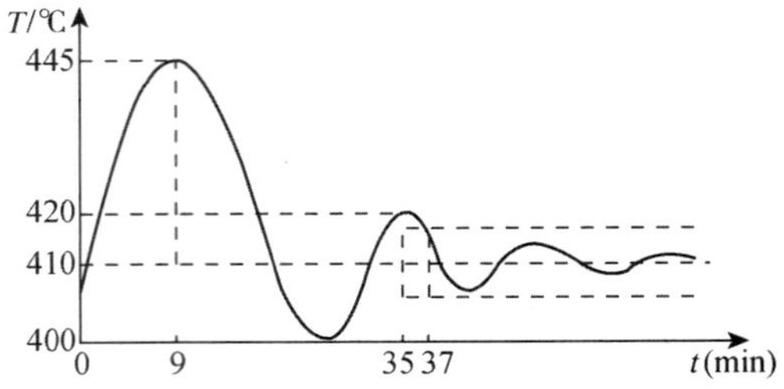

例题图 1-3　过渡过程曲线(1)

解：(1) 最大偏差 $A=445-400=45$(℃)

(2) 余差 $C=410-400=10$(℃)

(3) 第一个波峰 $B=445-410=35$(℃)

第二个波峰 $B'=420-410=10$(℃)

衰减比 $n=B/B'=35/10=3.5$

(4) 新稳态值的±2%范围为 410×(±2%)=±8.2℃，因此进入−401.8～+418.2℃即可认为过渡过程结束，从图中可知过渡时间为 37 min。

(5) 振荡周期 $T=35-9=26$(min)

最大偏差 $A=45℃<60℃$，所以该调节系统满足工艺要求。

5. 一个简单水槽对象，进水流量范围为 0～50 L/min，水槽液位高度变化范围为 0～40 cm，开始时，进水流量 Q_i 为 20 L/min，液位 h 稳定在 10 cm 处，现在我们人为地将进水流量突然加大到 30 L/min，液位 h 的反应曲线如例题图 1-4 所示，试求出该水槽对象的特性参数并用微分方程和传递函数来表示这个一阶对象的数学模型。(液位 h 为输出变量，进水流量 Q_i 为输入变量)

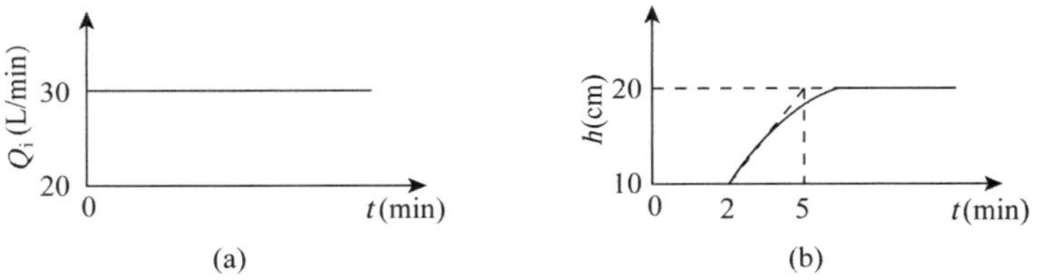

例题图 1-4　水槽的阶跃反应曲线

解：由曲线可知：

时间常数
$$T=5-2=3(\text{min})$$

放大系数
$$K=\frac{\dfrac{20-10}{40-0}\times 100\%}{\dfrac{30-20}{50-0}\times 100\%}=\frac{5}{4}=1.25$$

滞后时间
$$\tau=2(\text{min})。$$

根据有纯滞后的一阶对象的数学模型的表达式，可得

微分方程表达式：

$$3\times\frac{\mathrm{d}\Delta h(t+2)}{\mathrm{d}t}+\Delta h(t+2)=1.25\times\Delta Q_i(t)=1.25\times(30-20)=12.5$$

传递函数表达式：

$$G(s)=\frac{\Delta H(s)}{\Delta Q_i(s)}=\frac{1.25}{1+3s}\ e^{-2s}$$

6. 什么是简单控制系统？画出简单控制系统的典型方块图。

答：简单控制系统是指由一个被控对象、一个检测元件及变送器、一个控制器和一个执行器所组成的单闭环控制系统，有时也称为单回路控制系统。

简单控制系统的典型方块图如例题图 1－5 所示。

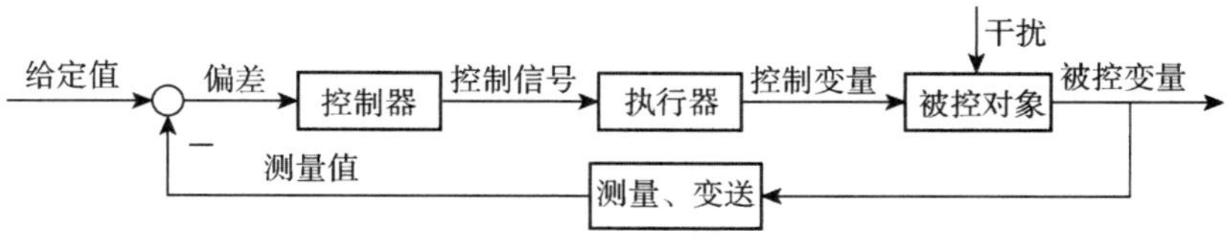

例题图 1－5　简单控制系统的典型方块图

7. 被控对象、执行器以及控制器的正、反作用是如何规定的？

答：(1) 被控对象的正、反作用是这样规定的：当控制变量增加时，被控变量也增加的对象为“正作用”；反之，当控制变量增加时被控变量反而下降的对象为“反作用”。

(2) 执行器的正、反作用是由执行器本身的气开、气关形式决定的，气开阀为“正作用”，气关阀为“反作用”。

(3) 控制器的正、反作用是这样的：当送入控制器的测量值增加时，控制器的输出也增加，则称为“正作用”；反之则称为“反作用”。

8. 如例题图 1－6 所示为一加热炉出口温度控制系统示意图。试画出该控制系统的方块图，确定调节阀的气开、气关形式和调节器的正、反作用，并简述物料流量突然增加时该控制系统的调节过程。

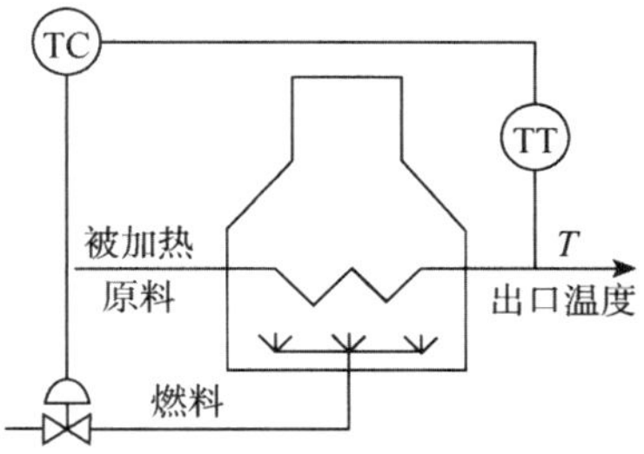

例题图 1－6　加热炉温度控制系统

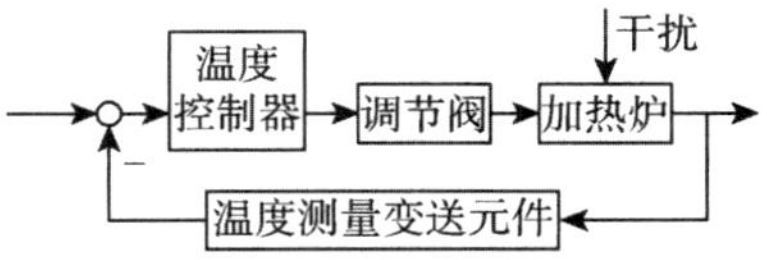

例题图 1－7　加热炉出口温度控制系统方块图

解：该控制系统的方块图如例题图 1－7 所示。

当调节阀上的气源中断时，为了防止炉温过高，烧坏炉子，应关闭阀门，不再通入燃料气，因此采用气开阀。

在该控制系统中，当燃料气流量增加时，加热炉出口温度升高，因此，加热炉为“正作用”对象；测量变送元件的作用方向也为“正方向”；调节阀为气开阀，也属于“正作用”方向；为了保证系统具有负反馈，控制器应为“反作用”方向。

当物料流量突然增加时，物料出口温度会下降，使温度测量变送元件的输出信号下降；该测量信号送至控制器作为输入信号，由于控制器是反作用的，故其输出信号升高；该控制信号送至调节阀作为输入信号，由于调节阀是正作用的，故其输出信号升高，即阀门开度增加，通过阀门的燃料气流量增加；由于加热炉为正作用对象，故其输出增加，即物料出口温度增加。这样，由物料流量增加所引起的出口温度下降得到了克服，物料出口温度可维持在恒定的数值上。

9. 用 4∶1 衰减曲线法整定一个控制系统的控制器参数，已测得 $\delta_S=40\%$、$T_S=4$ min。如果调节器采用 PI、PID 作用，试确定控制器的参数值。

解：根据 4∶1 衰减曲线法控制器参数计算表得：

(1) PI 作用时：比例度 $\delta=1.2$，$\delta_S=48\%$；　积分时间 $T_I=0.5$，$T_S=2$ min

(2) PID 作用时：比例度 $\delta=0.8$，$\delta_S=32\%$；　积分时间 $T_I=0.3$，$T_S=1.2$ min

微分时间　$T_D=0.1$，$T_S=0.4$ min

10. 什么是串级控制系统？画出串级控制系统的典型方块图。

解：串级控制系统主要由其结构上的特征而得名。它由主、副两个控制器串接工作，主控制器的输出作为副控制器的给定值，而副控制器的输出作为执行器的输入并操纵它，以实现对被控变量的定值控制。

其典型方块图如例题图 1-8 所示。

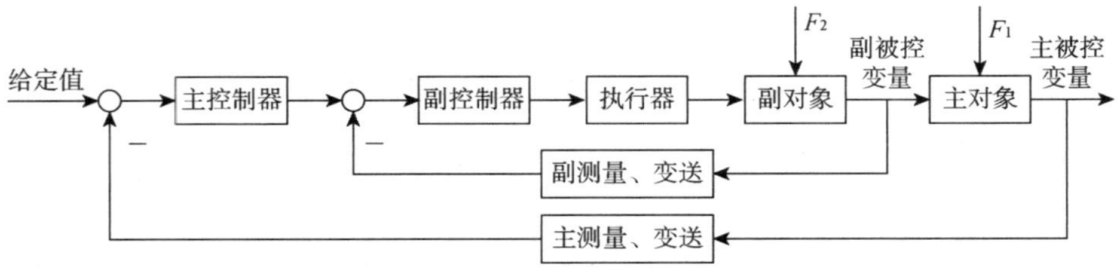

例题图 1-8　串级控制系统的典型方块图

11. 如例题图 1-9 所示的反应器温度控制系统，它通过控制进入反应器冷却水的流量来保持反应器温度的稳定。要求：

(1) 画出该控制系统的方块图，并说明它是什么类型的控制系统；

(2) 若反应器温度不能过高，否则会发生事故，试确定调节阀的气开、气关形式；

(3) 确定主控制器和副控制器的正反作用；

(4) 若冷却水压力突然升高，试简述该控制系统的控制过程。

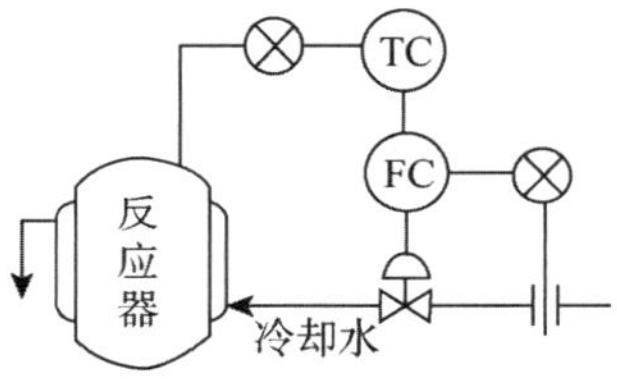

例题图 1-9　反应器温度控制系统

解：(1) 本系统是串级控制系统，其方块图如例题图 1-10 所示。

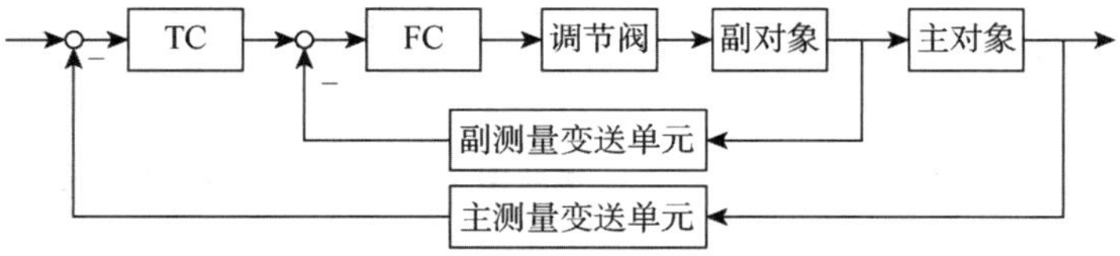

例题图 1-10　反应器温度控制系统方块图

(2) 因为反应器温度不能过高，调节阀在气源中断时应是打开的，因此采用气关阀。

(3) 先确定副控制器。因为副对象是正作用对象，调节阀是反作用方向，为了保证副环为负反馈，副控制器采用正作用。

再确定主控制器。把整个副环看成一个正作用环节，主对象为反作用对象，为了保证主环为负反馈，主控制器采用正作用。

(4) 从副环来看，当冷却水压力升高时，冷却水的流量增加，由于副控制器是正作用，其输出增加；又由于调节阀是气关阀，故其输出减小，因而冷却水流量减少，从而很及时地克服了由于压力升高所引起的流量增加，使冷却水压力的波动几乎不影响到反应器温度。

从主环来看，若副环对冷却水压力的波动不能完全克服，而使反应器温度有了微小的降低。这时，由于主控制器是正作用控制器，其输出减小，即副控制器的给定值减小，相当于副控制器的测量值增加，因此其输出增加，调节阀开度减小，冷却水流量减少，使反应器温度回升。这样，主环和副环同时作用，很及时地克服了冷却水压力的影响。

12. 均匀控制系统设置的目的是什么？它有哪些特点？

解：均匀控制系统的目的是解决前后工序供求矛盾，从而使两个变量之间能够互相兼顾并协调操作。

均匀控制系统的特点是使前后互相联系又互相矛盾的两个变量都在允许的范围内缓慢地变化，而不像其他控制系统那样要求被控变量保持不变。

（二）习题部分

1. 自动控制系统由哪些部分组成？各部分起什么作用？

2. 什么是控制作用？什么是干扰作用？它们之间有什么关系？

3. 什么是自动控制系统的过渡过程？在阶跃扰动作用下，其过渡过程有哪些基本形式？

4. 什么是一个自动控制系统的被控对象、被控变量、给定值、控制作用、控制变量、控制介质？试举例说明。

5. 什么是反馈、正反馈、负反馈？为什么通常的自动控制系统都是负反馈系统？

6. 试画出一个典型控制系统的方块图，并说明各个方块的输入信号和输出信号各是什么？

7. 什么是控制系统的静态与动态？为什么说研究控制系统的动态比其静态更有意义？

8. 什么是传递函数？试写出一阶系统和二阶系统的典型的传递函数及相应的微分方程，并说明其中各参数的意义。

9. 习题图 1-1 为一反应器温度控制系统示意图。A、B 两种物料进入反应器进行反应，通过改变进入夹套的冷却水流量来控制反应器内的温度保持不变。试画出该温度控制系统的方块图，并指出该控制系统中的被控对象、被控变量、控制变量及可能引起被控变量变化的干扰各是什么？

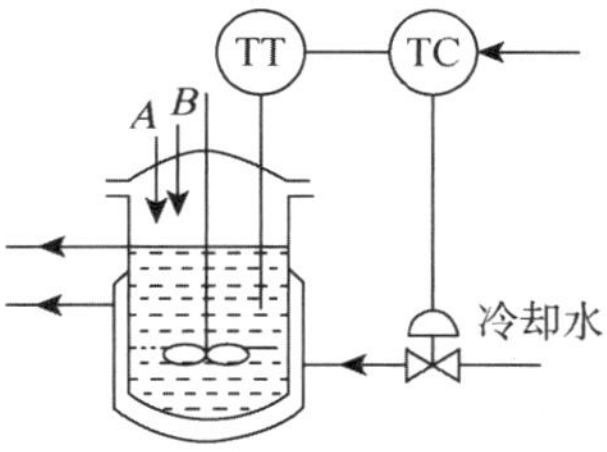

习题图 1-1　反应器温度控制系统

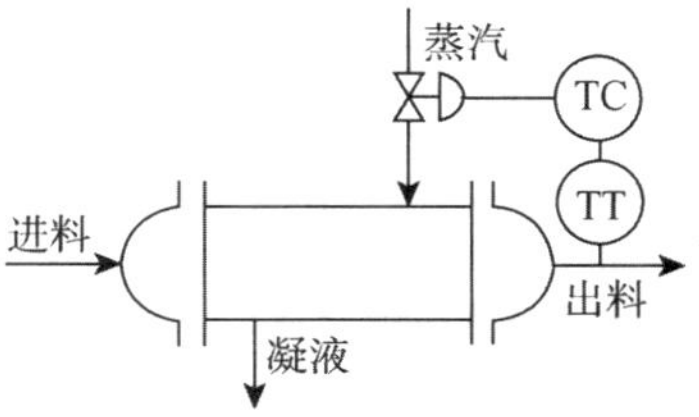

习题图 1-2　蒸汽加热器温度控制系统

10. 习题图 1-2 为蒸汽加热器温度控制系统示意图，通过改变进入加热器的蒸汽流量使得物料出口温度保持恒定。试画出该控制系统的方块图，并说明其中的被控对象、被控变量、控制变量及可能引起被控变量变化的干扰量各是什么？

11. 在阶跃信号的作用下，控制系统被控变量的过渡过程有哪几种形式？各有什么特点？哪些属于稳定的过渡过程？哪些属于不稳定的过渡过程？

12. 衰减振荡过程的品质指标有哪些？它们的含义是什么？

13. 在生产过程中，为什么经常要求控制系统具有衰减振荡形式的过渡过程？

14. 描述对象特性的参数有哪些？其物理意义分别是什么？

15. 何谓控制通道？何谓干扰通道？它们的特性对控制系统质量有什么影响？

16. 已知一个对象特性是具有纯滞后的一阶特性，其时间常数为 5，放大倍数为 10，纯滞后时间为 2，请写出该对象特性的一阶微分方程式。

17. 为什么称放大倍数 K 为对象的静态特性参数，而时间常数 T 和滞后时间 τ 是对象的动态特性参数？

18. 对象的滞后形式有几种？各由什么原因造成的？

19. 某温度控制系统的给定值为200℃，在单位阶跃干扰下的过渡过程曲线如习题图1-3所示，试分别求出该过程的各项品质指标(最大偏差、衰减比、余差、过渡时间)。

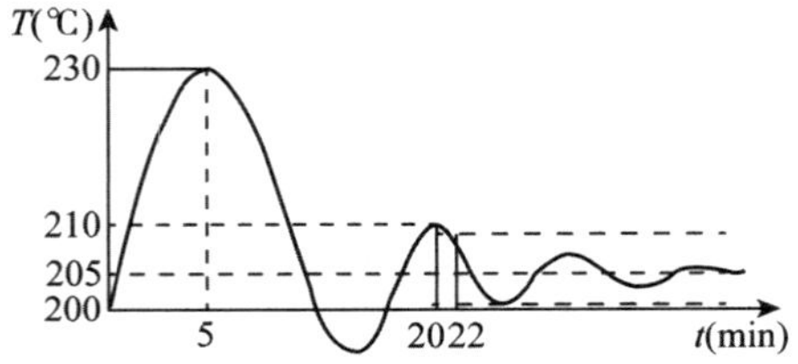

习题图1-3　过渡过程曲线

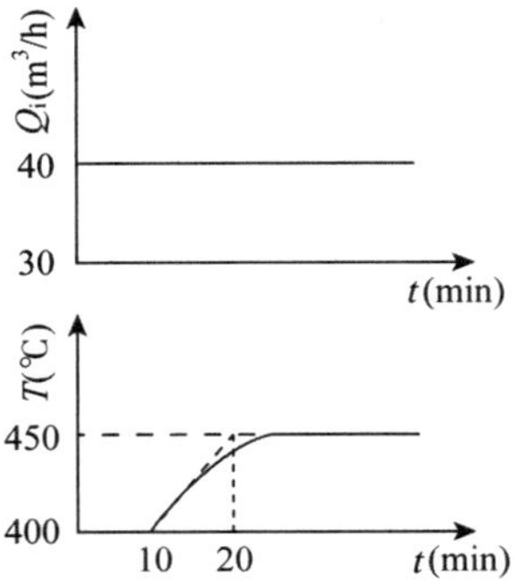

习题图1-4　阶跃反应曲线

20. 已知某温度对象的特性曲线如习题图1-4所示，已知其进入被控对象的加热剂流量范围为0～40 m^3/h，其温度变化范围为0～450℃，试计算该对象的放大系数K、时间常数T及纯滞后时间τ，并用微分方程和传递函数表示该对象的数学模型。

21. 什么是直接指标控制？什么是间接指标控制？

22. 在控制系统的设计中，被控变量的选择应遵循哪些原则？

23. 在控制系统的设计中，控制变量的选择应遵循哪些原则？

24. 在控制系统的设计中，被控变量的测量应注意哪些问题？

25. 常用的控制器的控制算法有哪些？各有什么特点？适用于什么场合？

26. 一个简单控制系统的变送器量程变化后，对控制系统有什么影响？

27. 什么是可控因素？什么是不可控因素？系统中如有很多可控因素应如何选择控制变量才比较合理？

28. 有一蒸汽加热设备利用蒸汽将物料加热，并用搅拌器不停地搅拌物料，当物料达到所需温度后排出。试问：

(1) 影响物料出口温度的主要因素有哪些？

(2) 如果要设计一温度控制系统，你认为被控量与控制变量应选哪一个？为什么？

(3) 如果物料在温度过低时会凝结，据此情况应如何选择调节阀的开闭形式及控制器的正、反作用？

29. 什么是气开阀？什么是气关阀？调节阀气开、气关形式的选择应从什么角度出发？

30. 试述调节阀流量特性的选择原则，并举例加以说明。

31. 控制器正、反作用选择的依据是什么？

32. 控制器参数整定的任务是什么？常用的整定参数方法有哪几种？它们各有什么特点？

33. 习题图1-5所示为一锅炉汽包液位控制系统的示意图，要求锅炉不能烧干。试画出该系统的方块图，判断调节阀的气开、气关形式，确定控制器的正、反作用，并简述当加热室温度升高导致蒸汽蒸发量增加时，该控制系统是如何克服干扰的。

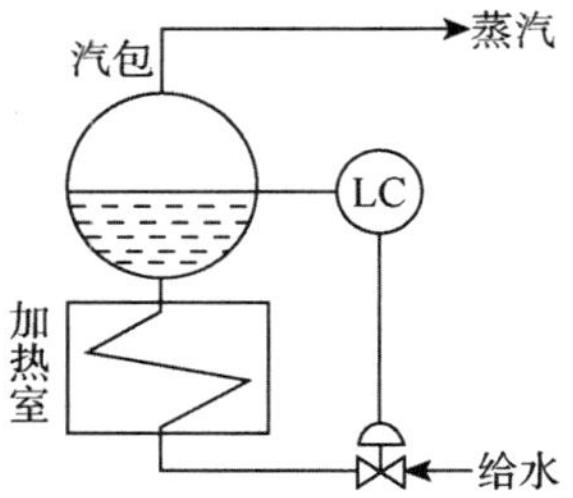

习题图1-5　锅炉汽包液位控制系统

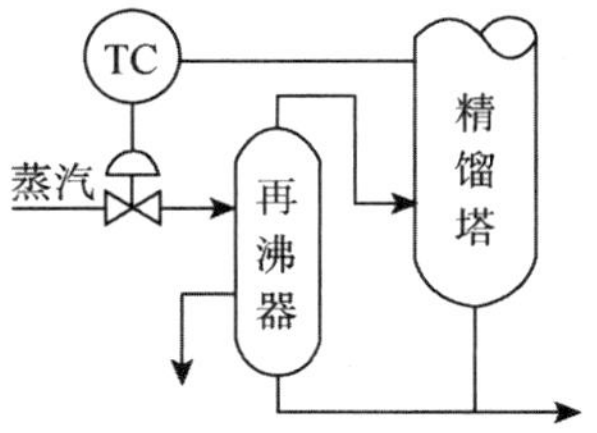

习题图1-6　精馏塔温度控制系统

34. 习题图 1－6 所示为精馏塔温度控制系统示意图，它通过控制进入再沸器的蒸汽量实现被控变量的稳定。试画出该控制系统的方块图，确定调节阀的气开、气关形式和控制器的正、反作用，并简述由于外界干扰使精馏塔温度升高时该系统的控制过程。（此处假定精馏塔的温度不能太高）

35. 简单控制系统的投运步骤是什么？

36. 简单控制系统由手动切换为自动或自动切换为手动时应注意些什么？

37. 什么是控制器参数的工程整定？常用的控制器参数整定的方法有哪几种？

38. 某控制系统用临界比例度法整定参数，已知 $\delta_k=25\%$、$T_k=5$ min。请分别确定 PI、PID 作用时的控制器参数。

39. 与简单控制系统相比，串级控制系统有哪些特点？

40. 串级控制系统最主要的优点体现在什么地方？试通过一个例子与简单控制系统作一比较。

41. 串级控制系统中的副被控变量如何选择？

42. 在串级控制系统中，如何选择主、副控制器的控制算法？其参数又如何整定？

43. 为什么说串级控制系统的主回路是定值控制系统，而副回路是一个随动控制系统？

44. 对于习题图 1－7 所示的加热器串级控制系统。要求：

(1) 画出该控制系统的方块图，并说明主变量、副变量分别是什么，主控制器、副控制器分别是哪个控制器；

(2) 若工艺要求加热器温度不能过高，否则易发生事故，试确定调节阀的气开、气关形式；

(3) 确定主、副控制器的正、反作用；

(4) 当载热体压力突然增加时，简述该控制系统的控制过程；

(5) 当冷流体流量突然加大时，简述该控制系统的控制过程。

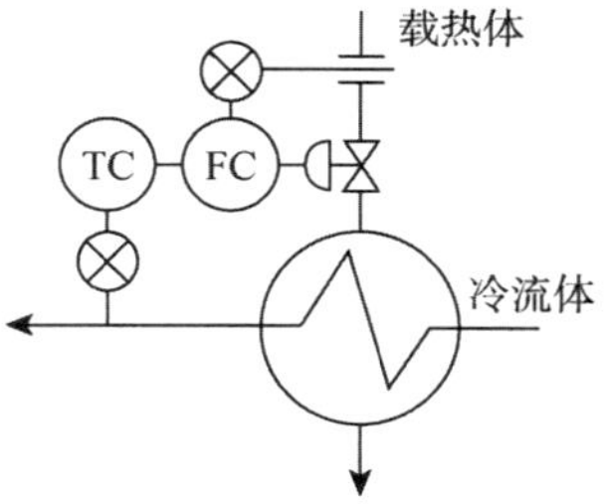

习题图 1－7　加热器串级控制系统

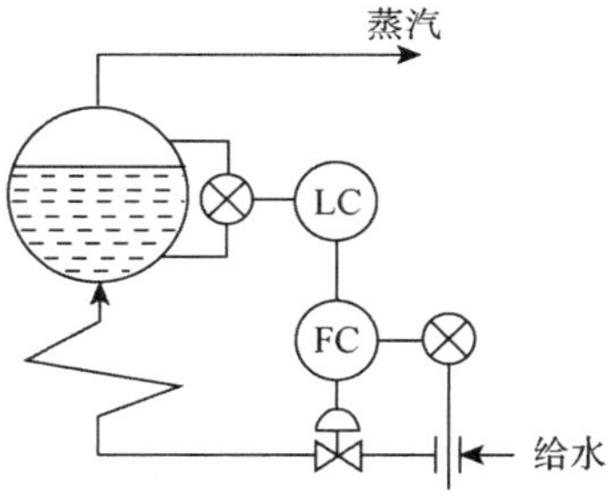

习题图 1－8　流量液位串级控制系统

45. 对于习题图 1－8 所示的流量液位串级控制系统，要求：

(1) 画出该控制系统的方块图，说明该系统的主、副变量分别是什么，主、副控制器分别是什么；

(2) 若液位不允许过低，否则易发生事故，试选择阀门的气开、气关形式；

(3) 确定主、副控制器的正、反作用；

(4) 简述当给水压力波动时控制系统的控制过程。

46. 为什么要采用均匀控制系统？均匀控制方案与一般的控制方案有什么不同？

47. 为什么说均匀控制系统的核心问题是控制器参数的整定问题？

48. 比值控制系统有哪些类型？各有什么特点？

49. 对于习题图 1－9 所示的单闭环比值控制系统，试简述 Q_1 和 Q_2 分别有波动时控制系统的控制过程。

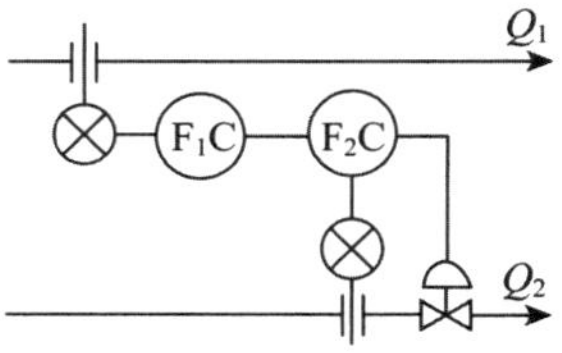

习题图 1－9　单闭环比值控制系统

50. 双闭环比值控制系统与串级控制系统有什么异同点?

51. 什么是分程控制系统?它区别于一般的简单控制系统最大的特点是什么?

52. 分程控制系统应用于哪些场合?请分别举例说明其控制过程。

53. 分程控制系统中控制器的正、反作用是如何确定的?举例说明。

54. 在分程控制系统中,什么情况下选择同向动作的调节阀?什么情况下选择反向动作的调节阀?

55. 对于习题图 1-10 所示的控制系统,要控制精馏塔塔底温度,手段是改变进入塔底再沸器的热剂流量,该系统采用 2℃的气态丙烯作为热剂,在再沸器内释热后呈液态进入冷凝液贮罐。试分析:

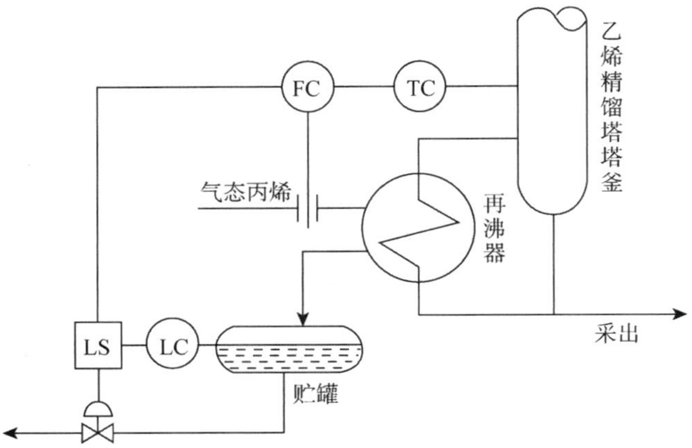

习题图 1-10 精馏塔塔底温度控制系统

(1) 该系统是一个什么类型的控制系统,试画出其方块图;

(2) 若贮罐中的液位不能过低,确定调节阀的气开、气关形式;

(3) 确定控制器的正、反作用;

(4) 简述系统的控制过程。

56. 选择性控制系统有哪些类型?各有什么特点?

57. 系统为什么会出现积分饱和?产生积分饱和的条件是什么?抗积分饱和的措施有哪些?

58. 与反馈控制系统相比,前馈控制系统有什么特点?为什么控制系统中不单纯采用前馈控制,而是采用前馈—反馈控制?

59. 在习题图 1-11 所示的锅炉三冲量液位控制系统中,三冲量是指哪 3 个冲量?简述蒸汽负荷增大时和供水压力增加时系统分别如何进行控制。

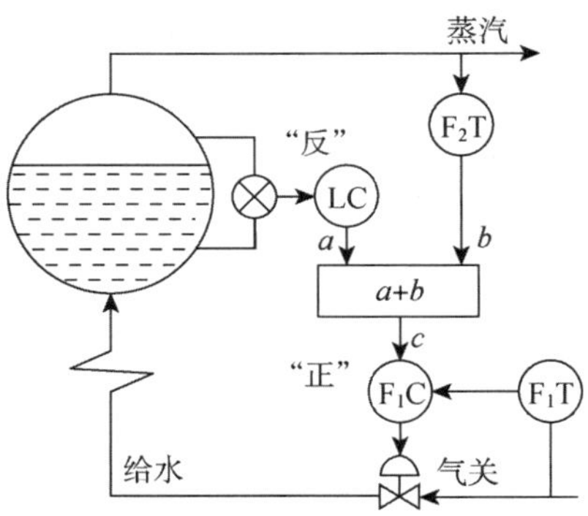

习题图 1-11 锅炉三冲量液位控制系统

第二篇　控制元件

控制元件是实现过程自动化不可或缺的技术工具。由前一篇可知，自动控制系统由被控对象、检测元件及变送器、控制器和执行器等四大部分组成。除了被控对象之外，其他部分均属于过程控制元件。工业自动化仪表是工业生产过程中用于检测、显示、记录或控制工艺参数的仪表，也称为工业仪表或过程检测控制仪表。工艺生产过程的检测是了解和控制工业生产的基本手段。只有在任何时刻都能准确地掌握工艺过程的全貌，并有效的进行控制，才能确保生产过程的顺利进行，并以高生产率、低消耗生产出合格的产品。

工业自动化仪表按所使用的能源可划分为电动、气动和液动仪表。气动仪表发展较早，其特点是结构简单、价格便宜、可靠性高，且本质安全防爆。电动仪表的特点是信号传输与处理特别方便，在过程控制中应用的液动仪表主要是执行器类仪表。由于电动仪表的迅速发展，它经历了 DDZ-Ⅰ型(电子管)、DDZ-Ⅱ型(晶体管)、DDZ-Ⅲ型(集成电路)和 DDZ-Ⅳ型或 S 型(微处理器)四个发展阶段。气动仪表由于其本质安全防爆的优点，在执行器中仍大量使用，但电动执行器的应用正在增长。DDZ-Ⅰ型、Ⅱ型、Ⅲ型都是模拟仪表，而 DDZ-Ⅳ型是数字仪表，它是全面数字化控制的一个过渡产品。随着新型传感器和变送器的不断涌现，数字仪表和智能仪表成为当前仪表发展的主要趋势。

本篇的第 6 章介绍了检测技术及元件，以及国产检测仪表的应用和进展。这是实现生产过程自动控制的必要的第一步。如果不能测量出被控变量，就无法进行控制。很多领域目前尚未进行有效控制的原因往往是检测技术尚未成熟。在生产过程中，检测元件将有关的工艺参数准确及时地测量出来，并转换成统一的标准信号(4～20 mA 直流电信号或 20～100 kPa 气压信号)发送给控制器进行控制，并通过显示仪表展示被控变量。

第 7 章介绍了控制器的控制算法、可编程控制器以及集散控制系统。

第 8 章介绍了执行器，主要介绍了气动执行器，并简要介绍了电动执行器、智能电动执行器、电气转换器、电气阀门定位器以及国产执行器。

6 过程测量仪表

在工业生产过程中，必须及时且准确地检测生产过程中的相关变量，以便正确指导生产操作，实现生产过程的自动化，确保生产正常进行，并保证产品质量和安全生产。检测工艺变量时，首先由检测元件(又称敏感元件或传感器)直接响应工艺变量，并输出一个与之相对应的信号，如热电偶测量温度时得到的与温度相对应的热电势。检测元件的输出信号再经过变送器转换成统一的标准电、气信号，然后发送至显示仪表以指示或记录工艺变量；或者同时发送至控制仪表对被控变量进行调节。有时，将检测元件、变送器及显示装置统称为检测仪表。

过程控制对检测仪表有 3 条基本要求：

(1) 测量值要能正确地反映被测变量的大小，误差不超过规定的范围；

(2) 测量值必须迅速反映被测变量的变化，即动态响应比较迅速；

(3) 检测仪表在工作环境条件下，应能长期稳定工作，以确保测量值的可靠性。

6.1 测量仪表概述

6.1.1 过程检测的一般原理

在生产过程控制中，通常将温度、流量、液位、压力及成分等参数作为被控变量。参数检测是利用检测元件特有的物理、化学等性质，将被测量参数的变化量转换为检测元件某一特有性质的变化。当这种变化量的信号可以直接输出时，该元件便可称为传感器。当传感器输出规定的标准信号(例如 4～20 mA 直流电流)时，就称为变送器。根据其应用原理和功能，大致可划分为光电传感器、电传感器、磁传感器、热传感器、机械传感器和声传感器等。

1) 光电传感器

光电传感器是一种将光信号转换为电信号的器件，其工作原理基于光电效应。光电效应是指光照射在某些物质上时，物质的电子吸收光子的能量而发生的相应电效应现象。用光照射某一物体，可以看作是一连串带有一定能量的光子轰击在这个物体上，此时光子能量就传递给电子，并且是一个光子的全部能量一次性地被一个电子所吸收，电子得到光子传递的能量后其状态就会发生变化，从而使受光照射的物体产生相应的电效应。光电器件有光电管、光电倍增管、光敏电阻、光敏二极管、光敏三极管、光电池等。

(1) 外光电效应

在光线作用下，能使电子逸出物体表面的现象，在闭合回路中形成光电流，称为外光电效应。如光电管、光电倍增管等。

(2) 内光电效应

在光线作用下，能使物体的电阻率改变的现象称为内光电效应，如光敏电阻、光敏晶体管等。

(3) 光生伏特效应

在光线作用下，物体产生一定方向电动势的现象称为光生伏特效应，如光电池等。

2) 电传感器

它是利用敏感元件将被测量的物理量转换成电压、电阻、电容等电学量，按一定规律变换成为电信号或其他所需形式的信息输出，以满足信息的传输、处理、存储、显示、记录和控制等要求。常用的敏感元件，电学量转化原理有以下几种。

(1) 压阻效应

指当半导体受到应力或外力作用时，引起能量移动，使其电阻率发生变化，从而影响电阻值的变化。这可用于力和压力的测量。

(2) 压电效应

当某些电介质沿一定方向受到外力作用而变形时，其内部会产生极化现象，同时在它的两个相对表面上出现正负相反的电荷，电荷量的大小与所受压力成正比。这可用于力和压力的测量。

(3) 热电效应

将两种不同的材料串联成一个闭合回路，当接触点的温度不同时，回路内产生电动势，电动势的大小与材料和接触点的温度有关。当材料确定时，电动势只和温度有关。这可用于温度测量。

3) 磁传感器

磁传感器是将磁场、电流、应力应变、温度、光等外界因素引起的敏感元件磁性能变化转换成电信号的器件，通过这种方式来检测相应的物理量。

(1) 压磁效应

当铁磁性材料受到机械力的作用时，它的内部产生应变，导致磁化强度和磁导率发生变化。因此，通过测量磁导率就能检测其内部应力及外部载荷的变化。这可用于测量力、扭力、转矩等参数。

(2) 霍尔效应

当电流垂直于外磁场通过半导体时，载流子发生偏转，垂直于电流和磁场的方向会产生一个附加电场，从而在半导体的两端产生电势差。电势差与材料、电流和磁场强度有关，这一现象称为霍尔效应。

(3) 电磁感应

当导电流体流经垂直磁场时，切割磁力线使流体两端面产生感应电动势，其大小与流体流速有关。这可用于测量导电流体的流量。

4) 热传感器

热传感器利用被测介质的热物理量差异，通过热交换引起热平衡变化的原理进行参数检测。例如，当具有较高温度的金属线置于温度较低的流体中时，热线发出的热量会被流体部分带走。当流体的流量和金属线的电流一定时，金属线的温度将保持恒定。通过测量金属线的温度，可以测量流体的流速。

5）机械传感器

它也称力传感器，是一种将力的量值转换为相关电信号的器件。力是引起物质运动变化的直接原因。力传感器能检测张力、拉力、压力、重量、扭矩、内应力和应变等力学量。在动力设备、工程机械、各类工作母机和工业自动化系统中，它们是不可缺少的核心部件。力敏元件有弹性膜片、弹簧管、波纹管、金属应变片等。

6）声传感器

它是指检测在半无限大材料表面传播的表面声波，或压电薄板材料中的声波等。由于受边界上的力学、电学等边界条件的影响，传播特性也会发生改变。测量这些特性（主要是声速）的改变，即可检测出边界上的力学参数，例如微质量、应力、黏滞、温度等，以及电学参数（如介电常数）等的改变。

6.1.2　变送器概述

能输出标准信号的传感器就是变送器。对于一个检测系统来说，传感器和变送器可以是一体的，也可以是两个独立的部分。在大多数情况下，需要变送器把传感器的输出信号转换为标准的统一信号，以便发送到显示仪表进行显示或送到控制器进行控制。因为直流信号不受线路中的电感、电容及负载性质的影响，且没有相移问题等优点，国际电工委员会（IEC）将 4～20 mA 直流电流和 1～5 V 直流电压信号确定为过程控制系统中模拟信号的统一标准。

1）组成原理

变送器是基于负反馈原理工作的，主要由测量部分、放大器和反馈部分组成。测量部分用于检测被测变量 x，并将其转换成能被放大电路接受的输入信号 X_i（电压、电流、位移、作用力或力矩等信号）。反馈电路则把变送器的输出信号 I_o 转换成反馈信号 U_f，再送回输入端。U_x 与调零信号 U_0 的代数和同反馈信号 U_f 进行比较，其差值 ε 送入放大器进行放大，并转换成标准输出信号 I_o，如图 6-1 所示。

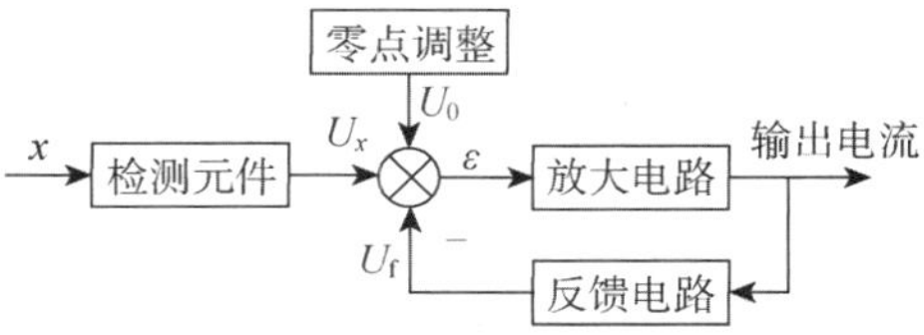

图 6-1　变送器组成原理图

2）气动变送器和电动变送器

（1）气动变送器

它是以干燥、洁净的压缩空气作为能源，能将各种被测参数（如温度、压力、流量和液位等）变换成 0.02～0.1 MPa 的气动信号，以便传送给调节、显示等仪表，用于指示、记录或调节。气动变送器的结构比较简单，工作比较可靠，对电磁场、放射线及温度、湿度等环境影响的抗干扰能力较强，能防火、防爆，价格也比较便宜；缺点是响应速度较慢，传送距离受到限制，与计算机连接比较困难。

（2）电动变送器

它是以电为能源，信号之间联系比较方便，适用于远距离传送，并便于与电子计算机连接。近年来,也可以实现防爆功能,以确保安全使用。其缺点是投资一般较高,受温度、湿度、电磁场和放射线的干扰影响较大。电动变送器还能将各种被测参数变换为0～10 mA或4～20 mA直流电流的统一标准信号,以便传送给自动控制系统的其他单元。

3) 电动变送器输出信号

4～20 mA DC(1～5 V DC)信号制是国际电工委员会(IEC)规定的,即过程控制系统必须采用模拟信号标准。我国从DDZ-Ⅲ型电动仪表开始采用这一国际标准信号制,仪表传输信号采用4～20 mA DC,联络信号采用1～5 V DC,即采用电流传输、电压接收的信号系统。

信号起点电流为4 mA DC,为变送器提供了静态工作电流,同时仪表电气零点为4 mA DC,不与机械零点重合,这种"活零点"有利于识别断电和断线等故障。最大电流20 mA的选择是基于安全、实用、功耗、成本的考虑。安全火花仪表只能采用低电压、低电流,4～20 mA电流和24 V DC(变送器电源)对易燃氢气也是安全的,对于24 V DC氢气的引爆电流为200 mA,远在20 mA以上;此外,还要综合考虑生产现场仪表之间的连接距离,所带负载等因素;还有功耗及成本问题,对电子元件的要求,供电功率的要求等因素。

控制室仪表采用电压并联制信号传输,同一个控制系统所属的仪表之间有公共端,便于与检测仪表、调节仪表、计算机、报警装置配用,并方便接线。

现场仪表与控制室仪表之间的联络信号采用4～20 mA DC,其理由如下:因为现场与控制室之间的距离较远,连接电线的电阻较大。如果用电压源信号远传,电线电阻与接收仪表输入电阻的分压,将产生较大的误差。而用恒流源信号作为远传,只要传送回路不出现分支,回路中的电流就不会随电线长短而改变,从而保证了传送的精度。

控制室内仪表之间的联络信号采用1～5 V DC,其理由如下:为了便于多台仪表共同接收同一个信号,并有利于布线和构建各种复杂的控制系统。如果用电流源作联络信号,当多台仪表共同接收同一个信号时,它们的输入电阻需要串联,这会使最大负载电阻超过变送仪表的负载能力,而且各接收仪表的信号负端电位各不相同,可能会引入干扰,同时也无法实现单一集中供电。

采用电压源信号进行联络时,现场仪表使用的电流信号必须转换为电压信号。最简单的方法是:在电流传输回路中串联一个250 Ω的标准电阻,把4～20 mA DC转换为1～5 V DC,这一转换通常由配电器来完成。

因此,在控制系统中,进出控制室的传输信号采用电流信号,控制室内各仪表间的联络信号采用电压信号,即连线方式为电流传输、并联接收电压信号的方式。

6.1.3 测量误差

任何测量过程都存在误差,即测量误差。因此,在使用仪表测量工艺参数时,我们不仅需要知道仪表的指示值,还需了解测量值的误差范围。

待测量的测量值x与真实值x_0之差就称为测量误差Δx,

$$\Delta x = x - x_0 \tag{6-1}$$

误差存在于一切测量之中，而且贯穿测量过程的始终。因此，只有通过正确的误差分析，我们才能知道测量中哪些量对测量结果影响大，哪些量对测量结果影响小，从而专注于准确测量那些对结果影响大的关键量，而不必在那些测不太准且对结果影响很小的量上花费太多精力。

1）误差的性质和来源

根据误差本身的性质，可将测量误差分为两类：系统误差和偶然误差。

（1）系统误差

在相同条件下，多次测量一个量，其误差的绝对值和大小保持不变，或按一定的规律变化。这样的误差叫系统误差，它总是使测量结果偏向一个方向。

其来源可以有以下几个方面：

① 由仪表引入的系统误差　如仪表的示值不准、零值误差、仪表的结构误差等。

② 理论（方法）误差　由于某些理论公式本身的近似性，或实验条件不能满足理论公式所规定的要求，或测量方法本身所带来的误差。

③ 个人误差　由于实验者本人生理或心理特点，使实验结果产生偏向一定、大小一定的误差。

系统误差总是使测量结果偏向一边，或者偏大，或者偏小。因此多次测量求平均值并不能消除系统误差，要根据各种不同的情况，找到产生系统误差的原因，采取一定的方法去尽量消除它的影响，或者对测量结果进行修正。例如采用标准孔板测蒸汽流量，如果工作时蒸汽压力和温度与设计孔板孔径的数据不同，就会引起系统误差。如果已知变动后的工作状态下的蒸汽压力和温度数值，可以通过相应的关系式进行计算，对仪表的指示值进行修正，以消除测量误差。

（2）偶然误差

在测量时，即使消除了系统误差（实际上不可能也不必要绝对排除），在相同条件下进行多次重复测量同一待测量时，发现各测量值之间也有差异，由此产生的误差（即各测量值与真值之间的差异）的绝对值与符号是不确定的，这就是偶然误差，又叫随机误差。

偶然误差的存在表现为每次测量值偏大或偏小是不一定的，但它服从一定的统计规律。测量结果与真值偏差大的测量值出现的概率较小，偏差小的测量值出现的概率大，正方向误差和负方向误差出现的概率相等，并且绝对值很大的误差出现的概率趋近于零。这就是我们在实验中采取多次重复测量的依据。

偶然误差是一些实验中的偶然因素、人的感官灵敏度和仪表的精密度有限以及周围环境的干扰等因素引起的。用实验方法完全消除测量中的偶然误差是不可能的，但是用概率统计方法可以减小偶然误差对最后结果的影响，并且可以估计误差的大小。

偶然误差和系统误差的特征不同，处理方法也不同。它们之间有着内在的联系，在条件改变时，某些偶然误差和系统误差可以互相转化。它们并不是孤立、静止的，应辩证地看待，事情的好坏可以转化，遇到挫折不要过于沮丧，也不要过分为一时一事的得失而计较。

2）直接测量时偶然误差的估计

（1）以算术平均值表示测量结果

对待同一个测量量进行多次重复测量，测量结果为 x_1、x_2、…、x_n，如前所述，真值是

不能确切知道的,算术平均值 $\bar{x}$ 是对真值的最好近似:

$$x_0=\bar{x}=(\sum_{i=1}^{n}x_i)/n=\frac{1}{n}(x_1+x_2+\cdots+x_n) \tag{6-2}$$

式中,x_i——第 i 次测量值。

(2) 平均绝对误差

算术平均值比较接近真值,但它仍非真值。它与真值之间的误差可以用平均绝对误差 $\overline{\Delta x}$ 来估计:

$$\overline{\Delta x}=(|x_1-\bar{x}|+|x_2-\bar{x}|+\cdots+|x_n-\bar{x}|)/n=\frac{1}{n}\sum_{i=1}^{n}|\Delta x_i| \tag{6-3}$$

式中,$\Delta x_i=x_i-\bar{x}$ 称为第 i 次测量的绝对误差。

据统计理论可以证明,多次重复测量的绝对误差 Δx_i 大小落在$(-\overline{\Delta x},+\overline{\Delta x})$内的概率为 57.5%,平均值与真值之差在此区间内的概率就更大了。所以可认为真值在 $\bar{x}-\overline{\Delta x}$ 到 $\bar{x}+\overline{\Delta x}$ 之间,但并不排除多次测量中有部分测量值在 $\bar{x}\pm\overline{\Delta x}$ 之外。

(3) 标准误差(σ)和极限误差

估计误差的方法有许多种。用标准误差来代替平均绝对误差是一种更精确的常见的方法。理论证明,多次测量中的任一次测量值的误差落在 $\pm\sigma$ 区间内的可能性为 68.3%,落在 $\pm3\sigma$ 区间内的可能性为 99.7%。因此,一般将 $\pm3\sigma$ 称为极限误差。如果发现某次测量值的误差超过了 $\pm3\sigma$,可以认为该次测量失败,应该将之剔除,即将 $\pm3\sigma$ 看成正常的偶然误差的极限。

由于平均值的标准误差随测量次数的变化小,具有一定的稳定性,且大多数计算工具都有计算标准误差的功能,因此许多科学论文都用标准误差去评价数据。

标准误差 σ 与平均绝对误差 $\overline{\Delta x}$ 的关系为:$\sigma=1.25\ \overline{\Delta x}$。一般在测量次数大于 5 次的情况下,要求用标准误差 σ 来处理数据。

(4) 仪器误差

以上估计偶然误差的方法是在测量次数较多的情况下使用的。然而在工业生产条件下,由于被测量参数往往处于持续波动之中,仅能实现一次测量。此时估计误差要根据仪器的分度值大小、测量的环境条件等具体情况进行考虑,尽量符合实际情况。一次测量的误差,可以包括偶然误差和系统误差。一般根据所用测量仪表上注明的仪表误差(化工仪表为精密度)来表示单次测量的误差。如果没有注明,也可取仪器最小分度值的一半作为仪表误差。

(5) 相对误差

相对误差也叫百分误差,是测量的绝对误差与被测量的真值之比,即该误差相当于测量的绝对误差占真值(或给出值)的百分比或用数量级表示

$$E=\frac{\Delta x}{x}\times100\% \tag{6-4}$$

相对误差可用来比较测量对象不同时,测量的好坏程度。

6.1.4 测量仪表的性能指标

1）仪表的精度

测量仪表在其标尺范围内的绝对误差

$$\Delta x = x_i - x_0 \tag{6-5}$$

式中，x_i——被测参数的测量；

x_0——被测参数的标准值。

引用误差是指绝对误差与特定值（测量范围上限值或量程）之比，值以百分数表示，它是相对误差的另一种表达形式，即为

$$\delta = \pm \frac{\Delta x}{\text{标尺上限} - \text{标尺下限}} \times 100\% \tag{6-6}$$

仪表的标尺上限值与下限值之差，一般称为仪表的量程。

根据仪表的使用要求，规定在正常使用条件下允许的最大误差，称为允许误差。允许误差一般用相对百分误差来表示，即一台仪表的允许误差是指在规定的正常情况下允许的相对百分误差的最大值，即

$$\text{仪表的允许误差} = \pm \frac{\text{仪表允许的最大绝对误差}}{\text{标尺上限} - \text{标尺下限}} \times 100\%$$

简记为

$$\delta_{\text{允}} = \pm \frac{\Delta x_{\max}}{N} \times 100\% \tag{6-7}$$

式中，$\delta_{\text{允}}$——仪表的允许误差；

$\Delta x_{\max}$——允许的最大误差；

N——仪表量程。

仪表精度是按国家统一规定的允许误差划分成若干等级，根据仪表的允许误差，去掉正负号及百分符号后的数值，可以确定仪表的精度等级。根据国标，我国生产的仪表常用的精度等级为 0.005，0.02，0.05，0.1，0.2，0.4，0.5，1.0，1.5，2.5，4.0 等。如果某台测温仪表的最大相对百分误差为±2.5%，则认为该仪表的精度等级为 2.5 级。从下面的两个例题可以分辨出如何确定仪表的精度等级和怎样选择仪表的精度等级。

例 6.1 某台测温仪表的测温范围为 0～500℃，校验该表时得到的最大绝对误差为±3℃，试确定该仪表的精度等级。

解：该仪表的最大引用误差为

$$\delta_{\max} = \frac{\Delta x_{\max}}{N} \times 100\% = \frac{\pm 3}{500} \times 100\% = \pm 0.6\%$$

如果将仪表的最大相对百分误差去掉正负号和百分符号，其数值为 0.6。由于国家规定的精度等级中没有 0.6 级仪表，同时，该仪表的最大相对百分误差超过了 0.5 级的允许误差（±0.5%），所以该台仪表的精度等级为 1.0 级。

例 6.2 某台测温仪表的测温范围为 200～1 200℃，根据工艺要求，温度指示值的误差不得超过±7℃。试问怎样选择仪表的精度等级才能满足以上要求？

解 根据工艺要求，仪表的允许引用误差为

$$\delta_{允}=\frac{\pm 7}{1\ 200-200}\times 100\%=\pm 0.7\%$$

如果将仪表的允许误差去掉正负号及百分符号，其数值为 0.7。此数值介于 0.5～1.0 之间。如果选择精度等级为 1.0 的仪表，其允许的误差为±1.0%，超过了工艺上允许的数值，故应选择 0.5 级仪表才能满足工艺要求。

由以上两个例题可以看出，根据仪表的校验数据来确定仪表的精度等级，和根据工艺要求来选择仪表精度等级，情况是不一样的。根据仪表的校验数据来确定仪表的精度等级，仪表的允许误差应该大于等于仪表校验所得的最大相对百分误差；根据工艺要求来选择仪表精度等级时，仪表的允许误差应小于等于工艺上所允许的最大相对百分误差。

仪表的精度等级是衡量仪表质量的重要指标之一，由上述可以看出，数值越小，表示仪表的精度等级越高，仪表的准确度也越高。0.05 级或以上的仪表，常用来作为标准仪表；而工业现场用的测量仪表，其精度大多是 0.5 级以下的。

仪表的精度等级一般可用不同的符号形式标志在仪表的面板上。

2）非线性误差

对于理论上具有线性刻度的测量仪表，由于各种因素的影响，其实际特性偏离理论上的线性特性。

非线性误差是衡量仪表偏离线性程度的指标，它表示为实际值与理论值之间的绝对误差最大值 $\Delta x'_{max}$ 和仪表量程之比的百分数形式，即

$$非线性误差=\frac{\Delta x'_{max}}{N}\times 100\% \tag{6-8}$$

3）变差

在相同条件下，用同一仪表对某一工艺参数进行正反行程（即逐渐由小到大和逐渐由大到小）测量时，发现相同的被测量值的正反行程所得到的测量结果不一定相同，二者之差即为变差。

造成仪表变差的原因很多，例如传动机械的间隙、运动部件的摩擦、弹性元件的弹性滞后效应等。变差的大小表示为：在同一被测量值下正反行程间仪表指示值的绝对误差的最大值 $\Delta x''_{max}$ 与仪表量程之比的百分数形式，即

$$变差=\frac{\Delta x''_{max}}{N}\times 100\% \tag{6-9}$$

必须注意，仪表的变差不能超出仪表的允许误差，否则，应及时进行修理。

4）灵敏度和灵敏限

灵敏度是指测量仪表对被测参数变化的灵敏程度，取仪表的输出信号，例如指针的直线位移或角位移 $\Delta\alpha$ 与引起此位移的被测参数变化量 Δx 之比表示，即

$$灵敏度=\frac{\Delta\alpha}{\Delta x} \tag{6-10}$$

增加放大系统（无论是机械的或电子的）的放大倍数可提高测量仪表的灵敏度，但是，必须指出，仪表的性能主要取决于仪表的基本误差。如果单纯地从加大仪表灵敏度来企图获得更准确的读数，这是不合理的，反而可能出现表面上灵敏度很高，但精度实际上却下降的虚假现象。为了防止这种虚假灵敏度，常规定仪表标尺上的分格值不能小于仪表允许误差的绝对值。

仪表的灵敏限是指引起仪表示值发生可见变化的被测参数的最小变化量。一般仪表的灵敏限数值应不大于仪表允许误差绝对值的一半。

值得注意的是，上述指标仅适用于指针式仪表。在数字式仪表中，往往用分辨力来表示仪表灵敏度（或灵敏限）的大小。

5）分辨力

数字式仪表的分辨力常指引起该仪表最末一位数字改变的被测参数的变化量。因此，同一个仪表在不同量程下，其分辨力是不同的，量程越小，分辨力越高。相应于最低量程的分辨力称为该仪表的最高分辨力，也称灵敏度。通常以最高分辨力作为仪表的分辨力指标。例如，某数字万用电表最低量程是 100 mV，五位数字显示，最小显示的电压数为 0.01 mV，即为该表的灵敏度。

6）响应时间

当仪表对被测量参数进行测量时，仪表指示值在被测量参数变化以后需要经过一段时间才能准确显示。响应时间就是指测量仪表能否迅速反应参数变化的品质指标。反应时间长，说明仪表需要较长时间才能给出准确的指示。这就不宜用来测量变化频繁的参数，因为在这种情况下，当仪表尚未准确显示出被测值时，参数本身早已改变了，使仪表无法指示参数瞬时值的真实情况。因此，仪表响应时间长短实际上反映了仪表动态特性的好坏。

仪表的响应时间有不同的表示方法。当输入信号突然变化一个数值时，输出信号（即仪表的指示值）将由原始值逐渐变化到新的稳定值。仪表的输出信号由开始变化到新稳定值的 63.2%所用的时间，可用来表示响应时间，也有用变化到新稳定值的 95%所用的时间来表示响应时间。

在考虑仪表性能指标时，除了上述指标外，还应考虑仪表的可靠性。一台仪表在使用过程中，各种性能指标不应该有明显的变化。此外，对性能指标的要求切勿有片面性、绝对性。要根据工艺生产的实际需要，并考虑到仪表制造的现状及经济合理性，对仪表性能指标提出合理的要求。

6.1.5　智能仪表

智能仪表是含有微型计算机或者微型处理器的测量仪表，具有对数据的存储运算逻辑判断及自动化操作等功能。智能仪表的出现，极大地扩充了传统仪器的应用范围。智能仪表凭借其体积小、功能强、功耗低等优势，迅速地在家用电器、科研单位和工业企业中得到了广泛的应用。

以单片机为主体，将计算机技术与测量控制技术结合在一起，又组成了所谓的“智能化测量控制系统”，也就是智能仪表。

与传统仪器仪表相比，智能仪表具有以下功能特点：

① 操作自动化。仪器的整个测量过程如键盘扫描、量程选择、开关启动闭合、数据的采集、传输与处理以及显示打印等都用单片机或微控制器来控制操作，实现测量过程的全部自动化。

② 具有自测功能，包括自动调零、自动故障与状态检验、自动校准、自诊断及量程自动转换等。智能仪表能自动检测出故障的部位甚至故障的原因。这种自测试可以在仪器启动时运行，同时也可在仪器工作中运行，极大地方便了仪器的维护。

③ 具有数据处理功能，这是智能仪表的主要优点之一。智能仪表由于采用了单片机或微控制器，使得许多原来用硬件逻辑难以解决或根本无法解决的问题，现在可以用软件非常灵活地加以解决。例如，传统的数字万用表只能测量电阻、交直流电压、电流等，而智能型的数字万用表不仅能进行上述测量，而且具备对测量结果进行零点平移、取平均值、求极值、统计分析等复杂的数据处理功能。这不仅使用户从繁重的数据处理中解放出来，还有效地提高了仪器的测量精度。

④ 具有友好的人机对话能力。智能仪表使用键盘代替传统仪器中的切换开关，操作人员只需通过键盘输入命令，就能实现某种测量功能。与此同时，智能仪表还通过显示屏将仪器的运行情况、工作状态以及对测量数据的处理结果及时告诉操作人员，使仪器的操作更加方便直观。

⑤ 具有可编程操作和网络通信能力。一般智能仪表都配有 GPIB、RS-232、RS-485 等标准的通信接口，可以很方便地与 PC 机和其他仪器一起组成用户所需要的多种功能的自动测量系统，来完成更复杂的测试任务。

测量仪器的主要功能都是由数据采集、数据分析和数据显示等三大部分组成的。在虚拟现实系统中，数据分析和显示完全用 PC 机的软件来完成。因此，只要额外提供一定的数据采集硬件，就可以与 PC 机组成测量仪器。这种基于 PC 机的测量仪器称为虚拟仪器。在虚拟仪器中，使用同一个硬件系统，只要应用不同的软件编程，就可得到功能完全不同的测量仪器。可见，软件系统是虚拟仪器的核心，“软件就是仪器”，虚拟仪器具有传统的智能仪器所无法比拟的应用前景和市场。

6.2 温度的检测及变送

温度是表征物体冷热程度的物理量，是工业生产和科学实验中最常见、最重要的参数之一。在化工、制药生产中，温度的测量及控制有着重要的地位。在生产过程中伴随着物质的物理性质、化学性质的改变，有能量的交换和转化，其中最普遍的是热量交换。因此，化工、制药生产中的各种工艺过程都是在一定的温度下进行的，例如精馏过程中，对精馏塔的进料温度、塔顶温度和塔釜温度都必须按工艺要求分别控制在一定数值上。否则，产品不合格，严重时会发生事故，因此，温度的测量和控制是保证反应过程正常进行和安全运行的重要环节。

6.2.1　温度测量的基本方法

温度不能直接测量,只能借助于冷热不同物体之间的热交换,以及物体的某些物理性质随温度不同而变化的特性来间接测量。

任何两个温度不同的物体相接触,必然发生热交换现象,热量将由温度高的物体向温度低的物体传递,直到两物体温度相等,即达到热平衡状态为止。接触法测温就是利用这一原理,选择一物体,该物体的某一物理量(如液体的体积、热电阻的阻值)与温度成比例关系,将该物体同被测物体相接触,并进行热交换(该物体热容量很小,不改变被测物体温度),当两者达到热平衡状态时,它们的温度相等,于是,测出该物体的某一物理量,就可以定量地给出被测物体的温度数值。也可以利用热辐射原理进行非接触测温。

测量温度时,感受温度的元件称为感温元件。感温元件是利用物质的不同物理性质来反映温度,常用的测温方法有 6 种。

1) 膨胀测温法

基于某些物体受热体积膨胀的特性制成的温度计称为膨胀式温度计。玻璃管温度计属于液体膨胀式温度计;双金属温度计属于固体膨胀式温度计。例如,双金属温度计。

双金属温度计中的感温元件是用两片线膨胀系数不同的金属片叠焊在一起而制成的。当双金属片受热后,由于两金属片的膨胀长度不同而产生弯曲,如图 6－2 所示。温度越高,产生的线膨胀长度差越大,因此引起的弯曲角度也越大。双金属温度计就是根据这一原理制成。它是用双金属感温片制成螺旋形感温元件,放入金属保护套管内。当温度变化时,螺旋形感温元件的自由端围绕中心轴转动一定角度,同时带动指针在刻度盘上指示出相应的温度数值,如图 6－3 所示。

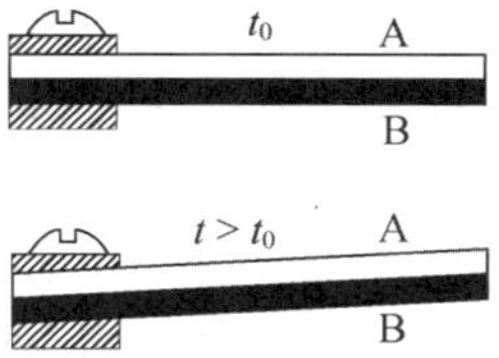

图 6－2　双金属片受热膨胀

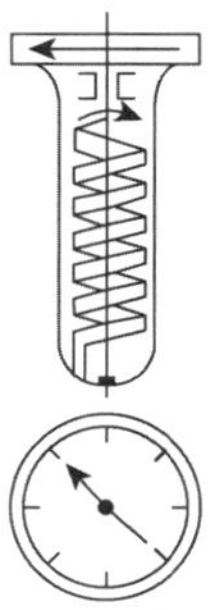

图 6－3　螺旋管状双金属片温度计

2) 压力测温法

利用压力随温度变化来测温的仪表称为压力式温度计。它是基于封闭系统中的液体、气体或低沸点液体的饱和蒸汽受热后体积或压力变化的原理制成的。测出相应的压力,就能知道待测温度。

压力式温度计由温包、毛细管和弹簧管(或称盘簧管)组成,如图 6－4 所示。在温包、毛细管和弹簧管组成的封闭系统中充以工作物质,温包直接与被测介质接触以感受温度的变化,封闭系统中的压力随被测介质温度变化而变化,压力的大小由弹簧管测出。温包中的工作媒质有三种:气体、蒸汽和液体。气体媒质温度计如用氮气作媒质,最高可测量到 500～550℃;用氢气作媒质,最低可测量到－120℃。蒸汽媒质温度计常用某些低沸点的液体如氯乙烷、氯甲烷、乙醚作媒质。温包的一部分容积中放置这种液体,其余部分中充满它们的饱和蒸汽。液体媒质一般用水银。此类温度计适用于工业中测量精度要求不高的温度测量。

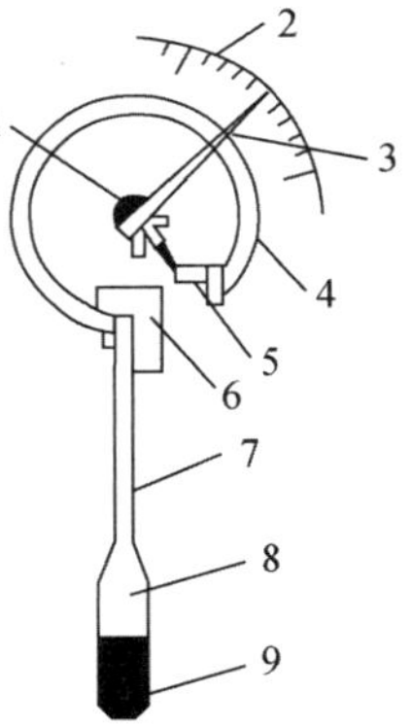

1—传动机构；2—刻度盘；3—指针；4—弹簧管；5—连杆；
6—接头；7—毛细管；8—温包；9—工作物质

图 6-4　压力式温度计

3）*磁学测温法*

根据顺磁物质(材料对磁场响应很弱的磁性,例如,硝酸铈镁、硫酸锰铵和硫酸铁铵)的磁化率($k=M/H$,M 和 H 分别为磁化强度和磁场强度)与温度的关系来测量温度。磁温度计主要用于低温范围,在超低温(小于 1 K 温度)测量中,是一种重要的测温手段。

4）*热辐射测温法*

热的传递有传导、对流和辐射 3 种形式。热辐射是高温物体以电磁波的形式辐射出能量,其辐射出的热能与温度有关。温度越高,辐射出的热能越大。辐射式高温计就是根据这一原理制成的。现在,这种方法已广泛地被用来测量高于 800℃的温度。

5）*频率测温法*

采用频率作为温度标志,根据某些物体的固有频率随温度变化的原理来测量温度。在各种物理量的测量中,频率(时间)的测量准确度最高(相对误差可小到 1×10^{-9}),近年来频率温度计受到人们的重视,发展很快。石英晶体温度计的分辨率可小到万分之一摄氏度或更小,还可以数字化,故得到广泛使用。

6）*电学测温法*

电学测温法采用某些随温度变化的电学量作为温度的标志。属于这一类的温度计主要有热电偶温度计、热电阻温度计和半导体热敏电阻温度计。

6.2.2　热电偶温度计

1）*热电效应*

当两种自由电子密度不同的金属 A 和金属 B 密切接触时,按经典电子理论,金属中的自由电子如容器中的气体分子一样，将在金属中进行扩散。若金属 A 的自由电子密度大于金属 B($n_A>n_B$)，则从金属 A 扩散到金属 B 的自由电子将多于从金属 B 扩散到金属 A 的自由电子。如图 6-5 所示，结果金属 A 失去了电子而带正电，金属 B 得到了电子而带负电，在金属的接触面形成偶电层，电场的方向由金属 A 指向金属 B，从而阻止自由电子的扩散。当扩散作用和静电场的作用相互抵消时，电子迁移达到动态平衡，此时静电场的接触电势差，按气体分子运动论（气体分子动理论）可证明其大小为

$$U_{AB}=\frac{kT}{e}\ln\frac{n_A}{n_B} \tag{6-11}$$

式中，k——玻尔兹曼常数，取 1.38×10^{-23} J/℃；

e——单位电荷的绝对值 4.802×10^{-10}；

T——接触点的热力学温度，K。

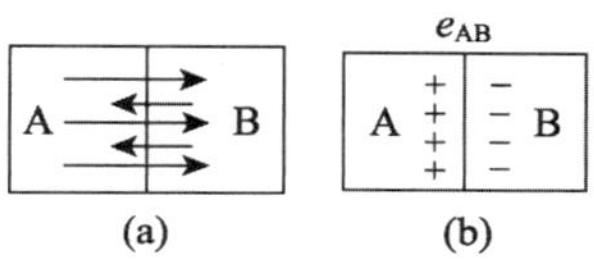

图 6-5　接触电势差的形成

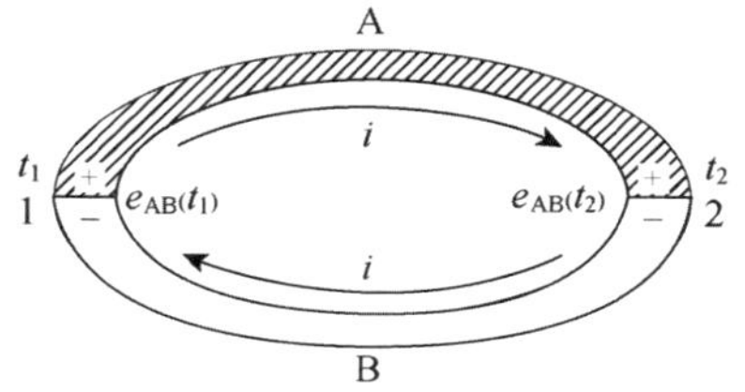

图 6-6　热电偶的形成

从式(6-11)可知，接触电势差和两金属的材料及接触点的温度有关，温度越高，金属中的自由电子越活跃，从金属 A 迁移到金属 B 的自由电子数目越多，因而接触电势差越高。当 A、B 两种金属确定后，接触点的电势差仅与温度有关，因而称为热电势。记作 $e_{AB}(t)$，t 表示接触点的温度，下标中的 A、B 分别表示金属 A 和金属 B。如果下标次序改变，则 e 前面的符号作相应的改变，即 $e_{AB}(t)=-e_{BA}(t)$。

根据经典理论分析，由两种不同的金属导体组成闭合回路，如果两接触点的温度不同，高温接触点 1 和低温接触点 2 的温度分别为 t_1 和 t_2，那么两接触点的接触电势差分别为 $e_{AB}(t_1)$和 $e_{AB}(t_2)$，方向相反，大小不等，如图 6-6 所示。此回路中的电动势 $E(t_1, t_2)$应等于它们的代数和。即

$$E(t_1,t_2)=e_{AB}(t_1)-e_{AB}(t_2)=e_{AB}(t_1)+e_{BA}(t_2) \tag{6-12}$$

当 A、B 两种材料固定后，如果一个接触点的温度为已知，另一个接触点的温度，即待测温度，就可算出。这就是热电偶测温原理。

热电偶、显示仪表和导线共同组成热电偶温度计，如图 6-7 所示。热电偶作为感温元件，测量仪表显示出待测温度。导线指的是补偿导线和一般的铜导线。

热电偶温度计结构简单、使用方便、测量范围广且准确可靠，其信号便于远传、自动记录和集中控制，因而在生产中应用极为广泛。

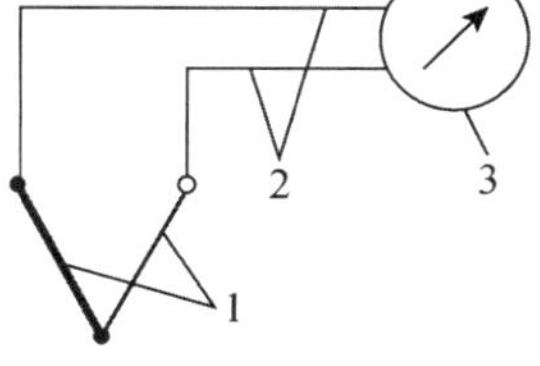

1—热电偶；2—导线；3—显示仪表

图 6-7　热电偶温度计的组成

连接热电偶与显示仪表的金属导线 C,加入了由 A、B 两种金属组成的热电偶回路中,从而构成了新的接点,如图[6-8(b)]中的点 3 和点 4,以及图[6-8(c)]中的点 2 和点 3,这些接触点同样会产生热电势。这些接触点是否对热电偶回路的总电势产生影响?

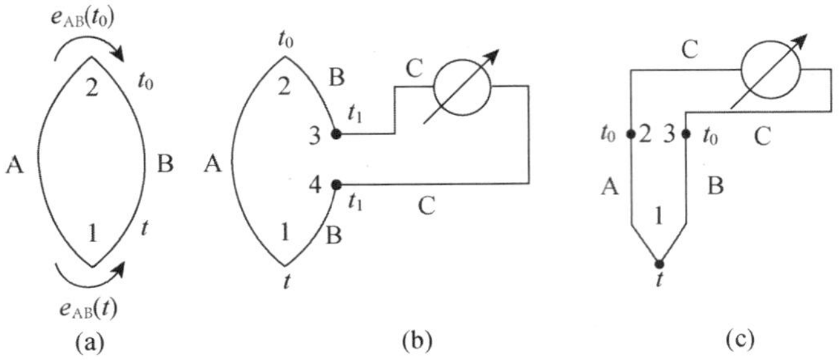

图 6-8　热电现象

从式(6-11)可知:① 如组成热电偶回路的两种金属材料相同,则不论热电偶两端温度是否相同,热电偶回路中的总电势为零。② 如热电偶两端的温度相同,$t_0=t_1$,则热电偶回路中的总势为零。③ 在热电偶回路中接入第三种金属材料的导线,只要该导线两端的温度相同,热电偶回路中的总电势不变,即第三种导线的引入不影响热电偶的热电势。现证明如下。

先来分析图[6-8(b)]所示的电路,3、4 两接点温度同为 t_1,故总的热电势 E_t 等于

$$E_t=e_{AB}(t)+e_{BC}(t_1)+e_{CB}(t_1)+e_{BA}(t_0) \tag{6-13}$$

因为

$$e_{BC}(t_1)=-e_{CB}(t_1) \tag{6-14}$$

$$e_{AB}(t_0)=-e_{BA}(t_0) \tag{6-15}$$

将式(6-14)和式(6-15)代入式(6-13)得到

$$E_t=e_{AB}(t)-e_{AB}(t_0) \tag{6-16}$$

这和式(6-12)完全相同,可见总的热电势与没有引入第三种导线一样。

再来分析图[6-8(c)]电路,在此电路中,2、3 接点温度同为 t_0,那么电路的总电势 E_t 等于

$$E_t=e_{AB}(t)+e_{BC}(t_0)+e_{CA}(t_0) \tag{6-17}$$

已知,由多种金属组成的闭合回路,尽管它们的材料不同,只要各接点温度相同,则此闭合回路内的总电势等于零。根据能量守恒定律也可说明这一点。若将 A、B、C 三种金属组成一个闭合回路,各接点温度都为 t_0,则回路总电势为零。即

$$e_{AB}(t_0)+e_{BC}(t_0)+e_{CA}(t_0)=0$$

则

$$-e_{AB}(t_0)=e_{BC}(t_0)+e_{CA}(t_0) \tag{6-18}$$

将式(6-18)代入(6-17)中得

$$E_t=e_{AB}(t)-e_{AB}(t_0) \tag{6-19}$$

结果也和式(6－12)相同。因而证明了引入第三种金属导线，只要引入线两端的温度相同，对原热电偶所产生的热电势并无影响。同理，如果回路中串联多种导线，只要引入线两端温度相同，也不影响热电偶所产生的热电势大小。

2）补偿导线

由热电偶测温原理，我们知道，只有一端的温度保持不变，热电势才是被测温度的单值函数。我们将温度保持不变的一端称为参比端，又称冷端。另一端称为工作端，又称热端。在实际应用中，由于热电偶的冷端与热端离得很近，若冷端又暴露在空间中，容易受到待测温度和周围环境温度的影响，因此冷端温度无法保持恒定。为了使热电偶的冷端温度保持恒定，用补偿导线将冷端延长，使它远离热端，并放入温度恒定的地方，如图 6－9 所示。补偿导线是一种与热电偶配套的专用导线，它由两种不同性质的金属材料制成，这两种材料在一定的温度范围内(0～100℃)与所连接的热电偶的两种材料具有相同的热电特性，同时又是廉价金属。不同热电偶所配用的补偿导线不同，对于由廉价金属材料制成的热电偶，则可用其本身材料作为补偿导线。

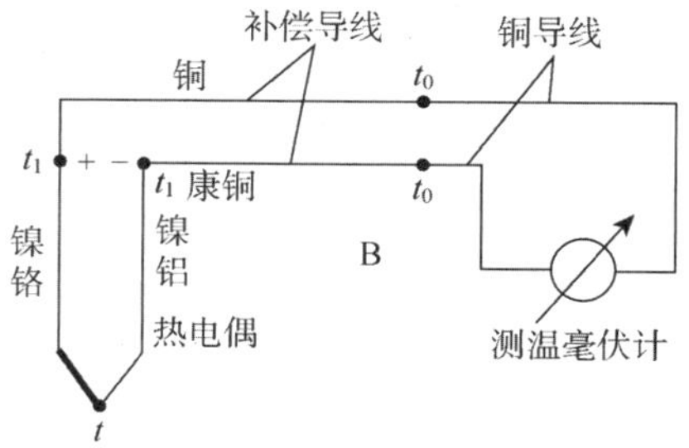

图 6－9　补偿导线作用

使用热电偶补偿导线时，要注意型号相配，极性不能接错，热电偶与补偿导线连接端所处的温度不要超过 100℃。

3）常用热电偶的种类

从理论上分析，任意两种金属材料都可以组成热电偶，而工业上具有实用价值的金属材料需满足以下要求：每增加 1℃时所能产生的热电势要大，最好热电势与温度成线性关系。物理性质、化学性质都要稳定，这样在测温范围内其热电性质不会随时间变化，以保证测温的准确性，且确保在高温条件下不被氧化和腐蚀。材料组织要均匀、有韧性，便于加工成丝。用同种成分材料制成的热电偶，其热电特性应相同，即复现性好，这样便于成批生产，而且在应用上可保证良好的互换性。

工业上常用的已标准化的热电偶有 4 种。

(1) 铂铑$_{30}$－铂铑$_{6}$ 热电偶(也称双铂铑热电偶)

分度号为 B。铂铑$_{30}$ 丝为正极，铂铑$_{6}$ 丝为负极。测量范围为 300～1 600℃，短期可测 1 800℃。其热电特性在高温下更为稳定，适于在氧化性和中性介质中使用。但它产生的热电势小，价格贵。在低温下热电势比铂更小，不宜使用。

(2) 铂铑$_{10}$－铂热电偶

分度号为 S。铂铑$_{10}$ 为正极，纯铂丝为负极。测温范围为－20～1 300℃，在良好的使用环境下可短期测量 1 600℃。它适于在氧化性和中性介质中使用。其优点是耐高温，不易氧化，具有良好的化学稳定性，具有较高的测量精度，可用于精密温度测量和作基准热电偶。

(3) 镍铬-镍硅热电偶

分度号为 K。镍铬为正极，镍硅为负极。测温范围为－50～1 000℃，短期可测

1 200℃，在氧化性介质中使用。在 500℃以下温度范围内，也可用于还原介质中测量。此热电偶热电势大，线性好，测温范围较大，造价低，因而应用很广。

（4）镍铬-铜镍热电偶

也称为 E 型热电偶，是一种常用的热电偶类型，其正极为镍铬合金，负极为铜镍合金（康铜）。这种热电偶的最大特点是在常用的热电偶中具有最大的热电势，即最高的灵敏度。尽管其应用范围不如 K 型热电偶广泛，但在要求高灵敏度、低热导率、可容许大电阻的条件下，E 型热电偶经常被选用。此外，E 型热电偶对含有较高湿度气氛的腐蚀不很敏感，这使其在某些特定环境下具有优势。

具体到镍铬-铜镍热电偶的工作温度，根据相关资料，这种热电偶最适用于测量 0～400℃温度范围内的场合，尤其是那些不需要保护管的场合。这种热电偶的特点包括无接线盒、不带固定装置、外表包黄铜防护套、带有软性延长导线，可以自由弯曲，外形尺寸较小，具有热响应时间小、结构简单、价格价廉、使用方便等优点，适用于分析仪器设备等工业测温。

综上所述，镍铬-铜镍热电偶的测量范围为－40℃～800℃；而在实际应用中，特别是在工业测温领域，表现出良好的性能和便利性，但不能用于高温硫还原介质中。

此外，各种特殊用处的热电偶还有很多。如红外线接收热电偶；用于 2 000℃高温测量的钨铼热电偶；用于超低温测量的镍铬-金铁热电偶；非金属热电偶等。

热电偶的热电势与温度的对应关系制成的标准数据表，称为热电偶的分度表，见附表。表中指的温度是热端温度，冷端温度保持在 0℃而得出分度表。

4）热电偶的结构

热电偶广泛用于温度测量。根据它的用途和安装位置不同，各种热电偶的外形是极不相同的，但其基本结构通常由热电极、绝缘管、保护套管和接线盒等四部分组成，如图 6－10 所示。

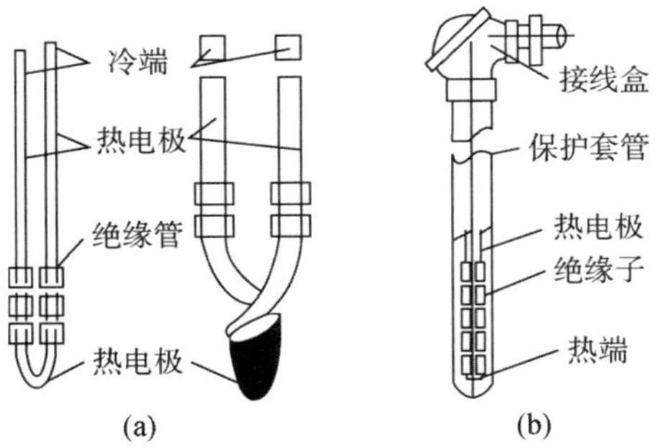

图 6－10　热电偶的组成

两根热电偶丝组成热电偶，不同热电偶的正负热电极材料不同。热电极的直径由材料的价格、机械强度、导电率以及热电偶的用途和测量范围等因素决定。贵金属热电极大多数采用直径为 0.3～0.65 mm 的细丝，普通金属丝的直径一般为 0.5～3.2 mm，其长度一般为 350～2 000 mm。

绝缘管（又称绝缘子）用于防止两根电热极短路。材料的选用由使用的温度范围而定。它的结构形式通常有单孔管、双孔管和四孔管等。

接线盒用于热电极和补偿导线的连接。它通常由铝合金制成，一般分为普通式和密封式两种。为了防止灰尘和有害气体进入热电偶保护套管内，接线盒的出线孔和盖子均用垫片和垫圈加以密封。接线盒内用于连接热电极和补偿导线的螺丝必须紧固，以免产生较大的接触电阻而影响测量的准确性。

在结构上，除了上述带有保护套管的形式外，还有薄膜式热电偶、套管式(或称铠装)热电偶。

热电偶的结构形式可根据它的用途和安装位置来确定。在热电偶选型时，应注意以下三点：① 保护套的结构(一般有螺纹式和法兰式两种)，材料和耐压强度；② 保护套管的插入深度；③ 热电极材料。

5) 冷端温度补偿

补偿导线可以将热电偶的冷端延长到温度比较低且稳定的地方，但冷端温度不一定是0℃。工业上各种热电偶的热电势与温度的关系，都是以冷端温度保持0℃为前提制定的。如热电偶的分度表，以及与热电偶配套的显示仪表的刻度等。如果冷端温度高于0℃，这时，热电偶所产生的热电势必然偏小，因而测量时会产生误差。因此，在应用热电偶测温时，需将冷端温度保持0℃，或是对测量结果进行修正。这种修正称为冷端温度补偿。在实际生产中，常采用5种方法对冷端进行处理。

(1) 保持冷端温度为0℃

保持冷端温度为0℃的方法，如图6-11所示。将热电偶的两个冷端分别插入盛有绝缘油的试管中，然后放入装有冰水混合物的容器中，这种方法多数用在实验室中。

(2) 用计算方法对测量结果进行修正

如果某设备的实际温度为t，现用热电偶对其测温，热电偶的冷端温度为t_0，则测量得到的热电势为$E(t,t_0)$。为求得真实的温度，可利用下式进行修正，即

$$E(t,0)=E(t,t_0)+E(t_0,0)$$

由此可知，冷端温度修正的方法是将冷端不为0℃所减少的电势$E(t_0,0)$，补足到测量所得的热电势$E(t,t_0)$上。

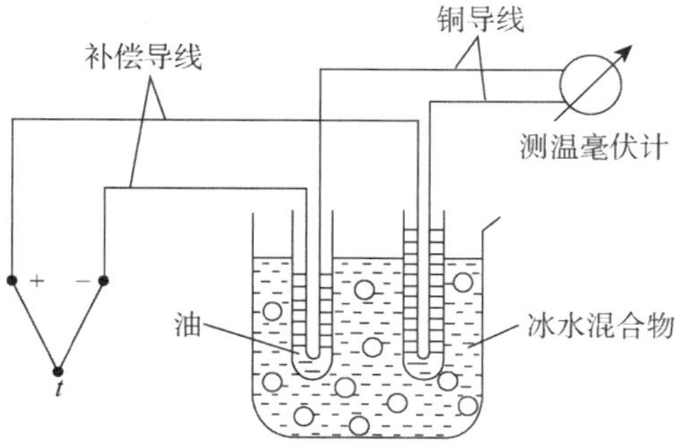

图6-11 热电偶冷端保持0℃的方法

例6.3 用分度号为K的热电偶测炉温，工作时热电偶冷端温度为25℃，测得的热电势为27.022 mV，求炉温。

解：已知 $E(t,t_0)=E(t,25)=27.022$ mV，$E(25,0)=1.000$ mV[查附录 K 型热电偶分度表]

故
$$E(t,0)=E(t,25)+E(25,0)$$
$$=27.022+1.000=28.022(\text{mV})$$

查得 28.022 mV 对应的温度约为 674℃。

应当指出，用计算的方法来修正冷端温度是为了消除冷端温度固定但不等于零时对测温的影响。故该方法只适用于实验室或临时测温，在连续测温中不实用。

(3) 校正仪表零点法

用热电偶作为感温元件测温时，为使测温时指示值不偏低，可预先将显示仪表的指针调到冷端温度的数值上。如果用补偿导线将冷端一直延伸到仪表的输入端，则仪表输入接线端所处的地方，即仪表室的室温，就是该热电偶的冷端温度。此法简单，故在工业上经常应用。但这种方法也只是一种近似，如上例题中，分度号为 K 对应于 27.022 mV 的热电势显示仪表的指示值应为 650℃。如果将仪表的机械零点调到 25℃，则指示值为 675℃，而不是实际温度 674℃。如果在测温过程中室温变化，也会引起误差。所以此方法只在测温要求不高的场合适用。

(4) 补偿电桥法

补偿电桥法是利用不平衡电桥产生的电势，来补偿热电偶因冷端温度变化而引起的热电势的变化值。其电路如图 6－12 所示。R_1、R_2、R_3(锰铜丝绕制)，R_t(铜线绕制)是电桥的四个桥臂，R_1、R_2、R_3 的阻值不随温度变化，R_t 的阻值随温度而变化，电桥由稳压电源供电。为了使电阻 R_t 与热电偶的冷端感受同一温度，必须把 R_t 与热电偶的冷端放在一起，电桥通常在 20℃时处于平衡，此时，$R_1=R_2=R_3=R_t^{20}$，对角线 a、b 两点电位相等，即 $U_{ab}=0$，电桥的输出对仪表的读数无影响。当环境温度高于 20℃时，热电偶因冷端温度升高而使热电势减少，同时，电桥中的铜电阻 R_t 阻值随温度增加而增加，电桥不再平衡，使 a 点电势高于 b 点电势，即 $U_{ab}>0$。它与热电偶的电势相叠加，一起送入显示仪表，如电桥桥臂电阻和电流选择适当，可以使电桥产生不平衡电压 U_{ab}，正好补偿由于冷端温度变化而引起的电动势减少的值，因而仪表的指示值正确。

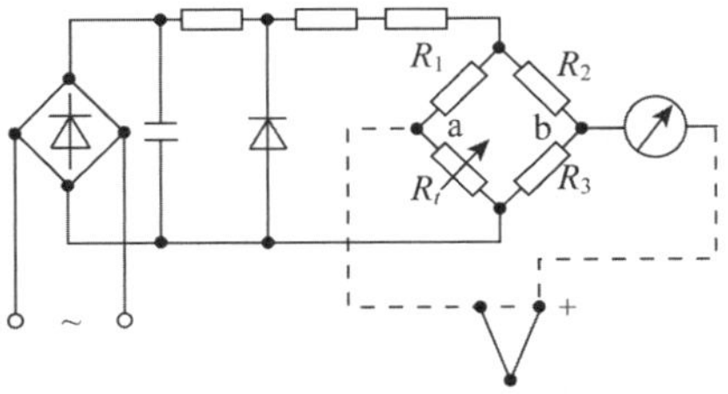

图 6－12　热电偶补偿电桥

(5) 补偿热电偶法

在实际生产中，为了节省补偿导线和降低投资成本，一台测温仪表配用多支热电偶，其接线如图 6－13 所示。转换开关用来选择测量点，补偿热电偶的热电极材料可以与测量热电偶相同，也可以是测量热电偶的补偿导线。设置补偿热电偶是为了使多支测量用的热电偶冷端温度保持恒定。为此，将补偿热电偶的工作端插入 2～3 m 的地下或放在其他恒温器中，使其温度恒为 t_0，而冷端和多支测量用的热电偶的冷端都接在温度为 t_1 的同一个接线盒中。这时测温仪表的指示值则为 $E(t,t_0)$，而不受接线盒处温度的影响。现证明如下：

从等效原理图可以看出，总的电势为 E_t

$$E_t = e_{AB}(t) + e_{BD}(t_1) + e_{DC}(t_0)$$

$$0 = e_{AB}(t_0) + e_{BD}(t_1) + e_{DC}(t_0)$$

两式相减得

$$E_t = e_{AB}(t) - e_{AB}(t_0) = E(t,t_0)$$

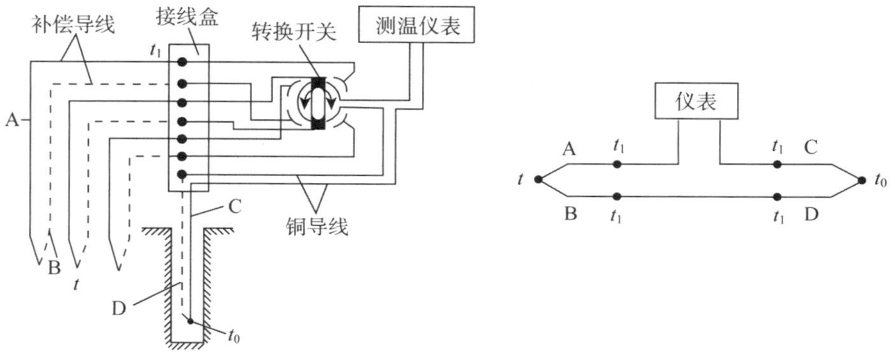

(a) 接线图　　(b) 等效原理图

图 6-13　补偿热电偶的连接线路

6.2.3　热电阻温度计

通常，也可依据金属导体或半导体的电阻值随温度变化而改变的性质来测量温度。例如，金属铜在 −50～150℃的范围内，它的阻值与温度呈线性关系，其表达式为

$$R_t = R_0(1 + \alpha t) \tag{6-20}$$

式中，$\alpha = 4.25 \times 10^{-3}/℃$。

金属铂在 0～630℃的范围内电阻值与温度的关系可用下式表示

$$R_t = R_0(1 + At + Bt^2 + Ct^3) \tag{6-21}$$

式中，R_t，R_0——分别为温度 t℃、0℃时的电阻值，Ω。

A——常数[$A = 3.950 \times 10^{-3}/℃$]

B——常数[$B = -5.850 \times 10^{-7}/(℃)^2$]

C——常数[$C = -4.22 \times 10^{-22}/(℃)^3$]

用铜和铂制成的电阻是常用的热电阻，它们被广泛地应用于测量 −200～500℃范围内的温度。

热电偶温度计适用于测量 500℃以上的较高温度，对于 300℃以下，特别是在中、低温区域,使用热电偶测温就不恰当。其原因:① 在中、低温区域热电偶输出的热电势很小,这对电位差计的放大器和抗干扰性能要求都很高,否则就测量不准;② 在较低温度区域,由于冷端温度的变化和环境温度的变化所引起的相对误差显得很突出,而不易得到完全补偿。所以在中、低温区域,一般使用热电阻温度计进行温度的测量比较适宜。

热电阻温度计的测量范围为−200～500℃,适用于测量液体、气体、蒸汽及固体表面的温度。它与热电偶温度计一样,也具有远传、自动记录和实现多点测量的优点。此外,热电阻的输出信号较大,测量更准确。

热电阻温度计由热电阻、显示仪表(不平衡电桥或平衡电桥)以及连接导线组成,如图 6 - 14 所示。特别注意:连接热电阻两端应采用三线制接法。

采用三线制接法是为了减少测量误差。因为在多数测量中,热电阻远离测量电桥,因此与热电阻相连接的导线长,当环境温度变化时,连接导线的电阻值将有明显的变化。为消除连接导线阻值的变化而产生的测量误差,就采用三线制接法。即在测温元件的两端分别引出两条导线,这两条导线(材料相同、长度、粗细相等)又分别加在电桥相邻的两个桥臂上。

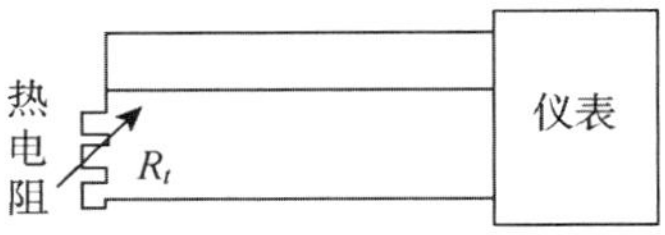

图 6 - 14　热电阻温度计接线

要作为工业用热电阻材料,就需要满足以下条件:① 电阻温度系数大,电阻值随温度变化最好呈线性关系,或近似线性关系;② 热容量小;③ 在整个测温范围内具有稳定的物理性质、化学性质和良好的复现性。铂和铜是目前工业上广泛应用的两种热电阻材料,低温下还使用铑铁、碳和锗电阻温度计。

现介绍工业上常用的两种热电阻材料。

(1) 铂电阻

铂电阻的特点是精度高、稳定性好、性能可靠。这是因为铂在氧化性介质中,甚至在高温下的物理、化学性质都非常稳定。因此,早在 1927 年铂电阻温度计就被采用作为复现温标的基准器,精度可达万分之一摄氏度。1968 年新温标中进一步规定,从−259.34～630.74℃温度范围内以铂电阻温度计作为基准器。

但是,铂在还原性介质中,特别是在高温下很容易被从氧化物中还原出来的蒸汽所污染,容易使铂丝变脆,并改变它的电阻与温度间的关系。

铂的纯度常用 R_{100}/R_0 来表示,R_{100} 代表在水的沸点时铂电阻的电阻值,R_0 代表在水的冰点时铂电阻的电阻值。根据 1968 年国际温标规定,作为基准器的铂电阻,其 R_{100}/R_0 之比值不得小于 1.392 5。一般工业上常用的铂电阻,它们的 R_{100}/R_0 之比值为 1.391。

工业上常用的铂电阻有两种,一种是 $R_0=10\ \Omega$,对应的分度号为 Pt10。另一种是 $R_0=100\ \Omega$,对应的分度号为 Pt100。

(2) 铜电阻

工业上除了广泛应用的铂电阻外,铜电阻使用也很普遍。因为铂是贵金属,且在其他方面也有广泛的应用,所以在一些测量精度要求不是很高,且温度较低的场合,应尽可能使用铜电阻。铜容易提纯，价格便宜，铜电阻具有较高的温度系数，它的电阻值与温度呈线性关系。

但铜的电阻率小，所以制成一定电阻值时，与铂材料相比，铜电阻丝要求细，这样机械强度就不高；或长度要求长，就使制成的热电阻体积较大。另外，当温度超过 100℃时，铜容易氧化，因此它只能在低温及没有腐蚀性的介质中工作。

工业上用的铜电阻有两种，一种是 $R_0=50\ \Omega$，对应的分度号为 Cu50；另一种是 $R_0=100\ \Omega$，其对应的分度号为 Cu100。它的电阻比 $R_{100}/R_0=1.428$。

热电阻通常由电阻体、保护套管和接线盒等主要部件组成，其中保护套管和接线盒与热电偶的基本相同。

电阻丝采用双线无感绕法，绕制在具有一定形状的支架上，这个整体就称电阻体。要求电阻体体积小，并且在受热膨胀时，电阻丝不产生附加的应力。目前，用来绕制电阻丝的支架一般有 3 种构造形式：平板形、圆柱形和螺旋形，如图 6－15 所示。一般来说，平板支架作为铂电阻体的支架，圆柱形支架作为铜电阻体的支架，而螺旋形支架作为标准或实验室用的铂电阻体的支架。

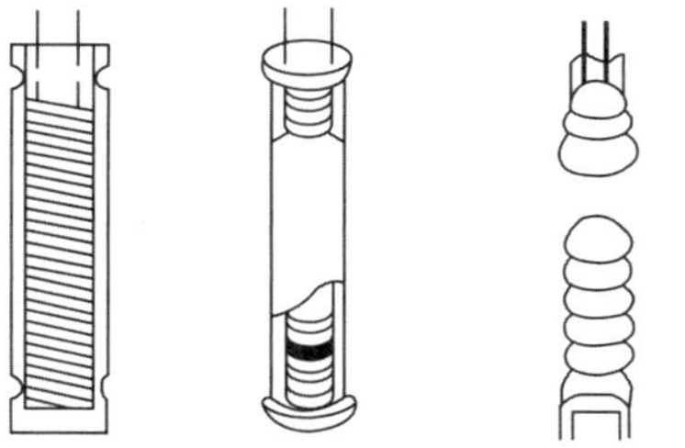

(a) 平板形　(b) 圆柱形　(c) 螺旋形

图 6－15　热电阻的支架(已绕电阻丝)

(3) 半导体热敏电阻

一般金属的电阻值随着温度的升高而增加，且近于线性关系。而半导体的电阻值则随着温度的升高而减少，而且不是线性关系，如图 6－16 所示。

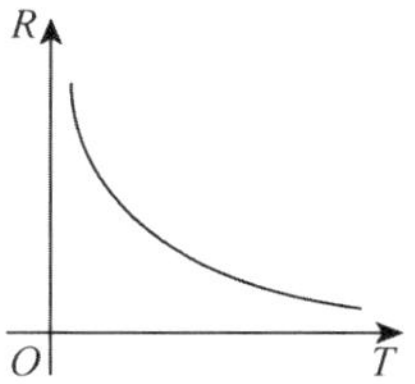

图 6－16　热敏电阻特性曲线

应用半导体热敏电阻测温，在不少场合(如测量腐蚀性介质温度、轴承表面温度以及医用测量等)已得到了较为广泛的应用。半导体电阻温度计具有良好的抗腐蚀性、高灵敏度、小热惯性、体积小、结构简单、寿命长等优点。但测量范围有一定的限制(一般为－50～300℃)，且由于半导体热敏电阻的特性曲线的不一致，因此，互换性差，应用有一定的局限性。

通常，热敏电阻的材料是由各种金属的氧化物(如锰、镍、铜和铁的氧化物等)按一定比例混合，经研磨、成型，加热到一定温度后，烧结成坚硬的整体。

6.2.4　红外测温仪

一切温度高于绝对零度的物体都在不停地向周围空间发出红外辐射能量。物体的红外辐射能量的大小与它的表面温度有着十分密切的关系。因此，通过对物体自身辐射的红外能量的测量，便能准确地测定它的表面温度，这就是红外辐射测温的基础原理。

红外测温仪由光学系统、红外探测器、信号放大器及信号处理、显示输出等部分组成，如图 6－17 所示。光学系统汇聚其视场内目标的红外辐射能量，视场的大小由测温仪的光学零件及其位置确定。红外能量聚焦在光电探测器上并转变为相应的电信号。该信号经过放大器和信号处理电路，并按照仪器内部的算法和目标发射率校正后转换为被测目标的温度值。

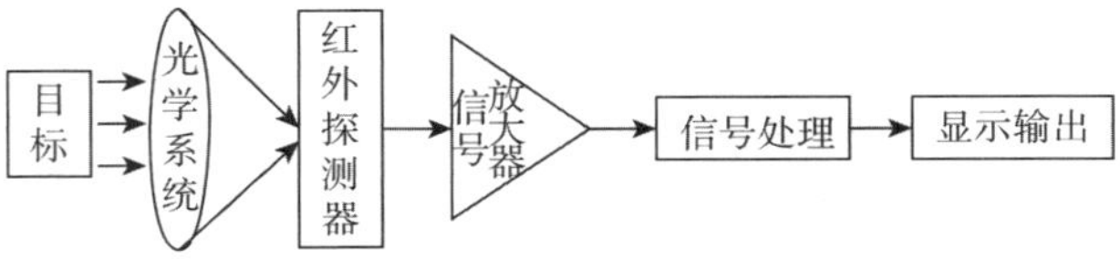

图 6－17　红外测温仪的基本原理

在选择红外测温仪时，应考虑仪器以下 7 个方面性能指标。

（1）确定测温范围

测温范围是测温仪最重要的一个性能指标。有些测温仪产品的量程可达到－50～3 000℃，但这不能由一种型号的红外测温仪来完成。每种型号的测温仪都有自己特定的测温范围。因此，被测温度范围一定要考虑准确、周全，既不要过窄，也不要过宽。通常，测温时应尽量选用短波较好，测温范围越窄，监控温度的输出信号分辨率越高，精度和可靠性越容易保证。测温范围过宽会降低测温精度。

（2）确定目标尺寸

红外测温仪根据原理可分为单色测温仪和双色测温仪（辐射比色测温仪）。对于单色测温仪，在进行测温时，被测目标面积应充满测温仪视场。被测目标尺寸超过视场大小的 50％为好。如果目标尺寸小于视场，背景辐射能量就会进入测温仪干扰测温读数，造成误差。相反，如果目标大于测温仪的视场，测温仪就不会受到测量区域外面的背景影响。

对于某些测温仪，其温度是由两个独立的波长辐射能量的比值来确定的。因此当被测目标很小，没有充满现场，测量通路上存在烟雾、尘埃、阻挡，对辐射能量有衰减时，都不会对测量结果产生影响。甚至在能量衰减了 95％的情况下，仍能保证要求的测温精度。对于目标细小，又处于运动或振动之中的目标；有时在视场内运动，或可能部分移出视场的目标，双色测温仪也能准确测温。如果测温仪和目标之间不可能直接瞄准，测量通道弯曲、狭小、受阻等情况下，可选择双色光纤测温仪。这是由于其直径小，有柔性，可以在弯曲、阻挡和折叠的通道上传输光辐射能量，因此，可以测量难以接近、条件恶劣或靠近电磁场的目标。

（3）确定距离系数（光学分辨率）

距离系数由 $D:S$ 之比确定，即测温仪探头到目标之间的距离 D 与被测目标直径 S

之比。如果测温仪由于环境条件限制必须安装在远离目标之处，而又要测量小的目标，就应选择高光学分辨率的测温仪。光学分辨率越高，即增大 $D:S$ 比值，测温仪的成本也越高。

（4）确定波长范围

目标材料的发射率和表面特性决定了测温仪的光谱相应波长。在高温区，测量金属材料的最佳波长是近红外，可选用 0.8～1.0 μm。其他温区可选用 1.6 μm、2.2 μm 和 3.9 μm。有些材料在一定波长上是透明的，红外能量会穿透这些材料，对这种材料应选择特殊的波长。如测量玻璃内部温度选用 1.0 μm、2.2 μm 和 3.9 μm（被测玻璃要很厚，否则会透过）波长；测量玻璃表面温度选用 5.0 μm；测量低温区选用 8～14 μm 为宜。如测量聚乙烯塑料薄膜选用 3.43 μm，聚酯类选用 4.3 μm 或 7.9 μm，厚度超过 0.4 mm 的选用 8～14 μm。

（5）确定响应时间

响应时间是红外测温仪对被测温度变化的反应速度，定义为到达最后读数的 95%能量所需要的时间，它与光电探测器、信号处理电路及显示系统的时间常数有关。有些红外测温仪响应时间可达 1 ms，比接触式测温方法快得多。如果目标的运动速度很快或测量快速加热的目标时，要选用快速响应红外测温仪，否则达不到足够的信号响应，会降低测量精度。然而，并不是所有应用都要求快速响应的红外测温仪。对于静止的或目标热过程存在热惯性时，测温仪的响应时间就可以放宽要求了。因此，红外测温仪响应时间的选择要和被测目标的情况相适应。

（6）信号处理功能

鉴于离散过程（如零件生产）和连续过程的不同，红外测温仪需要具备多种信号处理功能（如峰值保持、谷值保持、平均值）可供选用。如测温传送带上的瓶子时，就要用峰值保持，以便将瓶子的温度输出信号传送至控制器。否则，测温仪可能会读出瓶子之间的较低温度值。若用峰值保持，设置测温仪响应时间稍长于瓶子之间的时间间隔，这样至少有一个瓶子总是处于测量之中。

（7）环境条件考虑

测温仪所处的环境条件对测量结果有很大影响，可能会影响测温精度甚至引起损坏。在存在噪声、电磁场、震动或难以接近环境条件下，或其他恶劣条件下，如烟雾、灰尘或其他颗粒降低测量信号能量时，可以选择光纤双色测温仪。当测温仪工作环境中存在易燃气体时，可选用本质安全型红外测温仪，从而在一定浓度的易燃气体环境中进行安全测量和监视。

在环境条件恶劣复杂的情况下，可以选择测温头和显示器分开的系统，以便于安装和配置。可选择与现行控制设备相匹配的信号输出形式。

6.2.5　温度变送器

该器件常采用热电偶、热电阻作为测温元件，将测温元件输出信号送至变送器模块。信号经过稳压滤波、运算放大、非线性校正、V/I 转换、恒流及反向保护等电路处理后，转换成与温度呈线性关系的直流电流信号(0～10 mA 或 4～20 mA)或 RS-485 数字信号输出,通过二次仪表实现对温度的显示、记录或自动控制。温度变送器还可以作为直流毫伏转换器使用,将其他能够转换成直流毫伏信号的工艺参数转换为标准统一信号输出。变送器有电动单元组合仪表系列、小型化模块智能型一体温度变送器等。

1) 电动温度变送器

该器件经历了 DDZ-Ⅰ型、DDZ-Ⅱ型和 DDZ-Ⅲ型等不同类型三代发展,可与各种类型的热电偶、热电阻配套使用,将温度或两点的温差转换成标准统一的 0～10 mA 的直流电流信号和 4～20 mA 直流电流信号;同时它又是一个直流毫伏转换器,即可与具有各种毫伏输出的变送器配合,使其转换为 0～10 mA 的统一标准信号输出。

DDZ-Ⅱ型电动温度变送器主要由测量电桥及电压-电流转换器两部分组成,如图 6-18 所示。测量电桥根据测温元件的不同而不同,但输出总是一个与温度大小成比例的毫伏信号。电压-电流转换器将此毫伏电压转换成 0～10 mA 直流电流信号输出,故其电路不随测温元件和被测参数的不同而变化。

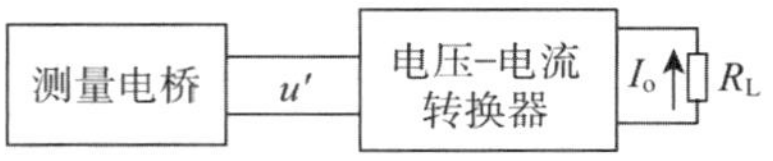

图 6-18 DDZ-Ⅱ型电动温度变送器电路示意图

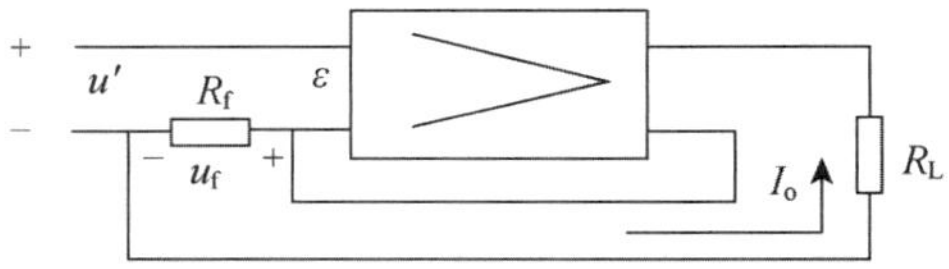

图 6-19 电压-电流转换器原理图

图 6-19 为电压-电流转换器的原理图,实质上它是一个具有电流负反馈的放大器。图中 u' 为转换器的输入电压,即桥路的输出电压。I_o 为转换器的输出信号电流,即温度变送器的输出电流。R_f 为反馈电阻,R_L 为转换器的负载电阻。

从图 6-19 中可知:

$$\varepsilon = u' - u_f = u' - I_o R_f \tag{6-22}$$

式中,ε——放大器输入端的信号电压,V;

R_f——反馈电阻,Ω;

u_f——反馈电压,V。

因为放大器的输入阻抗很高,可以认为开路,不分流掉输出电流 I_o。设放大器的放大倍数为 K_C,则放大器的输出信号电流 $I_o = K_C\varepsilon$,将此式代入式(6-22)中,则得到输出电流为

$$I_o = \frac{K_C u'}{1 + K_C} = \frac{u'}{\frac{1}{K_C} + R_f} \tag{6-23}$$

若放大器的放大倍数 K_C 非常大,使 $R_f \gg \frac{1}{K_C}$,即得

$$I_o = \frac{u'}{R_f} \tag{6-24}$$

由此可见，输出电流 I_o 与输入电压 u' 成正比。从式(6－24)可知，I_o 与 R_f 成反比，只要改变反馈电阻就可以使满刻变(即量程)变化。因为输出电流 I_o 的变化范围是在 0～10 mA，当 R_f 增加时，只有增大量程才能使输出电流的变化范围仍在 0～10 mA，反之亦然。为了减少温度变化的影响，反馈电阻 R_f 采用锰铜丝绕制。

DDZ-Ⅲ型电动温度变送器的输出为 4～20 mA 直流电流、1～5 V 直流电压信号。与 DDZ-Ⅱ型电动温度变送器相比，它具有以下主要特点：

(1) 在线路上采用了安全火花型防爆措施，因此可以实现对危险场合中的温度和毫伏信号的测量。

(2) 在热电偶和热电阻的温度变送器中采用了线性化机构，从而使变送器的输出信号和被测温度成线性关系。

(3) 在线路中使用了集成电路，从而提高了变送器的可靠性及稳定性。

DDZ-Ⅲ型温度变送器的输入信号有热电偶、热电阻和直流毫伏信号三种，以测温元件为热电偶为例，其结构框图如图 6－20 所示。其基本结构由三部分组成：输入电桥、放大电路及反馈电路。

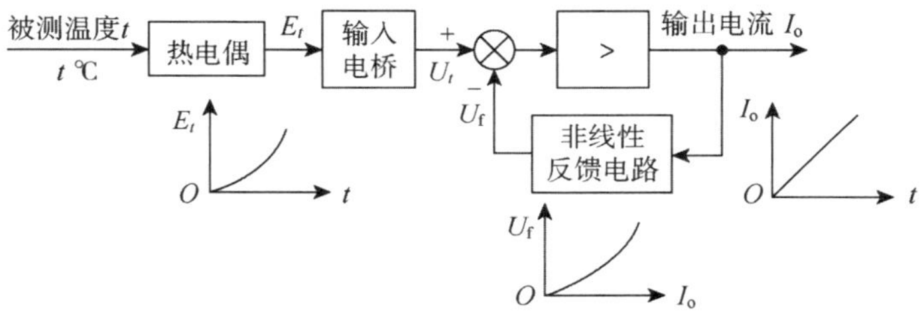

图 6－20　DDZ-Ⅲ型电动温度变送器方框图

为了使温度变送器的输出与温度保持线性关系，通常在反馈回路中另引入一路正反馈来修正非线性关系。

2) 一体化温度变送器

一体化温度变送器结构如图 6－21 所示，是温度传感器与变送器的完美结合，能够十分便捷地将－200～1 600℃范围内的温度信号转换为二线制 4～20 mA DC 的电信号，传输给显示仪、调节器、记录仪、DCS 等，实现对温度的精确测量和控制。一体化温度变送器是现代工业现场、科研院所温度测控的更新换代产品，是集散系统、数字总线系统的必备产品。它具有结构简单、节省引线、输出信号大、抗干扰能力强、线性好、显示仪表简单、固体模块抗震防潮、有反接保护和限流保护、工作可靠等优点。其特点可详述几点：

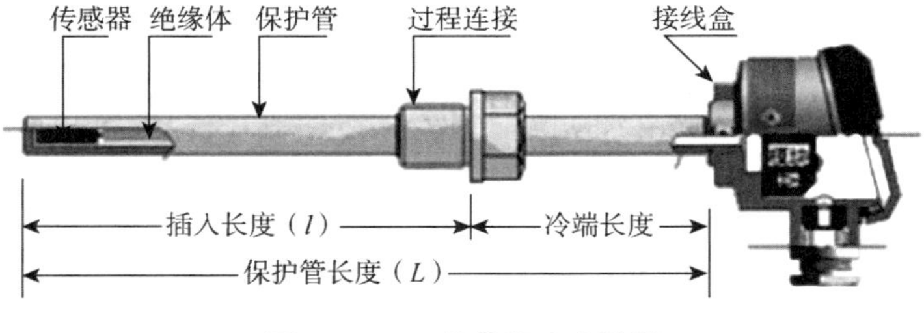

图 6－21　一体化温度变送器

(1) 可通过 HART 调制解调器与上位机通信，或与手持器和 PC 机对变送器的型号、分度号、量程进行远程信息管理、组态、变量监测、校准和维护功能。

(2) 可按用户实际需要调整变送器的显示方向，并显示变送器所测的介质温度、传感器值的变化、输出电流和百分比例。

(3) 采用硅橡胶或环氧树脂密封结构，因此耐震、耐湿，适合在恶劣的现场环境安装使用。

(4) 现场安装在热电偶、热电阻的接线盒内使用，直接输出 4～20 mA、0～10 mA 的输出信号。这样既节约了昂贵的补偿导线费用，又提高了信号远距离传输过程中的抗干扰能力。

(5) 热电偶变送器具有冷端温度自动补偿功能。

(6) 精度高、功耗低，使用环境温度范围宽，工作稳定可靠。

(7) 适用范围广，既可以与热电偶、热电阻形成一体化现场安装结构，也可以作为功能模块安装在检测设备中和仪表盘上使用。

6.2.6 测温元件的安装和使用

测量温度时，测温元件需感受温度以得出相应的信号，所以必须正确选择、准确安装、合理使用检测元件，以保证测量的精度。

1) 安装

(1) 准确选择测温点位置，使其具有代表性。测量管道流体介质温度时，应逆着流动方向插入，测温点应处在管道中心位置，且流速最大。检查元件应有足够的插入深度。

(2) 热电偶或热电阻的接线盒出线孔应朝下，以免积水及灰尘等造成接触不良，防止引入干扰信号。

(3) 检测元件应避开热辐射等强烈影响区域。要密封安装孔，避免被测介质逸出或吸入冷空气而引起误差。

2) 使用

使用热电偶测温时，一定要注意冷端温度补偿；正确选择补偿导线，确保正负极性不能接反；热电偶的分度号应与配套使用的变送仪表、显示仪表分度号一致。当与采用电桥补偿法进行冷端温度补偿的仪表配套使用时，热电偶的冷端一定要与补偿电阻感受相同的温度。

使用热电阻测温时，为了消除因连接导线阻值变化而产生的误差，要求固定每根导线的阻值，并必须采用三线制。此外，热电阻的分度号要与配接的仪表分度号一致。

6.2.7 国产温度变送器

国内温度变送器品牌包括山东福瑞德、北京平和创业、泉州市誉达电子、天津鼎拓和凯跃(天津)等。这些品牌在温度变送器的研发、生产和应用方面表现出色，各自具有独特的技术优势和应用领域。例如，山东福瑞德测控系统有限公司提供隔离式安全栅、信号隔离器等多种测控产品；北京平和创业科技发展有限公司专注于温度变送器的开发；泉州市誉达电子科技有限公司则以其全面的服务范围和高质量的产品赢得了市场的认可;天津鼎拓测控技术有限公司在温度变送器的种类和性能上有着广泛的选择;凯跃(天津)测控技术有限公司则以其智能温度变送器的精准度高和稳定性好等特点著称。这些品牌不仅在技术上不断创新,而且在应用领域中也有着广泛的使用,从而在国内温度变送器市场中占据了领先地位。

6.3　压力的测量及变送

压力是生产过程和科学实验中进行测量和控制的最基本参数之一,在工程技术中所称的压力与物理学中的压强具有相同的概念。压力测量仪表在航空、航天、石油、化工等部门的生产和科研中的应用极为广泛,化工生产及制药生产过程中需测量压力或真空度就是一例。该应用是根据生产要求的不同,所测压力也不一样,有的化工对象具有高压或脉动压力,有的为负压。

6.3.1　测压仪表

在测量压力中,常有表压、绝对压力、负压或真空度测量等。工业上所用的压力指示值一般为表压,即绝对压力和大气压之差。如果被测压力低于大气压,则称为负压或真空度,它是大气压力减去绝对压力。

在化工生产过程中使用的测压仪表很多,常用的有液柱式压力计、电气式压力计、弹性式压力表等。

(1) 液柱式压力计是根据流体静力学原理制成的,其使用原理是将被测压力转换成液柱的高度来反映出来的。按其结构形式的不同,分为 U 形管压力计、单管压力计和斜管压力计。这类压力计结构简单、使用方便,一般适用于测量低压、负压或压力差。

(2) 电气式压力计是用某些机械或电气元件将压力转换成电信号,如频率、电压、电流信号等来进行测量的仪表。如霍尔片式压力变送器、应变片式压力变送器、电阻式压力表等。这类压力计因其检测元件动态性能好、耐高压,因此适用于测量快速变化、脉动压力和超高压等场合。

(3) 弹性式压力表是利用弹性元件在被测介质的压力作用下产生弹性形变的原理而制成的。这类仪表结构简单、牢固可靠、使用方便、价格低廉、精度尚好且测量范围宽。它可以用来测量几百帕到上千兆帕范围内的压力。若增加附加装置,如记录机构、电气变换装置、控制元件等,则能实现压力的记录、远传、报警、自动控制等多种控制。它是工业上应用最为广泛的一类测压仪表。

1) 弹性元件

该元件是弹性式压力表的传感元件,测压范围不同,所用的弹性元件亦不同。常用的弹性元件有弹簧管式、薄膜式和波纹管式,其结构图如 6-22 所示。

弹簧管式弹性元件[图 6-22(a)、(b)]有单圈和多圈弹簧管之分,后者灵敏度较高。一般用来测中压和高压,高压可达数百兆帕。但也有时应用于低压甚至真空度的测量中。

薄膜式弹性元件[图 6-22(c)、(d)]和波纹管式弹性元件[图 6-22(e)]多用于测量微压和低压。尤其是波纹管在压力作用下易于变形、位移大,它测量的压力一般不超过 1 MPa。

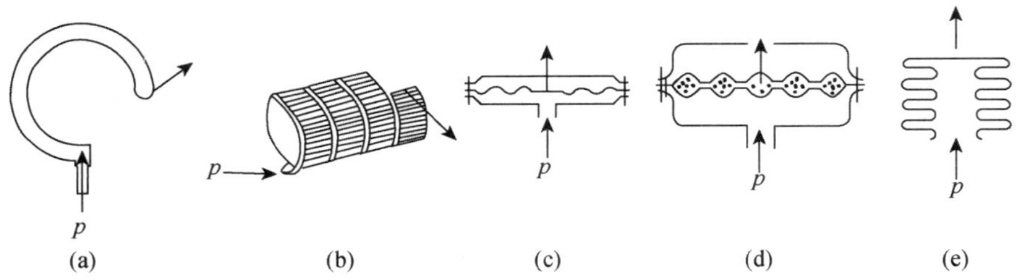

图 6－22　弹性元件

2）弹簧管压力表的结构

弹簧管压力表的结构如图 6－23 所示。压力表的测量元件是弹簧管，当从接头通入被测压力，弹簧管在压力的作用下产生弹性形变，使其自由端 B 向右上方产生一位移，此位移通过拉杆使扇形齿轮作逆时针偏转，于是指针通过同轴的中心齿轮的带动而作顺时针偏转，从而在面板上的刻度标尺上指示出被测压力的大小。由于弹性形变即位移与被测压力成正比，因此，弹簧管压力表标尺的刻度是均匀的。

游丝是用来克服因扇形齿轮和中心齿轮的间隙所产生的仪表变差的。改变调整螺钉的位置(即改变机械传动的放大倍数)，可以实现压力表的量程的调整。

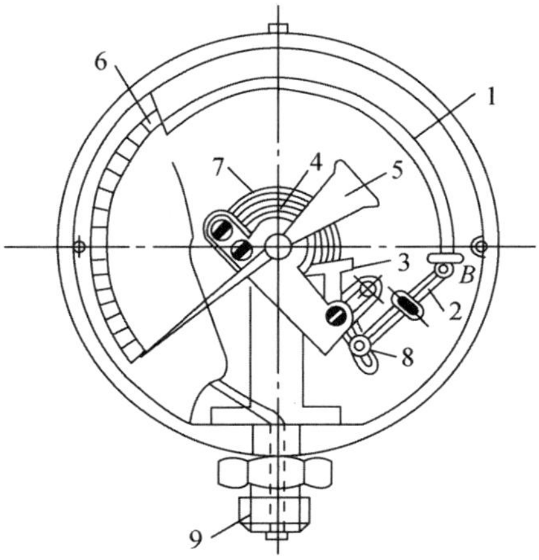

1—弹簧管；2—拉杆；3—扇形齿轮；4—中心齿轮；5—指针；
6—面板；7—游丝；8—调整螺钉；9—接头

图 6－23　弹簧管压力表结构图

3）电接点信号压力表

在化工生产中，常需要把压力控制在一定范围内，以保证生产正常进行。这就需采用带有报警或控制触点的压力表。将普通弹簧压力表增加一些附加装置，即成为此类压力表，如电接点信号压力表。

图 6－24 是电接点信号压力表的结构图。压力表指针上有动触点，表盘上另有两根可调节的指针，即静触点 1 和 4。当压力超过上限值时，此数值由静触点 4 给出，动触点和静触点 4 接触，红色信号灯的电路被接通，红灯亮。若压力低到下限时，动触点和静触点 1 接触，绿灯亮。静触点 1、4 的位置可根据生产需要灵活调节。在两个信号灯电路中

还可并联或串联音响信号报警。

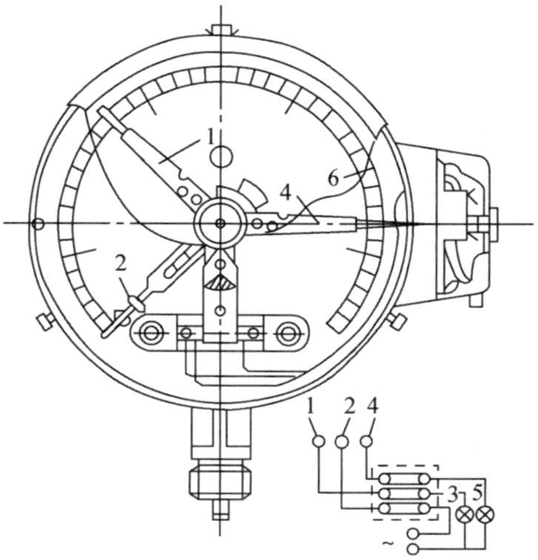

1，4—静触点；2—动触点；3—绿灯；5—红灯；6—面板

图 6－24　电接点信号压力表结构图

由此可见，电接点信号压力表能在压力偏离给定范围时，及时发出信号报警，还可通过中间继电器实现压力的自动控制。

6.3.2　压力变送器

通过检测元件得到的压力信号，经过压力变送器转换成标准的统一信号。压力变送器是直接与被测介质接触的现场仪表，广泛应用于各种工业自控环境，涵盖水利、水电、铁路交通、智能建筑、生产自控、航空航天、军工、石化、油井、电力、船舶、机床、管道等众多行业，常在高温、低温、腐蚀、振动、冲击等环境中工作。变送器的卓越可靠性已成为影响压力变送器需求持续增长的重要因素之一。

压力变送器有电动式和气动式两大类。电动式的统一输出信号为 0～10 mA、4～20 mA 或 1～5 V 等直流电信号。气动式的统一输出信号为 20～100 kPa 的气体压力。

压力变送器的发展大致经历了四个阶段：

(1) 早期压力变送器采用大位移式工作原理，如曾使用的水银浮子式差压计及膜盒式差压变送器，这些变送器精度低且笨重。

(2) 20 世纪 50 年代出现了精度稍高的力平衡式差压变送器，但反馈力小，结构复杂，可靠性、稳定性和抗震性均较差。

(3) 20 世纪 70 年代中期，随着新工艺、新材料、新技术的出现，尤其是电子技术的迅猛发展，出了现体积小巧、结构简单的位移式变送器。

(4) 20 世纪 90 年代科学技术迅猛发展，这些变送器测量精度高，并且逐渐向数字化发展，数字信号传输更有利于数据采集。

(5) 21 世纪初期至今，变送器集成自诊断、自校准等功能，通过工业互联网实现数据实时采集与云端分析，内置 AI 算法，实现实时决策等智能化。

压力变送器发展至今已有电容式变送器、扩散硅压阻式变送器、差动电感式变送器和陶瓷电容式变送器等不同类型。

1）扩散硅压力变送器

20 世纪 90 年代中期，美国 Icsensors 公司、Nova 公司应用硅晶石和硅晶片叠合两项尖端科技，生产了新型扩散硅压力传感器，并开发出具有精度高、重复性小、抗腐蚀的扩散硅压力变送器。其工作原理如图 6－25 所示。

过程压力通过隔离膜片、密封硅油传输到扩散硅膜片上，同时参考端的压力（大气压）作用于膜片的另一端。这样膜片两边的压差产生一个压力场，使膜片的一部分压缩，另一部分拉伸，在压缩区和拉伸区分别由两个应变电阻片，以感受压力引起的阻值的变化，从而将压力信号转换为电信号。可以测量 316 钢承载的任何液、气态介质。扩散硅压变在低温零度以下，高温 85℃以上难以正常使用，也不适用 20 MPa 以上的高压。

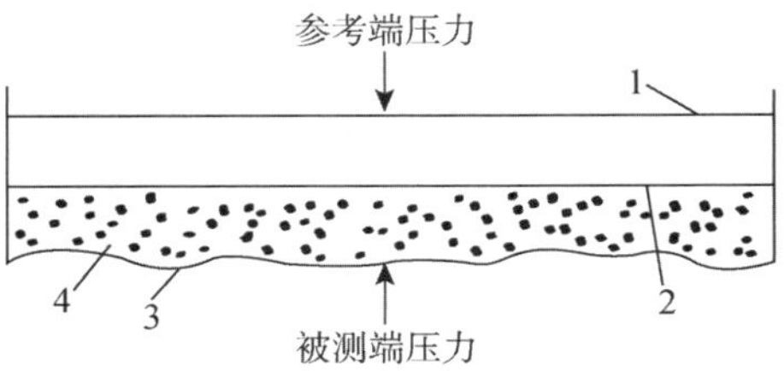

1—应变电阻；2—硅膜片；
3—隔离膜片；4—密封硅油

图 6－25 扩散硅压力变送器原理图

2）电容薄膜式压力变送器

该器件自 20 世纪 80 年代诞生至今有 40 多年历史。由于其高精度、耐腐蚀、耐污染、稳定性好，它被认为是国内外检测低真空压力的理想仪表。美国的 M. K. S 公司是全球主要生产电容薄膜式压力变送器的厂家之一，到目前为止，它的年销售额已达上亿美元，其产品涉及民用工业的各个领域，并在航天工业、核工业等军事工业中发挥着独特的作用。

这种压力变送器是利用弹性薄膜在压差作用下产生压变引起电容变换的原理制成。它由检测部分和转换电路组成，如图 6－26 所示。检测部分有真空腔及检测腔两个腔体。真空腔为全密封结构，经质谱检漏仪检漏合格后，通过长时间排气，最后将排气管密封形成，并备有消气剂，消除残余气体，长期保持高真空。固定极板位于真空腔中，由极板引出线至腔外。检测膜片置于高真空的真空腔及连接低真空待测系统的检测腔之间，检测膜片为可动极板，其与固定极板形成一个平板电容器，具有一定的电容值。被测的低真空压力通过检测孔进入检测腔，检测膜片产生挠曲，改变了其与固定极板的距离，电容值也随之改变。不同的低真空压力值决定不同的电容值。最后电容信号被输送到电路转换部分，电路转换部分将电容信号通过变换、整理、放大等环节，输出一个标准电压或电流信号。这个标准电信号源自电容信号，它与真空压力成正比。该类型的压力变送器具有高灵敏度、差压测量、零点稳定、动态响应特性好、适应性强等特点，一般适用于静压力的测量。

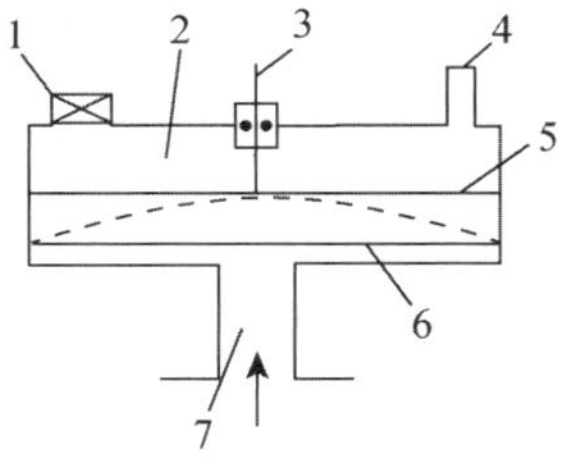

1—消气剂；2—真空腔；
3—极板引出线；4—排气管；
5—固定极板；6—检测膜片（虚线为挠曲后的位置）；7—检测孔

图 6－26 电容薄膜式压力变送器

3）陶瓷厚膜式压力变送器

这种器件采用了陶瓷厚膜电阻的力敏效应，即运用陶瓷厚膜压力芯片作为弹性元件，印刷和烧结在陶瓷膜片上的厚膜电阻作为敏感电阻，并经过精密的补偿、调阻、信号处理技术的处理，将压力信号直接转换成标准的电流信号，并接入工业仪表或计算机控制系统，实现生产过程的自动检测和控制。

该器件主要由陶瓷厚膜压力传感器和微处理器两部分组成，传感器用于测量压力变化。当压力作用于传感器时，会引起传感器的电阻值变化，传感器芯片上的电桥电路检测出变化，并由 A/D 转换器转换成数字信号发送至微处理器。微处理器是信号处理的核心部件，具有线性运算、校正、故障诊断和通信功能。传感器数据存储器能够存储修正系数，微处理器利用存储器中的数据信息，经计算处理，产生一个高精度的特性优异的输出。这种变送器在生产工艺过程中可将各种介质，包括腐蚀性和非腐蚀性的气体、液体直接引入陶瓷膜片上，无需进行复杂的隔离技术，因此，其价格低廉。再由于器件的弹性体是由物化性能极为稳定的高铝瓷（主要成分为 Al_2O_3）制作，长期工作无蠕变和塑性变形，线性度、滞后性能明显优于其他类型的压力变送器。

4）陶瓷电容压力变送器

器件采用无中介液的干式陶瓷电容传感器，从而获得很高的技术性能。

其工作原理与其他电容式的变送器不同，如图 6－27 所示。介质压力直接作用于陶瓷膜片，使测量膜片产生偏移。膜片位移产生的电容变化量与输入压力成一定的线性关系，经电子部件检测、放大并输出。

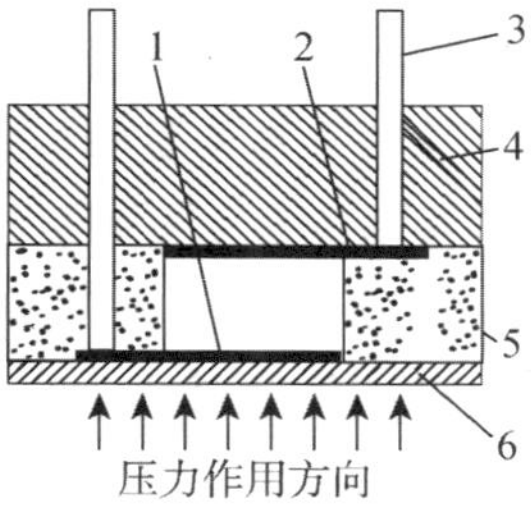

1，2—电极；3—引脚；4—陶瓷基座；5—密封玻璃；6—陶瓷膜片

图 6－27　陶瓷电容压力变送器原理图

5）智能型压力变送器

20 世纪 90 年代，现场总线技术迅速崛起，工业过程控制系统逐渐向具有双向通信和智能仪表控制的 FCS（现场总线控制系统）方向发展。由此，产生了新一代的智能压力变送器。它们有如下主要技术特点：

（1）自补偿功能，如非线性、温度误差、响应时间、噪声和交叉感应等。

（2）自诊断功能，如在接通电源时进行自检，在工作中实现运行检查。

（3）微处理器和基本传感器之间具有双向通信的功能，构成闭环工作系统。

（4）信息存储和记忆功能。

（5）数字量输出。

依据上述多种优势功能，其精度、稳定性、重复性和可靠性都得到了提高和改善。其双向通信能力实现了计算机软件控制及远程设定量程等状态。目前，器件主要分为带 HART 协议和带 RS-485 或 RS-232 接口的两种类型。带 HART 协议的器件是在模拟信号上叠加一个专用频率信号，实现模拟和数字同时进行通信。带 RS-232 或 RS-485 接口的器件内部将模拟信号 A/D 转换，并通过微处理器计算由 D/A 输出。RS-232 接口是异步通信协议接口，可与许多通信协议兼容。因此，后者应用非常广泛。

由于器件具有良好的总体性能及长期稳定的工作能力，因此每 5 年才需校验一次。器件与手持通信器相结合，可远离生产现场，尤其是危险或不易到达的地方，给变送器的运行和维护带来了极大的方便。

6.3.3 压力表的选用和安装

为了使压力表在生产过程中能起到应有的作用，首先要正确地选用和安装压力表这两点。

1）压力表的选用

压力表的选用应根据工艺上提出的要求，对具体情况作具体分析，合理地选择种类、型号、量程、精度等级。主要考虑以下三个方面的要求。

（1）确定仪表量程

根据被测压力的大小来确定仪表量程。为了延长仪表的使用寿命，避免弹性元件因受力过大而损坏，同时应确保弹性元件工作在弹性范围内，以保证测量精度。在选择压力表的上限值时应留有充分的余地。通常，按实际测量压力为测量范围的 80%来选取。

要考虑系统的最大压力。也就是说，压力变送器的压力范围最大值应达到系统最大压力值的 1.5 倍。一些水压和过程控制中存在压力尖峰或者连续的脉冲。这些尖峰可能会达到“最大”压力的 5 倍甚至 10 倍，可能造成变送器损坏。连续的高压脉冲，接近或者超过变送器的最大额定压力，会缩短变送器的使用寿命。但提高变送器额定压力会牺牲变送器的分辨率。可以在系统中使用缓冲器来减弱尖峰，这会降低传感器的响应速度。

压力变送器一般设计为能在 2 亿个周期中承受最大压力而不会降低性能。在选择器件时，应在系统性能与器件寿命之间找到一个折中的解决方案。

一般在被测压力稳定的情况下，最大工作压力不应超过仪表上限值的 2/3；测量脉动压力时，最大工作压力不应超过仪表上限值的 1/2；测量高压时，最大工作压力不应超过仪表上限值的 3/5。

为了测量的准确性，所测压力值不能太接近仪表的下限值，即仪表的量程不能选得过大，一般被测压力的最小值不低于仪表量程的 1/3。

（2）选取仪表的精度

根据生产中所允许的最大测量误差来确定仪表的精度。在选择时，应在满足生产要求的情况下尽可能选用精度较低、经济实用的压力表。

（3）仪表类型的选择

选择压力表时要考虑被测介质的性质，如温度高低、黏度大小、脏污程度、易燃易爆及是否有腐蚀性等。还要考虑现场环境条件，例如高温、潮湿、振动、电磁干扰及现场安装条件等。还必须满足工艺生产提出的需求，如是否需要远传，自动记录或报警等。

例如，普通压力表的弹簧管材料通常是铜合金，而氨气对铜有极强的腐蚀性，因而氨用压力表的弹簧管采用碳钢。又如，氧用压力表禁油，它与普通压力表在结构和材质上完全一样，但要严格避免接触油类。因而不能像普通压力表一样采用变压器油作为工作介质，如发现有油污，使用前必须用四氯化碳反复清洗。

2）压力表的安装

必须正确地安装压力表，否则影响测量结果的准确性和缩短压力表的使用寿命。

(1) 测压点的选择

所选择的测压点应能代表被测压力的真实情况。

① 要选在被测介质直线流动的管线部分，不要选在管路拐弯、分叉、死角或易形成漩涡的其他地方。

② 测量流动介质的压力时，应使取压点与流动方向垂直，以消除钻孔毛刺。

③ 测量液体压力时，取压点应在管道下部，使导压管内不积存气体；测量气体压力时，取压点应在管道上方，使导压管内不积存液体。

(2) 导压管的铺设

① 导压管粗细要合适，一般内径为 6～10 mm，长度应尽可能短，一般为 3～50 m，以减小压力指示的迟缓。如超过 50 m，应选用能远程传送的压力表。

② 当被测介质易冷凝或易冻结时，必须加装保温伴热线管。

③ 取压口到压力表之间应装切断阀，以备检修压力计使用。切断阀应靠近取压口。

④ 导压管如果需水平安装时，应保证有 1：10～1：20 的倾斜度，以利于积存于其中的液体（或气体）的排出。

(3) 压力表的安装

① 压力表应安装在易观察和检修的地方。

② 安装地点应力求避免振动和高温影响。

③ 测量蒸汽压力时，应加冷凝管，以防止高压蒸汽直接和测压元件接触，如图[6－28(a)]所示。测量有腐蚀性介质压力时，应加装中性介质的隔离罐，图[6－28(b)]表示出被测介质密度 ρ_2 大于或小于隔离液密度 ρ_1 的两种情况。测量液态介质压力时，压力表应位于生产设备之下，如图[6－28(c)]所示。如果测流动介质需要在管道夹具上安装压力表，并且应位于流体流动的侧面。

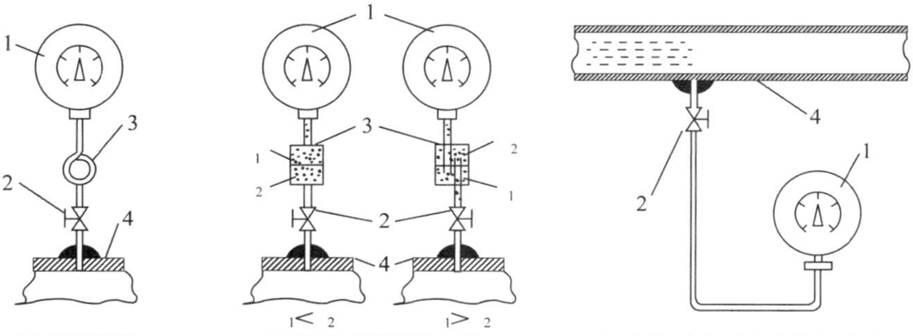

(a) 测量蒸汽　　(b) 测量有腐蚀性介质　　(c) 压力表位于生产设备之下

1—压力表；2—切断阀门；3—冷凝管[(a)图中]；3—隔离罐[(b)图中]；4—生产设备

图 6－28　压力表安装示意图

总之，针对不断的变化条件，如高温、低温、腐蚀、结晶、沉淀、黏稠介质等，采用相应的防护措施。

(4) 压力表的连接处应加密封垫片，一般(温度低于 80℃及压力低于 2 MPa)用石棉纸板或铝片，温度和压力更高时(压力 50 MPa 以下)用退火紫铜或铅垫。另外，还须考虑被测介质的影响，例如测氧气的压力表不能用带油或有机化合物的垫片，以免产生爆炸。测量乙炔压力时禁止用铜垫。

(5) 为安全起见，测量高压的压力计除选用有通气孔的外，安装时表壳应向墙壁或无人通过之处，以防止意外。

6.3.4 压力变送器品牌

压力变送器的主要作用是将压力信号转换为电子设备可以处理的信号，从而实现压力的准确测量和监控。

国内著名的厂商有:麦克传感，是国内压力传感器的领军品牌，属于高端水平，是国内市场中实现国产替代进口的代表性企业，也是工业压力传感器领域的第一品牌。中国电科(CETC)的压力变送器，其品牌在行业内位居前列。中航电测(ZEMIC)是中航工业集团旗下的电测产品制造商，其压力变送器产品在行业内享有盛誉。天水华天是一家集研发、生产、销售为一体的压力变送器专业制造商，其产品在多个行业中获得了广泛好评。盾安环境是一家专业从事环境监测与控制的企业，其生产的压力变送器在环保领域表现出色。成都国科自动化在压力变送器领域有着显著的技术优势和市场表现，其产品不仅配备了高精度、高稳定性的压力传感器和高性能专用信号处理集成电路，还具备体积小、重量轻、精度高、抗干扰、抗雷击、稳定性好的特点，适合在各个行业中用于压力参数测量，体现了在自动化领域的专业能力和创新能力。

此外，虽然市场上存在多个品牌和产品，如艾默生、横河、霍尼韦尔等国外品牌在压力变送器市场中占据领先地位，但我国国产产品和技术创新同样展现了国内品牌在压力变送器领域的竞争力和发展潜力。

6.4 流量的检测及变送

流体流量的测量在工业生产和过程控制中占有重要地位。由于流体性质、流动状态、流动条件以及感测机理的复杂性，造成了如今流量测量仪表的多样性、专用性和价格差异的悬殊性。作为其核心部分的流量传感器更是种类繁多，且发展较快。流量参数是工业生产过程、科学实验计量和进行各种经济核算所必需的重要参数，也是能源计量的重要组成部分。通过流体流量的测量，可以了解流动过程、实现生产工艺的自动控制、实行能源管理等，从而保证产品质量，提高生产效率，节约能源。尤其是在全球能源危机日益加剧、工业自动化程度不断提高的当今时代，流量传感器在国民经济中的作用越来越明显。而数字化、智能化、多功能化、网络化是流量传感器未来发展的必然趋势。

流量是指单位时间内流过管道某一截面的流体体积(或质量),它是一个瞬时值。其中,ρ 为流体的密度,体积流量 Q 与质量流量 M 之间的关系为

$$M=Q\rho \quad 或 \quad Q=M/\rho$$

若以 t 表示时间,则流量和总量之间的关系为

$$Q_{总}=\int_0^t Q\mathrm{d}t$$

$$M_{总}=\int_0^t M\mathrm{d}t$$

流量计是用于测量流体流量的仪表,而计量表则用于测量流体的总量。然而,两者又不截然分开,在流量计上配备累计机构后,也能读出总量。

测量流量的方法很多,常分为 3 大类:速度式、容积式和质量式。速度式流量计通过测量管道内流体的流速来得出流量,如差压式流量计、转子流量计等多种仪器。容积式流量计与日常生活工作中用容积(例如升、量杯等)计量体积的方法类似,它在密闭管道内连续测量流体的体积,采用容积积分的方法直接测量流体的体积总量,如椭圆齿轮流量计、活塞式流量计等仪器。质量式流量计分为直接式和间接式两种。

速度式流量计是目前生产中应用最广泛、技术最成熟的流量测量仪表,其品种也最为丰富。

6.4.1　差压式流量计

该仪器的检测元件是节流装置。装置具有是使管道中的流量产生局部收缩的元件,包括孔板、喷嘴和文丘里管。

1) 节流装置

节流装置是人为地在介质流通的管道内造成节流,如图 6-29 所示。当被测介质流过节流装置之后,形成一个局部收缩,流束集中,流速增加,静压力降低,从而在孔板的上下游两侧产生一个静压力差。这个静压力差与流量之间存在一定的函数关系:流量愈大,所产生的静压力差愈大。因此,通过测量差压的方法,就可以测得流量。

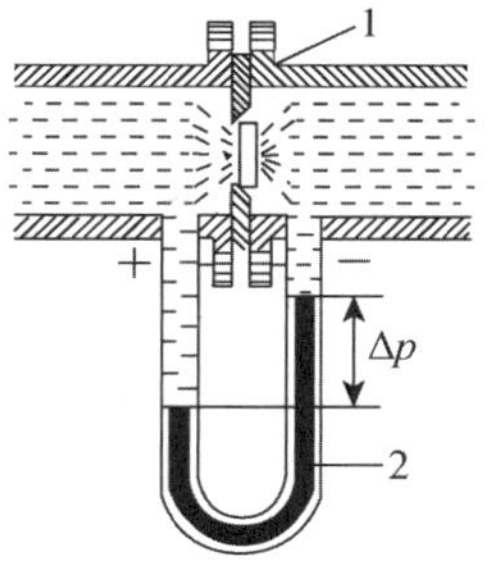

1—节流装置;2—差压计

图 6-29　节流装置原理图

装置中压差 Δp 和流量之间的关系是根据伯努利方程和流体连续性原理推导出来的,它们之间的关系为

$$Q=\alpha\varepsilon F_0\sqrt{\frac{2}{\rho_1}\Delta p}, \qquad M=\alpha\varepsilon F_0\sqrt{2\rho_1\Delta p} \tag{6-25}$$

式中,α——流量系数,它与节流装置的结构形式、取压方式、孔口截面积与管道截面积之比、雷诺数、孔口边缘锐度、管壁粗糙度等因素有关;

ε——膨胀校正系数,与孔板前后压力的相对变化量、介质的等熵指数、孔口截面积

与管道截面积之比等因素有关，应用时可查阅有关手册。对于不可压缩的流体来说，$\varepsilon=1$；

F_0——节流装置的开孔截面积，cm；

Δp ——节流装置前后实际测得的压力差，Pa；

ρ_1——节流装置前的流体密度，g/cm^3。

由式(6-25)可知，流量系数 α 是个关键参数。对于标准节流装置，其值可以从有关手册中查到；对于非标准节流装置，其值由实验方法确定。所以任何一个节流装置有其对应的 α 值。

2）*差压式流量计的使用*

对于低流速流体，产生的差压小，误差增大。因此差压式流量计不适用于脉动流体的测量。

差压式流量计如果使用不当，会造成很大误差，为尽量减小测量误差，必须做到以下几点。

(1) 管道中流体的工作状态必须符合设计要求

式(6-25)中各相关量取定后，流量才仅与压差有关。这是因为有关的各项系数已固定，故管道中被测流体的工作状态(如温度、压力等)以及相应的流体密度、黏度、雷诺数等参数值必须符合设计要求，才能准确地反映待测流量的数值。

(2) 正确安装节流装置

首先，流体的流向要正确。就是说，要辨明将使用的节流装置外露部分标注的"+"号一侧应为流体的入口方向。当用孔板作为节流装置时，流体应从孔板90°锐口的一侧流入。其次，节流装置前后应有一定长度的直管段。

(3) 合理使用节流装置

在使用过程中，要保持节流装置的清洁。如在节流装置处出现沉淀、结焦、堵塞等现象，必须及时清洗。长期使用后，由于流体的冲刷或化学腐蚀，孔板的入口边缘的尖锐度会变钝，故应注意检查、维修，必要时应更换新的孔板。否则在相同条件下，压差 Δp 将变小。

(4) 正确安装导压管

正确安装导压管以防止堵塞与渗漏。安装导压管时，一定要使两根导压管内流体的密度相同，这样两根导压管内增加的压力一致，不影响压差 Δp 的数值。对于不同的被测介质，导压管的安装有不同的要求，现分述如下：

① 测量液体的流量时，两根导压管内应充满同样液体且无气泡，以使两根导压管内的液体密度相等。为此，差压变送器应装在节流装置的下面，取压点应在工艺管道的中心线以下，与水平夹角为45°左右。导压管最好垂直安装，若无法垂直安装，则应有一定的坡度(至少1∶20～1∶10)，使气泡易于排出。当然，在导压管的管路中应装放空阀，便于排气。当差压变送器放在节流装置上方时，需配置贮气罐，如图6-30所示。

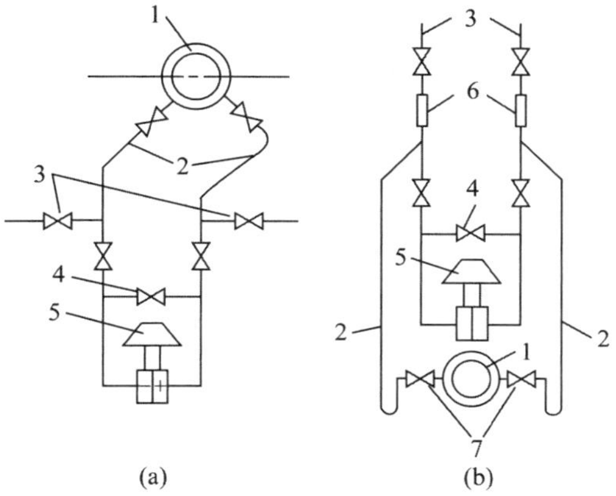

1—节流装置；2—引压装置；3—放空阀；
4—平衡阀；5—差压变送器；6—贮气罐；7—切断阀

图 6-30　测量液体流量的连接图

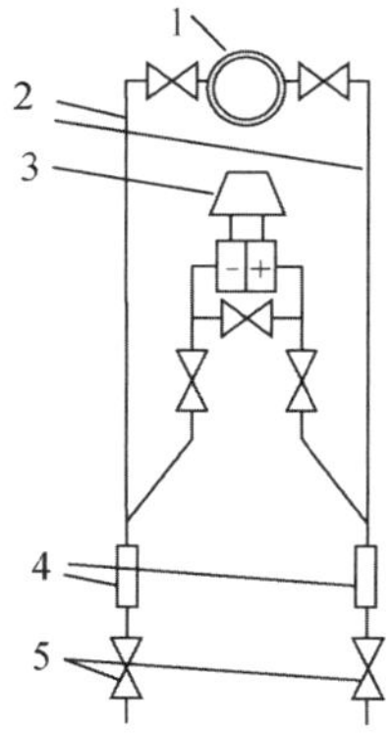

1—节流装置；2—引压装置；
3—差压变送器；4—贮液罐；5—排放阀

图 6-31　测量气体流量的连接图

② 测量气体流量时，为使两根导压管内的流体密度相等，必须防止管内积聚液滴。为此，取压点应在节流装置的上半部；导压管最好垂直向上，最少应向上倾斜一定的坡度。如果差压计必须装在节流装置下方，则须加贮液罐，如图 6-31 所示。

当被测流体为蒸汽时，应使导压管内充满蒸汽冷凝液，并使冷凝液液位相等。因此，取压点应从节流装置的水平位置接出，并分别安装凝液罐。其他安装要求与测量液体流量时相同如图 6-32 所示。

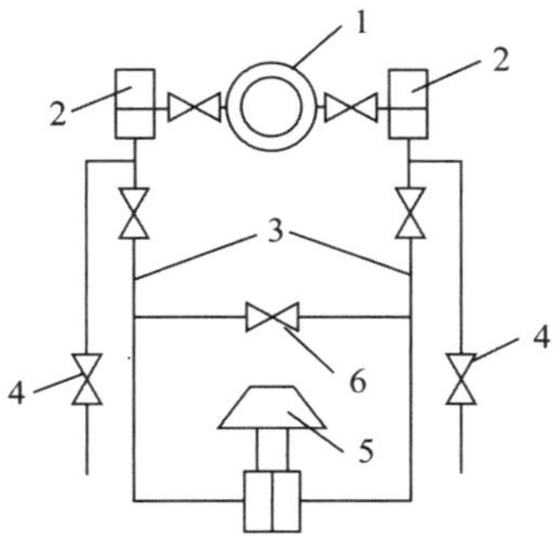

1—节流装置；2—凝液罐；3—引压导管；
4—排放阀；5—差压变送器；6—平衡阀

图 6-32　测量蒸汽流量的连接图

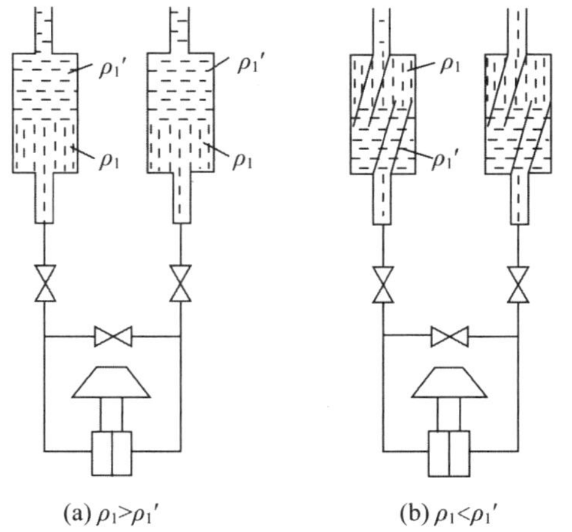

(a) $\rho_1>\rho_1'$　　(b) $\rho_1<\rho_1'$

图 6-33　隔离罐

③ 当被测流体具有腐蚀性时，应在节流装置和差压变送器之间装设隔离罐，并在隔离罐内放置不与被测介质互溶且不起化学反应的隔离液，以传递压力，当隔离液的密度 ρ_1 大于或小于被测介质 ρ_1'时，隔离罐采用的两种形式，如图[6-33(a)、(b)]所示。

(5) 正确安装和使用差压计(或差压变送器)

在导压管连接到差压计(或压差变送器)之前，须安装切断阀和平衡阀，如图 6-34 所示。启用差压计前，先打开平衡阀，使正、负压室连通，不致损坏变送器或造成测量误差。随后，打开切断阀1、2，再关上平衡阀，变送器即可投入运行。差压计停止使用时，应先打开平衡阀，再关闭两个切断阀。

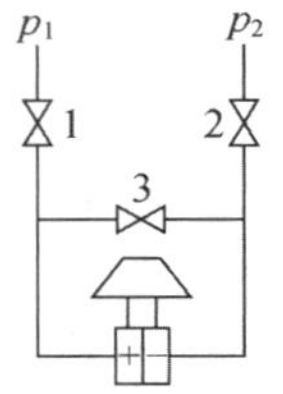

1，2—切断阀；3—平衡阀

图6-34　平衡阀、切断阀安装示意图

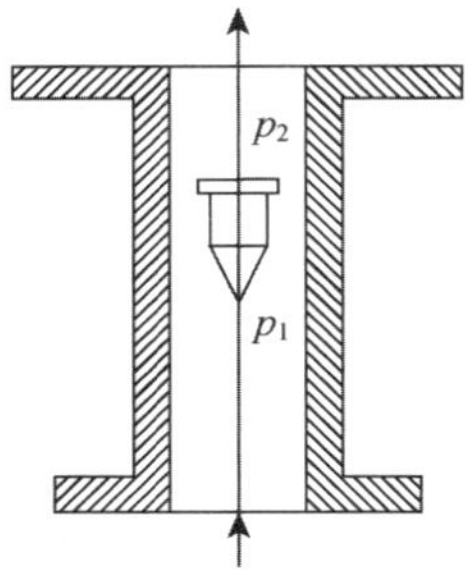

图6-35　转子流量计测量示意图

6.4.2　转子流量计

转子流量计的出现较早，但广泛应用于工业测量是在近些年。它具有灵敏度高、结构简单、直观、压损小、测量范围大、价格便宜等优点。

它由一个锥形管和一个置于锥形管内可以自由上下移动的转子组成。传感器垂直安装在测量管道上，被测流体由下向上流动，推动转子，转子悬浮的高度就是流量大小的量度，如图6-35所示。

1）转子流量计的结构和测量原理

转子流量计是一种速度式流量计。它由两部分组成：一个是上大下小的锥形管，另一个是放在锥形管内的转子。其工作原理是利用流体通过转子与锥形管壁之间的空隙（节流面积）时产生的压差 Δp 来平衡转子的重量。工作时，被测流体由锥形管的下端流入，从上端流出。流体对转子产生的向上托力 F 总是等于转子的重量 G，即

$$F=\Delta pA=(p_1-p_2)A$$

$$G=V(\rho_t-\rho_f)g$$

$$(p_1-p_2)A=V(\rho_t-\rho_f)g \tag{6-26}$$

由式(6-26)可得

$$\Delta p=p_1-p_2=\frac{V(\rho_t-\rho_f)}{A}g \tag{6-27}$$

式中，V——转子的体积，m^3；

A——转子的最大横截面积，m^2；

g——重力加速度，9.8 m/s^2；

ρ_t，ρ_f——分别为转子材料和被测流体的密度，kg/m^3；

p_1、p_2——分别为转子前、后流体的压力，Pa。

由式(6-27)可知，在整个工作过程中，压差 Δp 保持不变。当流量增加时，流体通过

节流面积的流速也会增加，只有增大节流面积，减低流速，以维持压差 Δp 不变。这种通过节流面积随流量变化而压差 Δp 保持不变的测量方法称为“面积法”。也就是说，流量增加时，转子向上冲，达到新的平衡位置。故根据转子的平衡位置高低直接读出流量的大小，其可用下式表示

$$M = \Phi h\sqrt{2\rho_f \Delta p} \tag{6-28}$$

或

$$Q = \Phi h\sqrt{\frac{2}{\rho_f}\Delta p} \tag{6-29}$$

式中，Φ——仪表常数；

h—— 转子浮起的高度，m。

将式(6-27)代入式(6-28)和式(6-29)，分别得到

$$M = \Phi h\sqrt{\frac{2gV(\rho_t - \rho_f)\rho_f}{A}} \tag{6-30}$$

$$Q = \Phi h\sqrt{\frac{2gV(\rho_t - \rho_f)}{\rho_f A}} \tag{6-31}$$

2）仪表刻度的修正

从流量式(6-31)可以看出，由于式中包含流体的密度，所以应用面积法测量流量时，仪表的刻度与被测流体的工况有密切关系。因此，仪表直接以流量刻度时，必须标明被测介质的名称、密度、黏度、温度和压力。一般转子流量计出厂时是在标准状态下(20℃，0.101 33 MPa)下，用水(对液体)或空气(对气体)介质标定刻度的。所以，在实际应用中，如果被测介质和工作状态不同，而黏度相差不大时，必须对仪表的刻度进行修正。具体的修正公式这里不详细叙述。

3）电远传式转子流量计

上面叙述转子流量计的刻度显示在锥形管上，即就地指示。电远传式转子流量计能够将反映流量大小的转子高度 h 转换为电信号传送出去，接收后将信号进行处理并显示或记录。

LZD 系列电远传式转子流量计在原有基础上主要增加了流量变送及电动显示两部分。

(1) 流量变送部分

采用差动变压器进行远程信号传递。它主要将转子在锥形管中的位置转换成电信号。

差动变压器的结构如图 6-36 所示，由线框、铁芯及线圈组成。铁芯在线框中可以上下移动，而线框分为上、下两个相等的部分，原线圈均匀地分绕在上、下两线框上，因而线圈的中间抽头 2 正好在上、下线框之间。两个匝数相等的副线圈也是分别绕在上、下两

个线框上，但采用反相串联的方式。

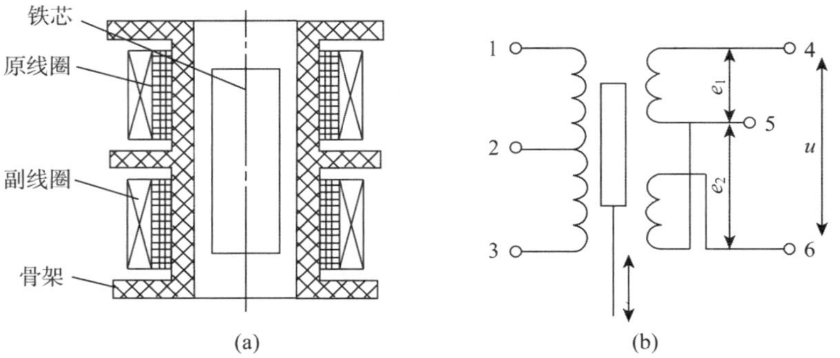

图 6-36　差动变压器结构

如果铁芯位于线框的中间位置，即不偏上也不偏下，此时两个副线圈产生的感应电势 e_1 和 e_2 相等。由于两个线圈反相串联，e_1 和 e_2 互相抵消，因而输出(4、6 两端)为零，即 $u=e_1-e_2=0$。

当铁芯向上移动时，上线框中原、副线圈的耦合增强，而下线框里原、副线圈的耦合减弱。因此上线框中副线圈产生的感应电势 e_1 大于下线框中副线圈中的电势 e_2，于是 4、6 两端的输出大于零，即 $u=e_1-e_2>0$。反之，当铁芯向下移动时，情况正好相反，此时的输出小于零，即 $u=e_1-e_2<0$。总之，输出电势 u 的大小和正负由铁芯偏离线框中心位置的大小和方向而定，因而称为不平衡电势。

电远传流量计就是根据这一原理制成的。将流量计的转子与差动变压器的铁芯连接起来，这样，转子随流量而上下移动带动铁芯一起上下运动，从而将流量的大小转换成输出电势 u 的大小。

(2) 电动显示部分

LZD 系列电远传式转子流量计的原理图如图 6-37 所示。其工作过程如下：当被测介质流量发生变化时，转子在锥形管中的位置也随之改变。如流量增加，转子上移，从而带动发送用的差动变压器 T_1 中的铁芯向上移动。此时，变压器 T_1 的副线圈输出一个不平衡电势，该电势被送入电子放大器。信号经放大后通过可逆电机带动显示机构动作，进行显示。同时，此放大后的信号又通过凸轮带动反馈用差动变压器 T_2 中的铁芯向上移动，使此副线圈也产生一个不平衡电势。由于 T_1 和 T_2 的副线圈是反向串联的，因此 T_2 产生的不平衡电势用于抵消 T_1 产生的不平衡电势，直到两者完全相等，其代数之和为零，即放大器的输入为零时，T_2 中的铁芯停留在一个固定的位置。这时，显示机构的指示值就可以表示被测流量的大小。

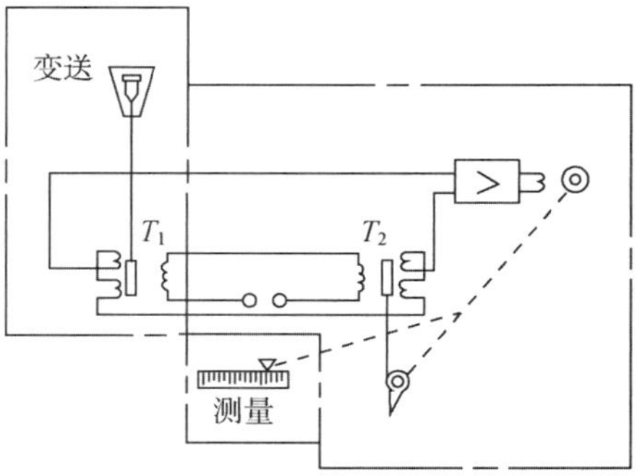

图 6-37　电远传式转子流量计示意图

6.4.3　电磁流量计

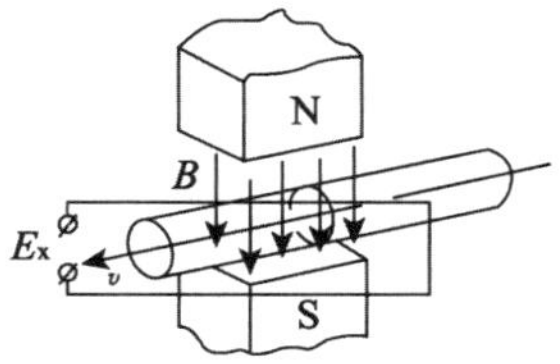

图 6－38　电磁流量计原理图

导电液体在磁场中作垂直于磁场方向的流动，导体切割磁力线则产生感生电动势 E，感生电动势的大小与流速成正比。这就是电磁流量计的工作原理。

电磁流量计的原理图如图 6－38 所示。

在一段由非导磁材料制成的管道外部，安装有一块磁铁，其磁力线垂直于管道轴线方向(即液体流动方向)。当导电液体流过此段管道时，因导电流体作切割磁力线运动而产生感生电动势 E。此感生电动势由与磁力线垂直方向的两个电极引出。当磁感应强度与管道直径一定时，感生电动势的大小为

$$E=K_1BDv \tag{6-32}$$

式中，K_1—— 比例系数；

B——磁感应强度，T；

D——管道直径，m；

v——垂直于磁力线方向的液体流速，m/s。

体积流量 Q 与流速的关系为

$$Q=\frac{1}{4}\pi D^2 v \tag{6-33}$$

将式(6－33)代入式(6－32)中，可得到

$$E=\frac{4K_1BQ}{\pi D}=KQ \tag{6-34}$$

式中，$K=\dfrac{4K_1B}{\pi D}$。

K 称为仪表常数，在磁应强度 B、管道直径 D 确定后，K 的大小就是一个常数。

电磁流量计的测量导管内无可动部件或突出于管内的部件，因而压力损失很小。如在管道内使用防腐衬里，则能测量有腐蚀性液体的流量，也可用来测量含有颗粒、悬浮物等液体流量。其输出信号与流量之间的关系不受液体的物理性质(如温度、压力、黏度等)变化和流动状态的影响。对流量变化反应速度快，故可用来测量脉动流量。

电磁流量计只能用来测量导电液体的流量，且其导电率不小于水的导电率。由于流体切割磁力线产生的感生电动势很小，要将它转换成标准电信号时，对放大器要求高，需使用高放大倍数的直流放大器。因此，测量系统复杂、成本高，且易受外界电磁场干扰。安装时要远离一切磁场，且不能有振动。使用时注意维护，防止电极与管道之间的绝缘损坏。

6.4.4　涡街流量计

涡街流量计又称漩涡流量计。它是应用流体力学中的卡门涡街原理来测量流体流

量的，即用有规则的漩涡剥离现象来测出流量。把一个漩涡发生体（圆柱体、三角柱等非流线型对称物体）垂直插在管道中，当流体在管道内流动时，会在漩涡发生体后方左右两侧交替产生漩涡，形成漩涡列。这两列漩涡相互平行且左右交替出现，旋转方向相反。这种漩涡列称为卡门涡街，如图 6－39 所示。

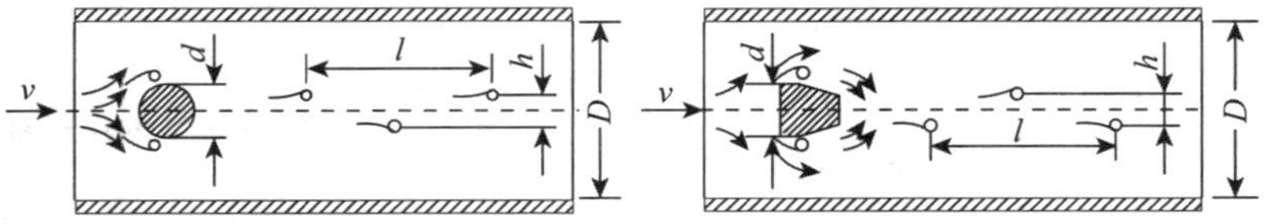

(a) 圆柱卡门涡街　　(b) 三角柱卡门涡街

图 6－39　卡门涡街示意图

卡门涡街流量计是 20 世纪 70 年代发展起来的基于流体振荡原理的测量仪表。近年来，其发展迅速。它利用插入流体中的漩涡发生体产生的漩涡频率与流速有确定关系的原理，从而获得流量信息。

涡街流量计的输出信号是指与流量成正比的脉冲频率信号或标准电流信号，因而可以远距离传输，而且输出信号与流体的温度、压力、密度、成分、黏度等参数无关。该流量计结构简单，无运动部件，检测元件不接触被测流体。它具有测量精度高、量程范围较宽、使用寿命长等优点，因而应用范围广泛。其主要特点是流体压损小；可以用于液、气的测量；可测量流速及质量流量；对流态要求稳定，管道条件要求严格，必须在漩涡发生体前后有一定长度的直管段。不过，其价格相对比较高。

6.4.5　超声波流量计

超声波流量计是通过检测流体流动对超声束（或超声脉冲）的作用来测量流量的仪表。超声波在流动的流体中传播时会携带流体流速的信息。因此通过接收到的超声波就可以检测出流体的流速，从而换算成流量。

超声流量计和电磁流量计一样，因仪表流通通道未设置任何阻碍件，均属于无阻碍流量计，是一种非接触式仪表。图 6－40 是一种便携式超声波流量计的示意图。

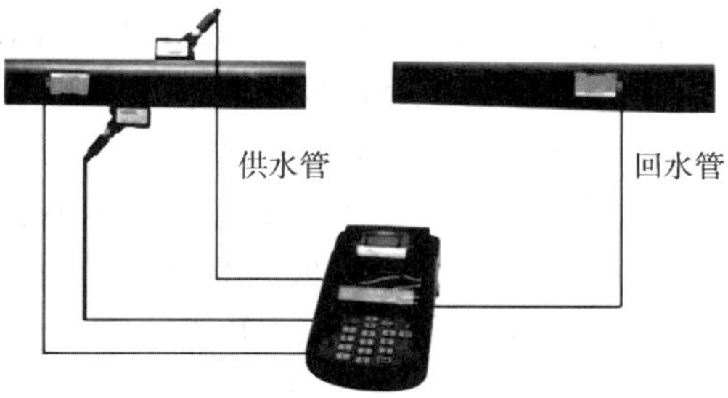

图 6－40　便携式超声波流量计示意图

工业流量测量普遍存在着大管径、大流量测量困难的问题。这是因为一般流量计随着测量管径的增大，会带来制造和运输上的困难，同时，造价增加、能损加大。这些缺点，超声波流量计均可避免。各类超声波流量计均可采用管外安装、非接触测流的方式，其仪表造价基本与被测管道口径大小无关。所以，超声波流量计被认为是较好的大管径流量测量仪表。多普勒法超声波流量计可测双相介质的流量，故可用于下水道及排污水等脏污流体的测量。在发电厂中，便携式超声波流量计可用于测量水轮机进水量、汽轮机循环水量等大管径流量。超声波流量计也可用于气体测量，其管径的适用范围从 2 cm 到 5 m，从几米宽的明渠、暗渠到 500 m 宽的河流都可适用。

此外，超声波测量仪表的流量测量准确度几乎不受被测流体的温度、压力、黏度、密度等参数的影响，又可制成非接触及便携式测量仪表，故可解决其他类型仪表所难以测量的强腐蚀性、非导电性、放射性及易燃易爆介质的流量测量问题。另外，鉴于非接触测量的特点，再配以合理的电子线路，一台仪表可适应多种管径测量和多种流量范围测量。超声波流量计的适应能力也是其他仪表不可比拟的。超声波流量计具有上述一些优点，因此越来越受到重视，并且向产品系列化、通用化方向发展。现已制成不同声道的标准型、高温型、防爆型、湿式型等仪表，以适应不同介质、不同场合和不同管道条件的流量测量。

6.4.6　质量流量计

流体的体积是流体温度和压力的函数，是一个因变量，而流体的质量是一个不随时间、空间、温度、压力的变化而变化的量。如前所述，常用的流量计(如差压流量计、涡轮流量计、涡街流量计、电磁流量计、转子流量计、超声波流量计等)的流量测量值是流体的体积流量。在科学研究、生产过程控制、质量管理、经济核算和贸易交接等活动中所涉及的流体量一般多为质量。采用上述流量计仅能测得流体的体积流量，往往不能满足要求，通常还需要设法获得流体的质量流量。以前只能在测量流体的温度、压力、密度和体积等参数后，通过修正、换算和补偿等方法间接地得到流体的质量。这种测量方法，中间环节多，质量流量测量的准确度难以得到保证和提高。

质量流量计采用感热式测量，通过测量流体分子带走的热量来测量流量，所以不会因为气体温度、压力的变化从而影响到测量的结果。质量流量计是一个较为准确、快速、可靠、高效、稳定、灵活的流量测量仪表，在石油加工、化工等领域将得到更广泛的应用。质量流量计本身不能控制流量，只能检测液体或者气体的质量流量，并通过模拟电压、电流或者串行通信输出流量值。

质量流量计一般可分为两类：一类是直接式质量流量计，它直接根据质量流量与输出变量之间的单值函数关系得到质量流量；另一类是间接式或推导式质量流量计，它采用间接推导方法，如给体积流量仪表配以密度计，再通过运算器计算得出质量流量。密度计有振动管式、超声波式和同位素式等，可实现密度的连续测量。

当前在现场应用的质量流量计品种很多，如热流式质量流量计、差压式质量流量计、科氏力质量流量计、温度与压力补偿式质量流量计等。大多数质量流量计配备微处理器，组成智能型流量检测仪表。

6.4.7　流量计的选用

对于小厂或新建厂，由于工艺人员对仪表不太了解，往往以为只要在工艺管道上安装流量计，就可以测量流量了。然而，由于工艺人员不了解流量仪表应用的复杂性，仪表人员就要会同工艺人员，深入了解以下3个问题。

（1）了解流体的流动状态

流体的流动状态直接影响流速分布，因为流量的测量与流速分布有关。流体的流动状态有层流、过渡流、湍流。如差压式流量计仅限用于稳定的湍流，而热式流量计则要求流体状态是层流。如果不了解流体的流动状态，就无法确定合适的流量测量方法。所以，在决定选用何种流量计之前，必须先计算流体的雷诺数，尤其是准确测量最小流量时的雷诺数。

从理论可知，当雷诺数 $Re_d \leqslant 2\ 320$ 时，流动状态是层流；当 $Re_d \geqslant 13\ 800$ 时，流动状态是湍流；当 Re_d 在 2 320～13 800 之间时，为过渡流。大多数流量仪表要求工作在湍流区。然而，现场实际情况是多数流量计的检测元件必须置于流体中，检测元件对流体的阻挡会影响流体的流动状态，从而使雷诺数下降。这是应注意的。有条件时，应按流量计生产厂家提供的数据，确定能否使用该型号流量计。

（2）了解流体的性质

流体的性质包括温度、压力、密度、黏度等物理性质，以及介质成分、毒性、腐蚀性等化学性质。因为各型流量计对其所测流体介质的性质是有规定的，所以在选择流量计前，有必要了解流体的性质。如果测量的介质温度高，则只能选节流装置来测量。对于高黏度介质，只能选择容积式流量计；而对于导电流体，则可考虑使用电磁流量计。介质的黏度直接影响到流体是属于牛顿流体还是非牛顿流体。生产中大多数流体属于牛顿流体，且许多流量计也只能测量牛顿流体。但在化工生产中，一些高黏度流体（如高分子化合物溶液）属于非牛顿流体，只能采用特殊的流量测量仪表。

（3）了解流量测量范围及相关问题

一般不用工艺管道的口径来估算流量，因为有时工艺管道口径可能选得过大。即使选择过大，现在的变送器及显示仪表的量程可调比很大，应用中如果发现量程不对时，重新设定调整也很方便。

流量计的公称口径是以内径来表示的，但工艺管道大多是以外径和壁厚来表示的，所以要对其进行了解，并注意工艺管径与流量计口径不一致的问题。流量计口径大多是标准系列，而工艺管道的外径、壁厚等不一定与流量计相符。这时对管道系统采取局部扩大或缩小管径的方法来解决。

在决定使用流量计前，还应了解工艺管道的施工图纸。在图纸上选择流量计的安装位置时，应尽量避开阀门、弯头、三通和异径管，以满足流量计对上、下游直管段的要求。有的仪表厂在生产节流装置时，还会配套供应该节流装置安装管道的前后直管段，这既保证了测量精度，还方便了用户。相关厂家是否这样供货，需要和流量计厂家了解落实。

6.4.8 国产流量计

国内各大品牌通过不断努力和创新，提升了自身的品牌价值和市场竞争力。这些品牌在流量计的生产和供应上占据了重要地位，不仅在国内市场有着广泛的影响力，还在国际市场上逐渐崭露头角。其中，比较有代表性的品牌包括川仪、上仪、开仪、光华仪表、威尔泰、天信等。

6.5　物位的检测及变送

物位检测在生产过程中十分重要，尤其是现代化工业设备规模的扩大、集中管理的实施，以及计算机投入运行后，物位的测量与远传显得更为重要。

6.5.1　物位检测仪表

在化工生产中，用来测量液位、固体料位和两种不同密度液体分界面的仪表，分别称为液位计、料位计和界面计，它们统称为物位仪表。

工业生产中对物位仪表的要求各不相同，但基本要求是精度、量程、经济性和安全可靠性，其中首要的是安全可靠。物位仪表种类很多，本节主要介绍常用的 5 种仪表。

1）玻璃管式液位计

这类仪表应用连通管原理，通过玻璃管与待测容器相连，直接读其液面高度。

2）浮筒式液位计

该种仪表利用浮力原理测量液位。浮筒沉于液体中，液位变化会引起浮筒所受浮力的变化，而浮力变化的大小与液位的变化成正比，从而测出液位。它适用于黏度或温度较高的介质和高压介质。

3）差压式物位仪表

这类型仪表又可分为压力式物位仪表和差压式物位仪表。它利用液柱的静压对液位进行测量，物料的堆积对某固定点产生的压力来进行测量的。这种仪表适用范围很广，且已得到广泛的应用。

4）电容式物位仪表

电容器的电容量与两极板之间的电介质有关。不同电介质的介电常数不一样，电容量的大小与介电常数成正比。因此，可通过测量电容量的变化来检测液位、料位或两种不同液体的分界面。该仪表适用于各种导电和非导电液体的液位测量，以及不同液体分界面或粉末状料位的连续测量和指示。

5）超声波式物位仪表

它是以超声波为信号源，向待测介质发出信号。超声波在介质分界面上发生反射，仪表接收反射波，从发出信号到接收到反射波这段时间与此待测介质的厚度成正比，从而测出物位。此类仪表精度高，测量范围较广，但要求被测介质对超声波衰减较小，且没有散射作用。它可用于测量液体、粉末、块体的物位。因传感元件不与被测介质接触，所以可测量有腐蚀性、毒性、易燃、易挥发液体的液位，也可测量低温介质的液位。

此外，还有电磁式、辐射式、光学式物位仪表。下面再较为详细地介绍几种物位仪表。

6.5.2 差压式液位变送器

1）工作原理

差压式液位变送器原理如图 6－41 所示。它是利用容器内液体产生的静压与液位高度成正比的原理而工作的。

若容器内液体的密度为 ρ，液位高度为 h，容器上部气体压力为 p_A，则差压变送器正、负压室的压力 p_+、p_- 分别为

$$p_+ = p_A + \rho g h$$

$$p_- = p_A$$

因此，从上式可得

$$\Delta p = p_+ - p_- = \rho g h \tag{6-35}$$

由于液体密度 ρ 和重力加速度 g 一定，故压差与液位成一一对应关系。用气动差压变送器测量液位时，输出信号为 20～100 kPa 气压信号，即当液位高度 $h=0$ 时，输出为 20 kPa，当 h 为最高液位时，输出为 100 kPa；而当 h 在零与最高液位之间时，输出信号在 20～100 kPa 之间变化。这是液位测量中最简单的情况，称为“无迁移”。

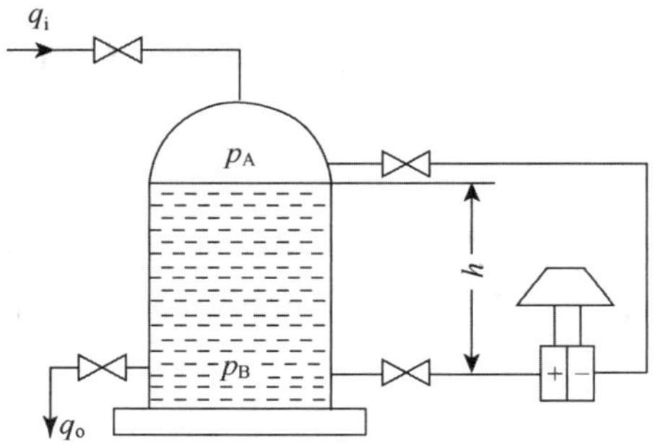

图 6－41　差压式液位变送器原理图

2）零点迁移

在实际应用中，由于安装及其他原因，在液位 h 为零时，变送器的输出可能不等于 20 kPa。为了提高测量精度，必须正确选择变送器量程，并进行零点迁移。

（1）正迁移

如果差压变送器的测量室不与贮液槽的底部安装在同一水平面上，而是低于贮液槽底部，如图 6－42 所示。则

$$\left.\begin{aligned} p_+ &= p_A + \rho g h + \rho g h_0 \\ p_- &= p_A \\ \Delta p &= p_+ - p_- = \rho g h + \rho g h_0 \end{aligned}\right\} \tag{6-36}$$

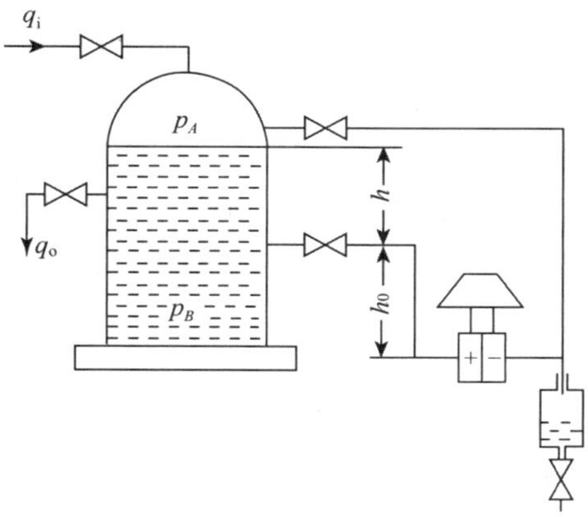

图 6－42　液位测量的正迁移

与不需要迁移的情况相比，式(6－36)比式(6－35)多出一项 $\rho g h_0$。当 $h=0$ 时，此时变送器的输出大于 20 kPa，为了使液位的零值与最大值仍然与变送器输出的上下限相对应，必须抵消 $\rho g h_0$ 的作用，以使 $h=0$ 时，变送器的输出仍为 20 kPa。当 $h=h_{max}$ 时，变送器的输出为 100 kPa，为此采用零点迁移的办法来达到此目的，即调节仪表上的迁移弹簧，改变它的弹性力来抵消 $\rho g h_0$ 的作用。因为 $\rho g h_0$ 作用在正压室上，故称为正迁移。

(2) 负迁移

对于腐蚀性液体和气体，必须在变送器的正、负压室和取压点之间分别装隔离罐，并充以隔离液，以防止腐蚀性流体进入变送器而损坏仪表，如图 6－43 所示。若被测介质密度为 ρ_1，隔离液密度为 ρ_2，且 $\rho_2>\rho_1$，则有

$$\left.\begin{aligned} p_+ &= p_A+\rho_1 h g+\rho_2 h_0 g \\ p_- &= p_A+\rho_2 h_1 g \\ \Delta p &= p_+ - p_- = \rho_1 g h-(h_1-h_0)\rho_2 g \end{aligned}\right\} \tag{6-37}$$

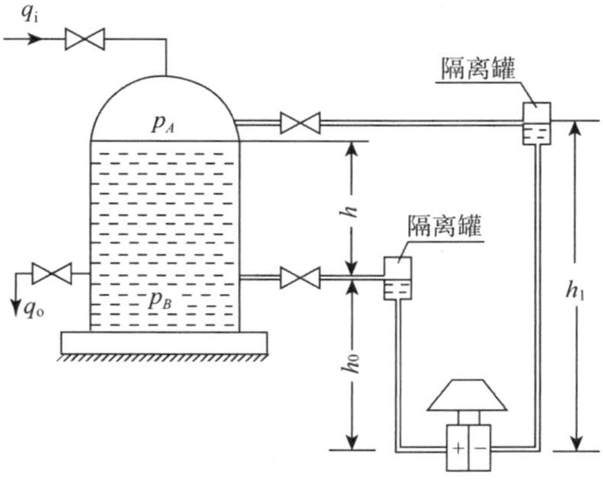

图 6－43　液位测量的负迁移

对照不需要迁移的情况，比式(6-35)多了一项压力$-\rho_2(h_1-h_0)g$，它作用在负压室上，称为负迁移量。当$h=0$时，$\Delta p=-\rho_2(h_1-h_0)g$，此时变送器输出小于20 kPa。为了使$h=0$时，变送器的输出仍为20 kPa，必须迁移掉$-\rho_2(h_1-h_0)g$的影响，调整负迁移弹簧，用它的弹性力来抵消掉此作用在负压室的力，使$h=0$，变送器的输出为20 kPa。

迁移弹簧的作用是改变变送器的零点。任何一种变送器零点迁移和调零都是使变送器的输出起始值与被测量值的起始点相对应。通常，零点调整量较小，而零点迁移量较大。

3）法兰式差压变送器

常采用在导压管入口处加装隔离膜盒的法兰式差压变送器，来测量具有腐蚀性或含有结晶颗粒以及黏度大、易凝固等液体液位，如图6-44所示。金属膜盒即测量头作为传感元件，经毛细管与变送器的测量室相连。在膜盒、毛细管和测量室组成的封闭系统内充有硅油，作为传压介质，防止被测介质进入毛细管与变送器，以免堵塞。

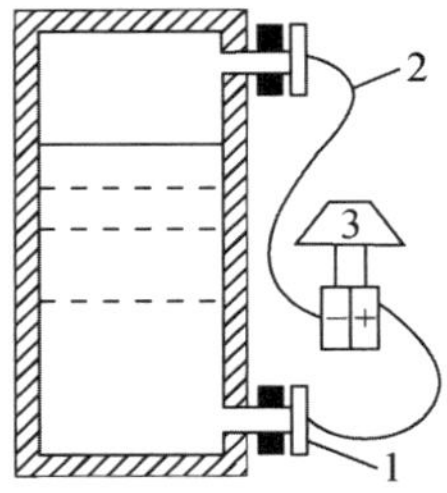

1—法兰式测量头；2—毛细管；3—变送器

图6-44 法兰式差压变送器示意图

6.5.3 电容式物位计

电容式物位计由电容物位传感器和测量电容量的线路两部分组成。它适用于各种导电、非导电液体的液位以及粉状料位的连续测量，并能将信号进行远距离传输。它可以和电动仪表配套使用，或与计算机连接，以实现物位的自动记录和控制。

1）电容式物位传感器

(1）液位的测量

测量非导电液体液位的电容式物位传感器，如图6-45所示。外电极上开有很多小孔，使被测液体能进入两电极之间，内外电极之间用绝缘套固定。当液位为零时，两电极间充满介电常数为ε_0的空气，其电容量为

$$C_0=\frac{2\pi\varepsilon_0 L}{\ln\left(\frac{R}{t}\right)} \tag{6-38}$$

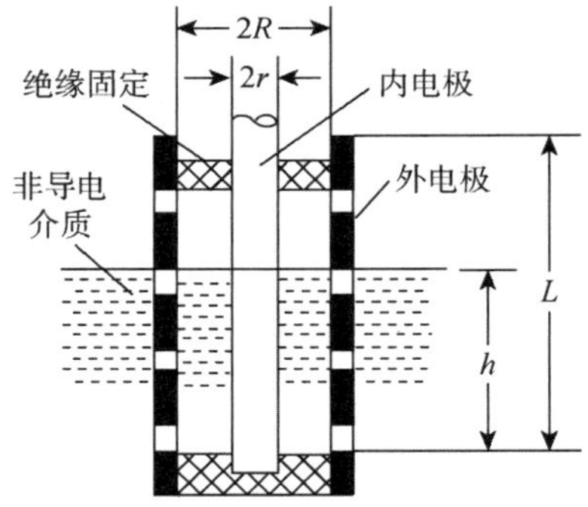

图6-45 非导电液体液位测量示意图

测量时，液位上升高度为h，则此圆筒形电容器形成两部分：一部分两电极间充满待测液体(介电常数为ε)，另一部分两电极间充满空气。实质上这两部分分别形成电容器，其电容量分别为C_1和C_2，

$$C_1=\frac{2\pi\varepsilon h}{\ln\left(\frac{R}{t}\right)}$$

$$C_2=\frac{2\pi\varepsilon_0(L-h)}{\ln\left(\frac{R}{t}\right)}$$

电容器 C_1 和电容器 C_2 并联形成圆筒形电容器，它的电容量 C 为这两个并联电容器电容量之和。因而

$$C=C_1+C_2=\frac{2\pi\varepsilon h}{\ln\left(\frac{R}{t}\right)}+\frac{2\pi\varepsilon_0(L-h)}{\ln\left(\frac{R}{t}\right)} \tag{6-39}$$

比较式(6－38)和式(6－39)可知，测量时电容量的变化为

$$C_X=C-C_0=\frac{2\pi(\varepsilon-\varepsilon_0)h}{\ln\left(\frac{R}{t}\right)}=Kh \tag{6-40}$$

由式(6－40)可知，电容变化量与液位高度成正比。K 为比例系数。R 和 r 相差越小，即电容器两极板距离越近，则 R/r 的值小，比例系数 K 越大，仪器的灵敏度越高。此电容式液位计的结构稍加改变，就可用来测量导电介质的液位。

(2) 料位的测量

用电容法也可测量固体块状、颗粒及粉状的料位。

又由于固体间的磨损较大，且不像液体本身无一定形状，能很快充填到容器中去，因而一般用电极棒及容器壁构成电容器的两极，以此电容器来测量非导电固体物料的料位，如图 6－46 所示。

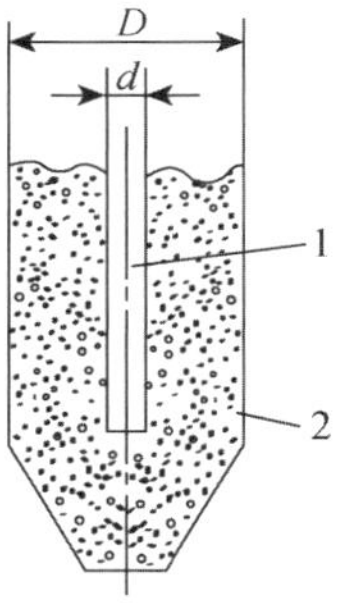

1—金属棒内电极；2—容器壁

图 6－46　料位测量示意图

2) 电容量的检测

电容式物位计中的电容量很小(一般是几个到十几个 pF)，直接测量电容量变化不易且不准确，常常是通过电子线路将待测电容量转换成另一个电信号，再将此电信号放大后进行测量。

6.5.4　液罐称重仪

这类仪表是先将贮液罐中的总重量用测压差的方法转换成压差 Δp，然后根据杠杆平衡原理测出此压力 Δp 的大小。

图 6－47 为液罐称重仪的原理示意图。罐顶压力 p_1 与罐底压力 p_2 分别引至下波纹管和上波纹管，两波纹管有效面积 A_1 相等。两波纹管的差压作用于杠杆，使杠杆失去平衡。发信器检测出此信号，并发送给控制器，控制器接通可逆电机线路。可逆电机转动并带动丝杆，由丝杆带动砝码移动，直到砝码产生的顺时针方向的力矩与由差压 Δp 产生的逆时针方向的力矩相平衡，可逆电机才停止转动。若砝码质量为 M，被测介质密度为 ρ，杠杆平衡时有下列关系

$$(p_2-p_1)A_1L_1=MgL_2 \tag{6-41}$$

式中，g——重力加速度，9.8 m^3/s；

L_1,L_2——分别为波纹管、砝码到支点的距离,m;

A_1——波纹管有效面积,m^2。

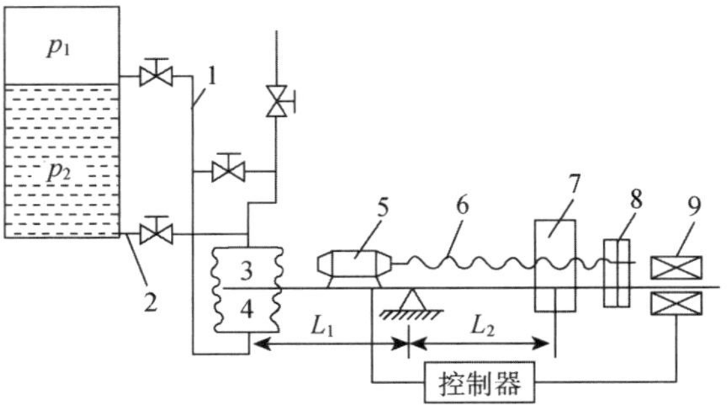

1—气相引压管;2—液相引压管;3—上波纹管;4—下波纹管;5—可逆电机;

6—丝杆;7—砝码;8—编码盘;9—发讯器

图 6 - 47　液罐称重仪原理示意图

又由于

$$p_1 - p_2 = \rho g H \tag{6-42}$$

式中,H 为液面高度。把式(6 - 42)代入式(6 - 41),可得

$$L_2 = \frac{A_1 L_1}{M}\rho H = K\rho H \tag{6-43}$$

式中,K——仪表常数。

如果液罐是均匀的,其截面积为 A,则液罐中液体总储量为

$$M_0 = H\rho A \tag{6-44}$$

由式(6 - 43)和式(6 - 44)可得到

$$L_2 = \frac{K}{A}M_0 = K_i M_0 \tag{6-45}$$

式中

$$K_i = \frac{K}{A} = \frac{A_1 L_1}{AM}$$

因而,L_2 与液罐中液体总储量 M_0 成比例,而与介质的密度无关。

由于砝码移动距离与丝杆转动圈数成比例,丝杆转动时,经减速带动编码盘转动,因而砝码位置与编码盘的位置一一对应,编码盘向显示仪表发出编码信号,经译码和逻辑运算后以数字形式显示出来。

如果液罐的横截面积随高度而改变,一般是预先制好表格,根据 L_2 的大小查出储存液体的质量。

此称重仪具有很高的精度及灵敏度,并且当液罐内液体受组分、温度等因素影响,密度又变化时,不会影响仪表测量精度。此外,该称重仪便于和计算机连接,实现数据处理或控制。

6.6　成分分析仪表

目前，在流程工业中一直采用以温度（T）、压力（p）、物位（L）和流量（F）作为检测与控制系统的被控变量，而成分控制一般采用间接质量目标控制的模式。而流程工业中最终产品的质量指标往往是产品价值和企业效益的集中体现。因此，生产过程的计算机控制将最终产品及中间产品的质量作为控制目标。对于石油化工、冶金等工业领域，最终产品则是其成分指标，如乙烯生产中丙烯产品的含量，以及特殊钢产品中碳、铁和稀土元素的含量比等。这要求将成分分析测量作为控制系统的主被控变量，从而实现产品及其生产过程的直接质量目标控制。显然，实现以成分分析为主体的直接质量目标控制，是实现流程工业高效益、低能耗、低污染的最终有效手段，也为成分分析的过程分析仪器提供了研究的必要和发展的空间。

流程工业的成分分析旨在实现对最终产品和过程产品中物质的成分组成、成分性质、成分含量的自动分析和测量。承担该功能的即为过程分析仪器，其主要特点是在线分析，即长期连续工作。因此，过程分析仪器对可靠性、稳定性、准确性要求高。由于在工业环境下工作，采样处理成为系统的重要组成部分。此外，为适应过程计算机控制系统的要求，过程分析仪器还应具有良好的数据处理和通信功能。

6.6.1　仪器分析方法

仪器分析是以测量物质的物理特性或物理化学性质为基础的分析方法，通常此类仪器称为分析仪器。由于自然界的物质种类繁多，分析仪器随着分析方法的需要在不断地发展。其涉及的领域也从传统的化学化工分析、分析化学、材料分析、生物医学分析、海洋分析、太空分析等多学科特殊领域拓展。

目前，仪器分析的方法很多，已有数十种之多。按照测量过程中所观测的物质性质或分析原理加以分类，可分为电化学分析法、色谱分析法、光学分析法、质谱分析法、热分析法、核分析法等。各种分析方法的产生无不与当时人类科学在某一领域的理论和实验上的突破相关联，从而加深对自然的了解与掌握，是推动科学研究发展的重要动力之一。

1）原子光谱分析法

（1）原子发射光谱分析法

21 世纪新兴的原子光谱分析光源是等离子体光源，分为直流等离子体（DCP）、高频电感耦合等离子体（ICP）和微波等离子体（MP）。

（2）原子吸收光谱法

按照所用的原子化方法的不同，原子吸收光谱法可分为火焰原子吸收法（FAAS）、石墨炉原子吸收法（GFAAS）、石英炉原子化法，可以在较低的温度下实现原子化，包括汞蒸气原子化、氢化物原子化和挥发物原子化。

（3）原子荧光光谱法

该方法在元素及其形态分析方面有着广泛的应用，特别是与氢化物发生进样技术的结合，在测定地质样品、钢铁合金、环境样品、食品、生物样品等待测物中的 Ge、Sn、Pb、As、Sb、Bi、Se、Te、Hg 和 Cd 等各种元素有很好的效果。原子荧光光谱法的特点是谱线简单、光谱干扰少、检出限低，且可进行多元素的同时测定。

2）分子光谱分析法

（1）紫外-可见分光光度法

除常见的分光光度法外，又发展了多种多样的分光光度测量技术。如双波长分光光度法可以有效地消除复杂试样中的背景吸收、散射、浑浊对测定的影响，很适合于生物样品的分析。导数分光光度法提高了对重叠、平坦谱带的分辨率与测定灵敏度。示差分光光度法提高了测定很稀或很浓溶液吸光度的精度。随着化学计量学方法的兴起，出现了多种计算机辅助分光光度法，如因子分析、偏最小二乘法、多元线性回归分光光度法等。这些方法可以在谱带严重重叠的情况下，不经分离直接实现多组分的同时测定。

（2）红外光谱吸收法

红外光谱能提供有机化合物丰富的结构信息，特别是中红外光谱是鉴定有机化合物结构最主要的手段之一 。近年来，近红外光谱技术与各种化学计量学算法相结合，取得了显著的研究成果。目前，傅里叶变换红外光谱仪逐渐取代了色散型红外光谱仪。它主要由红外光源、光学系统、检测器以及数据处理与数据控制系统组成。傅里叶变换红外光谱与显微镜联用已成为一种微量和微区分析的新技术。

（3）光声光谱法

该法（PAS）基于光声效应。光声光谱法的特点是灵敏度高，比普通分光光度法高 2～3 个数量级，应用范围广。它可用于不透明固体、液体、气体和薄层样品的分析，尤其可用于常规光谱仪难以分析的深色不透明或高散性样品（如深色催化剂、生物活体试样、制样困难的橡胶和高聚物）的分析。此外光声光谱法还可用于检测大气中的氯乙烯、六氟化硫、氟利昂等污染物。

（4）分子荧光和磷光光谱

分子发射光谱法包括分子光致发光（如分子荧光和分子磷光）分析法与非光致发光（如化学发光和生物发光）分析法。在荧光光度计上配置磷光附件，或利用时间分辨技术，可以进行磷光测定。分子荧光和分子磷光可用于研究物质的电子状态、发光体的分子取向、发光过程动力学等。通过直接测定含量发光物质，能够测定的元素达 60 多种。通过化学反应，将不发荧光或荧光量子产量很低的物质转变为适合测定的荧光物质，在环境检测、生物医学、临床化学、DNA 测序、基因分析、化学跟踪等多学科领域都有广泛应用。

（5）化学发光分析法

这种方法是分子发光法的一种。其主要特点是灵敏度高，检出限最高可达到 10^{-18} mol/L，适用于生物样品分析；重现性好；线性范围宽；仪器简单，操作方便。化学发光现象在分析化学、生物化学、环境科学等领域有着广泛的应用。

3）X 射线荧光分析法

该分析法是基于 X 射线的荧光波长与强度进行定性和定量的分析方法。X 射线荧光法的特点是分析灵敏度高，测定精度好，分析过程中不破坏试样，便于无损分析。分析速度快，易于实现分析自动化。其缺点是仪器设备昂贵。

4）波谱分析

（1）电子顺磁共振波谱

电子顺磁共振是电子自旋共振的一种，专指顺磁性物质的电子自旋共振。在外磁场作用下，具有未成对电子的顺磁物质（如自由基、过渡金属离子、晶体中的缺陷、多重态分子、碱金属的自由电子、半导体中的杂质等）具有净的电子自旋和相应的磁矩。当外界加入的射频磁场频率与未成对电子的转动频率相同时，未成对电子吸收一定能量的微波，使其自旋态在不同能级之间跃迁，形成电子自旋共振吸收波谱。谱线峰面积与未配对电子的浓度成正比。

（2）核磁共振波谱

20 世纪 70 年代后期，脉冲傅里叶变换核磁共振波谱仪问世。该仪器利用强而短的脉冲激发不同官能团中所有同位素核的核磁共振信号，计算机记录信号强度随时间衰减的过程，得到信号强度与频率的关系谱图。核磁共振波谱是有机结构分析最有效的手段之一。

5）质谱分析法

质谱仪有多种分类方法。按质量分析器分类，可分为扇形场质谱仪、四极杆质谱仪、飞行时间质谱仪、离子回旋共振质谱仪、离子阱质谱仪等。按离子源类别分类，可分为火花源质谱仪、电感耦合等离子体质谱仪、二次离子质谱仪等。气相色谱-质谱联用技术已相当成熟，通常使用电子轰击离子源，接口为分子分离器。这种操作条件稳定，得到的谱图可以与标准谱库进行比对，主要用于相对分子量小、易挥发的有机化合物分析。液相色谱-质谱联用技术发展较晚，采用的接口有传送带和热喷雾，主要用于大分子、热不稳定、难汽化和强极性有机化合物的分析。

6）色谱分析法

色谱技术的实质是流动相和固定相做相对运动时，由于流动相中被分离的不同物质受到固定相的吸附、溶解等作用不同，从而得到分离。按流动相不同，色谱分离技术分为气相色谱与液相色谱。

（1）气相色谱分析法

常用的检测器及其应用范围：它们是，热导检测器（TCD）；氢火焰检测器（FID），电子捕获检测器（ECD）；火焰光度检测器（FPD）；热离子检测器（TID），又称氮磷检测器（NPD），对含磷、氮等有机化合物的灵敏度高；光离子化检测器（PID），主要用于芳香族化合物的分析；微库仑检测器（电量检测器），主要用于含硫、氮、卤素等化合物检测；赫尔希池检测器，是一种用于测定蛋白浓度的检测器；气体密度天平检测器，特别适合腐蚀性气体分析；微波诱导等离子体原子发射光谱检测器，能同时选择性检测多种元素，灵敏度高、选择性好、线性范围宽；辉光放电检测器，是一种用于永久性气体分析的通用型气相色谱检测器。

（2）液相色谱分析法

按照分离机理，液相色谱分为吸附色谱、分离色谱、离子交换色谱和凝胶色谱。

20 世纪 90 年代后期发展的超临界流体色谱法，既可以分析挥发性成分，又可以分析高沸点和难挥发样品，主要用于超临界流体萃取分离和制备。当前，亲和色谱法和手性色谱法在生物、医药和农药领域有重要应用。

7）电化学分析法

（1）电位分析法

此法可测定许多其他方法难以测定的离子，如碱金属离子、碱土金属离子、无机阴离子和有机离子等；它也是测定平衡常数的重要手段。该法可用于有色溶液、浑浊溶液或缺乏合适指示剂的沉淀反应的滴定体系。电位分析法不需要精确测量电极电位，因此溶液温度、液接电位不影响滴定结果。

（2）伏安分析法

该法是以被分析溶液中极化电极的电流-电压行为为基础的一类电化学分析方法。其方法又可分为极谱分析法、导数伏安法、催化波极谱法、循环伏安法、卷积伏安法、相敏交流伏安法、阳极溶出伏安法。

8）热分析法

（1）热重分析法

它是研究物质质量（m）的变化与温度（T）关系的一种方法。导数热重分析法（DTG）是在温度控制程序下，研究失重速率（$\mathrm{d}m/\mathrm{d}t$）和温度（T）的关系的一种方法。由热重曲线的台阶可以求出样品的质量损失量，从而对样品进行定量分析。该法的优点是：无需对样品进行预处理；不用试剂，避免样品污染；操作和数据处理简便；DTG 曲线的峰面积与样品的质量损失量成正比，由峰面积可求出样品的质量损失量。

（2）差热分析法

该法（DTA）是在温度程序控制下，研究分析物和参比物之间的温度差（ΔT）与温度（T）变化的一种方法。用导数技术得到导数差热曲线（DDTA 曲线），即 $\mathrm{d}(\Delta T)/\mathrm{d}t = f(T)$。该曲线可以得到精确的相变温度和反应温度，可把分辨率低和重叠的峰清晰地分辨开，由所测得的热量可定量地计算试样的转变热、熔融热和反应热等。

9）核分析方法

（1）活化分析法

又称放射化分析法，是基于将样品中稳定核素转换为放射性核素，通过测量放射性衰变时放出的缓发辐射，或直接测量核反应放出的瞬发辐射，来确定元素及其含量的一种核分析方法。该方法是一种绝对的分析方法。活化分析法分为中子活化分析法、γ 光子活化分析法、带电粒子活化分析法。其中以中子活化分析法应用最广。

（2）同位素稀释法

此法是一种用放射性或稳定同位素作指示剂进行化学分析的方法。该法分为直接同位素稀释法、反向同位素稀释法、双同位素稀释法等，其在使用中主要表现为：一，灵敏度高，避免了定量分离的困难，方法快速简便；二，主要限制有些元素没有合适的放射性同位素指示剂；三，已广泛应用于化学研究、标记化合物的放射化学纯度分析、有机分析和生物化学等领域。

仪器分析一是与人工（或手工）分析相对的一种分析方式，具有灵敏度高、分析速度快、用途广泛、可实现非破坏性分析等特点；其次既可定性分析也可定量分析。检测范围从百分之几到百万分之几，通过萃取、浓缩、富集等方法可达十亿分之几，甚至达到万亿分之几或更低，能够实现常量、微量和痕量分析。检出限的单位也按不同物质的测定定义。在过程检测中，化学成分的量值常用质量（单位为 kg、g、mg 等）或物质的量（mol、 mmol、nmol)表示，也可用质量分数(单位为%等)或摩尔分数表示，还可通过质量浓度(单位为 kg/L、mg/mL)或摩尔浓度(单位为 mol/kg、mol/L)来表示。

分析仪器比较其他科学仪器和设备，往往更复杂，投资较大，对维护和环境要求较高，需要具有一定专业水平的操作和维修人员。它又是一种相对分析方法，通常需要与标准物进行比较，而标准物的标定往往需要借助于化学分析法(人工分析)。对于某些物质的高含量分析，仪器分析的相对误差可能较大。

6.6.2　过程分析仪器

这种仪器主要用于工业流程中物质成分及性质的全自动化分析和测量，其分析方法源于实验室分析仪器。较之在自动化、快速性、稳定性、可靠性、长期运行等方面，有更为严格的要求。由于工业现场的工作环境较分析实验室恶劣得多，特别在化工生产过程中，存在着灰尘、喷雾、腐蚀、易燃易爆等不利条件。因此，现阶段只有少数分析方法被直接用于过程分析仪器。

仪器的分类与仪器分析的分类一样。按原理分类，目前可以分为 8 类，主要包括：电化学式、热学式、磁学式、光学式、射线式、电子光学式、色谱质谱式等类型。

从行业使用情况分析，这 8 类过程分析仪器已在工业流程中得到了广泛应用，但大都用于过程的监测，与实现在线下直接质量控制对物质质量参数的检测要求有一定差距。具体表现在：一是单参量简单工业过程控制向多参量集中过程控制发展，要求过程分析仪器实现多组分参数的测定；二是直接质量过程控制要求检测参数直接进入控制系统，以实现高效、低耗的精确控制，对快速性和实时性有了较为严格的要求；三是预处理装置对于过程分析仪器的使用及新型仪器分析方法的应用起到了较大作用。

流程工业的计算机过程控制实现要求过程分析仪器具有数字化、智能化、网络化功能，因此，仪器的计算机化已成为今后业类发展趋势。多种检测器组合式分析仪器、工业色谱仪、工业质谱仪、拉曼激光光谱仪等在线多组分分析仪器已进入流程分析领域。微电子技术的进步使得半导体气敏、光敏、热敏等成分信息敏感元件加工于微小的硅芯片上，从而实现信息获取、处理、传输的集成化。这些新技术的推广将有力推动过程分析仪器的发展与应用。

6.6.3　国产过程分析仪器

国产过程分析仪器的主要厂家包括重庆川仪、上海自仪、四方光电、聚光科技(杭州)、安徽皖仪、舜宇光学科技等。

重庆川仪自动化股份有限公司作为工业自动化控制系统及装置的主要供应商，在分析仪器市场上占据重要地位。四方光电股份有限公司作为专业气体传感器制造商和国家高新技术企业，在气体分析领域具有显著优势。聚光科技在分析仪器领域，特别是质谱、光谱等高端分析仪器方面，具有较强的研发实力和市场竞争力。舜宇光学科技在分析仪器领域，特别是光学产品制造方面，具有较高的市场认可度。

此外，还有一些在质谱仪、色谱仪、光谱仪等细分领域表现突出的国内分析仪器公司，如天瑞仪器主要涉足质谱仪生产，并在分析仪器领域具有一定优势。杭州赛智科技在色谱仪和光谱仪领域均有显著成就。安图生物、禾信科技、浙江迪谱、杭州凯莱谱等企业,在质谱仪领域具有较高的市场认可度。

6.7 工业仪表现状及发展

目前,工业自动化仪器仪表行业的高端市场主要被外资企业占据。高端应用场景复杂,技术性能指标较高,市场主要被外资品牌垄断,行业参与者包括艾默生、ABB、西门子、霍尼韦尔、横河、E+H 等,其技术水平代表国际一流水平;工业自动化仪器仪表中端市场以大中型国内企业和国内部分合资企业为主,大中型国内企业和国内部分合资企业通过技术引进和自主研发,技术水平处于国内领先,部分产品技术达到国际先进水平。但随着工业 4.0 的推进和物联网技术的发展,仪器仪表设备正向智能化、自动化方向迈进。传感器、控制器、监测系统等设备集成了更多的智能功能,能够实现实时监测、远程控制,并自动进行数据分析和报警。因此,仪表的安全性至关重要,包括内部零部件的安全,以及重要部位仪表的国产化。大力倡导使用国产设备,采用自主可控、源自本土的技术和产品,才能从根本上保障信息安全和国家利益。随着扶持国产设备等国家政策的推动,国产设备替代进口仪表是未来仪表发展的主旋律。回顾已经实现进口替代的细分领域的成功经验,国产替代进口产品的速度将大幅提升,对进口产品的依赖将进一步降低。

在国内仪表企业中,川仪股份是国内工业自动控制系统装置制造业的龙头企业,其产品覆盖工业自动化仪表及控制装置的各大品类。主营业务是工业自动控制系统装置及工程成套,包括智能执行机构、智能变送器、智能调节阀、智能流量仪表、温度仪表、物位仪表、控制设备及装置、分析仪器等。另外,上海自动化仪表厂和西安仪表厂都是国内仪器仪表制造基地。上海自动化仪表厂后被上海电气收购,主要产品有温度仪表、压力仪表、压力变送器、电动执行机构、调节阀门、物位仪表等。在控制阀领域,宁夏吴忠仪表厂是老牌优秀企业,后被中国自动化集团收购,引进先进制造控制阀技术,逐渐成为控制阀高新技术企业。在国内民企中,杭州中控技术是国产分布式控制系统(DCS)的龙头企业,主要产品有变送器、控制阀、安全栅和分析仪等。无锡智能自控是智能控制阀企业,上海威尔泰主要生产变送器和流量计等自动化仪表。

7 控制器

7.1 控制器概述

如第一篇中所述，控制器是构成控制系统的重要环节，它将来自测量变送环节的信号与设定值信号进行比较，得到当前时刻的控制偏差，经过控制算法运算后，给出控制信号到执行器，执行器根据控制信号进行动作，实现对温度、压力、液位、流量等各种被控变量的控制。由此可见，控制器决定了控制系统的调整方向和控制强度，它的选型和设计决定着控制系统的控制性能。

早期的控制器采用由输入电路、PID 电路、输出电路、软/硬手操电路、指示电路等组成的电动模拟调节器。它具有内外给定切换、正反作用选择、PID 运算和调节、手动操作、输出显示、偏差显示等功能，是电动单元组合仪表中起控制器作用的仪表。单元组合式仪表是指将控制系统整套仪表按照功能划分成若干独立的单元，各单元之间用统一的标准信号连接。具体来说，控制系统中测量变送单元的输出、控制单元的输入和输出、执行单元的输入，均采用统一的标准信号。单元组合仪表分为电动单元组合式仪表和气动单元组合式仪表，其标准信号分别为统一范围的电信号和气信号。虽然目前不再提及单元组合仪表的概念，但工业上的各种仪表、阀门、信号传输模块等器件的模拟量信号，仍沿用了 DDZ-Ⅲ型电动单元组合仪表的 4～20 mA 标准电信号和气动单元组合式仪表的 0.02～0.1 MPa 标准气信号。

随着微处理器技术的高速发展，电动模拟调节器已退出历史舞台。目前，工业上广泛采用的是以微处理器为核心的控制器，如数字式控制器、工业控制计算机、集散控制系统、可编程控制器等。一套控制系统的规模可达几百至上千个回路，其控制算法也不局限于 PID 算法，可通过编程实现各种复杂的智能控制策略，也可通过回路间的信息交换实现复杂的协调控制。具有通信功能的控制器是与各种智能设备构成的工业控制网络中的一个节点，它的作用不只是实施控制策略，还可与过程优化、调度、监控、故障诊断等功能集成，形成综合自动化系统。本章主要介绍控制器的控制算法功能，其他功能的介绍在第三篇综合自动化部分再展开。

7.2 控制算法

在自动控制系统中，控制器输出的控制信号决定了执行器的动作方向和动作幅度。因此，控制信号决定了控制系统能否克服扰动，使被控变量跟踪设定值。决定控制器输出信号的是控制器内部的控制算法。控制算法指的是控制器的输出信号与输入信号之间的函数关系。在相同测量值的情况下，不同控制算法会产生不同的输出控制信号。

控制器的常见控制算法有位式控制、比例积分微分控制(PID)、预测控制、模糊控制等。尽管智能控制算法近年来得到了长足的研究和应用,但在过程工业中,绝大多数仍为 PID 控制,大约占到 90%。

在图 7-1 所示的单回路控制系统中,控制器的输入信号为给定值 x 与测量值 z 相比较后产生的偏差信号 $e=x-z$,控制器的输出信号为送往执行器的控制信号 p,这是分析控制系统时的定义。但在控制器作为控制仪表时,习惯上采用的偏差 e 定义是测量值减去给定值,也就是 $e=z-x$。

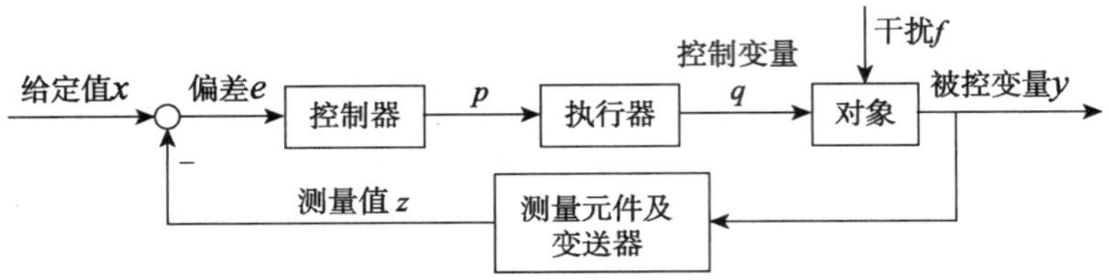

图 7-1　单回路控制系统方框图

在研究控制器的控制算法时,往往假定输入偏差 e 是一个初值为零的阶跃信号,而输出信号通常指的是控制器输出量的变化量 Δp。

若 $e>0$ 时,对应的输出信号变化量 $\Delta p>0$,则称控制器为正作用算法;反之,若 $e<0$ 时,对应的输出信号变化量 $\Delta p>0$,则称控制器为反作用算法。对于 PID 控制,正反作用在控制算法函数关系上表现为表达式前添加“+”号或“−”号。正反作用的选择主要依据使控制系统成为负反馈的原则。对于其他智能控制算法,正反作用不一定直接体现在函数表达式中,可能包含在优化算法(预测控制)或控制规则(模糊控制)中。

7.2.1　位式控制

位式控制中最常用的是双位控制,控制算法为

$$\begin{cases} p=p_{\max} & e>0 \\ p=p_{\min} & e\leqslant 0 \end{cases} \tag{7-1}$$

如图 7-2 所示,当测量值大于设定值时,控制器的输出为最大(或最小);当测量值小于设定值时,控制器的输出为最小(或最大)。控制器只有两个输出值,相应的执行机构如果为阀门,则只有开和关两个极限位置,因此又称开关控制。

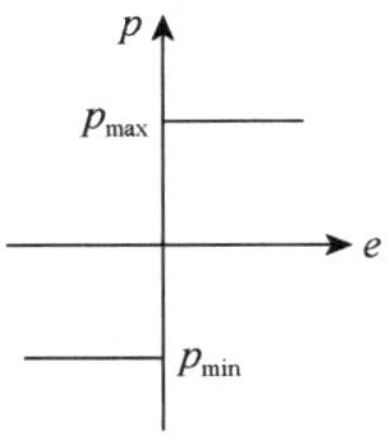

图 7-2　理想双位控制特性

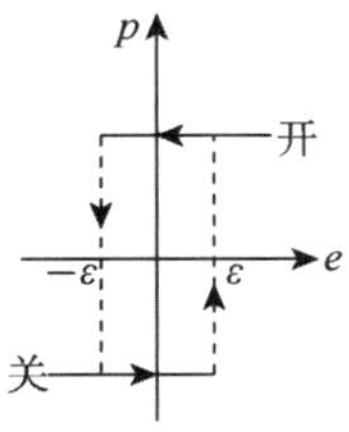

图 7-3　实际双位控制特性

在双位控制系统中,由于执行机构开关动作非常频繁,系统中的运动部件(继电器、

电磁阀等)容易损坏,因此实际的双位控制具有一个中间区。其控制特性如图 7-3 所示。偏差大于零时,输出在某一数值 ε 范围内保持不变,直到大于 ε 后,输出才变为最大,执行机构处于全开的位置;偏差小于零时,在某一数值 $-\varepsilon$ 范围内保持不变,直到小于 $-\varepsilon$ 后,输出才变为最小,执行机构处于全关的位置。

双位控制常用于对控制精确度要求不高的场合,如液位控制中,如果进液阀为控制阀,当实际液位高于设定值时关闭阀门,当实际液位低于设定值时阀门开到最大。双位控制中,阀门可不用调节阀而采用双位电磁阀等价格相对便宜的阀门。

7.2.2　PID 控制

理想的 PID 控制算法可用下式表示

$$\Delta p = K_{\mathrm{P}}\left(e + \frac{1}{T_{\mathrm{I}}}\int_0^t e\,\mathrm{d}t + T_{\mathrm{D}}\frac{\mathrm{d}e}{\mathrm{d}t}\right) \tag{7-2}$$

或用传递函数表示为

$$W(s) = \frac{\Delta p(s)}{E(s)} = K_{\mathrm{P}}\left(1 + \frac{1}{T_{\mathrm{I}}s} + T_{\mathrm{D}}s\right) \tag{7-3}$$

式(7-2)和式(7-3)中,第一项为比例(P)部分,第二项为积分(I)部分,第三项为微分(D)部分,各参数意义如下:

K_{P}——控制器的比例增益;

T_{I}——控制器的积分时间,s 或 m;

T_{D}——控制器的微分时间,s 或 m。

对上式还需说明两点:

(1) 控制算法通常是用增量的形式来表示的,若用实际输出 p 来表示,则应写为

$$p = K_{\mathrm{P}}\left(e + \frac{1}{T_{\mathrm{I}}}\int_0^t e\,\mathrm{d}t + T_{\mathrm{D}}\frac{\mathrm{d}e}{\mathrm{d}t}\right) + p_0 \tag{7-4}$$

式中,p_0 是控制器输出的起始值,即 $e=0$,$\frac{\mathrm{d}e}{\mathrm{d}t}=0$ 时的输出值,常称为稳态工作点。

(2) 式(7-2)和式(7-3)是控制器为正作用时的输出表达式。若为反作用,则在 K_{P} 的前面加负号即可。为方便起见,在讨论各种 PID 控制算法时,设控制器处于正作用状态。

下面分别介绍 PID 控制器的各种控制算法。

1) 比例控制

只有比例作用的控制器,称为 P 控制器。对 PID 控制器而言,当积分时间 $T_{\mathrm{I}} \to +\infty$,微分时间 $T_{\mathrm{D}}=0$ 时,控制器呈比例控制特性。比例控制器输出与输入的关系式为

$$\Delta p = K_{\mathrm{P}}e \tag{7-5}$$

式中,K_{P} 为控制器的比例增益,是一个可调节的放大倍数。在实际控制器中,常用比例度(或称比例带)δ 来表示比例作用的强弱。对于输入和输出均为 4~20 mA 标准信号的控制器来说,比例度就是比例增益的倒数,即 $\delta=1/K_{\mathrm{P}}$。比例度越大,比例增益越小。

在研究控制器的控制算法时,人们往往给控制器输入一个阶跃偏差信号,研究输出

信号的变化规律。对比例控制器而言，在阶跃正偏差信号作用下的输出响应特性数据如图 7-4 所示，输出幅度的大小取决于 K_P 值的大小。

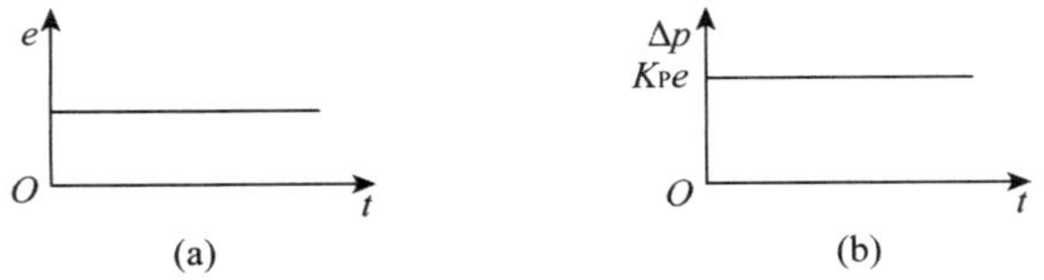

图 7-4 比例控制器的阶跃特性

由于 P 控制器的输出与输入成比例关系，只要有偏差存在，控制器的输出立即与输入成比例地变化。因此，比例控制作用及时且迅速，这是它的一个显著特点。但是，这种控制器用在控制系统中会使系统出现余差。也就是说，当被控变量受干扰影响而偏离设定值后，不可能再回到原先的数值上，因为如果控制系统没有余差，则偏差 e 为零，控制器的输出保持 p_0 不变，控制通道的输出保持原稳态输出，无法克服扰动对输出的影响。因此，比例控制器一般用在干扰较小且允许有余差的系统中。

为了减小余差，可增大比例增益 K_P。但是，增大 K_P 将使系统的稳定性变差，容易产生振荡。

在图 7-5 中，曲线 2 表示被控变量发生等幅振荡的情况，此时的比例度称为临界比例度 δ_k；比例度小于 δ_k，会形成发散振荡如曲线 1 所示；比例度大于 δ_k 并增大到适当值时，过渡过程曲线比较理想，既没有太大的余差，又没有激烈的振荡，如曲线 3 所示；比例度太大时，被控变量变化缓慢，有较大的余差，如曲线 4 所示。我们希望得到的是被控变量比较平稳且余差不大，衰减比在 4∶1～10∶1 的曲线，如曲线 3 所示。

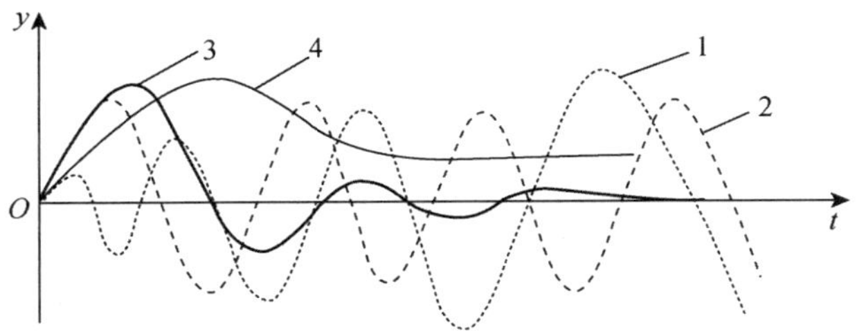

图 7-5 比例度对过渡过程的影响

2）PI 控制

具有比例积分控制算法的控制器称为 PI 控制器。对 PID 控制器而言，当微分时间 $T_D=0$ 时，控制器呈 PI 控制特性。PI 控制器输出与输入之间的表达式为

$$\Delta p = K_P\left(e + \frac{1}{T_I}\int_0^t e\,\mathrm{d}t\right) \tag{7-6}$$

或用传递函数表示为

$$W(s) = K_P\left(1 + \frac{1}{T_I s}\right) \tag{7-7}$$

控制器的输出 Δp 可表示为比例作用的输出 Δp_{P} 与积分作用的输出 Δp_{I} 之和：

$$\Delta p = \Delta p_{\mathrm{P}} + \Delta p_{\mathrm{I}} \tag{7-8}$$

积分输出项表明，只要偏差存在，积分作用的输出就会随时间不断变化，直到偏差消除，控制器的输出才会稳定下来。这就是积分作用能消除余差的原因。

式(7-8)还表明，积分作用输出变化的快慢与输入偏差 e 的大小成正比，而与积分时间 T_{I} 成反比。T_{I} 越短，积分速度越快，积分作用就越强。在相同比例度下，积分时间对过渡过程的影响如图 7-6 所示。

在图 7-6 中，曲线 2 表示积分时间 T_{I} 大小适当，此时被控变量的过渡过程比较理想；曲线 1 表示积分时间 T_{I} 太小的情况，虽然消除余差很快，但系统振荡加剧；曲线 3 表示积分时间 T_{I} 太大的情况，积分作用不明显，余差消除很慢。当积分时间 T_{I} 为无穷大时，就没有积分作用，成为纯比例控制器了。

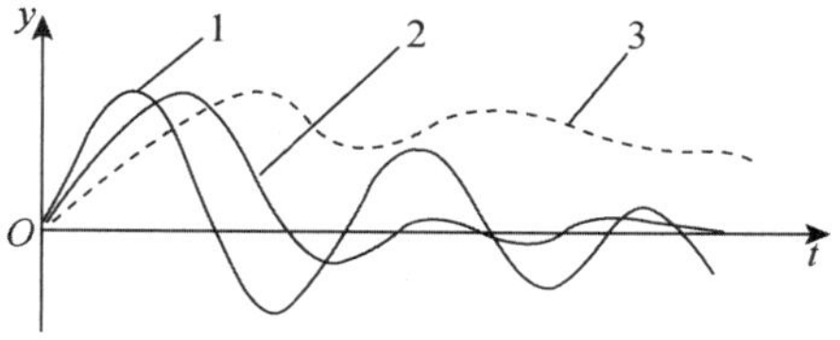

图 7-6　积分时间对过渡过程的影响

由于积分输出是随时间积累而逐渐增大的，故积分控制的控制动作缓慢，控制不够及时，系统的稳定裕度下降。因此，积分作用一般不单独采用，而是与比例作用组合起来构成 PI 控制器。

在阶跃偏差作用下，PI 控制器的输出随时间变化的表达式为

$$\Delta p = K_{\mathrm{P}}\left(1 + \frac{t}{T_{\mathrm{I}}}\right)e \tag{7-9}$$

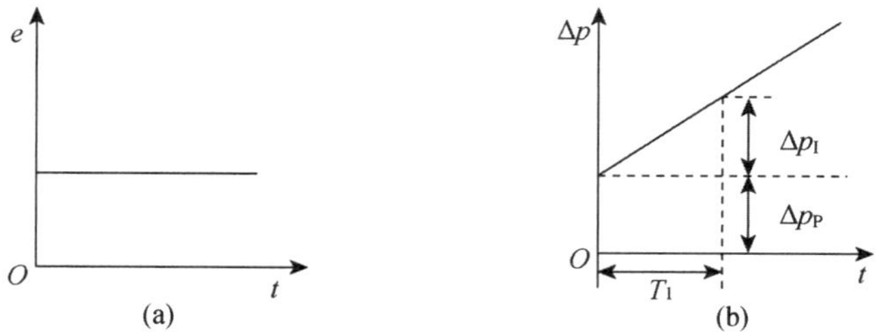

图 7-7　PI 控制器的阶跃特性

控制器的阶跃响应曲线如图 7-7 所示。在阶跃正偏差信号加入的瞬间，输出突跳至某一值，这时比例作用 $\Delta p_{\mathrm{I}} = K_{\mathrm{P}}e$；以后随时间不断增加，为积分作用，则得 $\Delta p_{\mathrm{P}} = K_{\mathrm{P}}e\dfrac{t}{T_{\mathrm{I}}}$。若在图 7-7 中取积分作用输出等于比例作用输出的点，$\Delta p_{\mathrm{I}} = \Delta p_{\mathrm{P}}$，即

$$K_{\mathrm{P}}e = K_{\mathrm{P}}e\frac{t}{T_{\mathrm{I}}} \tag{7-10}$$

这时,可得 $T_I=t$,这就是定义和测量积分时间的依据。也就是说,在阶跃信号作用下,积分作用的输出值变化到与比例作用的输出值相等时所经历的时间,即为积分时间,如图 7-7 所示。

3) PD 控制

具有比例微分控制算法的控制器为 PD 控制器。对 PID 控制器而言,当积分时间 T_I 取无穷大时,控制器呈 PD 控制特性。

(1) 理想 PD 控制器

理想 PD 控制器的控制算法表达式为

$$\Delta p = K_P\left(e + T_D \frac{de}{dt}\right) \tag{7-11}$$

或用传递函数表示为

$$W(s) = K_P(1 + T_D s) \tag{7-12}$$

式(7-11)中,包括比例作用的输出 $K_P e$ 和微分作用的输出 $K_P T_D \frac{de}{dt}$ 两部分。

微分输出的大小与偏差变化速度 de/dt 及微分时间 T_D 成正比。微分时间越长,微分作用就越强。微分时间对过渡过程的影响如图 7-8 所示。

在图 7-8 中,曲线 2 表示微分时间大小合适的过渡过程;曲线 1 表示微分时间太大,微分作用太强,引起被控变量剧烈振荡的过渡过程;曲线 3 表示微分时间太小,对惯性大的调节对象的调节不够及时的过渡过程。

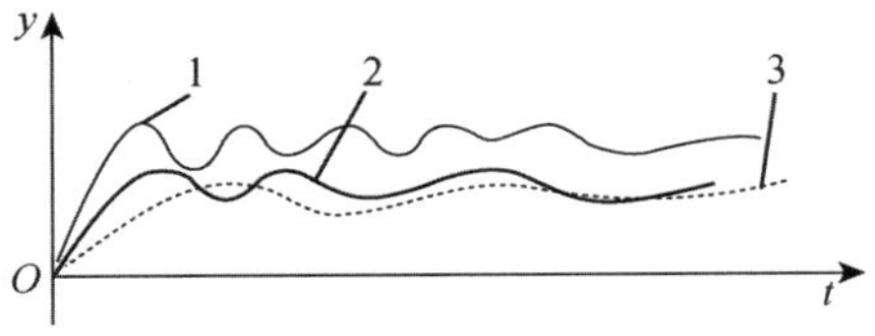

图 7-8 微分时间对过渡过程的影响

微分作用是根据偏差变化速度进行控制的,即使偏差很小,只要出现变化趋势,马上就有控制作用输出,故有超前控制之称。在温度、成分等滞后较大的控制系统中,往往引入微分作用,以改善控制过程的动态特性。但是,微分作用的输出不反映偏差的大小,即使偏差很大,只要没有变化,输出就为零。因此,微分作用一般不单独采用,而是与比例或比例积分组合使用。

当偏差为阶跃信号时,在出现阶跃的瞬间,偏差变化速度很大,理想 PD 控制器的输出也非常大。这在实际中是难以实现的,所以在工业上使用的是实际 PD 控制器。

(2) 实际 PD 控制器

实际 PD 控制器的传递函数为

$$W(s) = K_P \frac{1 + T_D s}{1 + \frac{T_D}{K_D} s} \tag{7-13}$$

式中，K_D——微分增益。

这相当于在理想 PD 控制器中串接了一个一阶惯性环节。在阶跃偏差信号作用下，实际 PD 控制器的输出为

$$\Delta p = K_P e\left[1+(K_D-1)\exp\left(-\frac{K_D}{T_D}t\right)\right] \tag{7-14}$$

控制器的阶跃响应曲线如图 7-9 所示。由图可知，在阶跃输入作用下，控制器输出的初始值为 $K_P K_D e$，主要由微分作用产生。响应曲线按指数规律下降，最后稳定在 $K_P e$，即比例作用的输出。

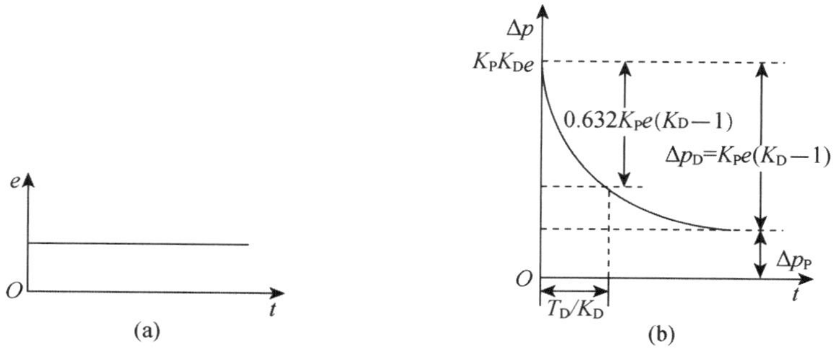

图 7-9 实际 PD 控制器的阶跃特性

微分增益 K_D 表示在阶跃信号的作用下，PD 控制器输出变化的初始值与最终值之比，即

$$K_D=\frac{\Delta p(0)}{\Delta p(\infty)} \tag{7-15}$$

微分增益越大，微分作用就越趋近于理想。在电动控制器中，一般 K_D 取 5～10。

下面讨论在实际 PD 控制器中微分时间 T_D 的测定方法。

实际 PD 控制器的输出同样可看作 Δp_P 和 Δp_D 两部分之和。当 $t=\frac{T_D}{K_D}$时，从式(7-14)中可得微分部分的输出值为

$$p_D\left(\frac{T_D}{K_D}\right)=K_P e(K_D-1)\exp(-1)=0.368K_P e(K_D-1) \tag{7-16}$$

实际 PD 控制器的输出值下降了 $K_P e(K_D-1)-0.368K_P e(K_D-1)=0.632K_P e(K_D-1)$。

因此，微分时间常数 T_D/K_D 的意义就是，在阶跃信号的作用下，实际 PD 控制器的输出从最大值下降了微分输出幅度的 63.2%所经历的时间。该时间常数再乘微分增益 K_D 即为微分时间 T_D。

4) PID 控制

理想 PID 控制器的控制算法表达式和传递函数已在式(7-2)和式(7-3)中分别给出。实际 PID 控制器的表达式要复杂得多。

实际 PID 控制器的阶跃响应曲线如图 7-10 所示。该曲线是由 PI 阶跃响应特性和

PD阶跃响应特性叠加而成的。从图中可求得控制器的比例增益、积分时间和微分时间等参数。

PID控制器集比例、积分和微分的优点于一身，既能快速进行控制，又能消除余差，具有较好的控制性能。在实际使用中，要适当调整比例度、积分时间、微分时间，才能获得理想的过渡过程曲线。

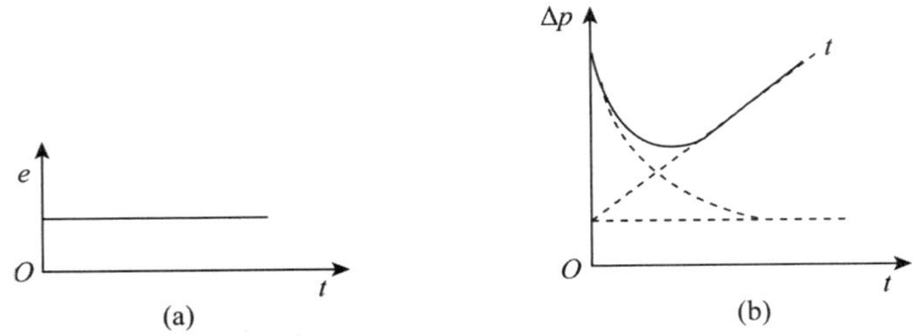

图7-10　实际PID控制器的阶跃特性

7.2.3　离散PID控制算法

在模拟调节器中，控制器的输入和输出是连续变化的，采用7.2.2节中的连续PID控制算法。但是，目前工业上大量应用的控制器是以微处理器为核心的数字控制器。在这些控制系统中，被控变量的测量和控制作用的施加都是周期性的，控制器的输入和输出均为离散的数字量。系统处理变量的周期间隔称为采样周期。如果在这些控制系统中采用PID控制，则需使用离散PID算法。

离散PID控制算法的表达形式为

$$u(k)=K_P\left\{e(k)+\frac{T}{T_I}\sum_{j=0}^{k}e(j)+\frac{T_D}{T}[e(k)-e(k-1)]\right\}+u_0 \tag{7-17}$$

式中，u_0是初始值，T为采样周期，$u(k)$为k时刻控制器的输出，它对应于执行机构的位置，故称为位置式算法。在计算过程中，需要累加输入误差$\sum_{j=0}^{k}e(j)$，这不仅计算费时，且占用的内存较多。此外，计算机的任何故障都会使执行机构大幅度变化，这显然对于安全生产不利，因此必须改进以上算法。

由式(7-17)可写出前一时刻的输出量。

$$u(k-1)=K_P\left\{e(k-1)+\frac{T}{T_I}\sum_{j=0}^{k-1}e(j)+\frac{T_D}{T}[e(k-1)-e(k-2)]\right\}+u_0 \tag{7-18}$$

将式(7-17)减去式(7-18)得到第k时刻的输出增量

$$\begin{aligned}\Delta u(k)&=K_P\left\{[e(k)-e(k-1)]+\frac{T}{T_I}e(k)+\frac{T_D}{T}[e(k)-2e(k-1)+e(k-2)]\right\}\\&=K_P[e(k)-e(k-1)]+K_Ie(k)+K_D[e(k)-2e(k-1)+e(k-2)]\end{aligned} \tag{7-19}$$

式中，K_I——积分系数，$K_I=K_P\dfrac{T}{T_I}$；

K_D——微分系数，$K_D = K_P \frac{T_D}{T}$。

实际输出量应为

$$u(k) = u(k-1) + \Delta u(k) \tag{7-20}$$

式(7-20)称为离散 PID 的增量式算法，虽与式(7-17)算法相比只做一点改变，但带来了不少优点：① 计算机只输出增量，误动作时影响小，必要时可增设逻辑保护；② 手动/自动切换时冲击小；③ 算式不需要累加，只需记住 4 个历史数据，即 $e(k-2)$、$e(k-1)$、$e(k)$和 $u(k-1)$，占用内存少，计算方便。在实际系统中，如果执行机构为步进电机，则可以自动完成式(7-20)的计算功能。

7.2.4　预测控制

在过程工业中，由于过程的大型化、非线性、大时滞、变量耦合、特性时变以及部分参数不可测等，常规 PID 控制可能达不到理想的控制要求。因此，广大学者和工程技术人员不断探索新的控制算法，以满足过程工业对更复杂和精细控制的需求。其中，预测控制算法是一种在过程工业中得到广泛应用的有效先进控制策略。典型的预测控制算法主要有模型算法控制(MAC)、动态矩阵控制(DMC)和广义预测控制(GPC)。本节重点介绍工业应用最广泛的动态矩阵控制。

预测控制算法的基本原理如图 7-11 所示。主要包含 4 个环节：预测模型、参考轨迹、滚动优化和反馈校正。

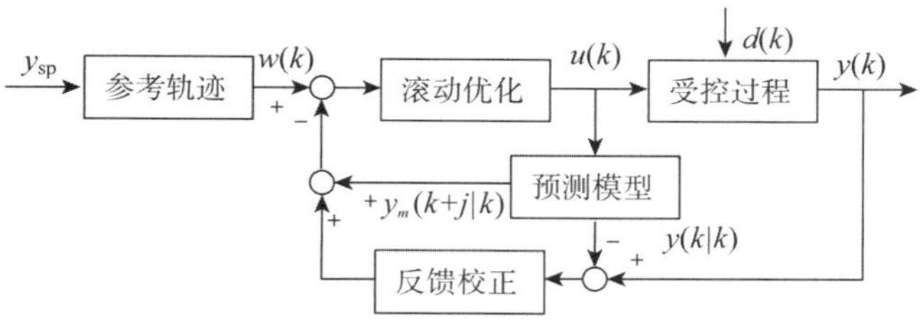

图 7-11　预测控制算法的基本原理

(1) 预测模型

预测模型根据过去时刻的输入和输出，以及未来时刻的输入，预测未来一段时间内的对象输出。

(2) 参考轨迹

根据被控变量的设定值和当前时刻的输出测量值，计算出未来一段时间内的期望输出。

(3) 滚动优化

在任一时刻，根据未来预测时域内的预测输出与参考轨迹之间的偏差，优化计算未来控制时域内的控制变量序列。将最优序列中当前时刻的控制量施加于被控对象。到下一时刻，系统又以下一时刻为起点优化计算控制时域内的最优控制量序列。导致基于如此循环，随时间不断滚动优化。滚动优化是预测控制的一个重要特征。

（4）反馈校正

由于工业过程的复杂性，预测模型往往并不非常精确，导致基于模型的预测输出会存在误差。此外，实际扰动的存在也使模型输出与实际输出存在误差。所以预测控制算法引入了反馈校正环节，通过闭环优化以修正预测输出。

下面以动态矩阵控制为例来介绍。

1）预测模型

动态矩阵控制中采用的预测模型是单位阶跃响应模型，如图 7－12 所示，以各个采样时刻的幅值 $a_1,a_2,\cdots,a_N$ 表示，N 称为模型截断长度。

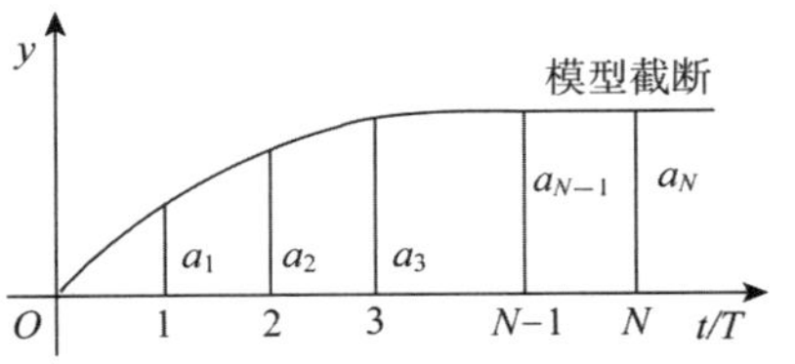

图 7－12　单位阶跃响应曲线

基于这个预测模型，可以用对象过去和未来的输入、输出数据，预测得到未来的输出 $y_m(k+j)$：

$$y_m(k+1)=a_1\Delta u(k)+a_2\Delta u(k-1)+\cdots+a_N\Delta u(k-N+1)+\cdots \tag{7-21}$$

$$y_m(k+j)=\sum_{i=1}^{N-1}a_i\Delta u(k+j-i)+a_N u(k+j-N) \tag{7-22}$$

$$\begin{aligned}y_m(k+j)&=\sum_{i=1}^{j}a_i\Delta u(k+j-i)+\sum_{i=j+1}^{N-1}a_i\Delta u(k+j-i)+a_N u(k+j-N)\\&=\sum_{i=1}^{j}a_i\Delta u(k+j-i)+y_0(k+j)\end{aligned} \tag{7-23}$$

式中，$y_m(k+1)$——$k+1$ 时刻预测模型输出；

$\Delta u(k+j-i)$——$k+j-i$ 时刻的阶跃控制输入；

$u(k+j-N)$——$k+j-N$ 时刻的控制输入；

$y_0(k+j)$——k 时刻以前的控制量造成的输出响应。

定义预测控制中优化控制性能的时间长度为 P，称为预测时域；能够达到控制性能需要的时间为 M，称为控制时域。预测时域内的预测输出表达式为

$$\begin{bmatrix}y_m(k+1)\\y_m(k+2)\\\vdots\\y_m(k+P)\end{bmatrix}=\begin{bmatrix}y_0(k+1)\\y_0(k+2)\\\vdots\\y_0(k+P)\end{bmatrix}+\begin{bmatrix}a_1&0&\cdots&0\\a_2&a_1&\cdots&0\\\vdots&\vdots&\cdots&\vdots\\a_M&a_{M-1}&\cdots&a_1\\\vdots&\vdots&\cdots&\vdots\\a_P&a_{P-1}&\cdots&a_{P-M-1}\end{bmatrix}\begin{bmatrix}\Delta u(k)\\\Delta u(k+1)\\\vdots\\\Delta u(k+M-1)\end{bmatrix} \tag{7-24}$$

与式(7-24)相应的向量形式即为

$$\boldsymbol{Y}_m(k+1)=\boldsymbol{Y}_0(k+1)+\boldsymbol{A}\Delta\boldsymbol{U}(k) \tag{7-25}$$

式中，$\boldsymbol{A}$ 为由单位阶跃响应系数构成的矩阵，称为动态矩阵，这也是动态矩阵控制名称的由来。

2) 反馈校正

预测控制在每个采样时刻，都会利用测量到的过程变量 $y(k)$ 对模型的预测值进行修正，即

$$\begin{aligned} y(k+j) &= y_m(k+j)+h_j[y(k)-y_m(k)] \\ &= y_m(k+j)+h_j e(k) \end{aligned} \tag{7-26}$$

式中，$y(k+j)$——闭环系统的预测输出；

$y_m(k+j)$——预测模型输出；

$e(k)$——k 时刻预测模型输出模型误差，$e(k)=y(k)-y_m(k)$；

$y(k)$——k 时刻对象输出的实际测量值；

$y_m(k)$——k 时刻预测模型的输出值；

h_j——误差修正系数，常令 $h_j=1, j=1,2,\cdots,P$。

反馈校正的向量形式为

$$\boldsymbol{Y}(k+1)=\boldsymbol{Y}_m(k+1)+\boldsymbol{H}e(k)=\boldsymbol{Y}_0(k+1)+\boldsymbol{A}\Delta\boldsymbol{U}(k)+\boldsymbol{H}e(k) \tag{7-27}$$

式中，$\boldsymbol{Y}(k+1)=[y(k+1)\ y(k+2)\ \cdots\ y(k+P)]^{\mathrm{T}}$，$\boldsymbol{H}=[h_1\ h_2\cdots\ h_P]^{\mathrm{T}}$。

由于采用了修正后的预测值作为计算系统最优性能指标的依据，这实际上也是对被控变量的一种负反馈，故称为反馈校正。此时若因系统的时变性或干扰因素的影响而使对象的特性发生了某种变化，预测模型已不能准确地反映对象变化的预测输出值，但通过反馈环节的校正，会使这种情况得到缓解，从而大大提高了整个控制系统的鲁棒性，这也是预测控制得到广泛应用的一个重要原因。

3) 参考轨迹

在预测控制中，如果设定值与系统输出之间的偏差大，优化控制量会控制系统快速向反方向动作，造成较大超调和过渡过程的反复振荡。为了使系统能够平稳控制到设定值，往往在设定值与实际测量值之间折中得到一条期望的输出曲线，称为参考轨迹。参考轨迹的计算公式为

$$\begin{aligned} w(k+1) &= (1-\alpha)y_{sp}+\alpha y(k) \\ w(k+2) &= (1-\alpha)y_{sp}+\alpha w(k+1) \\ &= (1-\alpha^2)y_{sp}+\alpha^2 y(k) \\ w(k+j) &= (1-\alpha^j)y_{sp}+\alpha^j y(k) \end{aligned} \tag{7-28}$$

式中，y_{sp} 为过程变量 $y(k)$ 的设定值；α 称为柔化系数，α 越大，表明参考轨迹越接近测量值，控制过程越平稳；α 越小，表明参考轨迹越接近设定值，控制过程的快速性越好，但稳定性可能变差。在预测时域 P 内，参考轨迹可表示为

$$\boldsymbol{W}(k+1)=[w(k+1)\quad w(k+2)\quad \cdots\quad w(k+P)]^{\mathrm{T}}$$

参考轨迹曲线如图 7－13 所示。

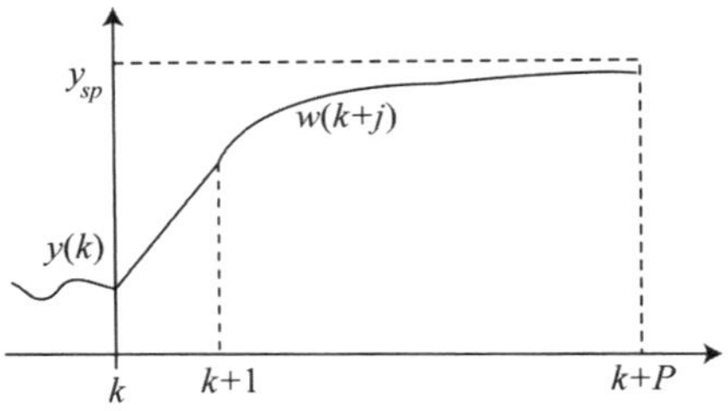

图 7－13　参考轨迹示意图

4）滚动优化

预测控制作为一种最优控制策略，它的目标函数 J 也是使某项性能指标达到最小。最常用的二次型目标函数为

$$\min_{\Delta u} J=\sum_{j=1}^{P} q_j[y(k+j)-w(k+j)]^2+\sum_{j=1}^{M} r_j \Delta u^2(k+j-1) \quad (7-29)$$

向量形式为

$$\min_{\Delta U} J=[\boldsymbol{Y}(k+1)-\boldsymbol{W}(k+1)]^{\mathrm{T}}\boldsymbol{Q}[\boldsymbol{Y}(k+1)-\boldsymbol{W}(k+1)]+\Delta U^{\mathrm{T}}(k)\boldsymbol{R}\,\Delta\boldsymbol{U}(k) \quad (7-30)$$

式中，q_j，r_j 分别称为输出跟踪误差和控制量的加权系数，$\boldsymbol{Q}$、$\boldsymbol{R}$ 为其矩阵形式，$\boldsymbol{Q}=\mathrm{diag}(q_1,q_2,\cdots,q_P)$，$\boldsymbol{R}=\mathrm{diag}(r_1,r_2,\cdots,r_M)$。

把式(7－27)代入式(7－30)的目标函数，并根据最优化理论对 $\Delta\boldsymbol{U}(k)$求偏导，令其等于 0，可以得到当前时刻的最优控制量

$$\Delta\boldsymbol{U}(k)=(\boldsymbol{A}^{\mathrm{T}}\boldsymbol{QA})^{-1}\boldsymbol{A}^{\mathrm{T}}\boldsymbol{Q}[\boldsymbol{W}(k+1)-\boldsymbol{Y}_0(k+1)-\boldsymbol{H}e(k)] \quad (7-31)$$

$\Delta\boldsymbol{U}(k)=[u(k)\ \ u(k+1)\ \ \cdots\ \ u(k+M-1)]^{\mathrm{T}}$ 是最优控制序列向量。但在实际控制中，当前时刻的最优控制量只会使用其中的第一个，即 $u(k)$，到下一时刻，其最优控制量则采用下一时刻重新进行优化计算得到的控制序列中的第一个。

可见，预测控制并不是使用一个不变的全局优化目标函数来一次性地离线获得全局最优解，而是采用滚动的有限时域优化方法，通过在线的反复迭代计算得到一个全局次优解。由于滚动实现的优化对于系统模型时变、干扰等可变因素的影响能及时补偿，因而称其为滚动优化算法。另外，目标函数中还加入了对控制量的约束项[式(7－30)第二项]，它可以防止过大的控制量冲击，以保证系统输出的平稳性。

在实际生产中，各种变量的值都在一定范围内，由式(7－29)或式(7－30)求解得到的优化变量可能会超出实际允许范围，因而不能就施加在对象上。因此，可在式(7－29)或式(7－30)的优化问题中加入对被控变量和控制变量的边界约束，即构成了有约束的优化问题，求解得到的优化控制量即为可行解。

预测控制的基本思想可总结为：首先预测对象未来的输出状态，再以此来确定当前时刻的控制动作，即先预测再控制。由于它具有一定的预测性，且可以处理变量约束，求解得到使性能指标最优的控制量，使得它明显优于传统的先输出后反馈再控制的 PID 控

制系统。

7.2.5　模糊控制

经典控制理论在解决线性定常系统的控制问题时是十分有效的，但应用于具有非线性或大滞后特性的过程时，却无法获得满意的控制效果。可是，即使是一个复杂的生产过程，操作员也能够在仪表输出发生变化时，凭其积累的知识和操作经验（这些是定性和模糊的），采取适当的控制动作，并达到较为满意的控制效果。显然，操作员并不是按照某种精确的控制算法进行计算，人们由此联想，能否模仿人类的控制过程，设计一种控制器，使其能够利用人脑中的经验信息，对于不同的情况做出模糊判断并输出相应的控制规则。实践证明，基于模糊控制理论的模糊控制器能够完成这一任务。与传统的控制相比，它具有实时性好、超调量小、抗干扰能力强、适应性强、稳态误差小等优点。由于模糊控制中包含了人类的控制经验和知识，因此它属于智能控制的范畴。

图 7-14 为模糊控制系统的方块图。

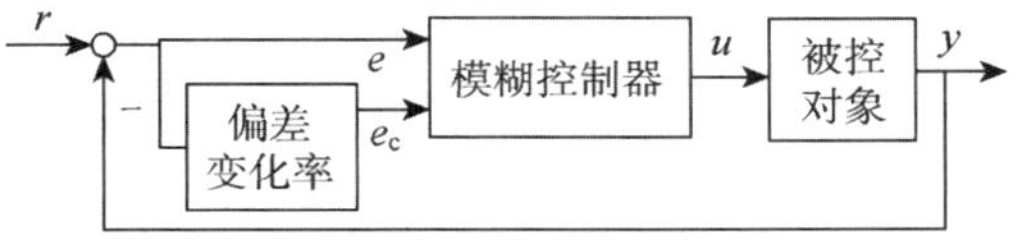

图 7-14　模糊控制系统的方块图

在模糊控制系统中，将从被控对象中测得的被控变量 y 与给定值 r 进行比较，得到偏差 e 和偏差变化率 e_c，并将它们输入模糊控制器中。模糊控制器根据自身的控制规律推断出控制量 u，并作用于控制对象。模糊控制器之所以采用偏差 e 和偏差变化率 e_c 作为输入，从物理概念看，正是考虑到既要根据偏差的量（正负及大小），又要根据偏差的变化速度（趋势）来确定应该采取的控制作用。由于模糊控制理论中采用模糊语言来描述变量，而实际的控制系统中的输入和输出量都是精确的数值信息，因此首先通过模糊化处理，将精确的数值变为模糊语言描述的形式，然后形成推理机控制规则，最后将推理所得的模糊决策精确化为准确的控制值，作用于被控对象。图 7-15 表示了模糊控制器的基本结构。

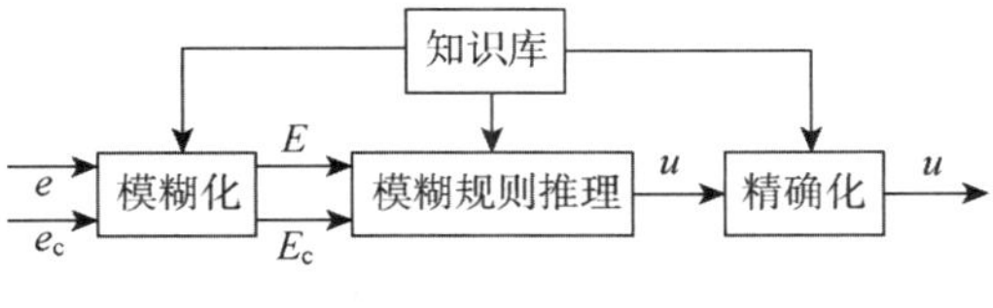

图 7-15　模糊控制器的基本结构

下面就对模糊控制器中的各个模块具体地加以说明。

1）模糊化

这部分的作用是将给定值 r 与输出量的偏差 e 及其变化率 e_c 的精确量转换为模糊化量。首先对 e 和 e_c 进行尺度变换，使其变换到各自的论域范围，再进行模糊处理，使之成为模糊量 E、E_c 并表示为相应的模糊集合。

在模糊控制规则中是由语言变量构成其模糊输入空间的，每个语言变量的取值为一组模糊语言名称，由它们构成了语言名称的集合。在实际控制过程中，经常把一个物理量划分为 PL ——正大(Positive Big)，PM ——正中(Positive Medium)，PS——正小(Positive Small)，ZE——零(Zero)，NS ——负小(Negative Small)，NM——负中(Negative Medium)，NL——负大(Negative Large)，这个过程称为模糊分割，其中每个模糊语言名称即相应于一个模糊子集。然后，确定这些模糊子集的隶属度函数，便可进行模糊化了。

隶属度函数曲线的形状对控制性能的影响较大。当隶属度函数比较"窄瘦"时，控制较为灵敏，反之控制则较粗略和平稳。实际应用中一般都选择三角形或梯形，这样可以减少计算的工作量。当误差较小时，可以增大隶属度函数曲线的斜率，使得控制器在输入变化时能获得较大的灵敏性；若误差较大时，可相应减小隶属度函数曲线的斜率，使隶属度函数取得"宽胖"些。模糊分割及隶属度函数曲线图可参见图 7－16。

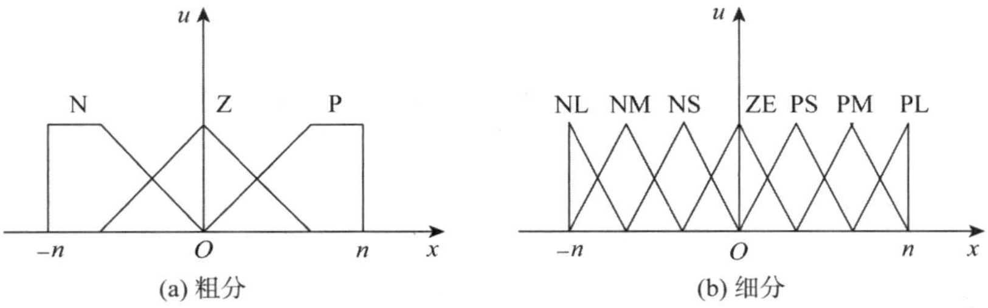

图 7－16　模糊分割及隶属度函数的图形

从隶属度函数的曲线图中我们也能看出，不同隶属度函数的曲线都是相互交叉重叠的。正是因为有了这个相邻隶属度函数的重叠，才使得模糊控制器相对于参数变化具有较强的鲁棒性。

隶属度函数的宽度与位置决定了对应模糊规则的影响范围，而模糊控制器的非线性性能又与隶属度函数的位置分布密切相关，不同的隶属度函数之间还须有一定的重叠，所以在设计语言变量的隶属度函数时需要对它的形状、个数、分布位置以及与其他函数的重叠程度等因素加以考虑。

2）知识库

知识库中包含了具体应用领域中的知识和要求的控制目标，它通常由数据库和模糊控制规则库组成。数据库中主要包括了各语言变量的隶属度函数、尺度变换因子以及模糊空间的分级数等数据信息；规则库则包含了用模糊语言变量表示的一系列控制规则，它们反映了专家的经验和知识。

3）模糊规则推理

这种推理是模糊控制器的核心任务，它具有模拟人的基于模糊概念的推理能力。其还需要依据语言规则进行运算推理，因此，在进行模糊推理之前需要先制定好语言控制规则，即规则库。

模糊控制规则库主要由一系列"IF… THEN…"型的模糊条件语句构成。规则库的建立可通过总结归纳专家或操作人员的经验，也可直接用语言的方法来描述被控对象的动态特性以获得模糊模型，从而建立相应的模糊控制规律。

模糊条件语句的一般形式为：IF X is A and Y is B，THEN Z is C，其中 IF 部分的“X is A and Y is B”称为前件部，是输入和状态；THEN 部分的“Z is C”称为后件部，是推理输出；A、B、C 是模糊集，在实际系统中用隶属度函数来表示。

有了模糊控制规则库，模糊控制器就可以依据这些规则实现控制了。模糊控制规则首先要满足完备性的要求，即对于任意的输入应确保它至少有一个可适用的规则。至于模糊控制规则的数量应该取多少尚无普遍适用的原则，但在满足完备性的前提下，应尽量取较少的规则数以简化模糊控制器的设计与实现。另外，模糊控制规则之间不能出现互相矛盾的情况，即要满足一致性。

该推理的应用目前还没有完整的理论指导，但还是有规律可循的，其中较为常用的有最大最小推理法（MAX-MIN Inference）。其过程可参照图 7－17。

由于规则的质量对于控制品质的优劣起着关键的作用，因此对规则进行优化是十分必要的。优化方法之一是建立合适的规则数和正确的规则形式，而另一个重要的方法就是给每条规则赋上适当的置信因子（Credit Factor），它可以凭经验给出或依据关键模拟试验效果来确定。

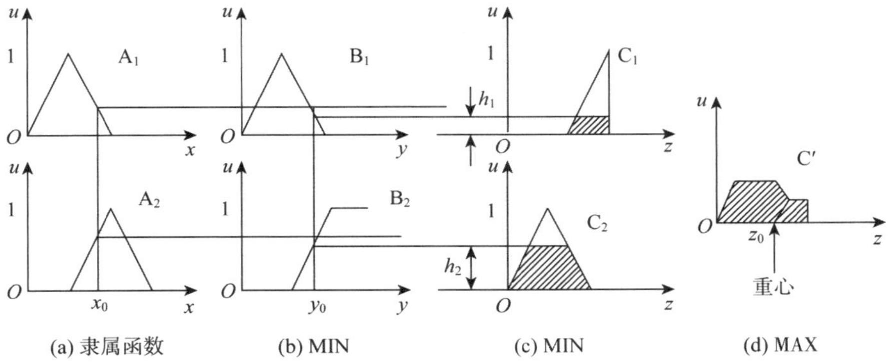

图 7－17 MAX-MIN 推理过程

4）精确化（反模糊化或去模糊化）

精确化是将模糊推理所得到的语言表述形式的模糊量变换为用于控制的精确数值。它首先将模糊的控制量经精确化变换为表示在论域范围的精确量，再经过尺度变换变为实际的控制量。也就是根据输出模糊子集的隶属度计算出确定的输出数据值。精确化的方法较多，其中最简单的一种方法是最大隶属度法，即选择隶属度函数值最大的那个作为系统的精确输出。而在控制技术中目前最常用的是加权平均法（也称重心法，Center of Gravity），计算公式为

$$u=\frac{\sum f(Z_i)Z_i}{\sum f(Z_i)} \tag{7-32}$$

式中，$f(Z_i)$——某个规则结论的隶属度值。

若是连续变量则要用积分形式来表示。

选择精确化的方法，要注意考虑隶属度函数的形状及所采用的规则推理方式等因素。

7.3 数字式控制器

它是以微处理器为核心的控制器。与早期的模拟式调节器相比，除了基本的PID控制功能外，它还具有丰富的运算功能、复杂的控制功能、强大的数字通信功能、灵活方便的操作方式、形象直观的数字或图形显示，以及高度的安全可靠性。因此，数字式控制器在生产过程的连续控制中得到了广泛的应用。典型的数字式控制器构建的单回路控制系统方块图如图7－18所示，其控制原理与第1章中介绍的单回路控制系统完全相同。

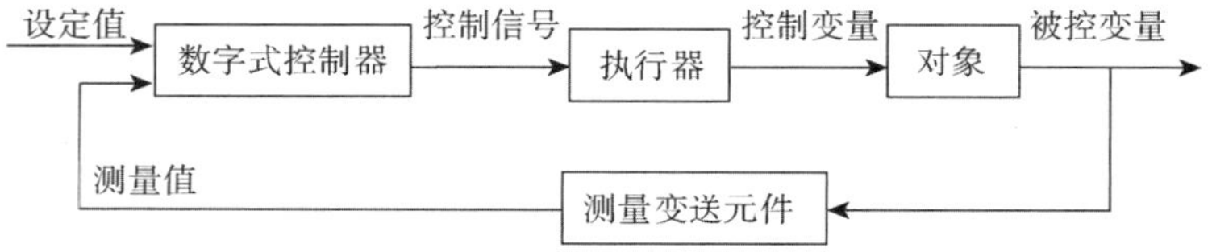

图7－18　数字式控制器构建的单回路控制系统方块图

7.3.1 数字式控制器组成

1）硬件系统

数字式控制器的硬件系统构成框图如图7－19所示，主要包括主机、过程输入通道、过程输出通道、人机联系部件及通信接口电路等部分。

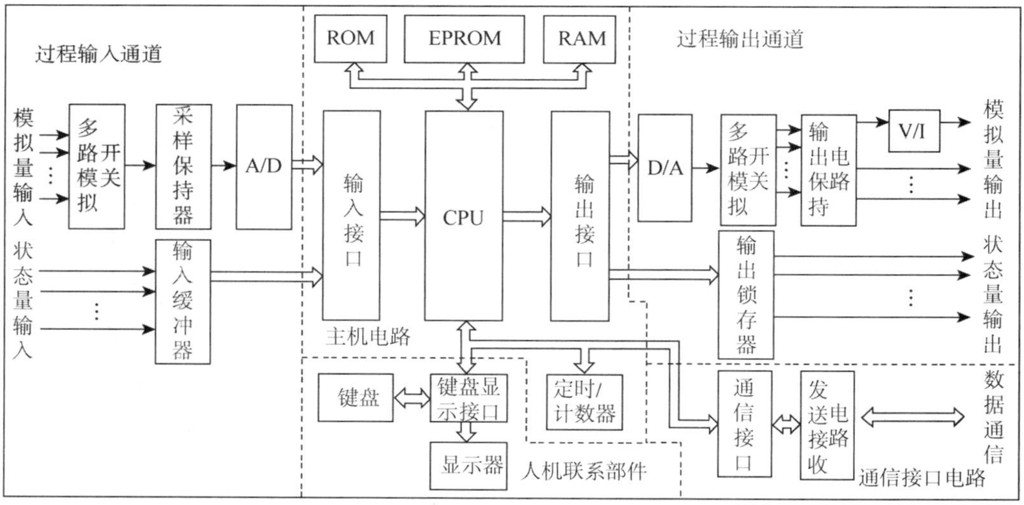

图7－19　数字式控制器硬件结构

主机是整个数字式控制器的中枢，所有的运算、控制、通信功能都是通过主机来实现的。主机部分由中央处理器(CPU)、只读存储器(ROM、EPROM)、随机存储器(RAM)、定时/计数器(CTC)以及输入输出接口(I/O 接口)等组成。

过程输入通道接受模拟量和开关量输入信号，并分别通过模/数转换器(A/D)和输入缓冲器将模拟量和开关量转换成计算机能识别的数字信号，然后经输入接口输入主机。主机在程序控制下对输入数据进行运算处理、判断分析等一系列工作，运算结果经输出接口送到过程输出通道。一路由数/模转换器(D/A)转换成直流模拟电压作为模拟量输出信号，另一路经由锁存器直接输出开关量信号。

人机联系部件和通信接口电路分别用来对系统进行监视、操作和将控制器同其他数字仪表或装置联系起来。人机联系部件中的键盘、按钮用以输入必要的参数和命令，切换运行状态以及改变输出值；显示器用来显示过程参数、设定值、输出值、整定参数和故障标志等。通信接口电路既可输出各种数据，也可接受来自操作站或上位计算机的操作命令和控制参数。

2）软件系统

数字式控制器的软件系统包括系统程序和用户程序两大部分。

系统程序是数字式控制器软件的主体部分，由系统的各种监控程序和中断处理程序组成，表现为各种功能相互独立的功能模块。

在系统软件所提供的大量运算与控制功能模块的基础上，用户可以使用编程语言，如在各种模拟仪表间通过硬接线组成系统那样，把各种程序模块连接起来，实现所需要的功能。这种利用标准功能模块组成系统的做法，在数字控制系统中称为“组态”。用户程序就是连接各功能模块的程序。用户编制用户程序的过程实际上就是系统组态的过程。

7.3.2　厦门宇电 AI-8 系列数字式控制器

高端的智能温控器作为现代工业制造及科学研究不可或缺的部件，其核心技术长期被进口品牌高科技企业所把控。经过多年的不懈努力，厦门宇电不仅在产量规模上实现对进口同类产品的大幅超越，还在高性能的 AI 智能串级温控技术、高抗干扰 20 ms 高速采样、多路高耐压隔离输入、0.001 度高分辨率、百万分之二十五低温漂测量及可编程运算能力等一系列先进技术方面实现了对进口仪表的赶超。在数字式控制器国产化替代方面，厦门宇电成功获得突破，其技术指标全面领先于进口同类产品，真正体现了大国工匠精神。

1）主要特点

厦门宇电 AI-8 系列数字式控制器，适用于对温度、压力、液位、流量等各种工业过程参数的测量、显示和精确控制。其主要特点有：

(1) 自带新型 APID 自整定自适应控制算法，在大滞后、额外扰动等不同应用场合均能实现无超调和无欠调的精确控制。

(2) 具有模块化与平台化结构，多种输入输出模块可供客户选择，几乎不受限制的输入输出类型，给予客户高度自由选择权。

(3) 具有串级控制、自定义密码、AAT 先进快速自整定、50 段程序控制、加热冷却双输出、手自动无扰切换、设定值外给定、外部事件输入、输入多点修正、升降温速率限制、高温炉多段曲线加热功率限制、软启动、变送、报警等丰富功能。

(4) 具有 CT 测量报警功能，选用相应的模块和面板，可实现加热器断线报警、CT 电流值显示等功能。

(5) 支持宇电 AIBUS 及通用 Modbus 通信协议，与通信控制器配合使用，可灵活转换为 TCP、EtherCAT 等通信方式。

(6) 搭配可自带隔离电源的模块，提供全面的输入输出信号隔离解决方案。

2) 基本功能

AI-8 系列数字式控制器功能强大，具有多种信号输入类型、多种信号给定方式、多种控制输出方式和多种调节方式。

(1) 控制器支持多种信号输入类型，主要有以下几种：

① 热电偶：K、S、R、E、J、T、B、N、WRe3-WRe25、WRe5-WRe26 等热电偶；

② 热电阻：Cu_{50}、Pt_{100}、Ni_{120} 等热电阻；

③ 线性电压：0～5 V、1～5 V、0～1 V、0～100 mV、0～20 mV、−5～+5 V、−20～+20 mV 等直流电压；

④ 线性电流(需外接分流电阻或安装 I44 模块)：0～10 mA、0～20 mA、4～20 mA 等直流电流；

⑤ 扩充规格：在保留上述输入规格基础上，允许用户自定义一种额外输入规格的信号。

(2) 控制器支持多种给定方式，主要有以下几种：

① 本机给定方式：可通过面板上的增减键直接修改给定值，也可以加密码锁定不让修改。

② 外部给定方式：外给定是指通过外部模拟量信号来改变仪表的给定值，可实现比例调节、串级调节、手操器等功能。外给定信号固定为 0～5/1～5 V 电压信号。外给定功能有效时，内给定值不起作用，当外给定信号断开时自动切换内给定。

③ 时间程序给定：该给定方式用于需要按一定时间规律自动改变给定值进行控制的场合。它具备 50 段程序编排功能，可设置任意大小的给定值升、降斜率；具有跳转、运行、暂停及停止等可编程/可操作命令，可在程序控制运行中修改程序；具有停电处理模式、测量值启动功能及准备功能，使程序执行更有效率及更完善。

(3) 控制器支持多种控制输出方式，主要有以下几种：

① 继电器触点开关输出(常开+常闭)：250VAC/2A 或 30VDC/2A；

② 可控硅无触点开关输出(常开或常闭)：100～240VAC/0.2 A(持续)；2 A(20 ms 瞬时，重复周期 5 s)；

③ SSR 电压输出：模块可输出 12VDC/30 mA 信号，用于驱动 SSR 固态继电器；

④ 可控硅触发输出：模块可触发 5～500 A 的双向可控硅、两个单向可控硅反并联连接或可控硅功率模块；

⑤ 线性电流输出：0～10 mA 或 4～20 mA(节能型模块最大输出电压≥5.5 V，高压型输出电压≥10.5 V)直流电流输出。

(4) 控制器支持多种调节方式，主要有以下几种：

① 位式调节方式；

② AI 调节，包含模糊逻辑 PID 调节及参数自整定功能的先进控制算法；

③ 标准 PID 调节。

3) 面板操作

(1) 面板说明

AI-8 系列数字式控制器的面板如图 7-20 所示，面板由 8 个部分组成。

① 面板上的 PV 显示窗，显示测量值 PV、参数名称等参数；

② SV 显示窗，显示给定值 SV、报警代号、参数值等参数；

③ MV 显示窗，显示输出百分比 MV 参数；

④ ↺设置键，长按该键可以进入参数设置状态，并具有确认参数修改等功能；

⑤ ◀数据移位键，每按下该键，可在选中的数字之间来回切换，也有定点控制操作功能；

⑥ ▼数据减少键，每按下该键，可让选中的数值减一，也有“运行/暂停”操作功能；

⑦ ▲数据增加键，每按下该键，可让选中的数值加一，也有“停止”操作功能。

⑧ 面板上还有 10 个 LED 指示灯，MAN 灯亮表示处于手动输出状态；PRG 灯亮表示处于“程序运行”状态，闪烁表示处于“等待”功能状态；MIO、OP1、OP2、AL1、AL2、AU1、AU2 灯分别对应相应位置模块输入输出动作；COM 灯闪烁表示正与上位机通信。

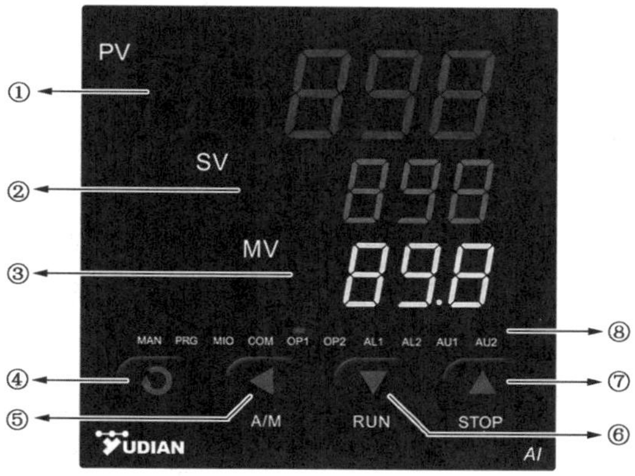

图 7-20　AI-8 系列数字式控制器操作面板

(2)操作说明

① 设置参数：在基本显示状态下，长按↺键约 2 s，即可进入自定义的现场参数设置状态。可直接按◀、▼、▲等键修改参数值。按▼键减小数据，按▲键增加数据，所修改数值位的小数点会闪动(如同光标)。按键并保持不放，可以快速地增加/减少数值，并且速度会随小数点的右移自动加快。也可按◀键来直接移动修改数据的位置(光标)，操作更快捷。按↺键可保存被修改的参数值并显示下一参数，持续按↺键可快速向下；按◀键并保持不放 2 s 以上，可返回显示上一参数；先按◀键不放，接着再按↺键可直接退出参数设置状态；如果没有按键操作，约 25 s 后也会自动退回基本显示状态。

② 设置给定值：如果仪表使用定点控制模式，在下显示窗显示给定值的基本显示状

态下时(如下显示窗显示输出值,可按↻键切换至给定值显示状态),按◀键可进入修改当前给定值状态,再按◀、▼、▲等键可直接修改给定值。

③ 设置程序:仪表使用程序控制模式,在下显示窗显示给定值的状态下,按◀键一下可进入程序设置状态,首先显示的是当前运行段给定值,按↻键则可显示下一个数据,每段程序按“给定值—时间—给定值”的顺序依次排列。即使在程序正在运行时也可以修改程序。

④ 自动/手动控制切换(A/M):在下显示窗显示输出值状态下(如下显示窗显示给定值,可按↻键切换至输出值显示状态),按 A/M 键(即◀键),可以使仪表在自动及手动之间进行无扰动切换。在手动状态且下显示窗显示输出值时,可直接按▲键或▼键可增加及减少手动输出值。通过对 A—M 参数设置,也可使仪表固定在自动状态而不允许由面板按键操作来切换至手动状态,防止误入手动状态。

⑤ 运行控制:需要启动运行控制时,长按▼键约 2 s,使仪表下显示器显示“run”的符号即可。AI-8 系列在停止状态下将启动程序运行。对于 AI-8 系列且参数 PAF. F=1 时,如果仪表已处于程序运行状态,该操作将使程序进入保持运行(Hold)状态,该状态下时间将暂停计时,再执行一次“run”操作可恢复正常运行。

⑥ 停止控制:在下显示窗显示给定值的状态下,长按▲键约 2 s,使下显示器将显示“Stop”的符号即可,仪表停止控制输出。AI-8 系列停止程序运行,并且程序段号参数 STEP 被修改为 1。

7.3.3 仪表间的典型连接方式

电动仪表间的信号传送以电流传送和电压传输两种方式进行。电流传送适用于远距离对单个仪表传送信息,电压传送适用于把同一信息传送到并联的多个仪表。在实际应用中,4~20 mA DC 电流信号主要在现场仪表与控制室仪表相连时应用;在控制室内,各仪表的互相联络采用 1~5V DC 电压信号。控制系统仪表之间的典型连接方式如图 7-21 所示。图中 I_o 为发送仪表的输出电流;R 为电流/电压转换电阻,通常情况下,当 I_o 为 4~20 mA DC 时,R 取 250 Ω。

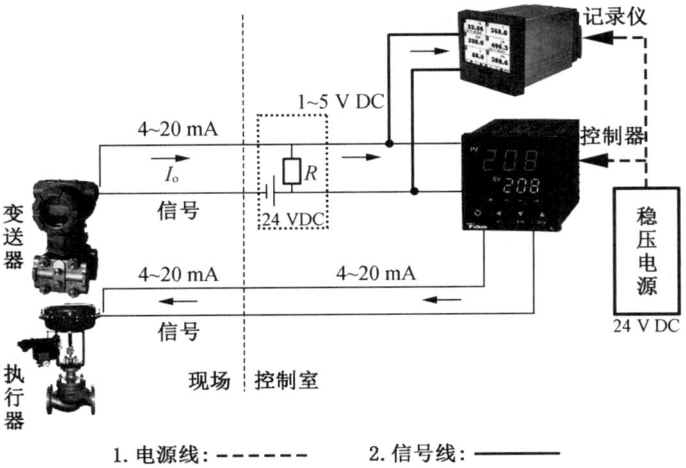

图 7-21 控制系统仪表之间的典型连接方式

7.4　计算机控制

随着计算机技术的快速发展，1962 年开始采用直接数字控制(Direct Digital Control，DDC)，即用一台计算机配以适当的输入输出设备，从生产过程中经输入通道获取信息，按照预先规定的控制算法计算出控制量，并通过输出通道，直接作用在执行机构上，实现对整个生产过程的闭环控制。

20 世纪 60 年代末期，出现了专门用于工业生产过程控制的小型计算机，即工业控制计算机。它是指在工业现场中用于生产过程监测和控制的计算机，这些工业控制计算机弥补了商用计算机的缺点，广泛应用在化工、冶金、医药、纺织等领域，为优化生产过程、节约能源、提高产品质量、提高劳动生产率等生产环节发挥了很大的作用。

7.4.1　计算机控制系统基本组成

过程计算机控制系统的结构类似于图 7－18 所示的单回路控制系统，其中的控制器采用工业控制计算机。由于工业控制计算机不能直接接收来自测量变送环节的 4～20 mA 或 1～5 V 标准信号，因此，测量变送环节的信号送入计算机之前需要模拟量输入模块进行信号调理和转换，通过串口或网口等计算机接口送入计算机，同理，计算机通过控制算法运算的输出结果也需要通过计算机接口送出到模拟量输出模块，转换为执行器可接收的标准信号。典型的过程计算机控制系统的结构形式如图 7－22 所示。

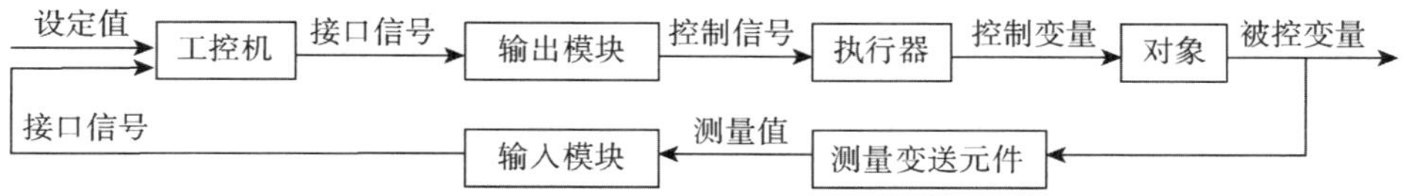

图 7－22　过程计算机控制系统组成原理图

由图 7－22 可以看出，与图 7－18 所示的单回路控制系统相比，计算机控制系统增加了输入模块和输出模块，其他环节完全相同。作为单回路控制系统，计算机控制系统的原理也与常规反馈控制系统完全相同，但计算机内部具有强大的编程功能，因此，可以实现非常复杂的控制算法。此外，计算机控制系统还可接收开关量输入信号，进行逻辑运算产生开关量输出信号，还具备强大的通信功能，可以与其他工业控制设备构建复杂的网络系统，其强大的软件开发功能使用户可以开发复杂的数据处理、数据显示、数据保存以及智能化的数据分析和决策系统。

计算机控制系统除了常规的测量变送元件、执行器、被控对象以外，还包括工控机主机、输入模块、输出模块等器件。

1) 主机

主机由中央处理器和内存组成，是工业控制微型机的主要部分。主机根据输入模块送来的实时反映生产过程工作状况的各种信息，以及预定的控制算法，自动地进行信息处理和运算，及时地运行相应的控制策略，并通过输出模块向生产过程发出控制命令。

主机上的接口实现计算机与输入模块和输出模块的信号传输，常用的接口包括串口、网口和USB口。同时,主机接口也可以与其他网络设备联网构建复杂的监控网络。

工控机的选型可根据工程需要选择,通常,除了特殊的环境需求和安装需求,常规的商用计算机也可以作为计算机控制系统主机选用。

2）输入输出模块

计算机与生产过程之间的信息传递是通过输入输出模块进行的,它在两者之间起到桥梁和纽带的作用。

输入模块包括模拟量输入模块(简称AI模块)和开关量输入模块(简称DI模块),分别用来输入模拟量信号(如温度、压力、流量、液位和成分等)和开关量信号(如设备的运行状态)。

输出模块同样包括模拟量输出模块(简称AO模块)和开关量输出模块(简称DO模块)。AO模块把计算机给出的数字信号转换成模拟信号后再输出,DO模块则直接输出开关量信号或数字量信号。

众多厂家都推出了自己的输入输出模块产品,根据连接至计算机的接口形式有多种类型,可连接的模拟量和开关量信号数量也不同,用户在工程实际中可根据模拟量、开关量点数以及通信接口需求进行选型。

7.4.2 计算机软件

计算机软件通常分为系统软件和应用软件两大类。

系统软件通常包括汇编语言、高级算法语言、过程控制语言、数据结构、操作系统、数据库系统、通信网络软件和诊断程序等。计算机设计人员负责研制系统软件,而过程控制系统设计人员则要了解系统软件并学会使用,从而更好地编制应用软件。

应用软件是系统设计人员针对某个生产过程而编制的控制和管理程序,它的优劣直接影响控制品质和管理水平。应用软件一般包括过程输入程序、过程控制程序、过程输出程序、人机接口程序、打印显示程序和各种公共子程序等。其中,过程控制程序是应用软件的核心,是各种控制算法的具体实现;过程输入、输出程序分别用于过程输入、输出通道,一方面为过程控制程序提供运算数据,另一方面执行控制命令。

国内外一些自动化公司也推出了自己的工业控制软件产品,包括各种建模软件、软测量软件、先进控制软件、过程优化软件等,如Aspen公司推出的流程模拟软件、先进控制软件等均得到了广泛的应用。用户可根据工业需求自行开发应用软件,也可利用这些成熟的工控软件产品进行二次开发完成工程项目。

7.5 可编程控制器

可编程控制器(PLC)是一种以微处理器为核心、源于继电器接触器控制的专用控制器。继电器接触器控制主要用于工业生产中的逻辑顺序控制,如在流水线生产中,各机械设备的动作有先后顺序,可利用继电器、接触器等低压电器设计物理电路,控制各设备的先后动作。PLC以微处理器为核心,通过逻辑编程取代继电器接触器的物理接线,实现逻辑顺序控制,具有灵活性好、可靠性高、编程简单、维修和扩展方便等特征。因此,

PLC 推出后很快取代了继电器接触器控制，并在顺序控制领域得到了广泛的应用。经过了几十年的发展，目前的 PLC 产品早已不局限于顺序控制领域，而是集顺序控制、科学计算、过程控制、运动控制、联网通信等诸多功能于一身，成为强大的控制装置。

7.5.1 可编程控制器的发展

早期的工业设备顺序控制主要由继电器、接触器等低压电器的串并联物理接线实现。随着微处理器技术的发展，1969 年产生了第一台可编程控制器。经过若干年的发展逐步取代了传统的继电器接触器控制。与传统的继电器接触器控制系统相比，PLC 控制具有以下显著优势：

（1）继电器控制靠硬接线实现控制逻辑，接线复杂且体积庞大，而 PLC 用软件编程实现控制逻辑，接线简单。

（2）继电器控制由于接线复杂，查找故障困难，而 PLC 查找故障主要通过检查程序，简单快捷。

（3）生产工艺改变后，继电器控制要重新设计电路和物理接线，而 PLC 只需扩展输入输出点并修改程序，对工艺改变的适应性更强。

（4）继电器控制只能实现顺序控制功能，而 PLC 功能完备，具有继电器控制所没有的计数、科学计算、通信等功能。

正是由于 PLC 的显著优势，第一台 PLC 出现后，PLC 产品像雨后春笋般涌现。美国、日本、德国相继开发了自己的 PLC 产品，大中小规模俱全，而且功能越来越丰富，灵活适用于各种不同规模的应用场合。中国也在 20 世纪 70 年代开发出了国产 PLC 产品。国际上比较知名的 PLC 生产公司有德国西门子、日本欧姆龙、日本三菱、美国罗克韦尔等。在众多的 PLC 知名品牌中，台湾地区成立于 1971 年的台达(Delta)公司占有一席之地。台达 DVP 系列 PLC 以高速、稳健、高可靠度著称，广泛应用于许多工业自动化机械，位列全球 PLC 品牌前二十。中国近年来加速推进国产 PLC 的研发，其中汇川技术、信捷电气是最具代表性的国产品牌。它们在中小型 PLC 应用领域以超高性价比、供货迅速且稳定等优势逐步扩大市场份额。在国产中大型 PLC 领域，由于技术门槛高、控制对象复杂，目前国内能够自主研发生产中大型 PLC 产品的厂家相对较少，只有傲拓科技、中控技术等少数几家掌握拥了自主可控的产品，逐步打破了国外品牌的垄断地位。

目前，PLC 已经成为工业控制领域的重要设备，与 DCS、FCS 等系统互相渗透、互相融合，广泛应用于工业现场。

7.5.2 可编程控制器的应用领域

PLC 最初是针对顺序控制开发的，但经过几十年的发展，其应用领域已经远远不止于顺序控制，其应用主要体现在：

1）顺序控制

它是 PLC 最基本的功能，指针对开关量的逻辑控制，取代传统的继电器接触器控制。

2）运动控制

PLC 可以用来控制步进电机、伺服电机、交流变频器，用于各种机械运动和位置的控制，如机床、装配机械、机器人、电梯等。

3）过程控制

PLC 可以按期望的设定值控制模拟量参数，如本章中讲到的 PID 控制模块即是针对模拟量的过程控制功能，广泛应用于化工、制药、冶金、电力等行业。

4）数据处理

PLC 可以用于科学计算、数据传送、数据比较、数据转换及显示等数据处理，其具有很强的数据处理能力。

5）联网通信

PLC 具有强大的联网通信功能，能够在主机和远程 I/O 之间通信、多台 PLC 之间通信、PLC 与其他智能设备之间通信，还可通过工业控制网与 DCS 等其他系统通信，通过以太网与工厂信息网通信。各厂家的 PLC 都支持串口通信、工业以太网、多种现场总线协议等通信方式。

7.5.3 可编程控制器的硬件

PLC 的结构形式有两种：整体式和模块式，如图 7-23 所示。通常，中小型的 PLC 采用整体式结构，PLC 的 CPU、存储器、输入输出模块、电源等基本单元封装在一个壳体中，如西门子公司的 S7-1200、S7-200SMART、LOGO！系列等。这种结构的基本单元可以满足小规模系统的控制需求，需要扩展功能时，也可通过扩展模块进行扩展。大型 PLC 常采用模块式结构，电源、CPU、输入模块、输出模块等均为相等高度的模块，通过导轨和总线连接器整齐地排列在一起，如西门子公司的 S7-1500 系列。用户可根据需求灵活地选择模块和配置模块数量。

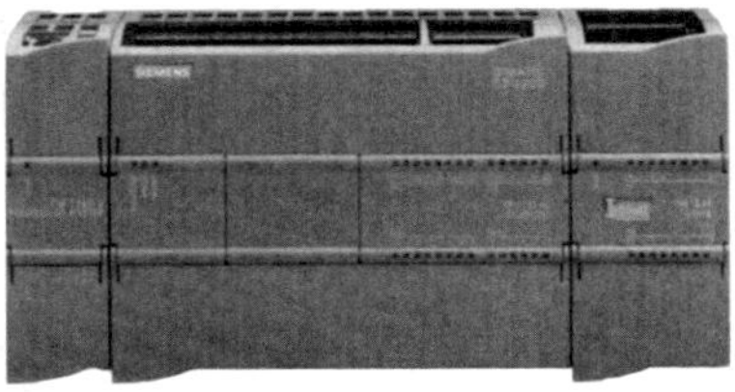

（a）整体式

（b）模块式

图 7-23 PLC 外形结构类型

PLC 主要由基本单元、扩展单元和外部设备 3 部分组成。

1）基本单元

图 7-24 虚线框内为 PLC 基本单元，包括 CPU、存储器、输入模块、输出模块、电源模块 5 个部分。

（1）中央处理器（CPU）

CPU 是 PLC 的核心，其主要操作功能按 3 种不同的工作方式分别为：

① 在编程方式中，接收并存储从编程器送入的用户程序和数据。

② 在运行方式中，以扫描方式接收现场输入装置的状态或数据，并存入输入缓冲区内；在系统软件支持下，为用户提供定时器、计数器及数量众多的内部辅助继电器；解释执行用户程序，产生相应的内部控制信号，并根据程序执行结果更新状态标志和输出缓

冲区的内容；采用集中刷新的方法更新输出控制操作；进行必要的监控和故障自诊断，如电源状态、CPU 及内部电路工作状态、电池失电及输入用户程序的语法控制等。

③ 在监控运行方式中，除按正常方式运行用户程序外，可按监控操作要求，显示指令执行情况或内部器件工作的某些状态。

(2) 存储器

PLC 的存储器分为系统程序存储器和用户程序存储器。前者用来存储 PLC 的操作系统或监控程序，并已经由制造厂家设计和固化在 EPROM 中，用户一般不能直接进入。在 PLC 的说明书中所说的存储容量，是指用户程序存储器的大小。另外，用户程序调试好后可将其固化在 EPROM 或 EEPROM 中。

在用户程序的执行过程中，系统还需要在 RAM 中开辟一个专门区域，存储 I/O 数据和程序运行中间结果。

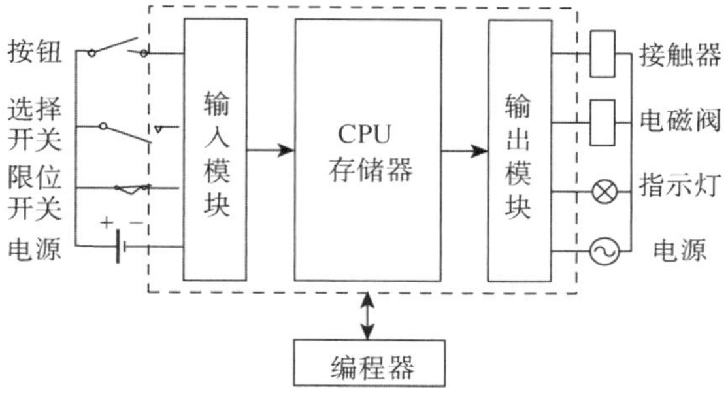

图 7－24　PLC 基本单元

(3) 输入模块

从工业现场传感器输入的操作命令或状态信息，经过输入模块的缓冲和隔离后进入 PLC 的主机。所输入的大多是开关量(如按钮、行程开关和继电器触点的通/断)，也可以是数字量(如拨码开关等)，还有些是模拟量(4～20 mA 电流或 0～5 V 电压)。

(4) 输出模块

PLC 的输出模块把运算处理的结果送至工业过程的现场执行机构，包括数字量输出模块和模拟量输出模块两种。

(5) 电源模块

PLC 的电源模块大致可分为 3 部分：CPU 电源、I/O 模块电源和 RAM 后备电源。通常，构成基本单元的 CPU 与少量的 I/O 模块，可由同一个 CPU 电源供电。扩展的I/O 机架必须使用独立的 I/O 电源。RAM 后备电源有 2 种：一次性电池系统和可充电电池系统。前者的能量密度为后者的 10 倍，目前在 PLC 中使用广泛。

2) 扩展单元

在现代自动化系统中，PLC 往往要与其他设备联网构成复杂的通信网络，不同的设备遵循不同的网络协议，CPU 自带的网络接口往往比较单一，不能满足复杂网络架构需求。为了增加 PLC 产品的开放性，各厂商纷纷开发了扩展的通信接口模块，如 Profibus DP 接口模块、以太网接口模块、Modem 接口模块、无线通信模块等。此外，为了扩展整体式 PLC 的输入输出容量也开发了模拟量和数字量的输入输出扩展模块。

3）外部设备

PLC的外部设备主要是编程器、HMI面板。

(1) 编程器

它是编制、调试用户程序的外部设备。通过编程器可以编辑、修改、上传、下装用户程序。其又分为简易型编程器和智能型编程器两种。简易型的编程器只能连在可编程控制器上使用，一般由简易键盘和发光二极管矩阵或液晶显示器构成；智能型的编程器可以联机使用，也可以脱机使用。近年来，智能型的编程器常采用微型计算机加上相应的应用软件构成，既可以用于编制调试用户程序，又可以完成彩色图形显示、通信联网、打印输出控制和事务管理等多项功能。

(2) HMI面板

它是提供基本操作和监控的触屏设备，常安装在PLC控制柜柜面，组态基本画面或参数后可供本地显示和操作。PLC可以选配不同尺寸和功能的HMI。

7.5.4 可编程控制器的软件系统

可编程控制器的软件系统由系统程序和用户程序两大部分组成。

1）系统程序

该程序它是由可编程控制器的制造厂商编制，并固化在PROM或EPROM中，安装在可编程控制器上，随产品提供给用户。系统程序包括系统管理程序、用户指令解释程序和供系统调用的标准程序模块等。

2）用户程序

它是根据生产过程控制的要求，由用户使用制造厂商提供的编程语言自行编制的应用程序。用户程序包括开关量逻辑控制程序、模拟量运算程序、闭环控制程序和操作站系统应用程序等。

7.5.5 可编程控制器存储区及寻址

由于不同厂商的PLC存储区分配、用户程序结构、编程方式不尽相同。本节以西门子S7-1200 PLC为例介绍。

按照功能用途不同，S7-1200分为如下几类存储区：

(1) 过程映像输入：标识符为"I"，用来存储外部数字量和模拟量输入的状态；

(2) 过程映像输出：标识符为"Q"，用来存储程序运行得到的数字量和模拟量输出的状态；

(3) 位存储器：标识符为"M"，用于存储操作的中间状态或其他控制信息；

(4) 临时存储器：标识符为"L"，功能与M类似，但M在全局范围有效，L在局部范围有效，CPU为每个组织块都提供了临时存储器；

(5) 数据块：标识符为"DB"，用于存储各种类型的数据，包括操作的中间状态或FB的其他控制信息参数，以及许多指令需要的数据结构。

PLC支持的数据类型有位、字节、字、双字、字符串、整数、实数、日期或时间、数组或结构、指针等，上述存储区可按不同的数据类型进行寻址访问。

PLC中的I、Q、M都可以按位访问，且每一位类似于一个电磁式继电器元件，具有线圈、常开触点、常闭触点3个元素。编程时，可以以常开触点、常闭触点访问其状态，也可通过程序改变其线圈的通断状态。当存储位为“1”时，表示其线圈接通，常开触点闭合，常闭触点断开；反之，当存储位为“0”时，表示其线圈断电，常开触点断开，常闭触点闭合。

7.5.6　可编程控制器工作原理

PLC的工作方式是周期扫描方式。在系统程序的监控下，PLC周而复始地按固定顺序对系统内部的各种任务进行查询、判断和执行。这个过程实质上是一个不断循环的顺序扫描过程。一个完整的顺序扫描过程称为一个扫描周期。

S7-1200 PLC的用户程序结构为模块化结构，它将生产过程的技术功能分解成若干子任务，对应于一个称为“块”的子程序。程序通过块与块之间的相互调用来组织。S7-1200主要包括组织块(OB)、功能块(FB)、功能(FC)、背景数据块(DB)、全局数据块。

(1) 组织块(OB)是操作系统与用户程序的接口，决定用户程序的结构。它包括启动组织块、程序循环组织块、中断组织块。启动组织块通常用来完成初始化任务，程序循环组织块相当于用户程序中的主程序，中断组织块用来响应中断事件。OB执行过程中会调用FB/FC。

(2) 功能块(FB)是用户编写的子程序，用于实现不能快速完成的任务，如水泵的控制过程。调用FB时须指定相应的背景数据块。

(3) 功能(FC)也是用户编写的子程序，用于实现频繁且快速完成的任务，如频繁执行的算术运算。

(4) 背景数据块(DB)是用来保存功能块的接口变量和静态变量。

(5) 全局数据块是用来存储公共数据，供所有代码块共享。

图7-25所示是模块化程序的调用过程，OB相当于高级语言中的主程序，由它调用所有的FB和FC。所有程序代码的执行过程是从第一行程序开始执行到最后一行，然后再返回第一行，不断循环顺序扫描执行。其中FB和FC是程序执行到调用指令时执行，而OB的执行是事件触发机制，没有调用OB的指令，只要发生了相应的事件，相应的OB就会被执行。

启动组织块、程序循环组织块、中断组织块分别由不同的事件触发：当CPU从“STOP”转为“RUN”时触发启动组织块；启动模式结束后触发程序循环组织块，CPU循环调用程序循环OB；系统运行过程发生中断事件时触发中断组织块。

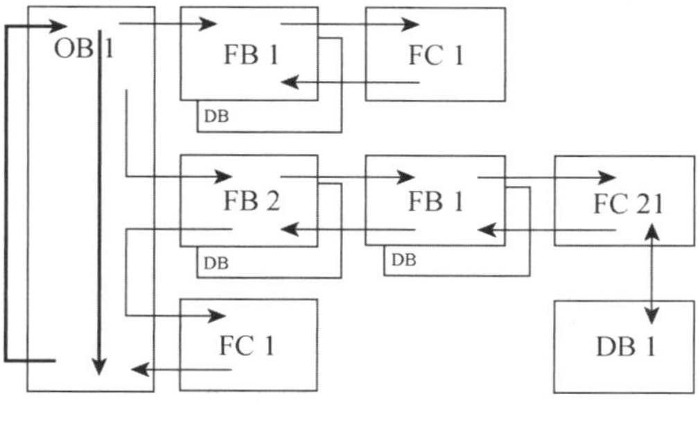

图7-25　S7-1200模块化程序执行过程

7.5.7 可编程控制器工作模式

S7-1200 PLC 的工作模式有 3 种:STOP 模式、STARTUP 模式、RUN 模式。

STOP 模式下不执行任何程序,但用户可以对 PLC 进行项目上传和下载操作。

在 STARTUP 模式下,CPU 一次性按顺序执行如下操作: 首先复位 I 存储区,然后使用上一次 RUN 模式最后的值或替换值初始化输出,然后执行启动 OB,然后将物理输入的状态复制到 I 存储器,将过程映像输出区(Q 区)的值写到物理输出,其间所有中断事件存储到要在 RUN 模式下处理的队列中。

在 RUN 模式中,CPU 周而复始地执行如下扫描周期: (1) 将过程映像输出区(Q 区)的值写到物理输出;(2) 将物理输入的状态复制到 I 存储器;(3) 执行程序循环 OB;(4) 处理通信请求和进行自诊断;最后,在扫描周期的任何阶段处理中断和通信。

可以看出,外部元件状态的输入和外部负载的驱动是在扫描周期的开始集中执行的,在程序执行期间保持不变。如果需要在程序执行期间及时读取外部元件的状态,或把程序执行结果及时输出驱动负载,可采用物理输入输出,如 I0.0:P、Q0.0:P。

7.5.8 可编程控制器编程

1) 编程语言

PLC 有多种编程语言可供使用,不同厂商的 PLC 产品其编程语言是不同的。考虑到 PLC 的主要使用对象是广大电气技术人员,各厂商都开发了梯形图(LAD)编程语言,这也是 PLC 最常用的编程语言。除了梯形图外,指令语句表(IL)、功能块图(FBD)、顺序功能图(SFC)、连续功能图(CFC)也是 PLC 常见的编程语言。指令语句表采用助记符的形式表示操作指令,不同的 PLC 产品采用的指令语句表不同,有的类似于汇编语言,如西门子 S7-200、欧姆龙 PLC 等;有的类似于高级语言,如西门子 S7-1200 PLC 采用类似于高级语言 Pascal 的 SCL 语言,而 S7-300 采用类似于 C++的 STL 语言。功能块图沿用了数字电路逻辑图的表达形式,适合于熟悉数字电路的人员使用。顺序功能图(SFC)对顺序控制的编程非常适用,用步和转换条件将生产过程按流程执行。连续功能图一般用于 PLC 实现过程控制的场合,如 S7-400 PLC。

S7-1200 PLC 的编程语言有 3 种: 梯形图、SCL 语言和功能块图。

(1) 第一种 PLC 的梯形图是由继电器控制演变而来的,其结构类似于继电器控制的梯形图。图 7-26 为继电器控制梯形图和 PLC 梯形图,两者实现同样的电动机"启动—保持—停止"控制功能,图中的 PLC 梯形图与继电器控制梯形图结构相同,只是图形符号和文字符号不同。

在梯形图中,两侧为母线,程序在两条母线中像梯子一样分为不同梯级,每一行有一输出,如果该行触点从左到右能够连通则输出被激励。下面我们了解一下 PLC 梯形图中"能流"的概念。能流类似于继电器控制中的电流,当控制电路接通时,电流流过,接触器或继电器线圈就会接通。在 PLC 梯形图中,能流在同一梯级中从左到右流向线圈,如果任一支路能流通,则线圈被激励,如果从左到右每一支路都不能流通,则线圈不被激励。梯形图一行的逻辑运算结果称为该行的 RLO。由此可见,PLC 梯形图程序易于看出触点间的逻辑关系，便于分析程序，因此是应用最广泛的一种编程语言。

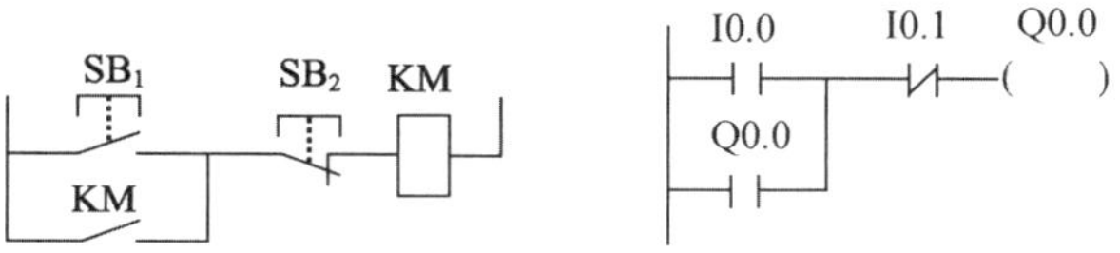

（a）继电器控制梯形图　　（b）PLC 的梯形图

图 7-26　两种梯形图对比

（2）第二种编程语言是 SCL 语言。SCL 语言类似于计算机高级语言 Pascal，用指令实现逻辑运算。比如前面提到的“启动—保持—停止”电路，可以用如下的编程指令实现：

Q0.0：=（I0.0 OR Q0.0）AND NOT I0.1

（3）第三种编程语言是功能块图。功能块图沿用了数字电路逻辑图的表达形式，我国使用较少。之前提到的“启动—保持—停止”电路可以用图 7-27 所示的功能块图实现。

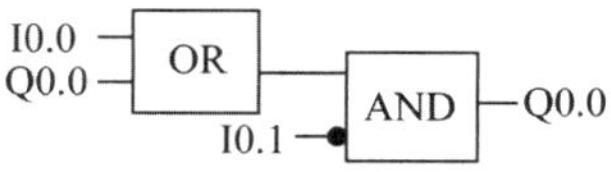

图 7-27　实现电动机起保停控制的功能块图

2）基本逻辑控制指令

S7-1200 具有非常丰富的指令系统，限于篇幅，本书只介绍最基本的逻辑控制指令，以梯形图为主展开。

（1）常开常闭触点

图[7-28(a)、(b)]分别为常开触点，常闭触点，上方是操作数地址，可以是任意类型存储区的位地址。触点的通断状态由操作数的存储内容决定：如果存储为“1”，则常开触点闭合，常闭触点断开；如果存储为“0”，则常开触点打开，常闭触点闭合。

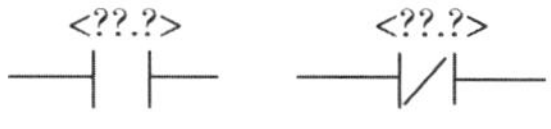

(a) 常开触点　　(b) 常闭触点

图 7-28　常开常闭触点

常开常闭触点主要进行“与”运算和“或”运算。多个常开或常闭触点串联时，将逐位进行“与”运算。串联时，所有触点都闭合后才产生能流。

多个常开/常闭触点并联时，将进行“或”运算。并联时，只要有一个触点闭合就会产生能流。

（2）PLC 线圈

如图 7-29 所示，用类似括号的图标表示线圈，上面的操作数为线圈地址，可以是除了 I 以外任意存储区的位地址。线圈是梯形图的输出，位于一行梯形图的最右端，由它左侧输入的逻辑结果（RLO）决定它的状态，也就是说，如果 RLO 的信号状态为“1”，则将该线圈地址置位为“1”；如果 RLO 的信号状态为“0”，则该线圈地址复位为“0”。取反线圈的作用是将 RLO 的结果取反后赋给相应的线圈地址。

(a) 线圈　　(b) 取反线圈

图 7-29　PLC 线圈

（3）置位和复位线圈

置位、复位线圈如图 7-30 所示，上方为操作数地址，可以是 I 以外任意存储区的位地址。左侧为置位线圈，其作用是使线圈置位并保持，直到用复位指令改变线圈状态。右侧

(a) 置位线圈　　(b) 复位线圈

图 7-30　置位、复位线圈

为复位线圈,其作用是使线圈复位并保持,直到用置位指令改变线圈状态。

(4) 定时器

在工业生产中,与时间有关的控制要求可以用定时器指令实现。S7-1200 PLC 共有 4 种类型的定时器:脉冲定时器(TP)、接通延时定时器(TON)、保持型接通延时定时器(TONR)、断开延时定时器(TOF),分别实现不同的延时需求。脉冲定时器(TP)的作用是定时器产生时间长度固定的输出。接通延时定时器(TON)的作用是输出比输入延时一段时间接通,与输入同步断开。保持型接通延时定时器(TONR)的工作原理与 TON 基本相同,不同之处在于,当输入信号(IN)断开时,定时器的当前时间(ET)和输出(Q)保持当前的数值不变;当下一次输入 IN 接通时,定时器在此基础上继续计时,因此也叫记忆型接通延时定时器。断开延时定时器(TOF)的作用是输出与输入信号同步接通,但比输入信号延时一定时间后断开。

定时器的梯形图符号如图 7-31 所示,用方块标题区分不同类型的定时器。它们都有相同的输入参数 IN、PT 和输出参数 Q、ET,而 TONR 多一个输入参数 R。

输入参数 IN 表示定时器开始工作的条件,也就是说,定时器的启动是由 IN 的状态决定的;PT 表示定时器的定时时间设定值,可以是时间类型的常数或某个存储时间类型数值的地址;Q 是定时器设定时间是否到达的标志位,通常由它的状态决定定时时间到达后的后续操作;ET 表示定时器开始计时后已过的时间,通过 ET 与设定时间 PT 的对比决定 Q 的状态;R 用于重置定时器,也就是把定时器的所有参数初始化,这是 TONR 独有的参数。除了这些参数外,由于定时器指令属于功能块,调用时还需要指定配套的背景数据块。

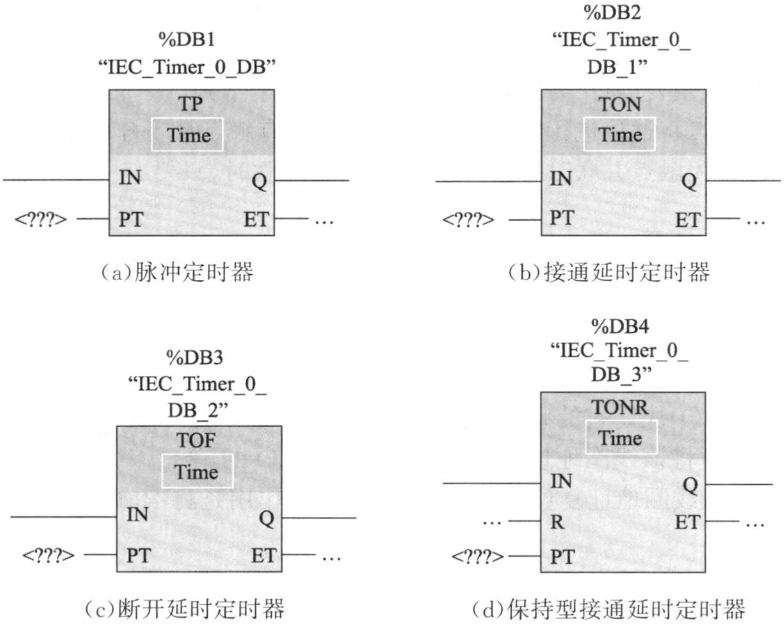

(a)脉冲定时器　(b)接通延时定时器

(c)断开延时定时器　(d)保持型接通延时定时器

图 7-31　S7-1200 PLC 定时器梯形图

（5）计数器

在工业生产中，往往需要统计产品数量，并在达到一定数量后完成某种操作。该控制要求可以用计数器指令来实现。S7-1200 PLC 有 3 种计数器指令：加计数器、减计数器、加减计数器，梯形图如图 7－32 所示。其中 CU 为加计数端，如果该输入有上升沿，计数器的当前值加 1；CD 为减计数端，如果该输入有上升沿，计数器的当前值减 1；PV 为设定值，表示计数预设的数量；CV 为计数器当前值；R 端为 1 时计数器清零；LD 为 1 时，计数器当前值等于设定值；Q 为当前值是否达到设定值的标志位，如果设定值大于或等于设定值，Q 置 1。此外，与定时器指令一样，计数器也属于功能块，调用时需要指定相应的背景数据块。

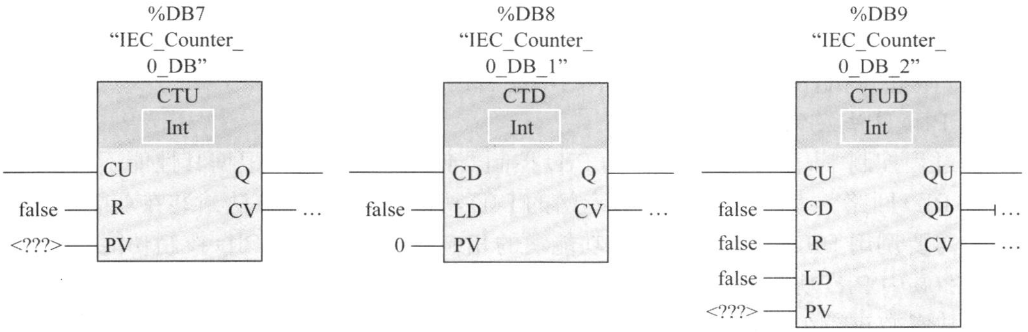

(a) 加计数器　　(b) 减计数器　　(c) 加减计数器

图 7－32　S7-1200 PLC 计数器指令

3）PLC 编程软件

TIA 博图是西门子自动化推出的全新工程设计软件平台，将所有自动化软件工具集成在一个统一的开发环境中。S7-1200 用 TIA 博图中的 STEP 7 Basic 或 STEP 7 Professional 编程。STEP 7 Basic 主界面如图 7－33 所示，用户可以在其中完成 S7-1200 工

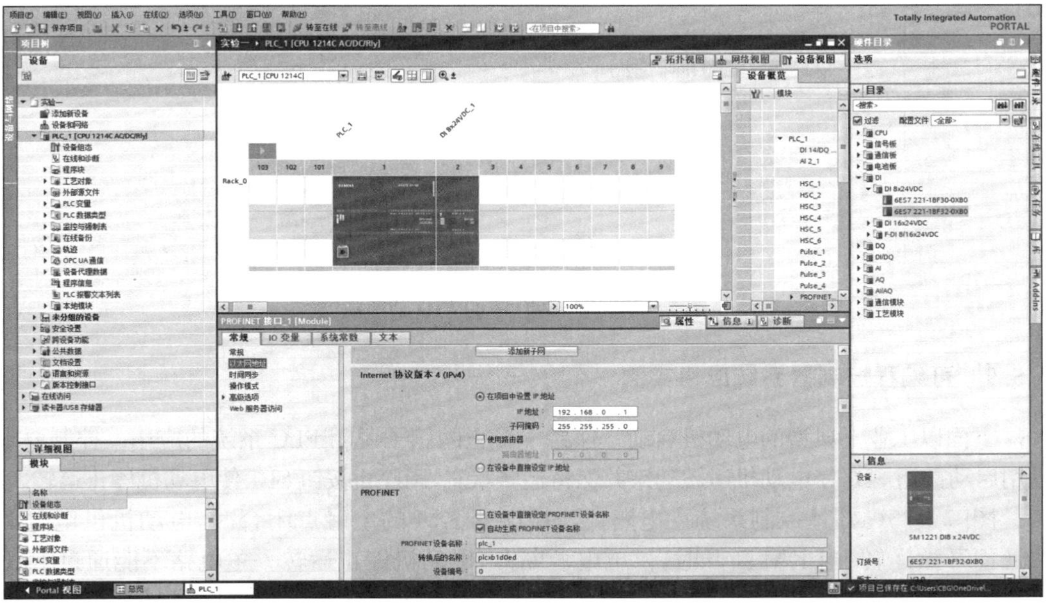

图 7－33　西门子 STEP 7 Basic 主界面

程项目的硬件组态、软件编程、通信设置、程序上传与下载、诊断监控等功能。程序的编写在左侧目录下的 OB 中完成，OB1 为默认的主程序，利用 FB、FC 可以实现更复杂的大型控制程序。

PLC 控制系统本质上是一种计算机控制系统，其控制原理与图 7－22 所示的计算机控制原理类似。设计 PLC 控制系统的基本流程包括以下步骤：

(1) 根据控制需求配置硬件模块，包括基本单元和扩展模块。

(2) 完成电气原理图设计，为所有输入输出点分配地址，并正确接线。

(3) 利用编程软件进行软件设计。如西门子 S7-1200 的编程采用西门子 TIA 博图软件，主界面如图 7－33 所示。用户可以在其中依次完成硬件组态、设备联网配置、各模块程序编辑、程序下载到 PLC、程序调试等工作。

(4) 联机调试，测试所有控制需求的功能后投运。

4) PID 算法实现

在过程控制中，往往把 PLC 作为 PID 控制器使用，一台 PLC 根据其性能不同可配置若干个 PID 回路。大多数 PLC 都有专门的 PID 功能块，将 PID 算法封装在功能块内部。用户只需要调用 PID 功能块，并配置功能块的相应参数即可实现 PID 控制功能。如西门子 S7-1200 中 PID 功能块如图 7－34 所示。编程时，用户可直接调用该功能块，并对其背景数据块参数进行组态，设置必要的正反作用、设定值、输入值、输出值、比例增益、积分时间、微分时间、采样周期等参数。程序运行后，PID 输出会自动保存到指定的输出地址，并发送至外部调节阀等设备。

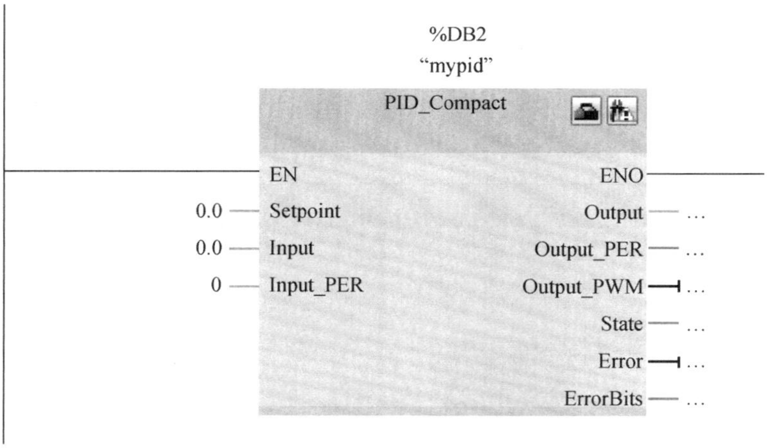

图 7－34　S7-1200 中的 PID 功能块

7.5.9　可编程控制器系统应用实例

下面以工业上典型的电动机启动—保持—停止的例子说明 PLC 系统的应用。控制要求是用启动按钮 SB2 使电动机运转起来并保持运转状态，用停止按钮 SB1 使电动机停止运转。

图[7－35(a)]是控制系统主电路。当接触器 KM 的主触点闭合时，电动机供电电源接通而开始运转；当 KM 断开时，供电电源断开，电动机停止运转。主电路不能通过 PLC

实现，PLC主要实现对KM主触点通断状态的控制。

图[7－35(b)]是PLC接线图。控制电动机主要靠两个操作按钮，也就是启动按钮SB2、停止按钮SB1。因此分配两个输入点，其中I0.0分配给启动按钮SB2，I0.1分配给停止按钮SB1。本例中负载只有电动机，因此分配一个输出点，将Q0.0分配给控制电动机运行的接触器线圈。

在PLC的编程软件中编写OB1程序如图[7－35(c)]所示。

如果在PLC外部按下启动按钮SB2，则I0.0存储区的状态为1，程序中I0.0的常开触点闭合，能流能够从左到右流通，因此Q0.0被置为“1”。与Q0.0相连的接触器线圈KM通电，KM的主触点闭合，电动机开始工作。这样就实现了按下启动按钮SB2后电动机开始工作的功能。

在Q0.0被置为“1”的同时，其辅助常开触点也闭合。因此，当启动按钮SB2断开后，尽管I0.0变为“0”，其常开触点断开，但能流仍能通过Q0.0的辅助常开触点从左到右流通，使Q0.0保持为“1”，电动机保持运转。这就是启动按钮SB2断开后电动机保持运转的原理。这种利用线圈自身的常开触点使其保持通电的现象称为“自锁”。在工业生产中，为了使生产过程启动后持续进行下去，往往采用自锁的方法。

如果电动机运转后按下停止按钮SB1，I0.1存储区状态为“1”，程序中常闭触点会断开，从而切断了从左到右的能流。因此Q0.0的状态变为“0”，与它相连的KM线圈断电，KM的主触点断开，电动机停止运转。这样就实现了按下停止按钮SB1后电动机停止的功能。

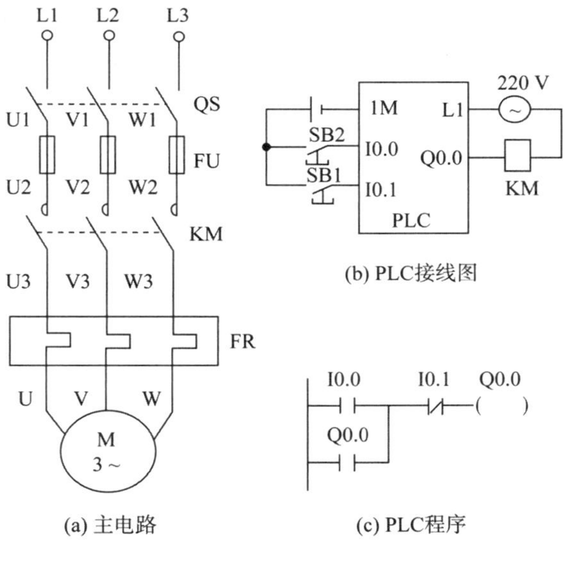

图7－35　电动机控制

7.6　集散控制系统

在过程控制系统中，前述的数字式控制器、计算机控制、可编程控制器主要用于控制回路较少的场合。然而，现代过程工业具有流程长、工艺复杂、质量参数多等特点，往往需要控制成百上千甚至上万个回路。针对这种需求，结合控制技术、显示技术、计算机技术、通信技术(4C技术)的发展，出现了以微处理器为基础的集散控制系统(DCS)。严格地说，DCS不能简单地称为控制器，而是一种集成控制装置。集散控制系统的显著特征是“分散控制，集中操作”，有效克服了常规计算机控制中一旦计算机崩溃导致全部控制回路失控的危险。

由于具有结构开放、网络化、通信趋于标准化、高性价比、高可靠性、组态灵活、人机界面友好、操作简易方便等一系列优点，集散控制系统在世界范围内的炼油、石油化工、电力、钢铁、纺织、食品加工等行业得到了广泛的应用。国内外许多公司都推出了DCS产品，而且硬件和软件功能不断完善和强化。国产DCS系统后来者居上，目前浙江中控、南京科远、北京和利时等品牌已在国内广泛应用，市场占有率远超国外品牌。

目前的DCS系统功能更加强大，除了具备过程控制功能外，还与设备管理系统、安全仪表系统、先进监控系统等集成，构成功能完善的综合自动化系统。因此，DCS不仅是控制回路中的控制器，更是实现综合自动化的核心设备。本节主要介绍DCS作为工业监控网络中过程控制级的基本功能，其他功能将在第三篇中展开。

7.6.1 集散控制系统基本构成

虽然DCS的品种繁多，但系统的基本结构还是雷同的，典型结构如图7-36所示，主要包括以下几个部分：

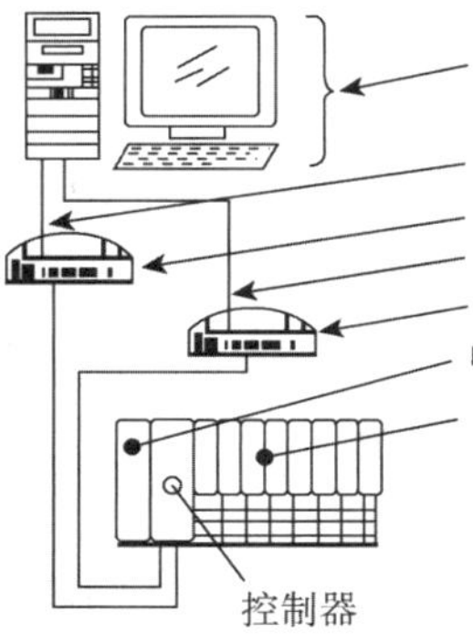

图7-36 集散控制系统基本结构

1) I/O子系统

该系统是用来处理来自现场设备的信息，如来自测量变送元件的测量信号，来自执行器的反馈信号，来自现场设备的故障信号以及去往执行器的控制信号等。它不仅能完成数据采集和预处理，还可以对实时数据进行进一步加工处理，供工作站显示和打印，实现开环监视。

2) 控制器

它是集散控制系统的核心，主要完成连续控制功能、顺序控制功能、算术运算功能、报警检查功能、过程I/O功能、数据处理功能和通信功能等。该单元在各种集散系统中差别较大，控制回路有2～64个，固有算法有7～212种，类型有PID、非线性增益、位式控制、选择性控制、函数计算、多项式系数、Smith预估等。工作周期为0.1～2 s。

3) 工作站

该站是集散系统的人机接口装置，为生产过程提供图形用户界面。一般配有高分辨率、大屏幕的彩色显示器、操作者键盘、工程师键盘。操作员可以在显示器上选择各种操作和监视用的画面、信息画面和用户自定义画面等；控制工程师或系统工程师可完成控制系统组态、操作站系统的生成和系统的维护工作。

4）控制网络

该网提供节点之间的通信。集散控制系统网络标准体系结构分为三级：最高级为工厂管理网络，负责中央控制室与上级管理计算机的连接，目前多采用工业以太网通信；第二级为过程控制网络，负责中央控制室各控制装置间的相互连接；最低一级为现场总线，负责现场的智能设备与中央控制室控制装置间的相互连接。

5）电源

为系统或其他现场设备提供电能。

DCS 系统的电源、控制器、I/O 模块等卡件一般采用 DIN 轨道安装，像文件夹一样整齐紧凑地排列在一起。底板将各卡件连在一起，并提供电源和通信连接。出于安全性考虑，DCS 系统通常都安装一套冗余控制器和卡件，当其中一套存在问题时，系统会自动切换到另一套运行，从而不影响正常生产。同样，为了保证通信的可靠性，控制网络一般设计为冗余结构，配有两条相互独立的主、副通信通道。

7.6.2　集散控制系统软件

每种 DCS 产品均有其配套的软件，DCS 系统正是通过这些软件实现画面组态、参数显示、数据管理、控制策略组态、报警组态以及操作权限设置等功能。DCS 组态功能完成后，将相应功能下装至相关模块、工作站、控制器，系统便可调试并投入运行。

集散控制系统的软件组成包括操作系统、控制软件、数据库管理系统、人机界面、网络通信软件和综合管理软件等关键组件。其中，操作系统是整个系统的核心；控制软件用于实现逻辑控制和监控功能；数据库管理系统处理实时和历史数据；人机界面提供用户操作界面；网络通信软件实现设备间的数据传输；综合管理软件用于系统的监控和管理。

一个已投运的监控系统样例如图 7-37 所示。

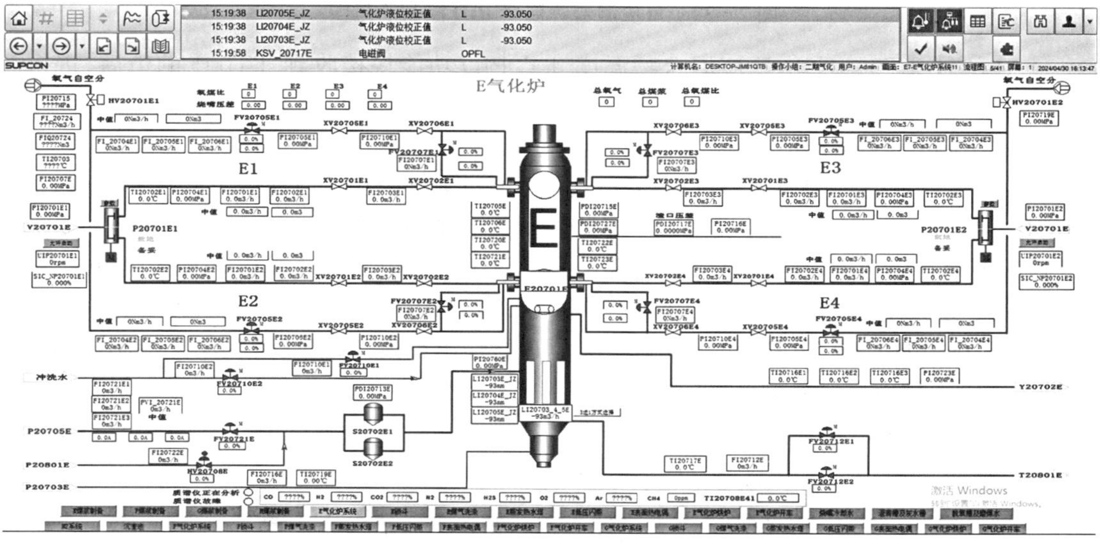

图 7-37　DCS 监控系统样例

7.6.3 集散控制系统的控制策略

与 PLC 中的 PID 功能块类似，集散控制系统的基本控制策略一般都封装为标准功能块，用户只需要调用相应的功能块完成与其他模块的逻辑连接，并配置相关参数即可完成控制策略组态，图 7－38 所示为中控 ECS-700 系统的 PID 控制功能块。

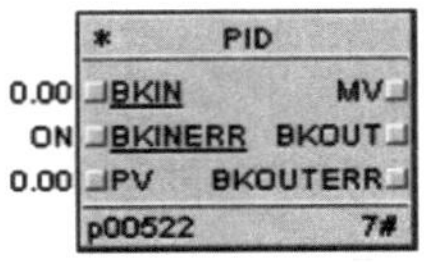

图 7－38　中控 ECS-700 控制策略组态中的典型功能块

下面以反应混合物温度 PID 控制为例，说明控制策略组态的典型应用。被控对象为反应釜，检测变送器为温度变送器，控制器为 PID，执行器为冷却水调节阀。控制示意图如图 7－39 所示。

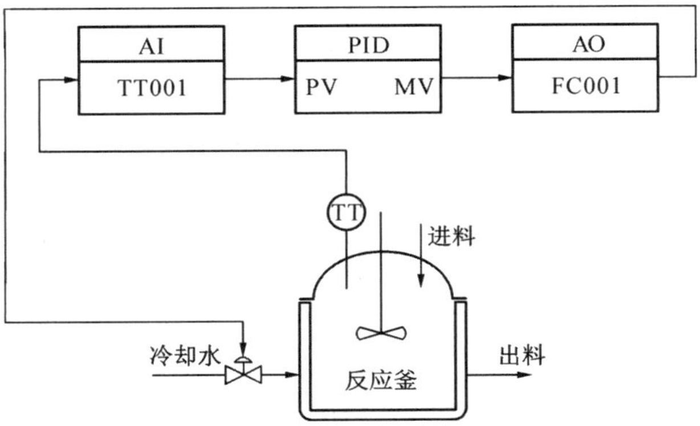

图 7－39　反应混合物温度 PID 控制示意图

AI 位号 TT001 采集反应混合物温度 TT，PID 功能块接收到 TT001 的值后，进行 PID 运算并输出执行信号到 AO 位号 FC001，FC001 控制阀门，调节冷却水的流量，使反应混合物温度达到给定值。

控制方案的实现则必须通过下述过程：(1) 通过数据引用块将温度位号 TT001 和调节阀位号 FC001 添加到程序页中；(2) 在功能块库中找到需要的 PID 功能块并将其添加进程序页中。该功能块默认显示 3 个输入引脚和 3 个输出引脚。其中，BKIN 与 BKINERR 用于连接下游 AO 位号的 BKOUT 和 BKOUTERR；BKOUT 与 BKOUTERR 用于连接上游功能块的 BKIN 和 BKINERR，以进行输出反演计算。PV 为闭环控制过程测量值，用于连接被控对象测点 AI；MV 为 PID 调节输出值，用于连接 AO 位号。组态完成后的控制方案如图 7－40 所示。

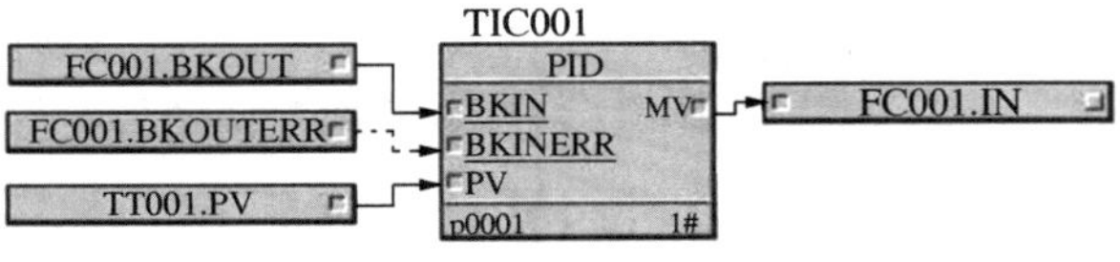

图 7－40　单回路闭环控制组态图

8 执行器

8.1 概述

执行器在自动控制系统中的作用相当于人的四肢，它接收控制器的控制信号，改变操纵变量，使生产过程按预定要求正常执行。执行器由执行机构和调节机构组成。执行机构是指根据控制器的控制信号产生推力或位移的装置，而调节机构是根据执行机构输出信号改变能量或物料输送量的装置，其中最常见的是调节阀。在实际生产现场，执行器直接控制工艺介质，若选型或使用不当，往往会给生产过程的自动控制带来困难。因此，执行器的选择、使用和安装调试是一个重要的问题。

执行器按其能源形式分为液动、气动和电动三大类，它们各有特点，适用于不同的场合。

当需要异常的抗偏离能力和高推力以及快速行程时，往往选用液动或电液执行机构。因为液体的不可压缩性，液动执行器具有较好的抗偏离能力，尤其是在调节元件接近阀座时，节流工况不稳定，越是压差大，偏离越厉害。另外，液动执行机构运行起来非常平稳，响应快，能实现高精度的控制。电液执行机构将电机、油泵、电液伺服阀集成于一体，只要接入电源和控制信号即可工作。然而，液动执行机构的主要缺点是造价昂贵、体型庞大笨重、结构复杂且需要专业的维护，所以大多数都用在电厂、石化、大型船闸等比较特殊的场合。

现今大多数工控场合所用执行器都是气动执行机构，因为用气源作为动力，相较之下，比电动和液动要经济实惠，且结构简单，易于掌握和维护。从维护观点来看，气动执行机构比其他类型的执行机构易于操作和校定，并且在现场也可以很容易实现正反左右的互换。它最大的优点是安全，当使用定位器时，对于易燃易爆环境是理想的，而电信号不具备防爆或本质安全特性，则可能因打火而引发火灾，存在潜在危险。然而，电动调节阀应用范围越来越广。在化工领域，气动调节阀还是占据着绝对的市场优势。气动执行机构的主要缺点是：响应较慢，控制精度欠佳，抗偏离能力较差。这是因为气体的可压缩性，尤其是使用大的气动执行机构时，空气填满气缸和排空需要一定时间。

电动执行机构主要应用于动力厂或核动力厂，因为在高压水系统中，需要一个平滑、稳定和缓慢的过程。电动执行机构的主要优点是高度的稳定性和恒定的推力，能达到与液动执行器一样的推力，但液动执行器造价要比电动执行器高很多。电动执行器的抗偏离能力也很好，输出的推力或力矩基本上是恒定的，可以很好地克服介质的不平衡力，达到对工艺参数的准确控制，所以控制精度比气动执行器要高。如果配用伺服放大器，可以很容易地实现正反作用的互换，也可以轻松设定断信号阀位状态（保持、全开或全关），而故障时，一定停留在原位，这是气动执行器所做不到的，气动执行器必须借助于一套组合保护系统来实现保位。电动执行机构的缺点主要有：结构较复杂，更容易发生故障，且由于它的复杂性，对现场维护人员的技术要求就相对要高一些；电机运行要产生热量，如果调节太频繁，容易造成电机过热，触发热保护机制，同时也会加大对减速齿轮的磨损；此外，电动执行机构的安全防爆性能相对较差。

智能电动执行机构是一类新型终端控制仪表，能够根据控制电信号直接操作，改变调节阀阀杆的位移。由于对控制系统的精确度和动态特性提出了越来越高的要求，电动执行机构能够获得最快响应时间，实现控制也更为合理、方便、经济，因而正受到用户的欢迎。

近年来，随着科学技术的不断发展，各类执行机构正逐步走向智能化。其中，专门和气动执行器配套使用的智能阀门定位器和全电子电动执行器的出现，加速了执行机构智能化的发展，为执行器的应用开辟了新的天地。

自 1997 年开始，为适应我国工业生产大型化自动控制系统的发展趋势需要，国内早已开发电液执行机构，并在一些相应行业得到应用，且可满足各种工业过程自动化的配套需求。但电液执行机构并没有完成成套式智能控制的改造，因而还需要添加一些附属设备，如油箱、油泵及净化系统，这就使得改进后的系统更为复杂。而智能成套电液执行器采用机、电、液一体化技术，完成了成套式液压执行机构的开发。它以力量大、精确度高的优点，可以替代气动执行器和角行程电动执行器。

8.2 气动执行器

8.2.1 气动执行器的结构

气动执行器呈上下结构，上部分为执行机构（也称膜头），是执行器的推动装置。它按调节信号（如压缩空气压力）的大小产生相应的推力，推动调节机构动作。执行机构是将信号压力（通常为 0.02～0.1 MPa）的大小转换为阀杆位移的装置。机构的下部分为调节机构（也称为阀体），是执行器的调节部分，直接与被调介质接触，调节流体的流量。它是将阀杆的位移转换为流过阀门的流量的装置。

气动执行器的上部与气压源相接。当气压增大时，会产生一个气压增量作用在橡胶膜片上，橡胶膜片发生形变，并产生一个推力推动阀杆产生位移，从而改变连接在阀杆上的阀芯与阀座之间的流通面积，达到调节流量的目的。如图 8-1 所示为薄膜式气动执行器。

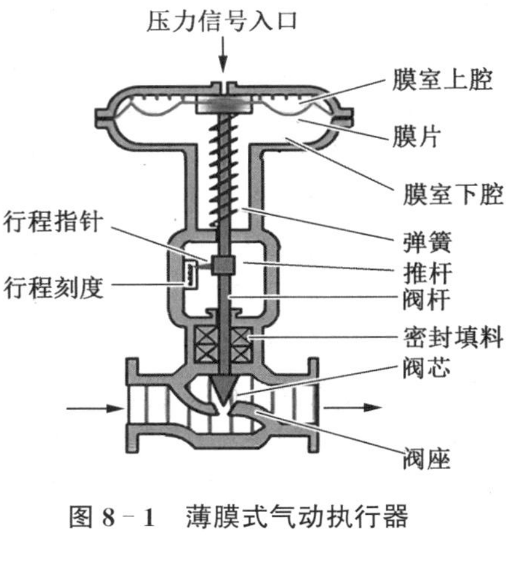

图 8-1　薄膜式气动执行器

气动执行器一般还配备一定的辅助装置。通过这些辅助装置来改善执行器的执行效果。常用的辅助装置有阀门定位器和手轮机构。阀门定位器的作用是利用反馈的原理来改善执行器的性能，是执行器能按调节器的调节信号，实现准确的定位。手轮机构的作用是当调节系统因停电、停气、调节器无输出或执行机构失灵的时候，手动操作调节阀，以维持生产的正常运行。

8.2.2　气动执行器执行机构

根据不同的生产要求，气动执行器的执行机构主要分为薄膜式和活塞式两种，分别如图 8－2、图 8－3 所示。

活塞式行程长，适用于要求有较大推力的场合。它不仅可以直接带动阀杆，而且可以和蜗轮蜗杆等配合使用，用于大口径、高压降调节阀或蝶阀的推动装置。而薄膜式行程较短，只能直接带动阀杆，可以用作普通调节阀的推动装置，组成气动薄膜式执行器。这种执行器习惯上被称为气动薄膜调节阀，其结构简单、价格便宜、维修方便、应用广泛。

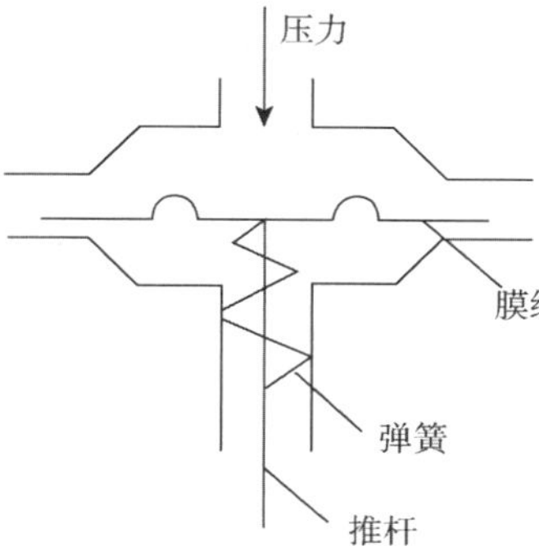

图 8－2　薄膜式执行机构

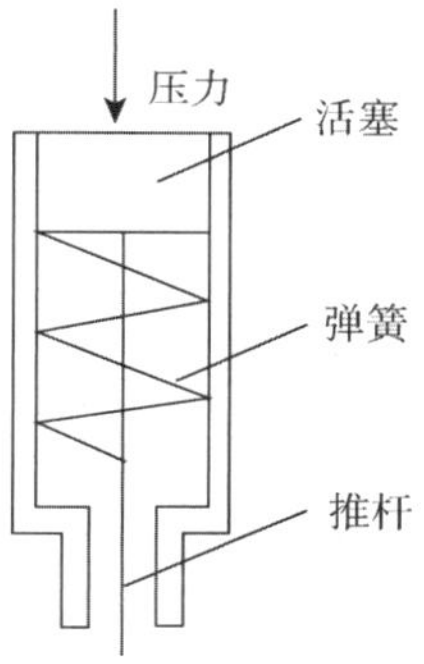

图 8－3　活塞式执行机构

除薄膜式和活塞式之外，还有长行程执行机构。这类执行机构行程长、转矩大，适合于输出 0～90°的转角和力矩，如用于蝶阀和风门的推动装置。

气动薄膜式执行器的执行机构按作用形式可分为正作用和反作用两种形式。当来自调节器的信号压力增大时，阀杆向下动作的叫正作用执行机构；当来自调节器的信号压力增大时，阀杆向上动作的叫反作用执行机构。通常，正作用的执行机构被应用在调节阀的口径较大的情况下。正作用执行机构的信号压力是通入波纹膜片上方的薄膜气室；反作用执行机构的信号压力是通入波纹膜片下方的薄膜气室。通过更换个别零件，两者便能互相改装。国内生产的正作用式执行机构被称为 ZMA 型，反作用式执行机构被称为 ZMB 型。

薄膜式执行机构的工作原理为：输出位移与输入气压信号成比例关系。当信号压力(通常为 0.02～0.1 MPa)通入薄膜气室时，会在薄膜上产生一个推力，使阀杆移动并压缩弹簧，直至弹簧的反作用力与推力相平衡，推杆稳定在一个新的位置。信号压力越大，阀杆的位移量也越大。阀杆的位移即为执行机构的直线输出位移，也称行程。行程规格有 10 mm、16 mm、25 mm、40 mm、60 mm、100 mm 等。

另外还可以按有、无弹簧执行机构划分执行机构的类型，可分为有弹簧和无弹簧的执行机构。有弹簧的薄膜式执行机构最为常用，无弹簧的薄膜式执行机构常用于双位式调节。

8.2.3 气动执行器调节机构

调节机构实际上是一个局部阻力可以改变的节流元件，我们通常把它叫作调节阀。调节阀的阀杆上部与橡胶薄膜相连，下部与阀芯相连。当阀芯在阀体内移动的时候，改变了阀芯与阀座之间的流通面积，即改变了阀的阻力系数，被控介质的流量也相应地跟着改变，从而达到调节工艺参数的目的。

根据不同的使用场合和使用要求，我们需要选择不同的调节阀的结构形式，主要的气动薄膜调节阀的类型有以下几种：

1）直通单座调节阀

直通单座阀的阀体内只有一个阀芯与阀座，如图 8-4 所示。流体从左侧流入，从右侧流出。其优点是结构简单、泄漏量小，易于保证关闭，甚至完全切断；缺点是在压差比较大的时候，流体对阀芯上下作用的推力不平衡，这种不平衡力会影响阀芯的移动。因此这种阀一般应用在小口径、低压差的场合。

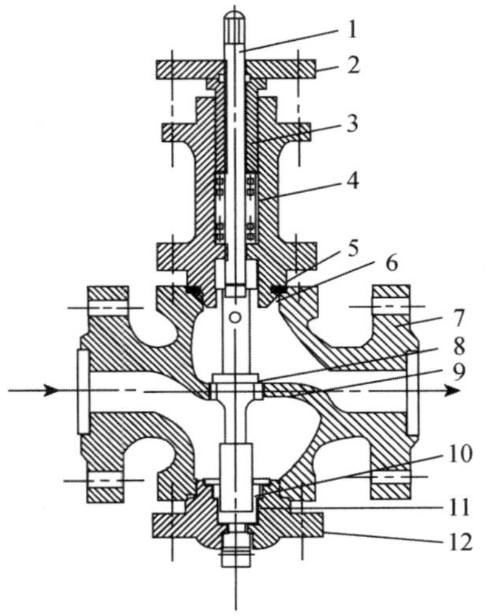

1—阀杆；2—压板；3—填料；4—上阀盖；
5，11—斜孔；6，10—衬套；7—阀体；8—阀芯；
9—阀座；12—下阀盖

图 8-4 直通单座调节阀

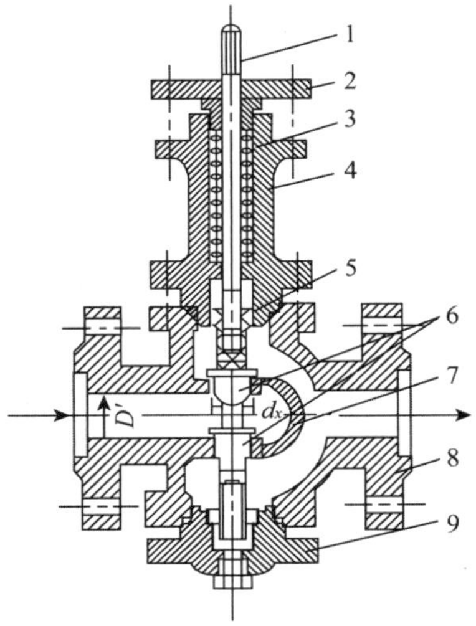

1—阀杆；2—压板；3—填料；4—上阀盖；
5—衬套斜孔；6—阀芯；7—阀座；
8—阀体；9—下阀盖

图 8-5 直通双座调节阀

2）直通双座调节阀

阀体内有上下两个阀芯，如图 8-5 所示。流体从左侧流入，经过上下阀芯后流体汇合到一起，再从调节阀的右侧流出。直通双座调节阀是最常用的一种类型。其优点是由于流体流过的时候，作用在上下两个阀芯上的推力方向相反而大小近于相等，可以相互抵消，因此不平衡力小。其缺点是，由于加工的限制，上下两个阀芯、阀座不易保证同时密闭，因此泄漏量较大。

根据阀芯和阀座的相对位置，这种阀可分为正作用与反作用（或称正装与反装）两种形式。当阀体直立，阀杆下移时，阀芯与阀座间的流通面积减小的称为正作用，图 8－5 所示的为正作用式的情况。如果将阀芯倒装，则当阀杆下移时，阀芯与阀座间流通面积增大，称为反作用式。

3）其他类型的调节阀

（1）角形调节阀

角形阀的两个接管呈直角形，流体从底部进入，然后流经阀芯后，再从阀侧流出，如图 8－6 所示。这种阀的流路简单、阻力较小，适用于安装现场管道要求用直角连接、介质为高黏度、高压差和含有少量悬浮物和固体颗粒状的场合。

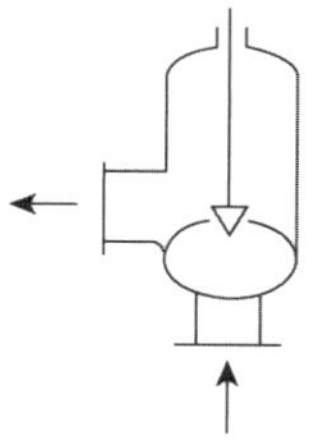

图 8－6　角形调节阀

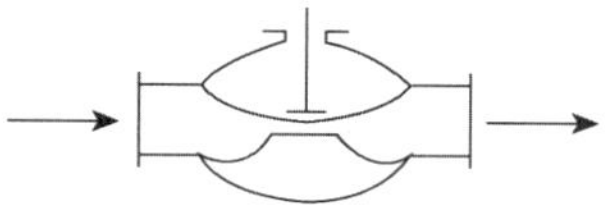

图 8－7　隔膜调节阀

（2）隔膜调节阀

它采用耐腐蚀衬里的阀体和隔膜，如图 8－7 所示。隔膜阀的特点是结构简单、流阻小，流通能力比同口径的其他种类的阀要大。由于介质用隔膜与外界隔离，故无填料，介质也不会泄漏。这种阀耐腐蚀性强，适用于强酸、强碱等强腐蚀性介质的调节，也能用于高黏度及悬浮颗粒状的介质的调节。

选用隔膜阀时，应注意执行机构须有足够的推力。一般隔膜阀直径 $D_g > 100$ mm 时，均采用活塞式执行机构。由于受衬里材料性质的限制，这种阀的使用条件是：温度 $T < 150$℃，压力 $p < 1$ MPa。

（3）三通调节阀

三通阀有三个流体入口。其流通方式有两种：合流（两种介质混合成一路）型和分流（一种介质分成两路）型，分别如图［8－8(a)、(b)］所示。可用一个三通阀来实现两个直通阀的功能，适用于配比调节与旁路调节。

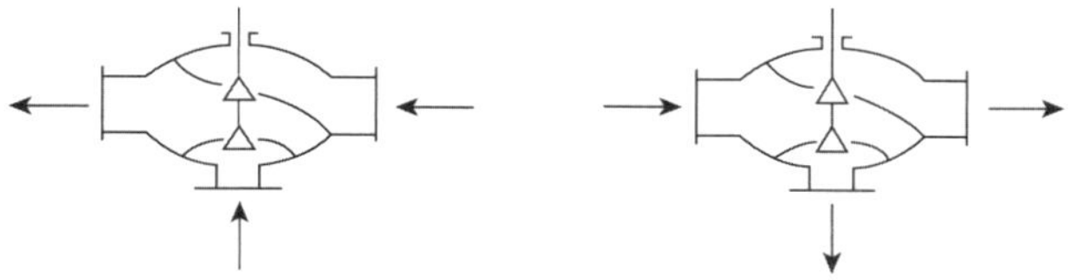

(a) 合流型　　(b) 分流型

图 8－8　三通调节阀

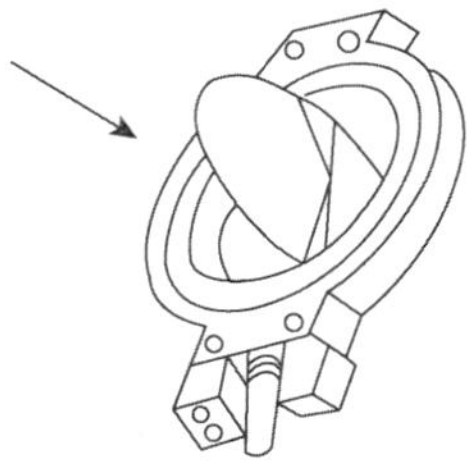

图 8－9　蝶　阀

在实际应用中，三通阀常用于换热器旁路调节。

（4）蝶阀

也称翻板阀，如图 8－9 所示。蝶阀的特点是结构简单、重量轻、价格便宜、流阻极小，但泄漏量大，适用于口径较大、大流量、低压差的场合，也可以用于含少量悬浮颗粒介质的调节。

(5) 球阀

球阀是阀芯与阀体都呈球形的调节阀，转动阀芯使之与阀体处于不同的相对位置时，就具有不同的流通面积，以达到流量调节的目的，如图 8－10 所示。

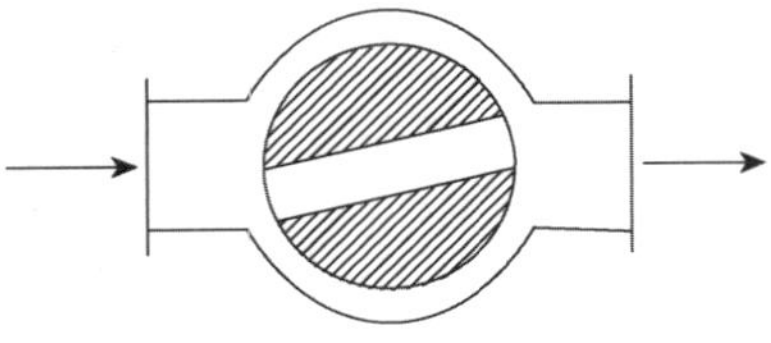

图 8－10　球阀

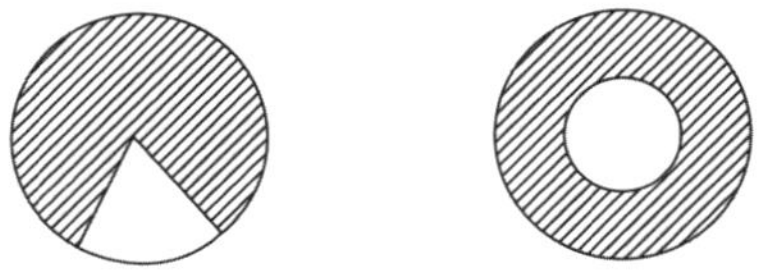

(a) V形　(b) O形

图 8－11　球阀阀芯的开口形式

球阀阀芯有“V”形和“O”形两种开口形式，分别如图[8－11(a)、(b)]所示。O 形球阀的节流元件是带圆孔的球形体，转动球体可起调节和切断的作用，常用于双位式调节。V 形球阀的节流元件是 V 形缺口球形体，转动球心使 V 形缺口起节流和剪切的作用，适用于高黏度和污秽介质的调节。

(6) 凸轮挠曲阀

通常也叫偏心旋转阀。它的扇形球面状阀芯与挠曲臂及轴套一起铸成，固定在转动轴上，如图 8－12 所示。凸轮挠曲阀的挠曲臂在压力作用下能产生挠曲变形，使阀芯球面与阀座密封圈紧密接触，密封性好。同时，它的重量轻、体积小、安装方便，适用于高黏度或带有悬浮物的介质流量调节。

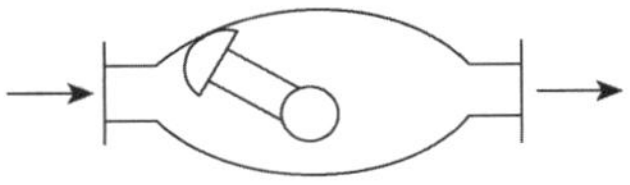

图 8－12　凸轮挠曲阀

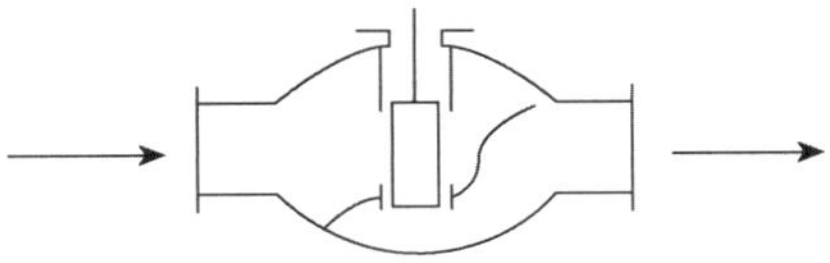

图 8－13　笼式阀

(7) 笼式阀

又名套筒型调节阀，它的阀体与一般的直通单座阀相似，如图 8－13 所示。笼式阀内有一个圆柱形套筒(笼子)。套筒壁上有一个或几个不同形状的孔(窗口)，利用套筒导向，阀芯在套筒内上下移动，由于这种移动改变了笼子的节流孔面积，就形成了各种特性并实现流量调节。笼式阀的可调比大、振动小、不平衡力小、结构简单、套筒互换性好，更换不同的套筒(窗口形状不同)即可得到不同的流量特性，阀内部件所受的气蚀小、噪声小，是一种性能优良的阀，特别适用于要求低噪声及压差较大的场合，但不适用高温、高黏度及含有固体颗粒的流体。

除以上所介绍的阀以外，还有一些特殊的调节阀。例如小流量阀适用于小流量的精密调节，超高压阀适用于高静压、高压差的场合。

8.2.4　调节阀的静态特性

调节阀的流量特性是指被控介质流过阀门的相对流量与阀门的相对开度(相对位

移)间的关系

$$\frac{Q}{Q_{\max}}=f\left(\frac{l}{L}\right) \tag{8-1}$$

式中,相对流量 $Q/Q_{\max}$——调节阀某一开度时流量 Q 与全开时 $Q_{\max}$ 之比;

相对开度 l/L——调节阀某一开度行程 l 与全开行程 L 之比。

通常,改变调节阀阀芯与阀座间的流通截面积,便可调节流量。但实际上还有多种因素影响,例如在节流面积改变的同时还发生阀前后压差的变化,而这又将引起流量变化。为了便于分析,先假定阀前后压差固定,再引申到真实情况,于是有理想流量特性与工作流量特性之分。

1) 调节阀的理想流量特性

在不考虑调节阀前后压差变化时得到的流量特性称为理想流量特性。它取决于阀芯的形状,如图 8-14,主要有直线、等百分比(对数)、抛物线及快开等几种。

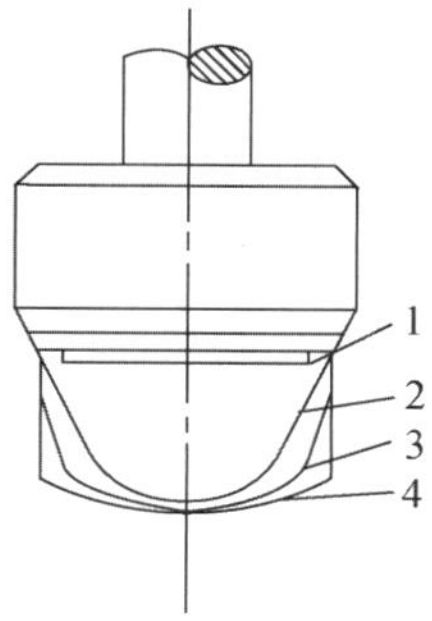

1—快开;2—直线;3—抛物线;4—等百分比

图 8-14　不同流量特性的阀芯形状

(1) 线性流量特性

线性流量特性是指调节阀的相对流量与相对开度呈线形关系,即单位位移变化所引起的流量变化是常数。其可表示为

$$\frac{\mathrm{d}\left(\frac{Q}{Q_{\max}}\right)}{\mathrm{d}\left(\frac{l}{L}\right)}=K \tag{8-2}$$

式中,K——常数,即调节阀的放大系数。

将式(8-2)积分可得

$$\frac{Q}{Q_{\max}}=K\frac{l}{L}+C \tag{8-3}$$

式中,C——积分常数。

从式(8-3)可知,当边界条件为:$l=0$ 时,$Q=Q_{\min}$($Q_{\min}$ 为调节阀能调节的最小流量);$l=L$ 时,$Q=Q_{\max}$。边界调节代入式(8-3),可分别得

$$C=\frac{Q_{\min}}{Q_{\max}}=\frac{1}{R}$$

$$K=1-C=1-\frac{1}{R} \tag{8-4}$$

式中,R——调节阀可调节的最大流量 $Q_{\max}$ 与最小流量 $Q_{\min}$ 的比值,称为调节阀的可调范围或可调比。

这里我们需要注意的是,$Q_{\min}$ 并不等于调节阀全关时的泄漏量,一般它是 $Q_{\max}$ 的

2%～4%。国产调节阀理想可调范围 R 为 30(这是对于直通单座、直通双座、角形阀和阀体分离阀而言的。隔离膜阀的可调范围 R 为 10)。

将式(8－4)代入式(8－3),可得

$$\frac{Q}{Q_{\max}}=\frac{1}{R}\left[1+(R-1)\frac{l}{L}\right] \tag{8-5}$$

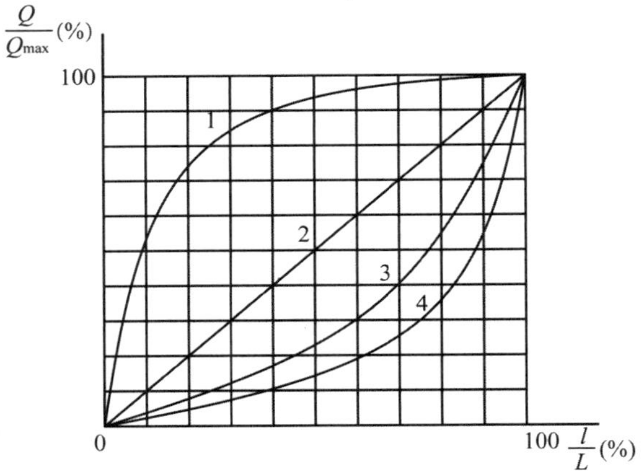

1—快开;2—直线;3—抛物线;4—等百分比

图 8－15　理想流量特性

式(8－5)表明 $Q/Q_{\max}$ 与 l/L 之间呈线性关系,在直角坐标上是一条直线(如图 8－15 中直线 2 所示)。要注意的是当可调比 R 不同时,特性曲线在纵坐标上的起点是不同的。当 $R=30$,$l/L=0$ 时,$Q/Q_{\max}=0.033$。为便于分析和计算,假设 $R\rightarrow+\infty$,即特性曲线以坐标原点为起点,这时当位移变化 10%所引起的流量变化总是 10%。但流量变化的相对值是不同的,以行程的 10%、50%及 80%三点为例,若位移变化量都为 10%,则在 10%时,流量变化的相对值为

$$\frac{20-10}{10}\times100\%=100\%$$

在 50%时,流量变化的相对值为

$$\frac{60-50}{50}\times100\%=20\%$$

在 80%时,流量变化的相对值为

$$\frac{90-80}{80}\times100\%=12.5\%$$

可见,在流量小时,流量变化的相对值大;在流量大时,流量变化的相对值小。也就是说,当阀门在小开度时调节作用太强;而在大开度时调节作用太弱,这是不利于调节系统的正常运行的。从调节系统来讲,当系统处于小负荷时(原始流量较小),要克服外界干扰的影响,希望调节阀动作所引起的流量变化量不要太大,以免调节作用太强产生超

调，甚至发生振荡；当系统处于大负荷时，要克服外界干扰的影响，希望调节阀动作所引起的流量变化量要大一些，以免调节作用微弱而使调节不够灵敏。直线流量特性不能满足以上要求。

(2) 等百分比流量特性(对数流量特性)

等百分比流量特性是指单位相对行程变化所引起的相对流量变化与此点的相对流量成正比关系，即调节阀的放大系数随相对流量的增加而增大。用数学式表示为

$$\frac{\mathrm{d}\left(\frac{Q}{Q_{\max}}\right)}{\mathrm{d}\left(\frac{l}{L}\right)}=K\frac{Q}{Q_{\max}} \tag{8-6}$$

将式(8-6)积分得

$$\ln\frac{Q}{Q_{\max}}=\left(K\frac{l}{L}+C\right)$$

将前述边界条件代入，可得

$$C=\ln\frac{Q_{\min}}{Q_{\max}}=\ln\frac{1}{R}=-\ln R,\qquad K=\ln R$$

最后得

$$\frac{Q}{Q_{\max}}=R^{\left(\frac{l}{L}-1\right)} \tag{8-7}$$

相对开度与相对流量成对数关系。曲线斜率(图8-15中曲线4所示)即放大系数随行程的增大而增大。在同样的行程变化值下，流量小时，流量变化小，调节平稳缓和；流量大时，流量变化大，调节灵敏有效。

(3) 抛物线流量特性

$Q/Q_{\max}$ 与 l/L 之间呈抛物线关系，在直角坐标上为一条抛物线，它介于直线及对数曲线之间。其关系可表达为

$$\frac{Q}{Q_{\max}}=\frac{1}{R}\left[1+(\sqrt{R}-1)\frac{l}{L}\right]^{2}$$

(4) 快开流量特性

这种流量特性在开度较小时就有较大流量，随开度增大，流量很快就达到最大，故称为快开特性。快开特性的阀芯形式是平板形的，适用于迅速启闭的切断阀或双位调节系统。

2) 调节阀的工作流量特性

在实际生产中，调节阀前后压差总是变化的，这时的流量特性称为工作流量特性。

(1) 串联管道的工作流量特性

以图8-16所示串联系统为例来讨论，系统总压差 Δp 等于管路系统(除调节阀外的全部设备和管道的各局部阻力之和)的压差 Δp_2 与调节阀的压差 Δp_1 之和，如图8-17所示。以 s 表示调节阀全开时阀上压差与系统总压差(即系统中最大流量时动力损失总和)之比。以 $Q_{\max}$ 表示管道阻力等于零时调节阀的全开流量，此时阀上压差为系统总压

差。于是可得串联管道以 Q_{max} 作参比值的工作流量特性，如图 8－18 所示。

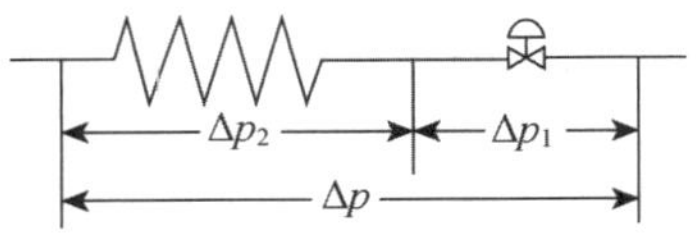

图 8－16　串联管道的情况

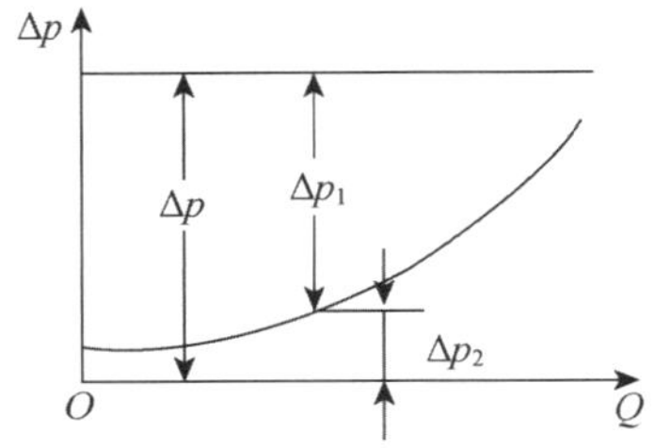

图 8－17　管道串联时调节阀的工作

图 8－18 中 $s=1$ 时，管道阻力损失为零，系统总压差全加在阀上，工作特性与理想一致。随着 s 值的减小，直线特性渐渐趋近于快开特性，等百分比特性渐渐接近于直线特性。所以，在实际使用中，一般希望 s 值不低于 0.3～0.5。

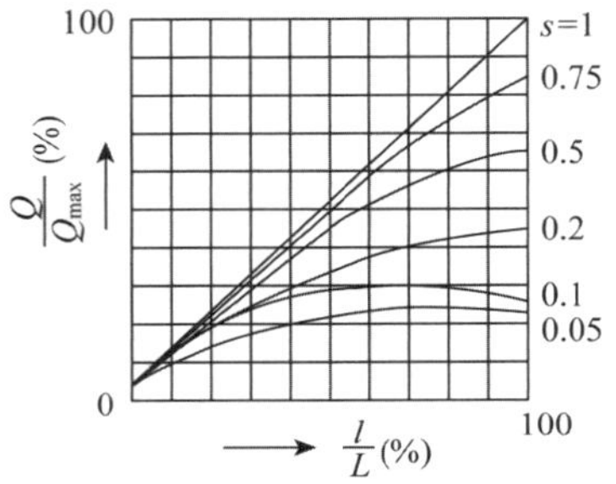

(a) 理想特性为直线型

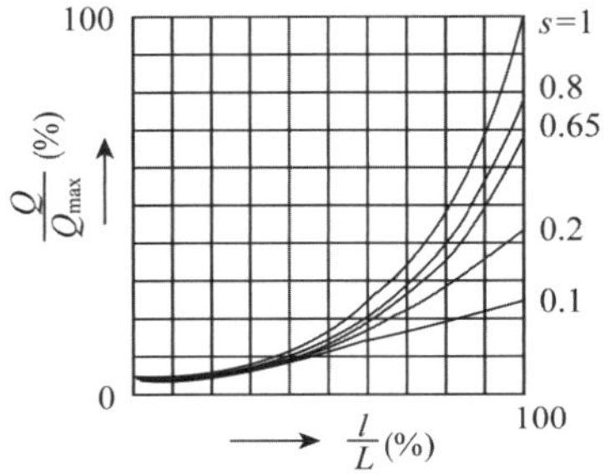

(b) 理想特性为等百分比型

图 8－18　管道串联时调节阀压差变化的情况

在现场使用中，如调节阀调得过大或生产在低负荷状态，调节阀将工作在小开度。有时，为了使调节阀有一定的开度而把工艺阀门关小些以增加管道阻力，使流过调节阀的流量降低，这样，s 值下降，使流量特性畸变，调节质量恶化。

(2) 并联管道的工作流量特性

调节阀一般都装有旁路，以便手动操作和维护。当生产量提高或调节阀选小了时，只好将旁路阀打开一些，此时调节阀的理想流量特性就改变成为工作特性。

图 8－19 表示管道并联时的情况。显然这时管路的总流量 Q 是调节阀流量 Q_1 与旁路流量 Q_2 之和，即 $Q= Q_1+ Q_2$。

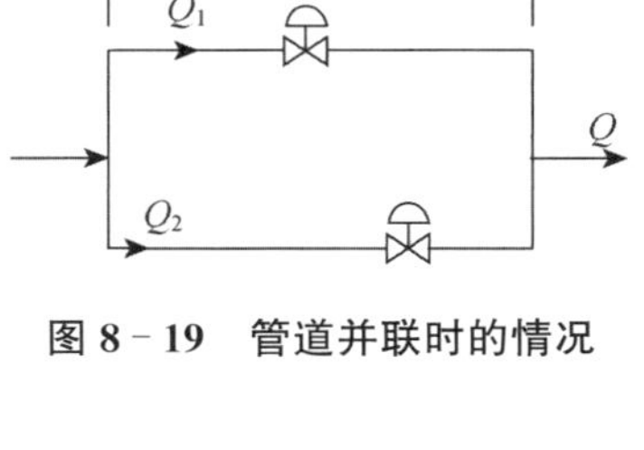

图 8－19　管道并联时的情况

若以 x 代表并联管道时调节阀全开时的流量 Q_{1max} 与总管最大流量 Q_{max} 之比，可以得到在压差 Δp 为一定，而 x 为不同数值时的工作流量特性，如图 8－19 所示。

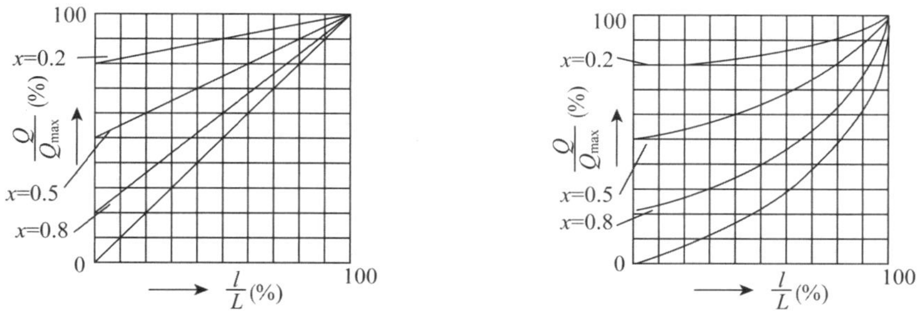

(a) 直线工作特性 (b) 等百分比工作特性

图 8－20 管道并联时调节阀的工作特性

在图 8－20 中，纵坐标流量以总管最大流量 Q_{max} 为参比值。由图可见，x 减小，即旁路阀逐渐打开，虽然阀本身的流量特性变化不大，但可调范围大大降低了。调节阀关死，即 $l/L=0$ 时，流量 Q_{min} 比调节阀本身的 Q_{1min} 大得多。同时，在实际使用中总存在着串联管道阻力的影响，调节阀上的压差还会随流量增加而降低，使可调范围下降得更多些，调节阀在工作过程中所能调节的流量变化范围更小，甚至几乎不起调节作用。所以，采用打开旁路阀的调节方案是不好的，一般认为旁路流量最多只能是总流量的百分之十几，即 x 值最小不低于 0.8。综合上述串、并联管道的情况，可得如下结论：

① 串、并联管道都会使阀的理想流量特性发生畸变，串联管道的影响尤为严重。

② 串、并联管道都会使调节阀的可调范围降低，并联管道尤为严重。

③ 串联管道使系统总流量减少，并联管道使系统总流量增加。

④ 串、并联管道会使调节阀的放大系数减小，即输入信号变化引起的流量变化值减少。串联管道时，调节阀若处于大开度，则 s 值降低对放大系数影响更为严重；并联管道时，调节阀若处于小开度，则 x 值降低对放大系数影响更为严重。

8.2.5 调节阀的动态特性和变差

1）调节阀的动态特性

调节阀的动态特性表示在动态过程中信号压力与阀杆位移的关系。调节阀的橡胶膜头存在一定缝隙，它可被看作一个气容，从调节器到调节阀膜头间的引压管线有气容和气阻，所以管线和膜头是一个由气阻和气容组成的一阶滞后环节，其时间常数的大小取决于气阻和气容，当信号管线太长或太粗，膜头气室太大时，气阻气容就大，调节阀的时间常数也就大。这样在调节阀接受调节器的控制信号的时候，由膜头充气到阀杆走完全行程的过程很长，增加了系统广义过程的容量滞后，对控制不利。

通常用来减小时间常数的措施有如下三项：

（1）尽量缩短引压管线的长度，例如在采用电动调节器时，电气转换器应装在调节阀附近。

（2）先用合适厚度的气动管线，如 $\phi8\times1$。管径过细，使气阻增大，效果不好，管径过粗，气阻虽然减小，但气容增大，完成气压变化所需要的时间就长，也不适宜。

(3) 加装传输滞后补偿器。如引压管线很长，或橡胶膜头很大，可在阀门附近装设继动器，或采用阀门定位器。从调节器至继动器，只有管线，没有膜头，气容小，时间常数小。从继动器至阀门，管线短，气阻小，时间常数也小。总的时间常数要比两者直接连接时小得多。

2) 调节阀的变差

调节阀的阀杆是一个可移动的部件，它与填料之间总有一定的摩擦。当阀门的填料压得过紧，或长时间未润滑时，干摩擦力很大，膜头上较小的气压变化推不动阀杆。这时会产生正反行程的变差，即在阀杆上升和下降时对应于同样阀杆位置的气压不一样。调节阀变差增大，对调节过程会产生不良影响，即使是时间常数和时滞都很小的流量过程，调节过程也会出现明显的时间间隔变化。对于时间常数和时滞大的温度过程，控制作用则更不及时，会引起持续振荡。

8.2.6 调节阀的选择

气动薄膜调节阀选用的正确与否是很重要的。选用调节阀时，一般要根据被调介质的特点(温度、压力、腐蚀性、黏度等参数)、调节要求、安装地点等因素，参考各种类型调节阀的特点合理地选用。在具体选用时，一般考虑下列几个主要方面的问题。

1) 调节阀的结构选择

调节阀的结构选择需要考虑到两点：

(1) 调节介质的工艺条件，如温度、压力及介质的物理、化学特性(如腐蚀性、黏度等)来选择。例如强腐蚀介质可采用隔膜阀，高温介质可选用带翅形散热片的结构形式。

(2) 调节阀的结构形式确定以后，还需要确定调节阀的流量特性(即阀芯的形状)。一般是先按调节系统的特点来选择阀的希望流量特性，然后考虑工艺配管情况来选择相应的理想流量特性，使调节阀安装在具体的管道系统中，畸变后的工作流量特性能满足调节系统对它的要求。目前使用比较多的是等百分比流量特性。

2) 调节阀流量特性和口径的选择

调节阀口径选择得合适与否将会直接影响到调节效果。口径选择得过小，会使流经调节阀的介质达不到所需要的最大流量。在大的干扰情况下，系统会因介质流量(即操纵变量的数值)的不足而失控，因而使调节效果变差，此时若企图通过开大旁路阀来弥补介质流量的不足，则会使阀的流量特性产生畸变；口径选择得过大，不仅会浪费设备投资，而且会使调节阀经常处于小开度工作，调节性能也会变差，容易使调节系统变得不稳定。

调节阀的口径选择是由调节阀流量系数 C 决定的。流量系数 C 的定义为：在给定的行程下，当阀两端压差为 100 kPa，流体密度为 1 g/cm^3 时，流经调节阀的流体流量(单位以 m^3/h 表示)。例如，某一调节阀在给定的行程下，当阀两端压差为 100 kPa 时，如果流经阀的水流量为 40 m^3/h，则该调节阀的流量系数 C 值为 40。

调节阀的 C 表示调节阀容量的大小，是表示调节阀流通能力的参数。因此，调节阀流量系数 C 亦可称调节阀的流通能力。

调节阀全开时的流量系统 C_{100}（即行程为 100%时的 C 值），称为调节阀的最大流量系数 C_{max}。C_{max} 与调节阀的口径大小有着直接的关系。因此，调节阀口径的选择实质上就是根据特定的工艺条件（即给定的介质流量，阀前后的压差以及介质的特性参数等）进行 C_{max} 值的计算，然后按调节阀生产厂家的产品目录，选出相应的调节阀口径，使得通过调节阀的流量满足工艺要求的最大流量且留有一定的裕度，但裕度不宜过大。

C 值的计算与介质的特性、流动的状态等因素有关，具体计算时请参考有关计算机手册或应用相应的计算机软件。

8.2.7 气动执行器的气开式和气关式选择

气动执行器有气开式和气关式两种类型。气关式执行器在有信号压力时关闭，无信号压力时阀门打开；反之，为气开式调节阀。

气开、气关的选择主要从工艺生产的安全性要求出发。考虑原则是：当信号压力中断时，应保证设备和操作人员的安全。如果阀门处于打开位置时危害小，则应选用气关式，以使气源系统发生故障，气源中断时，阀门能自动打开，保证安全。反之，阀门处于关闭时危害小，则应选用气开式。例如，加热炉的燃料气或燃料油应采用气开式执行器，信号中断时应切断进炉燃料，以免炉温过高造成事故。又如调节进入设备易燃气体的执行器，应选用气开式，以防爆炸。若介质为易结晶物料，则选用气关式，以防堵塞。

8.3 电动执行器

电动执行器与气动执行器一样，是控制系统中的一个重要部分。它接收来自控制器的 0～10 mA 或 4～20 mA 的直流电流信号，并将其转换成相应的角位移或直行程位移，去操纵阀门、挡板等调节机构，以实现自动调节。

电动执行器的执行机构和调节机构是分开的两部分，其执行机构分角行程和直行程两种。电动执行器接受来自控制器的直流信号，并将其转换成相应的角位移或直行程位移去操纵阀门、挡板等调节机构，以实现自动调节。

电动执行器有角行程、直行程和多转式等类型。角行程电动执行机构以电动机为动力元件，将输入的直流电流信号转换为相应的角位移（0～90°），这种执行机构适用于操纵蝶阀、挡板之类的旋转式调节阀。直行程执行机构接收输入的直流电流信号后，使电动机转动，然后经减速器减速并转换为直线位移输出，去操纵单座、双座、三通等各种调节阀和其他的直线式调节机构。多转式电动执行机构主要用来开启或关闭闸阀、截止阀等多转式阀门，由于它的电机功率比较大，最大的有几十千瓦，一般多用作就地操作和遥控。

几种类型的电机执行机构在电气原理上基本上是相同的，只有减速器不一样。以下简单介绍一下角行程电动执行机构。

角行程电动执行机构主要由伺服放大器、伺服电动机、减速器、位置发送器和操纵器组成，如图 8-21 所示。其工作过程大致如下：伺服放大器将来自控制器的输入信号与位置反馈信号进行比较。当无信号输入的时候，由于位置反馈信号也为零，放大器无输出，电动机不转；如有信号输入，且与反馈信号比较产生偏差时，放大器有足够的输出功率，驱动伺服电动机，经减速后使减速器的输出轴转动。当位置发送器的输出电流与输入信号相等时，输出轴停止转动并稳定在与输入信号相对应的转角位置上，从而实现了输入电流信号与输出转角的转换。

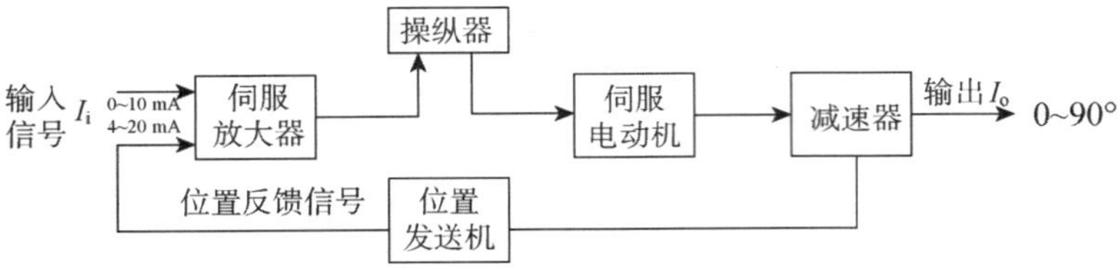

图 8-21　角行程电动执行机构的组成

位置发送器是能将执行机构输出轴的位移转变为 0～10 mA DC(或 4～20 mA DC)反馈信号的装置。它的主要部分是差动变压器，其原理如图 8-22 所示。

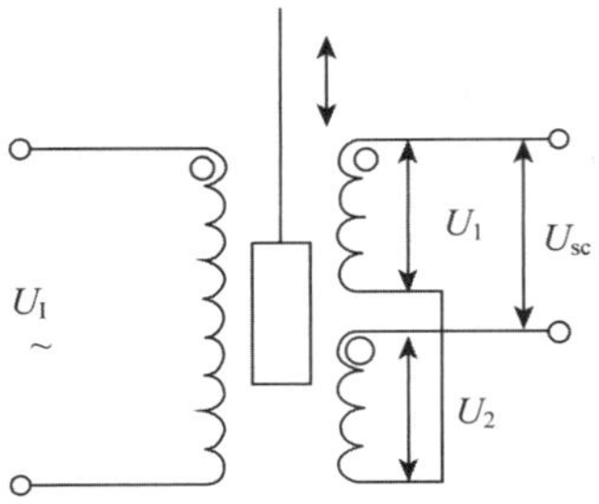

图 8-22　差动变压器原理图

在差动变压器的原边接入交流稳压电源后，其副边分别会感应出交流电压 U_1、U_2，由于两个副边绕组的匝数相等，故感应电压 U_{sc} 的大小将取决于铁芯的位置。

铁芯的位置是与执行机构输出轴的位置相对应的。当铁芯在中间位置时，因两副边绕组的磁路对称，故在任一瞬间穿过两副边绕组的磁通量都相等，因而感应电压 $U_1=U_2$。但因两绕组反向串联，它们所产生的电压相互抵消，因而输出电压 U_{sc} 等于零。

当铁芯自中间位置有一向上的位移时，使磁路对两绕组不对称，这时上边绕组中的交变磁通的幅值将大于下面绕组中交变磁通的幅值，此时两绕组中的感应电压 $U_1>U_2$，因而产生输出电压 $U_{sc}=U_1-U_2$。

反之，当铁芯下移时，两绕组中的感应电压满足 $U_2>U_1$，此时输出电压的相位与上述相反，其大小仍为 $U_{sc}=U_1-U_2$。

信号 U_{sc} 经过整流、滤波电路可以得到 0～10 mA 或 4～20 mA 的直流电流信号，它的大小与执行机构输出位移相对应。这个信号被反馈到伺服放大器的输入端，与输入信号相比较。

电动执行机构不仅可与调节器配合实现自动调节，还可以通过操纵器实现调节系统的自动调节和手动调节的相互切换。当操纵器的切换开关置于手动操作位置时，由正反操作按钮直接调节电机的电源，以实现执行机构输出轴的正转或反转，从而进行遥控手动操作。

早期的电动执行机构安全防爆性能差，电机动作不够迅速，且在行程受阻或阀杆被卡住时电机容易受损。近年来，电动执行机构不断改进并有扩大的趋势，但在化工领域的应用仍不及气动执行机构广泛。

随着自动化、电子和计算机技术的发展，越来越多的电动执行机构正向智能化方向发展。智能电动执行机构是一类新型终端控制仪表，能够根据控制电信号直接操作调节阀阀杆的位移。由于对控制系统的精确度和动态特性提出了越来越高的要求，电动执行机构能够获得最快响应时间，实现控制也更为合理、方便、经济，因而正受到用户的欢迎。这样还可免去采用气动执行器必须配置良好的气源设备投资和现场气路管线安装的麻烦。

新型智能执行器采用双 CPU、电子限力矩保护、电子行程限位、数字式位置发送器、相位自动鉴别、红外线遥控调试以及故障诊断、自动切换处理多种保护措施等关键技术，提高了产品的稳定性、可靠性和精确度。通过防爆、射频干扰、静电放电、快速瞬变脉冲群等试验验证，其基本误差小于±1.5％，回差为 1％，使用环境温度为－25～700℃，这些指标均达到国际先进水平。

智能电动执行器则利用微机技术和现场通信技术扩展功能，实现双向通信、PID 调节、在线自动标定、自校正与自诊断等多种控制功能，有效提高控制水平，现已越来越受到用户的选用和关注。

8.4　电-气转换器及电-气阀门定位器

在实际系统中，电与气两种信号常是混合使用的，这样可以取长补短。因而有各种电-气转换器及气-电转换器把电信号（0～10 mA DC 或 4～20 mA DC）与气信号（0.02～0.1 MPa）进行转换。电-气转换器可以将电动变送器输出的电信号变为气信号，送到气动调节器或气动显示仪表；也可将电动调节器的输出信号变为气信号去驱动气动调节阀。此时常用电-气阀门定位器，它具有电-气转换器和气动阀门定位器两种作用。

8.4.1　电-气转换器

电-气转换器的结构原理如图 8-23 所示，其工作基于力矩平衡原理。当 0～10 mA 直流电流信号通入置于恒定磁场里的测量线圈时，所产生的磁通与磁钢在空气隙中的磁通相互作用，产生一个向上的电磁力（即测量力）。由于线圈固定在杠杆上，杠杆绕十字簧片偏转，使装在杠杆另一端的挡板靠近喷嘴，使其背压升高。经过功率放大器放大后，一方面输出，另一方面反馈到正负两个波纹管，建立与测量力矩相平衡的反馈力矩。于是输出信号（0.02～0.1 MPa）与线圈电流呈一一对应的关系。

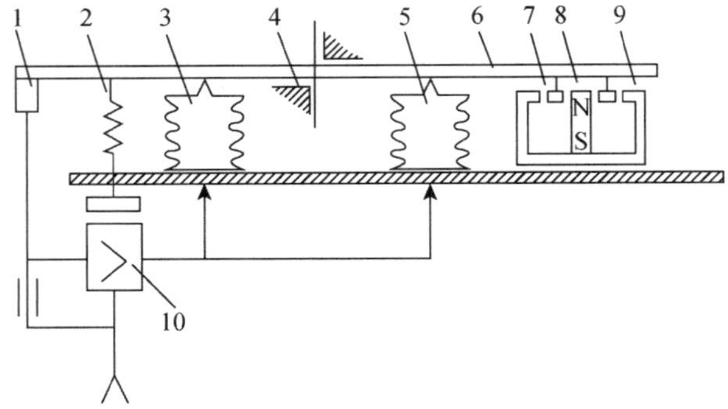

1—喷嘴挡板；2—调零弹簧；3—负反馈波纹管；4—十字弹簧；5—正反馈波纹管；6—杠杆；
7—测量线圈；8—铁芯；9—磁钢；10—放大器

图 8-23 电-气转换器原理结构图

由于负反馈力矩比线圈产生的测量力矩大得多，因而设置了正反馈波纹管，负反馈力矩减去正反馈力矩后的差就是反馈力矩。调零弹簧用来调节输出气压的初始值。如果输出气压变化的范围不对，可调永久磁钢的分磁螺钉。

8.4.2 电-气阀门定位器

1）电-气阀门定位器

配薄膜执行机构的电—气阀门定位器的动作原理如图 8-24 所示。它是按力矩平衡原理工作的。当信号电流通入力矩马达 1 的线圈时，它与永久磁钢作用后，对主杠杆产生一个力矩，于是挡板靠近喷嘴，经放大器放大后，送入薄膜气室使推杆向下移动，并带动反馈杆绕其支点 4 转动，连在同一轴上的反馈凸轮也做逆时针方向转动，通过滚轮使副杠杆绕其支点偏转，拉伸反馈弹簧。当反馈弹簧对主杠杆的拉力与力矩马达作用在主杠杆上的力矩达到平衡时，仪表达到平衡状态。此时，一定的信号电流对应一定的阀门位置。

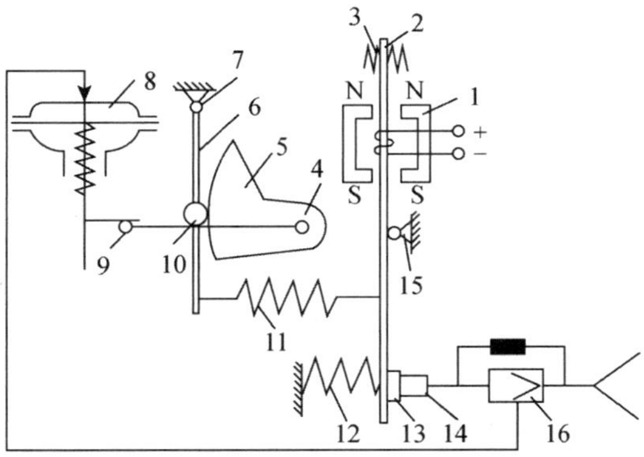

1—线圈；2—主杠杆；3—平衡弹簧；4—反馈凸轮支点；5—反馈凸轮；6—副杠杆；
7—副杠杆支点；8—薄膜执行机构；9—反馈杆；10—滚轮；11—反馈弹簧；12—调零弹簧；
13—挡板；14—喷嘴；15—主杠杆支点；16—气动放大器

图 8-24 电-气阀门定位器的动作原理图

2) 智能阀门定位器

智能阀门定位器是新一代智能化气动执行机构不可或缺的配套产品。它内装高集成度的微控制器,采用电平衡(数字平衡)原理代替传统的力平衡原理,将电控命令转换成气动定位增量,实现阀位控制;利用数字式开、停、关的信号来驱动气动执行机构的动作;阀杆位置反馈直接通过高精度位置传感器,实现电/气转换功能。因此,它具有提高输出力、提升动作速度和调节精度(最小行程分辨率可达 0.05%)、克服阀杆摩擦力、实现精确定位等特点。其结构如图 8-25 所示。

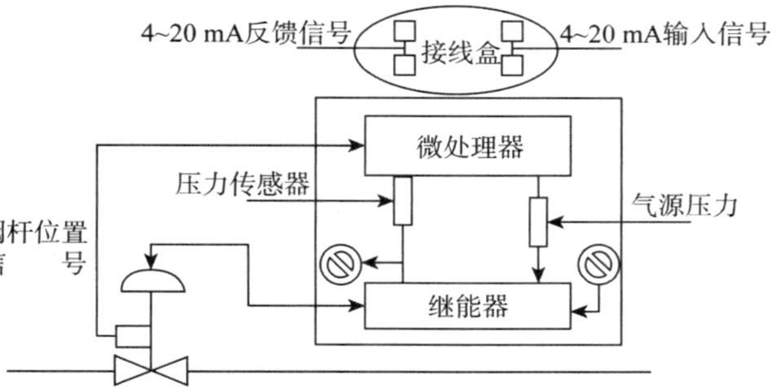

图 8-25 智能阀门定位器结构图

智能阀门定位器具备许多符合现代过程控制技术要求的功能:对所有控制参数进行组态(如死区、正反作用、报警上下限、行程零点、行程范围、执行机构类型选择等),实现分程控制功能,实现上行、下行速度调节功能,提供线性、等百分比、快开等特性修正功能,具备自校正、自诊断功能,以及故障报警和故障处理功能,支持多种通信协议。

由于智能阀门定位器的功能完善,对降低投资、节约能源、提高过程控制水平能带来极大益处,现已越来越受到用户的关注,并被选用。同时,它与智能变送器一起将彻底改变现场仪表的状况,促使过程控制早日进入现场总线控制系统的新时代。

3) 阀门定位器的作用

在以下情况下需要采用阀门定位器:

(1) 需要对阀门作精确调整的场合;

(2) 管道口径较大或阀门前后压差较大等,会产生较大不平衡力的场合;

(3) 为防止泄漏而需要将填料压得很紧的场合,例如高压、高温或低温等环境;

(4) 调节介质黏滞较高等情况。

电—气阀门定位器一方面具有电—气转换器的作用,可用电动调节器输出的 0～10 mA DC 或 4～20 mA DC 信号去操纵气动执行机构;另一方面还具有气动阀门定位器的作用,可以使阀门位置按控制器送来的信号准确定位(即输入信号与阀门位置呈一一对应的关系)。同时,改变图 8-24 中反馈凸轮的形状或安装位置,还可以改变调节阀的流量特性和实现正反作用(即输出信号可以随输入信号的增加而增加,也可以随输入信号的增加而减少)。

8.5 国产执行器

国产执行器品牌包括霍科德、华渤、莱斯特、凯德斯、仪达机电设备、荣珅科技、黔沪电动阀门、久捷阀门机电设备等。这些品牌在国产执行器市场上具有一定的知名度和影响力。例如，霍科德的电动执行器以其稳定性和高效能受到用户的认可；华渤和莱斯特则以其智能型电动执行器在市场上占有一席之地；凯德斯的西博思（SIPOSS）系列智能型直行程电动执行器也是市场上受欢迎的产品之一；仪达机电设备的电动执行器则以其快速响应和大扭矩的特点满足了工业应用的需求；荣珅科技的电动调节阀执行器能够适配多种控制系统；黔沪电动阀门的 IQ 系列罗托克角行程执行器以其多回转设计在市场上获得了良好的反馈；久捷阀门机电设备的电动执行器则以其耐用性和高效能满足了各种工业应用的需求。这些品牌在技术上不断创新，并提供符合市场需求的执行器产品，产品广泛应用于流体控制、工业自动化、环保设备等多个领域，推动了国产执行器行业的发展。

例题与习题

（一）例题部分

1. 测量某处压力共进行了 100 次，其算术平均值为 100.00 mmHg，测出最大一次是 100.09 mmHg，试估计在这 100 次测量中落在(100±0.03) mmHg 之间约有多少次？落在(100±0.09) mmHg 之间约有多少次？落在(100±0.03) mmHg～(100±0.09) mmHg 之间约有多少次？(1 mmHg＝133.322 4 Pa)

解：因为测量出现的最大值为 100.09 mmHg，而 3σ 是偶然误差的极限误差，故 $3\sigma=0.09$，即 $\sigma=0.03$。

由误差理论，多次测量中落在 $\pm\sigma$ 区间内的可能性是 68.3%，落在 $\pm3\sigma$ 区间内的可能性是 99.7%，故在 100 次测量中约有 68 次落在(100±0.03) mmHg 范围内，几乎 100 次都落在(100±0.09) mmHg 范围内，有 100－68＝32 次落在(100±0.03) mmHg～(100±0.09) mmHg 之间。

2. 设有一台精度等级为 0.5 级的温度显示仪表，量程为 0～1 000℃，在正常情况下进行检验，测得的最大绝对误差为＋6℃，问该电子电位差计是否合格？

解：仪表允许的最大绝对误差为 $\Delta T_{max}=N\times\delta_{允}=1\,000\times(\pm0.5\%)=\pm5℃$

现测得的最大绝对误差为 6℃＞5℃，故该显示仪表不合格。

3. 如例题图 2－1 所示的两种接线测温，问 A 表和 B 表的指示值哪一个高？为什么？

解：A 表指示与 B 表指示值一样高。

例题图[2－1(a)]中热电偶的热端温度为 300℃，冷端温度为 30℃，连接热电偶和仪表的导线为普通铜导线，所以没有热电势产生，故输入仪表中的热电势为 $E(300,30)$；

例题图[2－1(b)]中热电偶热端温度也为 300℃，冷端由于接了补偿导线，其热电特性与热电偶相同，相当于延伸到

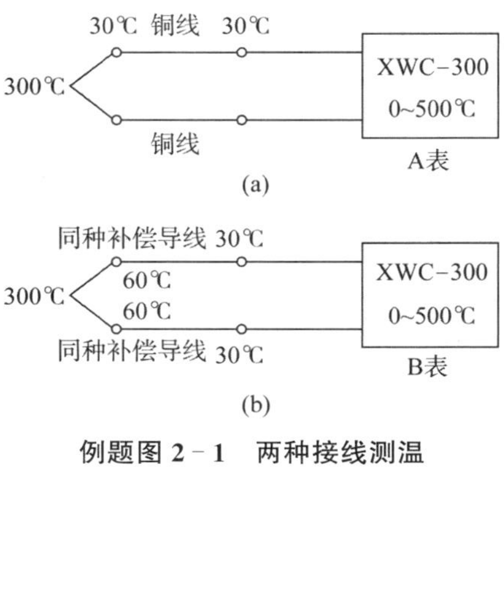

例题图 2－1　两种接线测温

了 30℃的地方，故输入显示仪表的热电势应为 $E(300,60)+E(60,30)=E(300,30)$，因此 A 表与 B 表的指示值一样高。

4. 现用一只分度号为 K 的热电偶测量某炉温，已知热电偶冷端温度为 20℃，显示仪表（本身不带冷端温度补偿装置）读数为 400℃。

求：(1) 若没有进行冷端温度补偿，试求实际炉温为多少？

(2) 若利用补偿电桥（0℃时平衡）进行了冷端温度补偿，实际炉温又为多少？为什么？

解： 由 K 热电偶的分度表可知，$E_K(400,0)=16.397$ mV，$E_K(20,0)=0.798$ mV

(1) 设实际温度为 T℃。若没有进行冷端温度补偿，则热电偶所产生的热电势，即

$$E_{热}=E_K(T,20)=E_K(T,0)-E_K(20,0)$$

由显示仪表读数为 400℃（仪表没有冷端补偿）可知，仪表所需热电势为

$$E_{入}=E_K(400,0)$$

于是热电偶产生的热电势就和仪表所需热电势相等，即

$$E_K(T,20)=E_K(400,0)$$

即

$$E_K(T,0)-E_K(20,0)=E_K(400,0)$$

$$E_K(T,0)=E_K(400,0)+E_K(20,0)$$
$$=16.397+0.798=17.195(\text{mV})$$

查 K 型热电偶的分度表可知，对应的实际温度 T 为 418.9℃

(2) 设实际温度为 T℃。

若进行了冷端温度补偿，补偿电桥（0℃时平衡）所产生的不平衡电压为 $E_K(20,0)$，热电偶所产生的热电势 $E_K(T,20)$，所以

$$E_{热}+E_{补}=E_K(T,20)+E_K(20,0)$$

即

$$E_{入}=E_K(T,0)$$

由显示仪表（没有冷端补偿）读数为 400℃可知，仪表所需热电势为

$$E_{入}=E_K(400,0)$$

所以，热电偶所产生的热电势加上补偿电桥的输出电压就等于仪表所需的热电势，即

$$E_K(T,0)=E_K(400,0)$$

因此，对应的实际温度 $T=400$℃。

5. 用分度号为 K 的热电偶进行测温，误用了分度号为 E 的补偿导线接配在型号为 K 的带冷端温度补偿的仪表上，如例题图 2-2 所示。已知仪表读数为 650℃，问被测实际温度为多少？

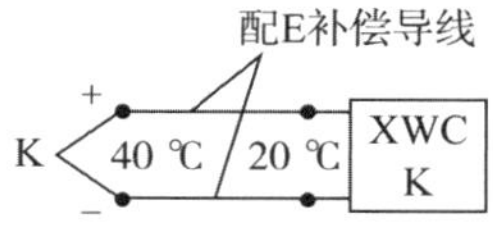

例题图 2-2　热电偶测温

解： 由于仪表（有冷端补偿）的读数为 650℃可知，仪表所需的电势为 $E_{入}=E_K(650,20)$。

设被测实际值为 T，由外接线路可知，K 型热电偶产生的热电势为 $E_K(T,40)$，E 型补偿导线产生的热电势为 $E_E(40,20)$，故热电偶和补偿导线所产生的热电势之和为

$$E_K(T,40)+E_E(40,20)$$

于是

$$E_K(T,40)+E_E(40,20)=E_K(650,20)$$

即

$$E_K(T,0)=E_K(40,0)-E_E(40,20)+E_K(650,20)$$
$$=1.612-1.227+26.224=26.609(\text{mV})$$

查K型热电偶的分度表可得，$T=640.2$℃。

6. 某压力容器压力波动不大，压力控制指标为6 MPa，要求测量误差不大于0.18 MPa，试选用一台合适的单圈弹簧管压力表。

解：(1) 选用压力表应先确定仪表类型，题中已经给定。

(2) 再确定仪表的量程范围。

因为压力波动不大，最大工作压力不超过满量程的$\frac{2}{3}$，即$6<\left(\frac{2}{3}\right)N$，$N>6\times\left(\frac{3}{2}\right)=9$ MPa，选用量程范围为0～10 MPa的压力表。

(3) 最后确定仪表的精度等级。

工艺允许的相对误差最大值为$\delta_{允}=\pm\frac{0.18}{10-0}\times 100\%=\pm 1.8\%$，

所以仪表的精度等级应选1.5级。

7. LZB-50型转子流量计，转子材料为不锈钢，密度为7 920 kg/m^3，测量范围对于密度为1 000 kg/m^{3}的水来说是16 000～160 000 m^3/h，试求对于密度为640 kg/m^{3}的液体，其测量范围是多少？

解：设转子、水、被测液体的密度分别为ρ_f、ρ_0、ρ，由液体流量的修正公式可知密度修正系数

$$K=\sqrt{\frac{(\rho_f-\rho)\rho_0}{(\rho_f-\rho_0)\rho}}=\sqrt{\frac{(7\ 920-640)\times 1\ 000}{(7\ 920-1\ 000)\times 640}}\approx 1.28$$

$$Q_{测\min}=KQ_{0\ \min}=1.28\times 16\ 000=20\ 480(\text{m}^3/\text{h})$$

$$Q_{测\max}=KQ_{0\ \max}=1.28\times 160\ 000=204\ 800(\text{m}^3/\text{h})$$

因此，对于密度为640 kg/m^{3}的液体，其测量范围是20 480～204 800 m^3/h。

8. 用单法兰液位计测量开口容器内液位，如例题图2-3所示，其最低液位和最高液位到仪表的距离分别为$h_1=1$ m，$h_2=3$ m，若被测介质的密度$\rho=980$ kg/m^3，求：

(1) 变送器的量程为多少？

(2) 是否需要迁移？迁移量为多少？

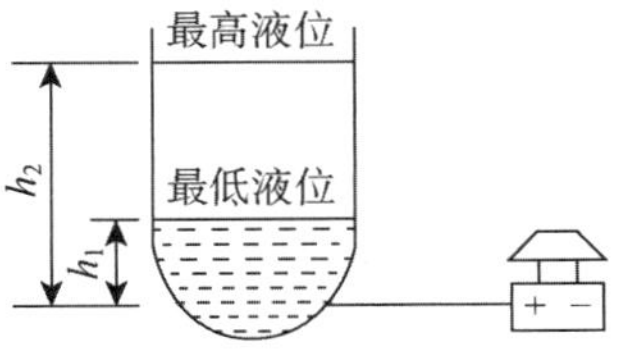

例题图2-3 用单法兰液位计测量液位

解：(1) $\Delta p=(h_2-h_1)\rho g=(3-1)\times 980\times 9.807\approx 19\ 221.7(\text{Pa})$

(2) 当液位最低时，液位计正、负压室的受力分别为

$p_+=p_0+\rho g h_1$

$p_-=p_0$

$\Delta p=p_+-p_-=\rho g h_1=980\times 9.807\times 1\approx 9\ 610.9(\text{Pa})>0$

所以，该压力变送器需要正迁移，迁移量为9 610.9 Pa。

9. 比例度、积分时间、微分时间这三者的大小对系统过渡过程分别有哪些影响？

解：(1) 比例度对系统过渡过程的影响：比例度是反映比例控制作用强弱的一个参数，比例度越大(即放大倍数K_P越小)，表示比例控制作用越弱，则过渡过程曲线越平稳，但余差也越大。反之，比例度越小(即放大倍数K_P越大)，表示比例控制作用越强，过渡过程曲线也就越振荡，这样使得系统的稳定性变差，但可适当地减小余差。如果比例度过小，就可能出现发散振荡。

(2) 积分时间对系统过渡过程的影响：积分时间是用来表示积分控制作用强弱的一个参数，积分时间越大，积分速度越小，积分作用不明显，余差消除得慢。积分时间越小，也就表示着积分速度越大，这样积分作用就明显，易于消除余差，但是系统振荡加剧，使得系统的稳定性下降，动态性能也变差。

(3) 微分时间对系统过渡过程的影响：微分时间是用来表示微分控制作用强弱的一个参数。当一个系统中存在偏差，并且是变化的，那么微分作用马上进行调节，如果偏差是固定的，即使数值很大，微分作用也没有输出，所以微分作用不能单独使用。如果增加微分时间，能克服对象的滞后，改善系统的控制质量，从而提高系统的稳定性。但是，微分时间太大，会引起系统的过渡过程的强烈振荡，反而使调

节质量变差。

10. 某控制系统的控制器设置为反作用，当 $K_P=2, T_I=2\ \text{min}, T_d=0$ 时，在 $t=t_0$ 时刻加入一幅值为 1 mA 的阶跃信号如例题图 2-4 所示，若控制器的初始工作点为 12 mA，试画出控制器的输出波形图。

解：由题可知，$K_P=2, T_I=2\ \text{min}, T_d=0, p_0=12\ \text{mA}, p=\Delta p+p_0$

所以，控制器具有 PI 作用，

$$\Delta p=-K_P\left(e+\frac{1}{T_I}\int_0^t e\,\mathrm{d}t\right)$$

当 $t<t_0$ 时，$e=0, \Delta p=0, p=0+12=12(\text{mA})$

当 $t=t_0$ 时，$e=1\ \text{mA}, \Delta p=-2\times\left(1+\frac{1}{2}\int_{t_0}^{t_0}1\mathrm{d}t\right)=-2(\text{mA})$

$$p=-2+12=10(\text{mA})$$

当 $t=t_0+T_I=t_0+2$ 时，

$$\Delta p=-2\times\left(1+\frac{1}{2}\int_{t_0}^{t_0+2}1\mathrm{d}t\right)=-2\times\left(1+\frac{1}{2}\times 2\right)=-4(\text{mA})$$

$$p=-4+12=8(\text{mA})$$

波形图如例题图 2-5 所示。

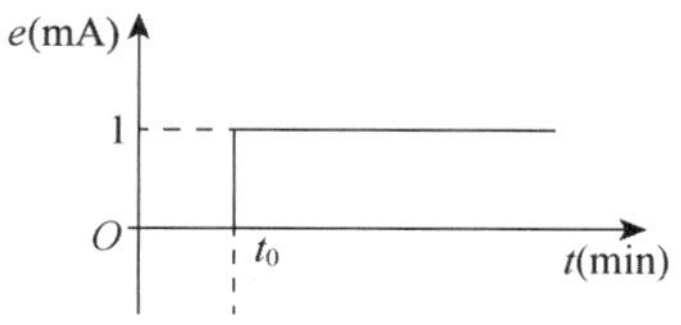

例题图 2-4　输入波形图

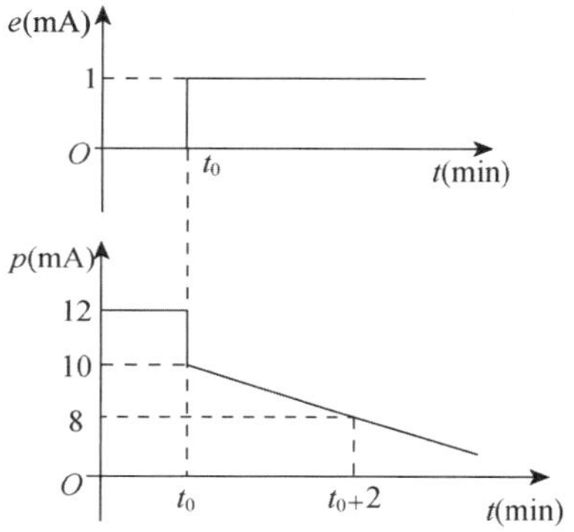

例题图 2-5　控制器输入输出波形图

11. 某控制器采用 PID 算法，设置为正作用，$\delta=100\%, T_I=30\ \text{s}, T_D=0$，若控制器的起始工作点为 6 mA，试画出控制器在如例题图 2-6 输入下的输出波形图。

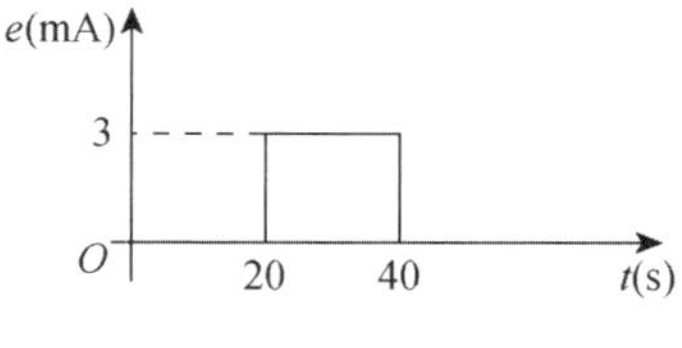

例题图 2-6　输入波形图

解：据题意，$\delta=100\%$，则 $K_P=1$。该输入可看成如例题图 2-7 所示两个输入的叠加。

在图[2-7(a)]第一个输入下控制器的输出表达式为

$$\Delta p_1=\begin{cases}0 & t<20\ \text{s}\\ K_P\left(e+\frac{1}{T_I}\int_{20}^{t}e\,\mathrm{d}t\right)=3+\frac{3}{30}(t-20)=1+\frac{1}{10}t & t\geqslant 20\ \text{s}\end{cases}$$

在图 2-7(b)第二个输入下的表达式为

$$\Delta p_2=\begin{cases}0 & t<40\ \text{s}\\ K_P\left(e+\frac{1}{T_I}\int_{40}^{t}e\,\mathrm{d}t\right)=-3+\frac{1}{30}(-3)(t-40)=1-\frac{1}{10}t & t\geqslant 40\ \text{s}\end{cases}$$

故在题中的给定输入下输出表达式为

$$\Delta p=\Delta p_1+\Delta p_2=\begin{cases}0 & t<20\ \mathrm{s}\\ 1+\dfrac{1}{10}t & 20\ \mathrm{s}\leqslant t<40\ \mathrm{s}\\ 1+\dfrac{1}{10}t+1-\dfrac{1}{10}t=2 & t\geqslant 40\ \mathrm{s}\end{cases}$$

$$p=\Delta p+p_0=\begin{cases}6 & t<20\ \mathrm{s}\\ 7+\dfrac{1}{10}t & 20\ \mathrm{s}\leqslant t<40\ \mathrm{s}\\ 8 & t\geqslant 40\ \mathrm{s}\end{cases}$$

故输出波形图如例题图[2-7(c)]所示。

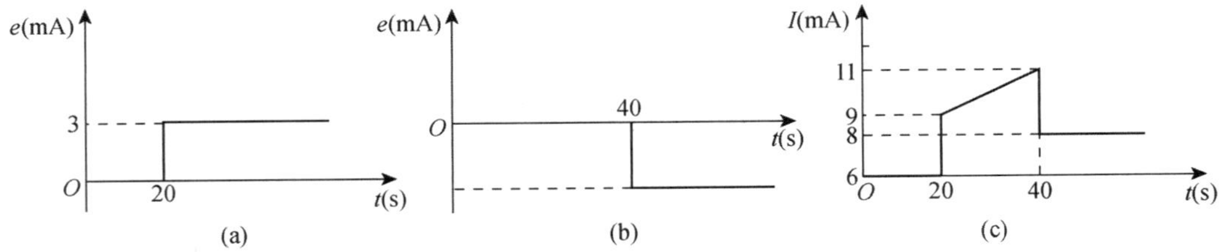

例题图 2-7　输出波形图

12. 某控制器采用 PID 算法，微分增益 $K_D=10$，假定初始输出值为 4 mA，$K_P=2$，$T_I=12$ s，$T_D=120$ s。在 $t=0$ 时加 0.5 mA 的阶跃信号，试依次画出 P、PI、PD 作用下的响应曲线。

解： 由题意可知，$K_P=2$，$T_I=12$ s，$K_D=10$，$T_D=120$ s，$p_0=4$ mA，$e=0.5$ mA

(1) 当 $t=0$ 时，只有比例作用时输出为

$$p=\Delta p_P+p_0=K_Pe+p_0=2\times 0.5+4=5(\mathrm{mA})$$

(2) $t=0$ 时的输出为最大输出(此时为 PD 作用有输出，积分项没有输出)

$$p=K_PK_De+p_0=2\times 10\times 0.5+4=14(\mathrm{mA})$$

(3) $t=12$ s 时，恰好 $t=T_I=T_D/K_D$，故这时的比例积分输出为

$$p=K_P\left(e+\frac{1}{T_I}\int_0^{12}e\,\mathrm{d}t\right)+p_0=2\times\left(0.5+\frac{1}{12}\times 0.5\times 12\right)+4=6(\mathrm{mA})$$

当 $t=T_D/K_D=12$ 时，微分项的变化量为

$$\Delta p_D=0.632\times K_P\times e\times(K_D-1)=0.632\times 2\times 0.5\times(10-1)=5.688(\mathrm{mA})$$

此时，PD 控制器的输出为 $p=14-5.688=8.312(\mathrm{mA})$。

(4) 根据上面的数据画出如例题图 2-8 所示的响应曲线。

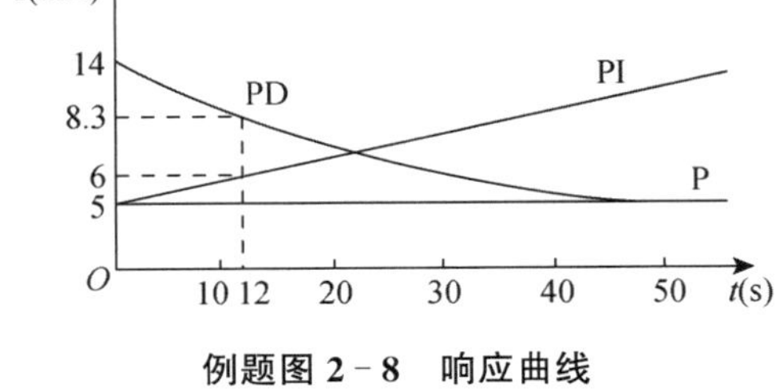

例题图 2-8　响应曲线

13. 分程调节可用来扩大调节阀的可调范围，现有两只调节阀，已知 $C_{1max}=15$，$C_{2max}=60$，$R_1=R_2=30$，试计算采用分程调节方案时的可调比 R。

解：

$$C_{1\,min}=\frac{C_{1\,max}}{R_1}=\frac{15}{30}=0.5$$

$$C_{2\,min}=\frac{C_{2\,max}}{R_2}=\frac{60}{30}=2$$

$$R=\frac{C_{max}}{C_{min}}=\frac{C_{1\,max}+C_{2\,max}}{C_{1\,min}}=\frac{15+60}{0.5}=150$$

（二）习题部分

1. 某次测量中共对某量进行了 50 次测量，其结果如下表所示。

观测值	7.31	7.32	7.33	7.34	7.35	7.36
次数	0	1	3	6	9	11
观测值	7.37	7.38	7.39	7.40	7.41	7.42
次数	10	6	2	1	1	0

(1) 求观测值的算术平均值；

(2) 求观测值的均方根误差；

(3) 估计在测量过程中可能出现的最大误差为多少？

2. 有两台测温仪表，其测量标尺的范围分别为 0～500℃ 和 0～800℃，已知其绝对误差最大值 $\Delta T_{max}=5$℃，试问哪一台仪表测温准确？为什么？

3. 某压力表的测量范围为 0～1 MPa，精度等级为 1.0 级，试问此压力表允许的最大绝对误差是多少？若用标准压力计来校验该压力表，在校验点为 0.5 MPa 时，标准压力计上的读数为 0.508 MPa，试问被校压力表在这一点是否符合 1.0 级精度？

4. 用测温仪表来测量某反应器的温度，如果工艺上允许的最大测量误差为 6℃。现用一台测量范围为 0～1 000℃，精度为 0.5 级的测温仪表来进行测量，问能否符合工艺上的误差要求？

5. 如果某反应器工作压力为 0.6～0.8 MPa，允许最大绝对误差为 0.01 MPa。现用一台测量范围为 0～1.6 MPa，精度为 1.0 级的压力表来进行测量，问能否符合工艺上的要求？若采用一台测量范围为 0～1.0 MPa，精度为 1.0 级的压力表，能否符合要求？为什么？

6. 热电偶的热电特性与哪些因素有关？

7. 常用的热电偶有几种？与它们所配用的补偿导线是什么？

8. 在用热电偶测温时，使用补偿导线时要注意些什么？

9. 热电偶测温为什么要进行冷端温度补偿？冷端温度补偿的方法有几种？

10. 热电偶温度计是利用什么原理来测温的？

11. 在热电偶的测温中，若已经使用了补偿导线，是不是就不需要冷端温度补偿了？请说明理由。

12. 如果用 K 型热电偶测量温度，其仪表指示值为 600℃，而冷端温度为 36℃，则实际温度为 636℃，对不对？为什么？正确值应为多少？

13. 补偿电桥是怎么实现热电偶的冷端温度补偿的？试简述其补偿原理。

14. 现用 K 型热电偶测温，但错用了与 E 型热电偶配套的显示仪表（本身带冷端温度补偿），其测温系统如习题图 2－1 所示。已知室温为 30℃，当仪表指示为 200℃时，问实际温度为多少？

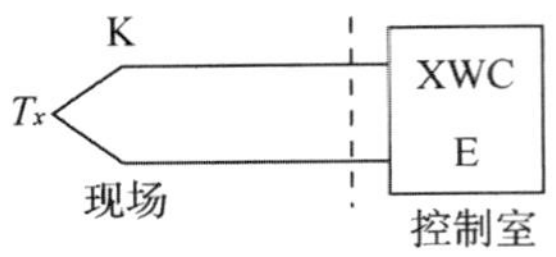

习题图 2-1　测温系统

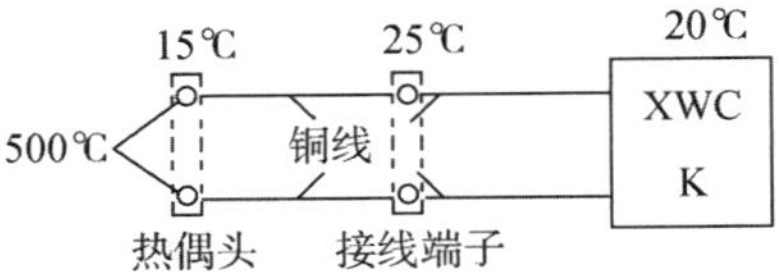

习题图 2-2　热电偶测温

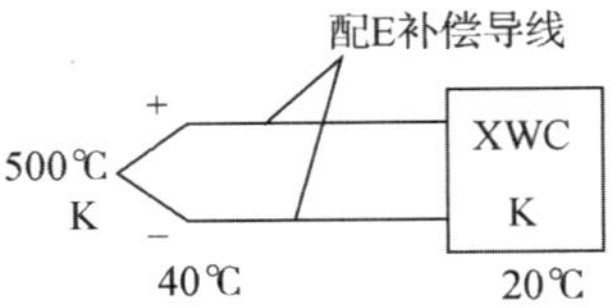

习题图 2-3　测温系统

15. 某厂用 K 型热电偶测温，未用补偿导线而用普通电线，显示仪表为 K 型的具有冷端补偿的仪表，接线如习题图 2-2 所示，问显示仪表应指示多少摄氏度？

16. 某测温系统如习题图 2-3 所示，问此时有冷端温度补偿的显示仪表读数为多少？

17. 热电阻温度计是利用什么原理来测温的？常见的热电阻有哪些？

18. 热电阻测温时，为什么一定要用三线制？如果不用三线制，对测温有什么影响？

19. 在用热电阻测温时，由于没有采用三线制，当连接热电阻的导线电阻因环境温度升高而增大时，其指示值将怎样变化？

20. 传感器与变送器有什么区别？

21. 选用和安装压力表应注意哪些事项？

22. 电动压力变送器是怎样实现负反馈的？

23. 什么叫节流现象？标准的节流装置有几种？

24. 差压式流量计是由哪些部分构成的？它利用什么原理来测量流量？

25. 用差压式流量计测量流量时，造成测量误差的原因是什么？

26. 转子式流量计是利用什么原理来测流量的？它与差压式流量计最大的区别是什么？

27. 电远传式转子流量计是如何实现信号的远传的？

28. 试比较电磁流量计、漩涡流量计各自的特点和适用场合。

29. 如何正确安装电磁流量计？

30. 什么是正迁移和负迁移？它们之间有什么不同？

31. 零点迁移的实质是什么？

32. 如习题图 2-4 所示用差压变送器测闭口容器液位，已知 $h_1=100$ cm，$h_2=200$ cm，$h_3=140$ cm，被测介质密度 $\rho=0.85$ g/cm^3，负压管内隔离液为水，求：

(1) 变送器量程为多少？

(2) 是否需要迁移？若需要，迁移量为多少？若不需要，请说明理由。

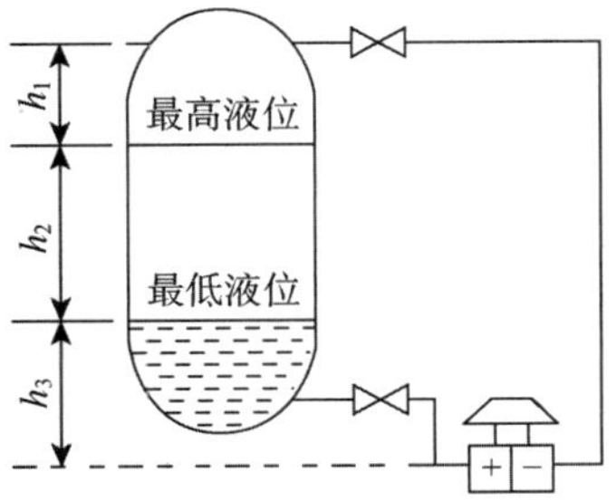

习题图 2-4　差压变送器测液位

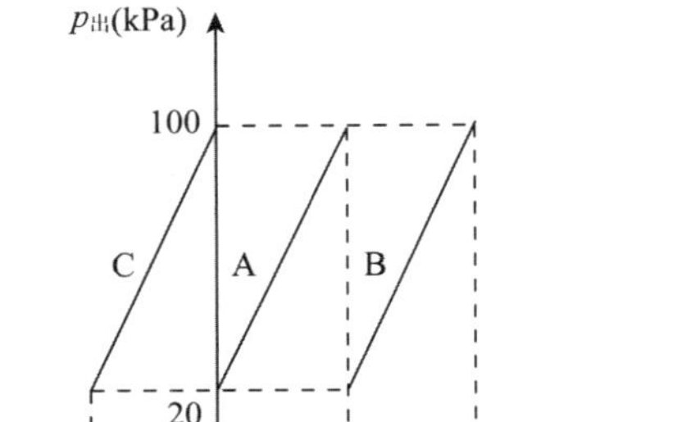

习题图 2-5　迁移量计算

33. 根据习题图 2-5 所示的曲线特性，说明各曲线所表示的迁移情况，并求出曲线表示的迁移量。

34. 按工作原理分物位测量仪表有几类？它们的工作原理又是怎样的？

35. 试简述电容式物位计的测量原理。

36. 试简述液罐称重仪的测量原理。

37. 有冷端补偿的显示仪表配热电偶测温，室温为 25℃，对于始点为 0℃ 的显示仪表，当输入端短路时仪表指示何处？为什么？若要使仪表指示 0℃，该怎么办？

38. 试比较习题图[2－6(a)、(b)表]的读数，哪个读数更大？为什么？

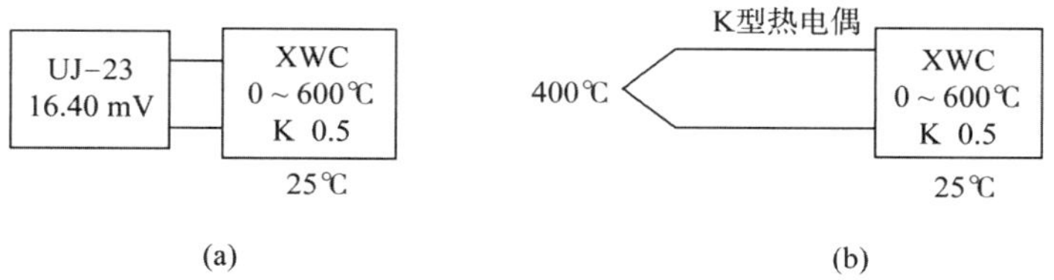

习题图 2－6　比较读数

39. 试分别写出 P、PI、理想 PD 和理想 PID 控制算法的表达式，并说明它们适用于什么场合。

40. 为什么说比例控制是最基本的控制算法？

41. 什么是比例控制的余差？为什么比例控制算法会产生余差？

42. 控制器在控制系统中起什么作用？

43. 写出离散 PID 算法的表达式，并说明所有参数的含义。

44. 预测控制算法的显著优势有哪些？

45. 预测控制主要包含哪四个环节？每个环节起什么作用。

46. 请绘制预测控制原理图并解释其原理。

47. 写出预测控制优化目标函数的表达式，并说明所有参数含义。

48. 绘制模糊控制的基本结构，说明其中每部分的作用。

49. 数字式控制器的硬件部分主要包括哪些部分？各起什么作用？

50. 数字式控制器除了 PID 控制作用外，还有哪些功能？

51. 什么是数字控制系统的组态？数字式控制器中用户程序起什么作用？

52. 在过程控制系统中，采用数字式控制器实现自动回路控制需要哪些必要的步骤？

53. 工控机组成的控制系统与数字式控制器构成的控制系统硬件上有哪些不同之处？

54. 解释计算机控制系统中 AI/AO/DI/DO 的含义。

55. PLC 有哪些主要功能？

56. PLC 硬件组成有哪些？各部分起什么作用？

57. PLC 的编程语言有哪些？

58. PLC 控制系统开发的主要步骤有哪些？

59. PLC 控制系统中如何实现 PID 控制算法？

60. PLC 的主要应用领域有哪些？

61. 西门子 S7-1200 存储区分为哪几类？

62. PLC 的存储位内容 0 或 1，对应的继电器线圈和常开常闭触点状态如何？

63. S7-1200 PLC 的用户程序结构为模块化结构，主要包括哪几类模块？每一类模块主要起什么作用？

64. S7-1200 PLC 在 STARTUP 模式和 RUN 模式下，分别执行哪些操作？

65. 简述 PLC 梯形图的能流概念。

66. S7-1200 的编程软件是什么？TIA 博图有什么便利之处？

67. 什么叫自锁？举例说明自锁概念的应用。

68. DCS 系统的基本结构包括哪些硬件组成？各部分起什么作用？

69. DCS 的软件主要实现什么功能？

70. 某加热炉出口温度需要稳定，设计燃料流量为控制变量，出口温度为被控变量，试绘制简单的原理图说明 DCS 实现该单回路控制的过程。

71. 某控制器设置为反作用 PI 控制，初始输出值为 10 mA，$K_P=2$，$T_I=2$ min，在 $t=1$ min 时加入如习题图 2-7 所示的阶跃信号，试画出控制器的输出波形图。

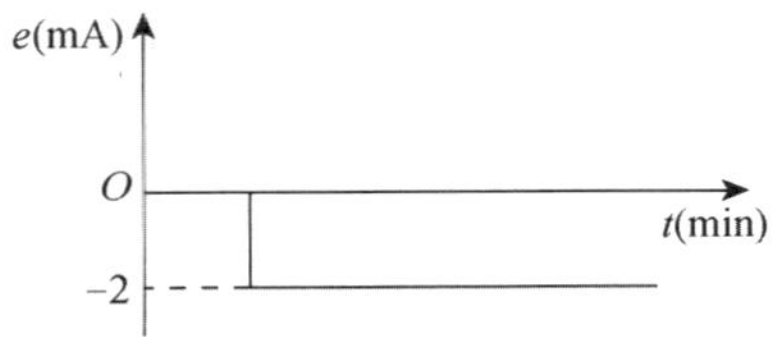

习题图 2-7

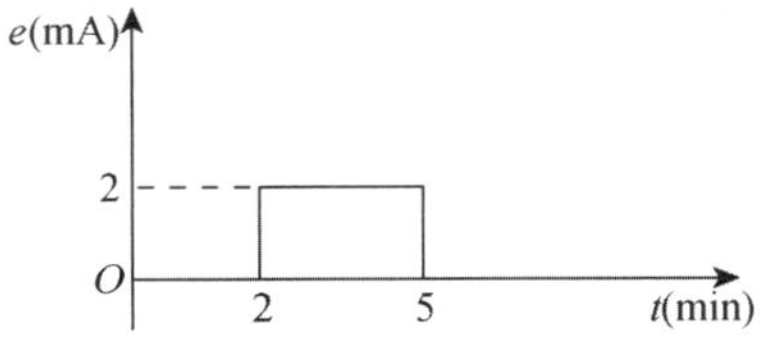

习题图 2-8

72. 某正作用 PI 控制器，$K_P=2$，$T_I=2$ min，若控制器的起始工作点为 14 mA，试画出在如习题图 2-8 输入下的控制器输出波形图。

73. 某正作用比例式的温度控制器，测量的全量程为 0～1 000℃，当指示值变化 100℃，控制器的比例增益为 2 时，求相应的控制器输出将变化多少？

74. 具有比例积分作用的正作用控制器，其比例增益为 3，积分时间为 2 min。稳态时，输出为 5 mA。某一时刻输入偏差增加了 0.5 mA，问其比例输出是多少？经过 4 min 后，控制器输出将是多少？

75. 什么是气开阀？什么是气关阀？根据什么原则选择调节阀的气开气关形式？

76. 什么叫调节阀的流量特性？什么叫理想流量特性？什么叫实际流量特性？常见的理想流量特性有哪些？

77. 已知阀的最大流量 $Q_{max}=100\ m^3/h$，可调范围 $R=30$。计算在理想情况下阀的流量特性为直线型，相对行程为 $l/L=0.1$、0.2、0.8、0.9 时的流量值 Q。

78. 在自动控制系统中，电动执行器能完成什么功能？其输入信号和输出信号分别是什么？

79. 电-气转换器和电-气阀门定位器各能完成什么功能？

第三篇　综合自动化

过程控制系统发展到今天，其目标已经远远不只是通过设计控制回路使重要参数稳定在某一数值上，而是将企业优化决策、生产单元计划调度、生产单元参数实时优化、生产过程实时监控、过程回路控制、安全生产系统、资产设备管理系统等功能集成为一体的综合自动化系统。目前，正在经历的智能制造新经济模式转变过程，更是将人工智能技术、网络技术、智能传感技术等新技术充分引入企业综合自动化系统，实现市场、供应、设计、生产、设备、管理等过程的高度集成和智能化，使效益、能耗、环境、安全等指标综合优化。

企业综合自动化是一个大系统，将企业的决策、管理、调度、监控、控制等所有管理环节都集成在一个网络体系中。企业网络主要包括管理信息网和工业控制网两层。管理信息网一般处理企业管理与决策信息，位于企业网络的中上层，普遍采用企业内部局域网(Intranet)，以 TCP/IP 作为通信协议，利用 Internet 的 Web 模型作为标准信息平台，同时建立防火墙把内部网和 Internet 分开。控制网络处理企业实时控制信息，将具有数字通信能力的工业现场设备和控制元件连接起来，共同完成控制任务，并为信息网络提供生产过程控制参数与设备状态等信息。由于控制网络具有实时性强、可靠性和安全性高的要求，不能采用 Internet 的协议机制，众多工业控制网络组织制定了各种现场总线网络协议，这些协议目前已在工业领域得到了广泛应用。

控制系统的发展经历了基地式和单元组合式的气动或液动仪表控制、集中式电动模拟仪表、以 PLC 为核心的逻辑顺序控制、以计算机为控制核心的计算机控制系统、以大规模集成电路和微型处理机为基础的集散控制系统(DCS)、以智能仪表为基础的现场总线控制系统(FCS)等阶段。DCS 系统由于具有控制分散、管理集中的显著优势，在过程工业中被普遍采用。FCS 取代 DCS 需要大量的资金投入去更新现场仪表和执行器以及建设现场总线网络资源，因此短期内难以实现。现阶段的工业控制网络大多是以已经投运的 DCS 为核心，各种现场总线网络挂接在 DCS 上与其集成，再通过 DCS 与上层管理信息网集成。

企业综合自动化的内容非常广泛。鉴于篇幅限制，本篇的内容重点介绍以集散控制系统为核心的工业控制网络。第 9 章介绍综合自动化概况；第 10 章介绍工业控制网络与现场总线技术；第 11 章介绍集散控制系统；第 12 章介绍安全仪表系统；第 13 章介绍一个自动化系统的工业应用案例。

9 综合自动化系统概述

综合自动化系统是指在获取生产流程所需全部信息的基础上，将分散的过程控制系统、生产调度系统以及管理决策系统等有机集成，深度融合自动化技术、信息技术、计算机技术、网络技术、系统工程技术、生产加工技术和管理决策技术。通过对生产活动所需的各种信息进行集成，形成集控制、监测、优化、调度、管理、经营、决策等功能于一体，能适应各种生产环境和市场需求，实现总体最优、高质量、高效益、高柔性的现代化企业系统，以达到提高企业经济效益、适应能力和竞争能力的目的。通常提到的计算机集成制造系统（CIMS）、计算机集成流程生产系统（CIPS）与企业综合自动化是同一概念。

现今的企业综合自动化正在向智能制造转型，其涵盖的范围不仅局限于生产流程，还囊括了市场需求、原料供应、产品包装出库等内容。自动化系统的设计内容也不只是计划、调度、优化、监控、控制等内容，而是更多地融入了人工智能技术、工业网络技术和大数据技术，集成了智能分析决策、系统性能监控、自主学习等多种动能。采用“泛在感知—实时分析—自主决策—精准执行—学习提升”的系统结构，自适应优化配置资源，实现从市场需求到产品出库的全过程智能管理和生产，实现物质流、信息流、能量流、资金流的“四流”融合，达到高效、绿色、安全生产的目的。

9.1 综合自动化系统典型结构

典型的制造业综合自动化系统采用 ERP/MES/PCS 三层结构，如图 9－1 所示。其中，ERP 为企业资源计划（Enterprise Resource Planning），以财务分析与决策为核心；MES 为制造执行系统（Manufacturing Execution System），以优化管理和运行为核心；PCS 为过程控制系统（Process Control System），以设备综合控制为核心。

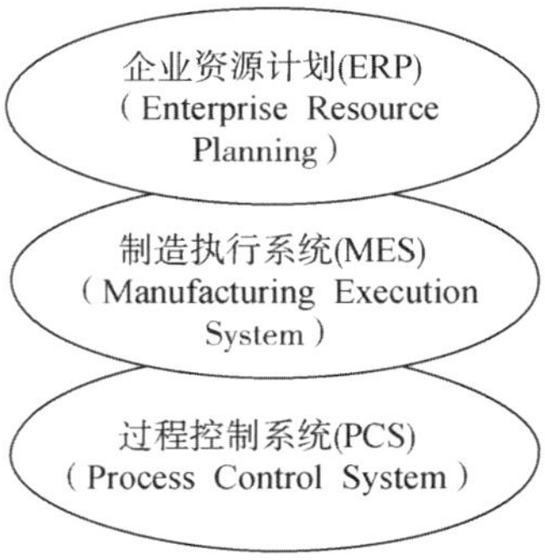

图 9－1 制造业综合自动化系统结构图

ERP 实现企业生产经营优化，主要包括人力资源、财务、资产等企业资源管理，供应链管理、销售服务管理以及工艺设计等，并制定生产、物料、设备、质量、成本等计划。

MES 实现生产过程运行优化，连接上层的 ERP 系统和下层的 PCS 系统，对上下两层的信息进行转换、加工、传递。主要实现生产计划的调度与统计、生产过程实时优化、物流控制与管理、设备安全控制与管理、生产数据采集与处理、故障诊断与健康维护、动态质量控制与管理等功能。

PCS 实现基础自动化控制，通过 PLC、DCS、现场总线控制系统和传感器、执行机构等现场设备,实现对工艺过程的平稳控制。其主要包括基本的PID回路控制、串级控制、分程控制等复杂回路控制,预测控制、模糊控制等先进控制,软测量,数据处理与融合等功能。

流程工业综合自动化普遍采用如图9-2所示的5级递阶结构。图中方框的位置是一种概念性的划分,其功能在执行过程中可能是重叠的,有可能是缺失的,且几个层次可能共用一个计算机平台。各层次的功能如下:

1)过程测量与执行层

它主要提供数据采集、在线分析以及执行功能,包括传感器校验和层间通信(高层设定目标,底层传送实时约束和性能等信息)。

2)安全与环境/设备保护层

其主要完成报警管理和安全联锁保护等功能。通过分离的硬件安全系统和计算机软件来执行这些任务。

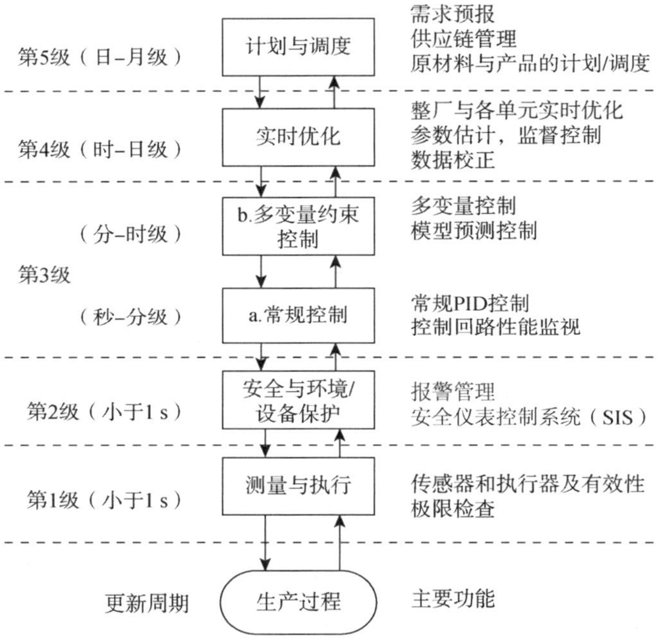

图9-2 流程工业综合自动化系统递阶结构

3)变量控制层

它包括由DCS、PLC等实现的常规反馈控制,以及先进控制软件实现的多变量约束控制。多变量约束控制根据控制目标和约束条件进行优化计算,并将最优设定值传递给常规反馈控制回路。

4)实时优化层(RTO)

根据来自计划调度层的厂级生产指标,协调各子过程单元,并优化计算出每个单元的控制目标,将其传送至变量控制层。该层又被称为监督控制。

5)计划调度层

企业资源计划涉及企业生产的部分,包括一个厂或多个工厂的综合计划和调度模型。通过优化,得到企业的运营目标、原料和产品的配送计划、生产目标、产品库存目标、最优操作条件等,并将这些信息传递至实时优化层。

9.2 综合自动化系统集成技术

建立过程工业综合自动化系统,一方面应研究综合自动化涉及的各种先进技术,如优化调度技术、故障诊断技术、先进控制技术、实时优化技术等;另一方面应研究建立各模块的工程集成技术,如网络架构、数据库融合等技术。前者涉及的技术非常广泛和深入,有兴趣的读者可查阅专门的参考资料学习,本节简要介绍建立综合自动化需要的工程集成技术。

1)工业网络技术

历史上,经济决策、计划调度、过程控制、安全仪表、设备管理等属于不同的研究领域。因此,综合自动化的各个模块在早期都有其技术路线和发展历程,且不同厂商生产的产品不遵循统一标准,其信号标准、通信方式、传输介质等工业技术协议都各有不同,不具有开放性。为了把不同的模块集成为互联互通、资源共享、实时高效的系统,最重要的一个技术就是网络集成。通过工业网络架构,可以将遵循不同网络协议的系统连接起来,为综合自动化的实现奠定基础。网络集成技术包括网络互联技术和网络管理技术。网络互联技术解决地址分配、路由选择、通信速度匹配等问题;网络管理是对网络资源的管理,包括对资源的控制、协调和监视。

2)数据库管理系统

综合自动化系统中的信息分为两类:一类是与生产过程直接相关联的实时信息,另一类是与职能部门相关联的管理信息。这两类信息分别构成实时数据库和关系数据库。综合自动化要求所有数据在整个企业内部能够充分共享,所以要求实时数据库与关系数据库之间实现无缝连接。实时数据库中的实时数据进入关系数据库后,用户可以通过访问关系数据库了解企业的生产状况,为生产管理和经营决策提供支持。实时数据库与关系数据库既可独立操作,也可协调动作,及时并行或交叉处理来自全厂的各种信息,实现真正的信息集成与共享。

在流程工业中,较多地采用客户机/服务器模式,客户机运行数据库应用程序,服务器运行数据库管理程序。用户在客户机上发出查询请求,应用程序通过网络将查询请求发送到数据服务器,服务器执行查询处理,并将结果通过网络发送给相应的客户机。在设计数据库时,系统的查询性能、事务处理能力、数据的一致性、安全性、可扩展性、互操作性、开发工具与硬件的兼容性、经济性等因素都是要考虑的问题。

早期的实时数据库都内嵌于工控软件包中。目前,已经有 Aspen Plus 公司的 Info Plus、OSI 公司的 PI、霍尼韦尔公司的 PHD 等公司主流的实时数据库系统产品。关系数据库技术的发展已相当成熟,有 Oracle、Microsoft SQL Server 等商品化的大型关系数据库系统产品。

3)数据库接口技术

综合自动化系统中的接口包括关系数据库的接口、异构数据库的接口、各种应用软件与数据库的接口、各应用软件之间的接口、异构计算机和异构网络互联的接口。接口是信息交互的桥梁,接口设计的优劣将直接影响到信息集成的质量,其中实时数据库与关系数据库的接口问题尤为重要。

为了实现关系数据库与实时数据库的无缝对接，实时数据库和关系数据库都提供了数据库接口。通过这些接口，可以将实时数据存储到关系数据库中，同时实时数据库也可以获取关系数据库中的信息。实时数据库与关系数据库集成的接口方式包括：

(1) ODBC 接口

各种数据库都支持 ODBC(Open Data Base Connectivity)。只要基于 ODBC 标准开发的应用程序，就可以和任何支持 ODBC 的数据库服务器相互通信。

实时数据库通常提供内嵌的脚本语言，可以利用脚本语言中的 SQL 语句通过 ODBC 接口访问关系数据库，执行数据存储和查询等操作。

(2) 应用程序接口(API)

它是实时数据库与上层应用之间的数据交换通道。先进控制等应用程序通过调用数据库的 API 函数，实现对实时数据的读写、查询等操作。同时，应用程序可以通过 ODBC 或 ADO 等数据库访问标准，将数据写入关系数据库。

(3) ActiveX 控件

较新的实时数据库都支持 ActiveX 标准，可以通过 VB、VC++等编程工具创建 ActiveX 对象，访问其支持的属性和方法，从而获取实时数据库中的实时数据。然后，可通过 ODBC 等标准将数据写入关系数据库。

4) 系统集成平台

上述数据库接口是数据集成的一种有效途径。在大型企业中，除了关系数据库和实时数据库外，成千上万的应用软件间也需要集成接口。系统集成平台是一组集成的基础设施和集成服务器，包括信息服务器、通信服务器、前端服务器、经营服务器等。它将把企业网络中不同信息岛的数据集成在一起，并存储在一个单一的集成关系数据库中。如图 9-3 所示，这是企业综合信息集成框架的一个示例。所有管理信息系统的数据、实时数据库的数据以及实验室信息管理系统(LIMS)的分析化验数据等数据信息，通过综合集成平台，为企业的管理、运行和操作提供各种信息资源。该集成平台实际上是一个管理各种数据的数据仓库，它将各种信息有选择地送给各个用户，从而有效地管理和控制企业的生产过程。所有上层的优化决策，均通过实时优化(RTO)和先进控制(APC)来指挥底层自动控制的执行。

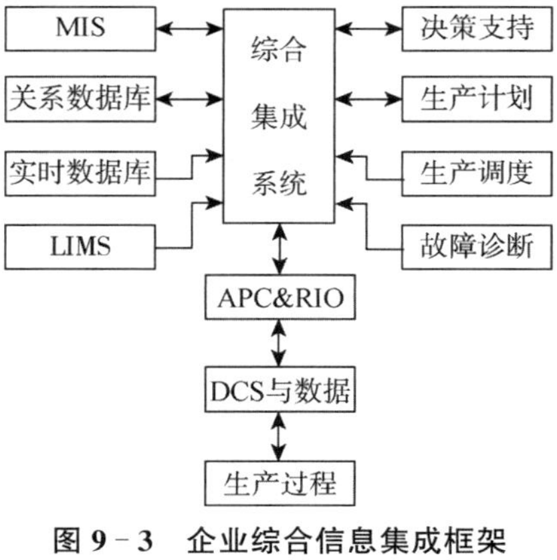

图 9-3　企业综合信息集成框架

10 工业控制网络与现场总线

10.1 企业网络体系结构

企业网络(Enterprise Network),常指在一个企业范围内,将信号检测、数据传输、处理、存储、计算、控制等设备或系统连接在一起,以实现企业内部的资源共享、信息管理、过程控制、经营决策,并能够访问企业外部信息资源,使得各项事务协调动作,从而实现企业集成管理和控制的一种网络环境。企业网络是一个企业的信息基础设施,它涉及局域网、广域网、现场总线以及网络互联等技术,是计算机技术、信息技术和控制技术在企业管理与控制中的有机统一。

按网络连接结构,通常是指将企业网络体系结构划分为 3 层:第一层为控制网(Infranet),也是最为基础的底层;中间为企业的内部层(Intranet),并通过它延伸到外部的互联网(Internet),从而形成了 Internet-Intranet-Infranet 的网络结构。从功能上将企业网结构划分为信息网和控制网上下两层,其层次结构如图 10－1 所示。

企业网络为企业综合自动化服务。信息网络主要处理企业管理与决策信息,位于企业网络的中上层,具有信息综合、信息量大等特征。控制网络则处理企业实时控制信息,为信息网络提供生产过程控制参数与设备状态等数据,位于企业网络的中下层,是构成企业网络的基础。它具有协议简单、容错性强、成本低廉等特征。

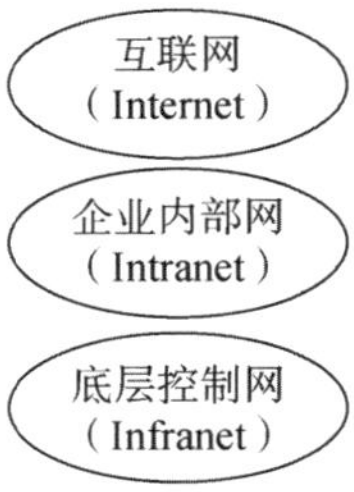

(a) 网络连接结构

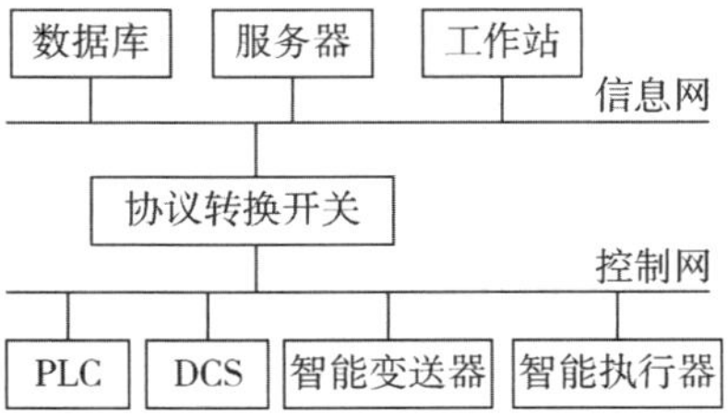

(b) 网络功能结构

图 10－1　企业网络体系结构

10.2 工业控制网络

10.2.1 控制网络概述

它是指将具有数字通信能力的测量与控制仪表作为网络节点,采用公开、规范的通信协议,将控制设备连接成可以相互交换信息、共同完成自动化控制任务的网络系统。

控制网络属于一种特殊类型的计算机网络，在节点设备类型、传输信息种类、网络执行任务以及工作环境等方面，与由普通 PC 或其他计算机构成的数据网络存在显著差异。普通计算机网络采用以太网技术，一条总线上可连接多个节点，采用平等竞争的方式争用总线。此类网络传输的文件和数据在时间上没有严格要求，一次连接失败后还可以继续要求连接，其非确定性不至于造成严重的后果。而控制网络则要求网络传输的信息具有实时性。控制网络的测控设备节点可能分布在工厂的生产设备、装配流水线、交通管制系统、各类运载工具、环境监测、建筑设施、消防等各处，传输的信息内容包括生产装置运行参数的测量值、控制量、执行器工作位置、开关状态、报警状态、设备资源与维护信息、系统组态、参数修改、零点量程调校等，几乎涉及生产的各个方面，因此对网络性能的要求非常高。

具体来说，工业控制网络具有主要特点：

(1) 实时性和时间确定性；

(2) 信息多为短帧结构，且交换频繁；

(3) 可靠性和安全性高；

(4) 网络协议简单实用；

(5) 网络结构具有分散性；

(6) 易于与信息网络集成。

控制网络组成的实时系统常为分布式实时系统，其实时任务常是在不同节点上周期性执行，任务的实时调度往往要求通信具有确定性的网络系统。例如，一个控制网络由几个网络节点的 PLC 构成，每个 PLC 连接着各自下属的电气开关或阀门，这些 PLC 共同控制一个生产装置的不同部件的动作时序与时限，并且它们的动作需要严格互锁。对于这个分布式实时系统来说，它必须满足实时性的要求。

10.2.2 控制网络的发展历程

控制系统的发展经历了 6 个阶段：

(1) 基地式和单元组合式的气动、液动仪表控制；

(2) 集中式电动模拟仪表控制；

(3) 以 PLC 为核心的逻辑控制和顺序控制；

(4) 以计算机为控制核心的计算机控制系统；

(5) 以大规模集成电路和微型处理器为基础的集散控制系统(DCS)；

(6) 以微芯片技术为核心、智能仪表为基础的现场总线控制系统(FCS)。

在早期控制系统中，仪表、控制器、执行器之间采用一对一连线，用电压、电流的模拟信号进行测量与控制，难以实现设备之间以及系统与外界之间的信息交换，使自动化系统成为“信息孤岛”。DCS 出现后，通过高速数据通信将多个控制站、操作站等单元作为网络节点连通起来，各节点之间可以交换信息。然而，其信息交互主要是计算机之间的，现场仪表和执行器依然采用模拟信号传输，相互之间没有信息交互。因此，尽管早期的 DCS 也存在数据通信，但主要是基于以太网的通信，尚不能称之为控制网络。控制网络技术真正起源于现场总线，它是现场通信网络与控制系统的集成。图 10-2 为现场总线控制系统与传统集散控制系统的结构对比。

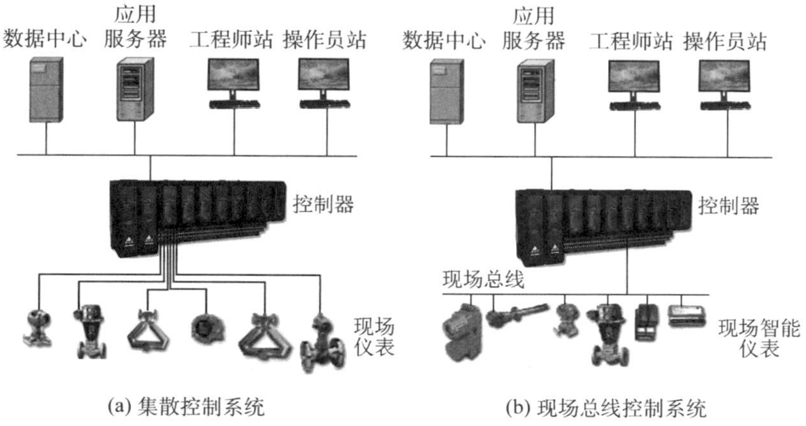

图 10 - 2 现场总线控制系统与传统集散控制系统的结构对比

传统模拟系统采用一对一的设备连线，按控制回路分别进行连接。位于现场的测量变送器与位于控制室的控制器之间，控制器与位于现场的执行器、开关、电机之间均为一对一的物理连接。现场总线由于采用了智能现场设备，能够把原先 DCS 系统中处于控制室的控制模块、各输入输出模块置入现场设备。加上现场设备具有通信能力，现场的测量变送仪表可以与阀门等执行机构直接传送信号，控制系统功能能够不依赖控制室的计算机或控制仪表，直接在现场完成，实现了彻底的分散控制。

目前，在过程工业中，模拟仪表和 DCS 系统依然被大量使用。虽然现场总线仪表在不断发展，但短期内不可能完全替代模拟仪表，FCS 也不可能完全替代 DCS。总的趋势是逐步取代的过程。在相当长的过渡期内，以 DCS 系统为基础集成 FCS 系统实现技术更新是必由之路。此外，PLC 由于其在离散工业顺序控制领域的统治地位，也将长期存在。当前的 PLC 产品具备了丰富的网络通信功能，可以作为网络节点与 DCS 融合在一个控制网络中。很多 PLC 厂家也推出了自己的过程控制系统产品，融合了 DCS 的特性。有的 DCS 开发商推出了 DCS 混合控制器，使 DCS 强化了顺序控制功能，具备了 PLC 的特性。因此，肯定地说 FCS 是未来的发展方向，但 DCS、PLC 系统的应用也有其特色与优势。在一定时期内，DCS、PLC、FCS 将同时存在且逐渐相互融合。当下，在中小型项目中，常使用的控制系统还是比较单一和明确；在大型工程项目中，大多仍使用 DCS、PLC、FCS 的混合系统。

10.3 现场总线

10.3.1 现场总线概述

在工业数据通信领域，总线是指由导线组成的传输线束，连接多个传感器和执行器，实现各部件之间传送信息的公共通信干线。

近年来提到的工业控制网络主要指现场总线网络。现场总线技术产生于20世纪80年代，但它的快速发展得益于近年来信息技术的发展以及其本身的技术经济潜力。从当前快速发展信息技术来看，现场总线技术与产品呈现“百花齐放”的局面，各种总线的种类有100多种，其中开放性的总线有40多种。

国际电工委员会IEC对现场总线的定义是：安装在制造或过程区域的现场装置与控制室内的自动控制装置之间的数字式、串行、多点通信的数据总线。该定义表明，现场总线的使用场合是制造业自动化、批量流程控制、过程控制等领域，其主要作用是连通现场装置和控制室内的自动控制装置，通信方式是数字式、串行、多节点的。

现场总线的基础是现场总线仪表，或称为智能现场设备。智能仪表采用超大规模集成电路设计，利用嵌入式软件协调内部操作，除了具备输入信号的非线性补偿、温度补偿、故障诊断等功能外，还可实现对工业过程的控制，使控制系统功能进一步分散。现场智能仪表包括多种工业产品，如模拟量类的压力、温度、流量、液位、振动、转速仪表，各种转化器或变送器、现场的PLC和远程的单回路或多回路调节器等，数字量类的自动识别器、ON-OFF开关、光电传感器，以及控制阀和执行器等。

现场总线的核心是总线协议，即包含通信速度、节点容量、各系统相关的网关、网桥、体系结构、现场智能仪表及网络供电方式等在内的关键技术和软硬件设备。由于现场总线是众多仪表之间的接口，因此希望现场总线之间满足可互操作性的需求。对于一个开放的现场总线而言，一个标准化的总线协议尤为重要。

尽管各种现场总线技术组织致力于制定统一的现场总线标准，但历经坎坷仍未制定出统一的测量和控制系统数据通信的现场总线标准，目前仍为多种现场总线标准共存的现状。在历经多年辩争和调解后，IEC在2000年发布了IEC 61158现场总线标准。原有的IEC 61158、ControlNet、PROFIBUS、P-Net、High-Speed Ethernet、SwiftNet、World-FIP以及INTERBUS-S共8种总线标准共同构成IEC现场总线国际标准子集。此外，IEC制定的低压开关装置与控制装置作为控制设备之间的接口标准，即IEC 62026也已获通过，包括执行器传感器接口标准AS-i、设备网络DeviceNet、智能分布式系统ADS、串行多路控制总线Seriplex等。

除了IEC制定的上述现场总线国际标准外，国际标准化组织(ISO)制定了控制器局域网CAN总线和交通工具局域网VAN的国际标准。此外，许多国家和地区形成了各式各样的现场总线标准，如FF-H1为美国标准，AS-i为欧洲标准，PROFIBUS为德国标准，Lonworks为建筑业国际公认标准，HART为混合型数字通信标准，Modbus-ASCⅡ和Modbus RTU为美国Modicon公司提出的标准。

在IEC 61158现场总线标准中，中国于2006年11月宣布PROFIBUS成为中国第一个工业通信领域的国家标准，PROFINET则成为国家标准化指导性技术文件。PROFIBUS能够以标准方式应用于包括制造业、流程工业以及混合自动化领域，并以单一现场总线技术贯穿整个工艺过程，可以无缝集成HART设备，且可在危险区域安全使用。它在驱动技术和故障安全技术等领域具有独特优势。PROFINET是一种基于标准以太网的工业以太网技术，适用于工业环境，能够很好地解决工业环境下不同等级的实时性、网络安全以及制造执行系统和企业管理系统的透明集成等问题。在IEC 62026国际标准中，总则、AS-i、DeviceNet于2002年12月被宣布作为中国国家标准。

10.3.2　现场总线标准

1）ISO/OSI七层参考模型

ISO/OSI参考模型是ISO为实现开放系统互联而建立的分层模型，简称OSI参考模型。该参考模型将开放系统的通信功能划分为七个层次，从邻接物理媒体的层次开始，分别为物理层、数据链路层、网络层、传输层、会话层、表示层和应用层。

（1）物理层

其主要处理物理连接的机械、电气、过程接口以及物理层下的物理传输介质等问题，其负责在信道上传输原始比特流。

（2）数据链路层

它主要任务是加强物理层传输原始比特的功能，使之对网络层提供一条无错线路。物理层仅接收和传送比特流，并不关心它的结构和意义，故数据链路层需要产生和识别帧边界。

（3）网络层

网络数据传输可能经过多个通信子网，网络层负责子网之间连接关系的运行，确定分组数据从源端传输到目的端路由的选择。

（4）传输层

该模块的基本功能是从会话层接收数据，必要时分成较小的单元交给网络层，确保到达对方的各段信息正确无误。

（5）会话层

它是在两个相互通信的应用程序之间建立、组织和协调交互功能，不参与具体数据参数，但对数据传输进行管理。如确定工作方式是全双工还是半双工。

（6）表示层

其主要解决用户信息的语法表示问题，将应用层提供的欲交换信息从适合于某一用户的抽象语法，变换为适合于OSI系统内部使用的传输语法，即提供字符代码、数据格式、控制信息格式等的统一表示。

（7）应用层

它包含大量用户需要的协议，确定应用进程之间的通信性质，负责用户信息的语义表示。

2）现场总线通信模型

尽管具有七层结构的OSI参考模型可支持的功能相当强大，但工业现场存在大量传感器、控制器、执行器等器件，它们通常相当离散地分布在一个较大的范围内。对于由它们组成的网络，单个节点面向控制的信息量不大，信息传输任务相对比较简单，但对实时性、快速性的要求较高。OSI七层模型的层间操作和转换较为复杂，不易满足实时性要求。此外，为了节约工业网络的成本，现场总线的通信模型大多在OSI参考模型的基础上进行了不同程度的简化。

大多数现场总线通信模型保留了物理层、数据链路层和应用层，此外增加了用户层

(UL)。物理层的作用是实现最终的信号收发，传送数据时编码和调制来自数据链路层的信号并驱动物理媒介，接收数据时解调和解码来自物理媒介的带有适当控制信息的信号；数据链路层负责总线控制权的获取，出错检查、出错恢复以及仲裁、规划、消息装帧等功能；应用层负责与用户层的交互并负责对消息内的命令的解释；用户层是根据行业的应用需求，在施加某些特殊规定后形成的标准层。

10.3.3 过程工业代表性现场总线

1) 基金会现场总线

基金会现场总线(Fieldbus Foundation，FF)标准是由现场总线基金会组织开发的，它综合了通信技术与集散控制系统技术。FF 分为低速 H1 总线和高速以太网技术规范 HSE，低速总线协议 H1 主要用于过程自动化，高速以太网 HSE 主要用于制造自动化。

FF-H1 以 ISO/OSI 为基础，取其中的物理层、数据链路层和应用层，并在应用层之上又增加了新的一层——用户层(UL)。其主要针对自动化测控应用的需要，定义了信息存取的统一规则，并采用设备描述语言规定了通用的功能块集。由于现场总线基金会的发起公司是该领域自控设备的主要供应商，对工业底层网络的功能需求了解透彻，因而 FF-H1 在过程自动化领域拥有广泛支持和良好的发展前景。

FF-H1 是底层网络，与一般广域网、局域网相比是低速网。它可以由单一总线端或多总线段构成，可以由网桥把不同传输速率、不同传输介质的总线段互连而构成，同时还可以通过网关或计算机接口板，将 FF-H1 与工厂管理层的网段连接，形成完整的工厂信息网络。FF-H1 围绕工业现场通信系统和分布式网络自动化系统两个方面形成了技术特色，其主要技术包括：

(1) 通信技术

它主要包括通信模型、通信协议、网络管理、系统管理等技术，它涉及一系列与通信相关的硬件与软件技术，如专用集成电路、通信接口卡、计算机接口卡、中继器、网桥、网关、通信栈软件、网络软件和组态软件等。

(2) 功能块技术

该技术借鉴了 DCS 的功能块和功能块组态技术，在现场总线仪表或设备中定义了多种标准功能块(FB)。每种功能块可实现某种算法或应用功能。

(3) 设备描述技术

为了支持标准的功能块操作，实现现场总线仪表或设备的互操作性，共享不同制造商总线设备中的功能块，采用设备描述技术。该技术规定了相应的设备描述语言，采用设备描述编译器，把设备描述语言编写的设备描述源程序转成计算机可读的目标文件。

(4) 系统集成技术

FF - H1 是通信系统与控制系统的集成，集通信、网络、计算机和控制功能于一体。

(5) 系统测试技术

为了保证系统的开放性和通用性，规定了一致性测试技术、互操作性测试技术、系统功能和性能测试技术、总线监听和分析技术等多种测试技术。

2) PROFIBUS 现场总线

PROFIBUS 是一种国际化的、开放的、不依赖于设备生产商的现场总线标准，广泛应用于制造业自动化、过程自动化和楼宇、交通、电力等领域的自动化系统。PROFIBUS 于1985 年成为欧洲标准，1999 年成为国际标准，2001 年成为我国机械行业标准，其市场占有率超过 40%，在众多现场总线中稳居榜首。西门子公司提供了上千种 PROFIBUS 产品，这些产品已广泛应用于我国的工厂自动化系统中。PROFIBUS 现场总线用于工厂自动化车间级监控和现场设备层的数据通信与控制，可实现从现场设备层到车间级监控的分散式数字控制和现场通信，为工厂综合自动化和现场设备智能化提供了很好的解决方案。

PROFIBUS 由 PROFIBUS-FMS、PROFIBUS-DP、PROFIBUS-PA 三部分组成。PROFIBUS-FMS 侧重于车间级较大范围的报文交换，主要定义了主站与主站之间的通信功能，用于车间级监控网络。它提供大量通信服务，完成中等传输速度的通信任务。PROFIBUS-DP 是具有设置简单、价格低廉、功能强大等特点的通信连接，是专门为了自动控制系统和设备分散 I/O 之间的通信而设计的，用于分布式控制系统的高速数据传输。PROFIBUS-PA 专为解决过程自动化控制中本质安全通信传输的问题而设计，适用于对安全性要求较高的场合。

PROFIBUS 的通信模型参考了 ISO/OSI 模型。其中 PROFIBUS-FMS 定义了物理层、数据链路层和应用层；PROFIBUS-DP 使用物理层、数据链路层和用户接口，其他层未定义，确保了数据传输的快速和有效；PROFIBUS-PA 采用扩展的 PROFIBUS-DP 协议，还使用了描述现场设备的行规。通过分段式耦合器，PROFIBUS-PA 设备能够很方便地集成到 PROFIBUS-DP 网络中。PROFIBUS-DP 和 PROFIBUS-FMS 使用了同样的传输技术和统一的总线访问协议，可在同一电缆上同时运行。

PROFIBUS 控制系统由主站和从站两部分组成。主站包括 PLC、PC 或可作为主站的控制器。主站掌握总线中数据流的控制权，只要主站有访问总线的权限，就可以在没有外部请求的情况下发送信息。从站是简单的输入输出设备，不拥有总线访问的授权，只能确认收到的信息或在主站请求的情况下发送信息。从站设备包括分布式 I/O、变频器、传感器、执行器等带有 PROFIBUS 接口的现场设备。

3）HART 总线

HART 总线是由美国 Rosemount 公司提出并开发的一种协议，用于现场智能仪表和控制室设备之间的通信。这是一项兼容 4～20 mA 模拟信号与数字双向通信技术的过渡性标准。由于 HART 协议公开，它在过程工业智能仪表中得到了广泛应用。

HART 通信协议定义了 ISO/OSI 模型中的物理层、数据链路层和应用层。物理层规定了 HART 通信的物理信号方式和传输介质，数字通信信号不会干扰 4～20 mA 的模拟信号，使数字通信与模拟信号能够并存且互不干扰，这是 HART 的一个重要优点；数据链路层规定了数据帧格式和数据通信规程；应用层规定了通信命令的内容，使智能设备能够从这些命令中辨识对方信息的含义。

HART 协议具备以下特点与优势：

(1) 允许模拟信号和数字信号同时存在。模拟信号携带过程控制信息，数字信号允许双向通信，可以实现智能仪表和模拟设备混合使用，使动态控制更加灵活、有效、安全。

(2) 在不对现场仪表进行更换的情况下实现数字化改造。

(3) 支持多个数字通信主机。在一根双绞线上可同时连接几个智能仪表。

(4) 可通过租用电话线连接仪表，允许多站网络结构，这样多点网络可延伸到一段相当长的距离，使远方的现场仪表使用相对便宜的接口设备。

(5) 提供应答式和广播式两种通信模式。

(6) 对所有的 HART 设备使用同一个通用的信息结构。允许通信主机，如控制系统或计算机系统对所有与 HART 兼容的现场仪表以相同的方式通信。

(7) 可变的信息结构。允许增加具有新功能的智能化仪表，同时又能与现有仪表兼容。

(8) 在一个报文中能处理 4 个过程变量。测量多个数据的仪表可在一个报文中进行一个以上的过程变量的通信。在任一现场仪表中 HART 协议支持 256 个过程变量。

HART 协议的通信方式一般有三种：

(1) 手持通信终端与现场智能仪表进行通信，一般供仪表维护人员使用，不适合工艺操作人员经常使用。

(2) 带 HART 通信功能的控制室仪表，可与多台 HART 仪表通信并组态，为操作人员提供人机界面和信号扩展接口。

(3) 与 PC 机或 DCS 操作站进行通信。这是一种功能丰富、使用灵活的方案，但涉及接口硬件和通信软件问题。由于 HART 通信传输的信息多为仪表维护和管理信息，因此在 DCS 上增加 HART 功能被认为是一种不太理想的方式。相比之下，在 PC 机增加 HART 通信功能及相应软件构成设备管理系统是近年来较受欢迎的一种方式。

4) DeviceNet 总线

DeviceNet 现场总线是一种适用于最底层的现场总线，能够连接传感器、执行器、变频器、机器人、PLC、条形码读取器和其他控制单元。它最初由罗克韦尔公司提出，已在工厂自动化中得到了广泛应用。

罗克韦尔提出的企业网络架构为信息网、控制网、设备网，从上到下三层。DeviceNet 设备网处于最下层，主要用于传送与低端设备关联的面向控制的信息以及与控制间接关联的其他信息。它为低端网络设备提供了一种低成本且智能化解决方案。DeviceNet 是一种生产者/消费者模式的网络，多个消费者节点从单个生产者节点同时获得相同的数据，支持分级通信和报文优先级，可配置成主从模式或基于对等通信的分布式控制结构。

DeviceNet 通信参考模型如图 10－3 所示，为 ISO 物理层、数据链路层、应用层三层模型。其物理层和数据链路层的逻辑链路控制(LLC)、媒体访问控制(MAC)都直接应用了 CAN 总线技术规范。另外，它还定义了传输介质、媒体访问单元和应用层。应用层主要定义了传输数据的语法和语义。

5) AS-i 总线

AS-i(Actuator-Sensor-Interface)总线用来在控制器和传感器/执行器之间进行双向信息交换，是国际 AS-i 组织推出的一种工业控制系统底层(传感器级)网络。AS-i 总线既可组成主从方式的监控网络，也可通过主站网关和其他多种现场总线相连构成更大的监控系统。

AS-i 总线的结构为主从结构，整个系统中心是 AS-i 主机，它可以安装在控制器中，如工业 PC 机、PLC 以及数字调节器，具有高性能微处理器的控制器和 AS-i 主机组合在一起，称为 AS-i 系统的主站。从站有两种：一种是带有 AS-i 通信接口的智能传感器/执行器；另一种是普通传感器/执行器外加专门的 AS-i 接口模块。用非屏蔽、非绞接的两芯电缆把主站和多个从站连接起来便构成了 AS-i 总线网络。

AS-i 总线网络省去了各类 I/O 卡件、分配器、控制柜和大量连接电缆，节省了大量成本。传感器/执行器可以很方便地挂接到 AS-i 网络上，而且 AS-i 网络可以通过网关或连接器挂接在其他现场总线上，成为其他高级现场总线的子系统或附加总线。因此，AS-i 总线与其他现场总线没有竞争的态势，又简单、高速、可靠、灵活地满足了控制系统底层的各种需求，从而在市场上得到了快速推广应用。

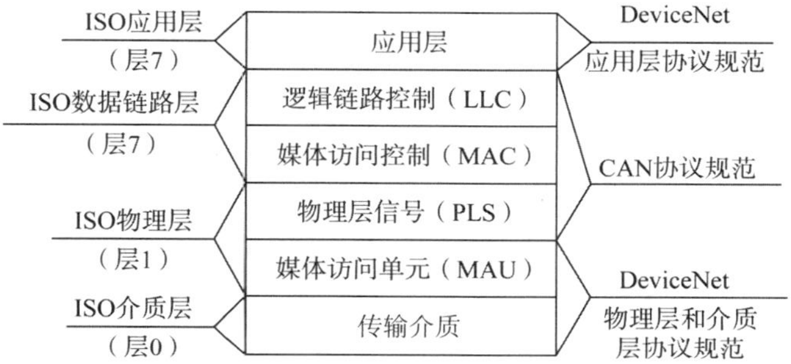

图 10－3 DeviceNet 通信参考模型

10.4 工业以太网技术

由于国际现场总线技术标准化工作没有达到人们理想中的结果，以太网及 TCP/IP 技术逐步在自动化行业中得到广泛应用，并发展成为一种技术潮流。所谓工业以太网是指技术上与商用以太网(IEEE 802.3 标准)兼容，但在产品设计时材质的选用、产品的强度、实用性以及实时性等方面能满足工业现场需求的以太网标准。

为了满足工业现场控制系统的需求，必须在以太网和 TCP/IP 的基础上建立完整有效的通信服务模型，制定有效的实时通信服务机制，并协调好工业现场控制系统中实时和非实时信息的传输服务。最终，形成被广大工控生产厂商和用户接受的应用层、用户层协议，进而形成开放的标准。为此，各现场总线组织纷纷将以太网引入其现场总线体系中的高速部分，利用以太网和 TCP/IP 技术以及原有的低速现场总线应用层协议，构成工业以太网协议。

10.4.1 典型工业以太网协议

以太网技术的发展不可能脱离原有的 DCS、PLC 和 FCS 控制与管理系统基础。为了保护已有投资利益和扩大自己公司产品的应用范围，各工业自动化系统公司纷纷提出各自的工业以太网技术方案。这导致现场总线在转向工业以太网的同时，竞争也从现场总线转移到工业以太网领域。目前，典型的工业以太网协议包括 HSE、PROFINET、Ethernet/IP 等。

1）FF-HSE 工业以太网

FF-HSE 是由现场总线基金会开发的用于现场总线控制系统控制级以上的通信网络主干网，用于实现控制网络与互联网的集成。控制级以下仍使用 FF-H1 现场总线（解决了两线制供电的问题），从而构成了一个信息集成且开放的体系结构。

HSE 通信模型包括物理层、数据链路层、网络层、传输层、应用层以及用户层。物理层和数据链路层遵循标准的以太网规范，网络层采用了工业协议 IP，传输层采用 TCP/UDP，应用层是具有 HSE 特色的现场设备访问（FDA），用户层包括功能块、设备描述、网络与系统管理等功能。

HSE 使用标准的 IEEE 802.3 信息传输、标准的以太网接线和通信介质。在遵循标准以太网规范的基础上，根据过程控制的需要适当增加了功能。这些增加的功能可以在标准的以太网结构内无缝地进行操作，因而 FF-HSE 可以使用商用以太网设备。通过连接设备，可以将 FF-H1 网络连接到 HSE 网段上。

2）Ethernet/IP 工业以太网

以太网工业协议（Ethernet/IP）是一种开放的工业网络标准，支持显性和隐性报文，并且使用目前流行的商用以太网芯片和物理媒体。Ethernet/IP 的通信模型包括物理层、数据链路层、网络层、传输层以及应用层。其中，前面四层类似于 HSE，采用标准以太网规范以及 TCP/IP 协议组，应用层采用控制与信息协议（CIP），其中控制部分用于实时 I/O 报文和隐性报文，信息部分用于报文交换。

CIP 是 Ethernet/IP 成功之处。由于采用了 CIP，Ethernet/IP 能够传输 I/O 数据、配置、故障等多种不同类型的数据，并且可以以不同的方式传输不同类型的报文。它支持主从、多主、对等等多种通信模式，支持轮询、选通、周期等多种 I/O 数据触发方式。CIP 用对象模型来描述应用层协议，可以为各种类型的 Ethernet/IP 设备提供设备描述，具有互操作性和互换性等特点。

3）PROFINET 工业以太网

PROFIBUS 国际组织针对工业控制要求和 PROFIBUS 技术特点，提出了基于工业以太网的 PROFINET，主要包含 3 方面的技术：

（1）基于通用对象模型（COM）的分布式自动化系统；

（2）规定了 PROFIBUS 和标准以太网之间的开放、透明通信；

（3）提供了包括设备层和系统层、独立于制造商的系统模型。

PROFINET 通信模型如图 10－4 所示。以标准 TCP/IP 与以太网作为连接介质，通过在 TCP/IP 上加应用层的远程过程调用协议/分布式组件对象模型（RPC/DCOM）来完成节点间的通信和网络寻址，可以同时挂接 PROFIBUS 系统和新型的智能现场设备。传统的 PROFIBUS 设备可通过代理设备（Proxy）与 PROFINET 上的 COM 组件进行通信。

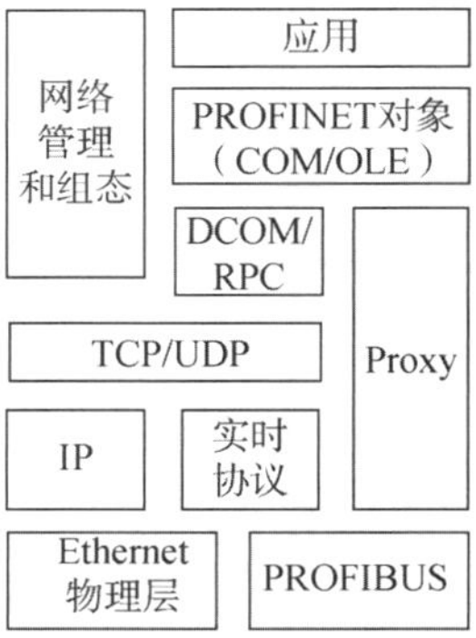

图 10－4　PROFINET 通信模型

综上所述，PROFINET 规范将现有的 PROFIBUS 协议与微软的自动化对象模型(COM/DCOM)标准、TCP/IP 通信协议以及工控软件互操作规范(OPC)技术等协议和标准有机地结合成一体,旨在面向对象的、全新的结构体系,实现对所有自动化装置的透明化。

10.4.2　以太网在自动化领域的应用

目前,工业以太网在自动化领域已有不少成功应用实例,主要集中在以下几个方面:

(1) 车间级生产信息集成

它主要由专用生产设备、专用测试设备、条码扫描器、PC 机及以太网络设备组成。其主要功能是完成车间级生产信息及产品质量信息的管理。

(2) 管理层信息网络

该网是支撑工厂管理层 MIS 系统的计算机网络,主要完成 ERP 等信息系统的功能。

(3) SCADA 系统

特别是一些区域广泛、含有计算机广域网技术、无线通信技术的 SCADA 系统,如城市供水或污水管网的 SCADA 系统、水利水文信息监测的 SCADA 系统等。

(4) 个别的控制系统网络

个别要求高可靠性和一定实时性的分布式控制系统也有采用以太网+TCP/IP 技术,并获得很好效果的,如水电厂的计算机监控系统。

10.5　控制网络集成与 OPC 技术

如前所述,历史上的现场总线之争使多种总线共存的局面将在相当长的时间内持续,工业中大量应用的模拟仪表和 DCS 系统短期内也不会被现场总线控制系统所取代。为了适应不同的现场总线协议,必须实现 FCS 与 DCS 之间、与上层 Intranet 之间以及与不同现场总线之间的集成,以协同完成复杂的测控任务。集成方式有硬集成与软集成两大类。硬集成主要指采用专用网关实现控制量的对应转换,软集成通常可以采用将对象链接与嵌入技术用于过程控制,即 OPC 解决方案。

10.5.1　控制网络集成

1) FCS 和 DCS 的集成

DCS 系统已广泛应用于过程自动化领域,而 FCS 短期内不会全面取代 DCS。FCS 要借助于 DCS 进行推广应用,因此,FCS 与 DCS 系统之间的集成是必要的。集成方式有 3 种:现场总线与 DCS 输入输出总线的集成、现场总线与 DCS 网络的集成,以及 FCS 与 DCS 的直接集成。

(1) FCS 与 DCS 输入输出总线的集成

DCS 控制站主要由控制单元与输入输出单元组成,两个单元间通过 I/O 总线连接。控制单元通过 I/O 总线与输入输出单元通信,而输入输出单元的 I/O 总线上挂接了各类 I/O 模板,这些模板通过信号与生产过程建立联系。为了实现与现场总线集成,可采用图 10-5 所示的集成方式。在 DCS 的 I/O 总线上挂接现场总线接口板和接口单元。现场仪表或设备通过现场总线与现场接口单元通信,现场接口单元再通过 I/O 总线与 DCS 的控制单元通信。例如,DeltaV 控制器采用这种集成技术,其 I/O 总线上不仅可以插入常规的输入输出模板外,还可以插入符合 FF-H1 的现场总线接口板,从而将 H1 现场总线集成在 DeltaV 控制系统中。

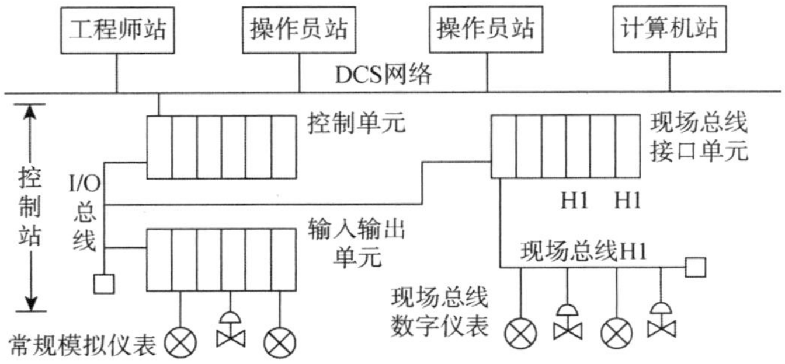

图 10 - 5　现场总线和 DCS 输入输出总线的集成

(2) FCS 与 DCS 网络的集成

在 DCS 网络上集成现场总线的方式如图 10 - 6 所示。现场总线服务器上安装现场总线接口卡和 DCS 网络接口卡,通过 DCS 网络接口卡挂接在 DCS 网络上。现场仪表或设备通过现场总线接口卡与现场总线服务器通信,而现场总线服务器则通过 DCS 网络接口卡与 DCS 网络通信,可以把现场总线服务器看成是 DCS 网络上的一个节点,可以与 DCS 共享资源。

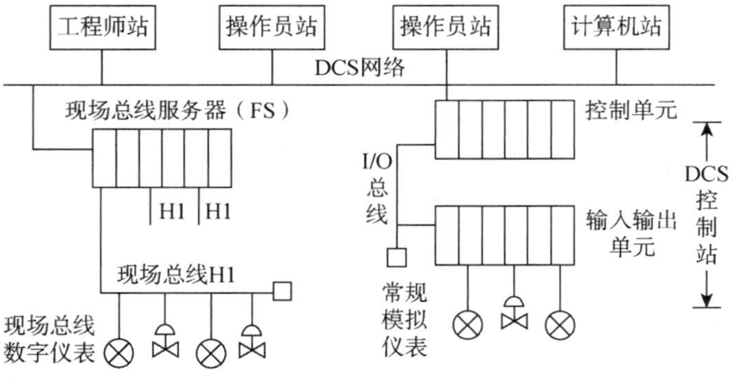

图 10 - 6　现场总线和 DCS 网络的集成

(3) FCS 与 DCS 直接集成

上述两种方式中,现场总线借用 DCS 的部分资源进行集成,现场总线并不独立。实际上,FCS 与 DCS 可以是两个分别独立的开放式系统,可以把两个系统直接集成。两种方式可以实现这种集成:一种是把独立的 FCS 系统和 DCS 系统之间通过网关连接,直接交换信息;另一种是 FCS 和 DCS 都挂接在 Intranet 上,通过 Intranet 间接交换信息。

2) FCS 与上层网络的集成

FCS 基础是现场总线,位于网络结构最底层(Infranet),其上层是 Intranet,Intranet 的上层是 Internet。Intranet 上可以挂接多个 FCS 和 DCS,而 Internet 上可以挂接多个

Intranet。

(1) FCS 与 Intranet 集成

FCS 与 Intranet 之间可以通过以下 4 种方式集成：通过网桥或网关等网间连接器互联；通过对象链接嵌入(OPC)服务器互联；采用动态数据交换(DDE)技术互联；采用类似工业以太网的统一协议标准互联。

(2) FCS 与 Internet 集成

FCS 与 Internet 之间可以通过 2 种方式集成，即：通过 Intranet 间接与 Internet 集成；FCS 直接与 Internet 集成。

3)FCS 与现场总线的集成

现场总线是 FCS 的基础，世界上门类众多的现场总线要集成于 FCS，主要通过两种方式实现：一种是通过网关给各个现场总线之间提供转换接口；另一种是给各种现场总线提供标准的 OPC 接口。前者开发工作量大，且不具备通用性，而后者工作量小，通用性好。

10.5.2 OPC 技术

在上述 FCS 与 Intranet 的集成、FCS 与现场总线的集成中，均提到可以采用 OPC 技术实现网络互联，可见 OPC 是实现控制系统开放性的重要技术，为多种现场总线之间的信息交换以及控制网络与信息网络之间的信息交换提供了便利的方式。

1) OPC 简介

COM 是微软公司推出的对象链接嵌入技术，是一种开放的组件标准，包括规范和实现两部分。规范部分定义了组件之间的通信机制，不依赖于任何特定的语言和操作系统；实现部分是 COM 库，为 COM 规范的具体实现提供了一些核心服务。DCOM 是建立在 COM 之上的一种规范和服务，实现了在分布式计算环境下不同进程之间的通信与协作。

OPC 是 OLE for Process Control 的缩写，是微软公司对象链接嵌入技术在过程控制方面的应用，是 OPC 基金会建立的标准接口规范。OPC 规范描述了 OPC 服务器需要实现的 COM 对象及其接口，定义了定制接口和自动化接口。OPC 规范包括数据存储规范、报警与事件规范、历史数据存取规范、批量过程规范、安全性规范、服务器数据交换规范、OPC XML 规范等。

OPC 采用客户端/服务器模式，通常把符合 OPC 规范的设备驱动程序称为 OPC 服务器，将符合 OPC 规范的应用程序称为 OPC 客户端。客户端通过接口与 OPC 服务器通信，间接地对现场数据进行存取。只要硬件开发商提供了实现 OPC 接口的服务器，任何支持 OPC 接口的客户端程序均可采用统一的方式存取不同硬件厂商的设备数据。

2) OPC 的应用场景

(1) OPC 解决了设备驱动程序开发中的异构问题

随着用户需求的不断提高，以 DCS 为主体的工业控制系统功能日趋强大，一套系统往往选用几家甚至几十家不同公司的控制设备或系统，但由于设备或系统缺乏统一的标准，开发商必须对每种设备编写相应的驱动程序，且不同公司的控制软件也存在冲突的风险。采用 OPC 后，有了统一的接口标准，硬件厂商只需提供一套符合 OPC 技术的程序，软件开发人员也只需编写一个通用接口，从而节省了大量的驱动程序和应用程序开发成本。用户可以方便地进行设备选型和功能扩充，而不需关注设备和控制系统是否兼容。

（2）OPC 解决了现场总线系统中异构网段之间的数据交换问题

由于多种现场总线并存的情况一直存在，系统集成和异构网段之间的数据交换面临很多困难。采用 OPC 作为异构网段集成的中间件后，只要每个网段提供自己的 OPC 服务器，任一 OPC 客户端软件都可通过一致的 OPC 接口访问这些服务器，从而获取各个网段的数据。

（3）OPC 可作为访问专有数据库的中间件

在实际应用中，很多控制软件的开发商自主开发了专有实时数据库，这类数据库的访问通常通过调用开发商提供的 API 函数或其他特殊方式。由于不同开发商的 API 函数是不同的，因此，需要专门编写应用程序来访问不同的数据库。采用 OPC 后，只要专有数据库的开发商同时提供一个访问该数据库的 OPC 服务器，用户就可以编写统一的 OPC 客户端程序通过 OPC 服务器访问该专有数据库。

（4）OPC 便于实现控制网络与信息网络的集成

底层控制网络与上层网络 Intranet 之间的信息集成，可以把 OPC 作为连接件。无论是控制系统还是管理系统，PLC、DCS、FCS 等网络上的节点，只要按照标准的 OPC 规范实现接口，都可以快速且可靠地交换彼此的信息。因此，OPC 是整个企业网络的数据接口规范，实现了上层信息网络与底层控制网络之间、不同类型控制网络之间的便捷互连。

11 集散控制系统

在第 7 章中，我们已把 DCS 作为控制器着重介绍了其系统基本硬件结构和软件概况。本章中我们则以中控技术的 ECS-700 为例侧重于 DCS 作为控制网络中的主体系统展开介绍。

11.1 集散控制系统的基本结构

现代大型集散控制系统的系统典型结构可以分为 4 个组成部分，包括现场级、控制级、监控级和管理级，如图 11－1 所示。

（1）现场级主要包含各类现场设备。典型的现场级设备包括各类传感器、变送器和执行器，它们能将生产过程中的各类物理量转换为电信号，进行信号传输。目前，现场级的信息传递有 3 种方式：① 传统的 4～20 mA（或其他类型的模拟量信号）模拟量传输方式；② 现场总线的全数字量传输方式；③ 在 4～20 mA 模拟量信号上叠加上调制后的数字量信号的混合传输方式。信号传输至过程控制站后，过程控制站接收由现场设备送来的信号，按照控制策略进行运算，并将计算得出的控制信号送回现场的执行器中。

（2）控制级主要由数据采集站、操作员站、工程师站等站点构成。该部分设备一般根据工段划分为多个现场机柜间（FCR），监控和控制所属工段的过程控制站。数据采集站接收由现场设备送来的信号，并对其进行转换和处理，再送到控制系统的监控级设备或其他设备中。操作员站和工程师站可以实现对生产过程进行监测和控制，以及对工艺数据的报警管理和处理。因此，历史数据服务器、报警管理服务器、第三方系统监控站等也按需部署在各个 FCR 中，也可由工程师站、操作员站兼服务器功能。

（3）监控级的主要设备包括全局操作员站和全局工程师站。它们可以实现对生产过程进行全局监测和控制，对工艺数据的报警管理和处理，对生产过程进行监督控制、故障检测和数据存档，以及对 DCS 进行配置、组态、调试和维护。工业软件应用一般部署在监控级的工程师站、操作员站上，如报警优化管理（AAS）、先进控制（APC）、仿真系统（OTS）等，均可通过中心 OPC 服务器与 DCS 系统实现实时通信。

（4）管理级的设备包括厂级管理计算机、若干生产装置的管理计算机等，其面向的对象是厂长、经理、总工程师、值长等行政管理或运行管理人员。它可以实现监视企业各部门的运行情况，实时监控全厂数据，承担全厂性能监视、运行优化、全厂负荷分配和日常运行管理等任务，同时承担全厂的管理决策、计划管理、行政管理等任务。工厂级管理网络架构如图 11－2 所示，通过企业资源规划（Enterprise Resource Planning，ERP）系统对信息进行充分整理、有效传递，使企业的资源在购、存、产、销、人、财、物等各个环节能够得到合理配置与利用，从而实现企业经营效率的提高。生产管理功能可通过生产执行系统(Manufacturing Execution System,MES)对接下层数据平台,获取监控级、控制级的数据。生产控制系统(Process Control Systems,PCS)、FCS、DCS、PLC 均是常见的控制系统。

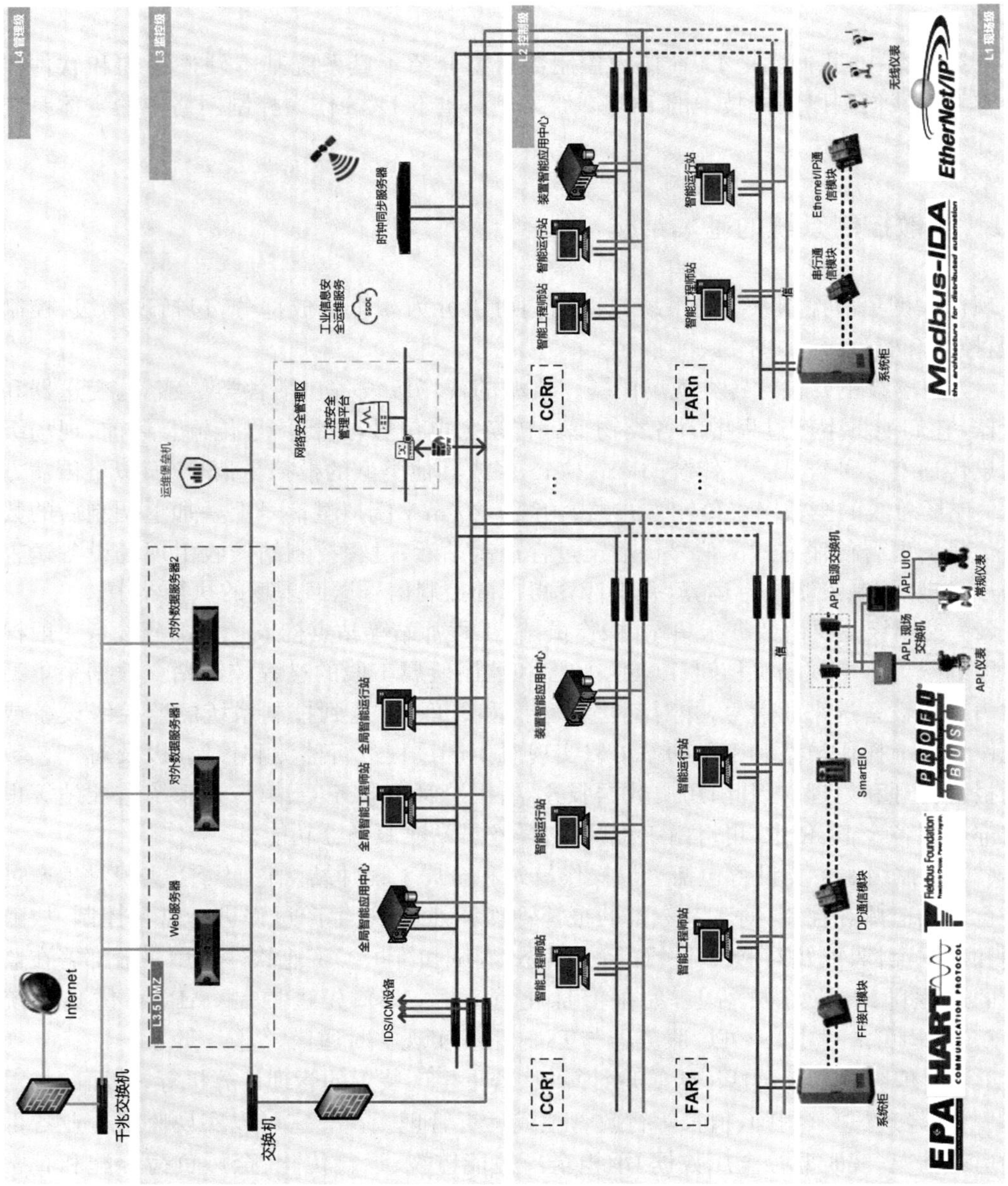

图11-1 大型集散控制系统结构

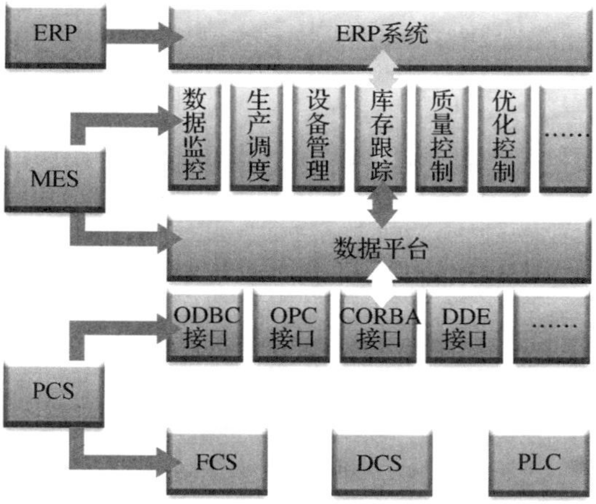

图 11-2 工厂级管理网络架构

11.2 集散控制系统硬件

集散控制系统(DCS)是企业综合自动化的核心,其网络系统、数据库系统和控制系统为复杂的企业自动化应用提供服务,因此具有丰富而强大的软硬件功能。下面以ECS-700系统为例进行说明。DCS系统主要由工作站、控制器、系统网络等组件构成,如图11-3所示。

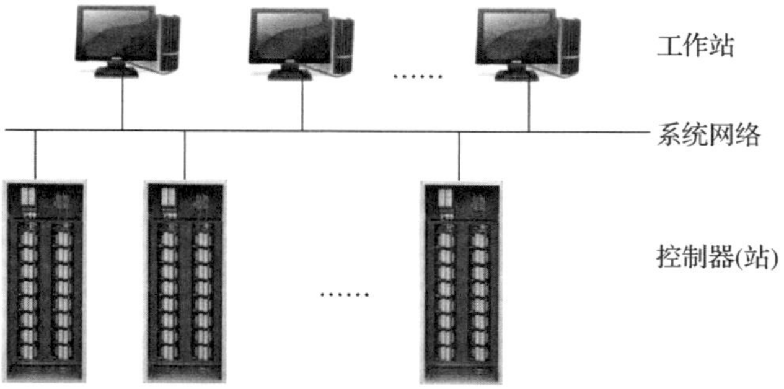

图 11-3 ECS-700 硬件构架

(1) 工作站主要用于获取现场工艺过程信息和事件报警,对现场设备进行实时控制等功能,同时,也具备组态和系统维护等功能。

(2) 控制器是系统中直接从现场采集I/O数据、进行控制运算的核心单元,完成整个工业过程的实时控制功能。

(3) 系统网络主要是指控制节点内部通信网络、连接控制节点和操作节点的通信网络以及操作节点之间的通信网络等功能。

11.2.1 工作站

它是生产控制操作人员实现集中监控、管理的平台，通常由计算机承担。生产过程的各类参数集中显示在工作站上，生产控制操作人员通过工作站掌握生产过程的实时运行情况，并通过工作站上的人机交互界面向控制器下达指令，完成操作任务。生产现场依据生产需求和功能需求部署工作站。

根据生产需求，工作站可以分为工程师站、操作员站、值长站、观察员站等不同站点。不同的工作站分配不同的监控、操作任务，其可执行的操作权限、下达的指令也可分别配置。

根据功能需求，可以部署如历史数据服务器、时间同步服务器、OPC 通信服务器、信息安全服务器等。

在 ECS-700 系统中，为满足组态管理、在线多人组态、分域数据管理、历史数据存储、异构通信、时钟管理等功能，通常需要部署多种服务器。

1）组态服务器

其是用来统一存放全系统的组态。通过组态服务器，可进行多人组态、组态发布、组态网络同步、组态备份和还原。组态服务器通常配置硬盘镜像，以增强组态数据的安全性。

2）数据服务器

该软件是提供报警历史记录、操作历史记录、操作域变量的实时数据服务（包括异构系统数据接入等）、事件顺序记录（SOE）服务，并向应用站提供实时和历史数据。数据服务器支持冗余配置，当工作服务器发生故障或者检修的时候，会自动切换，保证客户端的正常工作。

3）历史数据服务器

它主要用于接收、处理和保存历史趋势数据，并向应用站提供历史数据。历史数据服务器可采用三重化冗余配置，通常与数据服务器合并部署。当历史趋势数据容量较大时，可单独设置历史数据服务器站点。

4）时间同步服务器

其是用于提供同步其他操作节点系统时间的时间基准。

工作站安装部署在生产现场的中控室中，需要满足安全、防震、防尘、防腐蚀等安装要求，因此工作站一般配置在特定的操作台内。

11.2.2 控制器

控制器是集散控制系统的核心单元，可周期性地采集 I/O 模块的实时过程信息，对这些信息进行综合运算处理，并将处理结果周期性地输出到 I/O 模块，完成对现场控制对象的实时控制。控制器包括主控制器、I/O 模块、基座、通信模块、I/O 连接模块等模块。

图 11－4　ECS-700 系统的主控制器

1）主控制器

ECS-700 系统的主控制器如图 11－4 所示，采用 3 个 32 位嵌入式微处理器协同处理控制器的任务，功能强、速度快，最大限度地提升了控制器处理能力。系统采用冗余的 100 Mbps 工业以太网，充分保证了系统数据传输的实时性、可靠性、网络开放性。主控制器支持 1∶1 热备冗余或非冗余配置，两个互为冗余的主控制器在一个周期内完成信息同步。

基本扫描周期可组态配置，可根据处理任务的大小选择合适的基本扫描周期，从而使控制器的负荷得到控制，提高系统的稳定性和可靠性。最快支持 20 ms 扫描周期，响应速度快，实时性高。控制软件和算法模块采用模块化设计，核心程序固化在 Flash 存储器中。

主控制器具备良好的扩展性能，通过本地 I/O 总线可直接连接 64 个 I/O 模块；通过异构通信模块可以实现与第三方子系统、仪表的通信。

提供从主控制器到 I/O 连接模块、通信模块、I/O 模块、I/O 通道的综合故障诊断功能；支持组态单点在线下载，可在不影响生产的情况下进行组态修改。在组态下载时，仅更新当前修改的组态，从而提高组态更新速度，并确保组态更新过程中的安全性。同时，提供故障安全功能，确保在故障情况下，系统输出安全可靠。

主控制器具备掉电保护功能。当控制器突然掉电时，将切换成掉电保护电池供电，控制器中的组态数据、过程数据将保持，不会丢失。

2）I/O 模块

I/O 模块是负责采集和输出信号的工作模块，一般分为输入模块和输出模块，也可根据信号类型分为模拟量、数字量、脉冲量等模块。ECS-700 的 I/O 模块一览如表 11－1 所示。

常规 I/O 模块可以配合现场的各类常用仪表进行使用，符合大多数现场的常规应用要求。

表 11－1　ECS-700 常规 I/O 模块

型号	模块名称	描述
AI711-S	模拟信号输入模块	实现 8 路电压(电流)信号的测量功能并提供配电功能，可冗余
AI722-S	热电偶输入模块	实现 8 路热电偶(毫伏)信号的测量功能并提供冷端补偿功能，可冗余
AI731-S	热电阻输入模块	实现 8 路热电阻(电阻)信号的测量功能并提供二线制、三线制和四线制接口，可冗余
AO711-S	电流信号输出模块	实现 8 路电流信号的输出功能，可冗余
DI711-S	数字信号输入模块	24 V 查询电压，可支持 16 路无源触点或有源(24 V)触点输入，可冗余
DO711-S	数字信号输出模块	可支持 16 路晶体管输出及单触发脉宽输出，可冗余
DO712-S	数字信号输出模块	可支持 16 路无源晶体管输出及单触发脉宽输出，可冗余

（1）模拟信号输入模块

该模块用以调理和采集标准的Ⅱ型(0～10 mA)、Ⅲ型(4～20 mA)电流(支持配电和不配电)、电压信号，精度达 0.1%。根据需要可选型常规模块、高密度模块、HART 模块。具备自由量程功能，可根据量程设置自动调整测量范围，支持超量程功能，并支持冗余配置。

（2）热电偶输入模块

它是用以采集热电偶信号和毫伏信号，支持的信号类型包括：－20～80 mV、－100～100 mV 的电压信号和 E、J、K、N、T、B、S、R 8 种热电偶信号。可根据量程设置自动调整测量范围。模块还提供了冷端温度补偿功能，确保热电偶信号的准确性。

(3) 热电阻输入模块

这种模块主要用以采集热电阻 Pt_{100}、Cu_{50} 和常规电阻信号，支持二线制、三线制、四线制热电阻。具备自由量程功能，可根据量程设置自动调整测量范围，实现高精度测量，支持冗余配置。

(4) 模拟信号输出模块

它主要输出Ⅱ型、Ⅲ型(0～20 mA)电流信号，可冗余配置使用，支持超量程、自由量程。模块有常规 8 路通道和高密度 16 路通道可选。用户可通过组态对模块通道的安全模式进行设置，当出现模块与主控制器发生网络通信故障、主控制器故障等情况时，模块进入故障安全模式，模块的输出按照预先组态的设置，输出保持或按设定值输出。同时，在模块发生热复位时，模块保持输出状态，维持正常工作。

(5) 数字信号输入模块

该块能够采集多种类型数字量信号，支持冗余配置。模块有常规 16 路通道和高密度 32 路通道可选，支持 SOE 功能。通过电源端子配置不同，分别实现无源触点、有源触点、电平信号的采集。配套多种型号转接端子板，适应生产现场多种需求。

(6) 数字信号输出模块

这种晶体管输出型数字信号输出模块，通过配套继电器端子板驱动电动控制装置。模块具有单触发脉宽输出功能，可以根据组态设定的时间范围输出 0.01～60 s 的单脉冲，支持冗余配置。

(7) 脉冲信号输入模块

它能够实现 6 路脉冲信号的测量。通过组态设置，该模块能够测量 7～10 000 Hz 的脉冲信号，并同时进行频率值和累积值的计算，通过通信总线上传至控制器模块。

3) 基座

I/O 模块安装在基座上，基座分为直连基座和转接基座，如图 11-5 所示。直连基座的基座上有接线端子，信号线直接接在基座的接线端子上；转接基座上有 DB37 转接口，通过 DB37 转接线与端子板连接，信号线接到端子板的接线端子上，不同的端子板适配不同的信号类型。

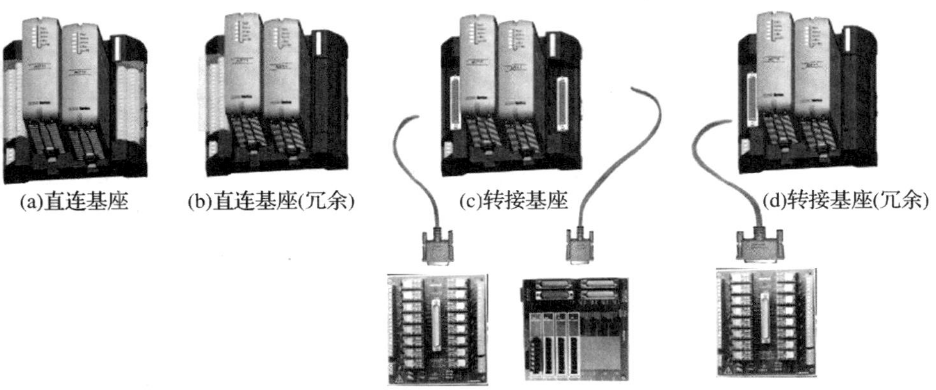

图 11-5　直连基座、转接基座示意图

4）通信模块

ECS-700 系统具有开放性的特点，通过各类通信模块，可以快速简单地实现不同协议的通信，ECS-700 系统通信模块如表 11－2 所示。

表 11－2 ECS-700 现场总线通信模块

型号	模块名称	描述
COM711-S	I/O 连接模块	I/O 连接模块 COM711-S 为扩展机柜中的核心单元，是控制器与 I/O 模块的中间环节，可冗余配置
COM722-S	PROFIBUS 主站通信模块	作为一个 PROFIBUS-DP 主站接口，用于将标准 PROFIBUS-DP 从站设备连入 ECS-700 系统，也可通过西门子耦合器和链接器接入 PROFIBUS-PA 设备，可冗余配置
COM723-S	PROFINET 通信模块	在 PROFINET 规范中，一个网络中的设备分为 PROFINET IO 控制器和 PROFINET IO 设备，PROFINET IO 控制器可以管理和发起与 PROFINET IO 设备的通信 作为 ECS-700 系统中的 PROFINET IO 控制器接口设备，可与标准 PROFINET IO 设备通信，同时支持西门子的 Fetch/Write 和 S7Comm 通信协议，多种方式实现与西门子 PLC 系统的通信，可冗余配置
COM725-S	EtherNet/IP 通信模块	EtherNet/IP 通信协议是一种主、从站通信协议，其中主站设备称为扫描器（Scanner），从站设备称为适配器（Adapter）。Scanner 可以管理和发起与 Adapter 设备的通信 作为主站设备与标准 EtherNet/IP 的 Adapter 设备通信，可冗余配置
COM741-S	串行通信模块	串行异构设备接入网关设备，利用标准协议（Modbus-RTU）和自定义协议将使用同样通信协议的第三方设备的数据连入 ECS-700 系统，可冗余配置
COM742-S	以太网通信模块	以太网异构设备接入模块，利用标准协议（Modbus-TCP）将使用同样通信协议的第三方设备的数据连入 ECS-700 系统，可冗余配置
AM716-S11	FF-H1 接口模块	AM716 支持采集 FF 仪表的实时输入（出）数据，上送给控制器，实现对 FF 仪表的集中控制；支持控制下放到现场仪表，实现分散控制；支持标准的 FF 现场总线功能块，通过 FF 组态软件与 SAMS 设备管理软件，管理现场设备的所有块参数

11.2.3 通信网络

ECS-700 系统的通信网络由下至上分为 4 层，如图 11－6 所示。

（1）第一层网络：I/O 总线

现场设备常通过信号线连接到相应的模块，通过模块进行信号的采集和输出。常用的普通设备信号连接到对应的常规 I/O 模块，符合 FF、HART 以及 EPA 等协议的特殊设备信号连接到对应的特殊模块。符合 Modbus、PROFIBUS 等协议的通信设备信号连接到对应的通信模块。

（2）第二层网络：过程控制网（SCnet）

控制器通过过程控制网与操作节点实现通信。过程控制网可以实现每个域内上下位机之间的实时数据通信，以及不同域之间的实时数据通信。过程控制网采用冗余结构，保证控制器和操作站之间实时数据通信的可靠性。

(3) 第三层网络：过程信息网(SOnet)

这种网是用来实现操作节点之间的通信，包括历史趋势、历史报警、操作日志等数据查询以及组态文件的传输等。

(4) 第四层网络：信息管理网

该网是主要用于管理者对现场数据的访问。系统可以配套相应的软件，如 PIMS、ERP、MES 等。管理用户可以通过网关，并通过防火墙安全地访问现场数据，实现数据的实时查看以及管理。

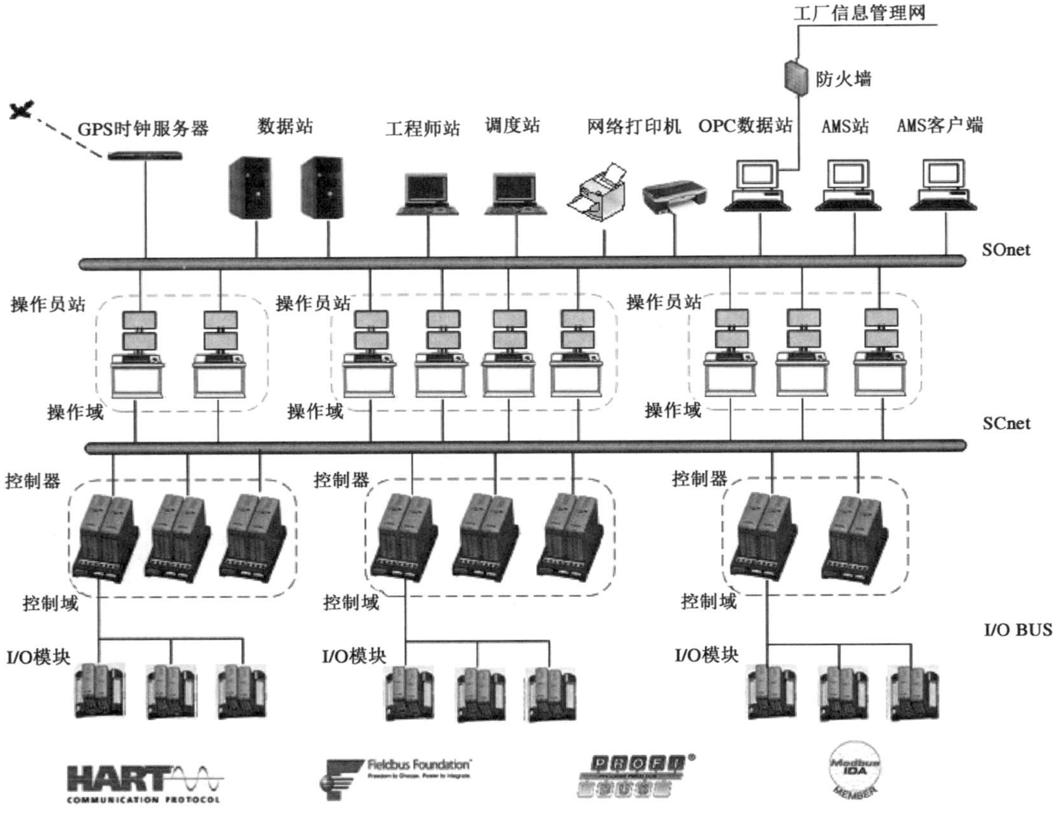

图 11-6　ECS-700 网络架构

1) I/O 总线

系统的 I/O 总线为控制器的内部通信网络，用于实现控制器内部的总线通信。

ECS-700 内部 I/O 总线架构如图 11-7 所示，可分为本地 I/O 总线和扩展 I/O 总线。本地 I/O 总线用于实现本地机柜内控制器和 I/O 模块之间的通信，或者实现扩展机柜内 I/O 连接模块和 I/O 模块之间的通信。扩展 I/O 总线用于实现控制器和各类通信接口模块之间的通信(如 I/O 连接模块、PROFIBUS 通信模块、串行通信模块等)。系统的本地 I/O 总线和扩展 I/O 总线均实现冗余配置，可以有效提高总线通信的可靠性。

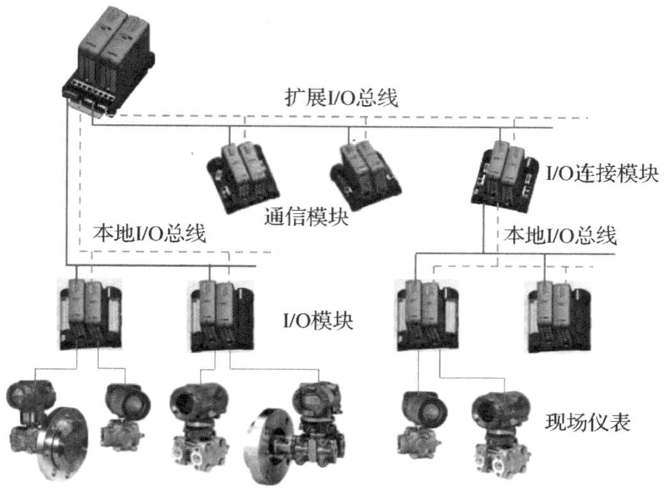

图 11－7　ECS-700 内部 I/O 总线架构

I/O 模块和通信模块通过 I/O 总线与主控制器实现通信，I/O 总线包括 L-BUS 和 E-BUS。

如果 I/O 模块位于主控制器所在的本地机柜内，则 I/O 模块与主控制器之间直接通过 L-BUS 实现通信，如果 I/O 模块位于扩展机柜内，则 I/O 模块需要通过扩展机柜内的 I/O 连接模块与主控制器实现通信。

I/O 模块和 I/O 连接模块之间通过 L-BUS 实现通信，I/O 连接模块与主控制器之间通过 E-BUS 实现通信。E-BUS 还可以用于实现主控制器与其他通信模块之间的通信。L-BUS 和 E-BUS 均采用冗余结构，保证主控制器内数据通信的可靠性。

ECS-700 本地 I/O 总线如图 11－8 所示，用于实现两种通信连接：控制器与 I/O 模块、I/O 连接模块与 I/O 模块。其性能指标为：

(1) 总线标准：CAN SBUS；

(2) 冗余方式：1∶1 双网；

(3) 通信速率：4 Mbps ；

(4) 通信接口：DB15；

(5) 通信距离：≤10 m。

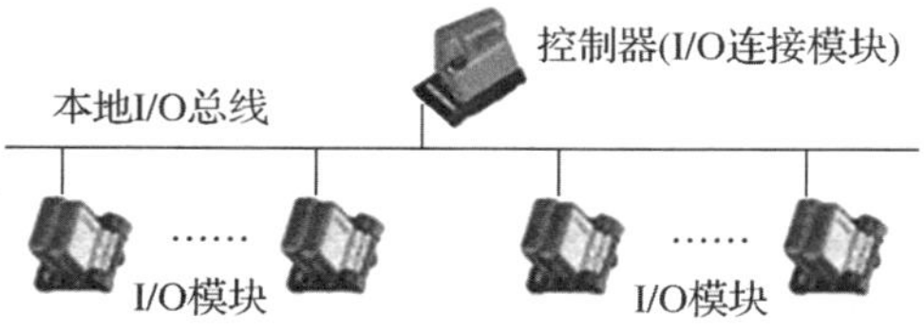

图 11－8　ECS-700 本地 I/O 总线

在本地机柜中，L-BUS 可以实现主控制器与 I/O 模块之间的通信，连接方式如图 11－9 所示。冗余的 DB 线严格按照机架顺序连接控制器和机架，本地机柜的本地 I/O 总线所连接的最后一个机架需要安装一对终端匹配电阻。

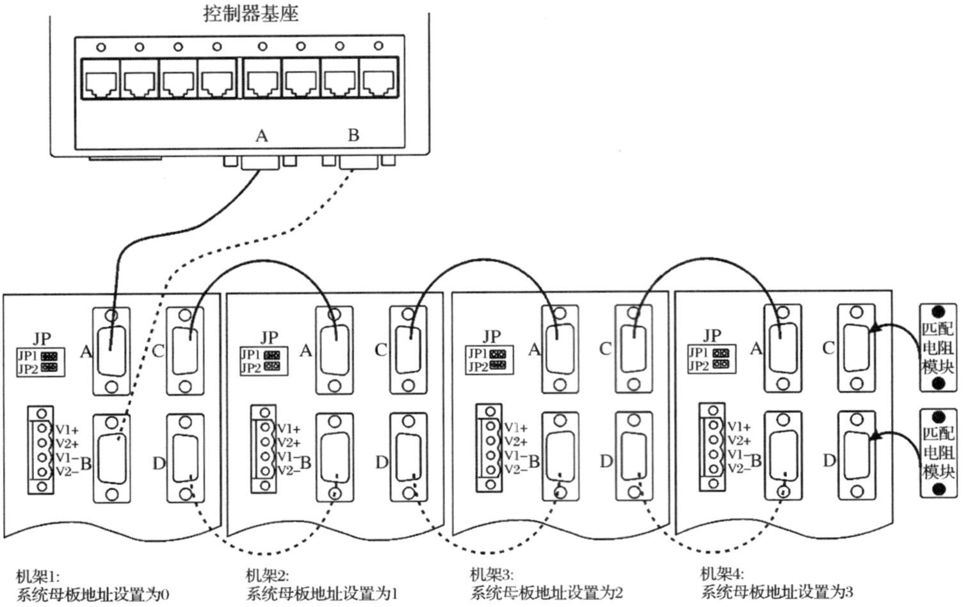

图 11－9　ECS-700 L-BUS 连接示意图

在扩展机柜中，L-BUS 可以实现 I/O 连接模块与 I/O 模块之间的通信。连接方式与本地机柜中的连接方式类似，冗余的 DB 线严格按照机架顺序连接 I/O 连接模块和机架，扩展机柜的本地 I/O 总线所连接的最后一个机架同样需要安装一对终端匹配电阻，如图 11－10 所示。

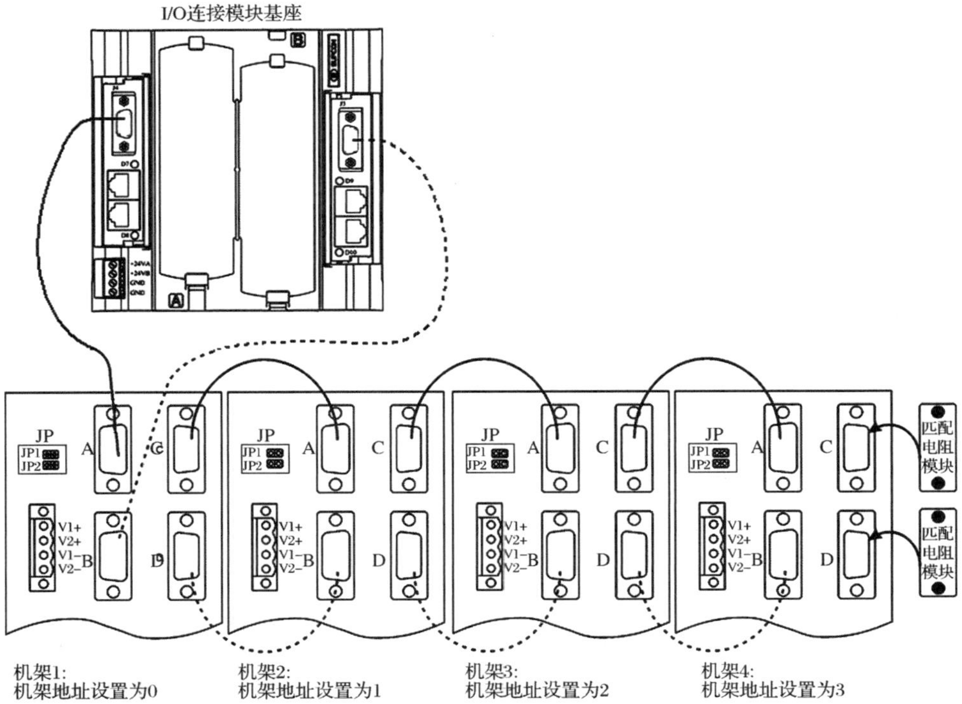

图 11－10　ECS-700 扩展节点 L-BUS 连接示意图

如图 11－11 所示为 ECS-700 E-BUS 连接示意图。将连接主控制器的冗余扩展 I/O 总线分别连接到扩展 I/O 总线 A 网交换机和 B 网交换机，同时将连接各处 I/O 连接模块或者通信模块的冗余扩展 I/O 总线也连接到 A 网交换机和 B 网交换机后，主控制器即建立起与 I/O 连接模块或者通信模块的物理连接。

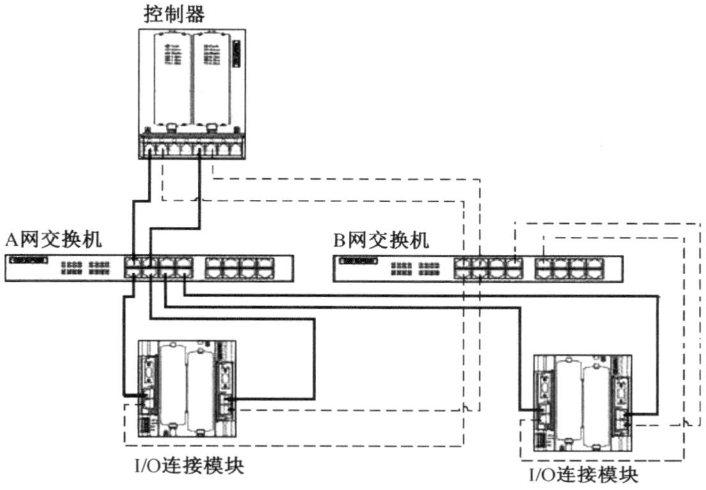

图 11－11　ECS-700 E-BUS 连接示意图

2）过程控制网（SCnet）

在 ECS-700 系统中，通过过程控制网（SCnet）来实现过程控制中控制节点与操作节点的实时数据通信，如图 11－12 所示。过程控制网采用高速、冗余的工业以太网，以总线型结构或星型结构连接控制节点与操作节点。其性能指标为：

（1）协议标准：TCP/IP UDP；

（2）冗余方式：1∶1 双网；

（3）通信速率：1 000 Mbps ；

（4）通信接口：RJ45；

（5）通信距离：≤100 m（双绞线），≤20 km（单模光纤）。

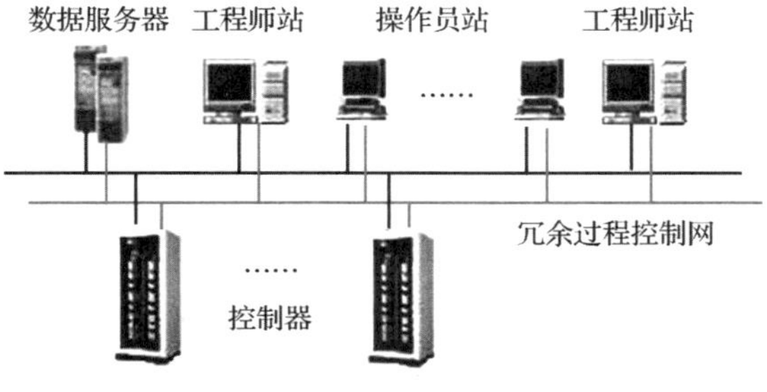

图 11－12　ECS-700 SCnet 示意图

3）过程信息网（SOnet）

在 ECS-700 系统中，通过过程信息网（SOnet）来实现操作站节点之间的通信，包括历史趋势、历史报警、操作日志等数据查询以及全系统的组态管理，如图 11－13 所示。其性能指标为：

（1）协议标准：TCP/IP UDP；

（2）冗余方式：可双网冗余；

（3）通信速率：1 000 Mbps ；

（4）通信接口：RJ45；

（5）通信距离：≤100 m（双绞线），≤20 km（单模光纤）。

过程信息网支持独立组网和合并组网。合并组网即过程信息网与过程控制网合并，通过过程控制网来实现操作节点之间的通信。此时无须配置过程信息网的硬件，通过系统结构组态软件进行设置即可。

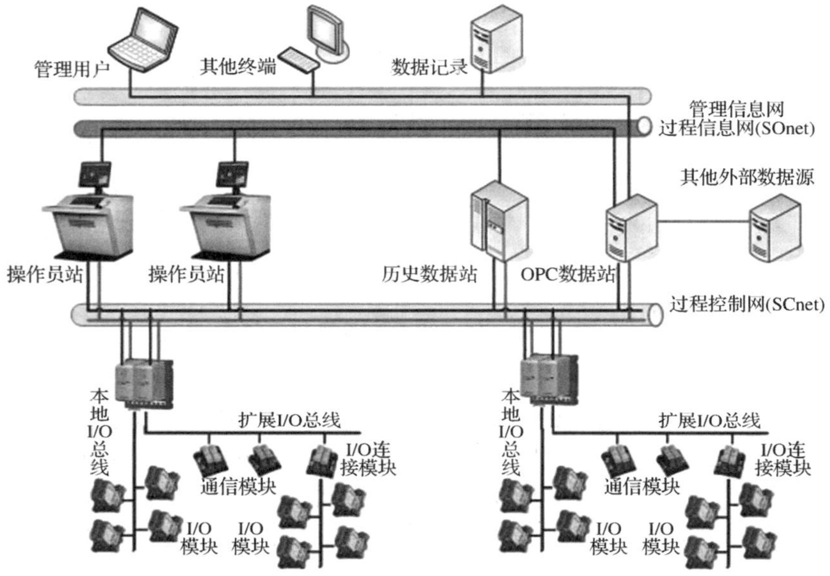

(a) 独立组网

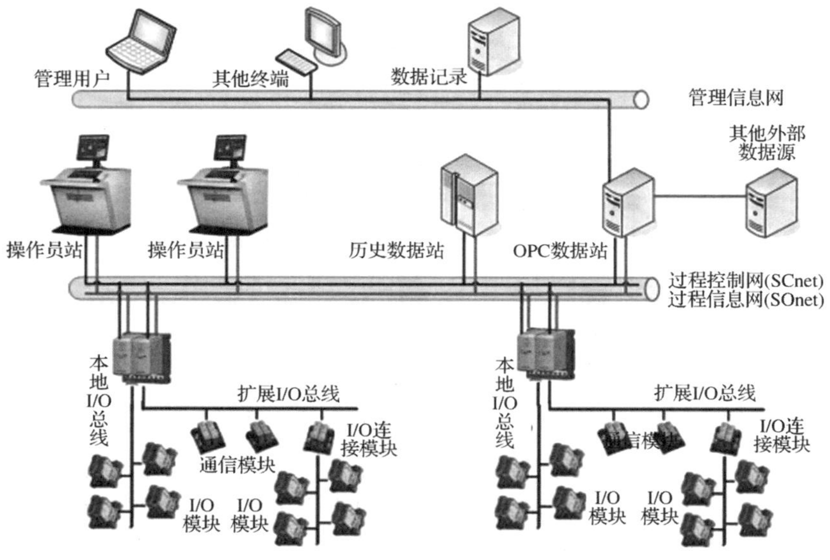

(b) 合并组网

图 11－13　ECS-700 SOnet 示意图

4）信息管理网

信息管理网采用以太网技术，用于工厂级的信息传输和管理，是实现全厂综合管理的信息通道。管理网采用大型网络数据库，实现信息共享，并可将各装置的控制系统接入企业信息管理网，从而实现工厂级的综合管理、调度、统计、决策等功能。

SUPCON MES-Suite（MES 整体解决方案），其综合数据集成平台服务内嵌 ESP-iSYS 工业生产实时数据库，通过 OPC、DDE、Modbus 等协议直接与 DCS、PLC、智能仪表等组件进行通信，确保 MES 和底层过程数据（工艺、质量、计量等）的衔接和同步。

同时，综合数据集成平台服务内嵌的 SSIS 数据集成服务能有效地与 ORACLE、SQL SERVER、DB2 等关系数据库进行数据交互和分发工作，将上层统计数据（产耗、调度、仓储）传送到企业资源管理（ERP）、供应链管理（SCM）、客户关系管理（CRM）系统中，确保生产绩效信息与企业运作成本的有效结合，实现物料流和资金流的共享和统一。

11.3 集散控制系统的软件

11.3.1 软件组成

集散控制系统的软件组成包括操作系统、控制软件、数据库管理系统、人机界面、网络通信软件和综合管理软件等关键组件。操作系统是系统的核心，控制软件用于实现逻辑控制和监控功能，数据库管理系统负责处理实时和历史数据，人机界面提供操作界面，网络通信软件实现设备间的数据传输，综合管理软件用于系统监控和管理。

1）组态软件

该软件是用来配置和设计这些系统的工具。VisualField（简称 VF）系统软件是中控 ECS-700 系统进行控制系统组态和监控的软件。其在系统结构上支持控制分域和操作分域，支持多人多机组态，支持在线调试和在线下载，支持多个数据库。其中，用于系统组态的软件又分成两部分：系统结构组态软件和组态管理软件。

ECS-700 系统的组态功能由以下控制组态工具软件共同完成：

（1）系统结构组态软件：用于完成整个控制系统结构框架的搭建，包括控制域、操作域的划分及功能分配，以及各工程师的组态权限分配等功能；

（2）组态管理软件：作为组态的平台软件，关联和管理硬件组态软件、位号组态软件、控制方案组态软件和监控组态软件，维护组态数据库，支持用户程序调度设置、在线联机调试、组态上载以及单点组态下载等功能；

（3）硬件组态软件：用于控制器内硬件组态，支持控制器硬件参数设置、硬件组态扫描上载以及硬件调试等功能；

（4）位号组态软件：用于控制器内位号组态，支持位号参数设置、通过 Excel 导入导出、位号自动生成、位号参数检查以及位号调试等功能；

（5）控制方案组态软件：用于完成控制系统控制方案的组态，提供功能块图、梯形图、ST 语言等编程语言，并提供丰富的功能块库，支持用户程序在线调试、位号智能输入、执行顺序调整以及图形缩放等功能；

（6）监控组态软件：用于完成控制系统监控管理的组态，包括操作域组态和操作小组组态。操作域组态主要包括操作域内的操作员权限分配、域变量组态，以及整个操作域的报警颜色设置、历史趋势位号组态、自定义报警分组等功能；操作小组组态是指对各操作小组的监控界面进行组态，主要包括总貌画面、一览画面、分组画面、趋势画面、流程图、报表、调度、自定义键、可报警分区组态等功能。每个操作员可以关联1个或多个操作小组。

2）操作软件

它是集散控制系统中的一个重要组成部分，主要由操作界面软件即人机界面软件构成。操作软件的作用是提供用户友好的可视化界面，使操作员实时监测和控制工业生产过程。操作软件通常包含图表、仪表盘、报警提示等功能，帮助操作员快速了解生产状态，及时响应异常情况并作出调整。通过操作软件，操作员可以方便地查看实时数据、趋势图，并进行各种操作控制，如设定参数、启停设备等。此外，操作软件还提供了权限管理功能，可以根据用户权限设置不同的操作权限，从而保证生产系统的安全性。总之，DCS的操作软件通过提供直观易用的界面，有效地帮助操作员监控和控制生产过程，提高工业生产的效率和质量。

3）诊断软件

该软件是其核心组成部分之一，用于确保系统的可靠性和稳定性。其主要功能包括以下几个方面：

（1）故障检测

通过实时监测系统的各个模块和组件的状态，识别潜在的硬件故障，如控制器、I/O模块、通信链路和电源单元等。

（2）故障定位

当检测到异常时，能够迅速定位故障点，减少排查时间和成本。

（3）自诊断功能

具备自我检查能力，定期或在需要时自动执行内部和外部资源的完整性检查，包括内存、CPU利用率、应用程序错误等系统性能指标。

（4）报警和事件管理

在发生故障或异常情况时，诊断软件能触发报警，记录事件日志，并提供详细的故障信息以便维护人员分析。

（5）容错切换与恢复

高级诊断软件支持系统内关键部件的冗余配置，当主系统出现故障时，能够无缝切换至备用系统，保持连续的控制功能。

（6）状态预估和预防性维护

预测性维护功能利用大数据和算法模型评估系统健康状况，提前预警可能发生的故障，降低意外停机风险。

（7）系统性能监控

跟踪系统运行效率，监控响应时间、负载平衡等性能指标，优化系统配置。

（8）即时更新和在线修改

支持在线下载和安装软件补丁、更新控制策略等，无须停止生产过程。

4）批量控制软件

集散控制系统中的批量控制软件是一种专为实现生产过程自动化中批次生产模式而设计的软件模块。这种软件可以精确规划、执行和追踪一系列按顺序进行的生产步骤，确保每一步骤都按照预先定义的配方和工艺条件严格控制。在化工、石化、制药、食品饮料、精细化工等行业中，批量生产非常常见，因此批量控制软件是DCS不可或缺的一部分。

近年来，国际自动化学会（ISA）发布的ISA S88标准为批量控制技术的进步奠定了坚实基础。该标准定义了批量生产过程的三层结构模型及相关术语，旨在标准化批量控制的设计、实施和管理，从而使得批量控制在精细化工装置及其他行业应用中更加高效和规范。集散控制系统中的批量控制软件正是在这种背景下应运而生。这类软件深度融入DCS体系，充分体现了ISA S88标准的理念，通过精确规划、执行和全程追踪批次生产步骤，保证每个步骤严格按照预设的配方和工艺条件进行控制。

批量控制软件的主要功能包括：

（1）配方管理

存储和调用不同产品的生产配方，包含原料种类、用量、混合顺序、反应条件等细节。

（2）顺序控制

按照预设的工艺流程顺序，自动启动和停止各设备，如阀门、泵、搅拌器等。

（3）过程变量控制

实时监控和调整温度、压力、液位、浓度等过程变量，以达到最佳工艺条件。

（4）物料追踪与管理

跟踪物料消耗、产量、批次质量，满足产品质量追溯和合规要求。

（5）报警和事件管理

当生产过程偏离正常轨迹时，发出报警信号，并记录相关事件。

（6）报表生成

自动统计生产数据，生成批次报表，为生产管理和决策提供依据。

批量控制软件作为DCS系统的重要组成部分，在化工、石化、制药、食品饮料以及精细化工等多个行业得到了广泛应用。它对于提升批次生产效率、保障产品质量稳定以及实现全链条智能化管理具有不可替代的作用。随着ISA S88标准的推广普及和技术的不断迭代更新，批量控制软件将持续优化升级，进一步推动现代工业生产迈向更高水平的自动化和智能化。

5）先进控制软件

先进控制（Advanced Process Control，APC）是指一类高级控制策略和算法，它超越了传统的PID控制，利用模型预测控制（MPC）、自适应控制、鲁棒控制、模糊逻辑控制、神经网络控制等多种智能控制理论，用于解决复杂、非线性、时变等工况下的高级控制需求，从而增强过程稳定性、减少能源消耗和提高产品质量。

以下是一些DCS系统中常见的先进控制策略：

（1）模型预测控制（Model Predictive Control，MPC）

MPC是一种基于数学模型的多变量控制策略，它在每次采样时刻通过求解一个有限时域内的优化问题来计算控制动作。在DCS中，MPC常被用来解决约束多变量控制难题，例如化学过程控制、炼油过程控制等。

(2) 模糊逻辑控制(Fuzzy Logic Control,FLC)

它是利用模糊集合论和模糊推理机制来模拟人类专家的经验知识,特别适用于那些难以建立精确数学模型的过程。

(3) 神经网络控制(Neural Network Control,NNC)

该控制器可用于在线学习和自适应调节,以应对复杂的动态系统。在 DCS 中,神经网络可以用于辨识过程模型、进行非线性补偿或直接作为控制器使用。

(4) 自适应控制

该控制器能够在系统参数变化时自动调整控制器参数,以保持优良的控制性能。

(5) 多元统计过程控制(Multivariate Statistical Process Control,MSPC)

这种方法通过分析过程变量之间的相关关系来进行早期故障检测、过程优化和质量监控。

以上所述的先进控制策略往往需要与 DCS 系统中的实时数据库、历史数据库、高级数据分析软件以及其他过程优化工具紧密结合,共同构建出一个全方位的过程自动化解决方案。在实际应用中,APC 通常是作为 DCS 系统的一部分或者与其紧密结合,通过附加软件模块的形式集成到 DCS 系统之中。例如,一些知名的 DCS 供应商,如霍尼韦尔(Honeywell)、艾默生(Emerson)、ABB、西门子(Siemens)、中控等,都提供了相应的 APC 解决方案。这些解决方案可以集成在他们的 DCS 平台上,为用户提供更加精密的过程控制服务。中控技术是从 20 世纪 90 年代开始研究、开发和实施先进控制技术,并成功推出了集先进控制平台 APC-iSYS、多变量预测控制软件 APC-Adcon、智能软测量软件 APC-Sensor 于一体的先进控制软件 APC-Suite。

6) 智能仪表管理软件

智能仪表管理系统是指针对工厂现场设备的自动化、数字化和智能化管理需求而设计的系统。从工业 3.0 向工业 4.0 发展,现场设备智能化水平不断提升,工厂对设备管理的自动化和数字化需求也日益增加。然而,传统的设备管理存在诸多问题,如设备资料不完整、维护资源有限、专业技术人员流失等。

为解决这些问题,很多厂商推出了智能设备管理软件,如 Emerson 的 AMS Device Manager、Yokogawa 的 Asset Management System、Honeywell 的 Asset Manager、Endress+Hauser 的 FieldCare、Siemens 的 SIMATIC PDM (Process Device Manager)以及中控的 IDM 智能仪表管理软件。这些智能仪表管理软件产品通常具有各种功能,如设备信息模型建立、设备诊断、故障分析、预测性维护等功能,帮助提升设备管理的效率和可靠性。不同厂商的产品在功能设计和适用范围上可能会有所不同,用户需要根据自身需求和设备类型选择合适的智能仪表管理软件。

11.3.2 集散控制系统控制组态

控制系统组态是指对控制系统中的各个组件、设备和接口进行配置和连接,以实现所需的控制功能的过程。它涉及硬件配置、信号连接、参数设置等各种性能指标,是确保控制系统正常运行并满足设计要求的关键步骤。

从系统构建的角度来看,控制系统组态是一个从单个组件到整个系统的层级化配置过程。通过组态，可以将各个组件有机地连接在一起，形成一个完整的控制系统，实现信号的传递、处理和控制。其作用主要体现在保证系统能够按照设计要求正常运行。合理的硬件配置和信号连接可以确保控制系统的稳定性和可靠性。而通过参数设置和逻辑设计，则可以实现系统的功能和控制要求。

控制系统组态通常包含以下多个方面的内容：

(1) 系统组态

在DCS的控制组态中，系统组态是第一步，它包括硬件配置和网络架构的设计。硬件组态包括设定控制器、输入/输出(I/O)卡件、通信模块等设备的物理连接和地址分配，以及系统服务器、操作员站、工程师站等各个节点的功能设定。网络组态则是确定数据传输路径、网络拓扑结构和通信协议等多方面内容。

(2) 控制策略组态

根据生产工艺要求，采用PID控制、串级控制、比值控制、前馈控制、解耦控制等控制算法来设计控制器的行为，实现对生产过程变量的精确控制。这一阶段涉及编写控制逻辑、设定控制参数和保护限值等。

(3) I/O组态

定义每个I/O通道的功能，如模拟量输入对应哪些现场传感器，模拟量输出控制哪些执行器，以及开关量输入输出对应哪些设备的启停状态等。此外还包括量程转换、滤波器设置、报警阈值设定等功能。

(4) 图形界面组态

对操作员站的画面进行设计和组态，包括流程图、趋势图、报警列表、控制面板等显示元素的创建，以便操作员能够直观了解和操控生产过程。

(5) 报警和事件管理组态

设定报警等级、报警条件、报警响应策略等，以及事件记录和追踪的相关规则。

(6) 历史数据和报表组态

设置历史数据的存储周期、压缩规则和检索方式，以及定制各类报表的生成模板。

(7) 权限管理组态

根据企业管理制度设定不同用户的访问权限，包括操作权限、组态权限、监视权限等功能。

(8) 先进控制组态(若适用)

对于采用先进控制策略的情况，如模型预测控制(MPC)、模糊控制、神经网络控制等，还需要进行相应的高级控制组态。

以中控ECS-700系统为例，完整的项目组态包含：系统整体架构配置、各控制器、操作站等硬件设备在软件中的配置、操作画面设计、流程图绘制、控制方案编写、报表制作等。

系统结构组态软件(VFSysBuilder)用于系统结构框架的搭建。它通常安装于系统组态服务器，由具有工程管理权限的工程师负责构建和维护系统框架结构。

组态管理软件(VFExplorer)作为系统组态的工作平台，关联控制器硬件组态软件、位号组态软件、控制方案组态软件、功能块编制软件和监控组态软件，支持离线下载、在线下载、在线组态、离线组态、多人组态、组态发布、单控制器组态备份和读取、仿真等功能。

组态管理软件应用于工程师站，既与组态服务器相连，维护系统统一的组态数据库，又与各控制器相连，进行组态同步。此外，它还可对各节点进行组态发布。在系统结构组态软件中将系统框架搭建完后，通过组态管理软件可以完成各控制器硬件、位号、控制方案、用户功能块的组态，还可以完成监控组态，以及组态的在线下载和在线发布等。

ECS-700 系统具体组态流程如图 11-14 所示。

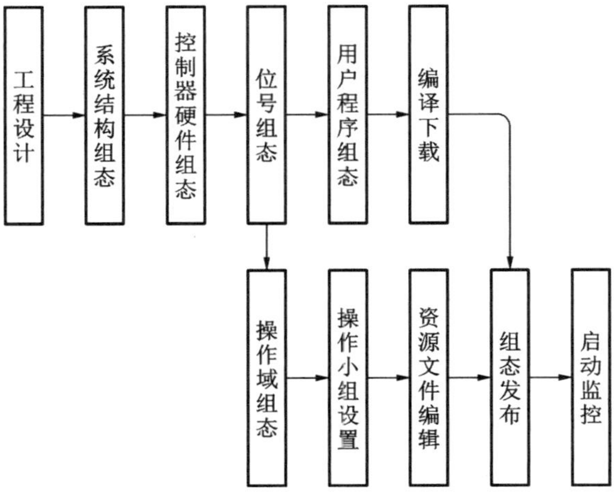

图 11-14 ECS-700 系统组态流程

11.3.3 图形化编程

1）编程环境

IEC 61131-3 是由国际电工委员会(IEC)制定的一种国际标准，专门用于可编程逻辑控制器(PLC)和其他工业控制系统编程。该标准定义了一套编程模型、编程语言以及程序组织结构，旨在为工业控制领域提供一致性高、兼容性好的编程环境，从而降低开发成本，提高程序的移植性和重用性。

IEC 61131-3 规定了 5 种标准化编程语言，它们分别是：

(1) 梯形图(Ladder Diagram，LD)

基于继电器逻辑电路图演变而来，直观易懂，特别适合传统电气工程师。

(2) 功能块图(Function Block Diagram，FBD)

采用图形化方式表达控制逻辑，通过连接不同功能块来构建程序。

(3) 顺序功能图(Sequential Function Chart，SFC)

描述系统的顺序动作，常用于复杂的控制流程，如机器自动化的启动、停止和故障处理序列。

(4) 结构化文本(Structured Text，ST)

类似于高级语言的文本编程形式，适合编写较复杂的算法和数学计算。

(5) 指令表(Instruction List，IL)

以指令列表的形式编写程序，类似于汇编语言，简洁紧凑，对于熟悉低级语言的程序员较为友好。

VF 系统编程软件符合 IEC 61131-3 标准，提供高效的图形编程环境，提供功能块图、梯形图、ST 语言等编程语言。功能块图（FBD）编程软件（VFFBDBuilder）是控制系统中最主要的控制策略组态工具之一，提供 FBD 编程和调试功能，如图 11－15 所示。

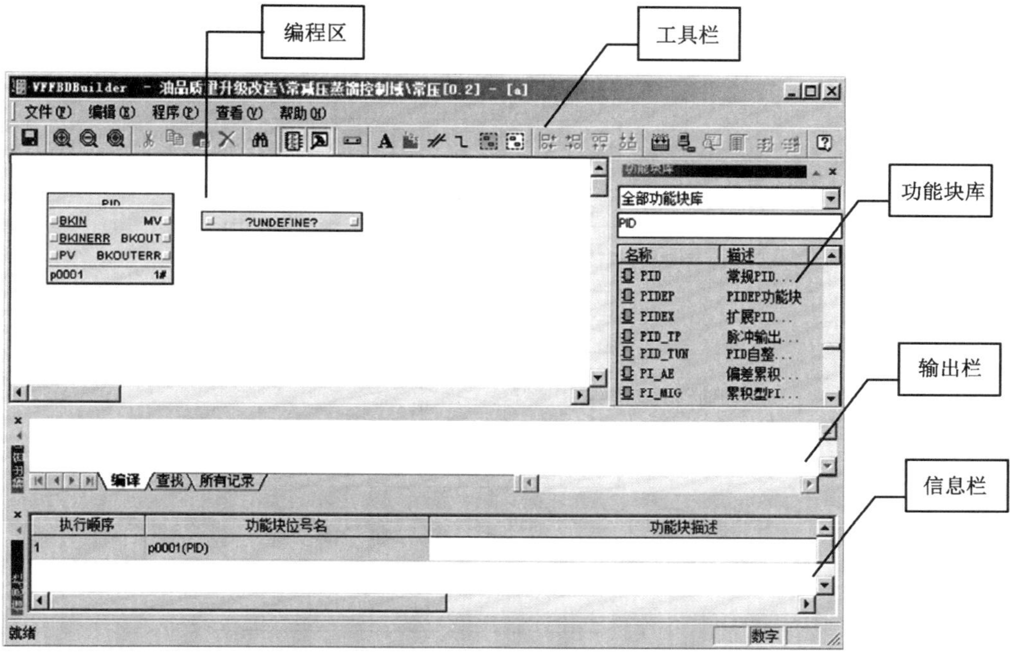

图 11－15 功能块图（FBD）编程软件主界面

在 ECS-700 系统中，通过用户程序来实现控制策略。一个用户程序可能用来实现生产过程中的某一工艺。ECS-700 系统提供丰富的功能块库，包括逻辑运算功能块、算术运算功能块、顺控功能块、通信功能块以及控制功能块等。其中，控制功能块包括 PID 控制、PI 采样控制、比例控制、分程控制等常规控制功能块，以及预测控制（PFC）、模糊控制（FLC）、自整定 PID 控制（PID_TUN）、SMITH 预估器等先进控制功能块。此外，ECS-700 系统还支持用户功能块库，可将自定义逻辑程序编写成用户功能块，实现程序逻辑的保密和重用。

功能块图程序编程步骤如图 11－16 所示，具体描述如下：

（1）选择需要编程的控制器，从组态服务器中打开并锁定。

（2）新建功能块图语言用户程序。

（3）添加需要的功能块和相应的数据引用。

（4）针对功能块设置功能块参数，针对数据引用调用位号或变量。

（5）进行功能块与功能块之间，或功能块与数据引用之间的连线。

（6）调整功能块的执行顺序。

（7）编译。若编译失败，则根据提示返回以上环节进行修改，直至编译通过。

（8）下载。

（9）联机调试，编译仅能检查语法错误，而联机调试才能检查程序是否符合控制方案的要求。若调试失败，则根据错误现象返回以上环节修改。调试通过则编程结束。

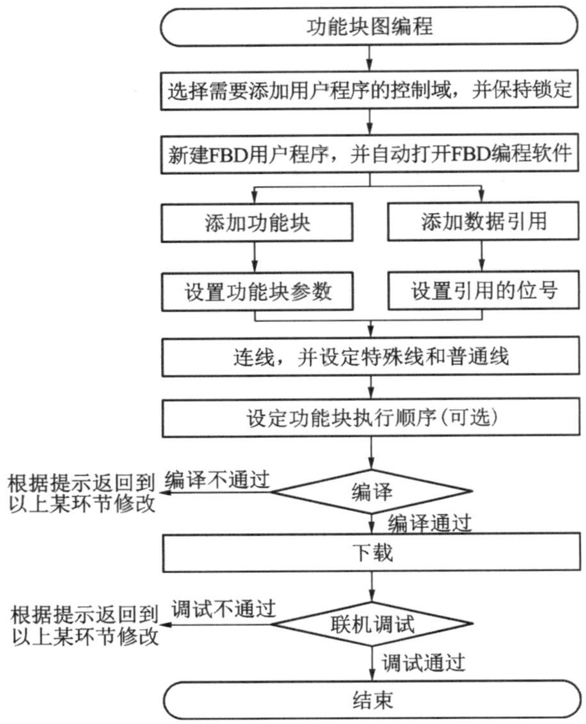

图 11－16　FBD 用户程序组态流程图

ECS-700 系统典型功能块如图 11－17 所示，包括数据引用块、PID 功能块、电机控制块、阀门控制块等，下面分别介绍。

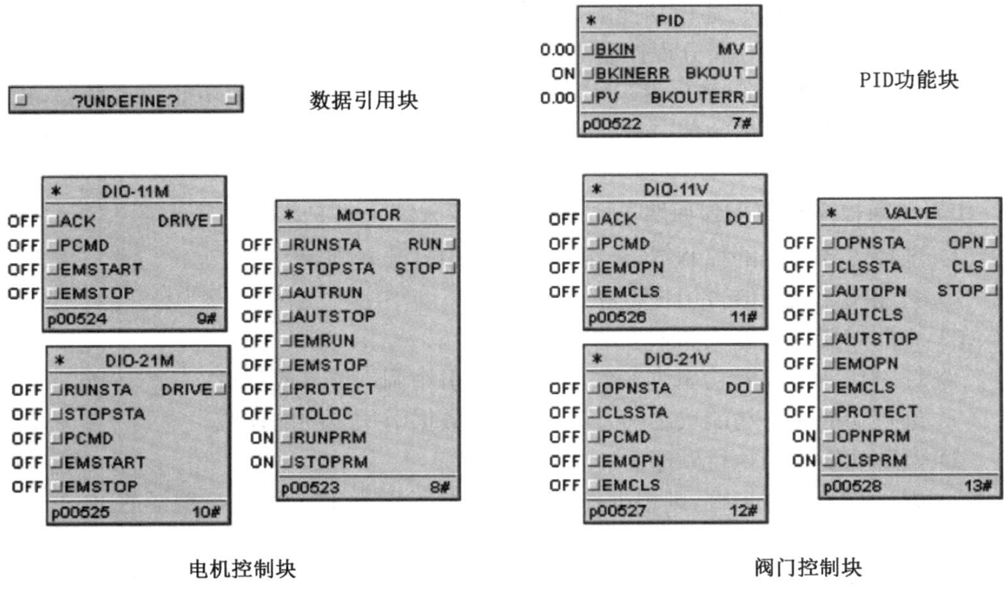

图 11－17　ECS-700 系统典型功能块

（1）数据引用块

它在 FBD 程序中起连接数据变量的作用。通过数据引用功能选择变量，使其与位号组态软件中的具体位号对应。

（2）PID 功能块

该模块基于过程测量值（PV）和给定值（SV）的差值，执行 PID 调节功能。通过参数设置提供标准 PID 控制、PV 比例微分先行控制和 PV 微分先行控制 3 种控制模式，可针对不同控制对象，并可提供增量式或位置式输出。

（3）电机控制块（MOTOR）

它可用于控制单台设备的启停，并实现联锁保护。当功能块接收到上一级顺控指令或功能块面板指令后，输出启停命令，从而实现对受控设备的控制和操作。该功能块支持各种报警功能，可以为实际工业生产过程中的电机提供保护，其适用于双输入双输出型设备。对于单输入单输出型或其他类型的设备，推荐使用 DIO-11M 或其他 DIO 类型的功能块。

（4）阀门控制块（VALVE）

此模块用于完成单台设备的基本开、关、停控制和联锁保护。当功能块接收到上一级顺控指令或功能块面板指令后，输出开、关、停命令，从而实现对受控设备的控制和操作。该功能块支持各种报警，可以为实际工业生产过程提供有效的保护。其次还适用于双输入三输出型设备。对于单输入单输出型或其他类型的现场设备，推荐使用 DIO-11V 或其他 DIO 类型的功能块。

FBD 编程的核心是功能块，每个功能块代表一项特定的功能或操作，如逻辑运算、数学运算、定时器、计数器、PID 控制、数据处理等。连线表示数据流，通过连线表示数据的流向和逻辑关系。输入信号通过连线送入功能块，功能块处理这些信号后产生输出信号，从而构成一个完整的控制程序。

2）应用案例

以 7.6.3 节中的反应混合物温度 PID 控制为例，其中 PID 功能块的基本参数设置可通过双击 PID 功能块，在“功能块属性”页面设置功能块的位号名、描述以及监控属性等内容。基本参数包括三项：正反作用设置、限幅设置和量程设置，如图 11－18 所示。

功能块属性　基本参数　扩展参数

名称	类型	初值	输入引脚	输出引脚	描述
⊟—正反作用设置					正反作用设置
└ SWPN	BOOL	ON			正反作用选择开关:...
⊟—限幅设置					限幅设置
├ MVH	REAL	100.0000			MV高限值
├ MVL	REAL	0.0000			MV低限值
├ SVH	REAL	100.0000			SV高限值
├ SVL	REAL	0.0000			SV低限值
└ DMVLIM	REAL	100.0000			MV输出速率变化限...
⊟—量程设置					量程设置
├ MVSCH	REAL	100.0000			MV量程高值
├ MVSCL	REAL	0.0000			MV量程低值
├ SVSCH	REAL	100.0000			SV量程高值
├ SVSCL	REAL	0.0000			SV量程低值
├ SVEU	EUNIT				SV工程单位
├ MVEU	EUNIT	%			MV工程单位
├ SVDLEN	USINT	3			SV小数位数[0,5]
└ MVDLEN	USINT	3			MV小数位数[0,5]

图 11－18　PID 功能块基本参数

PID 的正反作用是指 PID 输入信号与输出信号变化方向的关系。当测量值 PV 与设定值 SV 的差值(即偏差)增大时,输出 MV 随之增加,即为正作用;当偏差增大时,输出 MV 随之减小,即为反作用。SWPN 的值为 ON 时,表示反作用;值为 OFF 时,表示正作用。量程包括输出 MV 与设定值 SV 的范围。MV 的量程默认为 0～100%,通常无须修改;SV 的量程高低限及单位应与测量值 PV 保持一致。限幅功能可针对 MV 和 SV 设置高低限幅,使 MV 和 SV 只能在高低限幅范围内变化。若无需此功能,则应与各自的量程保持一致。

设置完成后,将功能块与数据引用块进行连线,即可完成控制方案的构建,如图 7 - 40 所示。

11.3.4 人机界面

人机界面在集散控制系统中至关重要,作为系统与操作员沟通的桥梁和窗口,它使操作员能够实时监控和操控设备、工艺和生产过程。人机界面包含操作面板、显示器、键盘、指示灯和按钮等组件,通过触摸屏、鼠标、键盘等交互方式,直观展示系统运行状态、设备参数和报警信息。良好的人机界面设计须具备直观、易操作、信息丰富及友好的特点,以便操作员迅速理解并有效操作。人机界面助力远程监控与操作,显著提升生产自动化程度和控制效率,减轻人工负担、提高工作效率,并减少错误,保障系统稳定性。因此,在集散控制系统中,打造符合操作需求、功能完备且易于操作的人机界面至关重要。

ECS-700 系统的人机界面由监控组态软件(VFHMICfg)和实时监控软件组成。组态软件即人机界面组态软件,主要提供在组态模式下对单个操作域中监控正常运行所需的相关内容进行有关组态的功能。实时监控软件是一个具有友好用户界面的流程监控软件,为用户监视现场硬件设备的运行情况,并对现场运行情况进行及时有效的控制,提供了一个可视化的监控界面,便于管理者操作和维护。

1) 人机界面操作

在集散控制系统的人机界面上,操作人员可以执行一系列操作,以便监控和控制整个生产过程。具体可进行的操作包括但不限于:

(1) 过程监控

① 查看实时工艺参数:如温度、压力、流量、液位、速度等各种传感器反馈的数值。

② 观察动态流程图:通过动画展示各个设备的工作状态及物料流动路径。

③ 监视设备状态:查看电机、泵、阀门等设备的运行状态和故障指示。

(2) 数据记录与分析

① 记录历史数据:保存并查阅历史过程数据,便于追溯过去某一时刻的系统状态。

② 趋势分析:显示各种工艺变量随时间的变化趋势图,有助于发现异常模式和预测潜在问题。

(3) 报警与事件处理

① 报警管理:接收并处理各类报警信息,对报警进行确认、分类和优先级设置。

② 事件记录:查看系统产生的事件记录,及时了解重要操作和系统变更。

(4) 控制操作

① 手动控制:直接通过 HMI 界面调整设备设定值,如调节阀开度、电机转速等。

② 自动控制：启动、停止或者切换自动化控制策略，确保工艺过程按照预设条件自动运行。

③ 紧急停车操作：在必要时执行紧急停车程序，确保安全生产。

(5) 配方管理

设置和修改生产配方，针对不同产品或工况调整工艺参数。

(6) 报告与打印输出

创建和打印报表，包括实时数据报告、历史数据统计报告等。

(7) 系统维护与调试

① 设备校准：对现场仪表进行远程校准和标定。

② 系统配置：对 DCS 系统中的控制器、I/O 模块等进行在线配置和诊断。

整个监控界面分为监控表头和监控画面两部分，通过监控表头中的按钮及菜单可以显示不同的监控画面。监控表头包含工具栏、报警列表和状态栏。

2) 人机界面组成

本节介绍常用人机界面的基本组成。典型控制系统的标准画面包含图 11－19、图 11－20、图 11－21、图 11－22、图 7－37 等内容。

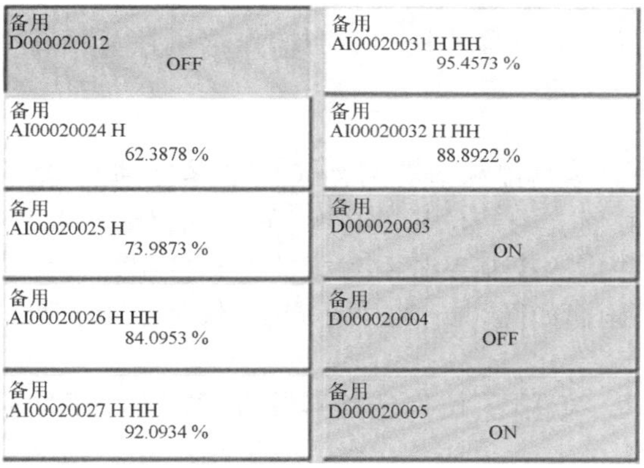

图 11－19　标准画面(总貌)

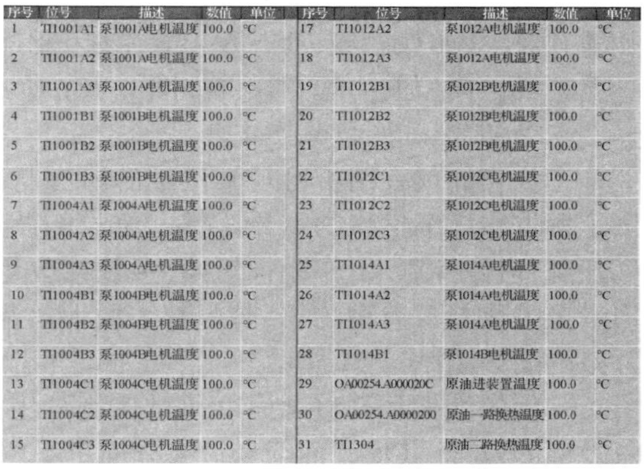

序号	位号	描述	数值	单位	序号	位号	描述	数值	单位
1	TI1001A1	泵1001A电机温度	100.0	℃	17	TI1012A2	泵1012A电机温度	100.0	℃
2	TI1001A2	泵1001A电机温度	100.0	℃	18	TI1012A3	泵1012A电机温度	100.0	℃
3	TI1001A3	泵1001A电机温度	100.0	℃	19	TI1012B1	泵1012B电机温度	100.0	℃
4	TI1001B1	泵1001B电机温度	100.0	℃	20	TI1012B2	泵1012B电机温度	100.0	℃
5	TI1001B2	泵1001B电机温度	100.0	℃	21	TI1012B3	泵1012B电机温度	100.0	℃
6	TI1001B3	泵1001B电机温度	100.0	℃	22	TI1012C1	泵1012C电机温度	100.0	℃
7	TI1004A1	泵1004A电机温度	100.0	℃	23	TI1012C2	泵1012C电机温度	100.0	℃
8	TI1004A2	泵1004A电机温度	100.0	℃	24	TI1012C3	泵1012C电机温度	100.0	℃
9	TI1004A3	泵1004A电机温度	100.0	℃	25	TI1014A1	泵1014A电机温度	100.0	℃
10	TI1004B1	泵1004B电机温度	100.0	℃	26	TI1014A2	泵1014A电机温度	100.0	℃
11	TI1004B2	泵1004B电机温度	100.0	℃	27	TI1014A3	泵1014A电机温度	100.0	℃
12	TI1004B3	泵1004B电机温度	100.0	℃	28	TI1014B1	泵1014B电机温度	100.0	℃
13	TI1004C1	泵1004C电机温度	100.0	℃	29	OA00254.A000020C	原油进装置温度	100.0	℃
14	TI1004C2	泵1004C电机温度	100.0	℃	30	OA00254.A0000200	原油一路换热温度	100.0	℃
15	TI1004C3	泵1004C电机温度	100.0	℃	31	TI1304	原油二路换热温度	100.0	℃

图 11－20　标准画面(一览)

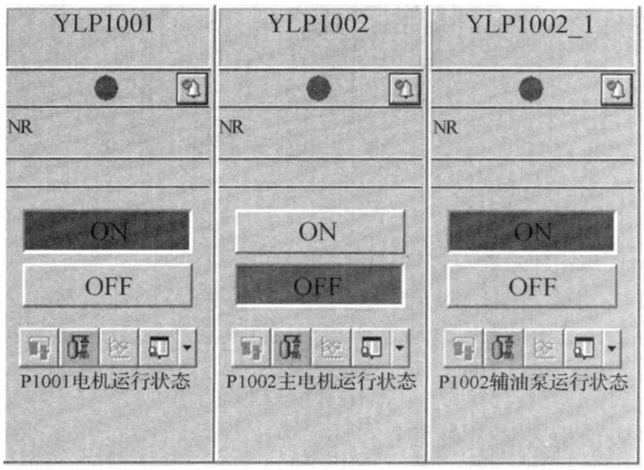

图 11－21　标准画面(分组)

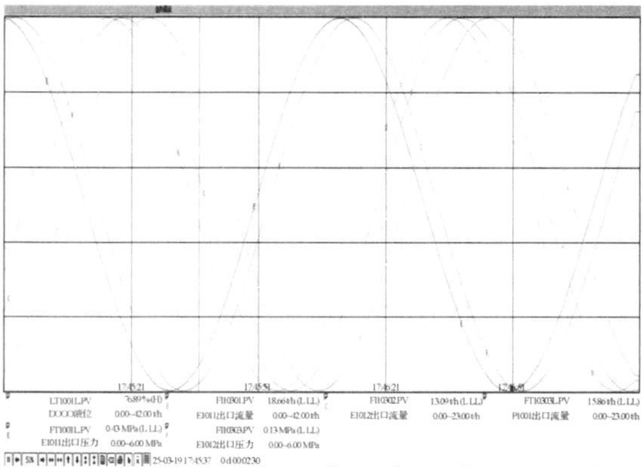

图 11－22　标准画面(趋势)

(1) 系统总貌

一幅总貌画面最多可显示 32 个信息块,信息块可以是画面,也可以是数据。显示画面时,点击信息块可跳转到相应的画面,如图 11-19 所示。

(2) 数据一览

一幅一览画面最多可显示 32 个位号信息,以表格的形式显示序号、位号名称、描述、数值和单位共五项信息,如图 11-20 所示。

(3) 控制分组

一幅分组画面最多可显示 16 个位号或 8 个功能块位号的仪表面板,如图 11-21 所示。

(4) 趋势画面

趋势画面根据组态信息和工艺运行情况,以一定的时间间隔记录一个数据点,动态更新历史趋势图,并显示时间轴所在时刻的数据。趋势画面下方自带一排工具条,可实现翻页、查询、画面效果设置、统计等功能,如图 11-22 所示。

(5) 流程图

流程图是工艺过程在实时监控画面上的仿真,是主要监控画面之一,其画面效果完全由组态决定。流程图根据组态信息和工艺运行情况,在实时监控过程中动态更新各个动态对象(如数据点、动态效果等)。因此,大部分的过程监视和控制操作都可在流程图上完成。典型的流程图样例如图 7-37 所示。

3) 仪表面板和调整画面

位号的仪表面板可观察位号的所有状态,且支持跳转到位号所关联的各种画面,是了解位号详细信息的重要工具。位号的调整画面支持对位号的各种操作,如报警设置、强制、启停控制、工作模式切换、参数修改等,在集散控制系统中对于监控和控制过程变量至关重要。典型的 AI 位号仪表面板及调整画面如图 11-23 所示,PID 仪表面板及调整画面如图 11-24 所示。

仪表面板和调整画面可通过控制分组画面、流程图、位号选择器等方式打开。不同类型的位号,其仪表面板和调整画面也不相同。

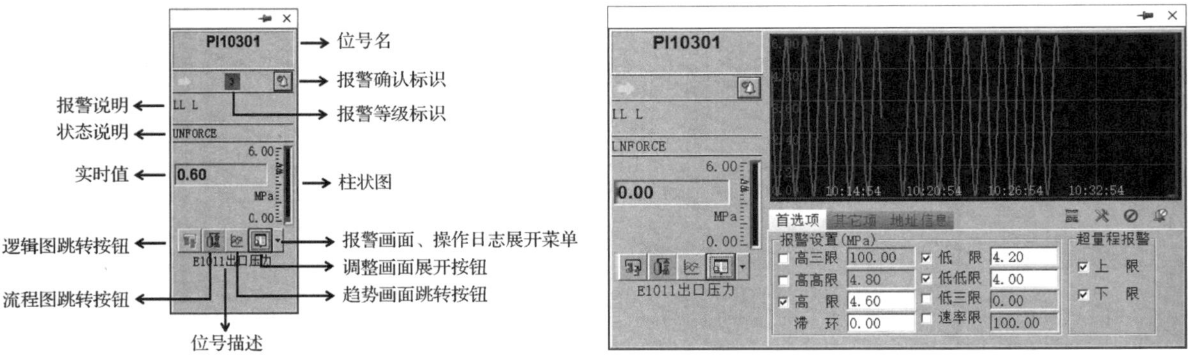

(a) 仪表面板　　　　(b) 调整画面

图 11-23 AI 位号仪表面板及调整画面

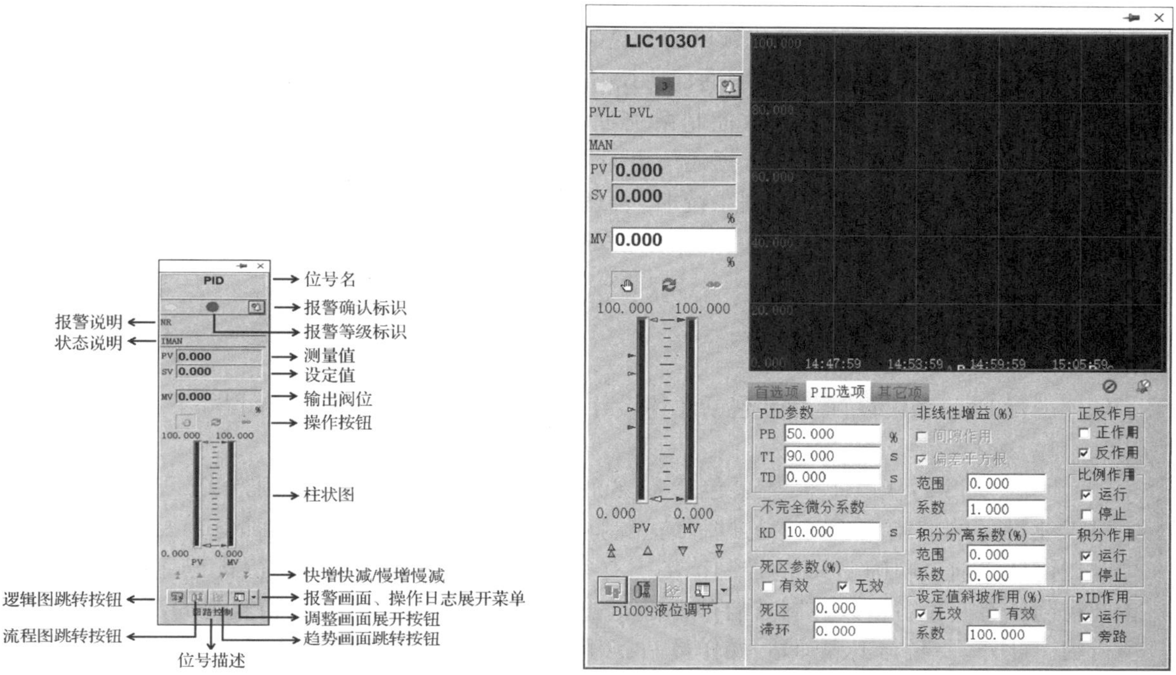

(a) 仪表面板　　(b) 调整画面

图 11-24　PID 仪表面板及调整画面

4) 报警管理

报警系统综合集成了实时监控与历史记录功能,包括自定义排序的报警列表、便捷的报警确认与静音操作、直观的报警面板指示、详尽的过程与系统报警表、灵活的历史查询、全面的状态跟踪以及智能化操作指导提示。通过色彩编码、动态更新和多样化的交互方式(如右键菜单、弹出报警表),系统不仅强化了即时故障反馈与处理能力,还支持报警的分类管理、优先级调控及批量操作。这确保操作人员能够高效识别、响应并记录各种报警事件,同时提供系统状态的深度诊断接入与操作指导,全面提升监控效率与安全性。

11.3.5　数据通信

在集散控制系统中,数据通信是实现各个控制节点之间信息传递和交换的重要手段。数据通信可以通过有线或无线的方式进行,使不同的控制节点之间能够实现实时数据的传输和共享。

数据通信主要包括控制节点之间的实时数据传输、参数设置、报警信息传递等方面。通过数据通信,控制系统可以集中监控和控制各个子系统,实现整个生产过程的协调和同步。数据通信还可以实现远程监控和操作,使得运行人员可以远程监视和控制控制系统,提高生产过程的自动化程度和运行效率。

在集散控制系统中,常用的数据通信方式包括 Modbus、PROFIBUS 和以太网等。

Modbus是一种串行通信协议,广泛使用且成熟稳定,适用于实时数据传输和设备控制。PROFIBUS是一种用于自动化领域的常见工业通信协议,具有高速传输和可靠性强的特点。以太网是一种常见的局域网通信协议,适用于局域网内的数据传输和共享。

通过有效的数据通信,集散控制系统可以实现实时监控和控制,提高生产过程的自动化水平和工作效率。同时,数据通信也为控制系统的信息化和智能化发展提供了重要的基础。因此,在设计集散控制系统时,合理选择和配置数据通信方式是至关重要的一环,能够有效提高系统的稳定性、可靠性和安全性。

11.4 集散控制系统设计

进行DCS系统设计,主要包括总体设计、初步设计和工程化设计,流程如下:

1) 总体设计

明确DCS的基本任务,主要包括DCS的控制范围、控制深度和控制方式。DCS通过对工业设备的控制实现对工艺过程的控制,但并非所有工业现场设备都适合用DCS控制。设计之前应明确DCS的控制范围。有些设备DCS只能监视其运行状态,而不能实施控制。有些设备可以控制其启停和运行过程。设计中应保证控制和监视的深度是可行的。此外,要明确工程师站、操作员站、应用站、打印机等人机接口的数量,并确定DCS的分散程度。

2) 初步设计

(1) 硬件初步设计

主要根据控制范围和控制对象,确定I/O点的数量、类型、分布,从而确定I/O卡件的数量;根据控制任务,确定控制器的数量与等级;根据工艺过程分布,确定DCS网络系统架构,以及确定控制柜的数量与分布;根据运行方式要求,确定工程师站、操作员站、人机接口设备以及辅助设备;根据与其他设备的接口要求,确定通信接口的数量与形式。

(2) 软件初步设计

软件初步设计是工程师后续编写用户控制程序的依据,主要完成以下工作:根据顺序控制要求,设计逻辑框图或编写控制说明;根据过程参数要求,设计控制系统框图;根据工艺要求,提出联锁保护要求;针对控制设备,提出启停条件等控制要求;给出单回路控制、设备驱动控制等通用功能的典型组态模式,作为今后应用程序开发的基本模式;规定报警、归档等方面的原则。

(3) 人机接口设计

基本内容包括:画面的类型与结构,包括工艺流程图画面、过程控制画面、系统监控画面等,结构是指它们的范围以及相互之间的调用关系;画面颜色、字体、布局等形式的约定;报警、记录、归档等功能的设计原则,定义典型的设计方法;其他功能的初步设计。

3) 工程化设计

初步设计完成后,自动化系统的基本原则随之确定。基于这些原则,开展DCS系统的工程化设计。DCS的初步设计一般由设计院完成,而工程化设计则由DCS工程的承包商和用户共同实施。工程化设计过程实际上是落实初步设计方案的过程,设计院、承包商和用户也在这个阶段产生密切的工作联系和接口，这部分工作是 DCS 系统成败的关键。

工程化设计包括招标准备、选型与合同、工程化设计与生成、现场安装与调试、运行与维护等 5 个阶段。本书忽略商务和现场实施维护的工作，下面重点介绍工程化设计与生成阶段的主要内容：

(1) 确认控制及采集测点清单，并将其控制功能和地理位置的要求分配到各工作站。

(2) 系统硬件配置。详细画出 DCS 结构图，说明主要设备的布置方式和连接方式，给出工程师站、操作员站、网关、服务器、控制器、I/O 卡件等详细配置表。

(3) 操作台、机柜平面布置图设计。根据 DCS 厂家各部件尺寸及用户操作控制室的要求，绘出各部分的平面布置图，供用户进行具体机房设计。

(4) DCS 电源要求及分配图设计。详细列出各站及整个系统电源容量要求，并说明各站的接地要求。

(5) 组态设计。根据系统控制方案进行系统组态、控制策略组态、操作软件组态等。

(6) 各类应用程序开发。

12 安全仪表系统

在过程工业领域，安全仪表系统（Safety Instrumented System，SIS）已广泛应用于不同的工艺过程中，用于对工厂的危险工艺状态做出响应，保护人员、生产设备和环境的安全。

过程工业中的安全保护功能最初由气动系统和继电器系统实现，后来逐步发展到基于更小尺寸、低功耗的固态电路，目前普遍采用安全 PLC 系统。安全设计理念从最初的故障安全扩展到了功能安全，形成了完整的理论、技术、应用及管理体系。

德国的 DIN V 19250《控制技术——测量和控制设备应考虑的基本安全原则》和 DIN VDE 0801《安全相关系统中的计算机原理》、美国的 ANSI/ISA-84.01-1996《安全仪表系统在过程工业中的应用》以及 IEC 61508 和 IEC 61511 是具有里程碑意义的过程工业功能安全标准。其中，IEC 61508 是目前关于电气、电子、可编程电子安全相关系统最权威的功能安全标准，为各个工业领域制定功能安全标准，涵盖众多工业领域和各阶段的功能安全相关活动。IEC 61511 是基于 IEC 61508 的特定行业（过程工业）功能安全标准，对安全仪表系统的安全要求规格书的制定、设计和实施、工程、安装、操作、维护等环节给出了明确要求，确保工艺流程和被控设备处于安全状态。大多数知名的 DCS 供应商都有配套的 SIS 产品，也有厂商专门生产 SIS 产品，如美国 Triconex 公司的 Tricon 产品和德国 HIMA 公司的 PES 产品。

12.1 SIS 基本术语

下面介绍一些安全仪表系统中常用的术语。

1）安全仪表系统

ANSI/ISA-84.01-1996 将安全仪表系统定义为：由传感器、逻辑控制器和最终控制元件组成的系统，用于在预定的过程条件或状态出现背离时，将过程置于安全状态。

不同公司对安全仪表系统有不同的称呼，常常提到的安全联锁系统、安全停车系统、紧急停车系统、仪表保护系统等与安全仪表系统是同一概念。

2）安全功能

IEC 61508 对安全功能的定义：为了应对特定的危险事件，由电气、电子、可编程电子安全相关系统，或其他技术安全相关系统，或外部风险降低措施实现的功能，期望达到或保持被控设备处于安全状态。

3）功能安全

IEC 61511 对功能安全的定义：与工艺过程和基本过程控制系统（BPCS）相关的整体安全的一部分，取决于 SIS 和其他保护层功能的正确实施。当每一个特定的安全功能能够实现,并且满足安全功能必需的性能等级时,功能安全就实现了。功能安全实际上是指 SIS 自身的安全问题。

4) 安全完整性等级(Safety Integrity Level,SIL)

SIL 是 SIS 执行安全功能时的性能水平或可能达到的功能安全水平,采用安全完整性来表征。安全完整性定义为:在规定的状态和时间周期内,SIS 圆满完成所要求的安全功能的概率。安全完整性包括硬件安全完整性、软件安全完整性、系统安全完整性。

IEC 61508 针对制造商和设备供应商,根据发生故障的可能性定义了安全完整性等级,共分为 SIL1~SIL4 四个等级,如表 12-1 所示。在过程工业,大多采用 SIL1-SIL3,要求达到 SIL4 的应用场合是非常罕见的。

表 12-1 IEC 61508 规定的安全完整性等级

安全完整性等级	低要求操作模式	高要求或连续操作模式
SIL1	$\geq 10^{-2} \sim < 10^{-1}$	$\geq 10^{-6} \sim < 10^{-5}$
SIL2	$\geq 10^{-3} \sim < 10^{-2}$	$\geq 10^{-7} \sim < 10^{-6}$
SIL3	$\geq 10^{-4} \sim < 10^{-3}$	$\geq 10^{-8} \sim < 10^{-7}$
SIL4	$\geq 10^{-5} \sim < 10^{-4}$	$\geq 10^{-9} \sim < 10^{-8}$

5) 安全仪表功能(Safety Instrumented Function,SIF)

IEC 61511 提出了安全仪表功能(SIF)的概念,对应于 IEC 61508 中的安全功能,定义为:由 SIS 执行的、具有特定安全完整性等级的安全功能,用于应对特定的危险事件,以达到或保持过程的安全状态。

12.2 SIS 硬件组成

根据《过程工业领域安全仪表系统的功能安全 第 1 部分:框架、定义、系统、硬件和应用编程要求》给出的定义,安全仪表系统由传感器、逻辑运算器和最终元件组成。在本章,我们以中控技术股份有限公司的 TCS-900 系统为例展开具体介绍。

TCS-900 系统是一套由中控面向流程工业领域自主研发的安全仪表系统,适用于 IEC 61508 定义的低要求操作模式和高要求操作模式的安全相关应用。该系统通过 TÜV Rheinland 的认证,符合 IEC 61508 定义的系统能力等级 SC 3 和安全完整性等级 SIL 3 的要求。其应用范围涵盖 ESD(紧急停车系统)、BMS(燃烧管理系统)、F&G(火灾与气体检测系统)、CCS(压缩机控制系统)、GDS(气体检测系统)、HIPPS(高压保护系统)等领域,也是国内市场占有率第一的 SIS 系统。TCS-900 系统使用三重化冗余架构、五级表决、安全盾等技术,具备高速控制、同步控制、强信息互联、在线下载等能力,可以满足流程行业生产装置对安全性的高要求,能够胜任机组控制、在线维护扩容等苛刻应用需求,切实保障人员、设备和环境的安全。

TCS-900 系统组成可分为 3 个部分:安全控制站、工程师站和网络,如图 12-1 所示。

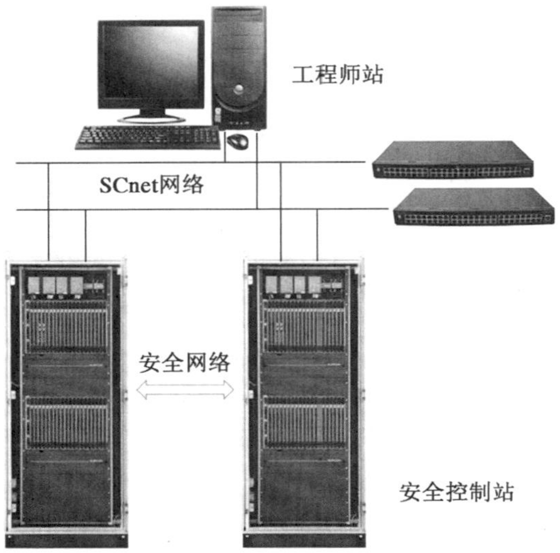

图 12-1 TCS-900 系统架构图

TCS-900 系统设计有 SCnet、SafeEthernet、Modbus-TCP、Modbus-RTU、SNTP、HART 等通信协议网络，用于实现与其他控制系统或智能设备的通信。其中，SafeEthernet 为安全专用网络，用于安全控制站之间联锁相关数据的通信；其他为开放网络，可用于与其他控制系统、第三方设备或监控软件的数据通信。典型的 TCS-900 系统应用网络架构如图 12-2 所示。

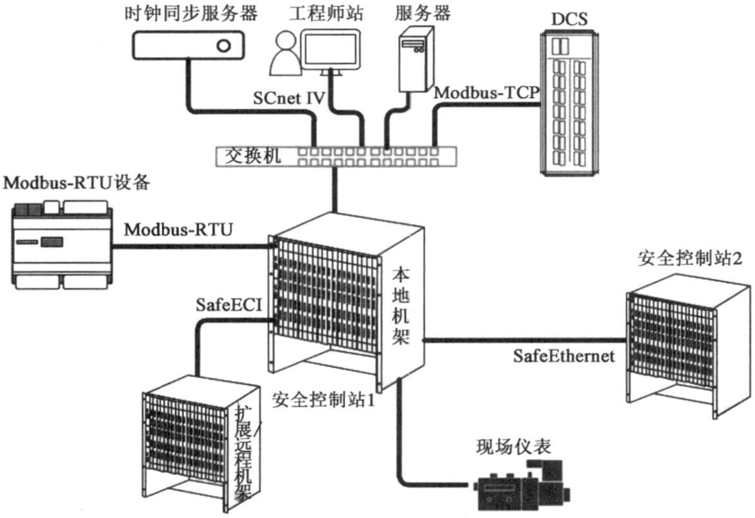

图 12-2 TCS-900 系统应用网络架构图

12.2.1 安全控制站

安全控制站是系统中直接从现场采集数据、进行控制运算的核心单元，由符合 IEC

61508 SIL 3 要求的控制器模块、I/O 模块、端子板、通信模块等部件组成。在安全仪表回路中，TCS-900 系统的部件采用三重化架构，包括输入模块、控制器、总线和输出模块。系统三通道的处理器、电源、总线等在物理上完全独立，能够避免单通道故障造成的相互影响。各通道间的数据通过表决运算，保证数据的一致性和可靠性。控制器模块和 I/O 模块支持冗余配置，冗余模块采用双主独立工作模式，两模块同时工作，无主备之分，实现零切换时间，且信号无扰动。TCS-900 系统采用五级表决机制，设计了多级故障隔离区，避免单一故障在整个通道中扩散，从而导致系统整体降级。安全控制站的工作温度范围为 −20～70 ℃、湿度 5%～95%RH、最高工作海拔为 4 000 m，符合 ANSI/ISA-S74.01 定义的 G3 防腐等级，电磁兼容性(EMC)满足工业 3A 级要求，防静电、抗浪涌、抗群脉冲能力达 4A 级，整体具备高可靠性和高环境适应性，能忍受严酷的工业环境。

TCS-900 系统是基于全冗余、三重化、五级故障表决的安全仪表系统。控制站的每个控制器模块和 I/O 模块内部都有 3 个软硬件完全独立的通道回路，实现三重化，同时支持模块冗余配置，可执行五级表决。控制站原理如图 12－3 所示。

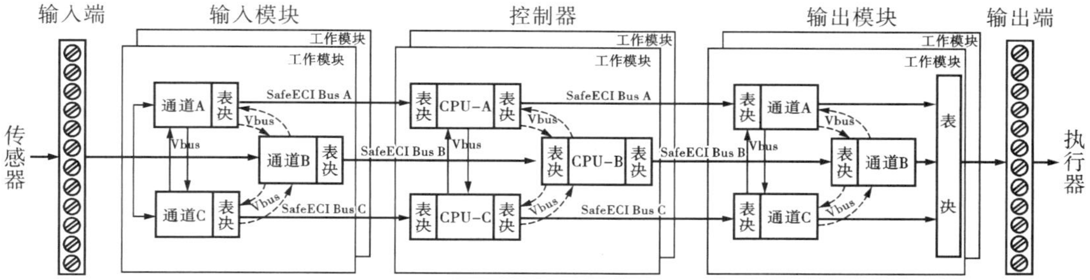

图 12－3　TCS-900 控制站原理示意图

TCS-900 系统内的每个控制器模块和 I/O 模块内都包含 3 个相同通道(A、B 和 C)，每个通道拥有独立的 CPU。虽然 3 个通道位于同一模块内，但是它们之间完全相互隔离并且可以独立运行，这意味着一个通道上的故障不会影响到其他通道。控制器模块和 I/O 模块中的 3 个通道之间均通过专有高速总线系统 Vbus 相互通信。

输入模块内的 3 个通道同时采集同一个现场信号并分别进行数据处理，经表决后发送到 3 条 I/O 总线(SafeECI Bus)。控制器模块内的 3 个通道分别从 3 条 I/O 总线接收数据，进行 3 通道数据表决，并将表决后的结果用于运算；各 CPU 处理器独立完成数据运算后，控制器模块对 3 通道中的运算结果进行表决，并将表决结果分别发送至 3 条 I/O 总线。输出模块内的 3 个通道分别从 3 条 I/O 总线接收数据，进行数据表决，将表决结果输出处理，3 个通道的处理结果进行表决后，最后输出驱动信号。

TCS-900 控制站冗余机制如图 12－4 所示。在系统冗余配置中，除模拟信号输出(AO)模块和网络通信模块外，每一对冗余模块都同时工作，不区分主/备，并通过 RBus 总线进行数据冗余通信。两个冗余控制器模块都会对来自同一对冗余输入模块的两组输入数据进行实时选择，优先采用通信正常且故障等级较低的模块数据；若等级相同，则保持上一次的选择。两个冗余控制器同时将输出数据传递给输出模块。冗余输出模块的每个通道同时接收来自一对冗余控制器的两组数据后，优先选择通信正常且故障等级较低的模块数据进入表决，并将输出数据传递到输出回路中。在作用于现场设备之前，两个冗余模块中的三个通道的数据将进入 2oo3（二选三）选择电路中进行表决后分别输出，最后通过端子板同时作用于现场设备。

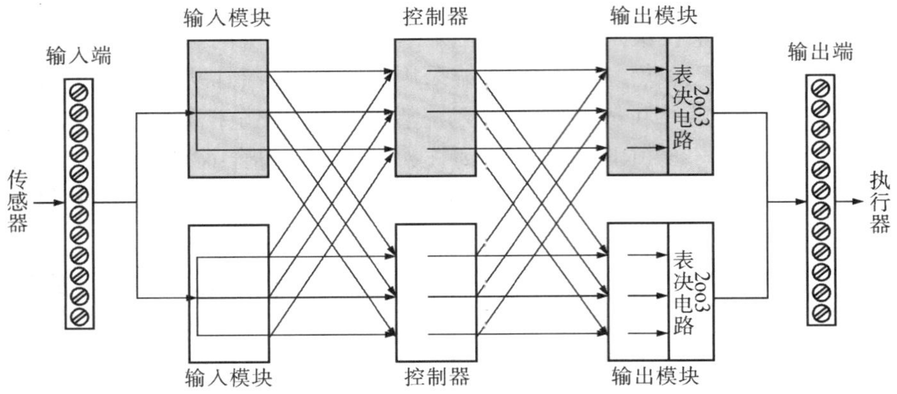

图 12－4 TCS-900 控制站冗余机制

控制站机架是安装控制器、通信模块、I/O 模块的机械结构，其底板配有 I/O 总线 SafeECI Bus，可以实现机架内模块间的数据通信。机架分为主机架和扩展/远程机架，主机架与扩展/远程机架通过三重化单模块光纤实现连接，可以在机架左侧的 3 个 I/O 总线扩展插槽中看到。

在一个安全控制站中，有且仅有一个主机架，扩展/远程机架最多可配置 7 个。每个机架均包含 20 个槽位，用于安装 10 对冗余模块。模块的插槽固定为冗余设计，分别以 L 和 R 标识。槽位下方的盖板下包含两组冗余电源接线端子以及连接端子板的 DB37 转接接口，如图 12－5 所示。

12.2.2 工程师站

工程师站是控制系统的人机交互界面，用于安装相应的组态平台和系统维护工具。工程师站可创建、编辑和下载控制所需的各种软硬件组态信息，并作为系统管理平台使用。其使用的组态软件 SafeContrix 通过了 IEC 61508 SC 3 认证，属于 T3 类工具。该软件包含 FBD、LD、ST、CEM 四种符合 IEC 61131-3 编程语言标准的图形化编辑语言，提供快速、灵活、便捷的组态方式。软件包还包括 SafeManager 软件、SOE 管理软件、ISE 系统事件记录软件、OPC Server 软件、虚拟控制器软件等。其中，SafeManager 软件可以结合硬件组态信息对 TCS-900 系统中的各个硬件设备进行诊断管理。

在 SIS 系统中，当操作员站失效时，安全仪表系统的逻辑处理功能不应受到影响。通过系统组态平台，可构建适合于安全要求的应用系统；而使用系统的维护工具软件，则可实现安全控制网络的调试、故障诊断、信号调校等功能。

工程师站作为 TCS-900 系统的应用工作平台，安装有中控安全控制系统软件（SafeContrix 软件包）。其操作系统应使用 Windows 10 企业版或 Windows 7 专业版＋SP1。该软件集成了硬件组态、变量组态、控制策略开发、系统诊断等功能，可以进行硬件组态、

图 12－5 TCS-900 主机架正面视图

控制方案组态、I/O 位号和自定义变量组态、组态下载、组态调试以及组态操作记录查看等操作。

工程师站通常部署在生产现场的中控室内，并放置于特定的操作台上。在同一项目中，SIS 选用的操作台可以与 DCS 系统保持一致。

但是，在 SIS 项目中，根据《石油化工安全仪表系统设计规范》(GB/T 50770)，除常规操作台外，还应设置辅助操作台。在辅助操作台上安装有紧急停车按钮、开关、信号报警器及信号灯等设备。关键信号的报警除了在操作员站显示外，还应同时在辅助操作台进行指示。

12.2.3 网络系统

在 TCS-900 系统中,安全控制站与工程师站、外部设备之间的通信通过以下通信网络实现:

1) SafeECI

SafeECI 是一种 I/O 总线,在 TCS-900 内,存在 3 路独立的 I/O 总线,以实现控制站内各个模块之间的安全通信。该总线支持级联,以实现物理延伸和扩展,如图 12-6 所示。

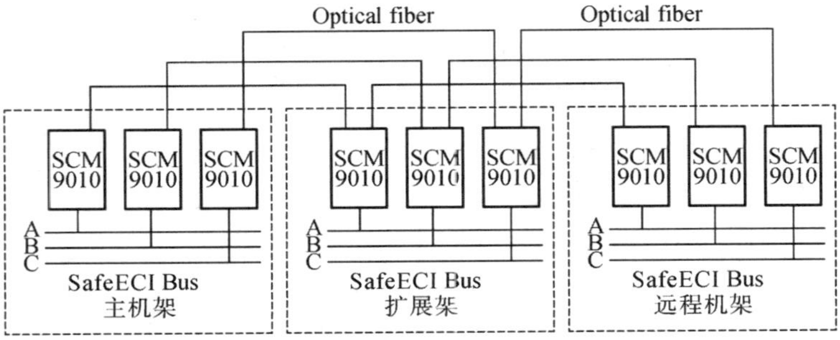

图 12-6 SafeECI 的物理延伸和扩展

2) SafeEthernet

SafeEthernet 网络是一种专用安全以太网,在 TCS-900 系统内作为 2 路独立的专用安全网络,用于实现安全控制站之间的站间通信,如图 12-7 所示。SafeEthernet 的冗余双网(A、B 网)同时工作,可在 16 个安全控制站之间进行站间通信。网络连接通过网络通信模块面板上标识为“Peer-Peer”的 RJ45 网口实现。

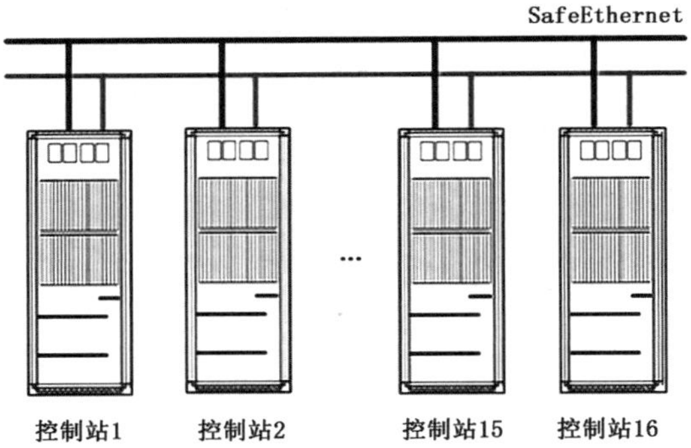

图 12-7 SafeEthernet 网络示意图

3) SCnet Ⅳ

SCnet Ⅳ网络是一种高速冗余的工业以太网,10 M/100 M 自适应。它用于实现系统内安全控制站、工程师站/操作站、时钟同步服务器、SOE 服务器等站点之间的数据通信,同时也用于实现安全控制站与其他非安全系统(如 DCS)控制站之间的站间数据通信,如图 12-8 所示。SCnet IV 网络连接通过网络通信模块面板上标识为“SCnet”的

RJ45 网口实现。

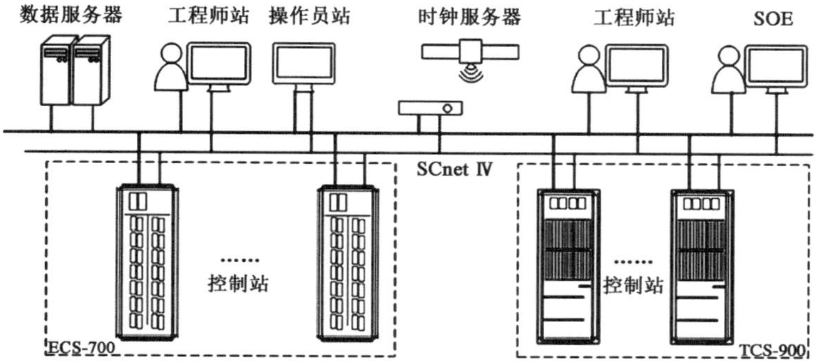

图 12-8 SCnet Ⅳ 网络示意图

4）Modbus-RTU

该网络用于实现 TCS-900 系统与 Modbus-RTU 设备的连接。Modbus-RTU 接口标识为网络通信模块面板上的"COM1/COM2"，每个串口都可以实现 RS-485 方式通信，如图 12-9 所示。

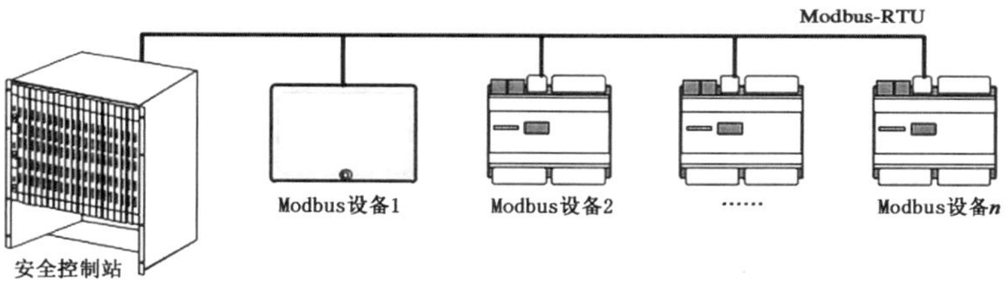

图 12-9 Modbus-RTU 串口通信网络示意图

5）Modbus-TCP

这种网络用于实现 TCS-900 系统与 Modbus-TCP 设备的连接。在 TCS-900 系统中，Modbus-TCP 网络与 SCnet Ⅳ 网络共用同一个网络，如图 12-10 所示。

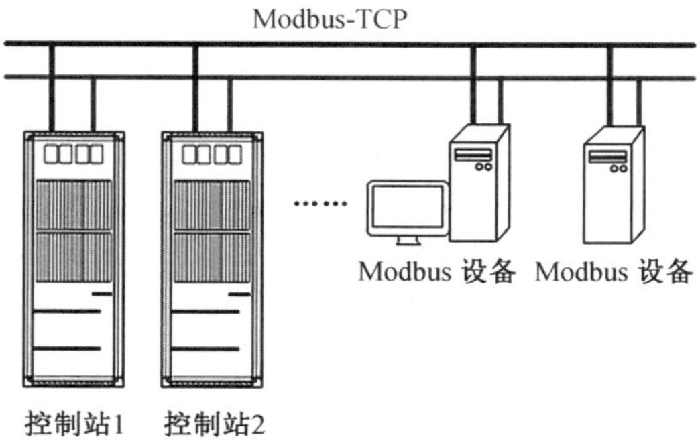

图 12-10 Modbus-TCP 通信网络示意图

12.3 SIS 软件

IEC 61511 划分了 3 种类型的软件：应用软件、公用软件以及嵌装软件。其中，应用软件是指用户为特定工程需要开发的组态应用程序；公用软件是指可编程 SIS 设备的系统软件，是制造商为用户提供的用于人机交互的软件，包括组态界面、仿真、编译下装、系统诊断等；嵌装软件是指由制造商预装在设备中的后台系统程序，终端用户不允许对其进行访问。

用户的主要工作是应用软件的设计与组态。IEC 61511 列出了 3 种编程语言：固定编程语言(FPL)、有限可变语言(LVL)、全可变语言(FVL)。FPL 语言常用于智能变送器的编程，如仅允许用户调整很少的一些参数；LVL 是安全 PLC 应用软件组态的典型编程语言，梯形图和功能块图编程都属于 LVL；FVL 是我们熟悉的高级语言，一般用于系统软件开发。

TCS-900 系统结合了功能安全和信息安全两大理念，通过系统组态平台可构建适合于安全要求的应用系统。

TCS-900 系统的软件构成包括操作系统、组态软件、SOE 软件、时钟同步软件、运行管理软件、监控组态软件、OPC 服务器、AMS 软件和中控技术先进压缩机控制软件包等。

12.3.1 控制系统软件组态

SafeContrix 软件是 TCS-900 系统的配套组态软件。按照 IEC 61508-3 的要求，该软件作为 T3 类 off-line 支持工具，由 TÜV Rheinland 进行评估，适用于 SIL3 级应用。软件集成了硬件组态、变量组态、控制策略开发等功能。

在进行 SafeContrix 组态时，通常按照图 12-11 所示的流程进行。

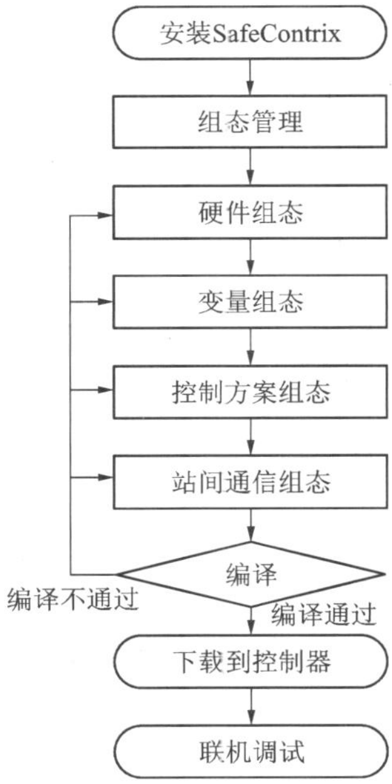

图 12-11 SafeContrix 组态流程图

通过组态管理，用户可以创建新工程或打开已有工程，进行用户权限管理、组态版本管理、导出备份、操作记录查看、设置工程属性等功能操作。

进入工程后的软件界面如图 12－12 所示，各区域包含标题栏、菜单栏、工具栏、组态树、组态区、信息区、状态栏等提示功能。

图 12－12　SafeContrix 软件界面

其中组态树的导航栏提供了 SafeContrix 组态中主要的几个功能模块，包括对 TCS-900 系统硬件进行组态的 Hardware 硬件组态；管理硬件 I/O 模块对应的位号、创建并管理内存变量和操作变量的 Variable 变量组态；创建并编辑 TCS-900 系统需要的控制方案的 Program 控制方案。

（1）硬件组态

TCS-900 系统的硬件安装并连接完成后，需要在 SafeContrix 软件中对系统硬件进行配置。只有完成 SafeContrix 软件中的配置并将配置信息下载到控制器后，TCS-900 系统的硬件才能开始正常工作。

通过组态树切换至硬件组态界面后，用户可以在此添加机架、添加模块、导入/导出模块信息以及进行设备组态，如图 12－13 所示。

在 TCS-900 系统中，一个控制站最多可以包含 8 个机架。主机架上可以配置控制模块、通信模块和 8 对 I/O 模块；扩展/远程机架上最多可以配置 10 对 I/O 模块。通过图形化的组态方式，用户可以简洁明晰地在机架缩略图上进行对照。

选中添加的模块后，右侧窗口可以进行设备组态，如对控制器模块配置地址、控制周期等参数；对通信模块配置时间同步、Modbus-TCP、Modbus-RTU 等参数。

对于 I/O 模块，除了在设备组态页配置端子板类型与冗余外，还可切换至信号点组态页查看卡件上所有通道关联的位号名称与描述信息。双击机架中的模块，在弹出的信号点设置窗口中，用户可以配置所有通道的详细参数，如是否启用、位号名称、描述、质量码、SOE参数、量程、单位等。

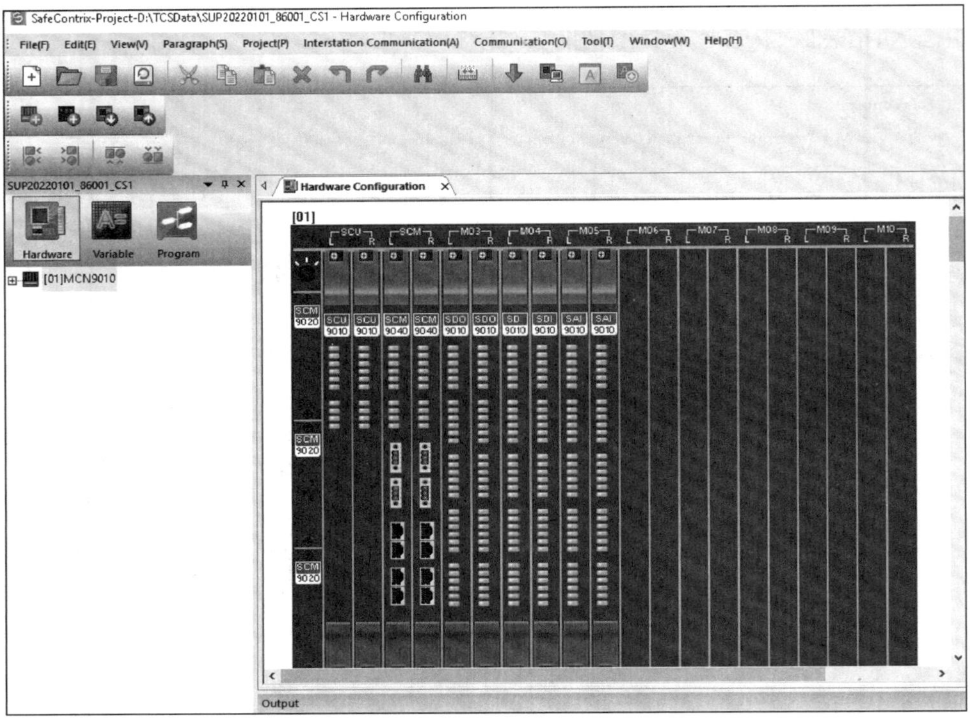

图12-13　SafeContrix硬件组态界面

（2）变量组态

SafeContrix中支持多种类型的变量，如I/O变量、内存变量、操作变量、通信变量、同步变量、扩展站间通信变量、扩展通信接口变量等。其中I/O变量与硬件中的I/O信号点相对应。完成硬件组态后，系统将自动生成I/O变量。如果需要修改变量名、位置、描述、数据类型，则需要返回修改硬件组态。I/O变量应用在控制方案的程序中时，负责程序外部的数据输入、输出等操作。SafeContrix中的I/O变量可以在工程内的所有控制方案中使用。

内存变量应用在控制方案的程序中，负责程序内部的数据转换等操作，并支持用户程序的读写，但是对于外部访问（如Modbus通信），其属性为只读。操作变量在系统运行状态时，可以通过调用HMI中的功能块面板、软按钮等方式来实现参数设置。操作变量不仅支持用户程序的读写操作，还允许外部访问时进行读写。

（3）控制方案

一个TCS-900系统通常由一个SafeContrix工程来控制，其中包括执行工艺中的每个环节。一个SafeContrix工程通常由多个控制方案构成，每个控制方案用来执行某一工艺环节中的任务。

SafeContrix软件符合IEC 61131-3标准，内置IEC功能块库，并提供FBD程序编辑和调试功能。本节主要介绍如何使用FBD语言编辑用户程序。SafeContrix软件中的FBD程序支持以下功能：设置功能块的EN/ENO引脚是否显示；将功能块参数设置为输入引脚/输出引脚；指定功能块的执行顺序；使用辅助线划分区域。

在组态树中切换至控制方案后，可以选择编辑用户函数、用户功能块或用户程序。控制方案组态界面如图12-14所示。工具栏中提供了功能块选择、连接线绘制、取反操作、注释添加等功能。

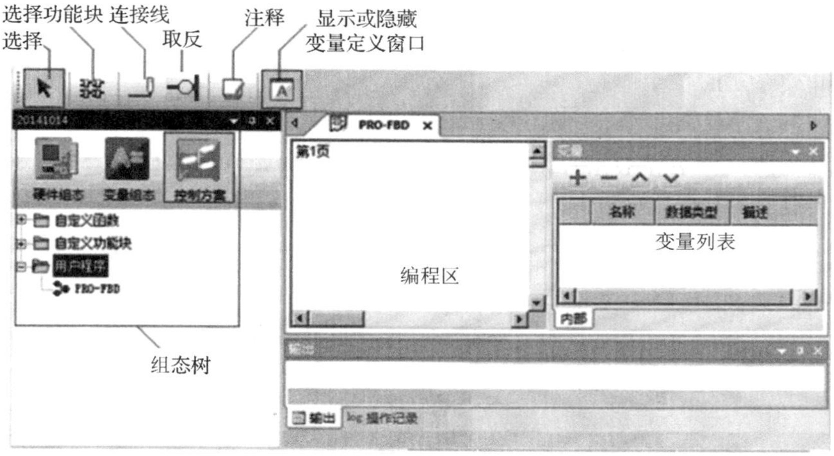

图12-14　FBD用户程序编辑界面

某工程项目的联锁逻辑图如图12-15所示。可以看出，在ESD应用中，通常采用正常励磁模式，即系统正常运行时，检测元件与最终执行元件应是励磁的；系统不正常时，应为非励磁停车设计。

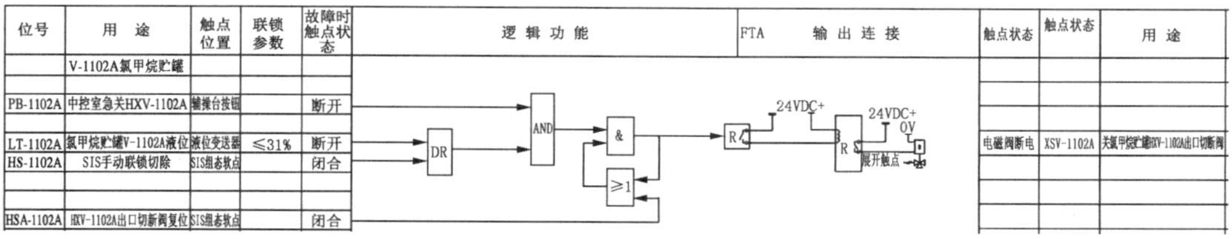

图12-15　工程案例项目联锁逻辑图

根据联锁逻辑图，进行程序搭建，完成后可参考图12-16。

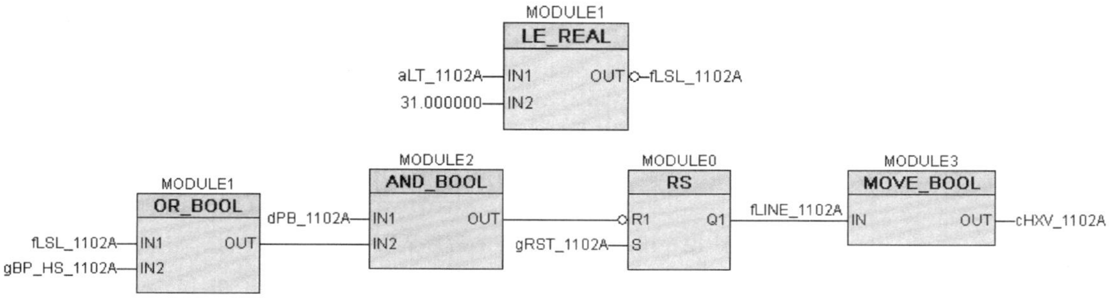

图12-16　工程案例项目联锁程序

(4) 下载调试

完成组态编辑后,需要对当前工程进行总体编译并生成待下载数据。若编译提示存在错误信息,应返回出错位置修改组态,再重新编译。只有编译通过后,方可进行下载等后续操作。

编译工程成功后,可以将工程下载到控制器中。SafeContrix 支持全体下载和增量下载。若执行全体下载,会将组态完整地下载到控制器中,全体下载完成后,控制器中的各变量初始化为初值;而执行增量下载时,则仅将前次下载组态与当前组态中的差异部分下载到控制器。增量下载完成后,控制器中发生修改的变量将从初值开始运行,未修改的变量将继续在实时值上运行。

在没有接入真实控制器时,SafeContrix 软件支持对控制器进行仿真,借由仿真控制器对程序进行仿真调试。需要注意的是,仿真控制器需要授权才能启动,启动后的下载流程与真实控制器一致,如图 12-17 所示。

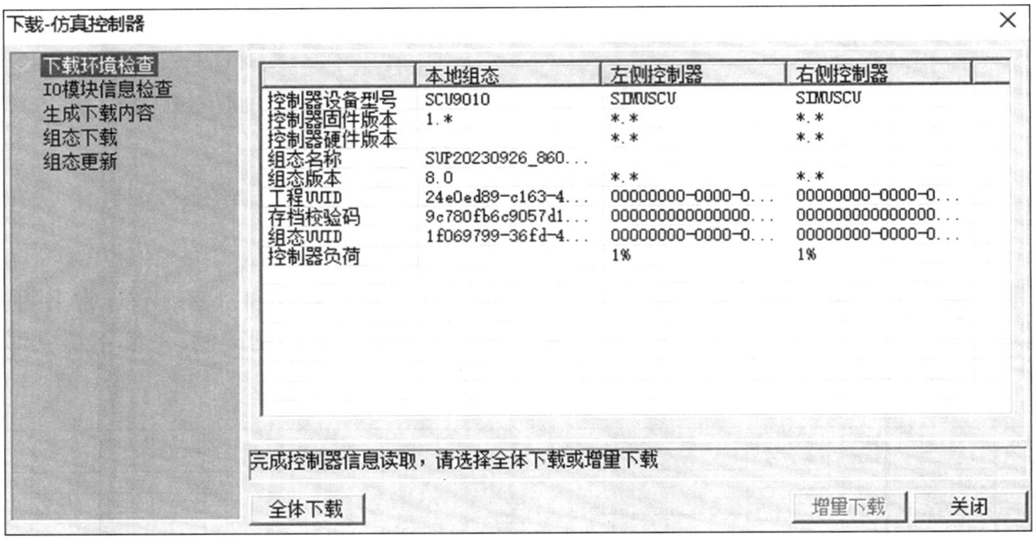

图 12-17 仿真控制下载窗口

下载组态后,可以启动联机调试。当控制器处于运行状态下时,即可预览变量的实时值变化、控制方案中变量的实时值或是对位号进行强制操作。图 12-18 为调试状态下的程序界面。

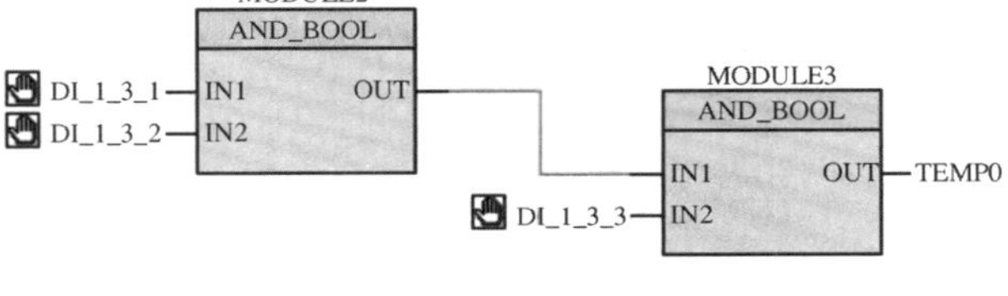

图 12-18 调试状态下的程序界面

（5）诊断软件

在 TCS-900 系统软件包中，SafeManager 软件可以根据 SafeContrix 中的硬件组态信息，对 TCS-900 系统中的各个硬件设备进行诊断管理。具体功能包括对控制器、通信模块、I/O 模块进行实时诊断，执行试灯操作，以及对安全相关部件的线路状态、模块状态、电源状态等功能进行诊断，还可以对时钟同步状态进行诊断。

当 SafeContrix 中的工程编译通过并下载后，启动 SafeManager 软件即可关联组态文件，查看运行状态下各设备的实时诊断信息。诊断软件主界面如图 12－19 所示。

图 12－19　SafeManager 主界面

（6）SOE

TCS-900 系统的 SOE（Sequence of Events）记录功能由 DI 模块、控制器模块、通信模块完成，并能将 SOE 记录提供给服务器上的 SOE 管理软件。SafeContrix 软件包中通常自带 SOE 管理软件 SSOE，包含 SOE 服务器与 SOE 浏览器。SOE 服务器用于配置数据源，关联组态文件、选择采集模式等功能，通常设置完成后会在后台自动运行；SOE 浏览器则用于查看 SOE 记录，可以进行条件筛选、记录打印等功能操作。

（7）ISE

TCS-900 系统软件包中还有系统事件记录软件 SISE。SISE 系统软件由 ISE（Integrated System Event）服务器软件和 ISE 浏览器软件构成。

ISE 服务器与主控制器、通信模块、I/O 模块配合，采集和记录系统事件。记录的内容包括事件发生的时间、类型、位置和所属模块类型等信息。ISE 浏览器可以浏览系统事件、过滤系统事件、导出系统事件等状态信心。

12.3.2 HMI 软件应用

TCS-900 系统可以与多种 HMI 软件搭配使用，如中控 i-PowerSight 软件、iFix 软件、InTouch 软件或是 ECS-700 系统的 VisualField 等。只需安装合适的驱动，即可实现安全控制站与 HMI 软件之间的数据通信。在此节中，我们以 i-PowerSight 为例进行介绍。

i-PowerSight 是中控专为大型分布式应用领域开发的大型 SCADA 软件平台。SCADA 是一种功能强大的计算机远程监督控制和数据采集系统，综合利用了计算机技术、控制技术、通信与网络技术。i-PowerSight 主要应用于油气长输管线、城市热网、电网输配电、长距离水传输、污水处理、环保监控、市政交通等多个领域。

i-PowerSight 软件平台采用模块化设计，可根据需求新增、裁减或组合模块/服务。它支持二次开发，提供 I/O 驱动开发接口（用于开发新的通信协议接口）、流程图控件嵌入、操作面板、脚本、报表逻辑等功能。通过相应的数据库连接驱动，该平台将实时数据（如 OPC、ODBC 数据源）、历史数据（如 ODBC 数据源、SQL 连接）等输入关系型数据库。此外，i-PowerSight 支持 1∶1 服务器冗余，具备客户端 DNS 解析、服务器自诊断、冗余切换、历史数据冗余存储功能。它还支持操作分组，不同岗位对应的操作界面、权限、报警、报表等不同。同时，该平台还支持操作岗位冗余（加载相同的操作小组）和切换功能。此外，它提供统一接口，采用 XML 技术，可接入第三方监控系统的位号组态信息，无需二次组态。

i-PowerSight 由实时监控软件、组态软件、实时数据服务器软件、历史数据服务器软件、报警软件、I/O 驱动接口软件、报表软件、中控数据采集器软件构成，其结构如图 12-20 所示。

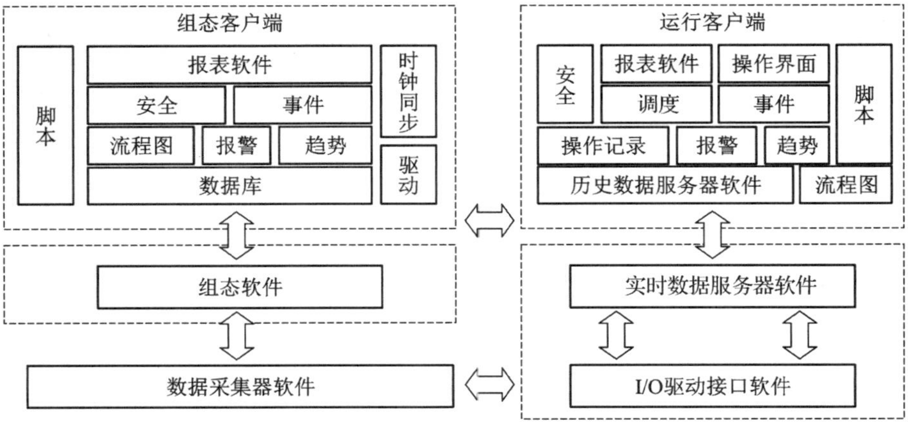

图 12-20 i-PowerSight 软件结构图

进行 i-PowerSight 工程组态时，可以参考图 12－21 所示流程展开。

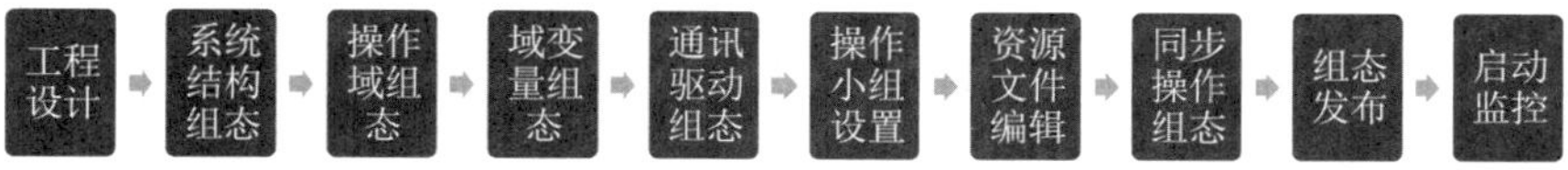

图 12－21　i-PowerSight 工程部署步骤图

以某工程案例项目为例，完成数据库位号同步后，结合 SafeContrix 中的联锁逻辑，即可在流程图中绘制联锁逻辑画面、添加动态数据、制作动态效果等，如图 12－22 所示。

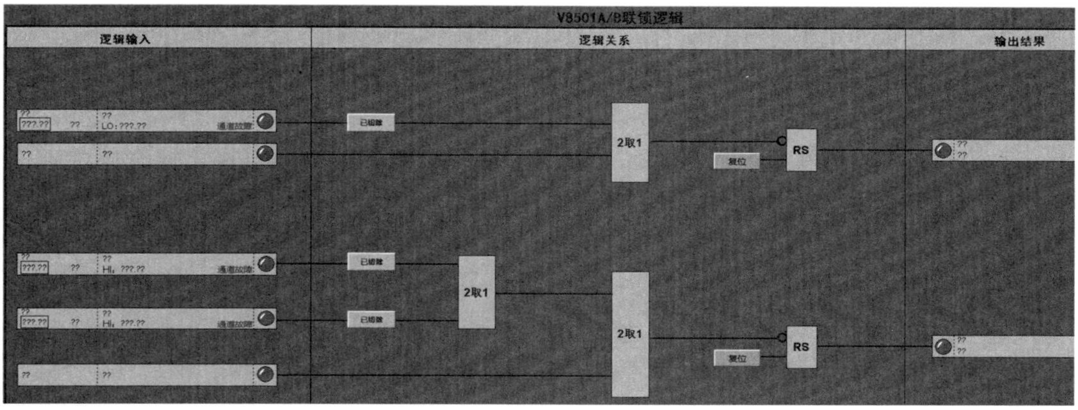

图 12－22　i-PowerSight 联锁流程图

12.4　SIS 与 DCS 的关系

12.4.1　安全保护洋葱模型

防止意外事故的方式之一，是设计多个安全保护层，有效防止一个触发事件穿透这些保护层，最终发展为危险事件。图 12－23 所示的洋葱模型展示了各种安全保护层是如

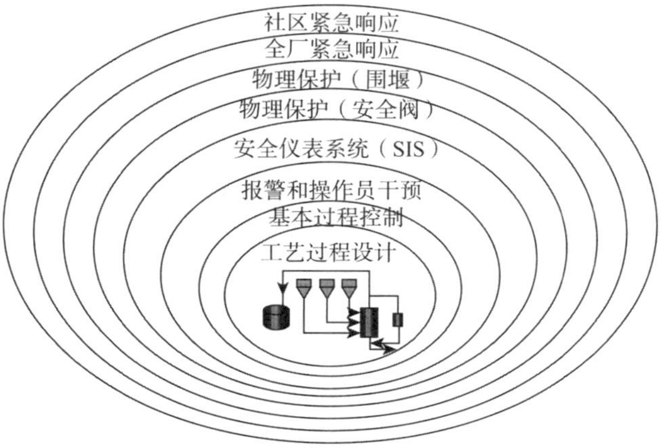

图 12－23　安全保护层洋葱模型

何组合在一起的。洋葱模型包括预防保护层和减轻保护层两类。其中,工艺过程设计、基本过程控制、报警和操作员干预、安全仪表系统、物理保护(安全阀)属于预防保护层;而物理防护(围堰)、全厂紧急响应和社区紧急响应属于减轻保护层。

预防保护层用于降低危险事件发生的概率。首先,在工艺装置设计时必须贯彻本质安全设计,这是第一道保护层;其次,过程控制系统是第二道保护层,用于控制生产装置,优化能量消耗,提高产品质量等,试图将温度、压力、液位、流量等所有的参数保持在安全范围内;第三,报警和操作员干预是第三道保护层,如果过程控制系统不能执行其功能,可以通过报警提示操作员执行某种形式的干预;第四,安全仪表系统是第四道保护层,如果控制系统和操作员不能做出应有的行动,SIS 系统会随之动作,使工艺过程进入安全状态;第五,物理保护(安全阀)是第五道保护层,安全阀可用于防止出现过压状态,适用于防止压力容器的爆炸。

危险事件一旦发生,减轻保护层可以用于降低其危害的严重程度。围堰可用于防止物料扩散,冲洗设备用于中和释放的物料,火炬用于燃烧多余的物料。火气系统由传感器、逻辑控制器和最终元件组成,有争议认为其应归为 SIS,但它用于探测可燃气体、毒性气体或者火灾,并在危险事件已经发生的情况下启动报警、电话告知、爆破、喷淋和灭火系统等功能,因此属于减轻保护层。紧急疏散程序用于指导员工甚至厂外社区居民撤离危险区域,尽管这些是管理程序,仍可以将其列入安全保护层的一部分。

在洋葱模型中,基本过程控制由 DCS 实现,而报警和操作员干预是手动实现防护。DCS 和 SIS 在不同层面降低危险事件发生的概率。图 12-24 显示了生产过程从正常生产到危险发生的不同阶段,以及 DCS 和 SIS 所起的作用。可以看出,在参数稳定的正常阶段,DCS 负责实现回路控制,将工艺参数控制在正常范围内;如果 DCS 失控使参数达到高限报警范围时,工艺过程报警将启动,操作员采取一定的操作使参数逐步恢复到正常范围;如果人工干预不能奏效,参数继续增加达到高高报的联锁设定数值,SIS 将启动联锁关停动作,使参数回落至正常范围,从而避免危险事件的发生;如果 SIS 仍然不能控制参数值增长,则可能发生危险事故。

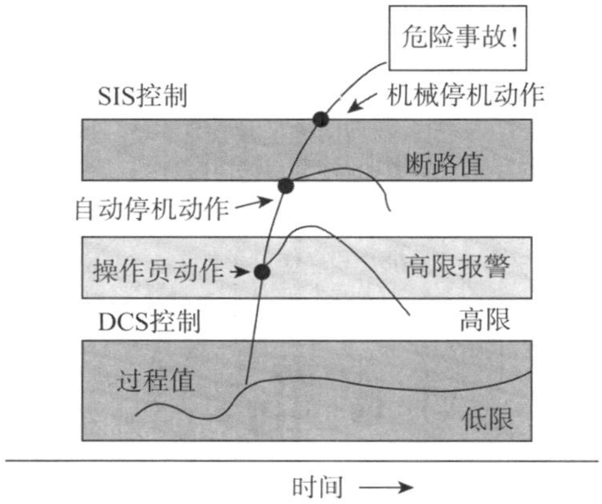

图 12-24　生产过程危险发生的不同阶段

12.4.2　SIS与DCS的区别

（1）系统组成

DCS是由工作站、控制网络、控制器及I/O子系统组成，不包含检测和执行功能的现场设备，而SIS由传感器、逻辑控制器和最终元件3部分组成。它是建立在DCS基础上，可以作为DCS的一部分挂接在DCS控制网络上。

（2）实现功能

DCS用于过程连续测量、常规控制（包括连续、顺序、间歇等控制方式）以及操作控制管理，使生产过程在正常情况下运行至较佳工况；而SIS是超越极限安全即将工艺、设备转至安全状态。

（3）工作状态

DCS是主动的、动态的，始终对过程变量进行连续检测、运算和控制，对生产过程动态控制确保产品质量和产量。而SIS系统是被动的、休眠的，在正常的操作期间没有任何动作。

（4）安全级别

DCS安全级别低，不需要安全认证；而SIS系统级别高，需要安全认证；

（5）应对失效方式

DCS系统大部分失效显而易见，会在生产动态过程中自行显现，很少存在隐性失效；SIS常处于休眠状态，失效并不明显，确定其是否还能正常工作的方法，是对该系统进行周期性诊断或测试，因此SIS需要人为进行周期性离线或在线检验测试，有些SIS带有内部自诊断。

（6）操作模式

在DCS中，操作员需要根据实际工况频繁修改操作参数或进行阀门开关等操作；而在SIS中，很少允许人机交互，其功能是自动且独立实施的。

12.4.3　SIS与DCS的通信

IEC 61508标准中没有强制要求SIS必须独立设置，但它强烈建议DCS和SIS两种系统分离。因此，通常情况下，尽管DCS也需要与传感器、执行器等现场设备通信，但其现场设备与SIS的传感器和最终元件是相互独立的。也就是说，SIS通常不与DCS共用现场设备。然而，为了统一监控和操作，SIS的部分信号应接入DCS，以便于两者之间的通信。但是，这种通信是单向的，只有SIS的信号可以接入DCS，而严格禁止DCS的信号接入SIS。

SIS与DCS之间的通信一般有4种方式：

（1）一对一硬接线方式

以I/O点的形式交换信息。I/O点数较少时，可采用这种方式。

（2）串行通信方式

采用串行通信RS-232/RS-485接口的Modbus协议，如图12－25所示。DCS控制器与 SIS 逻辑控制器之间通过串口进行 Modbus 通信。这是目前 DCS 与 SIS 通信中最常用的方式。

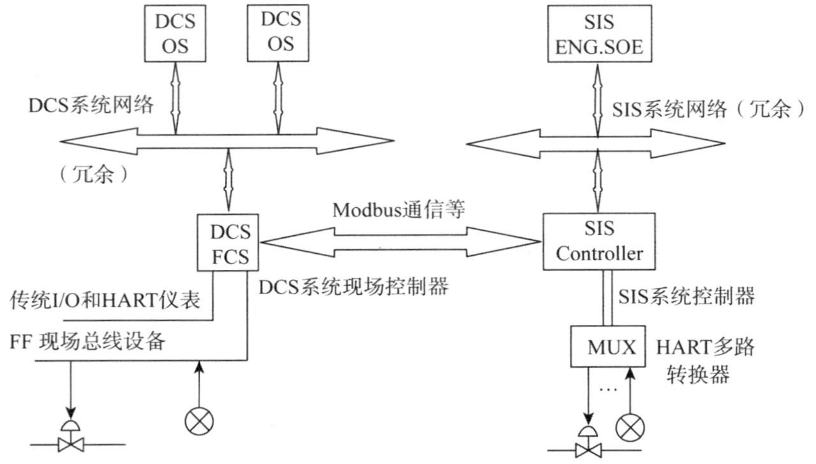

图 12－25　DCS 与 SIS 之间 Modbus 通信

（3）集成化解决方案

两者在同一网络平台进行通信，如图 12－26 所示。DCS 与 SIS 共用同一个控制网络，两者可在同一工程项目中进行组态，并采用同一个人机界面。DCS 可直接通过位号访问 SIS 数据。但是，这种集成方案需要控制网络是一个通过安全认证的安全通信协议。

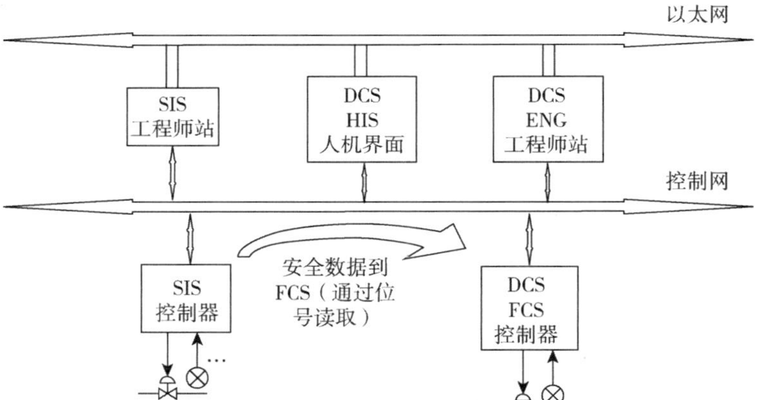

图 12－26　DCS 与 SIS 在同一网络下通信

（4）OPC 技术访问方式

DCS 可通过 OPC 技术访问 SIS 中的数据。如采用 Emerson 的 OPC Mirror 时，DeltaV SIS 中的数据可方便地配置到 DCS 的 OPC 服务器中。

12.5　SIS 工程设计

SIS 的安全要求非常高，其工程设计不能按照 DCS 系统的流程开展，必须按照安全认证的系统性规范标准执行。IEC 61511 提出了 SIS 安全生命周期（Safety Lifetyle，SLC）活动的通用方法，从工程项目的概念阶段开始，到所有的 SIF（安全仪表功能）使命结束，在全部时间周期内规定了为执行 SIF 所涉及的必要活动。图 12－27 是简化的安全生命周期架构，所有技术活动可以划分为 3 个阶段：

（1）风险分析

涵盖了工艺危险分析、风险评估、SIF 辨识、SIL 定级以及准备安全要求规格书。

（2）设计和工程实施

涵盖 SIS 的概念设计、SIL 验证计算、SIS 详细设计，以及 SIS 的安装和调试。

（3）操作和维护

涉及在 SIS 整个使用年限内，如何操作和维护系统，确保每个 SIF 的 SIL 能够持续保持。

图 12－27 左侧竖条内容表明，IEC 61511 强调功能安全管理、功能安全评估、构建与项目匹配的安全生命周期架构、制订执行生命周期各项活动的计划及验证等内容，这些活动贯穿整个生命安全周期。

IEC 61511 中安全生命周期的各个阶段均有详细的执行条款，限于篇幅，本书不再展开讨论。

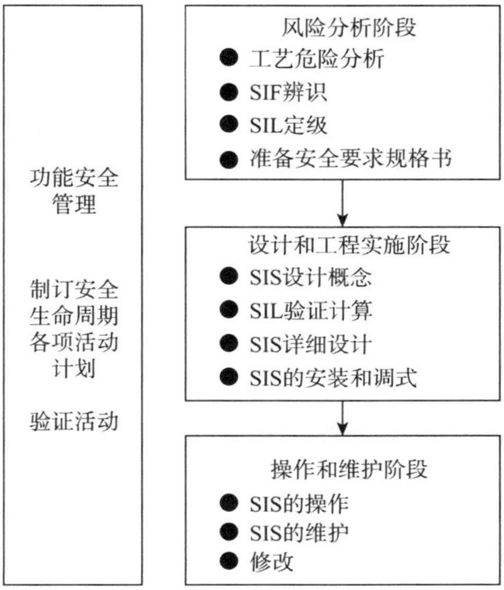

图 12－27　简化的安全生命周期架构

13 自动化系统应用实例

本章以某丁二烯装置自动化系统为例，介绍生产过程自动化系统的应用。由于丁二烯控制系统是一个大工程项目，包含非常多的技术细节，本书只能概要介绍其基本情况。

该丁二烯生产装置的自动化系统主要包括基于 Emerson 公司的 DeltaV 集散控制系统和 Triconex 公司的 Tricon 安全仪表系统。

13.1 丁二烯生产装置工艺流程

丁二烯装置采用二甲基甲酰胺法工艺，以二甲基甲酰胺(DMF)为溶剂，从裂解 C_4 馏分中提取高纯度 1,3-丁二烯。生产过程工艺流程简图如图 13 - 1 所示，主要由第一萃取精馏、第二萃取精馏、精馏、溶剂净化 4 个部分组成。

1）第一萃取精馏

乙烯装置混合 C_4 原料经原料蒸发罐 FA101 蒸发后送入第一萃取精馏塔 DA101。DMF 溶剂送入第一萃取精馏塔第 10 块塔盘。富含溶剂物料从 DA101 塔底流出后，送入第一汽提塔 DA102。此时，其将烃类从溶剂中汽提出来，汽提出来的烃类气体经压缩后，送往第二萃取精馏塔 DA103 进行进一步分离。

2）第二萃取精馏

第二萃取精馏塔 DA103 塔底为富含溶剂的物料，经丁二烯回收塔 DA104 后，送到第二汽提塔 DA105。烃类物质从溶剂中汽提出来。汽提塔 DA105 底部出来的热溶剂，汇合至第一汽提塔 DA102 塔釜物料，经热交换器冷却后，送回第一萃取精馏塔 DA101。第二萃取精馏塔 DA103 塔顶馏出气是粗丁二烯馏分，冷凝后被送至精馏部分。

3）精馏

经过两次萃取精馏后，粗丁二烯馏分中仍含有少量杂质，需送至精馏部分进一步脱除。第一精馏塔 DA106 除去低沸点杂质，第二精馏塔 DA107 除去高沸点杂质。DA106 塔釜液排入 DA107，DA107 塔顶馏分经冷凝后，部分作为回流，其余作为丁二烯产品送到丁二烯产品检验罐。

4）溶剂净化

随原料带入的水和在系统中生成的丁二烯聚合物会在循环溶剂中积累，需将一定量的溶剂抽出进行净化。溶剂精制塔 DA108 用于脱去水和丁二烯二聚物。精制后的溶剂汇集到精制溶剂缓冲槽 FB101，供系统循环使用或供溶剂泵的机械密封用。

13.2 自动化系统需求

13.2.1 主要工艺控制指标

本项目生产过程有 59 个关键参数需要控制，限于篇幅，如表 13 - 1 只列出了工艺第

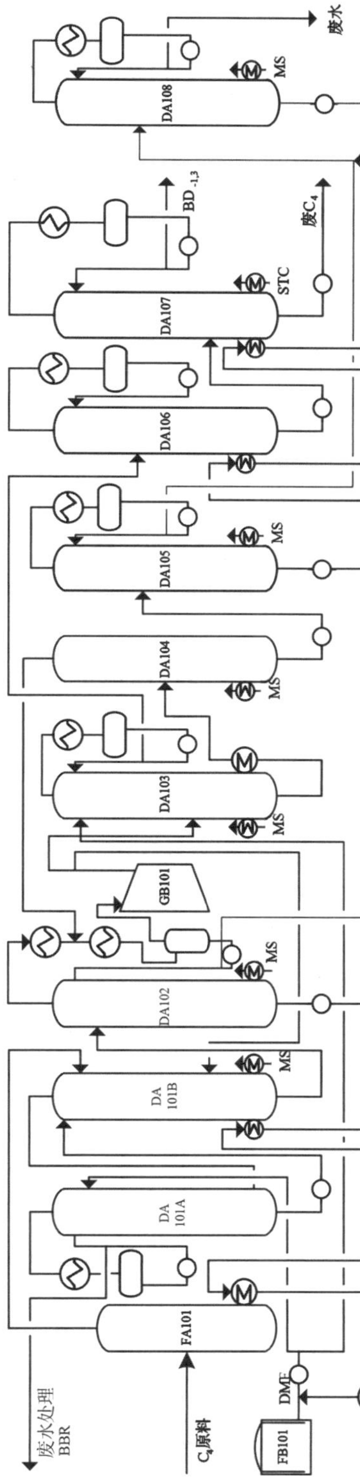

图13-1　丁二烯装置简易流程

一和第二主设备 DA101 和 DA102 的工艺控制参数，工艺上给出了其设计值和控制上下限。其余工艺参数控制需求类似。

表 13－1　丁二烯装置 DA101 和 DA102 塔工艺控制指标

指标名称	单位	设计值	控制下限	控制上限
DA-101A 溶剂进料比	—	8.1	7.0	8.5
DA-101 回流比	—	0.08	0.070	0.085
DA-101A 塔顶压力	MPa	0.39	0.32	0.36
DA-101A 塔顶放空阀位	%		0	10
DA-101A 压降	MPa	0.08	0	0.1
DA-101B 塔釜温度	℃	130	120	130
DA-101A 20＃温度	℃		59	63
DA-102 塔第 8＃板温度	℃	140	140	163
DA-102 塔釜温度	℃	163	157	170

13.2.2　重要联锁功能

为了保证装置安全生产，必须设计关键设备的联锁保护功能，包括进出界区物料阀联锁、动力系统联锁、热源联锁和压缩机联锁。本例中的丁二烯装置共需 73 个联锁报警点，表 13－2 列出了其中具有代表性的联锁点作为样例。表 13-2 中规定了每个回路的联锁级别、高低限报警和高低限联锁触发条件以及联锁结果等信息。

表 13－2　丁二烯装置部分联锁功能

仪表描述	工艺/设备	联锁级别	单位	报警、联锁值				联锁结果
				低报警	低联锁	高报警	高联锁	
GB101 一段排放温度高	工艺	A	℃			85	100	GB101 停
GB101 吸入压力高	工艺	B	MPaG①			0.1	0.1	HCV-101 打开
FA-103 液位高	工艺	A	%			90%	90%	GB101 停。“二取二”，延迟 1 s
FA-103 液位高	工艺	A	%			50%	50%	
GB101 润滑油压力低	设备	A	MPaG	0.28	0.28			GB101 停。“三取二”
GB101 润滑油压力低	设备	A	MPaG	0.28	0.28			
GB101 润滑油压力低	设备	A	MPaG	0.28	0.28			
1＃装置界区进出料手动切断按钮	设备	B					闭合	切断 FV-103、LV-105、LV-123
PB-1 复位按钮	设备	B					闭合	PB-1 复位
密封油收集器 FA1012A 液位高	设备	B	mm			150	150	GB101 轻故障灯亮

续表

仪表描述	工艺/设备	联锁级别	单位	报警、联锁值				联锁结果
				低报警	低联锁	高报警	高联锁	
GA1011A 泵运行信号	设备	B					闭合	GA1011A 运行指示灯亮
GB101 润滑油温度	设备	B	℃			60	60	TRA601 灯亮，GB101 轻故障灯亮
1#装置可燃气报警	设备	B					闭合	1#装置可燃气报警灯亮
1#、2#装置 6 kV 重故障报警	设备	B					闭合	6kV 重故障报警灯亮
1#、2#装置 DCS 报警信号	设备	B					闭合	DCS 故障报警灯亮
1#、2#装置 ESD 报警信号	设备	B					闭合	ESD 故障报警灯亮
1#、2#装置 UPS_220 故障报警	设备	B					闭合	UPS 故障报警灯亮

注：① MPaG 是表压，1 MPaG=10^6 Pa。

13.3　DCS 系统

根据工艺控制要求，采用 DeltaV DCS 系统设计了控制方案，实现了主要工艺参数的控制。

13.3.1　DCS 系统架构

图 13-2 所示为丁二烯装置 DCS 系统架构图。1#和 2#两套生产装置共用一套 Delta V DCS 系统，系统中的所有控制器、I/O 卡件、网络系统均为冗余设计。CTL1 与 CTL2 是 1#装置的控制器及 I/O 子系统，两者互为冗余；CTL3 与 CTL4 是 2#装置的控制器及 I/O 子系统，两者同样互为冗余。控制器及 I/O 子系统、工程师站、数据采集站和上位应用站匀连接到冗余的两个集线器，工作站可对控制系统进行软硬件组态、数据采集管理及其他高级应用开发。通过光纤传输到操作室的冗余集线器，使控制室的各操作站可以与控制器进行通信，监控和操作工业现场设备。

4 个控制器中，CTL1 和 CTL2 各含 40 个 I/O 卡件，包括 38 个 AI 卡、15 个/AO 卡、17 个 DI 卡、6 个 DO 卡和 3 个串口通信卡；CTL3 和 CTL4 各含 38 个 I/O 卡件，包括 37 个 AI 卡、11 个 AO 卡、15 个 DI 卡、4 个 DO 卡、5 个串口卡和 4 个 H1 现场总线接口卡。DCS 系统与 SIS 系统之间通过串口实现通信。

13.3.2　主要控制回路

绝大多数的控制回路采用单回路控制，其中 8 个回路采用了串级控制。

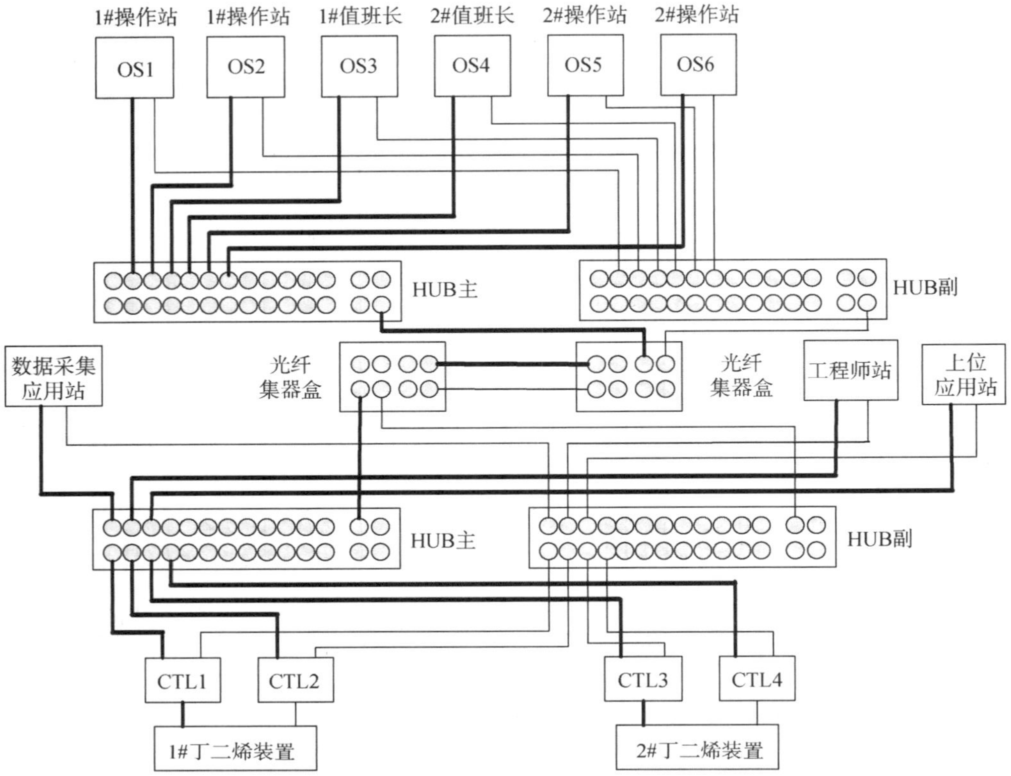

图 13－2　丁二烯装置 DCS 系统架构

下面以第一萃取精馏塔 DA101 回流比控制为例介绍单回路控制，如图 13－3 为其控制方案。在该单回路系统中，回流比为被控变量，回流量为控制变量，FIC111 为控制器。正常操作稳定的情况下，回流液量保持恒定，控制器输入的测量值与给定值一致，调节阀的开度为一定值。当回流量受到干扰而发生变化时，变送器的输出信号亦随之变化，使得控制器的输入与给定值发生偏差。此时，控制器的输出就要发生变化，调节阀根据控制器的输出值改变开度，使回流量逐渐恢复至给定值。若因生产需要改变回流量，操作人员只要调节给定值，控制器的输出发生变化而改变调节阀开度，使回流量达到新的给定值。

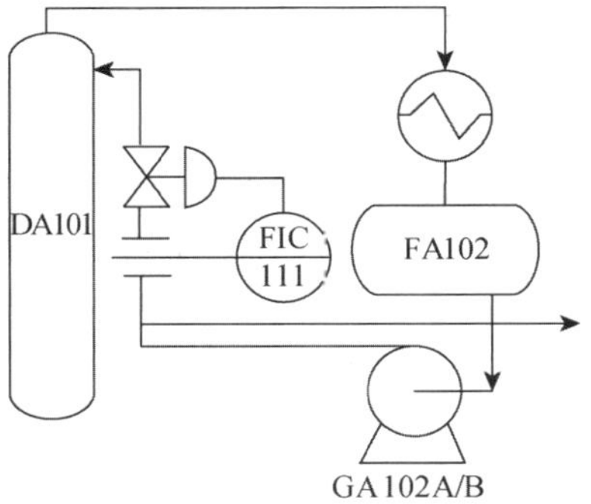

图 13－3　第一萃取精馏塔回流比控制方案

接着，再以第一汽提塔 DA102 第 8 块塔板温度控制为例介绍串级控制系统，如图 13-4 所示为其控制方案。主被控变量为 DA102 第 8 块塔板温度，副被控变量为第一汽提塔再沸器 EA108 的进料流量，主控制器为 TIC200-1，副控制器为 FIC114。稳定操作时，DA102 第 8 块塔板温度、第一汽提塔再沸器 EA108 进料流量为一定值，TIC200-1、FIC114 的输入信号与给定值保持一致，故调节阀维持在一定开度。如果进料流量控制器 FIC114 的输入信号发生改变，由于进料流量的变化还没有来得及影响 DA102 的温度，主控制器 TIC200-1 的输出（即副控制器 FIC114 的给定值）维持不变，副控制器 FIC114 的输出会根据偏差相应变化，调节阀的开度随之改变，使进料流量恢复至原值。如果一段时间后由于进料流量 FIC114 的变化使 DA102 第 8 块塔板温度也发生变化，此时主控制器 TIC200-1 的输入与给定值产生偏差，其输出（即副控制器 FIC114 的给定值）也将发生变化，从而使调节阀的开度改变，调整 EA108 的进料流量。这样，随着 DA102 第 8 块塔板温度逐渐改变，通过主回路不断改变阀门开度即 EA108 进料流量，直至塔板温度恢复到给定值。当 DA102 第 8 块塔板因其他原因发生变化时，则通过主回路改变阀门开度，调节 EA108 进料流量，使 DA102 塔板温度回到原先值。

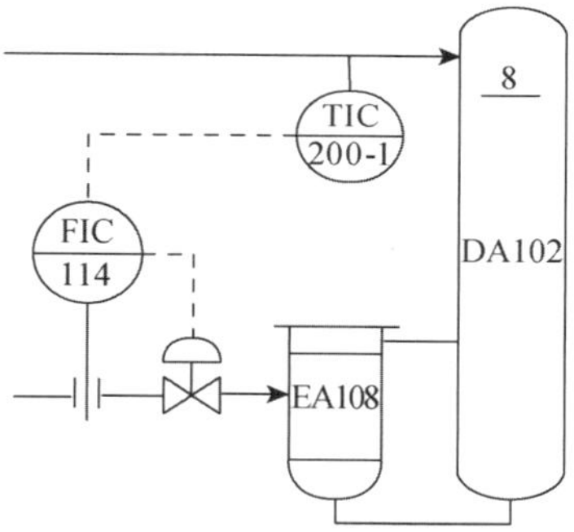

图 13-4 第一汽提塔塔板温度串级控制方案

13.3.3 回路组态

与图 13-3 对应的单回路控制系统 FIC111 组态策略如图 13-5 所示，与图 13-4 对应的串级控制系统 TIC200-1 及 FIC114 组态策略分别如图 13-6 所示、图 13-7 所示。

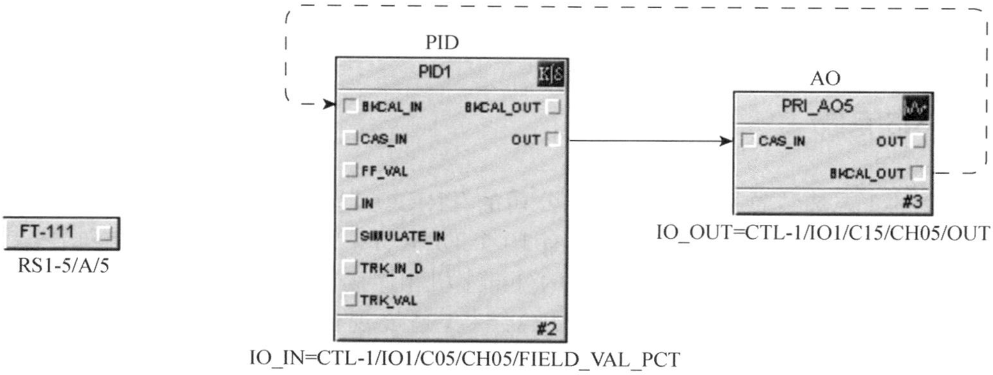

图 13-5 FIC111 单回路 PID 组态策略

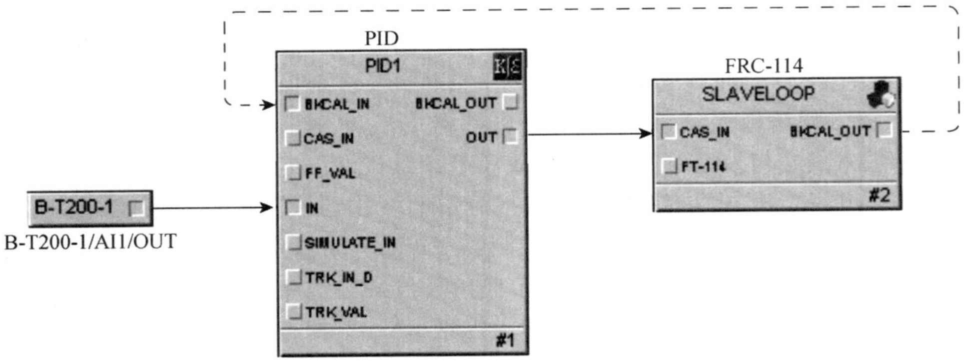

图 13-6　串级回路主控制器 TIC200-1 组态策略

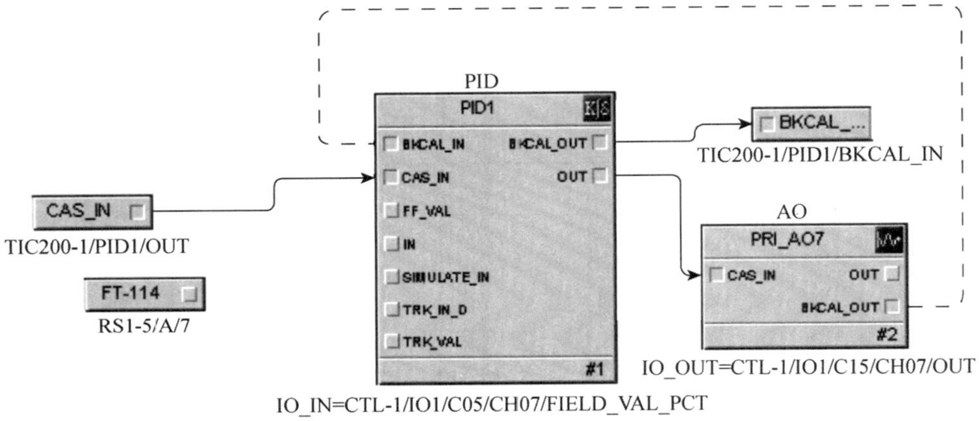

图 13-7　串级回路副控制器 FIC114 组态策略

13.3.4　操作画面

集中在控制室的仪表或其他报幕设施，在 DCS 上被分为 19 个主控制画面。每个画面以一个主要设备为代号，并配备相关系统、调节阀及显示仪表。此外，DCS 中还设置了温度、流量、液位参数一览表及重要参数一览表，对整个装置的操作来说更直接、更快捷。如第一汽提塔 DA102 对应的监控画面如图 13-8 所示，DA102 第 8 块塔板串级控制的实时曲线如图 13-9 所示。

13.4　SIS 系统

本例的丁二烯装置采用 Triconex 公司的 TRICON 紧急停车系统。TRICON 系统由 1 个主机架和 3 个扩展机架组成，共有 10 个 DI 卡、11 个 DO 卡、5 个 AI 卡和 1 个串口通信卡。串口通信卡可与 DCS 网络上的外部主机相连接。

TRICON 依据三重模件冗余（TMR）结构，是最现代化的容错控制器之一，如图 13-10 所示。它将三路隔离，并行的控制系统（每路称为一个分电路）和广泛的诊断功能

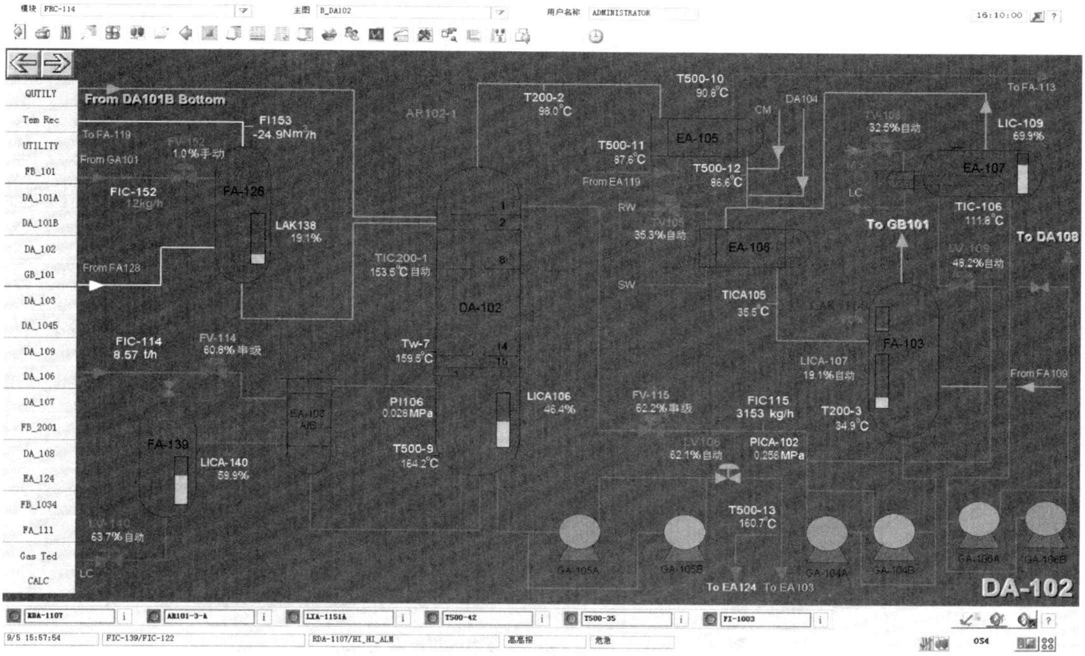

图 13－8 监控画面样例

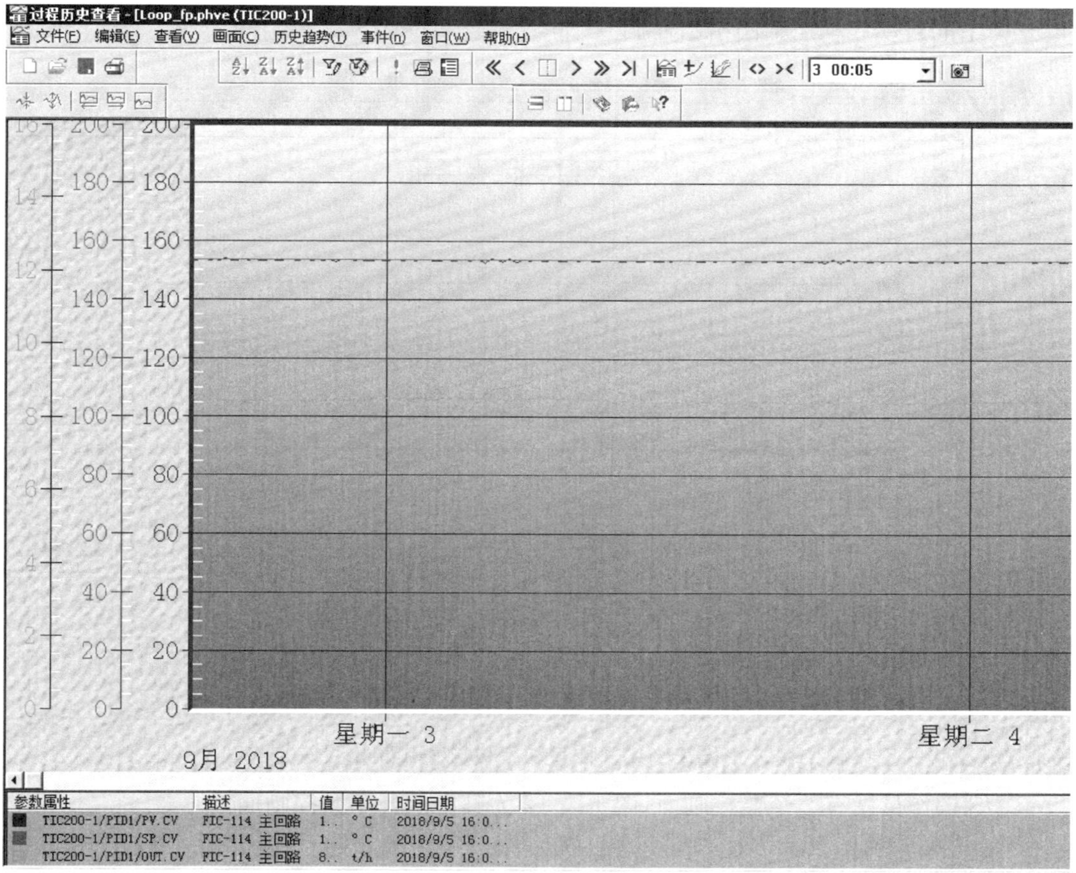

图 13－9 实时控制曲线样例

集成在一个系统中,用“三取二”表决机制提供高度完善、无差错、不间断的过程操作,不会因为单点的故障而导致系统失效。传感器信号在输入模块中被分成三路隔离信号,通过 3 个独立通道分别被送到 3 个处理器中。处理器之间的总线 TriBus 按多数原则对数据进行表决,并纠正任何输入数据的偏差,从而确保每个主处理器使用相同的表决数据完成应用程序。主处理器的输出沿 3 个通道,被送到输出模件,并在输出模件中再次进行“表决/选择”。

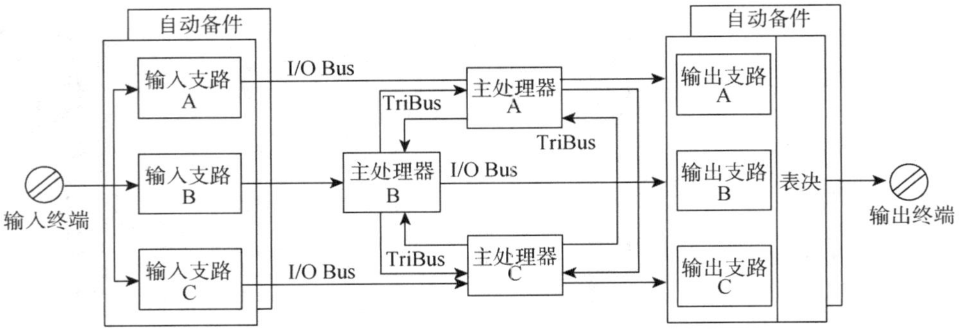

图 13-10　TRICON 三重模件冗余结构

丁二烯装置的 SIS 系统包含 73 个联锁报警点,有大量安全逻辑需要编写,图 13-11 以其中泵的自动启动逻辑图给出样例。

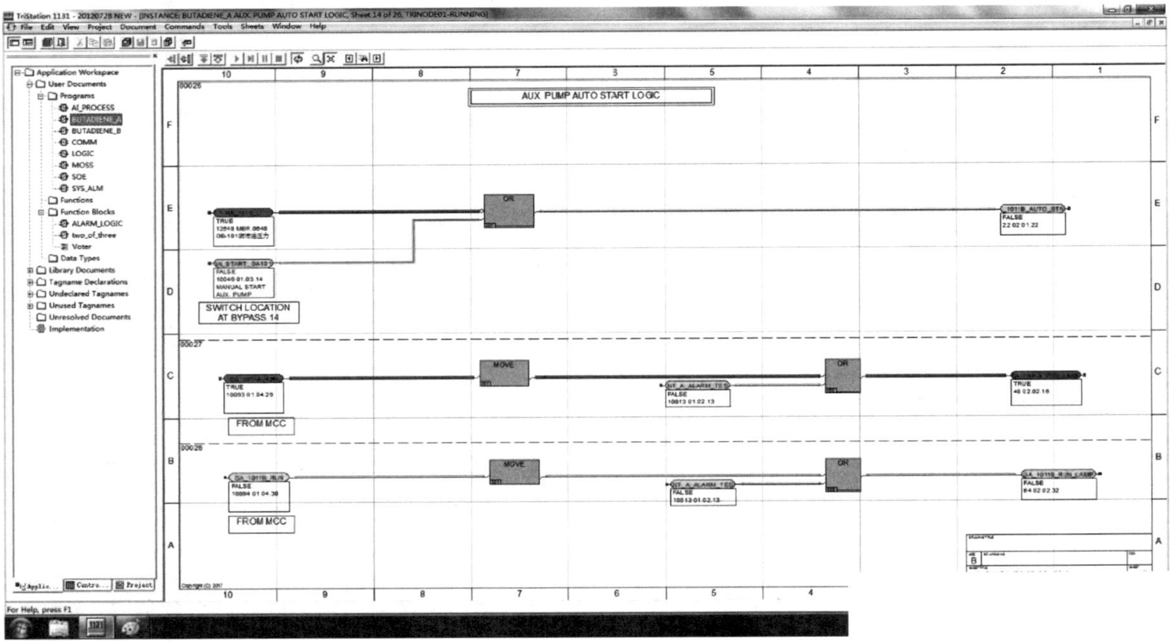

图 13-11　泵自动启动联锁逻辑图

SIS 操作员站有 8 个监控画面,图 13-12 为其中的开车监控画面。

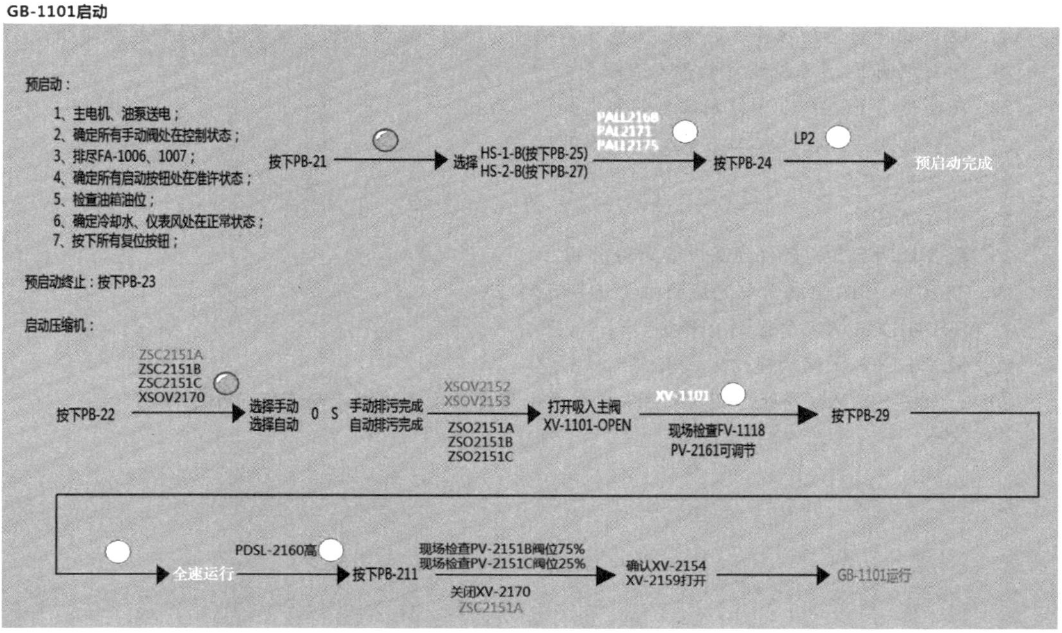

图 13-12　SIS 开车监控画面

例题与习题

1. 制造业综合自动化系统普遍采用 ERP/MES/PCS 三层结构，请说明每层的作用。

2. 流程工业综合自动化的典型五级递阶结构是怎样的？每层实现什么功能？

3. 什么叫关系数据库和实时数据库？

4. 实时数据库与关系数据库集成的接口方式有哪些？

5. 企业网络一般分为哪几层？各起什么作用？

6. 与普通计算机网络相比，工业控制网络有什么不同？

7. 简述 DCS 和 FCS 在结构方面的不同。

8. 现场智能设备在 FCS 中起什么作用？

9. 常见的现场总线协议有哪些？其中哪些是我国的国家标准？

10. 过程控制中被广泛应用的现场总线协议有哪些？简要介绍各自的功能特点。

11. 什么是工业以太网？目前典型的工业以太网有哪几种？

12. DCS 在工业中应用普遍，现场总线一般通过与 DCS 集成的方式接入企业网络，两者的集成方式有哪几种？

13. FCS 与企业信息网 Intranet 以及外部网 Internet 如何集成？

14. 不同协议的现场总线如何集成在 FCS 中？

15. 什么是 OPC 技术？通过 OPC 技术可实现哪些功能？

16. ECS-700 DCS 的基本网络结构包含哪些部分？简要介绍各部分的功能。

17. ECS-700 工作站一般包括哪几种类型？分别完成什么功能？

18. ECS-700 的 I/O 子系统包括哪些类型的卡件？分别实现什么功能？

19. ECS-700 的软件包括哪些类型？
20. DCS 硬件组态和软件组态分别实现什么功能？ECS-700 中如何实现硬件组态和软件组态？
21. 简要说明 DCS 系统设计的基本流程。
22. 简要说明 ECS-700 中控制回路的组态如何实现。
23. 安全仪表系统在过程工业中起什么作用？
24. 什么叫 SIL？
25. 什么叫 SIF？
26. 简要说明 SIS 的硬件组成及各部分作用。
27. TCS-900 SIS 组态需要完成的主要任务有哪些？
28. SIS 与 DCS 的主要区别有哪些？
29. SIS 与 DCS 之间的通信方式有哪几种？
30. 什么叫 SIS 的安全生命周期？SIS 安全生命周期的主要技术活动有哪几个阶段？

试卷一

一、单项选择题(每小题 1 分,共 10 分)

1. 下列选项中(　　)不是测量仪表的技术性能指标。

A. 仪表精度　　B. 灵敏度　　C. 响应时间　　D. 测量方法

2. 对于始点为 0 ℃的有冷端温度补偿的显示仪表,当输入端短路时,仪表指针应指在(　　)。

A. 始点　　B. 室温　　C. 终点　　D. 原位置

3. 关于调节阀等百分比理想流量特性,下列叙述正确的是(　　)。

A. 相对流量与相对行程成正比

B. 单位行程变化所引起的流量变化与当时流量成正比

C. 相同的行程变化产生相同的流量变化

D. 调节阀的放大系数为一常数

4. 某 PI 控制器设置为正作用,初始输出为 4 mA,$K_P=2$,$T_I=2$ min,在 $t=1$ min 时加入幅值为 2 mA 的干扰,试问在干扰刚加入的瞬间控制器输出应为(　　)。

A. 4 mA　　B. 8 mA　　C. 13 mA　　D. 6 mA

5. 若用 K_c 表示比例增益,T_I 表示积分时间,T_D 表示微分时间,T 表示采样周期,增量式数字 PID 算法的表达式为(　　)。

A. $\Delta u(k)=K_c[e(k)-e(k-1)]+K_c\dfrac{T_I}{T}e(k)+K_c\dfrac{T}{T_D}[e(k)-2e(k-1)+e(k-2)]$

B. $\Delta u(k)=K_c[e(k)-e(k-1)]+K_c\dfrac{T}{T_I}e(k)+K_c\dfrac{T_D}{T}[e(k)-2e(k-1)+e(k-2)]$

C. $\Delta u(k)=K_c[e(k)-e(k-1)]+K_c\dfrac{T}{T_I}e(k)+K_c\dfrac{T_D}{T}[e(k)-e(k-1)+e(k-2)]$

D. $\Delta u(k)=K_c[e(k)-e(k-1)]+\dfrac{T}{T_I}e(k)+\dfrac{T_D}{T}[e(k)-2e(k-1)+e(k-2)]$

6. 下列选项中不是现场总线协议的是(　　)。

A. OPC　　B. PROFIBUS　　C. DeviceNet　　D. FF-H1

7. 下列控制系统的选项中,(　　)是开环控制。

A. 定值控制系统　　B. 随动控制系统　　C. 前馈控制系统　　D. 程序控制系统

8. 下述名词中,(　　)不是过渡过程的品质指标。

A. 最大偏差　　B. 余差

C. 偏差　　D. 过渡时间

9. 如卷图 1-1 所示的蒸汽加热器温度控制系统,被控对象为(　　)。

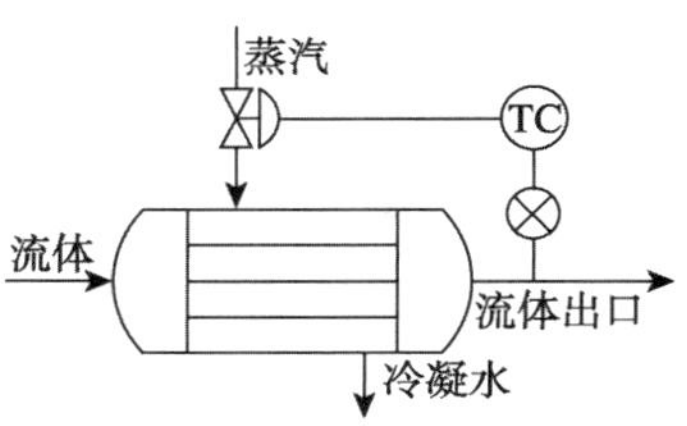

卷图 1-1

A. 流体出口温度　　B. 蒸汽加热器

C. 冷凝水出口温度　　D. 流体

10. 对于如卷图 1－2 所示的锅炉液位的双冲量控制系统，有如下说法：

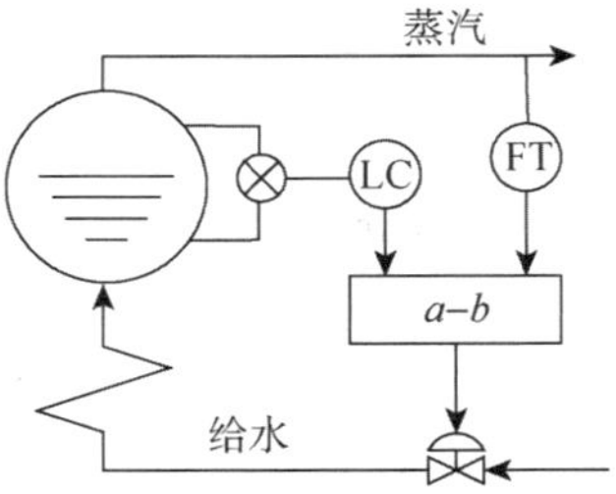

卷图 1－2

① 这是一个前馈与反馈相结合的控制系统

② 这是一个串级控制系统

③ 加入前馈控制的目的是克服由于蒸汽负荷突然变化而造成的虚假液位

④ 双冲量是指蒸汽流量和给水流量

⑤ 阀门的作用形式为气关阀

上这些说法中，(　　)是正确的。

A. ①②③　　B. ②③④　　C. ①④⑤　　D. ①③⑤

二、填空题(每空 1 分，共 10 分)

11. 法兰式差压液位变送器是在导压管入口处加＿＿＿＿＿＿，常用来测量具有腐蚀性或含有结晶颗粒以及黏度大、易凝固等液体液位。

12. 对 PID 控制器而言，当积分时间 $T_I \to +\infty$，微分时间 $T_D = 0$ 时，控制器呈＿＿＿＿控制特性。

13. 气动执行器一般配备一定的辅助装置来改善执行器的执行效果。常用的辅助装置有手轮机构和＿＿＿＿＿＿＿＿。

14. ＿＿＿＿＿是 DCS 的核心，管理所有在线 I/O 子系统、执行控制策略、维护网络通信、管理时间标签、记录报警趋势。

15. 在被控对象的输入中，＿＿＿＿＿＿应该比干扰变量对被控变量的影响更大。

16. 按照给定值对控制系统进行分类，如果给定值按事先设定好的程序变化，则控制系统为＿＿＿＿＿＿。

17. 当系统的最大超调量与最大偏差相等时，系统的余差值等于＿＿＿＿＿＿。

18. 确定调节阀气开、气关形式主要应考虑＿＿＿＿＿＿。

19. 常用的抗积分饱和措施有限幅法和＿＿＿＿＿＿。

20. 与反馈控制能够克服所有干扰不同，一个前馈控制能够克服＿＿＿＿种干扰。

三、判断题(每小题 1 分，共 10 分)

21. 用差压式流量计测液体流量时，取压点应在工艺管道的中心线以上，与水平夹角约成 45°。(　　)

22. 在过程工业中，SIS 与 DCS 实现相同的功能，可互相代替。(　　)

23. DCS 系统中，工作站是直接从现场采集 I/O 数据、进行控制运算的核心单元。(　　)

24. 西门子 S7-1200 PLC 的应用程序是模块化结构。(　　)

25. SIS 中 SIF 是由 SIS 执行的、具有特定安全完整性等级的安全功能，用于应对特定的危险事件，达到或保持过程的安全状态。(　　)

26. 等幅振荡是过渡过程基本形式之一，如果系统出现等幅振荡，则该系统是稳定的。（　　）

27. 对于干扰通道，时间常数越大则越有利于调节。（　　）

28. 均匀控制系统的控制器参数整定可以与定值控制系统的整定要求一样。（　　）

29. 在控制系统中，被控变量总是随着给定值增加而增加。（　　）

30. 串级控制系统的整定都是先整定主环再整定副环。（　　）

四、简答题(每小题 5 分，共 20 分)

31. 什么叫调节阀的流量特性？请写出线性流量特性与等百分比流量特性的数学表达式。

32. 卷图 1-3 所示为一个液位控制系统，工艺要求故障情况下送出的气体也不许带有液体。试确定执行器的气开、气关形式和控制器的正、反作用，再简单说明这个控制系统的工作过程。

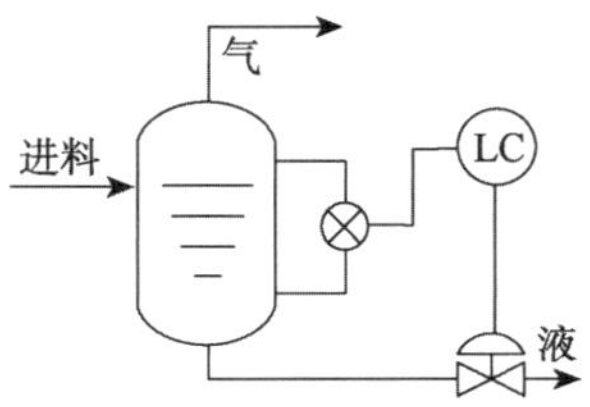

卷图 1-3

33. 怎样选择串级控制系统中主、副控制器的控制规律？

34. 什么是比值控制系统？什么是变比值控制系统？

五、计算分析题(每小题 10 分，共 50 分)

35. 如卷图 1-4 所示，若错用了 E 型热电偶的补偿导线，当热电偶冷端短接时，显示仪表(有冷端温度补偿)指在 20 ℃上(机械零位在 0 ℃)，热电偶热端温度为 885 ℃时，试求显示仪表显示的温度。

附　K 型热电偶分度表

温度(℃)	20	30	875	880	885	890	895
E_K(mV)	0.798	1.203	36.323	36.524	36.725	36.925	37.125
E_E(mV)	1.192	1.801	66.859	67.245	67.630	68.015	68.399

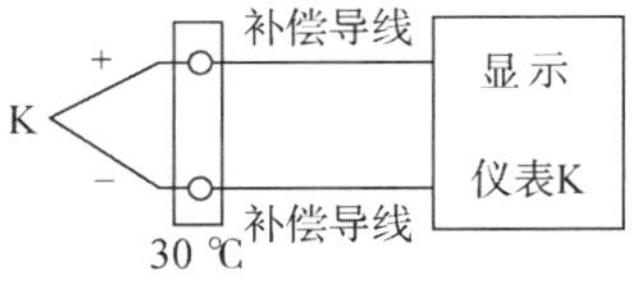

卷图 1-4

36. 如卷图 1-5 所示用差压变送器测量闭口容器内的液位。为防止被测介质进入导管和仪表机体而影响测量，故从正压导管内注入密度为 $\rho_2=790\ \mathrm{kg/m^3}$ 的冲洗液，负压导管内注入密度为 $\rho_1=1.128\ \mathrm{kg/m^3}$ 的气体（注入气体是为了节约液体冲洗液）。已知 $h_1=0.2$ m，$h_2=2$ m，$h_3=1.5$ m，被测介质密度 $\rho_3=1\ 050\ \mathrm{kg/m^3}$，则

(1) 液位计的量程为多少？

(2) 是否需要迁移？迁移量为多少？

(3) 如果液面的高度 $h=0.5$ m 时，Ⅲ型差压变送器的输出为多少？

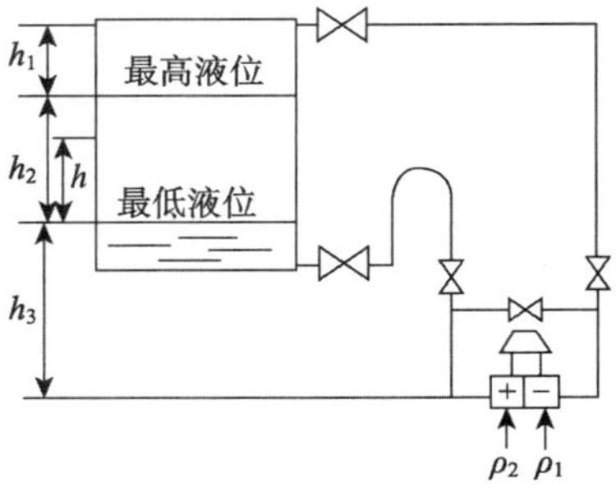

卷图 1-5

37. 某干燥器的流程图如卷图 1-6 所示，干燥器采用夹套加热和真空抽吸并行的方式来干燥物料。夹套内通入的是经列管式加热器加热后的热水，加热器采用的是饱和蒸汽。为了提高干燥速度，应有较高的温度 θ，但 θ 过高会使物料的物性发生变化，这是不允许的，因此，要求对干燥温度 θ 进行严格的控制。（在此系统中，蒸汽流量对热水温度的影响比冷水流量要大）

(1) 如果蒸汽压力波动是主要干扰，应采用何种控制方案，为什么？

(2) 如果冷水流量波动是主要干扰，应采用何种控制方案，为什么？

(3) 如果冷水流量和蒸汽压力都经常波动，应采用何种控制方案，为什么？画出控制流程图，确定控制器的正反作用。

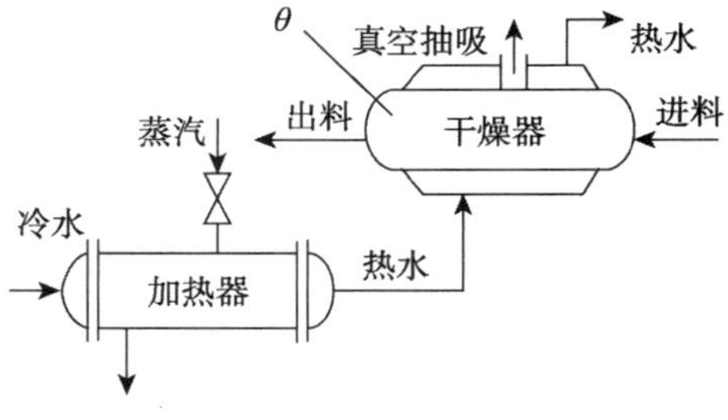

卷图 1-6

38. 如卷图 1－7 所示的间歇反应器温度控制系统，其反应器的化学反应是放热反应，反应开始前为了使其达到反应温度，需要对物料加热，当化学反应放出的热量足以维持化学反应的进行时，就不再需要外部加热。如果放出的热量持续增加，反应器的温度可能增加到危险的程度。试回答以下问题：

(1) 这是什么类型的控制系统？

(2) 画出方块图。

(3) 判断 A 阀门和 B 阀门的气开、气关作用形式。

(4) 判断控制器 TC 的作用方向。

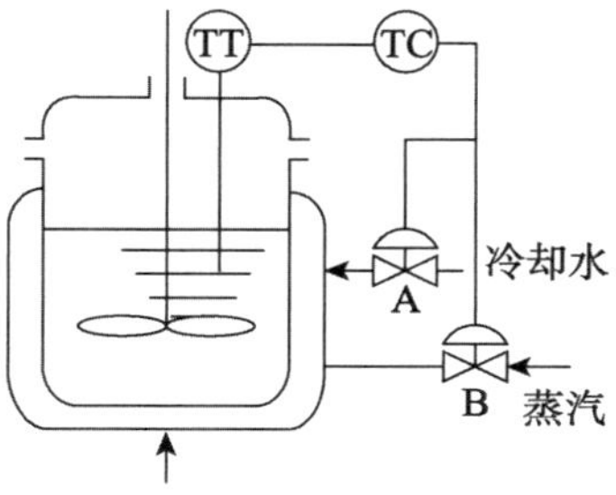

卷图 1－7

39. 某发酵过程工艺规定操作温度为(40±2)℃。考虑到发酵效果，控制过程中温度偏离给定值最大不能超过 6 ℃。现设计一个定值控制系统，在阶跃扰动作用下的过渡过程曲线如卷图 1－8 所示。试确定该系统的最大偏差、衰减比、余差、过渡时间(按照被控变量进入±2%新稳态值即达到稳态来确定)。

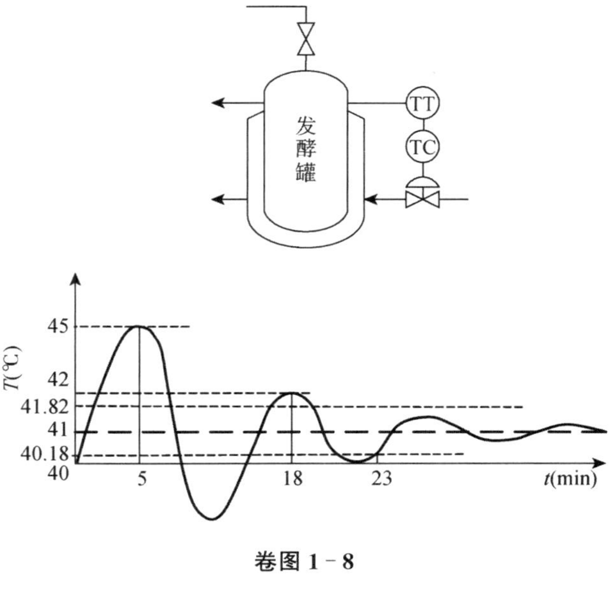

卷图 1－8

试卷二

一、单项选择题(每小题 1 分,共 10 分)

1. 热电阻作为测温元件使用接在电路中,应该接成(　　)。

A. 短接　　B. 三线制　　C. 两线制　　D. 没有特别要求

2. 对于始点为 0 ℃的带有冷端温度补偿的显示仪表,当输入端短路时,仪表指针应指在(　　)。

A. 始点　　B. 室温　　C. 终点　　D. 原位置

3. 关于调节阀直线理想流量特性,下列叙述错误的是(　　)。

A. 相对流量与相对行程成正比

B. 单位行程变化所引起的流量变化与当时流量成正比

C. 相同的行程变化产生相同的流量变化

D. 调节阀的放大系数为一常数

4. DDZ-Ⅲ电动单元组合仪表中,一般采用(　　)mA 的标准电信号。

A. 0～10　　B. 4～20　　C. 1～5　　D. 0～20

5. (　　)采用具有通信能力的智能现场设备,测量变送仪表可以与阀门等执行机构直接传送信号。

A. 集散控制系统　　B. 可编程控制器

C. 现场总线控制系统　　D. 安全仪表系统

6. (　　)是由美国 Rosemount 公司提出并开发,用于现场智能仪表和控制室设备之间通信的一种协议,兼容 4～20 mA 模拟信号与数字双向通信,在过程工业智能仪表中得到广泛应用。

A. DeviceNet 总线　　B. AS-i 总线

C. PROFIBUS 总线　　D. HART 总线

7. 如卷图 2-1 所示的简单控制系统方块图中,B 位置所代表的环节为(　　)。

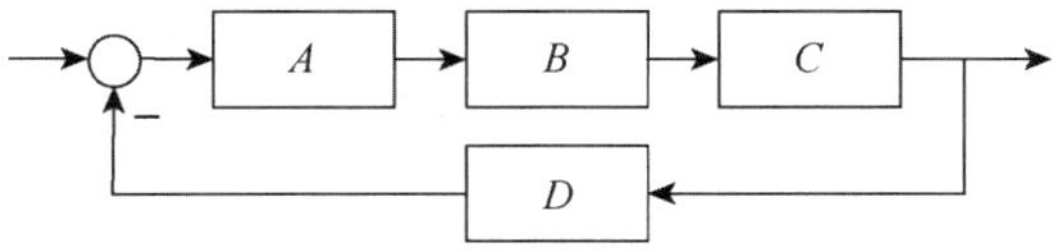

卷图 2-1

A. 测量变送器　　B. 控制器　　C. 对象环节　　D. 执行器

8. 下列关于滞后时间 τ 的说法,(　　)是错误的。

A. 纯滞后和传递滞后是两个不同的概念

B. 包括纯滞后和容量滞后

C. 容量滞后是由于系统中物料或能量的传递要克服一定的阻力产生的

D. 带有纯滞后的一阶系统的响应曲线与无纯滞后的一阶系统的响应曲线相比，形状完全相同

9. 在控制系统中，控制器正反作用的确定是依据(　　)。

A. 实现闭环回路的正反馈　　B. 实现闭环回路的负反馈

C. 系统的放大倍数恰到好处　　D. 生产的安全性

10. 卷图 2-2 所示为一个冷却器温度控制系统，正常情况下要求冷剂流量维持恒定，但裂解气冷却后的出口温度不可以低于 15 ℃，以防裂解气中所含的水分生成水合物堵塞管道。此控制系统是一个(　　)控制系统。

A. 开关选择性　　B. 连续选择性

C. 串级　　D. 分程

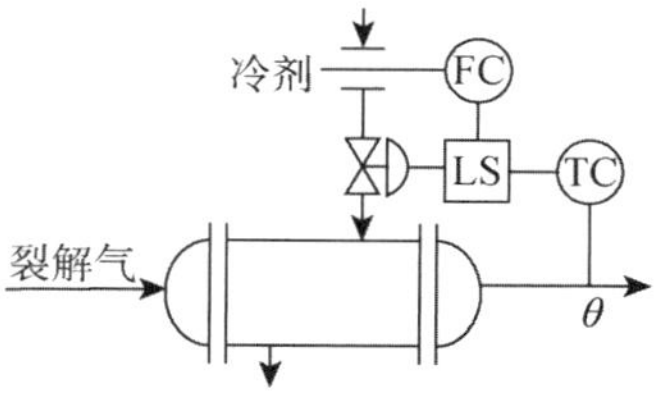

卷图 2-2

二、填空题(每空 1 分，共 10 分)

11. ________转子流量计能将转子高度转换成电信号传送出去，接收后将信号进行处理显示或记录。

12. OPC 是____________的缩写，是微软公司对象链接嵌入技术在过程控制方面的应用，是 OPC 基金会建立的标准接口规范。

13. 在数字式控制器中，________接收模拟量和开关量输入信号，并分别通过模/数转换器(A/D)和输入缓冲器将模拟量和开关量转换成计算机能识别的数字信号。

14. ________是 ECS-700 集散控制系统组态的主要软件。它用一个类似 Microsoft Windows 的视窗表示整个系统，可以在其中组态区域、节点、模块、报警等系统组成，完成系统布局。

15. 干扰变量和控制变量都是被控对象的输入，而被控对象的输出是________。

16. 过渡过程最终的新稳态值和过渡过程开始之前的原稳态值之差称为________。

17. ________是在过程工业中得到广泛应用的一种有效的先进控制策略。它主要包含预测模型、参考轨迹、滚动优化和反馈校正四个环节。

18. 在一个控制系统中同时使用开关型和连续型的选择性控制，则构成的选择性控制系统称为__________。

19. 与反馈控制测量被控变量不同，前馈控制测量的是________变量。

20. 串级控制系统的整定方法包括两步整定法和__________。

三、判断题(每小题 1 分，共 10 分)

21. 温度变送器可以作为直流毫伏转换器来使用，以将其他能够转换成毫伏信号的工艺参数也变成标准统一信号输出。(　　)

22. 调节阀气开、气关形式的选择主要考虑控制对象的作用方向。(　　)

23. 梯形图是可编程控制器常用的一种编程语言。(　　)

24. SIS 和 DCS 之间可以通过多种方式进行通信。(　　)

25. 与干扰相比，控制变量对被控变量有较弱的影响。(　　)

26. 当系统的最大超调量与最大偏差相等时，系统的余差值等于 0。 (　　)

27. 若一个对象的特性可以用微分方程 $a_0\dfrac{\mathrm{d}y^2(t)}{\mathrm{d}t^2}+a_1\dfrac{\mathrm{d}y(t)}{\mathrm{d}t}+a_2y(t)=Kx(t)$ 来描述，则它是一个一阶系统。 (　　)

28. 在进行控制器参数整定时，衰减曲线法先通过实验得到临界比例度和临界周期，然后根据经验总结出来的关系求出控制器各个参数。 (　　)

29. 串级控制系统的副环是一个随动控制系统，副控制器一般采用 PI 控制算法。 (　　)

30. 无论前馈控制还是反馈控制都是闭环控制。 (　　)

四、简答题(每小题 5 分，共 20 分)

31. 什么叫控制器的控制算法？常见的控制器控制算法有哪些？写出增量式 PID 算法的表达式。

32. 控制器参数整定的任务是什么？控制器参数整定包括哪两类？工程上常用的控制器参数整定有哪几种方法？

33. 什么叫串级控制系统？请画出串级控制系统的典型方块图。

34. 什么是积分饱和现象？积分饱和现象对控制系统有什么影响？

五、计算分析题(每小题 10 分，共 50 分)

35. 如卷图 2-3 所示的测温系统，热电偶冷端温度为 30 ℃，补偿导线与铜导线连接处温度为 20 ℃，显示仪表(有冷端温度补偿)所处温度为 10 ℃，当显示仪表(有冷端温度补偿)指示 600 ℃时，热电偶热端实际温度为多少？

附　K 型热电偶分度表

温度(℃)	10	20	570	580	600	610	620	630
E_K(mV)	0.397	0.798	23.629	24.055	24.905	25.330	25.755	26.179

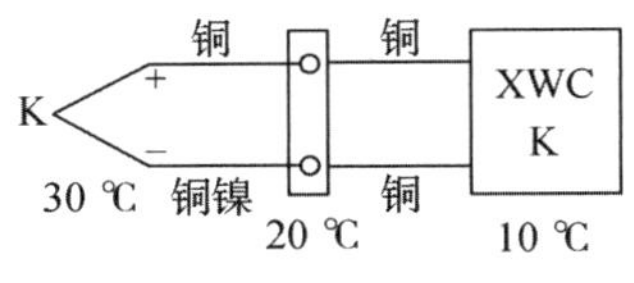

卷图 2-3

36. 如卷图2-4所示用差压变送器测量闭口容器内的液位，已知$h_1=0.5$ m，$h_2=2$ m，$h_3=2.5$ m，若被测介质的密度为$\rho=850$ kg/m^3，负压管内隔离液为水，求：

(1) 差压变送器的量程为多少？

(2) 是否需要迁移？迁移量为多少？

(3) 如果液面的高度$h=0.5$ m时，Ⅲ型差压变送器的输出为多少？

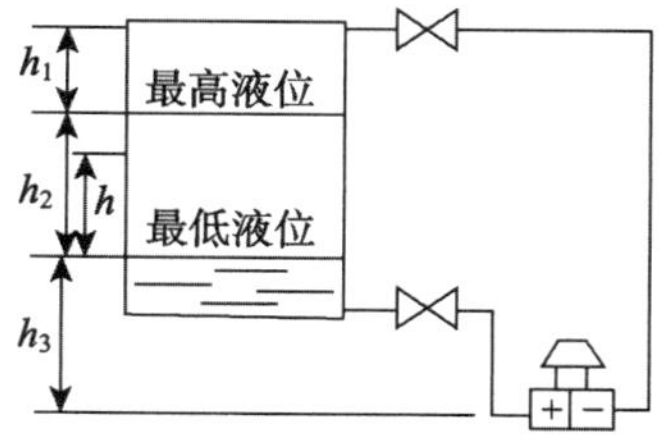

卷图2-4

37. 卷图2-5所示为一个蒸汽加热器，主要是对工艺介质加热，其中介质为易结晶介质，要求介质出口温度恒定。

(1) 选择被控变量和控制变量，组成控制系统，画出流程图。

(2) 画出方块图。

(3) 确定执行器的气开气关形式，以及控制器的正反作用。

(4) 分析当流体流量突然增加时，控制系统是如何克服干扰的。

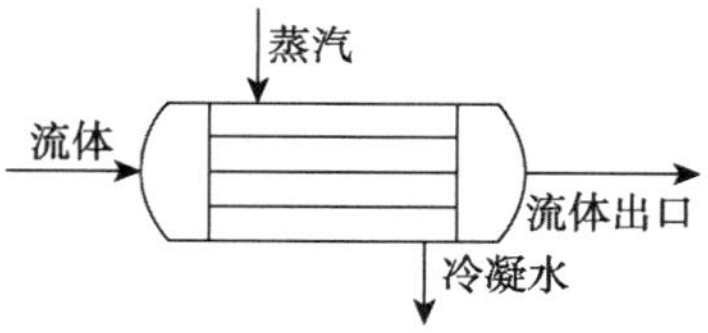

卷图2-5

38. 卷图 2-6 所示为聚合釜温度控制系统,冷却水通入夹套内,以移走聚合反应所产生的热量。试回答:

(1) 这是一个什么类型的控制系统? 画出其方块图,说明主变量和副变量是什么?

(2) 要求聚合温度不许过高,否则易发生事故,确定执行器的气开、气关形式。

(3) 确定主副控制器的正、反作用。

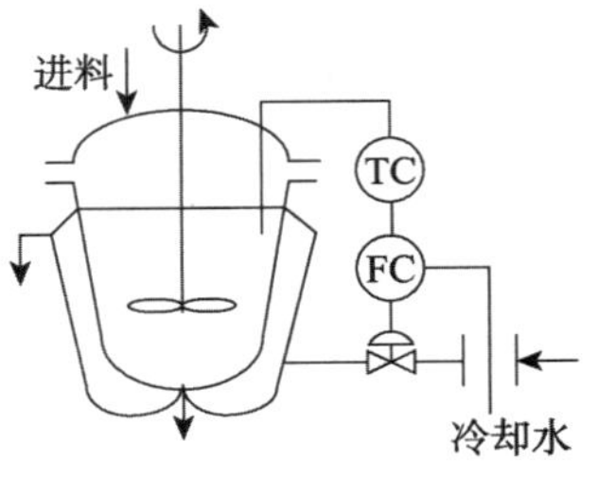

卷图 2-6

39. 卷图 2-7 为一个锅炉汽包液位的三冲量控制系统,试回答以下问题:

(1) 三个冲量的具体含义是指什么?

(2) 画出控制系统的方块图。

(3) 简述蒸汽负荷增大时系统是如何实现调节的。

(4) 简述供水压力增大时系统是如何实现调节的。

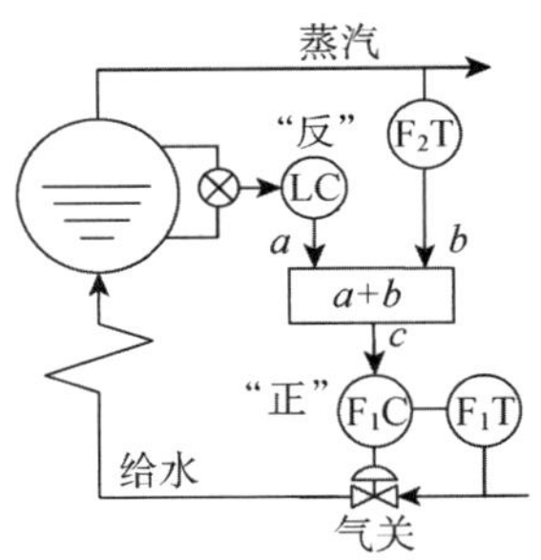

卷图 2-7

试卷三

一、单项选择题(每小题 1 分,共 10 分)

1. 热电阻测温时为了消除连接导线阻值变化而产生的误差,要求固定每根导线的阻值,且必须采用(　　)线制。

A. 一　　B. 二　　C. 三　　D. 四

2. 如卷图 3-1 所示 K 型有冷端温度补偿的显示仪表配 K 型热电偶测温,连接导线为普通铜导线,仪表的指示值约为(　　)℃。

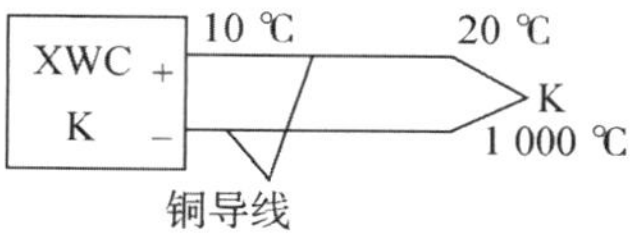

卷图 3-1

A. 990　　B. 1 100

C. 1 000　　D. 980

3. 电-气转换器按照(　　)原理工作。

A. 电压平衡　　B. 平衡电桥　　C. 电磁效应　　D. 力矩平衡

4. 某 PID 控制器,若积分时间 $T_I \to +\infty$,微分时间 $T_D = 0$ 时,控制器呈(　　)特性。

A. 比例　　B. 比例积分　　C. 比例微分　　D. 比例积分微分

5. 下列选项中(　　)不是可编程控制器可用的编程语言。

A. 梯形图　　B. 状态流程图　　C. 指令语句表　　D. 机器语言

6. 雷达跟踪系统属于(　　)。

A. 定值控制系统　　B. 随动控制系统　　C. 程序控制系统　　D. 前馈控制系统

7. 下列选项中参数(　　)不属于过程特性参数。

A. 放大系数 K　　B. 时间常数 T　　C. 滞后时间 τ　　D. 积分时间 T_I

8. 温度控制系统如卷图 3-2 所示。当物料为易结焦或分解的高温敏感介质,且调节介质为过热蒸汽时,执行器和控制器的作用形式为(　　)。

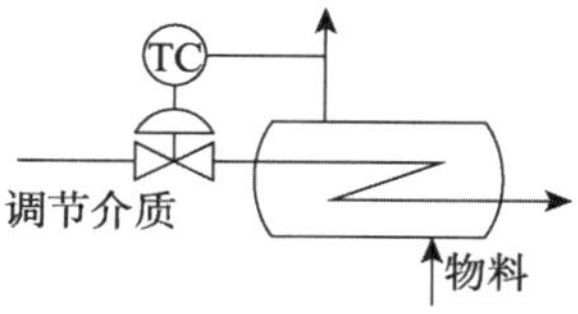

卷图 3-2

A. 气关执行器,正作用控制器

B. 气开执行器,反作用控制器

C. 气开执行器,正作用控制器

D. 气关执行器,反作用控制器

9. 一个反应器的温度控制系统,其控制方案如卷图 3-3 所示,图中采用了(　　)控制方案完成控制。

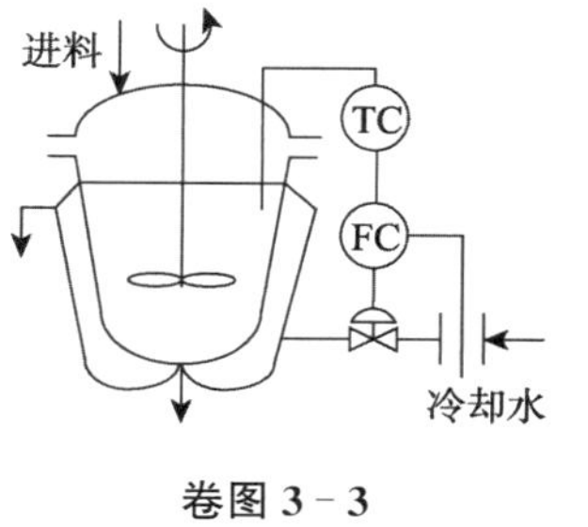

卷图 3-3

A. 串级

B. 选择性

C. 分程

D. 均匀

10. 下列选项中有关串级控制系统的说法,(　　)是错误的。
A. 在串级控制系统中,副控制器的输出是主控制器的给定
B. 在串级控制系统中,主要干扰应该尽量在副回路克服
C. 在串级控制系统只有一个执行器
D. 在串级控制系统中,主回路是定值控制,副回路是随动控制

二、填空题(每空 1 分,共 10 分)

11. 在相同的条件下,用同一仪表对某一工艺参数进行正反行程的测量,相同的被测量值得到的正反行程测量值的最大差值称为____________。

12. 弹簧管压力表测量有腐蚀性介质时,应加装有中性介质的____________。

13. PLC 的结构形式有整体式和模块式两种,西门子 S7-1200 属于____________结构。

14. 中控 ECS-700 集散控制系统的硬件组态通过软件____________实现。

15. 被控对象的输入包括控制变量和____________。

16. 把系统的输出信号回送到系统的输入端并添加到输入信号中称为____________。

17. 根据被研究对象的物理化学性质和运动规律来建立系统数学模型的方法称为____________。

18. 由于系统中物料或者能量的传递需要克服一定的阻力而产生的滞后被称为____________。

19. 工程整定方法有经验方法、临界比例度法和____________等 3 种方法。

20. 在串级控制系统中,主控制器的作用方向是由____________的作用方向决定的。

三、判断题(每小题 1 分,共 10 分)

21. K 型热电偶测温时,如果采用 E 型的电子电位差计(有冷端补偿的显示仪表),则会产生很大的测量误差。(　　)

22. DCS 的安全级别高,需要经过认证才能投运。(　　)

23. 对理想微分作用而言,假如偏差固定,即使数值很大,微分作用也没有输出。(　　)

24. 并联管道中,若 X 为调节阀全开时的流量与总管最大流量之比,则 $X=0$ 时,阀门的理想流量特性与工作流量特性一致。(　　)

25. 在控制系统中,被控变量是被控制的物理装置或物理过程。(　　)

26. 根据被控变量给控制系统进行分类,控制系统可以分为定值控制系统、随动控制系统和程序控制系统。(　　)

27. 分程控制可以用于提高阀门的可调比。(　　)

28. 确定控制器正反作用的依据是实现闭环回路的负反馈。(　　)

29. 设计串级控制系统时应该把所有干扰包括在副环中。(　　)

30. 由于系统中物料或者能量的传递需要克服一定的阻力而产生的滞后被称为传递滞后。(　　)

四、简答题(每小题 5 分,共 20 分)

31. 画出热电偶温度计测温的基本线路并说明各部分的作用。

32. 什么叫调节阀的变差?调节阀变差对调节过程有什么影响?

33. 卷图 3-4 所示为一个反应器温度控制系统示意图。A、B 两种物料进入反应器进行反应,通过改变夹套的冷却水流量来控制反应器内温度保持不变。试画出系统的方块图,指出系统的被控对象、被控变量、控制变量和可能引起被控变量变化的干扰各是什么。

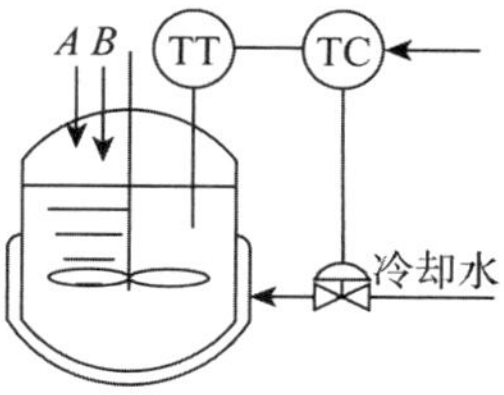

卷图 3-4

34. 某化学反应器工艺规定操作温度为(400±15)℃。为了确保生产安全,控制过程中温度最高不能超过 850 ℃。现运行的温度控制系统,在阶跃扰动作用下的过渡过程曲线如卷图 3-5 所示。试确定该系统的最大偏差、衰减比、余差、过渡时间(按照被控变量进入±2%新稳态值即达到稳态来确定)。

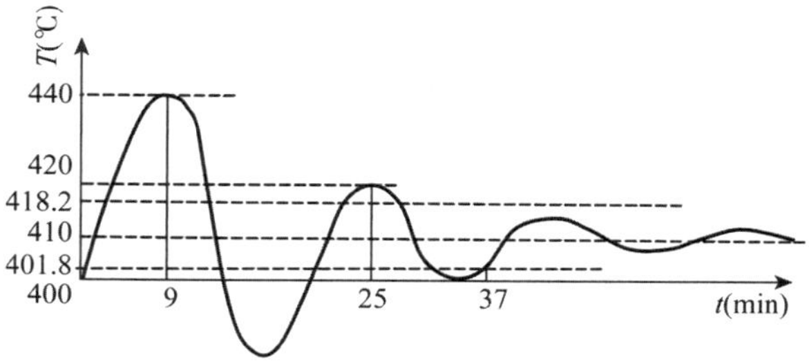

卷图 3-5

五、计算分析题(每小题 10 分,共 50 分)

35. 如卷图 3-6 所示的测温系统中,热电偶的分度号为 K,误用了分度号为 E 的显示仪表(有冷端温度补偿)和补偿导线,当被测实际温度是 600 ℃时,仪表指示的温度为多少摄氏度?

附　K 型热电偶分度表

温度(℃)	20	50	350	360	370	570	600	630
E_E(mV)	1.192	3.048	24.964	25.757	26.552	42.671	45.093	47.509
E_K(mV)	0.798	2.023	14.293	14.713	15.133	23.629	24.905	26.179

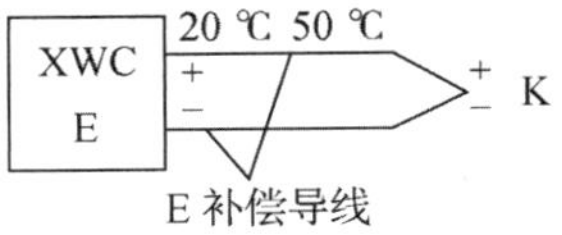

卷图 3-6

36. 如卷图 3-7 所示为双法兰变送器测容器液位的示意图,已知介质密度为 ρ_1,膜盒内填充液密度为 ρ_0,容器内部压力为 p_0,变送器距下法兰的距离为 H_1,距上法兰的距离为 H_2,两法兰间的距离为 H_0,求该变送器的量程,并判断该变送器是否需要零点迁移,迁移量为多少?

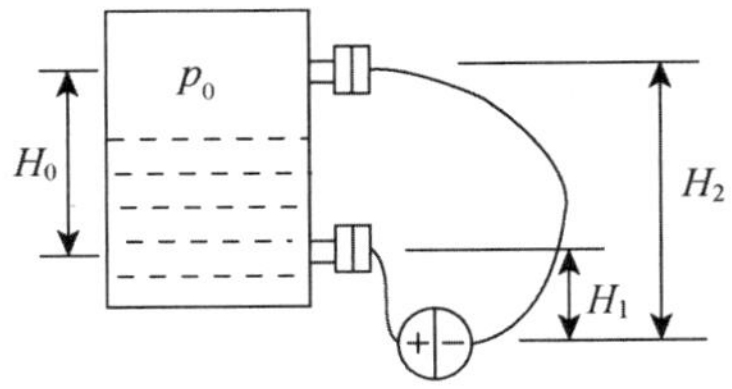

卷图 3-7

37. 与节流装置配套的Ⅲ型差压变送器的测量范围为 0～39.24 kPa,二次刻度为 0～10 t/h。

(1) 若二次表指示 50%,变送器输入差压 Δp 为多少?变送器输出电流 I_o 为多少?

(2) 若将二次表刻度改为 0～7.5 t/h,应如何调整?

38. 如卷图 3－8 所示的蒸汽加热器出口温度控制系统。冷物料通过蒸汽加热器加热，出口温度要求控制严格。试问：

（1）如果蒸汽波动较大，试设计串级控制系统完成对出口温度的控制，画出流程图与方块图。

（2）如果被加热的物料过热时易分解，试确定执行器的气开、气关形式。

（3）确定主、副控制器的正、反作用。

（4）如果主要干扰是蒸汽压力波动，试简述其控制过程。

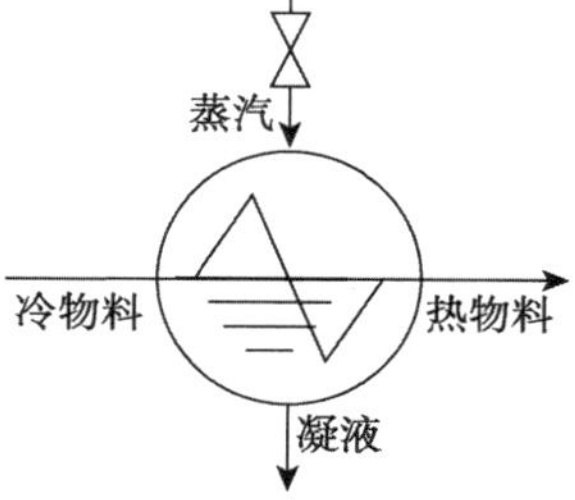

卷图 3－8

39. 分析如卷图 3－9 所示的工艺流程图，试回答以下问题：

（1）如图所示的控制系统是否有错？错在何处，为什么？

（2）设计串级均匀控制系统完成控制，画出流程图。

（3）画出相应的方块图。

（4）从结构上看，串级均匀控制系统和串级控制系统是否有不同？

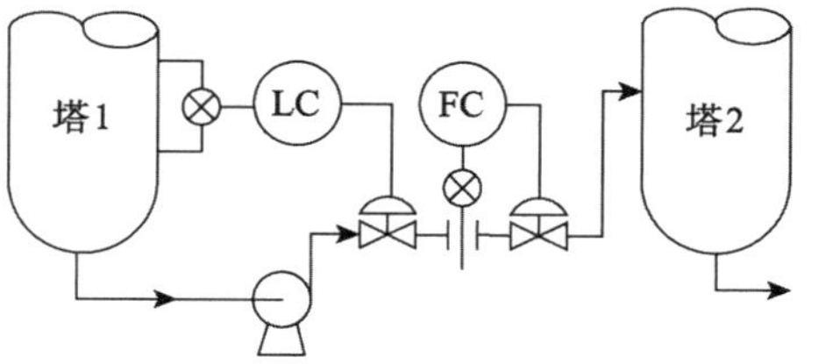

卷图 3－9

试卷四

一、单项选择题(每小题 1 分,共 10 分)

1. 当测量流动介质的压力时,取压孔方向与流体流动方向(　　)。

A. 垂直　　B. 相同　　C. 相反　　D. 无关

2. 在热电偶结构中,(　　)的作用是防止两根热电极短路。

A. 热电极　　B. 绝缘子　　C. 保护套管　　D. 接线盒

3. (　　)不需要采用阀门定位器。

A. 需要对阀门作精确调整的场合

B. 调节介质黏滞较高的场合

C. 管道口径较大或阀门前后差压较大等会产生较大不平衡力的场合

D. 需要双位控制的场合

4. (　　)是 DCS 的核心,管理所有在线 I/O 子系统、执行控制策略、维护网络通信。

A. 控制器　　B. 通信接口卡　　C. 操作站　　D. 工程师站

5. (　　)是可编程控制器编制、调试用户程序的外部设备,是人机交互的窗口。

A. 外围接口模块　　B. 彩色图形显示器

C. 编程器　　D. 输入输出模块

6. 当控制系统的设定值是一个已知的时间函数,则该控制系统为(　　)。

A. 定值控制系统　　B. 随动控制系统

C. 程序控制系统　　D. 前馈控制系统

7. 在自动控制系统中,通常用(　　)表示液位控制器。

A. LC　　B. PC　　C. TC　　D. FC

8. 温度控制系统如卷图 4-1 所示。当物料为易析出结晶颗粒的低温敏感介质,且调节介质为待加热的软化水时,执行器和控制器的作用形式为(　　)。

A. 气关执行器,正作用控制器

B. 气开执行器,反作用控制器

C. 气开执行器,正作用控制器

D. 气关执行器,反作用控制器

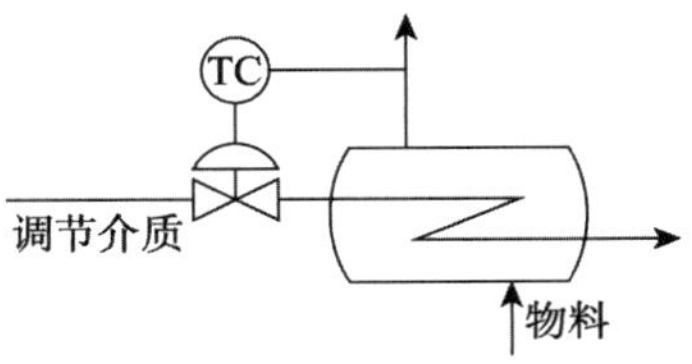

卷图 4-1

9. 卷图 4-2 所示为一个加热炉控制系统,它采用了(　　)控制方案。

A. 单闭环比值

B. 双闭环比值

C. 变比值

D. 均匀

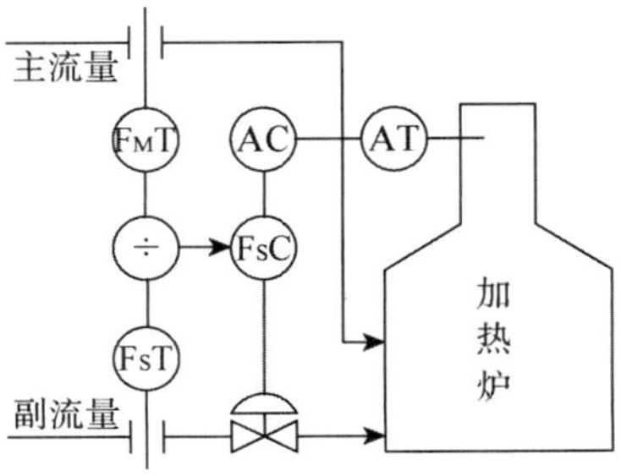

卷图 4-2

10. 与反馈控制系统相比较，下面说法中(　　)不是前馈控制的特点。

A. 按照干扰作用进行调节，一般比反馈控制及时

B. 只能采用专门的控制器

C. 前馈测量的是干扰变量

D. 前馈可以克服所有的干扰

二、填空题(每空 1 分，共 10 分)

11. 双金属温度计是利用物质的________________特性测温的。

12. ____________是指将具有数字通信能力的测量控制仪表作为网络节点，采用公开、规范的通信协议，把控制设备连接成可以相互沟通信息、共同完成自控任务的网络系统。

13. 电动执行器接受来自控制器的 0～10 mA 或 4～20 mA 的直流电流信号，将其转换成相应的____________或直行程位移，去操作阀门挡板等调节机构，以实现自动调节。

14. 计算机与生产过程之间的信息传递是通过__________设备进行的，它在两者之间起到桥梁和纽带的作用。

15. 如果由于反馈的存在，系统的输出信号单调地朝着某一个方向变化，这样的反馈称为__________。

16. 当一个对象可以用二阶微分方程来描述其特性时，它是一个__________。

17. 积分控制作用最大的优点是可以消除过渡过程的__________。

18. 在串级控制系统中，副环所起作用总是__________的。

19. 在设计比值控制系统时，如果工艺上要求两种流量的比值可以依据其他条件调整，则可以设计__________控制系统。

20. 串级控制系统从结构上看具有两个控制器和__________个执行器。

三、判断题(每小题 1 分，共 10 分)

21. 差压式液位计进行液位测量时，都需要进行零点迁移来改变测量范围。(　　)

22. 电容式物位计只能进行导电液体液位的测量。(　　)

23. 阀门定位器可改变调节阀对信号压力的响应范围，实现分程控制。(　　)

24. 可编程控制器的工作方式是周期扫描方式。(　　)

25. 在控制系统中，被控制的物理装置称为被控对象。(　　)

26. 在被控对象的输入中，干扰变量对被控变量的影响更强。(　　)

27. 自动控制系统方块图中，各个环节的连线和工艺流程图的物料线意义完全相同。(　　)

28. 工程整定法是控制器参数整定的唯一一种方法。(　　)

29. 在串级控制系统中，主控制器作用方向是由主对象的作用方向决定的。(　　)

30. 串级均匀控制系统在结构上和普通串级控制系统是不相同的。(　　)

四、简答题(每小题 5 分,共 20 分)

31. 卷图 4－3 是电桥法冷端温度补偿的示意图,分析热电阻 R_t 应怎样接线?说明该电路怎样进行冷端补偿的。

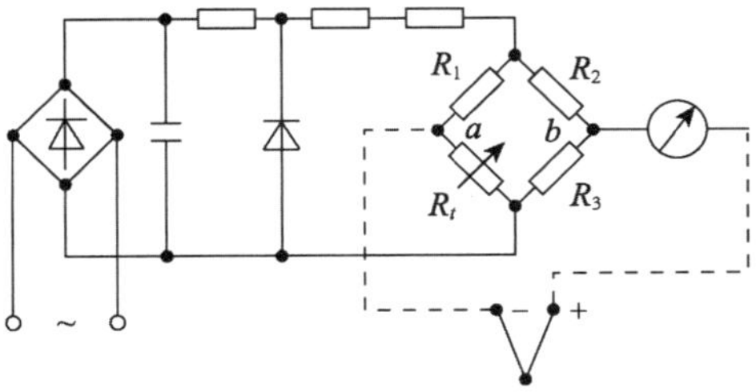

卷图 4－3

32. FCS 与 DCS 的集成方式有哪几种?

33. 什么是放大系数 K、时间常数 T?

34. 对于简单控制系统,请简述控制变量的选择原则。

五、计算分析题(每小题 10 分,共 50 分)

35. 在卷图 4－4 所示的测温系统中,热电偶的分度号为 K,由于疏忽补偿导线的正负极被反接了,当被测实际温度是 600 ℃时,仪表(有冷端温度补偿)指示温度为多少?

附　K 型热电偶分度表

温度(℃)	20	50	530	540	550	560	570	580	600
E_K(mV)	0.798	2.023	21.924	22.350	22.776	23.203	23.629	24.055	24.905

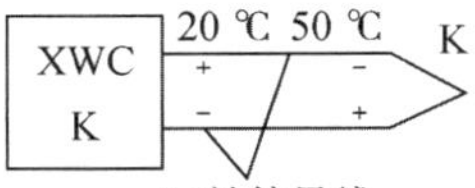

卷图 4－4

36. 卷图 4-5 为双法兰变送器测容器液位的示意图，已知介质密度为 ρ_1，膜盒内填充液密度为 ρ_0，容器内部压力为 p_0，变送器距下法兰的距离为 H_1，距上法兰的距离为 H_2，两法兰间的距离为 H_0，求该变送器的量程，并判断该变送器是否需要零点迁移，迁移量为多少？

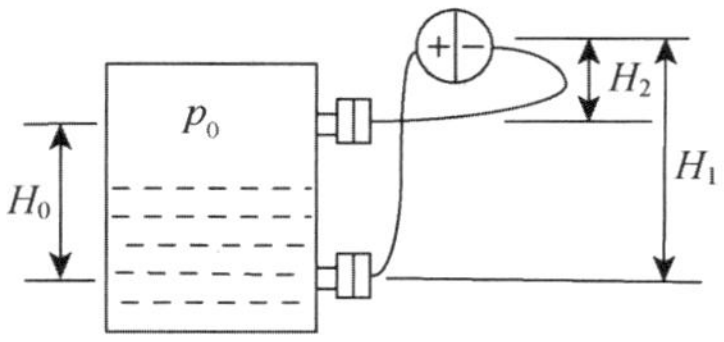

卷图 4-5

37. 具有比例积分控制算法的控制器，在 $t=t_0$ 时加入幅值为 2 mA 的阶跃信号，控制器的输出波形图如卷图 4-6 所示。试求：

(1) 控制器的起始工作点 p_0。

(2) 确定控制器的正反作用。

(3) 控制增益 K_P 是多少？

(4) 积分时间 T_I 是多少？

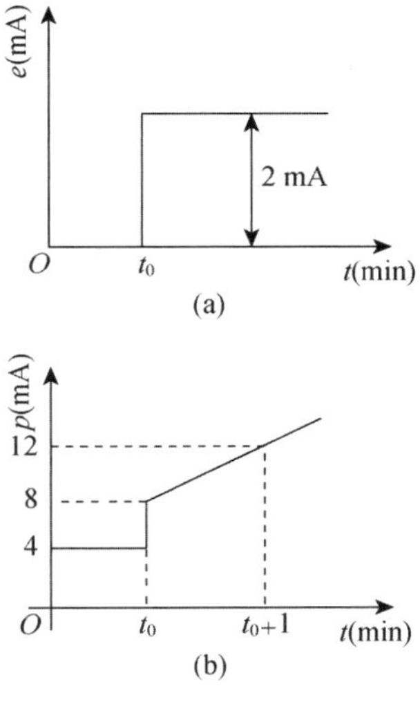

卷图 4-6

38. 某聚合反应釜进行放热反应，釜温过高会发生事故，因此采用夹套水冷却。由于釜温控制要求较高，冷却水压力、温度波动较大，故设计控制系统如卷图 4-7 所示。

试回答：

(1) 这是一个什么类型的控制系统？画出其方块图，说明主变量和副变量是什么？

(2) 确定执行器的气开、气关形式。

(3) 确定控制器的正、反作用。

(4) 当主要干扰是冷却水温度波动时，简述其控制过程。

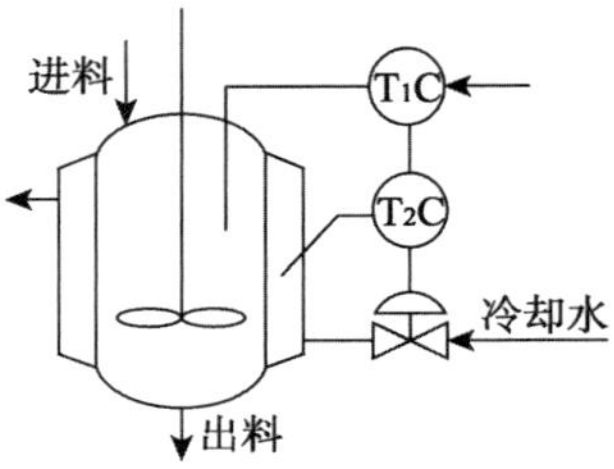

卷图 4-7

39. 某化学反应器要求参与反应的 A、B 两种物料保持一定的比值，其中 A 物料供应充足，而 B 物料受生产负荷的制约有可能供应不足。通过观察发现，两物料的流量因为管线压力波动而经常变化。该化学反应器的 A、B 两种物料的比值要求严格，否则易发生事故。根据上述情况，要求：

(1) 设计合理的双闭环比值控制系统，确定主动量和从动量。

(2) 画出原理图。

(3) 画出方块图。

参考答案

试卷一

一、单项选择题(每小题 1 分,共 10 分)

1. D　2. B　3. B　4. B　5. B　6. A　7. C　8. C　9. B　10. D

二、填空题(每空 1 分,共 10 分)

11. 隔离膜盒　12. 比例(P)　13. 阀门定位器　14. 控制器　15. 控制变量　16. 程序控制系统　17. 0　18. 生产的安全性　19. 积分切除法　20. 一

三、判断题(每小题 1 分,共 10 分)

21. ×　22. ×　23. ×　24. √　25. √　26. ×　27. √　28. ×　29. √　30. ×

四、简答题(每小题 5 分,共 20 分)

31. 调节阀的流量特性是指被控介质流过阀门的相对流量$\frac{Q}{Q_{\max}}$与阀门的相对开度$\frac{l}{L}$之间的关系。

线性流量特性的数学表达式为

$$\frac{Q}{Q_{\max}}=K\frac{l}{L}+C$$

式中,K 为放大系数,C 为积分常数。

等百分比流量特性的表达式为

$$\ln\frac{Q}{Q_{\max}}=K\left(\frac{l}{L}+C\right)$$

32. 因工艺要求故障情况下送出的气体不许带液,故当气源压力为零时,阀门应打开,所以调节阀为气关阀。当液位升高时,要求调节阀的开度增大,由于选取的是气关调节阀,故要求控制器输出减少,控制器是反作用。

工作过程:液位↑→液位变送器输出↑→控制器输出↓→调节阀开度↑→液体输出↑→液位↓

33. 串级控制系统的目的是高精度地稳定主变量,对主变量的要求较高,一般不允许有余差,所以主控制器一般选择比例积分控制规律。当对象滞后较大时,也可以适当地引入微分作用。

串级控制系统对副变量的要求不严格,在控制过程中,副变量是不断地跟随主控制器的输出变化而变化的，所以副控制器一般可以采用比例控制规律，必要时可以引入适当的积分作用，微分作用一般是不需要的。

34. 实现两个或者两个以上的参数符合一定比例关系的控制系统称为比值控制系统。通常为流量比值控制系统，用来控制两种物料的流量保持一定的比值关系。

变比值控制系统是相对于定比值而言的，当要求两种物料的比值根据其他的条件可以动态的调整时，则可以构建变比值控制系统。

五、计算分析题（每小题 10 分，共 50 分）

35. **解**：设显示仪表（有冷端温度补偿）指示 T ℃

由题可知，热电偶冷端短接时，即输入电势为 0，而显示仪表（有冷端温度补偿）却指在 20 ℃上，因此可知显示仪表（有冷端温度补偿）所处的室温为 20 ℃，仪表所需的热电势为 $E_K(T,20)$

补偿导线产生的热电势为 $E_E(30,20)$，热电偶产生的热电势为 $E_K(885,30)$，回路产生的总热电势为 $E_{总}=E_K(885,30)+E_E(30,20)$

热电偶及补偿导线所产生的热电势应等于仪表所需的热电势，即有

$E_K(T,20)=E_K(885,30)+E_E(30,20)$

$$\begin{aligned}E_K(T,0)&=E_K(885,30)+E_E(30,20)+E_K(20,0)\\&=E_K(885,0)-E_K(30,0)+E_E(30,0)-E_E(20,0)+E_K(20,0)\\&=36.725-1.203+1.801-1.192+0.798\\&=36.929(\text{mV})\end{aligned}$$

由所附 K 分度表可知，在 890～895 ℃之间，每 1 ℃对应的 mV 值为 0.04 mV

所以有(36.929－36.925)÷0.04≈0.1(℃)

即　实际温度 $T=890+0.1=890.1$(℃)。

36. **解**：(1) 差压变送器的量程为

$$\Delta p=h_2\rho_3 g=2\times 1\,050\times 9.807=20\,594.7(\text{Pa})$$

(2) 当液位最低时，不考虑容器内压力，差压变送器正、负压室的受力分别为

$$p_+=h_3\rho_2 g=1.5\times 790\times 9.807\approx 11\,621.3(\text{Pa})$$
$$p_-=(h_1+h_2+h_3)\rho_1 g=3.7\times 1.128\times 9.807\approx 40.9(\text{Pa})$$

故迁移量为

$$\Delta p=p_+-p_-=11\,621.3-40.9=11\,580.4(\text{Pa})$$

所以仪表需要正迁移，迁移量为 11 580.4 Pa。

(3) 当液位 $h=0.5$ m 时，差压变送器的输出

$$I_0=(20-4)\times h/h_2+4=(20-4)\times\frac{0.5}{2}+4=8(\text{mA})$$

37. **解**：(1) 应采用干燥温度与蒸汽流量的串级控制系统。采用蒸汽流量为副变量，当蒸汽压力有所波动，引起蒸汽流量变化，马上由副回路及时克服，减少或者消除蒸汽压

力波动对主变量 θ 的影响，提高控制质量。

(2) 如果冷水流量波动是主要干扰，应采用干燥温度与冷水流量的串级控制系统。选择冷水流量为副变量，及时克服冷水流量波动对干燥温度的影响。

(3) 如果冷水流量和蒸汽压力都经常波动，由于它们都会影响加热器的热水出口温度，这时可以选择干燥温度和热水温度的串级控制系统，干燥温度为主变量，热水温度为副变量。在此系统中，蒸汽流量和冷水流量都可以作为控制变量，考虑到蒸汽流量的变化对热水温度的影响较大，故选择蒸汽流量为控制变量。构成的流程图如下图所示。为了防止干燥温度过高，应选择气开阀门，副对象特性为"+"，所以副控制器为反作用控制器；主对象特性为"+"，所以主控制器为反作用控制器。

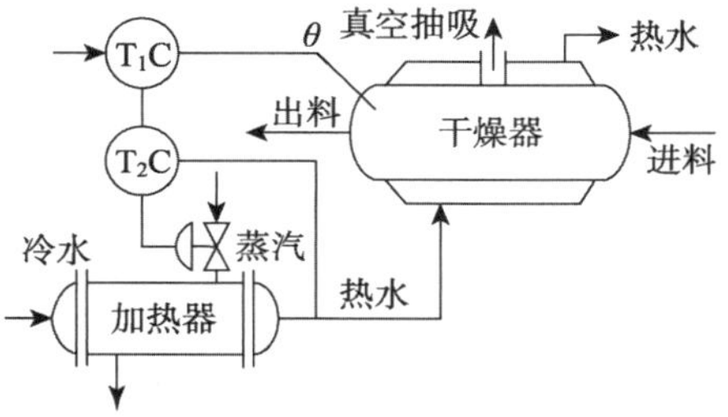

38. **解：**(1) 这是一个分程控制系统。

(2) 系统方块图如下图所示。

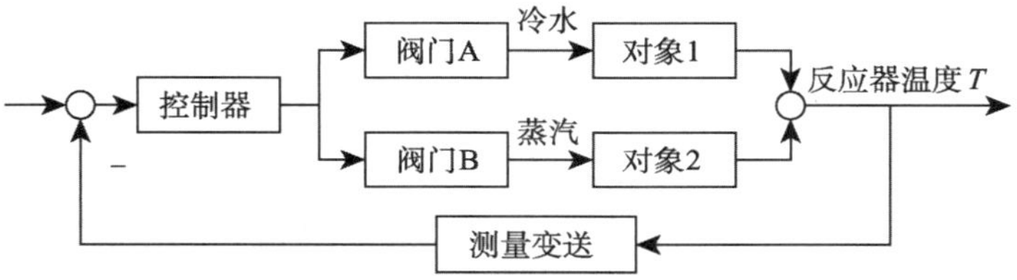

(3) 由于反应器温度一直增加会发生危险，因此从安全的角度出发，当气源中断时应该开启冷水阀而关闭蒸汽阀门，故 A 为气关阀，B 为气开阀。

(4) 因为 A 为气关阀，特性为"—"，对象 1 特性为"—"为了使调节回路成为负反馈调节，控制器 TC 为反作用控制器。利用阀门 B 和对象 2 判断也能得到同样的结果。

39. **解：**由反应曲线可知：

最大偏差：　$A=45-40=5(℃)$

余差：　$C=41-40=1(℃)$

第一个波峰值：$B=45-41=4(℃)$

第二个波峰值：$B'=42-41=1(℃)$

衰减比：　$n=\dfrac{B}{B'}=4:1$

过渡时间：由题目可知，被控变量进入±2%新稳态值，认为过渡过程已经结束，则限制范围为　$41\times(\pm2)\%=\pm0.82(℃)$。

由图可知，过渡时间 $t_s=23$ min。

试卷二

一、单项选择题(每小题 1 分,共 10 分)

1. B　2. B　3. B　4. B　5. C　6. D　7. D　8. A　9. B　10. B

二、填空题(每空 1 分,共 10 分)

11. 电远传式　12. OLE for Process Control　13. 过程输入通道　14. VisualField　15. 被控变量　16. 余差　17. 预测控制算法　18. 混合型选择性控制系统　19. 干扰　20. 一步整定法

三、判断题(每小题 1 分,共 10 分)

21. √　22. ×　23. √　24. √　25. ×　26. √　27. ×　28. ×　29. ×　30. ×

四、简答题(每小题 5 分,共 20 分)

31. **解:** 所谓控制器的控制算法,就是控制器的输出信号与输入信号之间的函数关系。

常见的控制器控制算法有位式调节、比例调节、比例积分调节、比例微分调节、比例积分微分调节等。

增量式 PID 控制算法的表达式为

$$\Delta p = K_{\mathrm{P}}\left(e + \frac{1}{T_{\mathrm{I}}}\int_0^1 e\,\mathrm{d}t + T_{\mathrm{D}}\frac{\mathrm{d}e}{\mathrm{d}t}\right)$$

其中,K_{P} 为控制器的比例增益,T_{I} 为控制器积分时间,T_{D} 为控制器微分时间。

32. **解:** 控制器参数整定的任务是:根据已定的控制方案,来确定控制器的最佳参数值,包括比例度 δ、积分时间 T_{I} 和微分时间 T_{D},目的是使系统获得好的调节质量。

控制器参数整定的方法有理论计算和工程整定两大类。

工程整定法主要有临界比例度法、衰减曲线法和经验法。

33. **解:** 串级控制系统是由其结构上的特征而得名的,它由主控制器和副控制器两个控制器串接工作。主控制器的输出为副控制器的给定值,由副控制器的输出来操纵调节阀,以实现对主变量的定值控制。串级控制系统的典型方块图如下图所示。

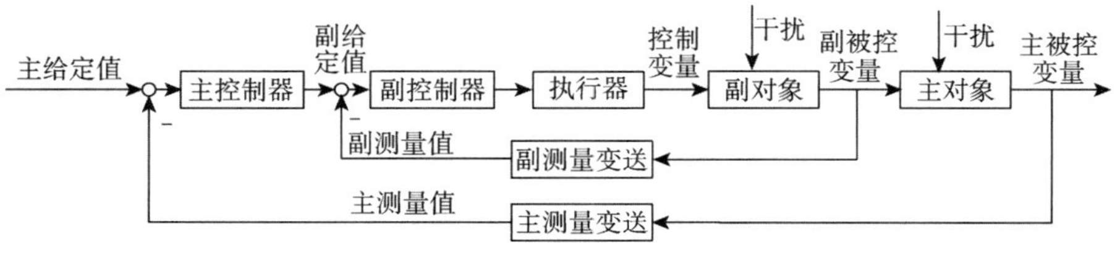

34. **解:** 在选择性控制系统中,由于使用了选择器,未被选用的控制器就处于开环状态,如果控制器有积分作用,偏差长期存在,则控制器的输出会持续地朝向一个方向变

化，直至极限状态，超出了气动调节阀的正常输入信号范围，这种现象称为积分饱和。

设计选择性控制的目的，是为了通过快速的自动选择来消除生产中的不安定因素，而积分饱和的存在使控制器不能及时工作，系统的质量安全都受到影响，这与控制的目的相违背，因此必须考虑抗积分饱和的措施。

五、计算分析题(每小题 10 分，共 50 分)

35. **解**：设热端实际温度为 T ℃

从显示仪表指示 600 ℃，而其所处温度为 10 ℃，可知输入显示仪表(有冷端温度补偿)的热电势为 $E_K(600,10)$

补偿导线相当于把热电偶延长，铜导线上不产生热电势，因而回路产生的总热电势为

$$E_{总}=E_K(T,20)$$

所以，有

$$E_K(T,20)=E_K(600,10)$$

即

$$\begin{aligned}E_K(T,0)&=E_K(600,10)+E_K(20,0)\\&=24.905-0.397+0.798\\&=25.306(\text{mV})\end{aligned}$$

由所附分度表可知，在 600～610 ℃之间，每 1 ℃对应的 mV 值为 0.042 5

所以，有

$$(25.330-25.306)\div 0.0425\approx 0.6(℃)$$

即

$$实际温度\ T=610-0.6=609.4(℃)。$$

36. **解**：(1) 差压变送器的量程为

$$\begin{aligned}\Delta p&=h_2\rho g=2\times 850\times 9.807\\&=16\,671.9(\text{Pa})\end{aligned}$$

(2) 当液位最低时，不考虑容器内压力，差压变送器正、负压室的受力分别为

$$p_+=h_3\rho g=2.5\times 850\times 9.807=20\,839.875(\text{Pa})$$

$$p_-=(h_1+h_2+h_3)\rho_{水}g=(0.5+2+2.5)\times 1\,000\times 9.807=49\,035(\text{Pa})$$

故迁移量为 $p=p_+-p_-=20\,839.875-49\,035=-28\,195.125(\text{Pa})<0$

所以仪表需要负迁移，迁移量为 $-28\,195.125$Pa。

(3) 当液位 $h=50$ cm 时，差压变送器的输出

$$I_0=(20-4)\times h/h_2+4=16\times\frac{0.5}{2}+4=8(\text{mA})$$

37. **解**：(1) 被控变量为介质出口温度，控制变量为蒸汽流量。所组成的控制系统如下图所示。

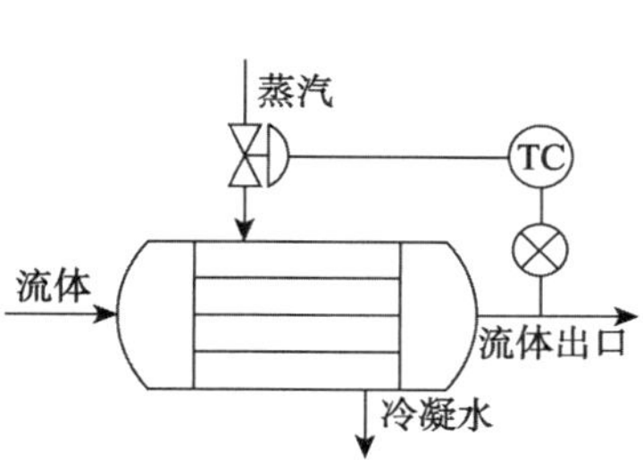

(2) 方块图如下图所示。

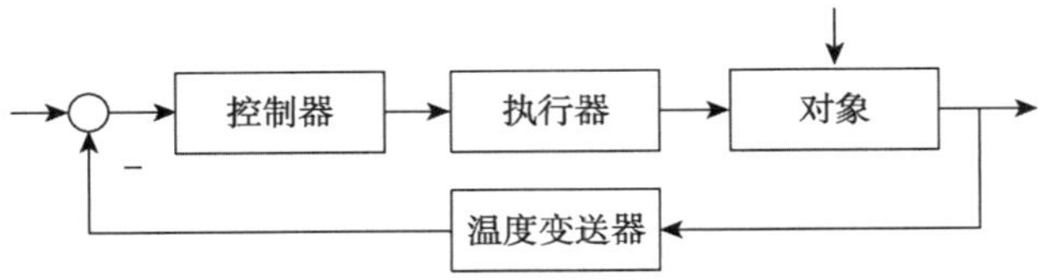

(3) 由于介质为易结晶介质,当气源压力为零时,应该使蒸汽进入,防止介质结晶,所以执行器为气关阀;当出口温度升高时,应减小蒸汽量,由于执行器为气关阀,因此控制器为正作用控制器。

(4) 当流体流量突然增加时,流体的出口温度降低,由于控制器为正作用控制器,当控制器输出信号减小时,因为执行器为气关阀,因此阀门开度开大,蒸汽的进入量增大来克服干扰。

38. **解**:(1) 这是一个串级控制系统,冷却水流量为副变量,聚合温度为主变量,方块图如下图所示。

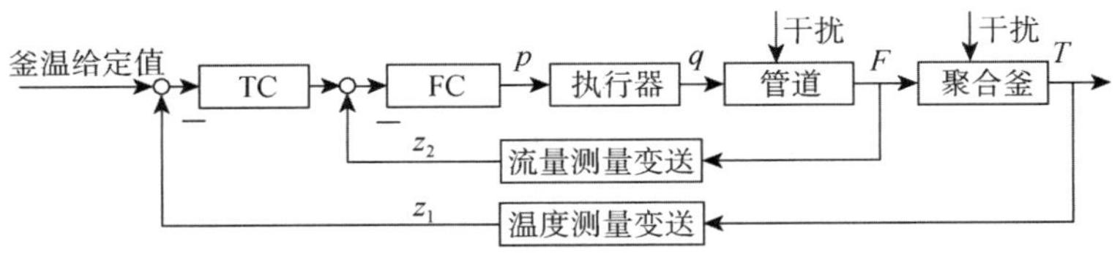

(2) 由于聚合釜温度不能过高,在气源中断时,为了防止釜温过高,冷却水应该继续供应,执行器为气关型。

(3) 流量控制器为正作用,温度控制器为正作用。

39. **解**:(1) 三冲量是指汽包液位、蒸汽流量、给水流量。

(2) 方块图如下所示。

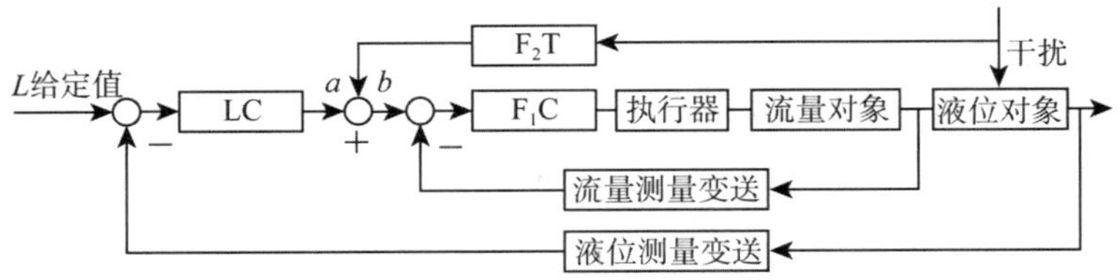

(3) 当蒸汽负荷突然增加时,在燃料量不变的情况下,由于汽包内蒸汽压力瞬时下降,汽包内液体大量汽化,汽包内的沸腾突然加剧,水中的气泡迅速增多,将水位抬高,形成了虚假的水位上升现象,这种升高的液位并不代表汽包贮液量的真实情况,因而产生虚假液位。三冲量控制系统根据蒸汽流量 F_2 变化量的增加将给水量也增加一定的数值从而达到克服虚假液位的目的。即蒸汽负荷突然增加,b 增加,流量控制器 F_1C 的给定值增加,使给水流量增加,从而克服干扰所带来的虚假液位。

(4) 当供水压力增大时,由流量对象所在的副环进行克服,阀门为气关阀,流量控制器为正作用控制器,供水压力增加,流量增大,控制器输出增加,气关阀开度减小,达到克服干扰的目的。

试卷三

一、单项选择题(每小题 1 分,共 10 分)

1. C 2. A 3. D 4. A 5. D 6. B 7. D 8. B 9. A 10. A

二、填空题(每空 1 分,共 10 分)

11. 变差 12. 隔离罐 13. 整体式 14. VisualField(VF) Explorer 15. 干扰变量 16. 反馈 17. 机理建模 18. 容量滞后 19. 衰减曲线法 20. 主对象

三、判断题(每小题 1 分,共 10 分)

21. √ 22. × 23. √ 24. × 25. × 26. × 27. √ 28. √ 29. × 30. ×

四、简答题(每小题 5 分,共 20 分)

31. **解:** 测温线路如下图所示。

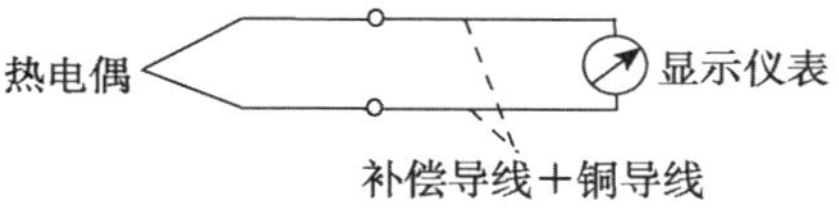

热电偶是感温元件,把被测温度转换为毫伏值;补偿导线是使热电偶冷端延长,从而保证冷端温度恒定;显示仪表把毫伏信号还原成为待测温度值显示出来。

32. **解:** 调节阀的阀杆是一个可移动的部件,它与填料间总有一定的摩擦。当阀门的填料压得过紧,或长时间未润滑时,干摩擦力很大,膜头上较小的气压变化推不动阀杆。这时便会产生正反行程的变差,即在阀杆上升和下降时对应于同样阀杆位置的气压不一样。

调节阀变差增大,对调节过程会产生不利影响,即使是时间常数和时滞都很小的流量过程,调节过程也会出现明显的时间间隔变化。对于时间常数和时滞大的温度过程,控制作用则更不及时,会引起持续振荡。

33. **解:** 方块图如下所示。

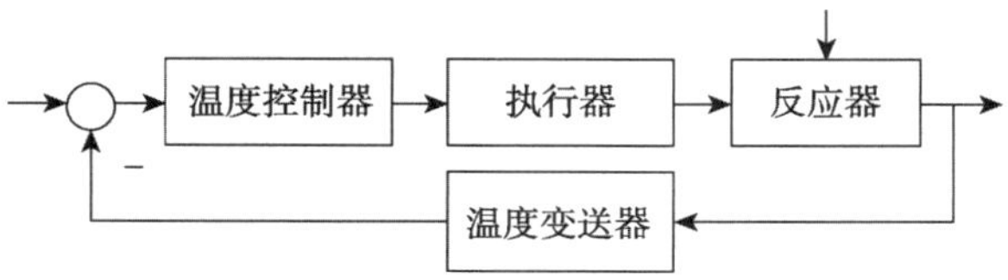

被控对象为反应器;被控变量为反应器内的温度;控制变量为冷却水流量;可能引起被控变量变化的干扰为 A、B 物料温度、环境温度、冷却水温度等。

34. **解:** 最大偏差:$A=440-400=40$(℃)

余差:　　　$C=410-400=10$(℃)

第一个波峰值：$B=440-410=30$(℃)

第二个波峰值：$B'=420-410=10$(℃)

衰减比：　　$n=B/B'=3:1$

过渡时间：由题目可知，被控变量进入±2%新稳态值，认为过渡过程已经结束，则限制范围为　410×(±2)%=±8.2(℃)

由图可知，过渡时间　$t_s=37$ min。

五、计算分析题(每小题10分，共50分)

35. **解**：设温度显示仪表(有冷端补偿)读数为 T ℃，则显示仪表所需的热电势为 $E_{入}=E_E(T,20)$

补偿导线产生的电势为　$E_{补}=E_E(50,20)$，热电偶产生的热电势为 $E_K(600,50)$

因此输入显示仪表的电势 $E_{入}=E_K(600,50)+E_E(50,20)$

于是有：　$E_E(T,20)=E_K(600,50)+E_E(50,20)$

即　$E_E(T,0)=E_K(600,50)+E_E(50,20)+E_E(20,0)$

$=24.905-2.023+3.048-1.192+1.192$

$=25.928$(mV)

由所附E分度表可知，在360～370 ℃之间，每1 ℃对应的mV值为0.079 5

所以有　(25.928−25.757)÷0.079 5≈2.2(℃)

即仪表示值为　$T=360+2.2=362.2$(℃)。

36. **解**：(1) 量程计算

液面最高时，法兰变送器高压侧压力为

$$p_+=p_0+\rho_1 gH_0+\rho_1 gH_1+\rho_0 gH_1$$

液面最低时，法兰变送器高压侧压力为

$$p'_+=p_0+\rho_0 gH_1+\rho_1 gH_1$$

变送器量程为

$$\Delta p=p_+-p'_+=\rho_1 gH_0$$

(2) 零点迁移计算

当液面最低时，法兰变送器高压侧压力为

$$p'_+=p_0+\rho_0 gH_1$$

低压侧压力为

$$p'_-=p_0+\rho_0 gH_2$$

则差压为

$$\Delta p=p'_+-p'_-=(H_1-H_2)\rho_0 g=-H_0\rho_0 g$$

因此该变送器需要负迁移，迁移量为 $-H_0\rho_0 g$。

37. **解**：(1) 流量与差压的关系为

$$M=K\sqrt{\Delta p}\text{（}K\text{ 为一常数）}$$

$$M_{100\%}=K\sqrt{39.24}=10(\text{t/h})$$

$$M_{50\%}=K\sqrt{\Delta p}=5(\text{t/h})$$

上两式相比，得到

$$\frac{M_{100\%}}{M_{50\%}}=\frac{\sqrt{39.24}}{\sqrt{\Delta p}}=\frac{10}{5}$$

由上式可解得 $\Delta p=9.81(\text{kPa})$。

变送器的输出电流范围为 4～20 mA，所以有

$$\frac{39.24}{9.81}=\frac{20-4}{I_0-4}$$

$$I_0=8(\text{mA})\text{。}$$

(2) 因节流装置及流量特性不变，K 仍为原来的常数。将二次表刻度改为 0～7.5 t/h，只需将差压变送器的量程压缩即可。

$$M_{100\%}=K\sqrt{39.24}=10(\text{t/h})$$

$$M_{100\%}=K\sqrt{\Delta p'}=7.5(\text{t/h})$$

上两式相比，得到

$$\frac{\sqrt{39.24}}{\sqrt{\Delta p'}}=\frac{10}{7.5}$$

$$\Delta p'\approx 22.07(\text{kPa})\text{。}$$

将变送器测量范围改为 0～22.07 kPa，二次表刻度即为 0～7.5 t/h。

38. **解：**(1) 由于蒸汽流量波动较大，故选择蒸汽流量为副变量，出口温度为主变量。串级控制系统流程图与方块图如下所示。

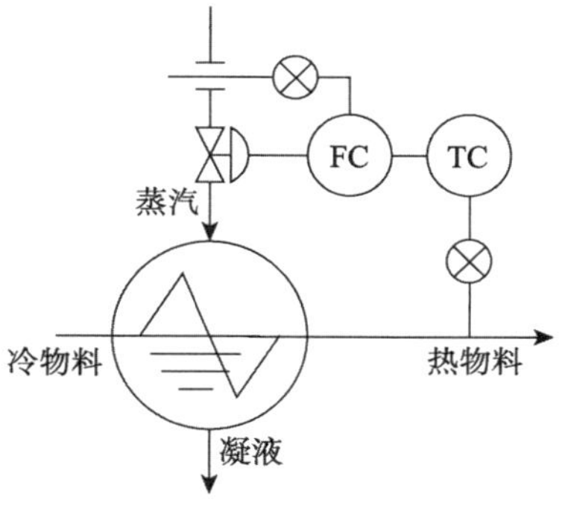

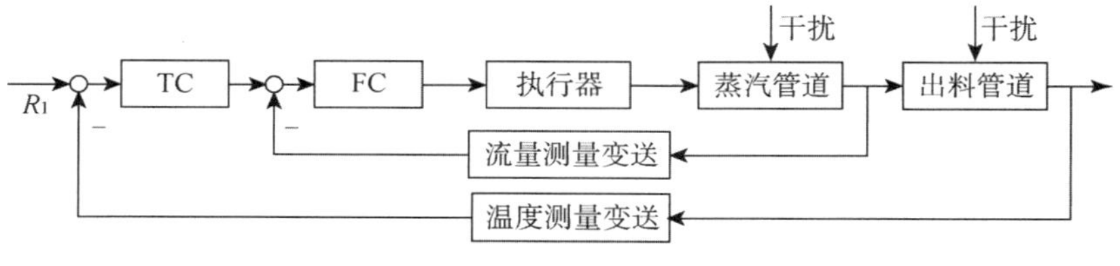

(2) 在气源中断时为防止物料温度过高而分解,应关闭执行器,故应采用气开型的阀门,为“+”方向。

(3) 主控制器的作用方向:当主变量物料出口温度增加时,要求蒸汽的调节阀关小,副变量蒸汽流量增加时,要求调节阀开小,两者对阀的要求一致,因此主控制器采用“反”作用。

副控制器的作用方向:由于副对象为“+”方向。已知执行器为“+”方向,故副控制器应该是“反”作用的。

(4) 设蒸汽压力增加,则蒸汽流量增加,由于 FC 为“反”作用,其输出减小,而执行器为气开型,故阀门关小,使蒸汽流量减小,及时克服了由于蒸汽压力波动对蒸汽流量的影响,从而减少甚至消除了蒸汽压力波动对物料出口温度的影响。

另外,如果蒸汽压力波动影响到了物料出口温度,假设出口温度升高,则“反”作用的主控制器 TC 的输出减小,副控制器 FC 的给定值减小,由于 FC 为“反”作用,因此 FC 输出降低,气开型的执行器关小,蒸汽流量减少,物料出口温度降低,从而得到了精确的控制。

39. **解:**(1) 此控制方案的液位控制和流量控制相互矛盾;塔 1 的出料正好是塔 2 的进料,彼此干扰,无法进行调节。

(2) 设计串级均匀控制方案,如下图所示。

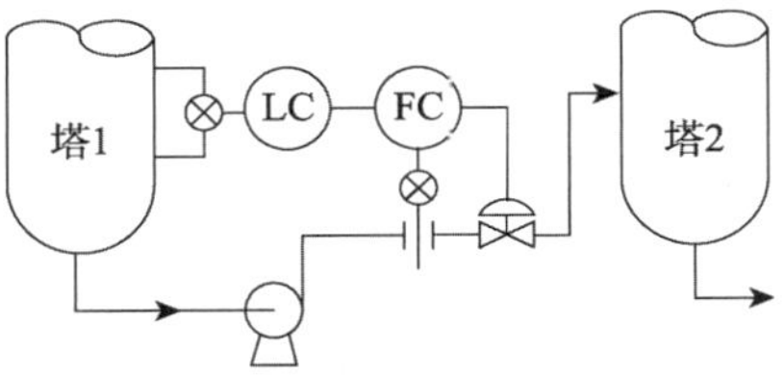

(3) 方块图如下所示。

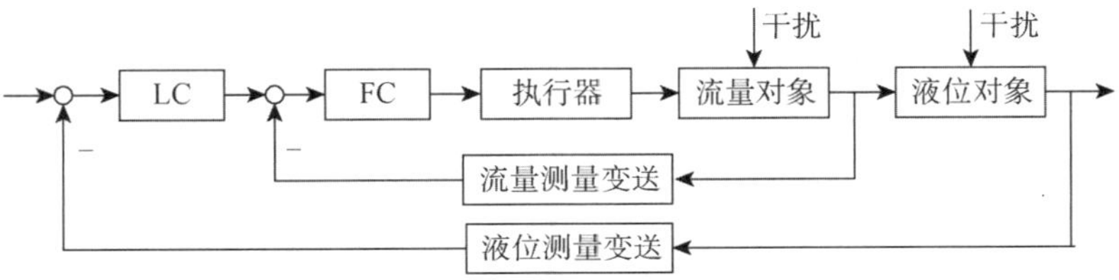

(4) 从结构上看,串级均匀控制系统和串级控制系统没有不同。

试卷四

一、单项选择题(每小题 1 分,共 10 分)

1. A 2. B 3. D 4. A 5. C 6. C 7. A 8. C 9. C 10. D

二、填空题(每空 1 分,共 10 分)

11. 热胀冷缩 12. 工业控制网络 13. 角位移 14. 输入输出模块 15. 正反馈

16. 二阶对象或二阶系统　17. 余差　18. 正　19. 变比值　20. 一

三、判断题(每小题 1 分,共 10 分)

21. ×　22. ×　23. √　24. √　25. √　26. ×　27. ×　28. ×　29. √　30. ×

四、简答题(每小题 5 分,共 20 分)

31. **解:** R_t 应接成三线制,即 R_t 的一端引出一根导线接 a 点,另一端引出两根导线,其中一根与 R_3 相连,一根与稳压源相连,形成三线制。

为了使电阻 R_t 与热电偶的冷端感受同一温度,必须把 R_t 与热电偶的冷端放在一起,电桥通常在 20 ℃时处于平衡,此时,$R_1 = R_2 = R_3 = R_t^{20}$,对角线 a、b 两点电位相等,即 $U_{ab}=0$,电桥的输出对仪表的读数无影响,当环境温度高于 20 ℃时,热电偶因冷端温度升高而使热电势减少,同时,电桥中的铜电阻 R_t 阻值随温度增加而增加,电桥不再平衡,使 a 点电势高于 b 点电势,即 $U_{ab}>0$。它与热电偶的电势相叠加,一起送入显示仪表,如电桥桥臂电阻和电流选择适当,可以使电桥产生的不平衡电压 U_{ab},正好补偿由于冷端温度变化而引起的电动势减少的值,因而仪表的指示值正确。

32. **解:** 集成方式有 3 种:现场总线与 DCS 输入输出总线的集成,现场总线与 DCS 网络的集成,以及 FCS 与 DCS 的直接集成。

33. **解:** 两者都是被控对象特性的参数

放大系数 K 在数值上等于对象处于稳定状态时输出量的变化量和输入量的变化量之比;

时间常数 T 指当对象受到阶跃输入作用之后被控变量达到新稳态值的 63.2%所需要的时间,或是被控变量如果保持初始速度变化达到新稳态值所需的时间。

34. **解:** (1) 控制变量必须是工艺上允许调节的变量。

(2) 控制变量应该是系统中所有被控变量的输入变量中对被控变量影响最大的一个,调节通道的放大系数适当大,时间常数适当小,滞后时间尽量小。

(3) 不宜选择代表生产负荷的变量作为控制变量,以免产量受到波动。

五、计算分析题(每小题 10 分,共 50 分)

35. **解:** 设有冷端补偿显示仪表读数为 T ℃,则有冷端补偿显示仪表所需热电势为

$$E_{入}=E(T,20)$$

补偿导线产生的热电势为　$E_{补}=E_K(50,20)$

又输入显示仪表的热电势　$E_{入}=E_K(600,50)-E_K(50,20)$

于是有

$$E_K(T,20)=E_K(600,50)-E_K(50,20)$$

即

$$\begin{aligned}E_K(T,0)&=E_K(600,50)-E_K(50,20)+E_K(20,0)\\&=24.905-2.023-2.023+0.798+0.798\\&=22.455(\text{mV})\end{aligned}$$

由所附分度表可知,在 540～550 ℃之间,每 1 ℃对应的 mV 值为 0.042 6

所以,有

$$(22.455-22.350)\div 0.0426\approx 2.5(℃)$$

即仪表示值为 $T=540+2.5=542.5$(℃)。

36. **解:**(1) 量程计算

液面最高时,法兰变送器高压侧压力为

$$p_1=\rho_1 gH_0+p_0-\rho_0 gH_1$$

液面最低时,法兰变送器高压侧压力为

$$p'_1=p_0-\rho_0 gH_1$$

变送器量程为

$$\Delta p=p_1-p'_1=\rho_1 gH_0$$

(2) 零点迁移计算

当液面最低时,法兰变送器高压侧压力为

$$p_+=p_0-\rho_0 gH_1$$

低压侧压力为

$$p_-=p_0-\rho_0 gH_2$$

则差压为

$$\Delta p=p_+-p_-=-(H_1-H_2)\rho_0 g=-H_0\rho_0 g$$

因此,该变送器需要负迁移,迁移量为$-H_0\rho_0 g$。

37. **解:**(1) 从曲线上可以看出,控制器在未加阶跃信号之前的输出为 4 mA,所以控制器的起始工作点 $p_0=4$ mA。

(2) 在 $t=t_0$ 时控制器被加入题图所示的三阶跃信号,

控制器的输出从 4 mA 增加到 8 mA,

故从这里可以判断控制器的工作状态是正作用的。

(3) 在 $t=t_0$ 时控制器输出从 4 mA 增加到 8 mA,变化量为 4 mA,

这一阶跃变化主要是由比例作用引起的,所以有

$$\delta=\frac{e}{\Delta p}\times 100\%=\frac{2}{4}\times 100\%=50\%$$

(4) 从曲线上可以看出当时间 t 从 t_0 变化到 t_0+1 时,控制器具有比例积分作用,所以,根据控制器的输入输出关系式可得:

$$\begin{aligned}p&=\frac{1}{\delta}\left(e+\frac{1}{T_1}\int_{t_0}^{t_0+1}e\,\mathrm{d}t\right)+p_0\\&=2\left[2+\frac{2}{T_1}(t_0+1-t_0)\right]+4=12\end{aligned}$$

从上式可求出 $T_1=1$(min)。

38. **解:**(1) 这是串级控制系统,主变量是釜内温度 T_1,副变量是夹套内温度 T_2,方块图如下所示。

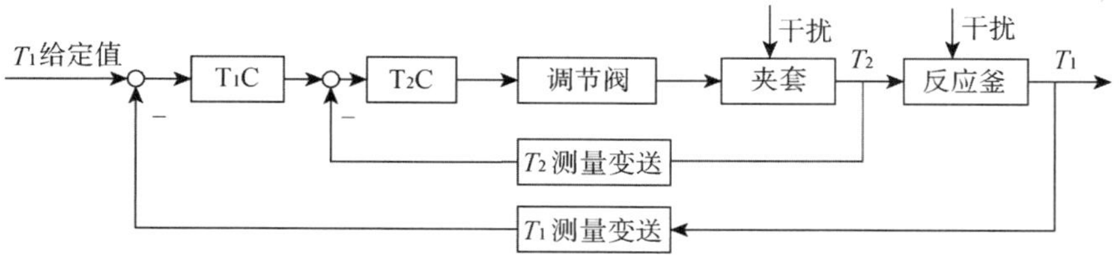

(2) 在气源中断时，为了防止釜温过高，冷却水应该继续供应，执行器为气关型。

(3) 主控制器作用方向的确定：主副变量增加时都要求冷水调节阀开大，主控制器为反作用；副控制器作用方向的确定：阀门为气关阀，副对象为"—"作用方向，副控制器为反作用。

(4) 当主要干扰是冷却水温度波动，串级系统的工作过程如下：当冷却水温度升高，则夹套内温度升高，由于 T_2C 为反作用，故其输出降低，因而气关型的阀门开大，冷却水流量增加以及时克服冷却水温度变化对夹套温度的影响，因而减少以致消除冷却水温度波动对釜内温度的影响，提高了控制质量。这时如果釜内温度由于某些次要干扰的影响而波动，该系统也能加以克服。设釜内温度升高，则反作用的 T_1C 输出降低，则 T_2C 的给定降低，其输出也降低，于是调节阀开大，冷却水流量增加以使釜内温度降低，起到负反馈的作用。

39. **解：**(1) 因为 A 物料供应充足，而 B 物料受生产负荷的制约有可能供应不足，因此选择 B 物料为主动量，A 为从动量。

(2) 所得的双闭环比值控制系统原理图如下所示。

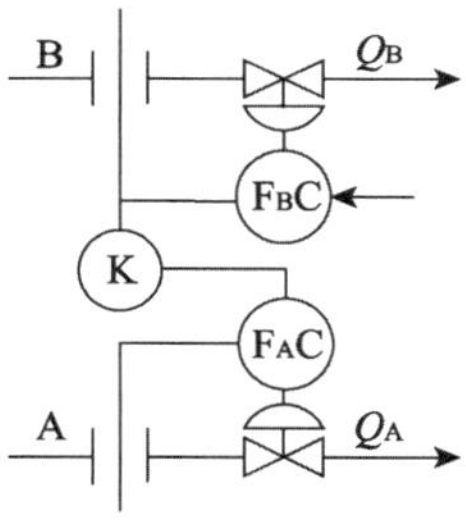

(3) 方块图如下所示。

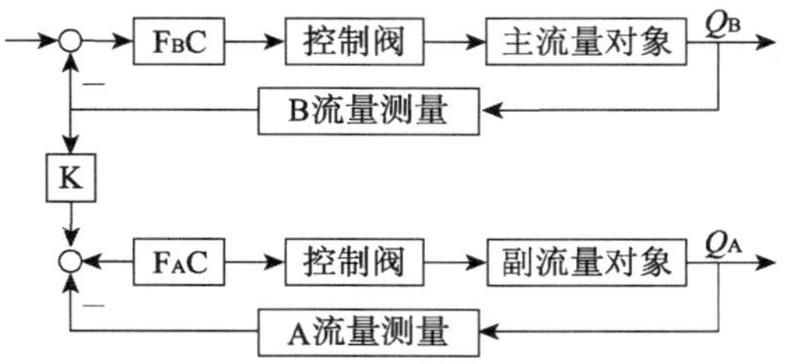

参考文献

[1] 张光新，杨丽明，王会芹．化工自动化及仪表[M]．2版．北京：化学工业出版社，2016．

[2] 陈夕松，汪木兰，杨俊，等．过程控制系统[M]．4版．北京：科学出版社，2022．

[3] 俞金寿，孙自强．过程控制系统[M]．2版．北京：机械工业出版社，2015．

[4] 厉玉鸣．化工仪表及自动化[M]．5版．北京：化学工业出版社，2011．

[5] 潘维加．热工过程控制仪表[M]．北京：中国电力出版社，2013．

[6] 李丽娟，张利．过程控制[M]．4版．南京：东南大学出版社，2019．

[7] 王斌．传感器检测与应用[M]．2版．北京：国防工业出版社，2014．

[8] 祝诗平．传感器与检测技术[M]．北京：中国林业出版社，2006．

[9] 李疆．工业自动化综合应用实训：基础篇[M]．西安：西安电子科技大学出版社，2015．

[10] 唐孟海，胡兆灵．常减压蒸馏装置技术问答[M]．2版．北京：中国石化出版社，2015．

[11] 赵守忠，高凡，杜晓婷．传感器技术及工程应用[M]．北京：中国铁道出版社，2013．

[12] 席裕庚．预测控制[M]．2版．北京：国防工业出版社，2013．

[13] 王慧．计算机控制系统[M]．3版．北京：化学工业出版社，2011．

[14] 黄海燕，余昭旭，何衍庆编著，集散控制系统原理及应用(第四版)．北京：化学工业出版社，2022．

[15] 汤旻安，邱建东，汤自安，等．现场总线及工业控制网络[M]．北京：机械工业出版社，2018．

[16] Gruhn，CFSE，Cheddie，等．安全仪表系统工程设计与应用 [M]．张建国，李玉明，译．2版．北京：中国石化出版社，2017．

[17] 张建国．安全仪表系统在过程工业中的应用[M]．北京：中国电力出版社，2010．

[18] 黄文鑫．仪表工问答[M]．北京：化学工业出版社，2013．

[19] 郭爱文，专祥涛，丁李．“自动控制原理”课程思政教学探讨：以PID控制教学为例[J]．教育教学论坛，2024(4)：124－127．

[20] 王培进．从PID控制算法看人文素养与科学素养相融合的课程思政[J]．工业和信息化教育，2021(3)：6－9．

附录 1　K型热电偶分度表

	E_K(mV)										
T(℃)	−10	−9	−8	−7	−6	−5	−4	−3	−2	−1	0
−260	−6.458	−6.457	−6.456	−6.455	−6.453	−6.452	−6.450	−6.448	−6.446	−6.444	−6.441
−250	−6.441	−6.438	−6.435	−6.432	−6.429	−6.425	−6.421	−6.417	−6.413	−6.408	−6.404
−240	−6.404	−6.399	−6.393	−6.388	−6.382	−6.377	−6.370	−6.364	−6.358	−6.351	−6.344
−230	−6.344	−6.337	−6.329	−6.322	−6.314	−6.306	−6.297	−6.289	−6.280	−6.271	−6.262
−220	−6.262	−6.252	−6.243	−6.233	−6.223	−6.213	−6.202	−6.192	−6.181	−6.170	−6.158
−210	−6.158	−6.147	−6.135	−6.123	−6.111	−6.099	−6.087	−6.074	−6.061	−6.048	−6.035
−200	−6.035	−6.021	−6.007	−5.994	−5.980	−5.965	−5.591	−5.936	−5.922	−5.907	−5.891
−190	−5.891	−5.876	−5.861	−5.845	−5.829	−5.813	−5.797	−5.780	−5.763	−5.747	−5.730
−180	−5.730	−5.713	−5.695	−5.678	−5.660	−5.642	−5.624	−5.606	−5.588	−5.569	−5.550
−170	−5.550	−5.531	−5.512	−5.493	−5.474	−5.454	−5.435	−5.415	−5.395	−5.374	−5.354
−160	−5.354	−5.333	−5.313	−5.292	−5.271	−5.250	−5.228	−5.207	−5.185	−5.163	−5.141
−150	−5.141	−5.119	−5.097	−5.074	−5.052	−5.029	−5.006	−4.983	−4.960	−4.936	−4.913
−140	−4.913	−4.889	−4.865	−4.841	−4.817	−4.793	−4.768	−4.744	−4.719	−4.694	−4.669
−130	−4.669	−4.644	−4.618	−4.593	−4.567	−4.542	−4.516	−4.490	−4.463	−4.437	−4.411
−120	−4.411	−4.384	−4.357	−4.330	−4.303	−4.276	−4.249	−4.221	−4.194	−4.166	−4.138
−110	−4.138	−4.110	−4.082	−4.054	−4.025	−3.997	−3.968	−3.939	−3.911	−3.882	−3.852
−100	−3.852	−3.823	−3.794	−3.764	−3.734	−3.705	−3.675	−3.645	−3.614	−3.584	−3.554
−90	−3.554	−3.523	−3.492	−3.462	−3.431	−3.400	−3.368	−3.337	−3.306	−3.274	−3.243
−80	−3.243	−3.211	−3.179	−3.147	−3.115	−3.083	−3.050	−3.018	−2.986	−2.953	−2.920
−70	−2.920	−2.887	−2.854	−2.821	−2.788	−2.755	−2.721	−2.688	−2.654	−2.620	−2.587
−60	−2.587	−2.553	−2.519	−2.485	−2.450	−2.416	−2.382	−2.347	−2.312	−2.278	−2.243
−50	−2.243	−2.208	−2.173	−2.138	−2.103	−2.067	−2.032	−1.996	−1.961	−1.925	−1.889
−40	−1.889	−1.854	−1.818	−1.782	−1.745	−1.709	−1.673	−1.637	−1.600	−1.564	−1.527
−30	−1.527	−1.490	−1.453	−1.417	−1.380	−1.343	−1.305	−1.268	−1.231	−1.194	−1.156
−20	−1.156	−1.119	−1.081	−1.043	−1.006	−0.968	−0.930	−0.892	−0.854	−0.816	−0.778
−10	−0.778	−0.739	−0.701	−0.663	−0.624	−0.586	−0.547	−0.508	−0.470	−0.431	−0.392
0	−0.392	−0.353	−0.314	−0.275	−0.236	−0.197	−0.157	−0.118	−0.079	−0.039	−0.000

续表

	E_K(mV)										
T(℃)	0	1	2	3	4	5	6	7	8	9	10
0	0.000	0.039	0.079	0.119	0.158	0.198	0.238	0.277	0.317	0.357	0.397
10	0.397	0.437	0.477	0.517	0.557	0.597	0.637	0.677	0.718	0.758	0.798
20	0.798	0.838	0.879	0.919	0.960	1.000	1.041	1.081	1.122	1.163	1.203
30	1.203	1.244	1.285	1.326	1.366	1.407	1.448	1.489	1.530	1.571	1.612
40	1.612	1.653	1.694	1.735	1.776	1.817	1.858	1.899	1.941	1.982	2.023
50	2.023	2.064	2.106	2.147	2.188	2.230	2.271	2.312	2.354	2.395	2.436
60	2.436	2.478	2.519	2.561	2.602	2.644	2.685	2.727	2.768	2.810	2.851
70	2.851	2.893	2.934	2.976	3.017	3.059	3.100	3.142	3.184	3.225	3.267
80	3.267	3.308	3.350	3.391	3.433	3.474	3.516	3.557	3.599	3.640	3.682
90	3.682	3.723	3.765	3.806	3.848	3.889	3.931	3.972	4.013	4.055	4.096
100	4.096	4.138	4.179	4.220	4.262	4.303	4.344	4.385	4.427	4.468	4.509
110	4.509	4.550	4.591	4.633	4.674	4.715	4.756	4.797	4.838	4.879	4.920
120	4.920	4.961	5.002	5.043	5.084	5.124	5.165	5.206	5.247	5.288	5.328
130	5.328	5.369	5.410	5.450	5.491	5.532	5.572	5.613	5.653	5.694	5.735
140	5.735	5.775	5.815	5.856	5.896	5.937	5.977	6.017	6.058	6.098	6.138
150	6.138	6.179	6.219	6.259	6.299	6.339	6.380	6.420	6.460	6.500	6.540
160	6.540	6.580	6.620	6.660	6.701	6.741	6.781	6.821	6.861	6.901	6.941
170	6.941	6.981	7.021	7.060	7.100	7.140	7.180	7.220	7.260	7.300	7.340
180	7.340	7.380	7.420	7.460	7.500	7.540	7.579	7.619	7.659	7.699	7.739
190	7.739	7.779	7.819	7.859	7.899	7.939	7.979	8.019	8.059	8.099	8.138
200	8.138	8.178	8.218	8.258	8.298	8.338	8.378	8.418	8.458	8.499	8.539
210	8.539	8.579	8.619	8.659	8.699	8.739	8.779	8.819	8.860	8.900	8.940
220	8.940	8.980	9.020	9.061	9.101	9.141	9.181	9.222	9.262	9.302	9.343
230	9.343	9.383	9.423	9.464	9.504	9.545	9.585	9.626	9.666	9.707	9.747
240	9.747	9.788	9.828	9.869	9.909	9.950	9.991	10.031	10.072	10.113	10.153
250	10.153	10.194	10.235	10.276	10.316	10.357	10.398	10.439	10.480	10.520	10.561
260	10.561	10.602	10.643	10.684	10.725	10.766	10.807	10.848	10.889	10.930	10.971
270	10.971	11.012	11.053	11.094	11.135	11.176	11.217	11.259	11.300	11.341	11.382
280	11.382	11.423	11.465	11.506	11.547	11.588	11.630	11.671	11.712	11.753	11.795
290	11.795	11.836	11.877	11.919	11.960	12.001	12.043	12.084	12.126	12.167	12.209
300	12.209	12.250	12.291	12.333	12.374	12.416	12.457	12.499	12.540	12.582	12.624
310	12.624	12.665	12.707	12.748	12.790	12.831	12.873	12.915	12.956	12.998	13.040
320	13.040	13.081	13.123	13.165	13.206	13.248	13.290	13.331	13.373	13.415	13.457
330	13.457	13.498	13.540	13.582	13.624	13.665	13.707	13.749	13.791	13.833	13.874
340	13.874	13.916	13.958	14.000	14.042	14.084	14.126	14.167	14.209	14.251	14.293

续表

	E_K(mV)										
T(℃)	0	1	2	3	4	5	6	7	8	9	10
350	14.293	14.335	14.377	14.419	14.461	14.503	14.545	14.587	14.629	14.671	14.713
360	14.713	14.755	14.797	14.839	14.881	14.923	14.965	15.007	15.049	15.091	15.133
370	15.133	15.175	15.217	15.259	15.301	15.343	15.385	15.427	15.469	15.511	15.554
380	15.554	15.596	15.638	15.680	15.722	15.764	15.806	15.849	15.891	15.933	15.975
390	15.975	16.017	16.059	16.102	16.144	16.186	16.228	16.270	16.313	16.355	16.397
400	16.397	16.439	16.482	16.524	16.566	16.608	16.651	16.693	16.735	16.778	16.820
410	16.820	16.862	16.904	16.947	16.989	17.031	17.074	17.116	17.158	17.201	17.243
420	17.243	17.285	17.328	17.370	17.413	17.455	17.497	17.540	17.582	17.624	17.667
430	17.667	17.709	17.752	17.794	17.837	17.879	17.921	17.964	18.006	18.049	18.091
440	18.091	18.134	18.176	18.218	18.261	18.303	18.346	18.388	18.431	18.473	18.516
450	18.516	18.558	18.601	18.643	18.686	18.728	18.771	18.813	18.856	18.898	18.941
460	18.941	18.983	19.026	19.068	19.111	19.154	19.196	19.239	19.281	19.324	19.366
470	19.366	19.409	19.451	19.494	19.537	19.579	19.622	19.664	19.707	19.750	19.792
480	19.792	19.835	19.877	19.920	19.962	20.005	20.048	20.090	20.133	20.175	20.218
490	20.218	20.261	20.303	20.346	20.389	20.431	20.474	20.516	20.559	20.602	20.644
500	20.644	20.687	20.730	20.772	20.815	20.857	20.900	20.943	20.985	21.028	21.071
510	21.071	21.113	21.156	21.199	21.241	21.284	21.326	21.369	21.412	21.454	21.497
520	21.497	21.540	21.582	21.625	21.668	21.710	21.753	21.796	21.838	21.881	21.924
530	21.924	21.966	22.009	22.052	22.094	22.137	22.179	22.222	22.265	22.307	22.350
540	22.350	22.393	22.435	22.478	22.521	22.563	22.606	22.649	22.691	22.734	22.776
550	22.776	22.819	22.862	22.904	22.947	22.990	23.032	23.075	23.117	23.160	23.203
560	23.203	23.245	23.288	23.331	23.373	23.416	23.458	23.501	23.544	23.586	23.629
570	23.629	23.671	23.714	23.757	23.799	23.842	23.884	23.927	23.970	24.012	24.055
580	24.055	24.097	24.140	24.182	24.225	24.267	24.310	24.353	24.395	24.438	24.480
590	24.480	24.523	24.565	24.608	24.650	24.693	24.735	24.778	24.820	24.863	24.905
600	24.905	24.948	24.990	25.033	25.075	25.118	25.160	25.203	25.245	25.288	25.330
610	25.330	25.373	25.415	25.458	25.500	25.543	25.585	25.627	25.670	25.712	25.755
620	25.755	25.797	25.840	25.882	25.924	25.967	26.009	26.052	26.094	26.136	26.179
630	26.179	26.221	26.263	26.306	26.348	26.390	26.433	26.475	26.517	26.560	26.602
640	26.602	26.644	26.687	26.729	26.771	26.814	26.856	26.898	26.940	26.983	27.025
650	27.025	27.067	27.109	27.152	27.194	27.236	27.278	27.320	27.363	27.405	27.447
660	27.447	27.489	27.531	27.574	27.616	27.658	27.700	27.742	27.784	27.826	27.869
670	27.869	27.911	27.953	27.995	28.037	28.079	28.121	28.163	28.205	28.247	28.289
680	28.289	28.332	28.374	28.416	28.458	28.500	28.542	28.584	28.626	28.668	28.710
690	28.710	28.752	28.794	28.835	28.877	28.919	28.961	29.003	29.045	29.087	29.129

续表

	E_K(mV)										
T(℃)	0	1	2	3	4	5	6	7	8	9	10
700	29.129	29.171	29.213	29.255	29.297	29.338	29.380	29.422	29.464	29.506	29.548
710	29.548	29.589	29.631	29.673	29.715	29.757	29.798	29.840	29.882	29.924	29.965
720	29.965	30.007	30.049	30.090	30.132	30.174	30.216	30.257	30.299	30.341	30.382
730	30.382	30.424	30.466	30.507	30.549	30.590	30.632	30.674	30.715	30.757	30.798
740	30.798	30.840	30.881	30.923	30.964	31.006	31.047	31.089	31.130	31.172	31.213
750	31.213	31.255	31.296	31.338	31.379	31.421	31.462	31.504	31.545	31.586	31.628
760	31.628	31.669	31.710	31.752	31.793	31.834	31.876	31.917	31.958	32.000	32.041
770	32.041	32.082	32.124	32.165	32.206	32.247	32.289	32.330	32.371	32.412	32.453
780	32.453	32.495	32.536	32.577	32.618	32.659	32.700	32.742	32.783	32.824	32.865
790	32.865	32.906	32.947	32.988	33.029	33.070	33.111	33.152	33.193	33.234	33.275
800	33.275	33.316	33.357	33.398	33.439	33.480	33.521	33.562	33.603	33.644	33.685
810	33.685	33.726	33.767	33.808	33.848	33.889	33.930	33.971	34.012	34.053	34.093
820	34.093	34.134	34.175	34.216	34.257	34.297	34.338	34.379	34.420	34.460	34.501
830	34.501	34.542	34.582	34.623	34.664	34.704	34.745	34.786	34.826	34.867	34.908
840	34.908	34.948	34.989	35.029	35.070	35.110	35.151	35.192	35.232	35.273	35.313
850	35.313	35.354	35.394	35.435	35.475	35.516	35.556	35.596	35.637	35.677	35.718
860	35.718	35.758	35.798	35.839	35.879	35.920	35.960	36.000	36.041	36.081	36.121
870	36.121	36.162	36.202	36.242	36.282	36.323	36.363	36.403	36.443	36.484	36.524
880	36.524	36.564	36.604	36.644	36.685	36.725	36.765	36.805	36.845	36.885	36.925
890	36.925	36.965	37.006	37.046	37.086	37.126	37.166	37.206	37.246	37.286	37.326
900	37.326	37.366	37.406	37.446	37.486	37.526	37.566	37.606	37.646	37.686	37.725
910	37.725	37.765	37.805	37.845	37.885	37.925	37.965	38.005	38.044	38.084	38.124
920	38.124	38.164	38.204	38.243	38.283	38.323	38.363	38.402	38.442	38.482	38.522
930	38.522	38.561	38.601	38.641	38.680	38.720	38.760	38.799	38.839	38.878	38.918
940	38.918	38.958	38.997	39.037	39.076	39.116	39.155	39.195	39.235	39.274	39.314
950	39.314	39.353	39.393	39.432	39.471	39.511	39.550	39.590	39.629	39.669	39.708
960	39.708	39.747	39.787	39.826	39.866	39.905	39.944	39.984	40.023	40.062	40.101
970	40.101	40.141	40.180	40.219	40.259	40.298	40.337	40.376	40.415	40.455	40.494
980	40.494	40.533	40.572	40.611	40.651	40.690	40.729	40.768	40.807	40.846	40.885
990	40.885	40.924	40.963	41.002	41.042	41.081	41.120	41.159	41.198	41.237	41.276
1000	41.276	41.315	41.354	41.393	41.431	41.470	41.509	41.548	41.587	41.626	41.665
1010	41.665	41.704	41.743	41.781	41.820	41.859	41.898	41.937	41.976	42.014	42.053
1020	42.053	42.092	42.131	42.169	42.208	42.247	42.286	42.324	42.363	42.402	42.440
1030	42.440	42.479	42.518	42.556	42.595	42.633	42.672	42.711	42.749	42.788	42.826
1040	42.826	42.865	42.903	42.942	42.980	43.019	43.057	43.096	43.134	43.173	43.211

续表

T(℃)	E_K(mV)										
	0	1	2	3	4	5	6	7	8	9	10
1050	43.211	43.250	43.288	43.327	43.365	43.403	43.442	43.480	43.518	43.557	43.595
1060	43.595	43.633	43.672	43.710	43.748	43.787	43.825	43.863	43.901	43.940	43.978
1070	43.978	44.016	44.054	44.092	44.130	44.169	44.207	44.245	44.283	44.321	44.359
1080	44.359	44.397	44.435	44.473	44.512	44.550	44.588	44.626	44.664	44.702	44.740
1090	44.740	44.778	44.816	44.853	44.891	44.929	44.967	45.005	45.043	45.081	45.119
1100	45.119	45.157	45.194	45.232	45.270	45.308	45.346	45.383	45.421	45.459	45.497
1110	45.497	45.534	45.572	45.610	45.647	45.685	45.723	45.760	45.798	45.836	45.873
1120	45.873	45.911	45.948	45.986	46.024	46.061	46.099	46.136	46.174	46.211	46.249
1130	46.249	46.286	46.324	46.361	46.398	46.436	46.473	46.511	46.548	46.585	46.623
1140	46.623	46.660	46.697	46.735	46.772	46.809	46.847	46.884	46.921	46.958	46.995
1150	46.995	47.033	47.070	47.107	47.144	47.181	47.218	47.256	47.293	47.330	47.367
1160	47.367	47.404	47.441	47.478	47.515	47.552	47.589	47.626	47.663	47.700	47.737
1170	47.737	47.774	47.811	47.848	47.884	47.921	47.958	47.995	48.032	48.069	48.105
1180	48.105	48.142	48.179	48.216	48.252	48.289	48.326	48.363	48.399	48.436	48.473
1190	48.473	48.509	48.546	48.582	48.619	48.656	48.692	48.729	48.765	48.802	48.838
1200	48.838	48.875	48.911	48.948	48.984	49.021	49.057	49.093	49.130	49.166	49.202
1210	49.202	49.239	49.275	49.311	49.348	49.384	49.420	49.456	49.493	49.529	49.565
1220	49.565	49.601	49.637	49.674	49.710	49.746	49.782	49.818	49.854	49.890	49.926
1230	49.926	49.962	49.998	50.034	50.070	50.106	50.142	50.178	50.214	50.250	50.286
1240	50.286	50.322	50.358	50.393	50.429	50.465	50.501	50.537	50.572	50.608	50.644
1250	50.644	50.680	50.715	50.751	50.787	50.822	50.858	50.894	50.929	50.965	51.000
1260	51.000	51.036	51.071	51.107	51.142	51.178	51.213	51.249	51.284	51.320	51.355
1270	51.355	51.391	51.426	51.461	51.497	51.532	51.567	51.603	51.638	51.673	51.708
1280	51.708	51.744	51.779	51.814	51.849	51.885	51.920	51.955	51.990	52.025	52.060
1290	52.060	52.095	52.130	52.165	52.200	52.235	52.270	52.305	52.340	52.375	52.410
1300	52.410	52.445	52.480	52.515	52.550	52.585	52.620	52.654	52.689	52.724	52.759
1310	52.759	52.794	52.828	52.863	52.898	52.932	52.967	53.002	53.037	53.071	53.106
1320	53.106	53.140	53.175	53.210	53.244	53.279	53.313	53.348	53.382	53.417	53.451
1330	53.451	53.486	53.520	53.555	53.589	53.623	53.658	53.692	53.727	53.761	53.795
1340	53.795	53.830	53.864	53.898	53.932	53.967	54.001	54.035	54.069	54.104	54.138
1350	54.138	54.172	54.206	54.240	54.274	54.308	54.343	54.377	54.411	54.445	54.479
1360	54.479	54.513	54.547	54.581	54.615	54.649	54.683	54.717	54.751	54.785	54.819
1370	54.819	54.852	54.886								

附录 2　E型热电偶分度表

	E_E(mV)										
T(℃)	0	1	2	3	4	5	6	7	8	9	10
−260	−9.835	−9.833	−9.831	−9.828	−9.825	−9.821	−9.817	−9.813	−9.808	−9.802	−9.797
−250	−9.797	−9.790	−9.784	−9.777	−9.770	−9.762	−9.754	−9.746	−9.737	−9.728	−9.718
−240	−9.718	−9.709	−9.698	−9.688	−9.677	−9.666	−9.654	−9.642	−9.630	−9.617	−9.604
−230	−9.604	−9.591	−9.577	−9.563	−9.548	−9.534	−9.519	−9.503	−9.487	−9.471	−9.455
−220	−9.455	−9.438	−9.421	−9.404	−9.386	−9.368	−9.350	−9.331	−9.313	−9.293	−9.274
−210	−9.274	−9.254	−9.234	−9.214	−9.193	−9.172	−9.151	−9.129	−9.107	−9.085	−9.063
−200	−9.063	−9.040	−9.017	−8.994	−8.971	−8.947	−8.923	−8.899	−8.874	−8.850	−8.825
−190	−8.825	−8.799	−8.774	−8.748	−8.722	−8.696	−8.669	−8.643	−8.616	−8.588	−8.561
−180	−8.561	−8.533	−8.505	−8.477	−8.449	−8.420	−8.391	−8.362	−8.333	−8.303	−8.273
−170	−8.273	−8.243	−8.213	−8.183	−8.152	−8.121	−8.090	−8.059	−8.027	−7.995	−7.963
−160	−7.931	−7.931	−7.899	−7.866	−7.833	−7.800	−7.767	−7.733	−7.700	−7.666	−7.632
−150	−7.632	−7.597	−7.563	−7.528	−7.493	−7.458	−7.423	−7.387	−7.351	−7.315	−7.279
−140	−7.279	−7.243	−7.206	−7.170	−7.133	−7.096	−7.058	−7.021	−6.983	−6.945	−6.907
−130	−6.907	−6.869	−6.831	−6.792	−6.753	−6.714	−6.675	−6.636	−6.596	−6.556	−6.516
−120	−6.516	−6.476	−6.436	−6.396	−6.355	−6.314	−6.273	−6.232	−6.191	−6.149	−6.107
−110	−6.107	−6.065	−6.023	−5.981	−5.939	−5.896	−5.853	−5.810	−5.767	−5.724	−5.681
−100	−5.681	−5.637	−5.593	−5.549	−5.505	−5.461	−5.417	−5.372	−5.327	−5.282	−5.237
−90	−5.237	−5.192	−5.147	−5.101	−5.055	−5.009	−4.963	−4.917	−4.871	−4.824	−4.777
−80	−4.777	−4.731	−4.684	−4.636	−4.589	−4.542	−4.494	−4.446	−4.398	−4.350	−4.302
−70	−4.302	−4.254	−4.205	−4.156	−4.107	−4.058	−4.009	−3.960	−3.911	−3.861	−3.811
−60	−3.811	−3.761	−3.711	−3.661	−3.611	−3.561	−3.510	−3.459	−3.408	−3.357	−3.306
−50	−3.306	−3.255	−3.204	−3.152	−3.100	−3.048	−2.996	−2.944	−2.892	−2.840	−2.787
−40	−2.787	−2.735	−2.682	−2.629	−2.576	−2.523	−2.469	−2.416	−2.362	−2.309	−2.255
−30	−2.255	−2.201	−2.147	−2.093	−2.038	−1.984	−1.929	−1.874	−1.820	−1.765	−1.709
−20	−1.709	−1.654	−1.599	−1.543	−1.488	−1.432	−1.376	−1.320	−1.264	−1.208	−1.152
−10	−1.152	−1.095	−1.039	−0.982	−0.925	−0.868	−0.811	−0.754	−0.697	−0.639	−0.582
0	−0.582	−0.524	−0.466	−0.408	−0.350	−0.292	−0.234	−0.176	−0.117	−0.059	0.000

续表

	E_K(mV)										
T(℃)	0	1	2	3	4	5	6	7	8	9	10
0	0.000	0.059	0.118	0.176	0.235	0.294	0.354	0.413	0.472	0.532	0.591
10	0.591	0.651	0.711	0.770	0.830	0.890	0.950	1.010	1.071	1.131	1.192
20	1.192	1.252	1.313	1.373	1.434	1.495	1.556	1.617	1.678	1.740	1.801
30	1.801	1.862	1.924	1.986	2.047	2.109	2.171	2.233	2.295	2.357	2.420
40	2.420	2.482	2.545	2.607	2.670	2.733	2.795	2.858	2.921	2.984	3.048
50	3.048	3.111	3.174	3.238	3.301	3.365	3.429	3.492	3.556	3.620	3.685
60	3.685	3.749	3.813	3.877	3.942	4.006	4.071	4.136	4.200	4.265	4.330
70	4.330	4.395	4.460	4.526	4.591	4.656	4.722	4.788	4.853	4.919	4.985
80	4.985	5.051	5.117	5.183	5.249	5.315	5.382	5.448	5.514	5.581	5.648
90	5.648	5.714	5.781	5.848	5.915	5.982	6.049	6.117	6.184	6.251	6.319
100	6.319	6.386	6.454	6.522	6.590	6.658	6.725	6.794	6.862	6.930	6.998
110	6.998	7.066	7.135	7.203	7.272	7.341	7.409	7.478	7.547	7.616	7.685
120	7.685	7.754	7.823	7.892	7.962	8.031	8.101	8.170	8.240	8.309	8.379
130	8.379	8.449	8.519	8.589	8.659	8.729	8.799	8.869	8.940	9.010	9.081
140	9.081	9.151	9.222	9.292	9.363	9.434	9.505	9.576	9.647	9.718	9.789
150	9.789	9.860	9.931	10.003	10.074	10.145	10.217	10.288	10.360	10.432	10.503
160	10.503	10.575	10.647	10.719	10.791	10.863	10.935	11.007	11.080	11.152	11.224
170	11.224	11.297	11.369	11.442	11.514	11.587	11.660	11.733	11.805	11.878	11.951
180	11.951	12.024	12.097	12.170	12.243	12.317	12.390	12.463	12.537	12.610	12.684
190	12.684	12.757	12.831	12.904	12.978	13.052	13.126	13.199	13.273	13.347	13.421
200	13.421	13.495	13.569	13.644	13.718	13.792	13.866	13.941	14.015	14.090	14.164
210	14.164	14.239	14.313	14.388	14.463	14.537	14.612	14.687	14.762	14.837	14.912
220	14.912	14.987	15.062	15.137	15.212	15.287	15.362	15.438	15.513	15.588	15.664
230	15.664	15.739	15.815	15.890	15.966	16.041	16.117	16.193	16.269	16.344	16.420
240	16.420	16.496	16.572	16.648	16.724	16.800	16.876	16.952	17.028	17.104	17.181
250	17.181	17.257	17.333	17.409	17.486	17.562	17.639	17.715	17.792	17.868	17.945
260	17.945	18.021	18.098	18.175	18.252	18.328	18.405	18.482	18.559	18.636	18.713
270	18.713	18.790	18.867	18.944	19.021	19.098	19.175	19.252	19.330	19.407	19.484
280	19.484	19.561	19.639	19.716	19.794	19.871	19.948	20.026	20.103	20.181	20.259
290	20.259	20.336	20.414	20.492	20.569	20.647	20.725	20.803	20.880	20.958	21.036
300	21.036	21.114	21.192	21.270	21.348	21.426	21.504	21.582	21.660	21.739	21.817
310	21.817	21.895	21.973	22.051	22.130	22.208	22.286	22.365	22.443	22.522	22.600
320	22.600	22.678	22.757	22.835	22.914	22.993	23.071	23.150	23.228	23.307	23.386
330	23.386	23.464	23.543	23.622	23.701	23.780	23.858	23.937	24.016	24.095	24.174

续表

T(℃)	E_K(mV)										
	0	1	2	3	4	5	6	7	8	9	10
340	24.174	24.253	24.332	24.411	24.490	24.569	24.648	24.727	24.806	24.885	24.964
350	24.964	25.044	25.123	25.202	25.281	25.360	25.440	25.519	25.598	25.678	25.757
360	25.757	25.836	25.916	25.995	26.075	26.154	26.233	26.313	25.392	26.472	26.552
370	26.552	26.631	26.711	26.790	26.870	26.950	27.029	27.109	27.189	27.268	27.348
380	27.348	27.428	27.507	27.587	27.667	27.747	27.827	27.907	27.986	28.066	28.146
390	28.146	28.226	28.306	28.386	28.466	28.546	28.626	28.706	28.786	28.866	28.946
400	28.946	29.026	29.106	29.186	29.266	29.346	29.427	29.507	29.587	29.667	29.747
410	29.747	29.827	29.908	29.988	30.068	30.148	30.229	30.309	30.389	30.470	30.550
420	30.550	30.630	30.711	30.791	30.871	30.952	31.032	31.112	31.193	31.273	31.354
430	31.354	31.434	31.515	31.595	31.676	31.756	31.837	31.917	31.998	32.078	32.159
440	32.159	32.239	32.320	32.400	32.481	32.562	32.642	32.723	32.803	32.884	32.965
450	32.965	33.045	33.126	33.207	33.287	33.368	33.449	33.529	33.610	33.691	33.772
460	33.772	33.852	33.933	34.014	34.095	34.175	34.256	34.337	34.418	34.498	34.579
470	34.579	34.660	34.741	34.822	34.902	34.983	35.064	35.145	35.226	35.307	35.387
480	35.387	35.468	35.549	35.630	35.711	35.792	35.873	35.954	36.034	36.115	36.196
490	36.196	36.277	36.358	36.439	36.520	36.601	36.682	36.763	36.843	36.924	37.005
500	37.005	37.086	37.167	37.248	37.329	37.410	37.491	37.572	37.653	37.734	37.815
510	37.815	37.896	37.977	38.058	38.139	38.220	38.300	38.381	38.462	38.543	38.624
520	38.624	38.705	38.786	38.867	38.948	39.029	39.110	39.191	39.272	39.353	39.434
530	39.434	39.515	39.596	39.677	39.758	39.839	39.920	40.001	40.082	40.163	40.243
540	40.243	40.324	40.405	40.486	40.567	40.648	40.729	40.810	40.891	40.972	41.053
550	41.053	41.134	41.215	41.296	41.377	41.457	41.538	41.619	41.700	41.781	41.862
560	41.862	41.943	42.024	42.105	42.185	42.266	42.347	42.428	42.509	42.590	42.671
570	42.671	42.751	42.832	42.913	42.994	43.075	43.156	43.236	43.317	43.398	43.479
580	43.479	43.560	43.640	43.721	43.802	43.883	43.963	44.044	44.125	44.206	44.286
590	44.286	44.367	44.448	44.529	44.609	44.690	44.771	44.851	44.932	45.013	45.093
600	45.093	45.174	45.255	45.335	45.416	45.497	45.577	45.658	45.738	45.819	45.900
610	45.900	45.980	46.061	46.141	46.222	46.302	46.383	46.463	46.544	46.624	46.705
620	45.705	45.785	46.866	46.946	47.027	47.107	47.188	47.268	47.349	47.429	47.509
630	47.509	47.590	47.670	47.751	47.831	47.911	47.992	48.072	48.152	48.233	48.313
640	48.313	48.393	48.474	48.554	48.634	48.715	48.795	48.875	48.955	49.035	49.116
650	49.116	49.196	49.276	49.356	49.436	49.517	49.597	49.677	49.757	49.837	49.917
660	49.917	49.997	50.077	50.157	50.238	50.318	50.398	50.478	50.558	50.638	50.718
670	50.718	50.798	50.878	50.958	51.038	51.118	51.197	51.277	51.357	51.437	51.517
680	51.517	51.597	51.677	51.757	51.837	51.916	51.996	52.076	52.156	52.236	52.315

续表

T(℃)	E_K(mV)										
	0	1	2	3	4	5	6	7	8	9	10
690	52.315	52.395	52.475	52.555	52.634	52.714	52.794	52.873	52.953	53.033	53.112
700	53.112	53.192	53.272	53.351	53.431	53.510	53.590	53.670	53.749	53.829	53.908
710	53.908	53.988	54.067	54.147	54.226	54.306	54.385	54.465	54.544	54.624	54.703
720	54.703	54.782	54.862	54.941	55.021	55.100	55.179	55.259	55.338	55.417	55.497
730	55.497	55.576	55.655	55.734	55.814	55.893	55.972	56.051	56.131	56.210	56.289
740	56.289	56.368	56.447	56.526	56.606	56.685	56.764	56.843	56.922	57.001	57.080
750	57.080	57.159	57.238	57.317	57.396	57.475	57.554	57.633	57.712	57.791	57.870
760	57.870	57.949	58.028	58.107	58.186	58.265	58.343	58.422	58.501	58.580	58.659
770	58.659	58.738	58.816	58.895	58.974	59.053	59.131	59.210	59.289	59.367	59.446
780	59.446	59.525	59.604	59.682	59.761	59.839	59.918	59.997	60.075	60.154	60.232
790	60.232	60.311	60.390	60.468	60.547	60.625	60.704	60.782	60.860	60.939	61.017
800	61.017	61.096	61.174	61.253	61.331	61.409	61.488	61.566	61.644	61.723	61.801
810	61.801	61.879	61.958	62.036	62.114	62.192	62.271	62.349	62.427	62.505	62.583
820	62.583	62.662	62.740	62.818	62.896	62.974	63.052	63.130	63.208	63.286	63.364
830	63.364	63.442	63.520	63.598	63.676	63.754	63.832	63.910	63.988	64.066	64.144
840	64.144	64.222	64.300	64.377	64.455	64.533	64.611	64.689	64.766	64.844	64.922
850	64.922	65.000	65.077	65.155	65.233	65.310	65.388	65.465	65.543	65.621	65.698
860	65.698	65.776	65.853	65.931	66.008	66.086	66.163	66.241	66.318	66.396	66.473
870	66.473	66.550	66.628	66.705	66.782	66.860	66.937	67.014	67.092	67.169	67.246
880	67.246	67.323	67.400	67.478	67.555	67.632	67.709	67.786	67.863	67.940	68.017
890	68.017	68.094	68.171	68.248	68.325	68.402	68.479	68.556	68.633	68.710	68.787
900	68.787	68.863	68.940	69.017	69.094	69.171	69.247	69.324	69.401	69.477	69.554
910	69.554	69.631	69.707	69.784	69.860	69.937	70.013	70.090	70.166	70.243	70.319
920	70.319	70.396	70.472	70.548	70.625	70.701	70.777	70.854	70.930	71.006	71.082
930	71.082	71.159	71.235	71.311	71.387	71.463	71.539	71.615	71.692	71.768	71.844
940	71.844	71.920	71.996	72.072	72.147	72.223	72.299	72.375	72.451	72.527	72.603
950	72.603	72.678	72.754	72.830	72.906	72.981	73.057	73.133	73.208	73.284	73.360
960	73.360	73.435	73.511	73.586	73.662	73.738	73.813	73.889	73.964	74.040	74.115
970	74.115	74.190	74.266	74.341	74.417	74.492	74.567	74.643	74.718	74.793	74.869
980	74.869	74.944	75.019	75.095	75.170	75.245	75.320	75.395	75.471	75.546	75.621
990	75.621	75.696	75.771	75.847	75.922	75.997	76.072	76.147	76.223	76.298	76.373

附录 3 Cu50 分度表

	R(Ω)										
T(℃)	−10	−9	−8	−7	−6	−5	−4	−3	−2	−1	0
−40	39.242	39.458	39.674	39.890	40.106	40.321	40.537	40.753	40.969	41.184	41.400
−30	41.400	41.616	41.831	42.047	42.262	42.478	42.693	42.909	43.124	43.339	43.555
−20	43.555	43.770	43.985	44.200	44.415	44.631	44.846	45.061	45.276	45.491	45.706
−10	45.706	45.921	46.136	46.351	46.566	46.078	46.995	47.210	47.425	47.639	47.854
0	47.854	48.069	48.284	48.498	48.713	48.927	49.142	49.357	49.571	49.786	50.000

	R(Ω)										
T(℃)	0	1	2	3	4	5	6	7	8	9	10
0	50.000	50.214	50.429	50.643	50.858	51.072	51.286	51.501	51.715	51.929	52.144
10	52.144	52.358	52.572	52.786	53.001	53.215	53.429	53.643	53.857	54.071	54.285
20	54.285	54.500	54.714	54.928	55.142	55.356	55.570	55.784	55.998	56.212	56.426
30	56.426	56.640	56.854	57.068	57.282	57.496	57.710	57.923	58.137	58.351	58.565
40	58.565	58.779	58.993	59.207	59.421	59.635	59.848	60.062	60.276	60.49	60.704
50	60.704	60.918	61.132	61.345	61.559	61.773	61.987	62.201	62.415	62.628	62.842
60	62.842	63.056	63.270	63.484	63.698	63.911	64.125	64.339	64.553	64.767	64.981
70	64.981	65.195	65.408	65.622	65.836	66.050	66.264	66.478	66.692	66.906	67.119
80	67.119	67.333	67.547	67.761	67.975	68.189	68.403	68.617	68.831	69.045	69.259
90	69.259	69.473	69.687	69.901	70.115	70.329	70.543	70.758	70.972	71.186	71.400
100	71.400	71.614	71.828	72.043	72.257	72.471	72.685	72.899	73.114	73.328	73.542
110	73.542	73.757	73.971	74.185	74.400	74.614	74.829	75.043	75.258	75.472	75.687
120	75.687	75.901	76.116	76.330	76.545	76.760	76.974	77.189	77.404	77.619	77.833
130	77.833	78.048	78.263	78.478	78.693	78.908	79.123	79.338	79.553	79.768	79.983
140	79.983	80.198	80.413	80.628	80.843	81.058	81.274	81.489	81.704	81.920	82.135